基 因 工 程

（第二版）

主　编　宋运贤　王秀利

副主编　陈国梁　韩凤桐　何剑为
　　　　李晓华　张兴桃

参　编　孙新城　邵　燕　包建平
　　　　杨　哲　刘新琼　李　健
　　　　孙要军　杨　爽

华中科技大学出版社
中国·武汉

内 容 提 要

本书对基因工程的基本概念和重要研究技术原理进行了系统、翔实的介绍，还援引了许多最新研究成果，力求内容基础而又新颖，简洁而又通俗易懂。同时，部分内容结合教学实践需要，介绍了该学科最新进展。

本书以基因工程的研究步骤及实际操作中的需要为主线，共分 13 章，包括基因工程的基本概念、基因工程基本技术原理、基因工程的工具酶和克隆载体、目的基因的克隆、外源基因的原核表达系统、外源基因的真核表达系统、转基因植物、转基因动物、基因工程技术在基因功能研究中的应用、基因治疗和蛋白质工程等。每章都有本章简介、思考题、扫码做习题和参考文献。

本书可作为高等院校生物类专业本科生教材，也可作为相关专业研究生和从事基因工程的教学、科技工作者的参考用书。

图书在版编目(CIP)数据

基因工程/宋运贤,王秀利主编.—2版.—武汉:华中科技大学出版社,2022.5
ISBN 978-7-5680-8172-6

Ⅰ.①基…　Ⅱ.①宋…　②王…　Ⅲ.①基因工程-高等学校-教材　Ⅳ.①Q78

中国版本图书馆 CIP 数据核字(2022)第 067071 号

基因工程(第二版)　　　　　　　　　　　　　　　　　　　　宋运贤　王秀利　主编
Jiyin Gongcheng (Di-er Ban)

策划编辑：王新华
责任编辑：王新华
封面设计：原色设计
责任校对：刘　竣
责任监印：周治超
出版发行：华中科技大学出版社(中国·武汉)　　　电话：(027)81321913
　　　　　武汉市东湖新技术开发区华工科技园　　　邮编：430223
录　　排：华中科技大学惠友文印中心
印　　刷：湖北恒泰印务有限公司
开　　本：787mm×1092mm　1/16
印　　张：26.25
字　　数：683千字
版　　次：2022年5月第2版第1次印刷
定　　价：69.80元

普通高等学校"十四五"规划生命科学类创新型特色教材

编 委 会

■ **主任委员**

陈向东　武汉大学教授,2018—2022 年教育部高等学校大学生物学课程教学指导委员会
　　　　秘书长,中国微生物学会教学工作委员会主任

■ **副主任委员**(排名不分先后)

胡永红　南京工业大学教授,食品与轻工学院院长
李　钰　哈尔滨工业大学教授,生命科学与技术学院院长
卢群伟　华中科技大学教授,生命科学与技术学院副院长
王宜磊　菏泽学院教授,牡丹研究院执行院长

■ **委员**(排名不分先后)

陈大清	郭晓农	李 宁	陆 胤	宋运贤	王元秀	张 明
陈其新	何玉池	李先文	罗 充	孙志宏	王 云	张 成
陈姿喧	胡仁火	李晓莉	马三梅	涂俊铭	卫亚红	张向前
程水明	胡位荣	李忠芳	马 尧	王端好	吴春红	张兴桃
仇雪梅	金松恒	梁士楚	聂呈荣	王锋尖	肖厚荣	郑永良
崔韶晖	金文闻	刘秉儒	聂 桓	王金亭	谢永芳	周 浓
段永红	雷 忻	刘 虹	彭明春	王 晶	熊 强	朱宝长
范永山	李朝霞	刘建福	屈长青	王文强	徐建伟	朱德艳
方 俊	李充璧	刘 杰	权春善	王文彬	闫春财	朱长俊
方尚玲	李 峰	刘良国	邵 晨	王秀康	曾绍校	宗宪春
冯自立	李桂萍	刘长海	施树良	王秀利	张 峰	
耿丽晶	李 华	刘忠虎	施文正	王永飞	张建新	
郭立忠	李 梅	刘宗柱	舒坤贤	王有武	张 龙	

普通高等学校"十四五"规划生命科学类创新型特色教材

作者所在院校

(排名不分先后)

北京理工大学	华中科技大学	云南大学	辽宁大学
广西大学	南京工业大学	西北农林科技大学	燕山大学
广州大学	暨南大学	中央民族大学	临沂大学
哈尔滨工业大学	首都师范大学	郑州大学	山西医科大学
华东师范大学	湖北大学	新疆大学	宁夏大学
重庆邮电大学	湖北工业大学	青岛科技大学	重庆第二师范学院
滨州学院	湖北第二师范学院	青岛农业大学	齐鲁理工学院
河南师范大学	湖北工程学院	青岛农业大学海都学院	六盘水师范学院
嘉兴学院	湖北科技学院	山西农业大学	河西学院
武汉轻工大学	湖北师范大学	陕西科技大学	广西贵港工业学院
长春工业大学	汉江师范学院	陕西理工大学	
长治学院	湖南农业大学	上海海洋大学	
常熟理工学院	湖南文理学院	塔里木大学	
大连大学	华侨大学	唐山师范学院	
大连工业大学	武昌首义学院	天津师范大学	
大连海洋大学	淮北师范大学	天津医科大学	
大连民族大学	淮阴工学院	西北民族大学	
大庆师范学院	黄冈师范学院	北方民族大学	
佛山科学技术学院	惠州学院	西南交通大学	
阜阳师范大学	吉林农业科技学院	新乡医学院	
广东第二师范学院	集美大学	信阳师范学院	
广东石油化工学院	济南大学	延安大学	
广西师范大学	佳木斯大学	盐城工学院	
贵州师范大学	江汉大学	云南农业大学	
哈尔滨师范大学	江苏大学	肇庆学院	
合肥学院	江西科技师范大学	福建农林大学	
河北大学	荆楚理工学院	浙江农林大学	
河北经贸大学	南京晓庄学院	浙江师范大学	
河北科技大学	辽东学院	浙江树人学院	
河南科技大学	锦州医科大学	浙江中医药大学	
河南科技学院	聊城大学	郑州轻工业大学	
河南农业大学	聊城大学东昌学院	中国海洋大学	
石河子大学	牡丹江师范学院	中南民族大学	
菏泽学院	内蒙古民族大学	重庆工商大学	
贺州学院	仲恺农业工程学院	重庆三峡学院	
黑龙江八一农垦大学	宿州学院	重庆文理学院	

网络增值服务使用说明

1.教师使用流程
（1）登录网址：http://yixue.hustp.com （注册时请选择教师用户）

（2）审核通过后，您可以在网站使用以下功能：

管理学生

建立课程　　　　　　布置作业

下载教学　　　　　　查询学生学习
资源　　　　教师　　记录等

2.学员使用流程
建议学员在PC端完成注册、登录、完善个人信息的操作。
（1）PC端学员操作步骤
①登录网址：http://yixue.hustp.com （注册时请选择普通用户）

② 查看课程资源
如有学习码，请在个人中心-学习码验证中先验证，再进行操作。

首页课程 → 选择课程 → 课程详情页 → 查看课程资源

（2）手机端扫码操作步骤

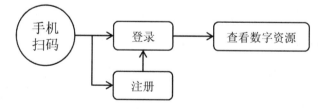

手机扫码 → 登录 → 查看数字资源
手机扫码 → 注册 → 登录

（3）要阅读用户（学员）使用手册，请扫下面的二维码：

第二版前言

　　基因工程是按照人们愿望进行 DNA 分子设计,通过体外重组和转基因等,使生物体获得符合人们需要的、新的生物特性。它代表着现代生物工程的发展前沿,在生命科学、农业、医药、食品、生物资源与环境保护等领域发挥着越来越重要的作用。基因工程是生物工程、生物技术等相关专业的核心课程。

　　基因工程学科发展迅速,新技术、新方法层出不穷。为使教材内容紧跟学科前沿,及时补充学科发展的前沿动态,在第一版教材的基础上,多所学校从事基因工程教学的教师共同编写了本教材。第二版基本延续了第一版的结构体系和写作风格,遵从“重视基础、拓展眼界、联系实际”的原则,以基因工程原理和操作技术流程为主线,编写工作主要包括以下几个方面:一是修改了第一版中个别错误之处,同时删除了部分前后重叠的内容;二是增加了部分插图,使教材更加直观易懂;三是增加了部分应用实例,如原核细胞生产蛋白质;四是增加了第 11 章“基因工程技术在基因功能研究中的应用”,包括基因敲除、过表达、基因敲减、基因编辑等研究方法与技术。同时为加深读者对基因工程原理与技术的理解,除将主观题附于各章后面,配合“一书一码”,还编写了各章的客观题,以期进一步培养学生的应用意识和创新能力。

　　本书是在第一版的基础上修订而成的,共 13 章,主要编写分工如下:第 1 章由宿州学院张兴桃编写;第 2 章由滨州学院邵燕编写;第 3 章由哈尔滨工业大学韩凤桐编写;第 4 章由延安大学陈国梁编写;第 5 章由中南民族大学李晓华编写;第 6 章由大连海洋大学王秀利编写;第 7 章由山西医科大学孙要军编写;第 8 章由辽宁大学何剑为、杨哲编写;第 9 章由淮北师范大学宋运贤编写;第 10 章由燕山大学李健编写;第 11 章由中南民族大学刘新琼,山西医科大学孙要军、杨爽编写;第 12 章由郑州轻工业大学孙新城编写;第 13 章由塔里木大学包建平编写。宋运贤、王秀利负责拟定提纲、统稿、审校,陈国梁、韩凤桐、何剑为、李晓华、张兴桃协助审校样稿。

　　本书编写过程中参考了大量的文献,因篇幅所限,所列文献可能有疏漏,对原作者表示诚挚的谢意! 华中科技大学出版社编辑等为本书的出版付出了大量的心血,在此一并感谢! 同时感谢第一版各位编委的付出及对第二版教材编写的支持!

　　与课程配套的慕课短视频及部分参考资料在安徽省网络课程学习中心(e 会学)网站开放,欢迎读者使用过程中访问。

　　希望通过本次修订,能给读者带来更好的学习体验,但由于时间及编者水平有限,书中不足之处在所难免,恳请各位读者多提宝贵意见,以便不断改进。

编　者
2022 年 2 月 25 日

第一版前言

20世纪70年代以来,生物技术这门激动人心的技术正在改变着人们的生活方式,促进了国民经济的发展,而基因工程又是生物技术中最吸引人的、最重要的、发展最迅速的技术。生物技术犹如一顶王冠,而基因工程则是这顶王冠上的一颗明珠。基因工程的进一步发展必将为人类认识生命的本质,揭示生命现象的奥秘开辟一个全新的领域,对21世纪的生物制药、现代农业、疾病治疗、环境保护以及国民经济的可持续发展产生重大的影响。因此,基因工程始终是高等院校生物技术专业与生物工程专业本科生的专业基础课。

根据生物技术专业与生物工程专业本科生学时缩短、合适的教材难以寻找、课程内容与其他课程重叠而难以取舍等现状,来自多所学校多年从事基因工程教学的教师共同编写了本教材。

基因工程以遗传学、生物化学和分子生物学等学科为基础,引入了工程学的一些概念,通过周密的实验设计,进行精确的实验操作,高效率地达到预期的目标。本书编者遵从"重视基础、拓展眼界、联系实际"的原则,结合高等院校对学生知识的要求和培养性质与特点,结合生物工程企业等用人单位的需求,同时融合了我们长期教学和科研经验,对教学体系和内容进行了有机的整合,编写了本教材。本书从基因的基本概念出发,以基因工程技术体系为主线,对实际操作过程中所涉及的基本技术和基本概念进行了重点阐述;同时把基因工程的技术成就和学科发展动态结合到每一章节中,使学生在掌握基本技术原理和技能的基础上,了解基因工程技术的光明前景。

本书共分12章,具体编写分工如下:第1章由河南农业大学郑振宇编写;第2章由滨州学院邵燕编写;第3章由哈尔滨工业大学韩凤桐编写;第4章由延安大学陈国梁编写;第5章由合肥学院阚劲松编写;第6章由大连海洋大学王秀利编写;第7章由淮阴工学院胡沂淮编写;第8章由重庆工商大学李宏编写;第9章由淮北师范大学宋运贤编写;第10章由辽东学院刘丹梅编写;第11章第1~3节由郑州轻工业学院孙新城编写,第4~6节由塔里木大学王彦芹编写;第12章由塔里木大学张锐编写。在写作过程中得到了各作者所在院校领导和老师们的大力支持和帮助,华中科技大学出版社的编辑也对本书的编写和顺利出版花费了大量的心血,在此表示最诚挚的感谢!

基因工程是一门发展十分迅速的新兴学科,每时每刻都有新研究成果发表,并且它涉及的知识十分广泛,由于编者水平有限,书中的不足之处在所难免,恳请同行和广大读者批评指正!

编　者

2014 年 3 月 16 日

目　录

第 1 章　绪论　/1

1.1　基因工程的基本概念　/2

1.2　基因工程的发展历史　/4

1.3　基因工程的应用　/6

1.4　基因工程的安全性　/10

1.5　我国的基因工程安全管理办法　/12

第 2 章　基因工程的工具酶　/16

2.1　限制性核酸内切酶　/16

2.2　DNA 连接酶　/25

2.3　DNA 聚合酶和逆转录酶　/33

2.4　修饰酶类　/38

2.5　其他工具酶　/41

第 3 章　基因工程的克隆载体　/45

3.1　基因工程载体的功能　/45

3.2　质粒载体　/46

3.3　噬菌体载体　/63

3.4　柯斯质粒载体　/74

3.5　噬菌粒载体　/75

3.6　病毒载体　/77

3.7　人工染色体克隆载体　/84

第 4 章　基因工程的基本技术　/92

4.1　核酸的提取、鉴定与保存　/92

4.2　凝胶电泳技术　/98

4.3　分子杂交技术　/104

4.4　PCR　/107

4.5　DNA 序列分析　/117

4.6　基因芯片及数据分析　/120

4.7　研究蛋白质与 DNA 相互作用的主要方法　/124

第5章　目的基因的获取 /134

5.1　基因的人工化学合成 /134

5.2　PCR 扩增目的基因 /138

5.3　从基因组文库获取目的基因 /139

5.4　从 cDNA 文库获得目的基因 /142

5.5　其他基因分离技术 /151

第6章　目的基因的导入与重组体的鉴定 /164

6.1　重组 DNA 导入原核细胞 /164

6.2　重组 DNA 导入真核细胞 /172

6.3　重组体克隆的筛选与鉴定 /180

第7章　外源基因的原核表达系统 /198

7.1　原核表达系统的特点 /198

7.2　原核细胞表达系统 /207

7.3　提高外源基因表达水平的措施 /228

7.4　利用原核细胞生产蛋白质实例 /236

第8章　外源基因的真核表达系统 /242

8.1　真核表达系统的特点 /242

8.2　酵母表达系统 /243

8.3　昆虫或昆虫细胞表达系统 /253

8.4　哺乳动物表达系统 /261

第9章　转基因植物 /271

9.1　转基因植物概述 /271

9.2　植物基因转化受体系统 /273

9.3　植物基因遗传转化方法 /275

9.4　转基因植物的筛选与鉴定 /297

9.5　提高外源基因在转基因植物中表达效率的途径 /308

9.6　转基因植物的应用和展望 /311

9.7　转基因植物的安全性评价 /317

第10章　转基因动物 /324

10.1　转基因动物发展简史 /324

10.2　转基因动物技术 /326

10.3　转基因动物的制备和检测 /332

10.4　转基因动物研究中出现的问题及其对策 /334

10.5　转基因动物技术的应用 /335

10.6　转基因动物的安全性及其未来　/339

第 11 章　基因工程技术在基因功能研究中的应用　/342

11.1　基因敲除技术　/342

11.2　基因过表达技术　/346

11.3　基因敲减技术　/348

11.4　基因编辑技术　/350

第 12 章　基因治疗　/360

12.1　分子病与基因治疗的基本概念　/360

12.2　基因治疗的发展简史与现状　/361

12.3　基因治疗的策略　/364

12.4　基因治疗的基本程序　/366

12.5　基因治疗的应用　/371

12.6　基因治疗的前景　/376

第 13 章　蛋白质工程　/381

13.1　蛋白质工程的理论基础、诞生和发展　/382

13.2　蛋白质工程的关键技术　/394

13.3　蛋白质工程的设计思想　/404

第1章 绪　论

【本章简介】　基因工程是在体外将目的基因与载体分子重组后转化受体细胞,并在受体细胞中表达,从而获得基因产品或培育生物新品种的一种技术。基因工程诞生于20世纪70年代,遗传物质的发现、DNA双螺旋结构模型的确立以及遗传信息传递的中心法则是其诞生的理论基础;各种工具酶的分离纯化、载体的开发以及基因转化技术是其诞生的技术基础。基因工程诞生之后,已经在现代生物学的理论研究中发挥巨大的作用,同时也在生产实践中获得广泛的应用,在生物制药、动植物新品种培育、环境污染治理等方面取得巨大的成就,对人类社会和人类健康产生了巨大影响。关于基因工程和转基因生物的安全性,目前仍未达成共识。尽管如此,基因工程技术的参与者必须对其安全性保持高度的警惕。

孟德尔(Mendel)在1865年发表了著名的论文《植物杂交试验》提出了"遗传因子"的概念,奠定了遗传科学的基础。可惜孟德尔的重大发现被埋没了35年。1900年,三位欧洲植物学者几乎同时从各自的植物杂交试验证实了孟德尔发现的遗传定律,从此揭开了遗传学研究的新纪元。整个20世纪,遗传学以前所未有的速度向深度和广度发展。1910年,摩尔根(Morgan)通过果蝇白眼突变研究,确证基因在染色体上,此后又创立了基因论。1933年,由于对基因理论的重大贡献,摩尔根成为首位获得诺贝尔生理学或医学奖的遗传学家。1941年,美国遗传学家Beadle通过红色面包霉营养突变体研究,发现基因的功能是制造各种各样的蛋白质,提出"一种基因产生一种酶"学说,并因此而获诺贝尔奖。1950年,诺贝尔奖得主McClintock通过对玉米斑驳性状遗传研究,发现了转座遗传因子,又称为"跳跃基因"。它们可以在染色体之间自由转移位置,调控基因的表达。这一重要发现导致了10年以后法国科学家Jacob和Monod从原核生物研究中得到的另一项重大发现:存在三种不同的基因,即结构基因、操纵基因和调节基因。他们也因此而分享了诺贝尔奖。

1953年,J. D. Watson和F. H. C. Crick提出脱氧核糖核酸(DNA)双螺旋结构模型,第一次揭示了DNA分子的结构、组成及功能,开创了从分子水平揭示生命现象本质的新纪元。随后分子生物学突飞猛进。1958年Crick证明了DNA半保留复制机制,提出中心法则。1968年,Holley、Khorana和Nirenberg因破译遗传密码而获得诺贝尔生理学或医学奖。

1970年,Smith、Wilcox和Kelly分离到第一种有特异性识别和切割位点的限制性核酸内切酶 Hind Ⅱ,使得有目的地切割DNA有了可能。1967年,世界上有5个实验室几乎同时发现了DNA连接酶。1972年,Jackson和Berg利用限制性核酸内切酶和连接酶,得到第一个体外重组的DNA分子,从而建立了重组DNA技术。1973年,斯坦福大学的Cohen等成功地进行了另一个体外DNA重组实验。他们将编码有卡那霉素抗性基因的大肠杆菌R6-5质粒DNA和编码有四环素抗性基因的另一种大肠杆菌质粒pSC101 DNA混合后,加入限制性核

酸内切酶 *EcoR* I，对 DNA 进行切割后，再用 T₄DNA 连接酶将它们连接起来，形成重组 DNA 分子，转化大肠杆菌。在含有四环素和卡那霉素的平板上获得了对两种抗生素都有抗性的重组菌落。这是基因工程发展史上第一个克隆转化并取得成功的例子。人类从此掌握了一项按自己意愿设计和构建生物体的关键技术，或用来创造新的生物种、品系，或用来诊断、治疗疾病。生命科学的飞速发展孕育了现代分子生物学技术——基因工程。

1.1 基因工程的基本概念

1.1.1 基因工程的基本定义

基因工程(genetic engineering)原称遗传工程。从狭义上讲，基因工程是在分子水平上，提取(或合成)不同生物的遗传物质，在体外切割，再和一定的载体拼接重组，然后把重组的 DNA 分子引入细胞或生物体内，使这种外源 DNA(基因)在受体细胞中进行复制与表达，按人们的需要繁殖扩增基因、生产不同的产物或定向地创造生物的新性状，并能稳定地遗传给下一代。

广义的基因工程定义为重组 DNA 技术的产业化设计与应用，包括上游技术和下游技术两大组成部分。上游技术指的是外源基因重组、克隆和表达的设计与构建(狭义的基因工程)，而下游技术则涉及含有重组外源基因的生物细胞(基因工程菌或细胞)的大规模培养以及外源基因表达产物的分离纯化过程(图 1-1)。因此，广义的基因工程概念更倾向于工程学的范畴。值得注意的是，广义的基因工程是一个高度统一的整体。上游 DNA 重组的设计必须以简化下游操作工艺和装备为指导思想，而下游过程则是上游基因重组蓝图的体现与保证，这是基因工程产业化的基本原则。

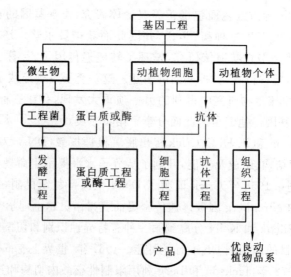

图 1-1 生物工程体系之间的相互关系

(引自焦炳华等，2006)

在现代分子生物学领域里,在不严格的前提下,基因工程又名遗传工程(genetic engineering)、重组 DNA 技术(recombinant DNA technique),但它们在内涵上还是有一定的区别:重组 DNA 技术是指将一种生物体(供体)的基因与载体在体外进行拼接重组,然后转入另一种生物体(受体)内,使之按照人们的意愿稳定遗传并可以表达出新产物或新性状的 DNA 体外重组技术,也称为分子克隆;基因工程将不同来源的基因按预先设计的蓝图在体外构建重组 DNA 分子,然后导入活细胞,以改变生物原有的遗传特性,获得新品种、生产新产品;遗传工程是指按照预先设计的蓝图对生物的遗传物质进行加工和改造,产生符合人类需要的新的遗传特性,定向地创造生物新类型。由于对遗传物质的改造采用了体外施工的方法,类似于工程设计,它具有很高的预见性、准确性和严密性。

基因工程和遗传工程都需要以重组 DNA 技术为基础。遗传工程的范畴比基因工程要大,在一定程度上,基因工程属于遗传工程的研究范围。

1.1.2 基因工程的基本过程

依据定义,基因工程的整个过程由工程菌(细胞)的设计构建和基因产物的生产两大部分组成。前者主要在实验室里进行,其单元操作过程如下:

(1)从供体细胞中分离出基因组 DNA,用限制性核酸内切酶分别将外源 DNA(包括外源基因或目的基因)和载体分子切开(简称"切");

(2)用 DNA 连接酶将含有外源基因的 DNA 片段接到载体分子上,形成重组 DNA 分子(简称"接");

(3)借助于细胞转化手段将重组 DNA 分子导入受体细胞中(简称"转");

(4)短时间培养转化细胞,以扩增重组 DNA 分子或使其整合到受体细胞的基因组中(简称"增");

(5)筛选和鉴定转化细胞,获得使外源基因高效稳定表达的基因工程菌或细胞(简称"检")。

由此可见,基因工程的上游操作过程可简化为:切、接、转、增、检(图 1-2)。

1.1.3 基因工程的基本原理

作为现代生物工程的关键技术,基因工程的主体战略思想是外源基因的稳定高效表达。为达到此目的,可从以下四个方面考虑。

(1)利用载体 DNA 在受体细胞中独立于染色体 DNA 而自主复制的特性,将外源基因与载体分子重组,通过载体分子的扩增提高外源基因在受体细胞中的剂量,借此提高其宏观表达水平。这里涉及 DNA 分子高拷贝数复制以及稳定遗传的分子遗传学原理。

(2)筛选、修饰和重组启动子、增强子、操作子、终止子等基因的转录调控元件,并将这些元件与外源基因精细拼接,通过强化外源基因的转录提高其表达水平。

(3)选择、修饰和重组核糖体结合位点及密码子等 mRNA 的翻译调控元件,强化受体细胞中蛋白质的生物合成过程。上述两点均涉及基因表达调控的分子生物学原理。

(4)基因工程菌(细胞)是现代生物工程中的微型生物反应器,在强化并维持其最佳生产效能的基础上,从工程菌(细胞)大规模培养的工程和工艺角度切入,合理控制微型生物反应器的

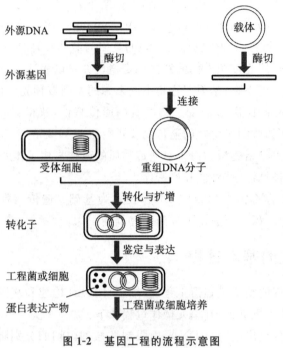

图 1-2　基因工程的流程示意图

(引自张惠展,2010)

增殖速度和最终数量,也是提高外源基因表达产物产量的主要环节,这里涉及的是生物化学工程学的基本理论体系。

因此,分子遗传学、分子生物学以及生化工程学是基因工程原理的三大基石。

1.2　基因工程的发展历史

1.2.1　基因工程的诞生

基因工程的出现是建立在几个重大发现和发明基础上的。Watson 和 Crick 在 1953 年发现了主要遗传物质 DNA 的双螺旋结构,Crick 在 1958 年提出中心法则,并于 1970 年进行更新,使得人们对基因的本质有了越来越多的认识,也奠定了基因工程的理论基础;细菌学、病毒学的发展,限制性核酸内切酶和连接酶的发现也为基因工程提供了必要的工具。

1972 年,美国斯坦福大学的 P. Berg 博士的研究小组使用限制性核酸内切酶 EcoR Ⅰ,在体外对猿猴空泡病毒 40(SV40) DNA 和 λ 噬菌体 DNA 分别进行酶切,然后用 T₄DNA 连接酶将两种酶切片段连接起来,第一次在体外获得了包括 SV40 和 λDNA 的重组 DNA 分子,并因此分享了 1980 年的诺贝尔化学奖。1973 年,S. Cohen、H. Boyer 等将两种分别编码卡那霉素(kanamycin)和四环素(tetracycline)的抗性基因相连接,构建出重组 DNA 分子,然后转化大肠杆菌,获得了既抗卡那霉素又抗四环素的具有双重抗性特征的转化子菌落,这是第一次成功的基因克隆实验,也由此宣告了基因工程的诞生。正如 Cohen 在评价其实验结果时指出的那样,基因工程技术完全有可能使大肠杆菌具备其他生物种类所固有的特殊生物代谢途径与功能,如光合反应和抗生素合成等。

基因工程从诞生到现在仅 50 年左右,但其发展迅猛,无论是在基础研究方面,还是在实际应用中,都取得了惊人的成绩,并从根本上改变了传统生物科学技术的被动状态,使得人们可以按照自己的愿望,克服物种间的遗传屏障,定向培养或创造出新的生物形态,以满足人们的需求。基因工程也因此被公认为 20 世纪最伟大的科学成就之一,标志着人类主动改造自然界的能力进入一个新的阶段。

1.2.2 基因工程的成熟

早在基因工程发展的初期,人们就已开始探讨将该技术应用于大规模生产与人类健康水平密切相关的生物大分子,这些物质在人体内含量极小,但具有非常重要的生理功能。1977年,日本的 Tfahura 及其同事首次在大肠杆菌中克隆并表达了人的生长激素释放抑制素基因。几个月后,美国的 Ullvich 随即克隆表达了人的胰岛素基因。1978 年,美国 Genentech 公司开发出利用重组大肠杆菌合成人胰岛素的先进生产工艺,从而揭开了基因工程产业化的序幕。

除此之外,最近十年来又有数以百计的新型基因工程药物问世,另有 400 余种药物正处于研制开发中。重组 DNA 技术已逐渐取代经典的微生物诱变育种程序,大大推进了微生物种群的非自然有益进化的进程。

基因工程中要有基因才能实现基因工程化以应用于研究和生产,而基因的分离和认识又需要基因工程的手段。基因是遗传信息的载体,而遗传信息决定了生物的特征与形态,可以说没有基因就没有生命,但时至今日人们对其认识仍然不够。在基因工程研究发展中值得一提的是 1985 年提出的人类基因组计划(Human Genome Project,HGP)。这一计划是试图用基因工程技术来揭示人类所有的遗传结构,包括所有的基因(特别是疾病相关基因)和非编码序列。1990 年,国际人类基因组计划开始启动,历经 10 年时间,耗资约 30 亿美元,到 2000 年 6月,人类基因组工作框架图得以正式发布。这一框架图包含人类基因组 97% 以上的信息,医学专家通过分析每个基因的功能及在染色体上的位置,将能从分子水平深入了解各种疾病的发生机制,从根本上获得治疗的方法;同时也有助于认识正常的生物结构和功能,解释一系列生命现象的本质。中国作为参与此计划唯一的发展中国家,测定了人类基因组全部序列的1%,也就是 3 号染色体上短臂端粒区的 3000 万个碱基对的 DNA 序列,为这一研究计划作出了重要贡献。人类基因组计划的实施就是利用基因工程手段来进行的,反过来也极大地推动对基因和基因组结构和功能的认识,加速了基因工程的发展和应用。

随着计算机技术的发展,基因工程和信息技术结合是一种必然的趋势。通常说的基因工程是操作单个或数个完整的基因。其产品是由外源基因编码的具有天然属性的蛋白质,操作的层次基本上没有深入基因内部。而蛋白质结构的研究及与计算机相结合使人们能直接操作或改造单个或几个单核苷酸来生产出结构发生了改变的新型蛋白质,这样其功能也完全不一样,能满足人们的不同需求。

1.2.3 基因工程的腾飞

20 世纪 80 年代以来,基因工程已开始朝着高等动植物物种的遗传特征改良以及人体基因治疗等方向发展。1982 年,美国科学家将大鼠的生长激素基因转入小鼠体内,培育出具有大鼠雄健体魄的转基因小鼠及其子代。1983年，携带细菌新霉素抗性基因的重组Ti质粒转化植物细胞获得成功，高等植物转基因技术问世。1990年，美国政府首次批准一项人体基因治疗临床研究计划，对一名因腺苷脱氨酶基因缺陷而患有重症联合免疫缺陷病的儿童进行基因治疗获得成功，从而开创了分子医学的新纪元。1991年，美国倡导在全球范围内实施雄心勃勃的人类基因组计划，完成人类基因组近30亿碱基对的全部测序工作。

基因工程技术彻底打破了常规育种中种属间不可逾越的鸿沟，动物、植物、细菌的基因都可以重新组合，为生物育种等提供了新的途径。基因工程为研究基因的结构、功能、调节提供了新途径，也为人们彻底认识生命的本质，揭示生命现象的奥秘开辟了一个全新的领域。

1.3 基因工程的应用

基因工程自20世纪70年代初问世以来，经过近50年的发展，无论是在基础研究领域，还是在生产应用方面，都取得了惊人的成就，几乎所有的生命科学领域都受到它的直接或间接的影响。

1.3.1 基因工程在工业中的应用

基因工程技术在食品工业中有广泛的应用。利用基因工程技术进行微生物菌种改造生产酶制剂和食品添加剂。通过重组DNA技术培育转基因植物，能使食品原料得以改良，营养价值大为提高，而且谷氨酸、调味剂、人工甜味剂、食品色素、酒类和油类等也都能通过基因工程技术生产。豆油中富含反式脂肪酸或软脂酸，摄入后都会增加冠心病的发生率。美国研究人员利用基因工程技术，挑选出合适的基因和启动子，以此来改造豆油的组分构成。不含软脂酸的豆油可用作色拉油，富含80%油酸的豆油可用于烹饪，而含30%硬脂酸的豆油则适于做人造黄油及使糕饼松脆的油。利用基因工程改造的豆油的品质和商品价值都大大提高。在食品酸味剂方面，工程菌的使用使乳酸、苹果酸等有机酸的产量在逐年增加。目前国外正在积极利用基因工程和细胞融合技术改造产生苏氨酸和色氨酸的生产菌。经改造的工程菌已正式投产，其氨基酸产量大大超过了一般菌的生产能力。日本的味精公司也利用细胞融合和基因工程的方法改造菌株，使谷氨酸的产量提高了几十倍。传统化学工业中难以分离的混旋对映体，借助于基因工程菌可有效地进行生物拆分。

化学工业中丙酮、丁醇、乙酸、丙烯酸、乙醇、甘油等有机物都可以通过发酵技术生产，而通过基因工程技术培养的微生物能大大提高这些产品的转化效率。Picataggio等构建的 *Candida tropicalis* 工程菌使长链二羧酸的转化率和化学选择性均有所提高。地球上可供使用的能源毕竟有限，为解决这一难题，科学家把目光转向了生物能，已利用重组DNA技术来生产乙醇等石油替代品。研究人员发现，细菌、酵母中的一些菌种可利用淀粉、植物多糖及纤维素类物质生产乙醇。Ingram从 *Zynomonas mobilis* 中分离乙醇合成相关基因(*pdc*、*adhB*)，将其导入大肠杆菌K011得到的工程菌可产生乙醇；Kim构建的菌株FSCSa-R10-6也可使马铃薯淀粉发酵而得到乙醇。Roessler等则从微藻中分析提取了乙酰辅酶A羧化酶的基因，这种酶是合成生物柴油脂类物质的关键酶。而甘蔗、木薯粉、玉米渣等原料都可通过微生物发酵法来生产乙醇。科学家还在研究利用基因工程创造出多功能的超级工程菌。这种菌能分解纤维素和木质素,从而使得稻草、木屑、植物秸秆、食物的下脚料等都可用来生产乙醇。通过基因工程技术利用工业废弃物、农林业副产品制造沼气,将极大满足人们对能源的需求。

酶是活细胞产生的具有高度催化活性和高度专一性的生物催化剂,常温常压下就可以催化各种生化反应,在食品生产和化学工业中占有重要的地位。随着基因工程技术的发展,科学家能够运用基因工程技术按照需要来定向改造或生产不同工业用酶,甚至创造出新的酶种,蛋白酶、淀粉酶、脂肪酶、糖化酶和果胶酶等工业用酶均可利用基因工程技术进行生产。目前生产的酶还存在一些不足之处,如在长时间或高温下反应容易失活、不能在有机溶剂中或气体中进行反应,以及由于杂菌污染使酶腐败,某些微生物的产酶能力不高等。基因工程技术有可能解决这些难题,其解决途径包括:用基因工程技术从具有耐热、耐压、耐盐、耐溶剂等特性,或能在气态条件下发挥作用的微生物中取得具有特殊功能的基因,并加以利用。美国科学家将淀粉液化芽孢杆菌的淀粉酶基因转移到枯草芽孢杆菌中,使受体菌产酶能力提高 2500 倍。日本科学家把耐热的 α-淀粉酶基因转移到枯草芽孢杆菌后,增加了耐热的 α-淀粉酶的产量。基因工程本身所需要的酶,也可以通过基因工程来大幅度提高产量,这种技术已使 DNA 连接酶的产量提高了 500 倍。

能源始终是制约人类生产活动的主要因素。以石油为代表的传统能源开采利用率的提高以及新型能源的产业化是解决能源危机的希望所在。利用重组 DNA 技术构建的新型微生物在不久的将来可望大幅度提高石油的二次开采率和利用率,并将太阳能有效地转化为化学能和热能。深层的原油吸附在岩石空隙间,难以开采,通过加入基因工程菌就可分解原油中的蜡,降低原油的黏度,并增大油层内的压力,从而增加石油流出量。

环境保护是人类可持续生存与发展的大课题。随着化学工业的迅速发展,产生了为数众多的化合物,其中不少是能持久存在的有毒物质,这些物质的存在对人们所处的环境造成了极大的威胁。基因工程技术则有望解决这一难题。科学家通过重组 DNA 技术得到分解性能较好的工程菌种和具有特殊降解功能的菌株,从而大大提高有机物的降解效率,也扩展了可降解的污染物种类。含有降解质粒的细菌在某些环境污染物的降解中发挥着重要的作用。例如:假单胞菌属的石油降解质粒,此类质粒编码的酶能降解各种石油组分或它们的衍生物,像樟脑、辛烷、萘、水杨酸盐、甲苯和二甲苯等;农药降解质粒,这些质粒上具有能降解杀虫剂六六六和烟碱等农药的基因;工业污染物降解质粒,如对氯联苯降解质粒、尼龙低聚体降解质粒和洗涤剂降解质粒等。人们通过能降解有害有毒有机物的质粒转移、质粒突变和降解基因克隆来构建基因工程菌。马里兰大学的 Coppella 等将在研究对硫磷降解时得到的水解酶基因 *opd* 转化到 *Strepomyces livdians* 中,最后得到的转化菌株能稳定地水解对硫磷,此菌株发酵液可用于农药厂废水的处理;Charabarty 将降解性质粒 XYL、NAH、CAM 和 OCT 结合后转移到一株假单胞菌中,该工程菌在短时间内就可分解 60% 的原油脂肪烃;日本学者藤田构建的重组体 PHF400 能在 15 h 内完全分解掉 400 mg/L 的邻羟基苯甲酸。一批能快速分解吸收工业有害废料、生物转化工业有害气体以及全面净化工业和生活废水的基因工程微生物种群已从实验室走向"三废"聚集地。

在迅速发展的信息产业中,基因工程技术的应用也已崭露头角。利用基因定向诱变技术可望制成运算速度更快、体积更小的蛋白质芯片,人们使用生物计算机的时代为期不远了。

基因工程作为一次伟大的工业革命,必将产生深远的影响。

1.3.2 基因工程在农业中的应用

基因工程技术将选定的功能基因在受体中超表达、关闭表达或异源表达,实现收集基因产物或改变宿主性状的目的,广泛应用于农业、林业、畜牧业中。烟草、棉花等经济作物极易遭受病毒、害虫的侵袭,严重时导致绝产。利用重组微生物可以大规模生产对棉铃虫等有害昆虫具有剧毒作用的蛋白质类农用杀虫剂,这类杀虫剂是可降解的生物大分子,不污染环境,故有"生物农药"之称。将某些特殊基因转入植物细胞内,再生出的植株可表现出广谱抗病毒、真菌、细菌和线虫的优良性状,从而减少或避免使用化学农药,达到既降低农业成本,又避免谷物、蔬菜和水果被污染之目的。其中,最主要的抗虫措施之一是在植物中表达苏云金芽孢杆菌的 Bt 蛋白。

基因工程也可用来改良农作物的品质。作为人类主食的水稻、小麦和土豆,其蛋白质含量相对较低,其中必需氨基酸更为缺乏,选用适当的基因操作手段提高农作物的营养价值正在研究之中。一些易腐烂的蔬菜水果(如番茄、柿子等)也能通过重组 DNA 技术改变原来的性状,从而提高货架存放期。第一个获批上市的转基因农作物是延熟保鲜转基因番茄。全球开发的转基因农作物已有很多种,包括转基因大豆、玉米、棉花等。

天然环境压力对农作物生长影响极为严重。细胞分子生物学研究结果表明,对某些基因进行结构修饰,提高植物细胞内的渗透压,可在很大程度上增强农作物的抗旱、耐盐能力,提高单位面积产量,同时扩大农作物的可耕作面积。科学家利用基因工程可培育出具备抗寒、抗旱、抗盐碱、抗病等特性的新品种,使得适合农作物生长的范围大大增加。1986 年,首次培育出抗植物病毒 TMV 的转基因植物。

应用基因工程技术还可以提高粮食中的蛋白质含量。美国威斯康星大学的研究人员从菜豆提取了储藏蛋白基因,并将其转移到向日葵中,表达了该基因。美国明尼苏达大学也进行了类似的实验,他们把玉米醇溶蛋白基因转移到向日葵根部的细胞中。这些实验取得的进展都展示了通过改良作物品种来提高蛋白质含量的良好前景。

除草剂在农业中的使用较为广泛,但对农作物的产量有一定影响。美国的研究者利用基因工程技术于 1985 年获得了耐受草甘膦的转基因烟草。

近十年来,对豆科植物固氮机制的研究方兴未艾,科学家试图将某些细菌中的固氮基因移植到非豆科植物细胞内,使其具备固氮的功能。目前,对固氮根瘤菌及其宿主植物的基因组、功能基因组和蛋白质组的研究工作正在蓬勃开展,已成功构建重组苜蓿根瘤。通过基因工程将固氮基因从豆科植物转移到非豆科植物,难度较大。但这项宏伟计划一旦实现,无疑将是第二次绿色大革命。

基因工程技术在动物科学的应用范围也很广,已成功研制了许多动物基因工程药物、疫苗如生产促红细胞生成素(erythropoietin,EPO)、血清蛋白素(HAS)、组织纤溶酶原激活剂(TPA)等。特别是转基因动物的成功培育,不仅改良了动物的性状,而且使转基因动物可作为有效的表达系统,生产许多重要重组蛋白,还可满足人们的其他需求,如提供皮肤、角膜、心、肝、肾器官,为挽救众多危重患者提供帮助。

1985 年,科学家第一次将人的生长激素基因导入猪的受精卵获得成功,转基因猪与同窝非转基因猪比较,生长速度和饲料利用效率显著提高,胴体脂肪率也明显降低。美国科学家于 2000 年 10 月宣布培育出世界上首只转基因猴,这是世界上首次培育成功转基因灵长类动物。

1.3.3　基因工程在医药领域的应用

如果说麻醉外科术是一次医学革命,那么基因治疗则为医学带来了又一次大革命。目前临床上已鉴定出 2000 多种遗传病,其中相当一部分在不久以前还是不治之症,如血友病、先天性免疫缺陷综合征等。随着医学和分子遗传学研究的不断深入,人们逐渐认识到,遗传病其实属于基因突变综合征(分子病)中的一类。从更广泛的含义上讲,目前一些严重威胁人类健康的心脑血管病、糖尿病、癌症、过度肥胖综合征、阿尔茨海默病等,均属分子病范畴。分子病的治疗方法主要有两种:一是定期向患者体内输入病变基因的原始产物,以对抗由病变基因造成的危害;二是利用基因转移技术更换病变基因,达到标本兼治的目的。目前上述两大领域均取得了突破性的进展。

基因治疗实施的前提是对人类病变基因的精确认识,因而揭示人体 2 万～3 万个基因的全部奥秘具有极大的诱惑力。这些价值连城的人类遗传信息资源的开发利用,成为 21 世纪人们关注的热点之一。截至 2016 年,全球共进行了 2300 多例基因治疗。基因治疗被认为是征服肿瘤、心血管疾病、糖尿病尤其是遗传性疾病最有希望的手段之一。1990 年美国医学家第一次成功应用基因疗法,他们用 mini 基因（ADA cDNA）和逆转录病毒双拷贝载体(DC)治疗腺苷脱氨酶缺乏症取得疗效。现在已有试验将正常基因连接到温和病毒 DNA 载体上构建重组 DNA,把体外包装后的完整病毒颗粒转导骨髓细胞,这样构建的基因工程细胞可用于某些酶缺陷遗传病的试验治疗。而基因治疗在黑色素瘤、镰刀状细胞贫血、囊性纤维性变、血友病等的治疗中也有不错的效果。随着 CRISPR-Cas9 等基因组编辑技术的建立与发展,基因工程也迈入基因组工程时代。

基因工程技术在疾病诊断方面也发挥着日益重要的角色。基因诊断是将重组 DNA 技术作为工具,直接从 DNA 水平监测人类遗传性疾病的基因缺陷,因而比传统的诊断手段更加可靠。在基因诊断技术中,基因探针检测具有准确而灵敏度高的特点,它是利用 DNA 碱基互补的原理,用已知的带有标记的 DNA 通过核酸杂交的方法检测未知的基因。基因探针技术在诊断遗传性疾病方面发展迅速,对 60 多种遗传性疾病已可进行产前诊断;有关基因探针还可直接用于分析遗传性疾病的基因缺陷,如用 α-珠蛋白基因探针检测镰刀状细胞贫血,也有的可用于间接分析与 DNA 多态紧密连锁的遗传性疾病,如用 β-珠蛋白基因探针检测地中海贫血症和用苯丙氨酸转移酶基因探针检测苯丙酮尿症等。经过多年的实践和完善,基因探针技术在传染病、流行病、肿瘤及遗传性疾病的诊断应用中已取得重要成果。如已用白血病细胞中分离的某些癌基因制备基因探针用于检测白血病。

1982 年在美国诞生了世界上第一种基因工程药物——重组人胰岛素。此后,基因工程药物成为世界各国政府和企业投资研究开发的热点领域。现已研制出的基因工程药物主要是两类:基因重组多肽和蛋白质类药物,如干扰素、人生长激素、白细胞介素-2、肿瘤坏死因子、人表皮生长因子;酶类基因工程药物,包括尿激酶原、链激酶、天冬酰胺酶、超氧化物歧化酶等。开发成功的 500 多种药品已广泛应用于治疗癌症、肝炎、发育不良、糖尿病、囊性纤维性变和一些遗传病,并形成一个独立的新型高科技产业。

我国在这方面的研究虽然起步较晚,但经过 30 多年的发展,也开发出了多种基因工程药物,并已产业化。代表性的产品如我国被批准的第一种国内生产的基因工程药物重组人干扰素 α-1b,它是人脐血白细胞经 NDV-F 病毒诱生后,提取其 mRNA,逆转录成 cDNA,构建质粒

pBV867,转化到大肠杆菌 N6405 株中进行表达。到目前为止,我国已有 20 多种基因工程药物被批准上市,包括 γ-干扰素、重组人白细胞介素-2 和新型白细胞介素-2、重组人粒细胞集落刺激因子(G-CSF)和粒细胞巨噬细胞集落刺激因子(GM-CSF)、重组人促红细胞生成素(EPO)等。

基因工程疫苗则是指利用基因工程技术培养的细菌、酵母或动物细胞中扩增病原体的保护性抗原基因制成的疫苗。基因工程疫苗只含有病原体的部分抗原成分,因而与传统的灭活疫苗和减毒疫苗相比安全性更高,副作用更小,能降低成本。如 DNA 重组乙肝(乙型肝炎)疫苗是利用基因工程技术分离出有效的抗原成分,通过酵母菌发酵生产而成,产品不受动物和血源的影响。在兽医临床中,猪狂犬病疫苗和预防仔猪腹泻的致病性大肠杆菌菌毛疫苗已经投产。2020 年 1 月 24 日,中国疾病预防控制中心已成功分离中国首株新型冠状病毒毒种。国家病原微生物资源库公布了新型冠状病毒核酸检测引物和探针序列等重要信息,这些都为疫苗的开发奠定了基础。2020 年 8 月,我国陈薇团队等研发的"一种以人复制缺陷腺病毒为载体的重组新型冠状病毒疫苗"被授予专利权。

1.4 基因工程的安全性

基因工程研究在 20 世纪 70 年代曾引起广泛的讨论,主要担心某些基因工程实验可能引起危险。有人认为重组体分子的建立及将其导入微生物或高等生物中可能创造出新的生物,这些新生物可能由于人的疏忽而从实验室中逃逸出来,成为对人类和环境的生物危害。另一些人认为,这种带有外加遗传物质的新生物绝对竞争不过自然界中存在的正常生物品系,因此并不存在危险。这种争论首先是自从事基因工程研究的学者们开始的。例如,重组 DNA 的创始人之一 Berg 就出于安全方面的考虑,主动放弃了将 SV40 的基因引入大肠杆菌细胞的想法。最初的担心是有关病毒 DNA 的重组实验,而随后又扩展到其他 DNA 的重组实验,有人甚至认为,将小鼠的某些基因导入大肠杆菌进行表达同样是十分危险的。随着时间的推移,参加争论的范围便逐渐从科学界波及群众团体。1973 年美国公众第一次公开表示他们担心应用重组 DNA 技术可能培养出具有潜在危险性的新型微生物,从而给人类带来难以预料的后果。争论的结果是,在没有任何关于重组 DNA 危险性的直接证据的情况下,担忧和反对的意见占了上风。

1975 年,美国国立卫生研究院在加利福尼亚州的 Asilomar 会议中心举办了一次国际研讨会,探讨重组 DNA 的潜在危险性。在会议上,支持者和反对者双方进行了激烈的辩论。一部分代表担忧,携带着一种具有潜在危险的克隆基因,会由于偶然的原因而从实验室逸出,或成功地寄生在实验工作者的肠道内,从而导致灾难性的后果。另一部分代表则认为,自然界中的原核生物经常同动物腐烂尸体所释放出来的 DNA 密切接触,因而它们必定有机会捕获这些真核生物的 DNA,所以很有可能通过地球上原核生物群体的作用,都曾经在自然界中出现过,但它们并没有在自然选择中取得优势,可见对重组 DNA 过分担心是没有必要的,而且即便有某些危险,也可以通过必要的防范措施予以避免。

尽管在 Asilomar 会议上代表们意见分歧很大,但他们仍在以下三个重要问题上取得了一致。第一,新发展的基因工程技术为解决一些重要生物学和医学问题,以及令人普遍关注的社会问题(如环境污染、食品及能源问题等)展现了乐观的前景。第二,新组成的重组 DNA 生物体的意外扩散,存在不同程度的潜在危险。因此,开展这方面的研究工作,必须采取严格的防护措施,并建议在严格控制的条件下,进行必要的 DNA 重组实验。第三,目前进行的某些实验,即便是采取最严格的控制条件,其潜在的危险性仍然很大。因此,会议主张正式制定一份统一管理重组 DNA 研究的实验准则,并要求尽快地发展出不会逃逸出实验室的安全宿主菌株和质粒载体。

这次会议是世界上第一次关于基因工程技术即转基因生物安全性的正式会议,因而具有重要的意义,成为人类社会对转基因生物安全性关注的历史性里程碑。

目前,人们对基因工程研究的看法逐渐趋向一致了,因为实验表明,基因工程研究可以在极严格的安全规定内进行,这些规定主要包括对生物体的物理防护和生物防护。物理防护主要包括:实验室必须有技术熟练的工作人员,具有合适的防护设备,如负压装置、高压灭菌及安全操作箱等。生物防护主要包括:选择非病原的生物体做外源 DNA 的克隆工具,或者对微生物进行精细的遗传操作,降低其在环境中存活和繁殖的可能性。大肠杆菌是动物及人类肠道中普遍存在的一种细菌,被广泛地用作克隆工具。为了防止它变成环境中的危险生物,人们通过遗传改造建立一些特别的株系,这些株系只能在特定的实验室条件下才能存活,因而,即使它们逃逸出实验室也不可能造成危险。

针对上述问题,一些国家就开始着手制定有关生物安全的管理条例和法规。现在世界上已有不少国家发布了一些法规、准则,以指导和监督转基因生物的应用。最早的法规是美国国立卫生研究院(NIH)于 1976 年发布的《重组 DNA 分子研究准则》(以下简称《安全准则》)。为了避免可能造成的危险性,该准则除了规定禁止若干类型的重组 DNA 实验之外,还制定了许多具体的规定条文。例如,在实验安全防护方面,明确规定了物理防护和生物防护的统一标准。物理防护分为 $P_1 \sim P_4$ 四个等级,生物防护则分为 $EK_1 \sim EK_3$ 三个等级。

$P_1 \sim P_4$ 是关于基因工程实验室物理安全防护上的装备规定。P_1 级实验室为一般的装备良好的普通微生物实验室;P_2 级实验室是在 P_1 级的基础上添加负压的安全操作柜;P_3 级实验室则是全负压实验室并同时安装安全操作柜;P_4 级实验室是具有最高安全防护措施的实验室,要求实验室的隔离及研究者与细菌的接触隔离等。

生物防护方面,$EK_1 \sim EK_3$ 则是专门针对大肠杆菌菌株而规定的安全防护标准。它是针对大肠杆菌在自然环境中的存活率而制定的。EK_1 级大肠杆菌菌株在自然环境中一般是要死亡的,而 $EK_2 \sim EK_3$ 级大肠杆菌菌株在自然环境中则无法生存。

《安全准则》公布以后,基因工程的研究进入一个蓬勃发展的新阶段。在长期的实验检验以后,人们发现早期有关重组 DNA 研究的许多担心是多余的。事实表明,早期的许多恐惧是没有依据的。迄今为止尚未发生重组 DNA 危险事件。因此,《安全准则》在实际使用中便逐渐地趋于缓和。事实上,《安全准则》也进行了多次修改,放宽了许多限制。就目前情况看,只要重组 DNA 的实验规模不大,不向自然界传播,实际上已不再受任何法则的限制了。当然,这在任何意义上,都不是说重组 DNA 研究已不具有潜在的危险性了。相反,一个负责任的科学工作者,对此必须保持清醒的认识。

随后德、法、英、日、澳等国也相继制定了有关重组 DNA 技术安全操作指南或准则。联合国经济合作与发展组织(OECD)颁布了《生物技术管理条例》,欧盟也颁布了《关于控制使用基因修饰微生物的指令》《关于基因修饰生物向环境释放的指令》等文件。

随着基因工程研究的不断深入,转基因植物和转基因动物相继出现。人们对基因工程技术安全性的担心随即扩展到这些方面。植物基因工程方面,已能按人类意愿培育农作物新品种,并显示出独特的技术优势和开发前景。但是这些新品种也有可能给生物品种多样性、病虫害抗性、环境生态平衡和产品安全性带来潜在的或尚不可预见的后果。对此必须有充分的认识,才能扬长避短,防患于未然。有人担心释放基因工程农作物的主要危险在于通过自然异花授粉向野生相应品系的转移。传统的育种导入的多数性状,如矮化、无休眠、不散落、抗旱、抗盐等性状,都不适于野生品系,因而对环境的影响很小。很多实验表明,对于异型交配品种,只靠距离隔离还不足以防止种群间的交配,需要采取其他隔离措施,以防止工程化基因的传播。植物基因工程部门应与常规部门及栽培、植保、生防、生态环境、食品检验、食品加工部门相互配合,针对目的基因的选择与转化、基因植物的大田育种与栽培、被转基因的扩散与逃逸、转基因植物品种的推广应用、植物基因工程及其商品开发利用等安全性方面,进行咨询和监督。针对基因工程实验室、温室与野外试验、推广应用、产品商品化等方面制定相应的政策、法规。动物基因工程方面,由于能利用高等动物细胞表达系统来生产人用药品,某些药品已在临床试验,因此做了更多的安全性研究工作。这些高等动物细胞能在体外长期生长,细胞内都含有活化的癌基因,其残留物对于人体健康是极大的威胁。很多研究表明,人和动物体内存在着强大的生物学屏障,它能有效地防止由 DNA 序列引起的肿瘤发生。另外,可以利用 Southern 杂交等现代技术来测定基因产品中残留 DNA 的实际水平,并可检测纯化过程中 DNA 的清除率。有人曾估算,从一个肿瘤细胞中得到的蛋白质产物中混有的 DNA 的量如果有 10 pg 的话,它还小于人体内形成肿瘤所需最少剂量的 $1/10^9$。而现在基因工程产品中残留胞内 DNA 的量都小于 10 pg。许多可行的方法都能保证防止培养的细胞株中出现致癌物质。

1.5 我国的基因工程安全管理办法

在生物工程技术飞速发展的形势下,我国的有识之士认识到制定我们自己的生物技术管理法规,对于促进我国生物技术研究、开发和产业化的健康发展必将发挥十分重要的作用。1989 年 9 月中华人民共和国国家科学技术委员会生物工程开发中心成立了法规起草工作小组,1990 年 3 月国家科学技术委员会同农业部、卫生部和中国科学院等部门一起,成立了我国《重组 DNA 工作安全管理条例》(以下简称《条例》)编制领导小组。此后又成立了顾问组、综合起草组和领导小组办公室。1990 年 3 月 30 日由国家科学技术委员会领导主持召开了《条例》编制领导小组第一次会议。会议强调此《条例》的制定要根据重组 DNA 技术的发展和我国的国情,借鉴国外已有的有关条例和法规。会议还确定了我国《条例》的制定原则,即:①在促进我国 DNA 技术发展的同时,有效防范对人类健康和生态环境可能造成的危害;②《条例》为行政性法规,必须具有可操作性,并与我国现行的有关法规相衔接,有关归口管理权限、审批程序及监督检查机构要与我国现行管理体系相适应;③《条例》中有关控制性规定,应根据实际情况科学对待,宽严适度;④《条例》应对审批程序、评价系统等作出明确的原则性规定,具体实施细则由有关主管部门负责制定。

国家科学技术委员会于 1993 年 12 月发布《基因工程安全管理办法》。该管理办法的制定和颁布有利于促进我国的生物技术发展,通过建立相应的申报程序和必要的评审系统,可以防范基因工程对人类和环境的潜在危害。它的实施将使我国基因工程管理纳入法制轨道并与国际惯例接轨，做到有法可依，有章可循，以利于我国基因工程工作的健康发展和加强这一领域的国际科技合作与交流。

该管理办法的适用范围包括三个方面：①技术范围，包括基因工程、细胞工程、酶工程、发酵工程和生化工程等。该管理方法所称的基因工程只限于利用载体系统、物理和化学方法人工导入异源 DNA 的技术，而把细胞融合、诱变和传统杂交技术等其他遗传操作都排除在外。②工作范围，包括基因工程实验研究、生产和使用的全过程。但把管理重点放在安全生产和安全使用阶段，特别是对开放系统内的基因工程工作要从严管理。③管理办法的地域，涵盖我国境内进行的基因工程工作，凡在我国境内进行的基因工程工作，包括利用境外、国外的遗传工程机构进行的研究和开发，如在"三资企业"、国际合作研究室进行的，本办法都适用。

该管理办法按照潜在危险程度，将基因工程工作分为 4 个安全等级。安全等级 I：尚不存在危险。安全等级 II：具有低度危险。安全等级 III：具有中度危险。安全等级 IV：具有高度危险。根据基因工程实验研究、中试开发、工业性生产及遗传工程生物体释放和遗传工程产品使用的不同情况，规定了分级审批权限。

2002 年 1 月，农业部发布了《农业转基因生物安全评价管理办法》，规定我国基因工程工作的管理体系分四个层次：第一层是中华人民共和国国家科学技术委员会主管全国基因工程安全工作，成立全国基因工程安全委员会，负责基因工程安全监督和协调；第二层是国务院有关行政主管部门，主要指医药、卫生、农业、化工、环保、轻工等行政主管部门，在各自的职责范围内管理有关基因工程安全工作；第三层是各级主管部门，管理本部门隶属单位的基因工程安全工作；第四层是基因工程工作单位，进行就地监督。

其中有关"安全等级和安全性评价"的规定，主要借鉴了国际通用的技术准则，明确基因工程实验研究、中试、生产、释放和使用等阶段工作的安全性评价系统的框架。有关"安全控制措施"主要对从事基因工程工作人员、研究单位及其上级主管部门提出安全控制规范化管理规定，包括安全操作规程、工作场所、设备控制、运输储存、环境保护和事故处理等。

2002 年 1 月，农业部还颁布了《农业转基因生物标识管理办法》，规定在我国境内销售农业转基因生物、农业转基因生物直接加工品等应当加注明显的标识，要求注明"转基因××""转基因××加工品"或"加工原料为转基因××"，以便公众选择购买、使用转基因产品或传统农产品。第一批实施标识管理的农业转基因生物包括大豆及其制成品、玉米及其制成品、油菜及其制成品、棉花种子、番茄及其制成品。

回顾转基因生物安全性概念形成过程中的种种观点和争论，同时考虑近几年来转基因生物大规模商品化生产的实践，可以得出这样的结论：人类对转基因生物出现可能带来的安全性问题的认识是逐步深入的，刚开始是恐惧和极其严格的限制，然后逐渐认识到可以通过科学的检测、评价和管理，控制转基因生物可能带来的负面影响。与人类历史上任何一种新技术出现一样，现代生物技术既有极大推动生产力发展的一面，又有可能由于没有审慎使用，而对人体健康和环境造成危险的一面。人类的这种担忧在第一次工业革命，以及核技术出现的时代都曾不同程度产生过。

当然，转基因生物体对人类和环境的影响将会是长期的。很多影响可能产生时滞效应，而不像非生物影响那样随时间而减小，随距离而减弱。大量的转基因生物是以特殊的生命形式，以超过自然进化千百万倍的速度介入自然界中来。在给人类带来巨大利益的同时，也可能蕴藏一定的危险。可以说现代生物技术的大规模应用与人类开发核能相类似,要从自然界获取更多,就可能承担更大的风险。而且也正与人类开发核能过程遇到的问题一样,随着科学技术的发展和完善,人类是可以解决转基因生物带来的安全问题的。

人类已跨入 21 世纪,崭新的基因操作技术、不断涌现的基因科技成果表明了基因工程时代的到来。尽管这当中还存在着各种各样的问题,人们对基因工程也表现出不同的担心和忧虑,但是只要正确利用这一技术,解决其中的不足,使其为人类造福,我们的未来必将是绚烂多彩的。

总之,基因工程好像创造新生物的天使,其意义不亚于原子裂变和半导体的出现,它将为解决世界面临的能源、粮食、人口、资源及污染等严重问题开辟新途径,直接关系到医药、轻工、食品、农牧业、能源等传统产品的改造和新产品的形成。

思考题

1.基因工程的发展主要得益于哪些重大的发现和发明?

2.一次完整的基因工程操作涉及哪些主要的因素?包括哪些主要的操作步骤?

3.借助于基因工程技术可以改造生物的某些性状。在生产实践中,获取集高产、抗逆以及优良品质于一身的超级转基因农作物却非常困难。谈谈你对这一问题的看法。

4.基因重组技术有哪几个方面的应用?

5.什么是遗传信息传递的中心法则?内容上有哪些更新?

6.请举两个基因工程应用的具体例子,并加以简单说明。

7.收集目前已经报道的基因工程安全性的事例,结合其中的部分事例谈谈你对基因工程安全性的认识。

扫码做习题

参考文献

[1] 常重杰,杜启艳.基因工程原理与应用[M].北京:中国环境科学出版社,2003.

[2] 瞿礼嘉,顾红雅,胡苹,等.现代生物技术导论[M].北京:高等教育出版社,1998.

[3] 齐义鹏.基因及其操作原理[M].武汉:武汉大学出版社,1998.

[4] 孙明.基因工程[M].2 版.北京:高等教育出版社,2013.

[5] 吴乃虎.基因工程原理(上、下册)[M].2 版.北京:科学出版社,1998.

[6] 焦炳华,孙树汉.现代生物工程[M].2 版.北京:科学出版社,2014.

[7] 贺淹才.基因工程概论[M].北京:清华大学出版社,2008.

[8] Sambrook J,Russell D W.分子克隆实验指南(上、下册)[M].3 版.黄培堂,等,译.北京:科学出版社,2016.

［9］Richard J R. Analysis of Genes and Genomes［M］. Chichester：John Wiley&Sons Inc，2003.

［10］袁婺洲.基因工程［M］.2 版.北京：化学工业出版社，2019.

［11］徐晋麟，陈淳，徐沁.基因工程原理［M］.2 版.北京：科学出版社，2018.

［12］张惠展，贾林芝.基因工程［M］.2 版.北京：高等教育出版社，2010.

第2章 基因工程的工具酶

【本章简介】 本章着重介绍基因工程中常用的四类工具酶,即限制性核酸内切酶、DNA连接酶、DNA聚合酶和修饰酶。其中,对限制性核酸内切酶和DNA连接酶的特性、分类和功能以及在DNA分子的切割、连接中的特点、作用机制和影响因素等进行重点阐述。简要介绍DNA聚合酶和修饰酶以及其他工具酶的性质及在基因克隆中的用途。

基因工程又称重组DNA技术,这种分子水平的操作是以各种核酸酶的发现和应用为基础的。在重组DNA过程中,首次必须从某种或几种生物的天然DNA中获取有用的片段(需要限制性核酸内切酶),或者人工合成目的DNA片段(涉及DNA聚合酶),然后将目的DNA片段按原设计直接或经过适当修饰再连接起来(需要DNA连接酶和DNA修饰酶),构成预期的重组DNA。正是以上述各种核酸酶为工具才实现了在体外对DNA进行分离纯化、连接重组和修饰合成等,通常把这些相关的酶称为基因工程工具酶。工具酶的发现和应用,为基因工程操作提供了技术基础。

基因工程涉及众多的工具酶,如限制酶、连接酶、聚合酶和修饰酶等。此外,把制备核酸时所用的酶也列入基因工程工具酶,如溶菌酶、蛋白酶K等。其中,限制性核酸内切酶和DNA连接酶的发现和应用,才真正使DNA分子的体外切割与连接成为可能。本章着重讨论限制酶和连接酶的性质和用途,同时也介绍其他一些与基因克隆有关的工具酶。上述基因工程工具酶多数源自微生物和噬菌体感染的微生物,少数则取自动物或病毒感染的动物。随着这些酶的基因克隆,目前厂商供应的工具酶基本上是用转基因大肠杆菌表达生产的。

2.1 限制性核酸内切酶

2.1.1 限制性核酸内切酶的发现与种类

核酸酶是通过切割相邻两个核苷酸残基之间的磷酸二酯键,从而导致多核苷酸链发生断裂的一类水解酶。根据其作用底物不同,可分为特异水解断裂DNA分子的脱氧核糖核酸酶(deoxyribonuclease,DNase)和专门水解断裂RNA分子的核糖核酸酶(ribonuclease,RNase)。按水解断裂分子的方式不同,又可分为以下两类:一类是从核酸分子末端开始逐个消化降解多核苷酸链,称为核酸外切酶(exonuclease);另一类是从核酸分子内部切割磷酸二酯键使之断裂成小片段,称为核酸内切酶(endonuclease)。

1.限制性核酸内切酶的发现

限制性核酸内切酶,又称限制性内切酶或限制酶,是一类能够识别双链 DNA 分子中的某种特定核苷酸序列,并由此切割 DNA 双链结构的核酸内切酶。那么其中的"限制性"究竟意味着什么呢?

早在 20 世纪 50 年代初期,许多学者就发现这样的一个现象:X 型菌株能够辨别在该菌株生长的和在别的 Y 型菌株生长的噬菌体,而且还能阻止在后者生长的噬菌体对其的感染。为了便于叙述,将在 X 型菌株上生长的噬菌体用 P_x 表示。其中以 λ 噬菌体表现的现象最具有代表性和普遍性。那些在大肠杆菌 B 菌株(*Escherichia coli* B,*E. coli* B)中生长得很好的 λ 噬菌体(λ(B))在 K 菌株(*E. coli* K)中生长时,其感染频率(efficiency of plate,EOP)由 1 下降到

10^{-4},也就是说,λ(B)噬菌体受到 K 菌株的限制(restriction)。一旦 λ(B)噬菌体在 K 菌株中感染成功,由 K 菌株繁殖出来的噬菌体后代在第二轮接种中便能像 λ(K)噬菌体一样高效感染 K 菌株,而没有再次受到限制,这种现象称为修饰(modification)。但它不再高频感染它原来的宿主 B 菌株。无论是限制还是修饰,两者都是由宿主控制的,将其统称为宿主控制的限制和修饰现象(host controlled restriction and modification,R-M)(图 2-1)。

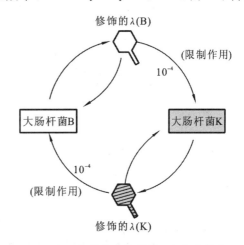

图 2-1　大肠杆菌宿主控制的限制与修饰体系

10 年后,终于弄清了细菌限制和修饰作用的分子机制。在细菌细胞内同时存在两种酶,即限制性核酸内切酶和修饰性甲基化酶,两者共同构成细菌的限制-修饰系统。限制性核酸内切酶是一种位点特异性核酸酶,它能识别 DNA 分子上的特定位点并将 DNA 双链切断;修饰性甲基化酶能催化甲基从其给体分子 S-腺苷甲硫氨酸(S-adenosylmethionine,SAM)转移给限制酶识别序列的特定碱基,使之发生甲基化,由于限制性核酸内切酶无法识别甲基化的序列,因而不能再进行切割。λ(K)和 λ(B)长期寄生在大肠杆菌的 K 菌株和 B 菌株,宿主细胞内的甲基化酶已将其染色体 DNA 和噬菌体 DNA 特异性保护,封闭了自身所产生的限制性核酸内切酶的识别位点,因而避免了限制性核酸内切酶对宿主本身 DNA 和噬菌体 DNA 的破坏。当外来 DNA 入侵时,便遭到宿主限制性核酸内切酶的特异性降解。在降解过程中,总有极少数入侵的 DNA 分子幸免于难而得以在宿主甲基化酶存在的条件下复制,并在复制过程中被宿主的甲基化酶修饰。此后,入侵噬菌体的子代便能高频感染同一宿主菌株,但丧失其在原来宿主细胞中的存活力,因为它们在接受新宿主菌甲基化修饰的同时,也丧失了原宿主菌甲基化修饰的标记。

宿主控制的限制和修饰现象是广泛存在的,它的存在有两方面的作用:一是对外源 DNA 进行限制性降解;二是对自身 DNA 进行限制性修饰而不被降解。也就是说,限制-修饰系统既对外源 DNA 进行限制,构筑了细菌种属和菌株之间进行交叉繁殖的屏障,又允许外源 DNA 中有一些通过,这又有利于生物的进化。正是这些限制性核酸内切酶的发现使得基因工程成为可能,这是跨时代的突破。在基因工程中,我们需要采用缺少限制作用的菌株作为受体,以保证基因操作的顺利进行。

2.限制性核酸内切酶的种类

目前所发现的限制性核酸内切酶,根据其性质不同可分为三大类:Ⅰ型酶、Ⅱ型酶和Ⅲ型酶。三类限制性核酸内切酶的主要特征见表 2-1。

表 2-1　限制性核酸内切酶的类型及主要特征

主要特征	Ⅰ型	Ⅱ型	Ⅲ型
限制与修饰活性	单一多功能的酶	分开的核酸内切酶和甲基化酶	具有一种共同亚基的双功能酶
蛋白质结构	三种不同亚基	单一成分	两种不同亚基
限制作用的辅助因子	ATP、Mg^{2+}、S-腺苷甲硫氨酸	Mg^{2+}	ATP、Mg^{2+}、S-腺苷甲硫氨酸
特异性识别位点	无规律,如 EcoK: $AACN_5GTCG$	大多为旋转对称	无规律,如 EcoP15:CAGCAG
切割位点	距特异性识别位点 1000 bp 的位置随机切割	位于特异性识别位点或其附近	距特异性识别位点 3′端 24～26 bp 位置
甲基化作用位点	特异性识别位点	特异性识别位点	特异性识别位点
识别未甲基化位点进行核酸内切酶切割	能	能	能
序列特异性切割	不是	是	是
在基因工程中的作用	无用	十分有用	很少采用

1)Ⅰ型限制性核酸内切酶

1968 年,M. Meselson 和 R. Yuan 从 $E.coli$ K 菌株中分离得到的第一种限制性核酸内切酶 EcoK,就是一种Ⅰ型限制性核酸内切酶。Ⅰ型酶只占 1%。

Ⅰ型酶是一种复合功能酶,既具有核酸内切酶的活性,又具有甲基化酶的活性,即同时具有限制和修饰功能,需要 Mg^{2+}、ATP、SAM 作为催化反应的辅助因子。Ⅰ型酶是大型的多亚基的蛋白质复合物。例如,EcoK 和 EcoB Ⅰ型酶,都是异源多聚体,它们均由三种不同的亚基组成,其中特异性亚基(S 亚基)具有特异性识别 DNA 序列的活性,修饰亚基(M 亚基)具有甲基化酶的活性,限制亚基(R 亚基)具有核酸内切酶的活性。它们分别由 hsdS、hsdR、hsdM 基因编码,属于同一操纵子。EcoK 的结构为 R_2M_2S,EcoB 的结构为 $R_2M_4S_2$。

Ⅰ型酶能识别专一的核苷酸序列,长度为十几个核苷酸,在距识别位点 5′一侧数千碱基处随机切割 DNA 分子。Ⅰ型酶甲基化作用可以在 DNA 两条链上同时进行,甲基的供体是 S-腺苷甲硫氨酸。例如 EcoB 酶的识别位点是 TGA*N8TGCT(N 表示任意碱基),甲基化位点是第 3 个 A 碱基,在距识别序列 1000 bp 处进行切割。

Ⅰ型酶只特定地识别 DNA 序列,而切割位点不特异,因而在基因工程中用处不大。

2)Ⅲ型限制性核酸内切酶

现在知道的Ⅲ型限制性核酸内切酶的种类更少,所占比例不到 1%。Ⅲ型酶是由 2 个亚基组成的蛋白质复合物,具有核酸内切酶和甲基化酶活性,其中 M 亚基负责位点的识别和修饰,R 亚基则具有核酸酶活性。Ⅲ型酶在与识别位点结合后,其修饰作用与限制作用取决于两个亚基之间的竞争。酶的切割活性需要 Mg^{2+}、ATP、SAM 等辅助因子,切割位点位于识别位点一侧的若干碱基对处,但无序列特异性,只与识别位点的距离有关,不同的Ⅲ型酶具有各自不同的距离,7~26 bp 不等。如 *Mbo*Ⅱ识别序列是 $5'AAGA3'$,其切割位点则是:

$$5'\text{-GAAGANNNNNNN} \downarrow \text{N-}3'$$
$$3'\text{-CTTCTNNNNNNN} \downarrow \text{NN-}5'$$

产生仅一个碱基的突出末端,具有不确定性。

　　Ⅲ型酶虽然有专一的识别序列,但切割无特异性,切割后产生的 DNA 片段具有各种单链末端,因而在基因克隆中很少使用。

　　3)Ⅱ型限制性核酸内切酶

　　1970 年,H. O. Smith 等首先从流感嗜血菌 Rd 菌株分离出Ⅱ型限制性核酸内切酶。Ⅱ型酶所占比例最大,可达 93%。Ⅱ型酶需 Mg^{2+} 的存在才能发挥活性,相应的修饰酶只需 SAM。Ⅱ型酶不但能特异性识别 DNA 序列,而且在特定位点切割,识别和切割位点的特异性使其成为重组 DNA 技术中最常用的工具酶,并被誉为"分子手术刀"。如果没有专门说明,通常所说的限制性核酸内切酶指的就是Ⅱ型酶。

2.1.2　限制性核酸内切酶的命名

　　由于从原核生物中发现的限制性核酸内切酶的数量逐年增加,采用统一的命名原则以避免混淆很有必要。1973 年,由 H. O. Smith 和 D. Nathans 提出的限制性核酸内切酶的命名方法已为广大学者所接受。它们主要是根据酶的来源菌株进行命名的,一般由 4~5 个字母组成。第一个字母,大写斜体,来自宿主微生物属名的第一个字母;第二、三个字母,小写斜体,来自宿主微生物种名的前两个字母,这前三个字母构成酶的基本名称;如果该微生物有不同的变种或品系,再加上该变种或品系的第一个字母,正体;若限制与修饰系统在遗传上是由病毒或质粒引起的,则在此位置加上一个大写字母表示这些非染色体的遗传因子;若某一宿主菌株具有几个不同的限制修饰体系,以正体罗马数字表示在该菌株发现酶的先后次序。如 *Hind*Ⅰ表示在流感嗜血杆菌(*Haemophilus influenzae*)的 R_d 品系中首次发现的一种限制性核酸内切酶。*Eco*RⅠ是在大肠杆菌(*Escherichia coli*)中的抗药性 R 质粒发现的第一种限制性核酸内切酶。

2.1.3　Ⅱ型限制性核酸内切酶的基本特性

　　与Ⅰ型及Ⅲ型限制性核酸内切酶不同,Ⅱ型限制性核酸内切酶只有一种多肽,并通常以同源二聚体形式存在,因其识别序列和切割位点的特异性而在基因工程中广泛使用。

　　1.识别序列特异性

　　1)识别序列的长度

　　限制性核酸内切酶在双链 DNA 上能够识别的特殊核苷酸序列称为识别序列。为了便于书写,识别序列可以以 $5'\rightarrow3'$ 走向的单链 DNA 来表示。不同的限制性核酸内切酶各有相应的识别序列,识别序列的长度一般为 4~8 个碱基,最常见的为 6 个碱基。例如:

4 个碱基识别位点:*Sau*3A Ⅰ GATC

5 个碱基识别位点:*Mae* Ⅲ GTNAC（N 为任意碱基）

EcoR Ⅱ CCWGG（W 为 A 或 T）

6 个碱基识别位点:*Eco*R Ⅰ GAATTC

Hind Ⅲ AAGCTT

*Bam*H Ⅰ GGATCC

7 个碱基识别位点:*Bbv*C Ⅰ CCTCAGC

8 个碱基识别位点:*Not* Ⅰ GCGGCCGC

少数限制性核酸内切酶可识别两种以上的核苷酸序列,如 *Hind* Ⅱ 的识别序列为 CTYRAC,其中 Y 为 C 或 T,R 为 A 或 G,这样 *Hind* Ⅱ 的识别序列为四种,这种不专一性并不会影响内切酶和甲基化酶的作用位点,只是增加了 DNA 分子的酶识别和作用频率,为获得多种酶切片段提供了便利。

不同的限制性核酸内切酶能专一性地识别不同的核苷酸序列。但对于一个特定的限制性核酸内切酶来说,如果 DNA 分子中 G+C 的含量为 50%,而且四种碱基的分布是随机的,那么根据概率统计原理,有 n 个碱基的识别序列的出现频率为 $(1/4)^n$。但是,实际上由于碱基排列并不完全随机,而且不同生物碱基含量不同,因此酶位点的分布及频率也不同。

2)识别序列的结构

限制性核酸内切酶识别序列的结构大多为 180° 旋转对称的回文结构（palindromic structure）。在一般的语言中,回文结构是指顺看、反看都一样的句子,如"step on no pets"就是一种回文体,正向阅读和反向阅读都一样。DNA 的回文结构也是引申其中意义,其显著特征是在识别序列中心轴两侧的核苷酸是两两对称互补配对的,即同一条单链以中心轴对折可形成互补的双链。而且两条互补链 5' 到 3' 的序列相同（意即上面的链必须从左往右读,下面的链从右往左读）,将一条链旋转 180° 后可与另一条链重叠。如 *Eco*R Ⅰ 的识别序列是:

$$\xrightarrow{\hspace{3cm}}$$
$$5'\text{-GAATTC-}3'$$
$$3'\text{-CTTAAG-}5'$$
$$\xleftarrow{\hspace{3cm}}$$

按箭头方向,以 DNA 从 5' 到 3' 方向读序,两条单链顺看、反看都一样,碱基排列顺序都是 GAATTC。对称轴位于第三和第四位碱基之间,其左右两侧碱基依次互补配对。

2.切割位点特异性

1)切割的位置

DNA 分子在限制性核酸内切酶的作用下,使多聚核苷酸链上磷酸二酯键断开的位置称为切割位点,用"↓"或"/"表示。限制性核酸内切酶在 DNA 上切割的位点大多数在序列内部,如 *Eco*R Ⅰ(5'-G↓AATTC-3'),*Ban* Ⅲ(5'-AT↓CGAT-3'),*Sma* Ⅰ(5'-CCC↓GGG-3'),*Pst* Ⅰ(5'-CTGCA↓G-3')等;也有少数则位于识别序列两侧,如 *Sau*3A Ⅰ(5'-↓GATC-3'),*Nla* Ⅲ(5'-CATG↓-3'),*Eco*R Ⅱ(5'-↓CCAGG-3')等。

2)产生的末端

DNA 分子经限制性核酸内切酶切割后产生的 DNA 片段末端,通常有以下两种形式。

(1)黏性末端:切割时,DNA 两条链的断裂位置是交错的,但又是对称地围绕着一个对称轴排列,产生的两个DNA末端会带有5′突出或3′突出的DNA单链,它们是相同的,也是互补的,带有这种末端的DNA分子很容易通过碱基互补配对而"黏"在一起,所以称之为黏性末端(cohesive end)或匹配黏端(matched end)。

如果在对称轴5′侧切割底物,DNA双链交错断开产生5′突出黏性末端,如 *EcoR* Ⅰ:

$$5'\text{-G}\downarrow\text{AATTC-}3' \xrightarrow{EcoR\ \text{Ⅰ}} 5'\text{-G} \qquad \text{AATTC-}3'$$
$$3'\text{-CTTAA}\uparrow\text{G-}5' \qquad\qquad 3'\text{-CTTAA} \quad + \quad \text{G-}5'$$

如果在对称轴3′侧切割底物,DNA双链交错断开产生3′突出黏性末端,如 *Pst* Ⅰ:

$$5'\text{-CTGCA}\downarrow\text{G-}3' \xrightarrow{Pst\ \text{Ⅰ}} 5'\text{-CTGCA} \qquad \text{G-}3'$$
$$3'\text{-G}\uparrow\text{ACGTC-}5' \qquad\qquad 3'\text{-G} \quad + \quad \text{ACGTC-}5'$$

(2)平末端:切割时,若DNA两条链的断裂位置是位于回文对称轴上,产生的DNA片段是平末端(blunt end),即没有短的单链存在,如 *Hae* Ⅲ和 *Sma* Ⅰ。产生平末端的DNA可任意连接,但连接效率较黏性末端低。

$$5'\text{-GG}\downarrow\text{CC-}3' \xrightarrow{Hae\ \text{Ⅲ}} 5'\text{-GG} \qquad \text{CC-}3'$$
$$3'\text{-CC}\uparrow\text{GG-}5' \qquad\qquad 3'\text{-CC} \quad + \quad \text{GG-}5'$$

$$5'\text{-CCC}\downarrow\text{GGG-}3' \xrightarrow{Sma\ \text{Ⅰ}} 5'\text{-CCC} \qquad \text{GGG-}3'$$
$$3'\text{-GGG}\uparrow\text{CCC-}5' \qquad\qquad 3'\text{-GGG} \quad + \quad \text{CCC-}5'$$

3)同裂酶

一类来源不同,但是具有相同识别序列的限制性核酸内切酶称为同裂酶(isoschizomer),也称异源同工酶。它们的切割位点可能相同或不同,具体可分为以下几种情况。

(1)识别序列相同,切割位点相同,如 *Sau*3A Ⅰ(5′-↓GATC-3′)和 *Mob* Ⅰ(5′-↓GATC-3′),*Bam* H Ⅰ(5′-G↓GATCC-3′)和 *Bst* Ⅰ(5′-G↓GATCC-3′),*Hind* Ⅱ(5′-GTY↓RAC-3′)与 *Hinc* Ⅱ(5′-GTY↓RAC-3′)(Y=C 或 T,R=A 或 G),这类酶称为同序同切酶。

(2)识别序列相同,切割位点不同,如 *Kpn* Ⅰ(5′-GGTAC↓C-3′)和 *Acc*65 Ⅰ(5′-G↓GTACC-3′),*Aat* Ⅱ(5′-GACGT↓C-3′)和 *Zra* Ⅰ(5′-GAC↓GTC-3′),*Sma* Ⅰ(5′-CCC↓GGG-3′)和 *Xma* Ⅰ(5′-C↓CCGGG-3′),这类酶称为同序异切酶。

(3)还有些识别简并序列的限制性核酸内切酶包含另一种限制性核酸内切酶的功能,如 *Apo* Ⅰ(5′-R↓AATTY-3′)(R=G 或 A,Y=C 或 T),即可识别并切割5′-G↓AATTC-3′、5′-A↓AATTC-3′、5′-G↓AATTT-3′、5′-A↓AATTT-3′四种序列,而 *EcoR* Ⅰ(5′-G↓AATTC-3′),由此 *Apo* Ⅰ包含 *EcoR* Ⅰ的功能,这类酶称为同功多位酶。

4)同尾酶

有一类限制性核酸内切酶,来源不同,识别的靶序列也不同,但是它们产生相同的黏性末端,称为同尾酶(isocaudarner)。例如常用的限制性核酸内切酶 *BamH* Ⅰ(5′-G↓GATCC-3′)、*Bcl* Ⅰ(5′-T↓GATCA-3′)、*Bgl* Ⅱ(5′-A↓GATCT-3′)就是一组同尾酶,它们的识别序列和切割位点各不相同,但是切割各自识别序列的DNA后,产生相同的5′-GATC黏性末端。显而易见,这些切割产生的DNA片段通过黏性末端之间的互补作用而彼此连接起来,在基因克隆实验中很有用处。需要注意的是,由一对同尾酶分别产生的黏性末端连接后形成的新的位点,特称之为杂交位点(hybrid site)。这种杂交位点一般不能再被原来的任何一种同尾酶识别(图 2-2),但也有个别情况例外,如 *Sau*3A Ⅰ(5′-↓GATCC-3′)和 *BamH* Ⅰ同尾酶形成的杂交位点,对 *Sau*3A Ⅰ仍然是敏感的,但已不再是 *BamH* Ⅰ的靶位点。

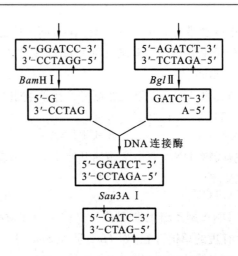

图 2-2　杂交位点的形成及切割

2.1.4　影响限制性核酸内切酶活性的因素

影响限制性核酸内切酶活性的因素有许多,概括起来主要有以下几种。

1. DNA 的纯度

限制性核酸内切酶消化 DNA 底物的反应效率,很大程度上取决于所使用的 DNA 本身的纯度。在 DNA 样品中常见的一些物质,如蛋白质、酚、氯仿、乙醇、乙二胺四乙酸(EDTA)、SDS(十二烷基硫酸钠),以及高浓度的盐离子等,都有可能抑制核酸内切酶的活性。所以高纯度的 DNA 样品对酶解反应是必需的。当条件受到限制,且必须在 DNA 纯度不高的情况下进行切割时,一般采用以下几种方法。

(1)增加限制性核酸内切酶的用量,平均每微克底物 DNA 可高达 10 单位甚至更多些。

(2)扩大酶催化反应的体积,以使潜在的抑制因素被相应地稀释。

(3)延长酶催化反应的保温时间。

(4)在反应混合物中加入终浓度为 1～2.5 mmol/L 的多聚阳离子亚精胺,有利于限制性核酸内切酶对基因组 DNA 的消化作用。由于在 4 ℃下亚精胺会促使 DNA 沉淀,因此应将反应混合物在适当的温度下保温数分钟之后方可加入。

还有些 DNA 样品中会因污染而有少量的 DNase。由于 DNase 的活性需要有 Mg^{2+} 的存在,在 DNA 的储存缓冲液中含有二价金属离子螯合剂 EDTA,因此,在这种制剂中 DNA 不会被 DNase 降解。然而在加入了限制性核酸内切酶缓冲液之后,DNA 则会被 DNase 迅速地降解掉。要避免发生这种情况,唯一的办法就是使用高纯度的 DNA。

2. DNA 的甲基化程度

在真核生物和原核生物中存在大量的甲基化酶(methylase)。原核生物中的甲基化酶作为限制与修饰系统中的一员,用于保护宿主 DNA 使其不被相应的限制性核酸内切酶切割,所以当识别序列中特定核苷酸发生甲基化时,便会强烈地影响限制性核酸内切酶的活性。在 E. coli 中,大多数有两种位点特异性的 DNA 甲基化酶:一种是 dam 甲基化酶(DNA adenine methylase),可在 GATC 序列中的腺嘌呤 N(6)位置上引入甲基;另一种是 dcm 甲基化酶(DNA cytosine methylase),识别 CCAGG 或 CCTGG 序列,在第二个胞嘧啶的 C(5)位置上引入甲基。

$$GATC \xrightarrow{\text{dam 甲基化酶}} G^{6m}ATC$$

$$CC(A/T)GG \xrightarrow{\text{dcm 甲基化酶}} C^{5m}C(A/T)GG$$

通常从大肠杆菌宿主细胞中分离而来的质粒 DNA,都混有这两种作用于特定核苷酸序列的甲基化酶,因此,质粒 DNA 只能被限制性核酸内切酶局部消化,甚至完全不能消化,是属于对甲基化作用敏感的一类。为了避免产生这样的问题,在基因克隆中使用失去了甲基化酶的大肠杆菌菌株制备质粒 DNA。

限制性核酸内切酶不能够切割甲基化的核苷酸序列,这种特性在有些情况下是很有用的。例如,当甲基化酶的识别序列同某些限制性核酸内切酶识别序列相邻时,就会抑制在这些位点的切割作用,这样便改变了限制性核酸内切酶识别序列的特异性。另一方面,若要使用合成的衔接物修饰 DNA 片段的末端,一个重要的处理是在衔接物被酶切之前,通过甲基化作用将内部的限制性核酸内切酶识别位点保护起来。

3. 酶切反应的温度

大多数限制性核酸内切酶的标准反应温度都是 37 ℃,但也有例外(表 2-2)。如 Sma Ⅰ是 25 ℃,Apa Ⅰ是 30 ℃,Mae Ⅰ是 45 ℃,有的甚至高达 60 ℃ 以上,如 BstE Ⅱ是 60 ℃ 等。消化反应的温度低于或高于最适温度,都会影响限制性核酸内切酶的活性,甚至最终导致完全失活。如 Taq Ⅰ限制性核酸内切酶,正常反应温度为 65 ℃,在 37 ℃ 时酶活性只有在 65 ℃ 时的 10%;Apo Ⅰ正常反应温度为 50 ℃,在 37 ℃ 时酶活性只有 50 ℃ 时的 50%。

表 2-2　部分限制性核酸内切酶的最适反应温度

酶	反应温度/℃	酶	反应温度/℃
Apa Ⅰ	30	Mae Ⅰ	45
Apy Ⅰ	30	Mae Ⅱ	50
Ban Ⅰ	50	Mae Ⅲ	55
Bcl Ⅰ	50	Sma Ⅰ	25
BstE Ⅱ	60	Taq Ⅰ	65

4. DNA 分子结构

DNA 分子的不同构型对限制性核酸内切酶的活性也有很大的影响。某些限制性核酸内切酶,切割超螺旋的质粒 DNA 或病毒 DNA 所需要的酶量要比消化线状 DNA 的高出许多倍,最高的可达 20 倍。

还有些限制性核酸内切酶切割它们自己的处于不同部位的限制位点,其效率也有明显的差别,即对同一底物中的有些位点表现出偏爱性切割,这种现象称为位点偏爱(site preference)。例如 EcoR Ⅰ酶切割 λ 噬菌体的 5 个位点时并不是随机的,靠近右端的位点比分子中间的位点快 10 倍。λ 噬菌体 DNA 有 4 个 Sac Ⅱ位点,3 个在中央,1 个在右臂,对中央 3 个位点的酶切速度快 50 倍。据推测这很可能是由识别序列两侧的侧翼序列的核苷酸成分的差异造成的。在腺病毒 2 中,CTCGAG 位点对 PaeR7 Ⅰ完全抵抗,但同裂酶 Xho Ⅰ很易切割,原因是 5′ 末端有 1 个 CT 二核苷酸。尽管这样的偏爱性切割在通常的实验中是无关紧要的,然而当涉及局部酶切消化时,则是必须考虑的重要参数。

5. 限制性核酸内切酶缓冲液

一般的限制性核酸内切酶的标准缓冲液的组分包括 $MgCl_2$、NaCl 或 KCl、Tris-HCl、β-巯基乙醇(β-ME)或二硫苏糖醇(DTT)以及牛血清蛋白(BSA)。二价的阳离子,通常是 Mg^{2+},是酶活性正常发挥所必需的。Tris-HCl 的作用在于维持反应体系 pH 值的稳定,对于绝大多数限制性核酸内切酶来说,在 pH＝7.4 的条件下,其功能最佳。巯基试剂对于保持某些限制性核酸内切酶的稳定性是有用的,但它同样也有利于潜在污染杂质的稳定性。有些酶反应体系中需要加入 BSA,以防止酶在低浓度蛋白质溶液中变性,使用浓度为 $100\ \mu g/mL$。

不同的限制性核酸内切酶对离子强度的要求差异很大,因此可将限制性核酸内切酶的缓冲液按离子强度(以 NaCl 计)的差异分为高(100 mmol/L)、中(50 mmol/L)、低(0 mmol/L)三种类型。厂商提供某种限制性核酸内切酶时,一般会同时提供一种相应的缓冲液。厂商提供的缓冲液是 5 倍或 10 倍浓度的液体,使用时只需分别加反应总体积的 1/5 或 1/10。一般来讲,不同厂商的缓冲液成分不完全相同,最好是购买哪家公司的酶就使用其配套的缓冲液。

每种限制性核酸内切酶都有自己特异的识别位点,在正常的反应条件下,其序列识别特异性不会改变。但当条件发生改变时,许多酶的识别位点会发生改变,切割与识别序列相似的序列,这种特性称为星号活性(star activity)。如 EcoR Ⅰ,在正常情况下,其靶序列为GAATTC,但若缓冲液中甘油超过 5%(体积分数),可在 NAATTN(N 代表任一碱基)处切割,降低识别和切割序列特异性,以 EcoR Ⅰ* 表示这种活性。实际上星号活性是限制性核酸内切酶的一般性质,如 Apo Ⅰ、Ase Ⅰ、BamH Ⅰ、BssH Ⅱ、EcoR Ⅰ、EcoR Ⅴ、Hind Ⅲ、Hinf Ⅰ、Kpn Ⅰ、Pst Ⅰ、Taq Ⅰ、Xmn Ⅰ等酶在非标准条件下皆可表现星号活性(表 2-3)。引起星号活性的因素很多,如甘油浓度高(>5%),酶过量(>100 U/μL),离子强度低(<25 mmol/L),pH 值过高(>8.0),或是加了有机溶剂(二甲基亚砜、乙醇、乙二醇、二甲基乙酰胺和二甲基甲酰胺),使用其他二价阳离子(如 Mn^{2+}、Cu^{2+}、Co^{2+} 或 Zn^{2+})代替了 Mg^{2+}。由于星号活性会导致 DNA 的切割反应过程出现非特异性 DNA 片段,严重影响进一步的 DNA 连接重组,因此在使用过程中需要严格控制反应条件,避免出现星号活性。

表 2-3　能产生星号活性的部分限制性核酸内切酶

限制性核酸内切酶	产生星号活性的条件
Ava Ⅰ、Ava Ⅱ、Hae Ⅲ、Hha Ⅰ、Nco Ⅰ、Pst Ⅰ、Pvu Ⅱ、Sac Ⅰ、Sal Ⅰ、Sau3A Ⅰ、Mbo Ⅰ、Van11 Ⅰ、Xba Ⅰ	高浓度甘油
Bgl Ⅰ、Spe Ⅰ、Sse8387 Ⅰ、Swa Ⅰ	低离子强度
Bst7107 Ⅰ、Sna Ⅰ	低盐浓度
Hind Ⅲ、Sfi Ⅰ	存在 Mn^{2+}
Avi Ⅱ、Mst Ⅰ、Fsp Ⅰ	碱性
PshB Ⅰ	低 pH 值
Ban Ⅱ、HgiJ Ⅱ、BstP Ⅰ、BstE Ⅱ、EcoO65 Ⅰ、Mun Ⅰ、Mfe Ⅰ	高浓度甘油、低离子强度
TthHB8 Ⅰ、Taq Ⅰ	碱性、低离子强度
Tth111 Ⅰ	存在 Mn^{2+}、碱性
EcoT22 Ⅰ、Ava Ⅲ	存在 β-巯基乙醇、低离子强度
Eam1105 Ⅰ、Fba Ⅰ、Bcl Ⅰ、Ssp Ⅰ	高浓度甘油、碱性、低离子强度
Bam H Ⅰ、EcoR Ⅰ	高浓度甘油、存在 Mn^{2+}、低离子强度
Sca Ⅰ	存在 Mn^{2+}、碱性、低离子强度

(引自龙敏南等,2010)

2.1.5　限制性核酸内切酶切割 DNA 的方法

限制性核酸内切酶切割 DNA 的常用方法有单酶切、双酶切和部分酶切。

1. 单酶切

单酶切是指用一种限制性核酸内切酶切割 DNA 样品,这是 DNA 片段化最常用的方法。如果 DNA 样品是环状 DNA 分子,产生的 DNA 片段数与识别位点数(n)相同,并且 DNA 片段的两个末端是相同的。如果样品是线状 DNA 分子,产生的 DNA 片段数为 $n+1$,其中有两个片段的一端仍保留原来的末端。

2. 双酶切

双酶切是指用两种不同的限制性核酸内切酶切割同一种 DNA 分子,从而产生的 DNA 分子片段带有两个不同的末端,这是实验操作中常用的手段之一。如果载体分子也用同样的两种酶切割,那么可以把外源 DNA 酶切片段定向地插入载体分子中,实现基因重组。

使用两种酶同时进行 DNA 切割反应时,为了节省反应时间,通常希望在同一反应体系内进行同步酶切,这时要求酶的反应缓冲液和反应温度是相同的。商品化的限制性核酸内切酶有很多是在几种缓冲液中都具有很高的内切酶活性,因此,在实际操作中,可以选择使所用的两种限制性核酸内切酶都具有活性的缓冲液或通用缓冲液来进行酶切反应。

在很多情况下,两种限制性核酸内切酶的反应条件不一样,这就需要分步酶切。如果两种限制性核酸内切酶的反应温度不同,则先用反应温度较低的酶进行切割,升温后再加入第二种酶进行切割。如果两种限制性核酸内切酶的反应体系不同,则可在第一种酶切割后,经过凝胶电泳回收需要的 DNA 片段,再选用合适的反应体系,进行第二种限制性核酸内切酶的切割。如果两种限制性核酸内切酶要求的盐浓度不同,当两种酶对于盐浓度要求不大时(如一种酶属于中盐组,另一种酶属于高盐组),可同时进行酶切反应,只是选择对价格较贵的酶有利的盐浓度,而另一种酶可以通过加大酶量的方法来弥补因盐浓度不合适所造成的活性损失。当两种酶对于盐浓度要求差别较大时,则不适宜同时进行酶切反应,可考虑选用以下方法:①选择限制性核酸内切酶通用缓冲液;②首先用低盐组的酶进行切割,然后加热灭活该酶,调节盐浓度,再用高盐组的酶进行切割;③一种酶切反应结束后,纯化回收 DNA 片段,再进行第二种酶切反应,这时不必考虑使用酶的先后顺序。总之,每种方法各有利弊,实验中需要根据具体情况选择合适的方法。

3. 部分酶切

部分酶切是指选用的限制性核酸内切酶对其在 DNA 分子上的全部识别序列进行不完全切割,酶切只发生在部分位点。部分酶切通常是在构建基因文库或者需要酶切基因组后,为获得一定大小范围内的片段而使用的酶切方法。在实验中可以通过缩短酶切消化的反应时间或降低反应温度以约束酶的活性而达到部分酶切的目的。

2.2　DNA 连接酶

同限制性核酸内切酶一样,DNA 连接酶的发现与应用对于重组 DNA 技术的创立和发展具有头等重要意义。DNA 连接酶被誉为基因工程"缝合"基因的"分子针线"。DNA 连接酶是体外构建重组 DNA 分子必不可少的基本工具酶。

2.2.1　DNA 连接酶的发现

　　1967 年世界上几个实验室同时发现了一种能将两段核酸连接起来的酶,即 DNA 连接酶(DNA ligase)。DNA 连接酶广泛存在于各种生物体内,通过催化双链 DNA 片段靠在一起的 3′羟基末端与 5′磷酸基团末端之间通过形成磷酸二酯键而使两末端连接起来,形成重组 DNA。它在 DNA 复制、DNA 修复以及体内、体外重组过程中发挥重要作用。

　　值得注意的是 DNA 连接酶并不能够连接两条单链的 DNA 分子或环化的单链 DNA 分子,被连接的 DNA 链必须是双螺旋的一部分,即 DNA 连接酶是封闭双螺旋 DNA 骨架上的切口(nick),而非缺口(gap)。对于双链 DNA 分子,在一条链上失去一个磷酸二酯键称为切口,失去一段单链片段称为缺口。连接作用还要求双链 DNA 切口处的 3′端有游离的羟基(3′-OH),5′端有磷酸基团(5′-P),只有当两者彼此相邻时,连接酶才能在两者之间形成磷酸二酯键,以共价键相连(图 2-3)。

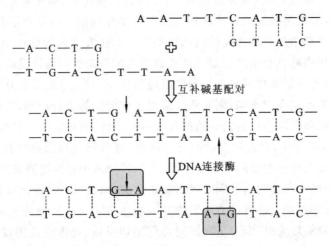

图 2-3　DNA 连接酶催化 DNA 切口的连接

2.2.2　DNA 连接酶的种类

　　DNA 连接酶形成共价键的连接反应需要提供能量,依据反应时所需能量辅助因子不同分为两类:一类是依赖 ATP 的 DNA 连接酶;另一类是依赖 NAD^+ 的 DNA 连接酶。依据其来源,可分为三类:T_4 DNA 连接酶、大肠杆菌 DNA 连接酶和热稳定 DNA 连接酶。

　　1. T_4 DNA 连接酶

　　T_4 DNA 连接酶(T_4 DNA ligase)由 T_4 噬菌体 30 基因编码,相对分子质量为 60000,是基因工程广泛使用的连接酶。反应需要 ATP 提供能量。T_4 DNA 连接酶可以催化 DNA-DNA、DNA-RNA、RNA-RNA 和双链 DNA 黏性末端或平末端之间的连接反应,但平末端之间的连接效率较低。反应体系中加入低浓度的聚乙二醇(一般为 10%)和单价阳离子(150~200 mmol/L NaCl),或者适当提高酶量和底物浓度均可以提高平末端连接效率。

　　2. 大肠杆菌 DNA 连接酶

　　大肠杆菌 DNA 连接酶(*E. coli* DNA ligase)相对分子质量为 74000,由 *lig* 基因编码。与

T_4 DNA 连接酶不同,反应需要的不是 ATP,而是烟酰胺腺嘌呤二核苷酸(NAD^+)作为能源辅助因子,且其平末端连接效率要远远低于 T_4 DNA 连接酶,不能连接 RNA 分子。在分子克隆实验中不常用该连接酶。

3. 热稳定 DNA 连接酶

热稳定 DNA 连接酶(thermostable DNA ligase),是从嗜热高温放线菌(*Thermoactinomyces thermophilus*)中分离得到的,它能够在高温下催化两条寡核苷酸探针的连接反应。热稳定 DNA 连接酶以 NAD^+ 为辅助因子,经过多次热循环后依然保持活性,因此被广泛应用于检测哺乳类 DNA 突变的扩增反应中。

2.2.3　黏性末端 DNA 片段的连接

DNA 连接酶最突出的特点是,它能够催化外源 DNA 和载体分子之间发生连接作用,形成重组的 DNA 分子。具有互补黏性末端的 DNA 片段之间的连接比较容易,在 DNA 重组中也比较常用。

1. 同一种酶产生的黏性末端的连接

在 DNA 分子连接中,由同一种酶产生的相同黏性末端 DNA 片段的连接是 DNA 体外连接最简单的一种方法,如图 2-4 所示。选用一种对载体 DNA 只具有唯一限制酶切位点的限制性核酸内切酶进行特异性切割,形成全长的具有黏性末端的 DNA 分子,然后用同一种限制性核酸内切酶对外源 DNA 进行切割,形成同载体相同的黏性末端。在 DNA 连接酶的作用下,

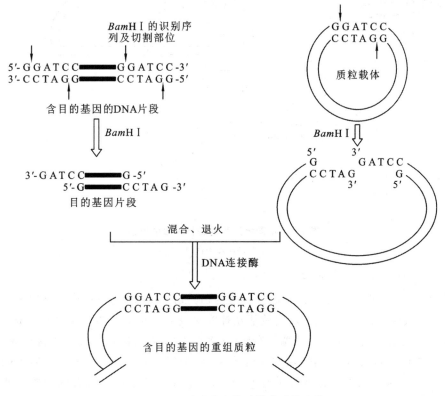

图 2-4　同一种酶产生的黏性末端的连接

(引自刘志国等,2010)

两者通过末端碱基互补配对发生退火形成重组 DNA 分子。

按上述方法构建的重组 DNA 分子也存在一些缺点:①由限制性核酸内切酶产生的具有黏性末端的载体 DNA 的两个末端碱基序列也是互补的,在连接反应中,很容易发生线状的载体 DNA 的自身环化,形成空载体,给后续的筛选造成不便。为了避免载体的重新环化,可用细菌的或小牛肠碱性磷酸酶在 DNA 连接之前预先处理线状的载体 DNA 分子,移去线状载体 DNA 两末端的 5′磷酸基团。②由于载体和外源 DNA 片段用同样的限制性核酸内切酶切割,外源 DNA 片段可以正、反两种方向插入载体 DNA 中,而这对于基因克隆是非常不利的。

2. 不同酶产生的黏性末端的连接

用两种限制性核酸内切酶切割载体 DNA 和外源 DNA 片段,使载体和外源目的基因的两端形成不同的黏性末端,然后在连接酶的作用下相同的黏性末端可退火连接成重组 DNA 分子,从而实现 DNA 的定向连接(directional ligation),即外源 DNA 只能以一个方向插入载体两个限制酶切位点之间,从而完成基因的定向克隆(图 2-5)。

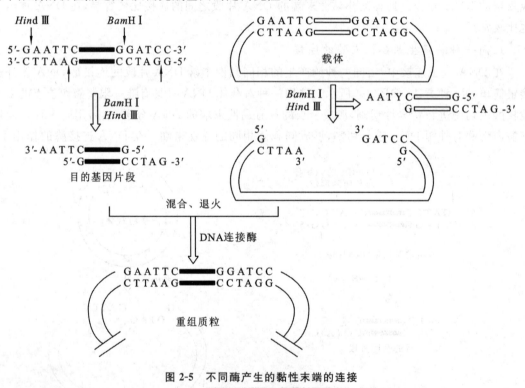

图 2-5　不同酶产生的黏性末端的连接

(引自刘志国等,2010)

3. 非互补的黏性末端的连接

当载体和外源 DNA 片段经过限制性核酸内切酶切割后,产生非互补的黏性末端时,将无法在 DNA 连接酶的作用下,利用末端碱基互补配对发生退火形成重组 DNA 分子。此时,通常将非互补的黏性末端修饰成平末端,再按平末端连接的方法进行连接。通常将黏性末端变为平末端的方法有:①5′突出黏性末端的补平,一般选择大肠杆菌 DNA 聚合酶Ⅰ的 Klenow 片段聚合酶进行填补;②3′突出黏性末端的切平,一般使用 T₄ DNA 聚合酶或单链的 S1 核酸酶切平。

2.2.4　平末端 DNA 片段的连接

如果限制性核酸内切酶切割后产生的是平末端的 DNA 片段,那么不管是用何种限制性核酸内切酶切割,也不管是用何种方法产生的,都可以通过 T₄ DNA 连接酶进行连接。由于平末端 DNA 分子间的连接属于分子间的反应,其连接效率只有黏性末端的 1%～10%。一般在连接反应体系中通过加入高浓度的 T₄ DNA 连接酶,使之达到黏性末端连接酶浓度的 10 倍;增加平末端 DNA 的浓度,以提高平末端之间的碰撞概率;选择适当的反应温度(一般为 20～25 ℃),促进 DNA 平末端之间的碰撞,增加连接酶的反应活性;加入低浓度的聚乙二醇,促进DNA 分子凝聚,提高连接效率等措施来提高平末端之间的连接效率。

尽管如此,平末端连接还是存在一些缺陷:①连接效率低;②黏性末端补平或切平的平末端常常破坏限制性核酸内切酶原有的识别序列;③平末端外源 DNA 在载体中可以双向插入;④在较高底物浓度下,可产生多拷贝外源 DNA 片段插入载体。为了克服以上缺陷,对平末端的连接通常采用同聚物加尾法、衔接物连接法及 DNA 接头连接法等方法。

1. 同聚物加尾法

末端脱氧核苷酸转移酶是从动物组织中分离出来的一种异常的 DNA 聚合酶,它能够将核苷酸(通过脱氧核苷三磷酸前体)加到 DNA 分子单链延伸末端的 3′-OH 基团上。同聚物加尾法就是利用末端脱氧核苷酸转移酶转移核苷酸的这种特殊功能,在载体分子和外源双链DNA 3′-OH 末端加上互补同聚物尾巴,从而形成同聚物黏性末端,载体和外源 DNA 分子通过同聚尾之间的碱基互补,可以相互连接起来形成重组 DNA 分子。通过 DNA 片段加尾,既可以使两个平末端的 DNA 片段进行连接,也可以使平末端的 DNA 片段与黏性末端的 DNA片段进行连接(图 2-6)。

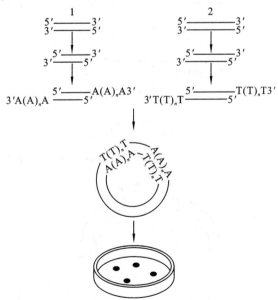

图 2-6　应用互补的同聚物加尾法连接 DNA 片段
(引自吴乃虎,1998)

在实际实验过程中,两个 DNA 分子加的同聚物尾巴并不总是一样长,这样形成的重组DNA 分子上便会留有缺口或间断。但这种修复反应不一定要在体外完成,如果互补的一对同聚物尾巴长度超过 20 nt,它们结合形成的碱基对结构是相当稳定的,这种未经完全连接的重组 DNA 分子可直接转入受体细胞,由受体细胞内部的 DNA 聚合酶和 DNA 连接酶完成对它的修复。

同聚物加尾法是一种十分有用的 DNA 分子连接法,任何一种方法制备的 DNA 片段都可以用这种方法进行连接,载体和外源片段的互补黏性末端连接效率较高,而且不存在自身环化现象。但也有不足之处:①方法烦琐;②外源片段难以回收;③由于添加了同聚物尾巴,可能影响外源基因的表达。此外,同平末端连接法一样,重组连接后往往产生某种新的限制酶切位点。

2.衔接物连接法

在重组 DNA 的研究工作中,为了深入研究,往往需要从重组体 DNA 分子上分离出克隆的 DNA 片段。如果重组 DNA 是用 T₄ DNA 连接酶的平末端连接法或是同聚物加尾法构建的,就无法用原来的限制性核酸内切酶进行特异性切割,因此也无法获得插入的外源 DNA 片段。为了克服这种缺陷,可以采用加衔接物的方法提供必要的序列,进行 DNA 分子的连接。

所谓衔接物,是指用化学方法合成的一段由 10～12 个核苷酸组成、具有一个或数个限制性核酸内切酶识别位点的平末端的双链寡核苷酸短片段。衔接物的 5′末端和待克隆的 DNA 片段的 5′末端,用多聚核苷酸激酶处理使之磷酸化,然后再通过 T₄ DNA 连接酶的作用使两者连接起来。接着用适当的限制性核酸内切酶消化具有衔接物的 DNA 分子和克隆载体分子,这样使两者产生彼此互补的黏性末端。于是可以按照常规的黏性末端连接法,将待克隆的 DNA 片段同载体分子连接起来。此方法适用于没有衔接物限制性核酸内切酶位点的外源 DNA 片段(图 2-7)。

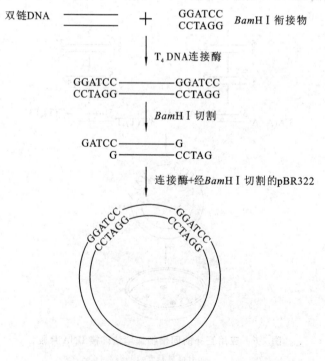

图 2-7 用衔接物分子连接平末端的 DNA 片段

(引自吴乃虎,1998)

衔接物可以在实验室用化学方法合成,也可以外购。厂商提供的衔接物有磷酸化和非磷酸化两种形式,后者在使用前需要用多聚核苷酸激酶处理才能成为连接酶的合适底物。

衔接物连接法是进行 DNA 重组的一种既有效又实用的手段,兼具同聚物加尾法和黏性末端法的优点,可以说是一种综合的方法。在实际操作中,可以根据具体情况设计具有不同限制性核酸内切酶识别位点的衔接物,使不同末端的 DNA 片段连接起来。但是此方法也有不足之处,即如果待克隆的 DNA 片段或基因的内部也含有与所加衔接物相同的限制位点,这样在酶切消化衔接物产生黏性末端的同时,也就会把外源基因切成不同的片段,给后续的亚克隆造成困难。

3. DNA 接头连接法

对于不易连接的 DNA 片段,采用人工合成的接头进行连接是比较有效的。DNA 接头是一类人工合成的一端具有某种限制性核酸内切酶黏性末端,另一端为平末端的特殊的双链寡核苷酸短片段。图 2-8 所示为一种具有 BamH Ⅰ 黏性末端的典型的 DNA 接头分子。当它的平末端与平末端的外源 DNA 片段连接之后,便会使后者成为具有黏性末端的新的 DNA 分子而易于连接重组。但实际使用时为了避免 DNA 接头通过互补碱基间的配对作用,形成如同 DNA 衔接物一样的二聚体分子,需要对 DNA 接头末端的化学结构进行必要的修饰与改造,以避免处在同一反应体系中的各个 DNA 接头分子的黏性末端之间发生配对连接。通常将人工接头黏性末端的 5'-P 去除,暴露出 5'-OH,使得 DNA 连接酶无法在 5'-OH 和 3'-OH 之间形成磷酸二酯键,不会产生稳定的二聚体分子。

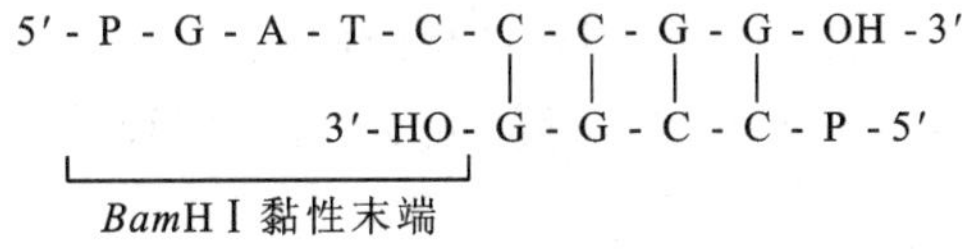

```
5'-P - G - A - T - C - C - C - G - G - OH - 3'
                    |   |   |   |
             3'- HO - G - G - C - C - P - 5'
```
BamH Ⅰ 黏性末端
(a) BamH Ⅰ 接头分子的结构

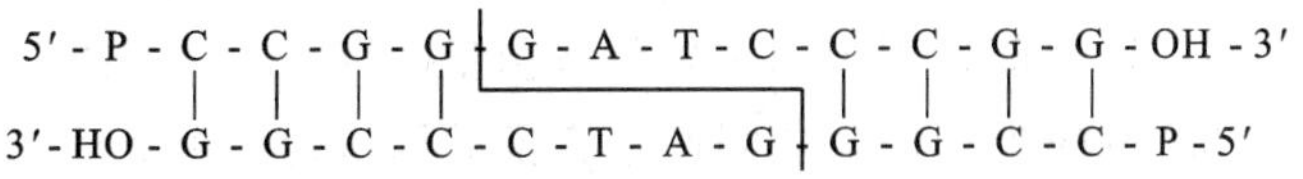

```
5'-P - C - C - G - G   G - A - T - C - C - C - G - G - OH - 3'
       |   |   |   |   |   |   |   |   |
3'- HO - G - G - C - C - C - T - A - G   G - G - C - C - P - 5'
```
(b) 两个 BamH Ⅰ 接头分子连接形成的衔接物

图 2-8　一种典型的 DNA 接头分子的结构及其彼此相连的效应

这种黏性末端被修饰的 DNA 接头分子,虽然丧失了彼此连接的能力,但其平末端仍然可以与平末端的外源 DNA 片段连接。需要注意的是,在连接之后,要用多聚核苷酸激酶使 5'-OH 末端恢复成正常的 5'-P 末端,使其可以插入适当的克隆载体分子。

2.2.5　影响连接反应的因素

1. 连接缓冲液

连接缓冲液大体含有以下组分:20~100 mmol/L 的 Tris-HCl,较多用 50 mmol/L,pH 值的范围为 7.4~7.8,较多用 7.8,目的是提供合适酸碱度的连接体系;10 mmol/L 的 $MgCl_2$,作用是激活酶反应;1~20 mmol/L 的 DTT,较多用 10 mmol/L,作用是维持还原性环境,稳定酶活性;25~50 μg/mL 的 BSA,作用是增加蛋白质的浓度,防止因蛋白质浓度过稀而造成酶的失活。与限制性核酸内切酶缓冲液不同的是连接缓冲液还含有 0.5~4 mmol/L 的 ATP,现多用 1 mmol/L,是酶反应所必需的。

2.反应 pH 值

一般将缓冲液的 pH 值调节到 7.4～7.8,较多用 7.8。有实验表明,若把 pH 值为7.5～8.0 时的酶活性定为 100%,那么体系偏碱(pH 值为 8.3)时仅为全部酶活性的 65%,当体系偏酸(pH 值为 6.9)时仅为全部酶活性的 40%。

3.ATP 浓度

T_4 DNA 连接酶需要 ATP 作为连接反应的辅助因子,其浓度对酶的影响很大。连接缓冲液中 ATP 的浓度在 0.5～4 mmol/L,较多用 1 mmol/L。研究发现,ATP 的最适浓度为0.5～1 mmol/L,过浓会抑制反应。例如,5 mmol/L 的 ATP 会完全抑制平末端连接,黏性末端的连接也有 10%被抑制;当 ATP 的浓度为 0.1 mmol/L 时,去磷酸载体的自环比例最大。由于 ATP 极易分解,因此当连接反应失败时,除了 DNA 与酶的问题外,还应考虑 ATP 的因素。含有 ATP 的缓冲液应于 −20 ℃保存,熔化取用后立即放回。连接缓冲液体积较大时最好分小管储存,防止反复冻融引起 ATP 分解。与限制酶缓冲液不同的是,含 ATP 的连接缓冲液长期放置后往往失效,所以也可自行配制不含 ATP 的缓冲液(可长期保存),临用时加入新配制的 ATP 母液。

4.反应温度与时间

温度是影响连接反应连接效率的主要因素。连接酶的最适温度为 37 ℃,但在 37 ℃时,黏性末端之间的氢键结合是不稳定的,它不足以抵御热破裂作用。在实际操作中综合考虑酶作用速率与末端结合速率,一般采用 16 ℃,连接时间为 4～16 h。对于一般的黏性末端,20 ℃ 30 min 就足以取得相当好的连接效果,当然如果时间充裕,20 ℃ 60 min 能使连接反应进行得更完全一些。对于平末端是不用考虑氢键问题的,可使用较高的温度,使酶活性得到更好的发挥。

5.连接酶浓度

T_4 DNA 连接酶的活性一般采用 Weiss 单位来衡量。Weiss 单位规定,37 ℃ 20 min 内可使 1 nmol/L ^{32}P 在有机焦磷酸与 ATP 之间产生交换的酶量为 1 个活性单位。连接酶用量与 DNA 片段的性质有关,对于具黏性末端 DNA 片段间的连接,最适的反应酶量大约是 0.1 个单位;在平末端 DNA 分子的连接反应中,如果需要连接平末端,必须加大酶量,一般用连接黏性末端酶量的 10～100 倍,最适酶量为 1～2 个单位。连接平末端时,还可加入 T_4 RNA 连接酶,在 T_4 RNA 连接酶存在下,可使平末端的连接效率提高数十倍,但对黏性末端的连接并无影响。

6.DNA 片段浓度

由于 DNA 连接反应涉及不同 DNA 分子(分子间连接),因此连接反应对 DNA 分子的末端会十分敏感。连接带有黏性末端的 DNA 片段时,DNA 浓度一般为 2～10 μg/mL;连接平末端时,需加大 DNA 浓度至 100～200 μg/mL(这里浓度的计算以假定 DNA 片段长度为 200～5000 bp 为前提)。对于长度一定的 DNA 分子,降低浓度对分子本身环化有利。这是因为在一定浓度下,DNA 分子的一个末端找到同一分子的另一个末端的概率要大于找到不同 DNA 分子末端的概率。如果提高 DNA 浓度将促进分子间的连接,因为 DNA 浓度增大,则在分子内连接反应发生之前,某一个 DNA 分子的末端碰到另一个 DNA 分子末端的可能性有所增大。

2.3 DNA 聚合酶和逆转录酶

DNA 聚合酶(DNA polymerase)是指在 DNA(或 RNA)模板指导下,以四种脱氧核糖核苷酸(dNTP)为底物,在引物 3'-OH 末端聚合 DNA 链的一类酶。根据所使用模板不同,DNA 聚合酶可以分为两类:一类是依赖 DNA 的 DNA 聚合酶,包括大肠杆菌 DNA 聚合酶Ⅰ、大肠杆菌 DNA 聚合酶Ⅰ的 Klenow 片段(Klenow 酶)、T₄ DNA 聚合酶、T₇ DNA 聚合酶等;另一类是依赖 RNA 的 DNA 聚合酶,如逆转录酶。这些酶的共同特点在于,它们能够通过聚合作用把脱氧核苷酸加到双链 DNA 分子的 3'-OH 端。这种聚合能力是 DNA 聚合酶的一种重要特性。大多数 DNA 聚合酶,例如大肠杆菌 DNA 聚合酶Ⅰ、Klenow 酶和 T₄ DNA 聚合酶等,其聚合能力都比较低,掺入不到 10 个核苷酸之后,就会从引物模板上解离下来。相反地,T₇ DNA 聚合酶则具有很强的聚合能力,可以给引物模板掺入高达数百个核苷酸,仍不会发生解离现象。这种特性对于合成长的 DNA 互补链是很有用的。DNA 聚合酶的部分性质见表2-4。

表 2-4 DNA 聚合酶的部分性质

DNA 聚合酶名称	3'→5'外切酶活性	5'→3'外切酶活性	聚合速率	持续能力
大肠杆菌 DNA 聚合酶Ⅰ	低	有	中	低
Klenow 酶	低	无	中	低
T₄ DNA 聚合酶	高	无	中	低
T₇ DNA 聚合酶	高	无	快	高
逆转录酶	无	无	低	中
Taq DNA 聚合酶	无	有	快	高

2.3.1 大肠杆菌 DNA 聚合酶Ⅰ及其应用

目前已经从大肠杆菌中分离纯化出三种 DNA 聚合酶(DNA polymerase,DNA pol),即 DNA 聚合酶Ⅰ、DNA 聚合酶Ⅱ、DNA 聚合酶Ⅲ。在这三种 DNA 聚合酶中,只有 DNA 聚合酶Ⅰ同分子克隆关系最密切。

大肠杆菌 DNA 聚合酶Ⅰ是 1957 年美国的生物化学家 A. Kornberg 首次从大肠杆菌中发现的,因此又称 Kornberg 酶。它是由大肠杆菌 polA 基因编码的一种单链多肽(相对分子质量约为 1.09×10^5),具有三种酶活性。

(1)5'→3'聚合酶活性。当模板为单链 DNA 及引物(带 3'-OH 基)或 5'端突出的双链 DNA,利用体系中的四种脱氧核糖核苷(dNTPs),催化单核苷酸分子逐个加到 3'-OH 末端,形成 3',5'-磷酸二酯键,释放出焦磷酸并使链延长(图 2-9)。新链合成的方向为 5'→3',与模板 DNA 的顺序互补。这种聚合作用需要有 Mg^{2+} 存在。

(2)5'→3'外切酶活性。从 5'末端降解双链 DNA 成单核苷酸或寡核苷酸,每次能切除多达 10 个核苷酸,这种酶活性在 DNA 损伤修复中起重要作用(图 2-10)。它还可以降解 DNA-RNA 杂交链中的 RNA 链,具有 RNase H 酶活性。这种外切酶活性要求带切除的核酸分子

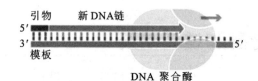

图 2-9　大肠杆菌 DNA 聚合酶 I 的 5′→3′聚合酶活性

具有游离的 5′-磷酸基团,而且核苷酸被切除之前是已经配对的。

(3)3′→5′外切酶活性。从游离的 3′-OH 末端降解单链或双链 DNA 成单核苷酸。这种外切酶活性在体内 DNA 复制时主要起校对作用。当 DNA 复制中掺入的核苷酸与模板不互补而游离时就会被其 3′→5′外切酶切除,以便重新在这个位置上聚合对应的核苷酸(图 2-11)。这种校对功能保证了 DNA 复制的真实性,从而降低突变率。该酶切活性虽然对双链 DNA 也有降解作用,但是在反应体系中有四种 dNTP 存在,由于聚合活性占有优势,因而阻碍了对双链 DNA 3′末端的降解作用。

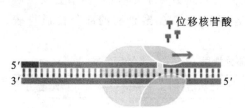

图 2-10　大肠杆菌 DNA 聚合酶 I 的
5′→3′外切酶活性

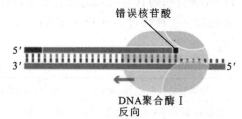

图 2-11　大肠杆菌 DNA 聚合酶 I 的
3′→5′外切酶活性

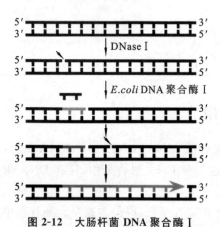

图 2-12　大肠杆菌 DNA 聚合酶 I
的切口平移法示意图

大肠杆菌 DNA 聚合酶 I 在分子克隆中的主要用途是,通过 DNA 切口平移,制备供核酸分子杂交用的带放射性标记的 DNA 探针。在 DNA 分子的单链缺口上,DNA 聚合酶 I 的 5′→3′核酸外切酶活性和聚合作用可以同时发生。利用 5′→3′外切活性 DNA 聚合酶 I 从切口的 5′端逐步水解核苷酸时,酶的聚合活性则利用切口的 3′游离的羟基逐个加上相应的单核苷酸。但由于 DNA 聚合酶 I 不能够在 3′-OH 和 5′-P 之间形成一个磷酸二酯键,因此随着反应的进行,5′一侧的核苷酸不断地被移去,3′一侧的核苷酸又按序地增补,于是缺口便沿着 DNA 分子合成的方向移动。这种切口移动的现象特称为切口平移(nick translation)(图2-12)。

应用切口平移法制备 DNA 杂交探针,其典型的反应体系是,25 μL(总体积)中含有1 μg 纯化的特定的 DNA 片段,并加入适量的 DNase I、DNA 聚合酶 I、α-^{32}P-dNTPs 和未标记的 dNTPs。其中,DNase I 的作用在于给 DNA 分子造成断裂或缺口,随后 DNA 聚合酶 I 则作用于这些单链缺口进行切口平移,使反应混合物中的 ^{32}P 标记的核苷酸取代原有的未标记的核苷酸,并最终形成从头至尾都被标记的 DNA 分子。这就是所谓的 DNA 分子杂交探针。

此外,大肠杆菌 DNA 聚合酶 I 还可用于 cDNA 第二链的置换合成、3′DNA 末端的标记等，但是现在一般用其他酶代替。

2.3.2　大肠杆菌 DNA 聚合酶 I 的 Klenow 片段及其应用

大肠杆菌 DNA 聚合酶经枯草芽孢杆菌蛋白酶或胰蛋白酶处理，可分解为两个大小不同的片段。其中大片段相对分子质量为 76000，具有 $5'{\rightarrow}3'$ 聚合酶活性和 $3'{\rightarrow}5'$ 外切酶活性。它是 1970 年由 Klenow 首次利用酶位点特异性降解的方法从大肠杆菌 DNA 聚合酶 I 中制备的，所以称为 Klenow DNA 聚合酶、Klenow 片段（Klenow fragment）或大肠杆菌 DNA 聚合酶 I 大片段。目前已将 DNA 聚合酶基因内的相应编码序列克隆表达，并由重组大肠杆菌廉价生产。大肠杆菌 DNA 聚合酶 I 小片段相对分子质量为 34000，只具有 $5'{\rightarrow}3'$ 外切酶活性，很少使用。

在 DNA 分子克隆中，Klenow DNA 聚合酶的主要用途如下：

（1）补平经限制性核酸内切酶消化的 DNA 所形成的 $3'$ 隐蔽末端。反应时是利用 Klenow DNA 聚合酶的 $5'{\rightarrow}3'$ 聚合酶活性，将 $3'$ 隐蔽末端补平为平末端。需要注意的是反应中需要加入足够的 dNTPs，否则会表现出外切酶活性。

（2）切除 DNA 的 $3'$ 突出末端。在 Klenow DNA 聚合酶 $3'{\rightarrow}5'$ 外切酶活性作用下，切除 DNA 的 $3'$ 突出末端，反应中仍需要加入足够的 dNTPs，否则外切酶活性不会停止。但这一作用现在已为 T_4 DNA 聚合酶和 T_7 DNA 聚合酶所代替，因为后两者具有更强的 $3'{\rightarrow}5'$ 外切酶活性。

（3）以含有 ^{32}P 同位素标记的脱氧核苷酸为底物，对 DNA 片段的 $3'$ 末端进行标记。与切口平移法不同，DNA 末端标记并不是将 DNA 片段的全长进行标记，而只是将其中的 $3'$ 末端进行标记，但是不能有效地标记 $3'$ 突出的 DNA 末端。

选用具有 $3'$ 隐蔽末端的 DNA 片段做放射性末端标记最为有效。用 Klenow DNA 聚合酶标记 DNA 片段末端的原理可简单地概括如下：

具有 $3'$ 隐蔽末端的待标记的 DNA 片段

$$5'\ \text{G A T C T} \cdots 3'$$
$$|$$
$$3'\qquad\text{A} \cdots 5'$$
$$\downarrow$$

在反应物中加入 Klenow DNA 聚合酶及 $\alpha\text{-}^{32}P\text{-dGTP}$，一起温育后生成

$$5'\ \text{G A T C T} \cdots 3'$$
$$|\ |$$
$$3'\quad ^{32}\text{P-G A} \cdots 5'$$

或者是（当 $\alpha\text{-}^{32}P\text{-dGTP}$ 无用时）同 $\alpha\text{-}^{32}P\text{-dATP} + \text{dGTP}$ 一起温育生成

$$5'\ \text{G A T C T} \cdots 3'$$
$$|\ |\ |$$
$$3'^{32}\text{P- A G A} \cdots 5'$$

或加 $\alpha\text{-}^{32}P\text{-dCTP}$、$\alpha\text{-}^{32}P\text{-dTTP}$ 等。

用限制性核酸内切酶切 DNA 产生平末端片段时，也可以用 Klenow DNA 聚合酶催化，在平末端标记同位素，使 $3'$ 端带有羟基的最后一个核苷酸被 $\alpha\text{-}^{32}P\text{-dNTP}$ 替换。例如 *Rsa* I（GT$\downarrow$AC）

$$5'\cdots\text{G-T-A-C} \xrightarrow[\text{Klenow DNA 聚合酶}]{\alpha\text{-}^{32}\text{P-dTTP}} 5'\text{G-T}^{*}$$
$$3'\cdots\text{C-A-T-G} \qquad\qquad 3'\text{C-A}$$

(4)在 cDNA 克隆中,用于第二链 cDNA 的合成。反应时是以第一股单链 cDNA 为模板,以弯曲的短链单股 DNA 为引物,从引物的 5′方向至 3′端进行合成。由于该酶没有小亚基,无 5′→3′外切酶活性,因此 5′端 DNA 末端不会被降解,能合成全长 cDNA。

(5)用于 Sanger 双脱氧链终止法 DNA 序列的测定。利用 Klenow DNA 聚合酶测定从引物 5′位置起 250 个碱基以内的一段 DNA 序列,但不宜用它来测定更长一段 DNA 序列或者具有二重对称和(或)同聚核苷酸段的 DNA 序列。

2.3.3 T₄ DNA 聚合酶

T₄ DNA 聚合酶(T₄ DNA polymerase),来源于 T₄ 噬菌体感染的大肠杆菌,由噬菌体基因 43 编码,相对分子质量为 114000。它与 Klenow DNA 聚合酶一样,具有 5′→3′的聚合酶活性和 3′→5′的外切酶活性,但 T₄ DNA 聚合酶的 3′→5′外切酶活性比 Klenow DNA 聚合酶高 200 倍,且 3′→5′的外切酶活性对单链 DNA 的作用比对双链 DNA 更强。

此外,T₄ DNA 聚合酶有第三种活性——取代合成。在没有 dNTPs 存在的条件下,3′→5′外切酶活性成为 T₄ DNA 聚合酶的独特功能。当反应混合物中只有一种 dNTP 时,这种外切酶活性将从 dsDNA 的 3′-OH 末端开始降解,直至进行到同反应物中唯一的 dNTP 互补的核苷酸出现时为止,最终产生出具有一定长度的 3′隐蔽末端。当反应混合物中加入足够的四种 dNTPs 时,具有一定长度 3′隐蔽末端 DNA 片段便起到引物模板的作用,其聚合作用的速率超过外切作用的速率,表现出 DNA 净合成反应。如果反应物中加入标记的脱氧核苷三磷酸(α-³²P-dNTPs),通过 T₄ DNA 聚合作用,反应物中的 α-³²P-dNTP 逐渐地取代了被外切酶活性降解掉的 DNA 片段上的原有的核苷酸,因此,这种反应称为取代合成。应用取代合成法可以给平末端或具有 3′隐蔽末端的 DNA 片段做末端标记。

T₄ DNA 聚合酶催化的取代合成法制备的高比活性的 DNA 杂交探针,与用切口平移法制备的探针相比具有两个明显的优点:第一,不会出现人为的发夹结构(用切口平移法制备的 DNA 探针则会出现这种结构);第二,应用适宜的限制性核酸内切酶切割,它们便可很容易地转变成特定序列的(链特异的)探针。

T₄ DNA 聚合酶在基因工程中的用途主要有:①以填充反应补平或标记限制性核酸内切酶消化 DNA 后产生的 3′隐蔽末端;②以取代反应对带有 3′突出末端或平末端的双链 DNA 分子进行末端标记;③借助其 3′→5′外切酶活性,以部分消化 dsDNA 法标记 DNA 片段作为杂交探针。

2.3.4 T₇ DNA 聚合酶

T₇ DNA 聚合酶(T₇ DNA polymerase)来源于 T₇ 噬菌体感染的大肠杆菌,由两种不同的亚基组成:一种是 T₇ 噬菌体基因 5 编码的蛋白质,其相对分子质量为 84000;另一种是大肠杆菌编码的硫氧还原蛋白,其相对分子质量为 12000。现在,这两种亚基的编码基因都已被克隆到质粒载体上,并在大肠杆菌细胞中实现了超量的表达。T₇ DNA 聚合酶具有极高的持续合成能力,能够在引物模板链上延伸合成数千个核苷酸,而不从模板上掉下来,是所有已知 DNA 聚合酶中持续合成能力最强的一个。此外,T₇ DNA 聚合酶还具有很高的单链及双链的 3′→5′

外切酶活性,为 Klenow DNA 聚合酶的 1000 倍。T$_7$ DNA 聚合酶没有 5′→3′外切酶活性。

　　T$_7$ DNA 聚合酶在基因工程中主要用于大分子模板的引物延伸反应,它能够根据同样的引物模板延伸合成数千个核苷酸,中间不发生任何解离现象,同时基本上不受 DNA 二级结构的影响,而这类二级结构则会阻碍大肠杆菌 DNA 聚合酶、T$_4$ DNA 聚合酶或逆转录酶的活性。此外,同 T$_4$ DNA 聚合酶一样,T$_7$ DNA 聚合酶也可以通过单纯的延伸或取代合成方法对 DNA 的 3′末端进行标记。T$_7$ DNA 聚合酶还可用于体外诱变中第二链的合成。

　　通过化学方法对天然的 T$_7$ DNA 聚合酶进行修饰,使之完全失去 3′→5′外切酶活性,但保留其 5′→3′聚合酶活性,这样使得修饰的 T$_7$DNA 聚合酶的加工能力,以及在单链模板上的聚合作用的速率增加了 3 倍,因此是 Sanger 双脱氧链终止法对长片段 DNA 进行测序的理想酶。目前,这种酶已经以测序酶(sequenase)作为商品名投放市场而被广泛使用。美国 United States Biochemical 公司在 T$_7$ DNA 聚合酶基础之上改造而成的测序酶已经完全切除了其所有的 3′→5′外切酶活性。

2.3.5　逆转录酶

　　逆转录酶,又称反转录酶,是以 RNA 为模板的 DNA 聚合酶的统称,又称依赖于 RNA 的 DNA 聚合酶(RNA dependent DNA polymerase),或 RNA 指导的 DNA 聚合酶(RNA directed DNA polymerase)。能以 RNA 为模板,催化合成互补的 DNA(complementary DNA,cDNA)单链,进而合成 DNA 第二链。在该酶催化反应中,遗传信息传递的方向是从 RNA 到 DNA,正好与转录过程相反,所以称之为逆转录酶。美国科学家 H. M. Temin 和 D. Baltimore 在 1970 年发现了逆转录酶,并因此获得了 1975 年的诺贝尔生理学或医学奖。逆转录酶的发现对遗传工程技术起到巨大的推动作用,逆转录酶是研究真核或者原核生物目的基因,构建 cDNA 文库等实验不可或缺的工具,与 Taq DNA 聚合酶等共同构成现代生物技术的基础工具酶。

　　目前,已经商品化的逆转录酶主要有两种:一种是禽源的,来源于禽成髓细胞瘤病毒(avian myeloblastosis virus,AMV);另一种是鼠源的,来源于 Moloney 鼠白血病病毒(Moloney murine leukemia virus,Mo-MLV)。AMV 逆转录酶由 2 条多肽链组成,其相对分子质量分别为 65000 和 95000,具有 5′→3′聚合酶活性和很强的 RNase H 活性,该酶在 42 ℃(鸡的正常体温)能有效地发挥作用,在 pH 值为 8.3 时活性高,能有效地复制较复杂的 mRNA。Mo-MLV 逆转录酶是单链多肽,相对分子质量为 71000,具有 5′→3′聚合酶活性和很弱的 RNase H 活性,该酶在 42 ℃时会迅速失活,在 pH 值为 7.6 时更有利于发挥作用,其基因工程产品纯度高。

　　逆转录酶的活性包括:5′→3′聚合酶活性(需 Mg^{2+}),即以 RNA 或 DNA 为模板,以带有 3′-OH 的 RNA 或 DNA 为引物,沿 5′→3′方向合成 DNA;5′→3′和 3′→5′ RNA 外切酶活性(RNase H 活性),能够从 5′或 3′端特异性地降解 DNA-RNA 的杂交链中的 RNA 链,进而保留新合成的 DNA 链。在商品化的逆转录酶中,类似于 RNase H 的活性已经被去除,只保留聚合酶活性。

　　逆转录酶是基因工程中最重要的工具酶之一,主要用于:①以 mRNA 为模板合成其互补 DNA(cDNA),用于构建 cDNA 文库,进行基因克隆等;②对具 5′端突出的 DNA 片段进行补平和标记,制备杂交探针;③代替 Klenow DNA 聚合酶或测序酶,用于 DNA 序列分析。

2.4 修饰酶类

2.4.1 末端脱氧核苷酸转移酶

末端脱氧核苷酸转移酶(terminal deoxynucleotidyl transferase,TdT),简称末端转移酶(terminal transferase),于 1960 年从小牛胸腺前淋巴细胞及分化早期的类淋巴样细胞中分离得到。该酶在二甲胂酸缓冲液中,能够催化 5′-脱氧核苷三磷酸进行 5′→3′方向的聚合作用,逐个地将脱氧核苷酸分子加到线状 DNA 分子的 3′-OH 末端(可加数百个)。反应合成的方向是从底物的 5′端向 3′端方向进行,合成时不需要模板,是一种不依赖模板的 DNA 聚合酶。但是底物要有一定长度,至少有 3 个核苷酸。反应底物可以是带有 3′-OH 末端的单链 DNA,也可以是有 3′端伸出的双链 DNA。反应时要有二价阳离子参与,如果反应底物为 dATP 或 dGTP,二价阳离子首选 Mg^{2+};如果反应底物为 dTTP 或 dCTP,二价阳离子首选 Co^{2+}。四种 dNTPs 中的任何一种都可以作为合成反应的前体物,当反应混合物中只有一种 dNTP 时,就可以形成仅由一种核苷酸组成的 3′尾巴。特称这种尾巴为同聚物尾巴(homopolymeric tail)(图 2-13)。

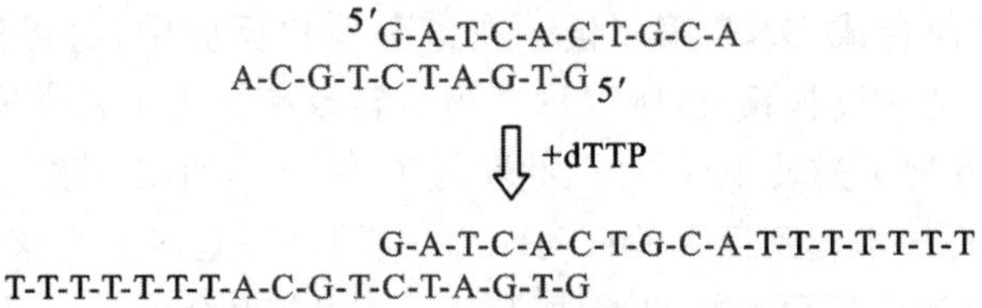

$$5'\text{G-A-T-C-A-C-T-G-C-A}$$
$$\text{A-C-G-T-C-T-A-G-T-G}\,5'$$

⇩ +dTTP

$$\text{G-A-T-C-A-C-T-G-C-A-T-T-T-T-T-T}$$
$$\text{T-T-T-T-T-T-A-C-G-T-C-T-A-G-T-G}$$

图 2-13 末端转移酶的活性

末端转移酶在基因克隆中的用途如下:

(1)应用同聚物加尾克隆 DNA 片段。在合成 cDNA 反应中,为了将 cDNA 与质粒载体连接,利用末端转移酶在质粒载体的 3′末端加接 $(GGGG)_n$,而在 cDNA 的平末端加接 $(CCCC)_n$,退火反应后两者进行连接,合成带有 DNA 片段的重组质粒(图 2-14)。

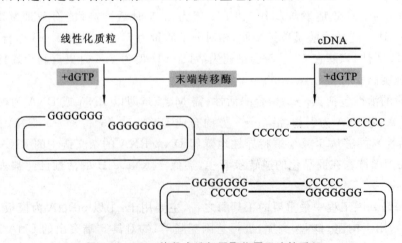

图 2-14 DNA 片段末端加同聚物尾巴连接重组

（2）应用适当的 dNTP 加尾,再产生供外源 DNA 片段插入的有用的限制位点。如用 poly (dT)加尾法产生 *Hind* Ⅲ识别位点(图 2-15)。

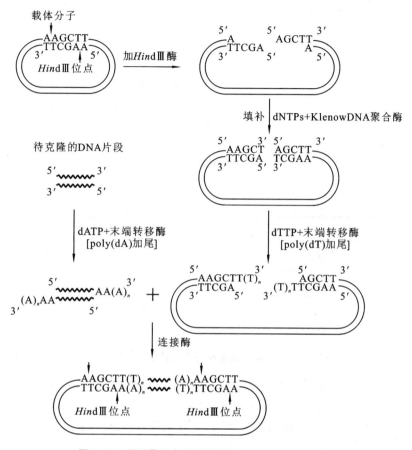

图 2-15　用同聚物加尾法再生出 *Hind* Ⅲ限制位点

（3）用于 DNA 片段的 3′末端标记。反应底物为 ^{32}P 标记的 dNTP,在末端转移酶的作用下对 DNA 片段 3′末端进行放射性同位素标记;如果底物为生物素或荧光素等非放射性标记的核苷酸,同样也可使 DNA 片段 3′末端掺入非放射性标记。

（4）按照模板合成多聚核苷同聚物。

2.4.2　T₄多聚核苷酸激酶

T₄多聚核苷酸激酶(T₄ polynucleotide kinase,PNK)是由 T₄噬菌体的 *pseT* 基因编码的一种蛋白质,最初也是从 T₄噬菌体感染的大肠杆菌细胞中分离出来的,因此称为 T₄多聚核苷酸激酶。目前,已用基因工程方法实现了规模化生产。

T₄多聚核苷酸激酶能催化 ATP 上 γ-磷酸转移给 DNA 或 RNA 分子的 5′-OH 末端,使已脱磷酸化的 5′末端重新磷酸化。如果反应中使用的 ATP 为放射性同位素标记的[γ-^{32}P] ATP,那么反应产物的末端将带有放射性标记。该酶作用底物是单链或双链带有 5′-OH 末端的 DNA 或 RNA,不受分子链长短的限制(图 2-16)。

在分子克隆中该酶呈现两种反应(图 2-17):一种是正向反应(forward reaction),将 ATP 的 γ-磷酸基团直接转移到去磷酸化的 DNA 片段的 5′-OH 末端,即催化 5′-OH 末端的磷酸

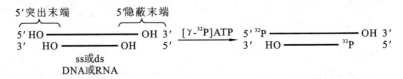

图 2-16 T₄ 多聚核苷酸激酶活性与末端标记示意图

化,这是 T_4 多聚核苷酸激酶的最主要功能;另一种是交换反应(exchange reaction),指在 [γ-³²P]ATP 和 ADP 过量的条件下,DNA 分子的 5′ 端磷酸基团转移给 ADP,然后脱磷酸化的 DNA 分子从[γ-³²P]ATP 中获得 γ-³²P 基团,即[γ-³²P]ATP 中的 γ-³²P 同 DNA 片段的 5′-P 末端进行了交换。交换反应的底物是具 5′-P 末端的双链或单链 DNA,它的标记效率一般说来不如正向反应,因此很少使用。

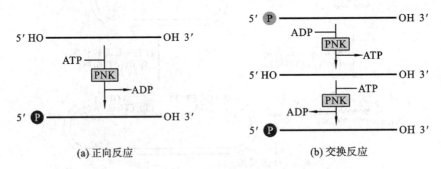

(a) 正向反应　　　　　　　　　(b) 交换反应

图 2-17 T₄ 多聚核苷酸激酶的正向反应和交换反应活性

T_4 多聚核苷酸激酶在基因工程中主要用于对缺乏 5′-P 末端的 DNA 或合成接头进行磷酸化,同时还可标记 DNA 或 RNA 分子的 5′ 末端,为 Maxam-Gilbert 化学法测序、S1 核酸酶分析、制备杂交探针以及其他须使用末端标记 DNA 的操作提供材料。

2.4.3 碱性磷酸酶

在基因工程中,常用的碱性磷酸酶(alkaline phosphatase)有两种:一种是从大肠杆菌中纯化出来的,称为细菌碱性磷酸酶(bacterial alkaline phosphatase,BAP);另一种是从小牛肠中纯化出来的,叫做小牛肠碱性磷酸酶(calf intestinal alkaline phosphatase,CIP)。它们的作用是催化核酸分子脱掉 5′ 端磷酸基团,从而使 DNA(或 RNA)片段的 5′-P 末端转换成 5′-OH 末端,这也就是所谓的核酸分子的脱磷酸作用(图 2-18)。

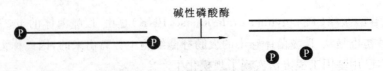

图 2-18 碱性磷酸酶的脱磷酸作用

BAP 和 CIP 在实用上有所差别。CIP 具有明显的优点,在 SDS 中加热到 68 ℃ 就完全失活,而前者却是耐热性的酶,要终止它的作用则要困难得多。即使除去极微量的 BAP 活性,需要用酚-氯仿多次抽提,而且 CIP 的活性要比 BAP 高出 10~20 倍,因此在基因克隆中 CIP 更为常用。

碱性磷酸酶在基因工程中主要有两个方面的用途:

（1）在 DNA 分子体外重组过程，用于去除 DNA 片段 5′端磷酸基团，使所产生的 5′端羟基不再参与连接反应，防止载体分子的自身环化。当载体与要插入的外源 DNA 分子发生退火，由于外源 DNA 片段带有 5′端磷酸基团，能在连接酶的作用下在连接部位形成磷酸二酯键，产生在每一条链上各有一个切口的重组子，这种分子可以防止发生重新解链作用，其上的切口可以在转化后，在宿主细胞内得到修复（图 2-19）。

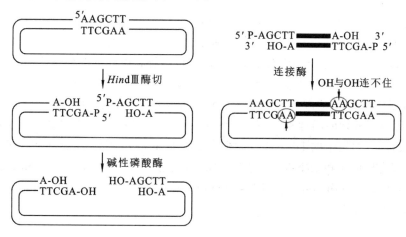

图 2-19　载体分子的去磷酸化与外源 DNA 的连接

（2）可以作为 5′末端标记的 DNA 片段。在 5′末端标记之前，去除 DNA 或 RNA 分子的 5′端磷酸基团，形成 5′-OH 末端，随后在 ^{32}P-ATP 和 T_4 多聚核苷酸激酶的作用下，使 5′端重新磷酸化并带上放射性标记。

2.5　其他工具酶

2.5.1　S1 核酸酶

S1 核酸酶是从半曲霉菌（*Aspergillus oryzae*）中分离得到的，是一种含锌的蛋白质，相对分子质量为 32000，相对耐热。

S1 核酸酶是一种单链特异的核酸内切酶，在高离子强度（0.1～0.4 mol/L NaCl）、低 Zn^{2+} 浓度（1 mmol/L）和酸性（最适 pH 值为 4.0～4.5）条件下，可以降解单链 DNA 和 RNA，产生含 5′-P 的单核苷酸或寡核苷酸，又称单链特异的核酸酶。但是调节酶的浓度，也可能降解双链 DNA 的单链缺口。对于双链 DNA、双链 RNA 以及 DNA-RNA 杂合链的作用相对较低，通常水解单链 DNA 的速度要比水解双链 DNA 的速度快 75000 倍。S1 核酸酶的活性如图 2-20 所示。

图 2-20　S1 核酸酶的活性

（引自 Brown，1990）

由于具有以上特性,S1 核酸酶可以切除双链 DNA 突出的单链末端,从而产生平末端,可以切除 cDNA 中单链发夹结构,生成无发夹结构的 cDNA,可用于分析 DNA-RNA 杂交体的结构,确定真核基因组中内含子的位置等。

2.5.2　Bal 31 核酸酶

Bal 31 核酸酶是从埃氏交替单胞菌(*Alteromonas espejiana*)BAL31 中分离的。Bal 31 核酸酶具有单链特异的内切酶活性,当底物为单链 DNA 分子时,可从 $3'$-OH 末端迅速降解 DNA。当底物是双链环形的 DNA 分子时,Bal 31 核酸酶利用其单链特异性核酸内切酶活性,通过对单链缺口或瞬时单链区的降解作用,将超螺旋的 DNA 切割成开环结构,进而成为线状双链 DNA 分子。Bal 31 核酸酶又具有双链特异的核酸外切酶活性,对于线状双链 DNA 分子,它表现为 $3' \rightarrow 5'$ 外切酶活性和 $5' \rightarrow 3'$ 外切酶活性,可有控制地从 $3'$ 末端和 $5'$ 末端逐个水解除去单核苷酸,产生缩短了的 DNA 分子(图 2-21)。除此以外,Bal 31 核酸酶还可起到核糖核酸酶的作用,催化核糖体和 tRNA 的降解。Bal 31 核酸酶的活性需要 Ca^{2+} 和 Mg^{2+},在反应混合物中加入 EGTA(ethyleneglycol-bis(β-aminoethyl ether)tetraacetic acid,乙二醇双 β-氨基乙醚四乙酸)可终止反应。

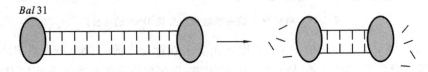

图 2-21　Bal 31 核酸酶的活性
(引自 Brown,1990)

Bal 31 核酸酶由于具有上述特殊的性能,在分子克隆实验中是一个十分有价值的工具酶。其主要用途包括:①确定 DNA 片段的限制酶图谱;②诱发 DNA 发生缺失突变;③研究超螺旋 DNA 分子的二级结构,并改变因诱变剂处理所出现的双链 DNA 的螺旋结构。

2.5.3　核酸外切酶

核酸外切酶(exonuclease)是一类能从 DNA 或 RNA 链的一端开始按顺序催化水解 $3'$,$5'$-磷酸二酯键,产生单核苷酸(DNA 为 dNTP,RNA 为 NTP)的核酸酶。只作用于 DNA 的核酸外切酶称为脱氧核糖核酸外切酶,只作用于 RNA 的核酸外切酶称为核糖核酸外切酶。核酸外切酶从 $3'$ 端开始逐个水解核苷酸时,称为 $3' \rightarrow 5'$ 核酸外切酶,水解产物为 $5'$ 核苷酸;核酸外切酶从 $5'$ 端开始逐个水解核苷酸时,称为 $5' \rightarrow 3'$ 核酸外切酶,水解产物为 $3'$ 核苷酸。

核酸外切酶按其作用特性的差异,可以分为单链的核酸外切酶和双链的核酸外切酶。

单链的核酸外切酶包括大肠杆菌核酸外切酶Ⅰ(*Exo* Ⅰ)和核酸外切酶Ⅶ(*Exo* Ⅶ)等。核酸外切酶Ⅶ能够从 $5'$-末端或 $3'$-末端呈单链状态的 DNA 分子上降解 DNA,产生寡核苷酸短片段,而且是唯一不需要 Mg^{2+} 的活性酶,是一种耐受性很强的核酸酶。核酸外切酶Ⅶ可以用来测定基因组 DNA 中一些特殊的间隔序列和编码序列的位置。它只切割末端有单链突出的 DNA 分子。

双链的核酸外切酶有大肠杆菌核酸外切酶Ⅲ(*Exo* Ⅲ)、λ 噬菌体核酸外切酶(λ *Exo*)以及 T_7 基因 6 核酸外切酶等。大肠杆菌核酸外切酶Ⅲ具有多种催化功能,可以降解双链 DNA 分子中的许多类型的磷酸二酯键。其中主要的催化活性是催化双链 DNA 按 $3'{\rightarrow}5'$ 的方向从 $3'$-OH 末端释放 $5'$-单核苷酸(图 2-22)。大肠杆菌核酸外切酶 Ⅲ 通过其 $3'{\rightarrow}5'$ 外切酶活性使双链 DNA 分子产生出单链区,经过这种修饰的 DNA 再配合使用 Klenow DNA 聚合酶,同时加进带放射性同位素的核苷酸,便可以制备特异性的放射性探针。λ 噬菌体核酸外切酶最初是从感染了 λ 噬菌体的大肠杆菌细胞中纯化出来的,这种酶催化双链 DNA 分子从 $5'$-P 末端进行逐步的水解,释放出 $5'$-单核苷酸,但不能降解 $5'$-OH 末端。λ 噬菌体核酸外切酶主要用于将双链 DNA 转变成单链 DNA,供双脱氧法进行 DNA 序列分析;还可以用于从双链 DNA 中移去 $5'$ 突出末端,供末端转移酶进行加尾。T$_7$ 基因 6 核酸外切酶是大肠杆菌 T$_7$ 噬菌体基因 6 编码的产物。同 λ 噬菌体核酸外切酶一样,它可以催化双链 DNA 从 $5'$-P 末端逐步降解释放出 $5'$-单核苷酸,但与 λ 噬菌体核酸外切酶不同,它可以从 $5'$-OH 和 $5'$-P 两个末端移去核苷酸。T$_7$ 基因 6 核酸外切酶同 λ 噬菌体核酸外切酶具有同样的用途。但是由于它的加工活性要比 λ 噬菌体核酸外切酶的低,因此主要用于从 $5'$ 端开始的有控制的匀速降解。

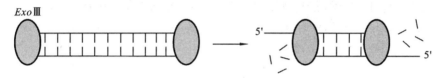

图 2-22　大肠杆菌核酸外切酶 Ⅲ 的活性

2.5.4　RNA 酶

核糖核酸酶(ribonuclease,RNA 酶)是一类生物活性非常稳定的耐热性核酸酶,可以高效降解 RNA。不同 RNA 酶的催化作用各异。

核糖核酸酶 A(ribonuclease A,RNase A)是一种被详细研究和广泛应用的核酸内切酶。RNase A 对 RNA 有水解作用,但对 DNA 则不起作用。RNase A 在 C 端和 U 端残基处专一地催化 RNA 的核糖部分 $3',5'$-磷酸二酯键的裂开,形成 $2',3'$-环磷酸衍生物寡核苷酸。如 pG-pG-pC-pA-pG 被切割产生 pG-pG-pCp 和 A-pG。在基因克隆操作中,RNase A 可以用来去除 DNA 制品中的污染 RNA,但由于有些 RNase A 的商品制剂可能污染其他酶(如 DNase),使用前注意阅读产品说明书(是否标有"DNase free")。

核糖核酸酶 H(ribonuclease H,RNase H)是一种核糖核酸内切酶,它能够特异性地水解杂交到 DNA 链上的 RNA 磷酸二酯键,产生带有 $3'$-OH 和 $5'$-P 末端的产物,故能分解 RNA-DNA 杂交体系中的 RNA 链。该酶不能消化单链或双链 DNA,主要用于在 cDNA 克隆合成第二链之前去除 RNA。

思考题

1. 简述限制性核酸内切酶的作用机制,并说明其在基因工程操作中的重要性。
2. 采用哪些方法可以将平末端的目的 DNA 转变成黏性末端? 需要注意些什么?
3. 试述连接酶作用于 DNA 片段连接反应的特性与条件。
4. 为什么说逆转录酶是一种特殊的 DNA 聚合酶? 其主要用途是什么?
5. 举例说明在基因工程中修饰性工具酶的重要用途。

扫码做习题

参考文献

[1] 孙明.基因工程[M].北京:高等教育出版社,2006.

[2] 吴乃虎.基因工程原理(上、下册)[M].2 版.北京:科学出版社,1998.

[3] 李立家,肖庚富,杨飞,等.基因工程[M].2 版.北京:科学出版社,2017.

[4] 龙敏南,杨盛昌,楼士林,等.基因工程[M].3 版.北京:科学出版社,2014.

[5] 马建岗.基因工程学原理[M].3 版.西安:西安交通大学出版社,2013.

[6] Sandy P,Richard T,Bob O. Principles of Gene Manipulation and Genomics[M]. 7th ed. New Jersey:Wiley-Blackwell,2006.

第 **3** 章   基因工程的克隆载体

【本章简介】 基因工程载体是将目的基因导入细胞的重要工具。载体携带外源基因进入受体细胞,并为目的基因的表达提供启动子元件,依靠受体细胞内生物环境和生物分子合成目的基因编码的蛋白,从而改变细胞或生物的遗传性状。常用的基因工程载体有质粒载体、噬菌体载体及其衍生的柯斯质粒载体、噬菌粒载体、病毒载体和人工染色体载体等。本章从载体的生物学特征、载体结构、载体应用等方面介绍不同类型的基因工程载体。

3.1   基因工程载体的功能

基因工程操作的目的是定向改造生物的遗传性状,这里所说的生物既包含非细胞生命形态的病毒、具有简单细胞结构的原核生物,也包括除病毒和原核生物之外的动物、植物、真菌和其他具有由膜包裹着的复杂亚细胞结构的生物及其实验室培养的原代或传代细胞系。在改变生物遗传性状过程中,最基本的操作是获得目的基因或核酸序列的克隆并将其转入特定细胞,但分离或重组的目的核酸序列自身不具备复制能力,必须通过载体携带它们进入细胞并引导目的核酸序列的复制、表达。

概括地说,基因工程载体承担着三个方面的功能:

(1)运送外源核酸高效转入受体细胞。例如,利用病毒或者噬菌体易感染受体细胞的特性,在其基础上构建载体,承载目的核酸转入受体细胞,可以提高受体细胞中获得目的基因细胞的比例,大量的阳性受体细胞是后期获得理想转基因个体或者实验材料的有力保障。

(2)为外源核酸提供复制或整合能力。外源基因在受体细胞中的高拷贝数复制需要复制起始位点(ori)引导的复制起始复合体的组装,然而目的基因自身不具备复制起始位点结构,所以目的基因必须借助基因工程载体上的复制起始位点进行复制,以保证一个细胞中有足够的拷贝数在细胞分裂过程中分配到两个子细胞中。

(3)为外源核酸的表达提供必要的条件。外源基因在受体细胞中的表达需要启动子引导的基因表达相关蛋白因子的组装,然而外源基因自身不具有启动子结构,所以目的基因必须借助载体提供的启动子结构进行基因表达控制,载体上的强启动子能够有效地引导目的基因在受体细胞中高效表达,帮助受体细胞展现出目的基因所决定的遗传性状。

这三个方面的功能并非所有载体都必须具备。不同载体的功能不同,所以构成组件不同。因此可以说,基因工程的诞生和发展始终离不开对核酸运载体的研究和应用。

在研究载体的初期,天然质粒曾被直接用作基因克隆载体,曾经被作为载体的天然质粒包括 ColE1、RSF2124 和 pSC101 等。这些天然质粒虽然可以发挥基因载体的作用,但通常有一些缺点,如相对分子质量较大;拷贝数较低;抗性标记位点单一而无法利用插入失活进行筛选,或必须利用较烦琐的免疫筛选等。这些缺点都迫使人们开发出一种低相对分子质量、高拷贝数、多选择标记,并带有不同插入位点的更易于操作的基因工程载体。本章着重介绍在天然质粒基础上经过人工改造的基因工程载体。

3.2 质粒载体

3.2.1 早期对天然质粒的研究

对基因工程载体的研究始于 1946 年 J. Lederberg 对大肠杆菌 K12 细胞中 F 因子的研究。随着研究的深入,在细胞中发现了多种可以控制细菌特定性状的遗传因子,但当时对这种游离于细菌基因组之外的遗传因子的命名并不统一。直到 1952 年,J. Lederberg 建议将游离于染色体之外的所有遗传因子统一称为"plasmid",即质粒。目前所发现的众多天然质粒中,人们了解比较详细的主要有以下三类。

1. F 质粒

F 质粒即 F 因子或性因子(sexual plasmid),其编码的基因可以调控细菌细胞通过接合作用将含有 F 质粒细胞中的遗传物质和 F 因子以较高的效率转移到不含 F 因子的细菌细胞中,细菌人工染色体(BAC)也是基于 F 质粒构建的。

F 质粒控制细菌细胞性菌毛的形成(图 3-1)。性菌毛比普通菌毛粗而长,中空呈管状,数量少,一个细胞仅具 1～4 根。性菌毛是细菌传递游离基因的器官,作为细菌接合时遗传物质的通道。一般用纤毛表示普通菌毛,而菌毛多指性菌毛。

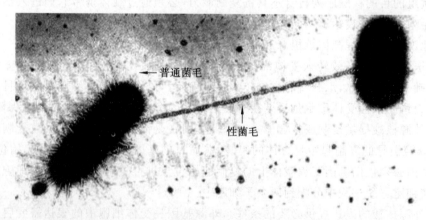
图 3-1　F 质粒控制细菌性菌毛的形成

带有性菌毛的细菌称为 F⁺ 菌或雄性菌,无性菌毛的细菌称为 F⁻ 菌或雌性菌。F⁺ 菌体内的质粒或染色体 DNA 可通过中空的性菌毛进入 F⁻ 菌体内,这个过程称为接合。细菌的毒性及耐药性等性状可通过此方式传递,这是某些肠道杆菌容易产生耐药性的原因之一。其功能有的是作为两菌接合时传递遗传物质的通道,有的是作为某些噬菌体感染宿主菌的受体。

2. R 质粒

R 质粒是抗药性质粒(耐药质粒)的统称。1975 年日本学者 Nakaya 等首先在福氏志贺菌 26(222/CTS)菌株中分离到 R 质粒,并发现 R 质粒可以通过细菌接合作用将 R 质粒上编码的抗生素抗性基因转移到其他敏感菌,从而使其他细菌细胞获得某种抗生素的抗药性。R 质粒编码一种或多种抗生素抗性基因,能使获得 R 质粒的细菌细胞产生对特定抗生素的抗性。这也是众多基因工程载体利用抗生素进行筛选的基本原理。

R 质粒分为接合型和非接合型两种类型。接合型 R 质粒由两部分组成:第一部分是与接合及 DNA 转移相关的基因,这组基因与 F 质粒中 tra 基因十分相似,称为抗性转移因子(resistance transfer factor,简称 RTF);第二部分为抗性基因,称为抗性决定因子(R-determinant,简称 RD)。不同接合型 R 质粒中的 RTF 不同,但具有很高的同源性,而 RD 则更加多样化。RD 的侧翼序列可以介导 RD 在不同 R 质粒间转移,有些 R 质粒甚至可以同时具有两种不同的 RD,形成复合 R 质粒。复合 R 质粒对多种抗生素和药物具有抗性。由于 RD 结构具有在不同 R 质粒间的转移性,许多 R 质粒甚至可以在异种或异属间转移,因此在一定选择压力下 R 质粒的抗性可以快速进化。病原菌抗性的进化对人类健康构成很大威胁。

3. Col 质粒

Col 质粒是一种常见的天然非接合型质粒,其相对分子质量比 F 质粒和 R 质粒小,编码大肠杆菌素蛋白。这种细菌毒素蛋白可以杀死和 Col 质粒宿主亲缘关系密切的不含 Col 质粒的细胞。

3.2.2　质粒载体必须具备的基本特征

1. 自主复制性

质粒载体的自主复制性由载体上特定的复制起始位点(ori site)控制,保证了质粒载体和其所携带的外源 DNA 在受体细胞的传代和细胞增殖过程中稳定存在。由于质粒载体最初是在大肠杆菌细胞中提取,而且基因工程操作始终离不开大肠杆菌这种方便的扩增系统,因此载体序列中至少应含有一种适合在特定大肠杆菌中进行复制的起始位点,例如,pUC 系列载体结构中的 pUC ori。而穿梭载体需要在不同种类细胞(如不同细菌细胞、哺乳动物细胞、植物细胞等)中具备自主复制能力,因此,载体中除含有在细菌细胞复制起始位点,还会引入其他宿主细胞的复制起始位点,如 pcDNA3.1 系列中除了含有 pUC ori 外,还含有 SV40 ori 和 f1 ori。SV40 ori 为 SV40 病毒的复制起始位点,可以引导质粒在哺乳动物细胞中进行复制;f1 ori 为 f1 噬菌体的复制起始位点,在细菌中有辅助噬菌体存在条件下可以引导单链(ssDNA)复制。

2. 多克隆位点

多克隆位点(multiple cloning site,MCS)是质粒载体上人工合成的一段序列,含有多个单一限制性核酸内切酶识别位点,能为外源 DNA 提供多种可插入的位置或插入方案。不同的载体,其 MCS 内切酶识别位点数目不同,如最早用于基因克隆的 pBR322 质粒只有两种位于不同区域的酶切位点可选,经重新设计的质粒载体通常含有更多可供选择的酶切位点,而且这些位点都位于特定的一个区域内,这个区域称为多克隆位点区域,例如 pcDNA3.1 系列载体提供了 17 种可选的酶切位点。MCS 作为基因工程操作的重要工具,为插入外源 DNA 提供了极大的方便。

3.遗传标记基因

基因工程载体中通常会插入一种或多种遗传标记基因,这些标记基因承担多种功能,其中,最重要的功能是筛选受体细胞是否摄入载体,即筛选转化子,如各种抗生素抗性基因;部分遗传标记基因会指示受体细胞摄入的载体是否插入了外源 DNA,即筛选重组体,如 β-半乳糖苷酶 α 片段基因($lac\ Z'$);特定遗传标记基因还可以赋予载体特定功能,如 pGL3 系列载体中的荧光素酶标记基因(luciferase gene)可以用来鉴定基因启动子的活性水平。

载体上的抗生素抗性基因会赋予导入载体的宿主细胞对特定抗生素的抵抗能力,此外营养标记基因配合特定的营养缺失型宿主细胞也可以发挥类似的功能,如酵母细胞转化筛选中常用的组氨酸($His3$)、亮氨酸($Leu2$)和色氨酸($Trp1$)营养标记基因,使摄入了载体的营养缺陷型受体细胞可以在缺乏特定氨基酸成分的条件培养基内合成缺失的氨基酸,从而保证宿主细胞正常生长和增殖。抗性筛选标记和营养缺陷型筛选标记可以统一称为选择性标记。此外,基因工程载体中还可能插入非选择性标记,如 β-半乳糖苷酶 α 片段基因($lac\ Z'$)、β-葡萄糖苷酸酶基因(gus)等,这些非选择性标记可以通过特定的组织化学方法进行鉴定,可以赋予载体特定的功能。

4.启动子

启动子是 RNA 聚合酶起始转录所结合的位点,为了引导载体上所携带的筛选标记基因或外源基因有效表达,在构建载体过程中会加入启动子,而且一种质粒载体中往往含有多种不同功能的启动子引导不同基因表达,人工设计的两个基因的融合启动子也会发挥更高的启动活性。例如,一些载体里含有 tac 启动子,这是一种 lac 和 trp 启动子的融合启动子;pcDNA3.1 系列载体中,巨细胞病毒启动子(CMV promoter)可以引导外源基因在真核细胞中高效表达,SV40 病毒启动子可以引导新霉素抗性基因在真核细胞中高水平表达,Bla 启动子可以引导氨苄青霉素抗性基因(Amp^r)在细菌细胞中高效表达,噬菌体 T_7 和 SP6 启动子可以在体外条件下引导外源 DNA 转录出 mRNA。

5.较小的相对分子质量

通常认为,较小的质粒更适合作为基因工程载体。小相对分子质量的质粒更容易操作,也更有利于插入更大的外源 DNA 片段,更容易进入宿主细胞,增加细胞转化的成功率;小相对分子质量的质粒通常含有较高的拷贝数,更便于质粒 DNA 提取制备;此外,小相对分子质量的质粒会增加载体内单酶切位点存在的概率。多数常用的基因工程载体的大小在 4～6 kb 范围内。一般来说,质粒载体不要超过 10 kb,超过 20 kb 大小的质粒很难进入宿主细胞。

3.2.3 载体中常用的遗传标记基因

1.抗性筛选基因

(1)氨苄青霉素抗性基因(Amp^r):氨苄青霉素(ampicillin)作为青霉素的衍生物,通过抑制细菌细胞壁合成而抑制细菌生长。氨苄青霉素抗性基因(Amp^r)编码 β-内酰胺环水解酶,其分泌到细菌细胞周质区后,催化氨苄青霉素 β-内酰胺环水解,使氨苄青霉素失活。

(2)氯霉素抗性基因(Cml^r):氯霉素(chloromycetin)可以结合核糖体 50S 亚基,影响细菌蛋白质合成,抑制细菌生长。Cml^r 基因编码氯霉素乙酰转移酶,使氯霉素乙酰化而失活。

(3)卡那霉素抗性基因(Kan^r):卡那霉素(kanamycin)为氨基糖苷类药物,可以结合细菌核糖体 70S 亚基,导致 mRNA 翻译过程出错,发挥杀菌作用。卡那霉素抗性基因(Kan^r)来自转座子(又称转位子、易位子)$Tn5$ 和 $Tn903$,编码氨基糖苷磷酸转移酶,对卡那霉素有修饰作用,修饰导致卡那霉素丧失与核糖体的相互作用能力。卡那霉素抗性基因也可以用于真核细胞 G418 筛选。

(4)新霉素抗性基因(Neo^r):新霉素(neomycin)和 G418 为氨基糖苷类药物,作用机理和卡那霉素类似,都结合核糖体阻止蛋白质合成,从而发挥杀菌作用。新霉素抗性基因(Neo^r)编码氨基糖苷磷酸转移酶,对抗生素有修饰作用,修饰导致抗生素丧失与核糖体的相互作用能力。此筛选标记可用于真核细胞稳定转染细胞系的筛选,如在真核细胞表达载体 pcDNA3.1 系列载体中,摄入了载体的真核细胞可表达新霉素抗性基因(Neo^r),用 G418 筛选转染细胞,从而建立稳定转染细胞系。

(5)四环素抗性基因(Tet^r):四环素(tetracycline)可以结合细菌核糖体 30S 亚基,抑制核糖体转位,影响蛋白质合成,抑制细菌生长。四环素抗性基因(Tet^r)编码 399 个氨基酸的蛋白质,这种蛋白质对细胞膜进行修饰后,阻止四环素进入细菌细胞,从而导致四环素失去抑菌作用。

(6)链霉素抗性基因(Sm^r):链霉素(streptomycin)为氨基糖苷类药物,可以结合核糖体 30S 亚基,从而引起 mRNA 蛋白翻译错误,发挥杀菌作用。链霉素抗性基因(Sm^r)编码一种链霉素磷酸基团修饰酶,可以抑制链霉素同核糖体的结合,导致链霉素失效。

2.营养缺陷型筛选基因

营养缺陷型筛选标记多用于酵母细胞转化子的筛选,此筛选系统需要配合营养缺陷型酵母细胞株,在缺少特定营养成分的条件培养基下使用。这类标记基因编码特定必需氨基酸或核苷酸合成酶。在缺陷型宿主细胞中,只有摄入载体的宿主细胞才能正常合成必需的营养物质,保证细胞正常生长;未摄入载体的宿主细胞会因缺少特定营养物质无法生存。常用的营养缺陷型筛选标记中,氨基酸类包括亮氨酸(Leu)、组氨酸(His)、色氨酸(Trp)和赖氨酸(Lys)合成基因,核苷酸类包括尿嘧啶(URA)和腺苷酸(ADE)合成基因。

3.生化筛选标记和报告基因

生化筛选标记和报告基因是质粒载体的一个非必需组件,多种质粒载体内并不含有这些结构,但这些功能性元件使质粒载体具备多种不同功能,如 β-半乳糖苷酶 α 片段基因($lac\ Z'$)使筛选重组体更加便利,而绿色荧光蛋白(GFP)或萤火虫荧光素酶等报告基因使载体成为研究 DNA 特定功能的有力工具。

(1)β-半乳糖苷酶 α 片段基因($lac\ Z'$):β-半乳糖苷酶是大肠杆菌乳糖代谢通路中的一种关键酶,当细菌生长环境中没有葡萄糖而有乳糖存在时,细菌代谢乳糖为细菌生长繁殖提供能量。β-半乳糖苷酶在这一过程中将乳糖水解为葡萄糖和半乳糖。在细菌细胞中 $lac\ Z$ 编码 β-半乳糖苷酶,可以将乳糖类似物 X-Gal(5-溴-4-氯-3-吲哚-β-D-半乳糖苷)水解,X-Gal 被切割成半乳糖和深蓝色的物质 5-溴-4-靛蓝,呈蓝色,便于检测和观察。

科研人员利用 α-互补(α-complementation)策略成功将 $lac\ Z$ 开发成报告基因,同时避免了细菌内天然 β-半乳糖苷酶对实验结果的影响。天然的 β-半乳糖苷酶是由 4 个亚基组成的四聚体。科研人员将 E.coli 的一段调节基因及 $lac\ Z$ 的 N 端 146 个氨基酸残基编码基因插入载体的 MCS 区域,这段序列编码产物为 β-半乳糖苷酶的 α 片段,通常被标记为 $lac\ Z'$。这种载体在工作时需要配 $lac\ Z$ α 片段突变的变异菌株,此菌株所产生的 β-半乳糖苷酶 α 片段突变,不具备正常活性,当变异菌株获得能够表达正常 *lac Z* α 片段的载体后,载体所表达的 α 片段(N 端)同菌株中表达的缺陷型 β-半乳糖苷酶 C 端互补,从而形成具有正常功能的 β-半乳糖苷酶,遇到底物 X-Gal 后显蓝色,发挥报告基因的作用。这一过程称为 α-互补。

β-半乳糖苷酶 α 片段基因(*lac Z'*)的诸多优点使它成为基因工程实验中一个常用标记基因,如 *lac Z'* 常被用于重组体转化菌落筛选,即蓝白斑筛选。基因克隆中常用的质粒载体 pUC19、pGEM-T 和噬菌体载体 M13 系列均带有 *lac Z'* 基因。在 pGEM-T 系列载体中,外源 DNA 的插入位点位于 β-半乳糖苷酶 α 片段基因(*lac Z'*)编码区内。当外源 DNA 成功插入载体后,将会引起 *lac Z'* 插入失活,而宿主菌为 *lac Z* 突变的菌株,无法合成 β-半乳糖苷酶,无法催化 X-Gal 发生蓝色反应,只生成白色单克隆菌落,而未插入外源 DNA 的载体导入细胞后由于 α-互补作用能产生 β-半乳糖苷酶,可产生蓝色菌落。通过菌落的不同颜色可以将插入了外源 DNA 的重组体单克隆菌落筛选出来,极大地提高了克隆基因的效率。

(2)β-葡萄糖苷酸酶基因(*gus*):编码 β-葡萄糖苷酸酶,该基因是从 *E. coli* 等细菌基因组中分离出来,为一种稳定不易降解的水解酶,以 β-葡萄糖苷酯类物质为底物,和底物发生显色反应,可以用于定性、定量检测。由于动物和多数植物基因组中没有 *gus* 基因,因此 GUS 显色反应被广泛应用于动物或植物基因调控研究。检测方法有三种:组织化学法、分光光度法和荧光法。其中分光光度法灵敏度较高,可用于定量检测,组织化学法为最常用的检测方法。例如,在 pBI121 和 pVec8-GUS 载体中,*gus* 基因作为报告基因,被用于检测特定基因启动子活性或基因组织表达分布研究。组织化学法检测以 X-gluc(5-溴-4-氯-3-吲哚-β-D-葡萄糖苷酸)作为反应底物。将被检材料用含有底物的缓冲液浸泡,若组织细胞发生 *gus* 基因的转化,并表达出 GUS,在适宜的条件下,该酶就可将 X-gluc 水解,生成蓝色产物。此过程的原理是 X-gluc 的初始产物经氧化二聚作用形成靛蓝染料,它使具 GUS 活性的部位或位点呈现蓝色,便于在显微镜下检测,且在一定程度下根据染色深浅可反映出 GUS 活性,发挥报告基因的作用。因此,利用该方法可观察到外源基因在特定器官、组织或单细胞内的表达情况。

(3)氯霉素乙酰基转移酶基因(*cat*):该报告基因来源于大肠杆菌转座子 9,是第一种被用于检测细胞内转录活性的报告基因。氯霉素乙酰基转移酶可催化乙酰 CoA 的乙酰基转移到氯霉素 3-羟基并通过分子内的重排及再度乙酰化生成 1,3-二乙酰氯霉素,而使氯霉素失效。*cat* 在哺乳细胞无内源性表达,性质稳定,半衰期较短,适于瞬时表达研究。可用同位素、荧光素和酶联免疫吸附测定(enzyme linked immunosorbent assay,ELISA)等技术检测其活性,也可进行蛋白质印迹(又叫 Western 印迹、Western blotting)和免疫组织化学分析。*cat* 与其他报告基因相比,线性范围较窄,灵敏度较低。

(4)荧光蛋白基因:荧光蛋白家族是从水螅纲和珊瑚类动物细胞中发现的发光蛋白。其中,来源于发光水母细胞的绿色荧光蛋白(GFP)是应用最多的发光蛋白。用 395 nm 的紫外线和 475 nm 的蓝光激发,GFP 可在 508 nm 处自行发射绿色荧光,不需辅助因子和底物。GFP 最大的优势是不需损伤细胞即可观察细胞内情况。1991 年克隆了 *gfp* 基因,目前已获得几个突变体,如"红色迁移"突变体(red-shift mutant),其荧光更强。其他突变体还有蓝色荧光蛋白(BFP)、增强型 GFP(EGFP)和去稳定 EGFP(destabilized EGFP)等。不同的报告基因也可以联合应用,同时检测 2~3 个基因的表达。报告基因的选择依赖于其灵敏性、可靠性及监测的动力学范围。稳定性好的报告基因适用于基因转录动力学研究和高通量筛选,尤其适用于基因转移的定性研究。如在 pEGFP 系列载体中,将目的基因和 EGFP 的编码序列连接在一起,构建成融合蛋白重组体,转染细胞后,可以实现目的基因亚细胞定位分析,了解目标基因产物在细胞内的位置,为基因的功能研究提供有价值的线索。

(5)荧光素酶(luciferase)基因:编码的荧光素酶是一类催化不同底物氧化发光的酶,哺乳动物细胞无内源性表达。最常用的荧光素酶包括细菌荧光素酶(bacteria luciferase)、萤火虫荧光素酶(firefly luciferase)和海肾荧光素酶(renilla luciferase)。细菌荧光素酶对热敏感,因此在哺乳动物细胞的应用中受到限制。萤火虫荧光素酶基因是最常用于哺乳动物细胞的报道基因,萤火虫荧光素酶灵敏度高,用荧光光度计即可检测酶活性,适用于高通量筛选。例如,Promega 公司的 pGL3 系列载体,将具有不同启动子活性的 DNA 片段插入荧光素酶标记基因上游,将重组载体转染到细胞中,在相同遗传背景细胞中引导荧光素酶表达,利用荧光素酶检测系统灵敏、方便的特点,可以快速检测不同启动子或其截断体的启动子活性。荧光素酶报告基因的优点包括非放射性、检测技术简单、速度快、灵敏度高。此外,由于半衰期短(荧光素酶在哺乳细胞中的半衰期为 3 h,在植物中的半衰期为 3.5 h),因此启动子活性的改变会及时引起荧光素酶活性的改变。

4. 标签基因

(1)His-Tag:多聚组氨酸标签,是一种融合标签,6×His-Tag 相对分子质量大约为 6000,可以和目的基因形成融合蛋白,由于组氨酸的咪唑环与金属离子(如镍离子)起化学作用而生成螯合物,可以利用 His-Tag 标签组氨酸亲和层析纯化融合蛋白。例如,pET 系列原核表达载体和真核细胞表达载体 pcDNA3.1/V5-His 内部带有 His-Tag,表达出的目的蛋白和 His-Tag 形成融合蛋白,利用镍离子柱可以实现目的蛋白的快速纯化。

(2)V5-Tag:此标签是从猿猴病毒 5(Simian Virus 5,SV5)的 P 和 V 蛋白中分离得到的由 14 个氨基酸残基(GKPIPNPLLGLDST)组成的肽链,相对分子质量大约为 5000。作为一种融合标签,可以和目的基因形成融合蛋白。当目的蛋白没有合适的抗体时,可以利用 V5 标签的抗体对目的蛋白 V5 的融合蛋白进行免疫学相关的鉴定和实验。例如,pcDNA3.1/V5-His 载体中 V5 和目的蛋白融合表达后,可以利用 V5-Tag 抗体进行 Western 印迹分析,检测目的基因在细胞中的表达量,也可以进行免疫组织化学实验,分析目的蛋白在细胞中的定位或和其他蛋白质的相互作用。

(3)GST-Tag:相对分子质量为 26000,为融合蛋白标签。谷胱甘肽巯基转移酶(GST)是在解毒过程中起重要作用的转移酶。它常用于原核表达系统,通常将其和目的基因融合表达,其优点在于 GST 是高度可溶的蛋白质,可以增加外源蛋白的可溶性。此外,它可以在大肠杆菌中大量表达,起到促进表达的作用;利用凝胶亲和层析系统可以对带有 GST 标签的融合蛋白进行分离纯化。纯化原理为,纯化柱中凝胶手臂通过硫键结合一个谷胱甘肽。然后利用谷胱甘肽与谷胱甘肽巯基转移酶(GST)之间酶和底物的特异性作用力,使得带 GST 标签的融合蛋白与凝胶中谷胱甘肽结合,从而将带标签的蛋白质与其他蛋白质分离开。例如,pGEX 系列载体中的 GST 标签和目的基因融合蛋白原核表达后,利用带有 GST 标签的融合蛋白可以分离目的蛋白,并分析目的基因的表达产物和其他蛋白质的相互作用。

3.2.4　质粒 DNA 的复制与不相容性

1. 质粒 DNA 的复制

不同的天然质粒在宿主细胞内的拷贝数不同。根据质粒在宿主细胞中拷贝数的差异,可以将质粒分为两种：一种是低拷贝数质粒，每个受体细胞中仅含有 1~3 个拷贝，被称为"严谨型"质粒(stringent plasmid)；另一种是高拷贝数质粒，每个受体细胞中能达到 10~60 个拷贝，被称为"松弛型"质粒(relaxed plasmid)。特定质粒属于何种类型不仅由质粒上所携带的 DNA 序列决定，也和受体细胞有关。高拷贝数质粒的复制受载体编码的蛋白质调节。而低拷贝数质粒以一种严谨的方式进行复制，这种复制方式受宿主细胞内的蛋白质控制，与受体细胞染色体复制同步进行。一般相对分子质量较大的质粒属于严紧型。相对分子质量较小的质粒属于松弛型。质粒的复制有时和它们的宿主细胞有关，某些质粒在大肠杆菌内的复制属于严紧型，而在变形杆菌内则属于松弛型。

2. 载体的致死效应

当利用松弛型质粒或者噬菌体载体进行高拷贝数复制时，消耗大量受体细胞的生物大分子，或者表达的目的蛋白对受体细胞有害，可以导致受体细胞死亡，此即载体诱导的受体细胞致死效应。为了避免致死效应对受体细胞的影响，可以采用温度敏感型载体。例如，表达型载体的致死效应通常是由于载体上的强启动子发挥作用时过度消耗受体细胞的氨基酸，因此可以将温度敏感型的 λ 噬菌体 pL 启动子引入载体中，利用温度敏感的 pL 启动子来控制目的基因的表达。在这个表达系统中，受体细胞经基因改造，在受体细胞基因组整合温度敏感的 λ 抑制子基因(如 λcITS857)，其基因产物可以抑制 pL 启动子活性，抑制目的基因的表达。可以在不同条件下控制目的基因的表达：

(1) 目的基因非表达条件：受体细胞处于较低温度(31 ℃)下，cⅠ基因的表达产物抑制 pL 启动子活性，目的基因不表达，受体细胞携带目的基因进行扩增，可以获得大量阳性克隆菌。

(2) 目的基因表达条件：受体细胞处于较高温度(42 ℃)下，cⅠ基因的表达产物活性被破坏，pL 启动子正常工作，引导目的蛋白的大量合成。

3. 质粒的不相容性

在没有选择压力的情况下，同种或亲缘关系相近的两种质粒不能同时稳定地在同一宿主细胞内共存，这种现象称为质粒不相容性(plasmid incompatibility)。当一种新质粒进入已经含有质粒的细胞时，若两种质粒含有同源复制系统，它们会相互竞争，而竞争的结果为一种质粒被逐渐消除(图 3-2)。

利用相同复制系统的不同质粒同时导入同一受体细胞时，它们在复制及随后分配到子细胞的过程中彼此竞争，可能在一些细胞中一种质粒占优势，而在另一些细胞中另一种质粒占优势。当细胞生长几代后，占少数的质粒将会丢失，因而在受体细胞后代中只会保留两种质粒中的一种。其原因在于，大多数质粒会编码一种调控蛋白抑制质粒的过度复制，调控蛋白的浓度和质粒拷贝数成正比。此蛋白质参与质粒的 DNA 复制启动，并参与质粒拷贝数的负反馈调节过程。当细胞内质粒拷贝数增加时，调控蛋白浓度增加，从而抑制质粒过度复制。因此，如果同一受体细胞含有两种同源复制系统的不同质粒，那么每种质粒产生的调控蛋白都会抑制两种质粒的复制。伴随细胞的分裂和质粒的分离，这种交互抑制的结果会使高拷贝数质粒最终保留在细胞中，而低拷贝数质粒因无法复制而逐渐被稀释，最终失去复制的机会而被淘汰。由于这一过程需要几代或几十代甚至更长的细菌繁殖周期，而并不是一个快速的过程，因此对短期内在同一宿主细胞内导入多种质粒的实验系统，可以实现多种质粒共存。

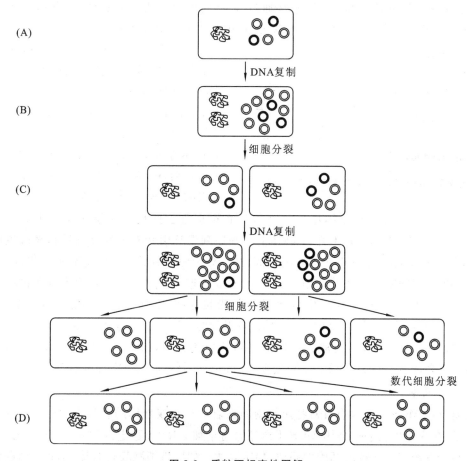

图 3-2 质粒不相容性图解

(A)在同一细胞中含有两种不相容的质粒,其中一种质粒在数量上占弱势;(B)在质粒复制过程中,优势质粒的复制抑制弱势质粒的复制;(C)在细胞分裂过程中,弱势质粒的数量逐渐被稀释;(D)经过数代细胞分裂,弱势质粒在细胞内的数量逐渐减少,直至消失。

3.2.5 人工构建的质粒载体的功能分类

在天然质粒的改造过程中,删除了和载体功能无关的 DNA 区段,进一步缩小了载体的相对分子质量,提高装载量;消除了某些编码基因,如控制质粒进行结合性转移的 *mob* 基因,增加了载体的实验室安全性,同时消除了控制质粒拷贝数的阻遏蛋白编码基因,提高了载体在受体细胞内的拷贝数;加入一种或多种选择性标记,使转化子或重组体的筛选更容易;引入含有多种单一限制酶切位点的多克隆位点区域(MSC),便于外源 DNA 的插入;根据不同载体功能,加入报告基因或标签蛋白编码序列,使载体成为分析 DNA 功能的工具。人工构建的质粒载体根据其功能可以分为以下几类。

1.克隆载体

这类载体主要用于克隆和扩增外源 DNA,其主要特点是在载体内部去除了限制质粒拷贝数的功能区域,因此载体可以在细胞内维持较高的拷贝数,更有利于扩增外源 DNA。例如,早期的 pBR 系列载体、现在实验室常用的 Promega 公司的 pGEM-T 系列载体和 Takala 公司的 pMD18-T 载体都属于克隆载体。这些载体可以把经过 PCR 扩增或经聚合酶处理 3′末端加 A

（腺嘌呤）的未知序列的 DNA 片段直接通过 T-A 克隆的方法插入载体，为载体构建和未知 DNA 序列的鉴定提供了更加简洁的解决方案，因此也将这类载体称为 T 载体。

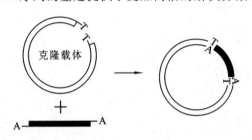

图 3-3　克隆载体与 PCR 产物的 T-A 连接

T-A 克隆方法（图 3-3）是把 PCR 片段与一个具有 3′端 T（胸腺嘧啶）突出的载体 DNA 连接起来的方法。因为 PCR 中所适用的聚合酶具有末端转移酶的活性，通常在 3′端加上 A（腺嘌呤）。例如：Taq 聚合酶在每条 PCR 扩增产物的 3′端自动添加一个 3-A 突出末端，用经过特殊处理的具有 3-T 突出末端的 DNA 片断可以通过 T-A 配对进行连接。如果 PCR 扩增的目的基因片断中包含未知序列，那么此目的片断可以通过 T-A 克隆的方法，重组到 T 载体中，然后利用 T 载体上已知序列设计引物对未知序列进行核酸测序。由于在 PCR 过程中，使用的 DNA 聚合酶不同，往往分为两种情况。①使用不同的 Taq DNA 聚合酶，在 PCR 扩增循环结束后，加上 72 ℃ 10 min 处理，Taq DNA 聚合酶可以在扩增产物的 3′末端加上 A，PCR 产物回收纯化后和 T 载体直接连接；②使用高保真的 DNA 聚合酶，如 Pfu 酶，由于其不能在扩增产物的 3′末端加 A，得到的 DNA 序列为平末端，因此，需要在回收纯化后进行末端加 A 处理，通常是以 PCR 回收产物为模板，加上一定量的普通 Taq DNA 聚合酶和反应缓冲液，加入 dATP，72 ℃处理 10 min，然后将加 A 产物直接用于 T-A 连接。

2. 表达载体

这类载体 MCS 上游含有针对特定细胞的强启动子和核糖体结合位点，MCS 下游会含有强终止子，在真核生物表达载体 MCS 下游还含有增加 mRNA 稳定性的 poly(A)信号，这些特征都有利于外源基因在特定细胞中高效、稳定表达。如原核细胞表达载体 pET 系列载体可以诱导外源基因在大肠杆菌中高效表达，并且其 MCS 下游含有 His-Tag 标签序列，便于表达蛋白的纯化和鉴定；原核细胞表达载体 pGEX 系列载体可以在原核细胞内诱导外源基因和 GST-Tag 融合蛋白表达，通过 GST-pulldown 技术，为外源基因的功能研究提供了有力的研究工具；真核细胞表达载体 pcDNA3.1 系列载体可以诱导外源基因在真核细胞内高效表达，是目前实验室常用的真核基因过表达载体，为基因功能的研究提供了有力的辅助工具。

3. 探针载体

这类载体主要用于分析基因的功能元件或分析功能蛋白在细胞内的定位等，例如基因启动子活性分析、基因表达负调控元件分析或特定基因表达产物的亚细胞定位分析。对于基因表达负调控元件的分析，主要是通过将要分析的 DNA 序列插入特定报告基因的上游，让外源 DNA 调控报告基因的表达，通过报告基因的表达水平变化而分析外源 DNA 对基因表达的调控功能，例如 Promega 公司的 pGL3 系列载体，利用萤火虫荧光素酶作为报告基因来分析基因的启动子活性。特定基因表达产物的亚细胞定位分析，主要是将目的基因和报告基因构建成融合蛋白，利用报告基因的示踪作用而判断目的基因表达产物在细胞内的位置，例如 BD 公司的 pEGFP 系列载体，可以利用绿色荧光蛋白（GFP）报告基因进行目的基因的亚细胞定位分析。报告基因的主要特点是易于检测，且检测灵敏度高。

4. 整合载体

这类载体进入特定宿主细胞后，可以利用载体所表达的整合酶把插入特定整合位点间的外源 DNA 切下,并引导外源 DNA 整合进入宿主细胞基因组,实现外源 DNA 和宿主细胞 DNA 的同步遗传与表达。例如植物转基因策略中,基于根癌农杆菌 Ti 质粒发展的双元载体系统和共整合系统都属于整合载体,最终目的都是将外源 DNA 和植物细胞基因组整合,实现外源 DNA 在植物细胞内的稳定遗传与表达。

3.2.6　实验室常用的基因工程质粒载体

这里介绍几种实验室常用的质粒载体,其中 pBR322 和 pUC 系列载体属于早期设计构建的用于基因工程的经典质粒,也是后来很多质粒载体设计构建和改造的基础。伴随基因工程技术的发展,多种不同功能和结构的载体被设计构建出来,以适应不同用途。在这一过程中,多家公司加入载体开发研究中,例如 Promega 公司、BD 公司、Invitrogen 公司、Novagen 公司和 GE 公司等,都开发了商业化的多用途的质粒载体,而且这些商业化的质粒载体由于具有功能优异、使用便利、设计严谨和多样化等优点,已经成为实验室基础研究和应用研究过程中不可缺少的重要工具。

1. pBR322 质粒载体

pBR322 质粒载体(图 3-4)属于克隆载体,是使用最早且应用最广泛的大肠杆菌质粒载体之一。载体名称"pBR322"中的"p"代表质粒,"BR"代表两位研究者 F. Bolivar 和 R. L. Rodriguez(姓氏的首字母),"322"是实验编号。它的亲本包括 pMB1、R1drd19、pSC101 和 ColE1,由多个亲本质粒经过复杂的重组过程构建而成。其复制起始位点(ori)来源于 pMB1 质粒,氨苄青霉素抗性基因(Amp^r)来源于 pSF2124 质粒,四环素抗性基因(Tet^r)来源于 pSC101 质粒。

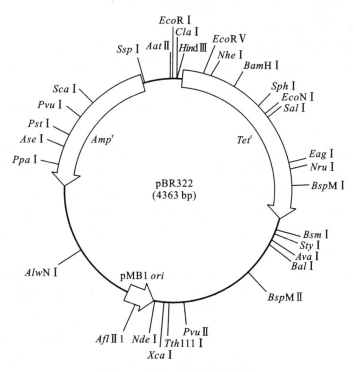

图 3-4　pBR322 质粒载体结构

pBR322 质粒载体的优点如下:

(1)质粒长度为 4361 bp,相对分子质量较小,易于纯化和转化。

(2)质粒带有一个来自 pMB1 的复制起始位点,保证其在大肠杆菌细胞内正常复制。

(3)质粒具有两种抗生素选择标记基因,即氨苄青霉素抗性基因(Amp^r)和四环素抗性基因(Tet^r),可以用来筛选转化子和重组子;氨苄青霉素抗性基因(Amp^r)内部含有 3 个限制性核酸内切酶单一识别位点。这 3 个位点都可以作为克隆位点,插入外源 DNA 后会使抗性基因插入失活。这一原理可用于筛选重组子。

(4)具有较高的拷贝数,经过氯霉素扩增以后,每个细胞中可累积 1000～3000 个拷贝,这为重组体 DNA 的制备提供了极大的方便。

(5)质粒含有 24 种不同限制性核酸内切酶的单一识别位点。其中,9 个酶切位点位于四环素抗性基因(Tet^r)区域,其启动子区域含有 2 个位点,编码区含有 7 个位点。在这 9 个位点插入外源 DNA 都可以导致 Tet^r 失活。这些酶切位点便于重组子的筛选。

(6)在载体构建过程中,删除了接合转移功能相关的区域,因此,不能在自然界的宿主细胞间转移,也不会引起抗生素抗性基因传播。

2. pUC 系列质粒载体

1987 年 J. Messing 和 J. Vieria 构建了 pUC 质粒,两位科学家以所在学校的名称"University of California(加利福尼亚大学)"命名了该质粒。pUC 质粒载体是在 pBR322 质粒基础上引入了一段带有多克隆位点的 β-半乳糖苷酶 α 片段基因($lac\ Z'$),从而成为具有抗性筛选和蓝白斑筛选双重功能的载体。pUC 质粒含有来自 pBR322 质粒的复制起点(ori)、氨苄青霉素抗性基因(Amp^r)、大肠杆菌 β-半乳糖苷酶基因($lac\ Z$)的启动子及其编码 α-肽链的 DNA 序列($lac\ Z'$)和靠近 $lac\ Z'\ 5'$端的一段多克隆位点(MCS)。

pUC 系列质粒载体的优点如下:

(1)具有更小的相对分子质量和更高的拷贝数。这些质粒大小一般在 2.7 kb 左右,小相对分子质量保证了其可以容纳更大的外源 DNA 和更容易进入受体细胞。pUC 质粒属于松弛型质粒,由于 pUC 质粒中所带有的 pBR322 复制起始位点发生突变,导致控制质粒复制的蛋白质缺失,因此 pUC 质粒在受体细胞中有更高的拷贝数,不需氯霉素扩增情况下,每个细胞中可以达到 500～700 个拷贝,可以高效获得外源 DNA。

(2)利用蓝白斑筛选鉴定重组子。β-半乳糖苷酶 α 片段基因($lac\ Z'$)编码的 α-肽链可以参与 α-互补作用。当外源 DNA 片段被克隆到 pUC 的 $lac\ Z'$区域时,$lac\ Z'$基因失活。所以当重组体转化 β-半乳糖苷酶基因缺陷型大肠杆菌后,在 IPTG 和 X-gal 存在下培养,会得到白色菌落,而未插入外源 DNA 的 pUC 质粒转化子,由于正常功能的 $lac\ Z'$表达的 α-肽链的互补作用产生出正常功能的 β-半乳糖苷酶,酶和底物 X-gal 作用后,就能产生蓝色菌落。因此,根据所产生菌体的颜色可以区分出重组子。

(3)含有多克隆位点区域(MCS)。MCS 区域的引入为外源 DNA 的插入和移除提供了方便的工具。而且,克隆外源 DNA 时选择两种不同酶切位点进行切割和连接,解决了克隆片段的方向问题。

pUC18 和 pUC19 载体(图 3-5)为含有相同 MCS 区域,但方向相反的一对载体,这种成对的载体的使用为选择克隆 DNA 的方向提供了很大的便利。

3. pGEM-T 系列克隆载体

Promega 公司的 pGEM-T 系列载体(图 3-6)及配套试剂盒是实验室常用的 PCR 产物克

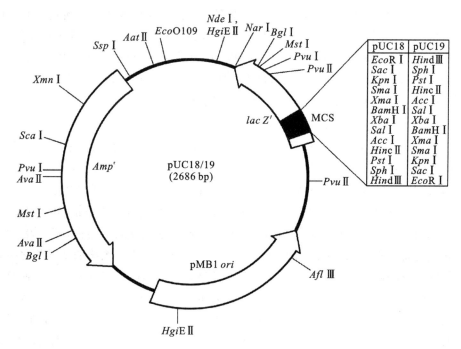

图 3-5 pUC18 和 pUC19 载体结构

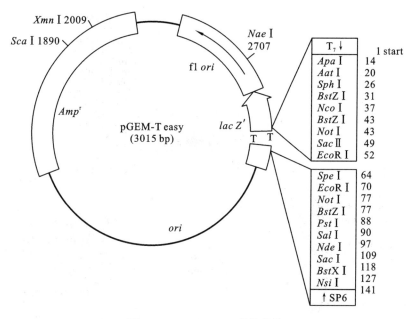

图 3-6 pGEM-T easy 载体结构

隆载体。此系列载体长度约 3 kb,为高拷贝数载体。此载体是通过 *Eco*R V 酶切,并在 3′ 末端加入胸腺嘧啶(T)构建而成,且 3′ 末端的 T 可以防止载体的自身环化。由于目前常用的 PCR 聚合酶都含有末端加 A 功能,利用 PCR 产物末端的 A 和载体末端 T 的碱基互补,可以简便、快捷地将 PCR 产物克隆到载体中,序列未知的 DNA 片段经过聚合酶末端加 A 处理后也可以插入克隆位点,利用载体上已知的序列对未知片段进行测序,可以很快获取未知 DNA 片段的序列信息。载体上含有氨苄青霉素抗性筛选基因(*Amp*r)和 β-半乳糖苷酶 α 片段基因(*lac*

Z'），外源 DNA 的 T-A 克隆位点位于 *lac Z'* 内部。这样的设计既实现了转化子的抗性筛选，又实现了重组子的蓝白斑筛选。在外源 DNA 插入位点两侧分别带有一段多克隆位点区域和包含 T_7 和 SP6 RNA 聚合酶的启动子，便于插入片段的卸下，连入其他载体，且利用双向 T_7 和 SP6 启动子可以进行体外转录。其载体上的噬菌体 f1 *ori* 可以用于制备单链 DNA。这些优点使 pGEM-T 系列载体成为实验室常用的克隆载体。

4. pET 系列原核表达载体

Novagen 公司设计构建的 pET 系列载体是一种实验室常用的蛋白原核表达系统（图 3-7）。pET 载体最初由 Studier 等于 1986 年构建，经过 Novagen 公司改造后的新的 pET 载体则使目的蛋白的克隆、检测以及纯化更加容易。目的基因被克隆到 pET 质粒载体上，其表达受噬菌体 T_7 强转录及翻译信号调控。目的基因的表达由宿主细胞提供的 T_7 RNA 聚合酶诱导。在诱导条件下充分诱导时，几乎所有的细胞资源都用于表达目的蛋白，诱导表达后仅几小时，目的蛋白通常可以占到细胞总蛋白的 50% 以上。IPTG 作为该系统的诱导物之一，可以通过调节 IPTG 浓度调节诱导水平，这样更有利于控制目的蛋白的可溶部分产量。而且，利用载体上带有的 His-Tag 融合标签可以快速纯化目的蛋白，尤其是以包含体形式表达的蛋白质，可以将蛋白质在完全变性条件下溶解，进行亲和纯化。该系统的另一个优点是在非诱导条件下，可以使目的基因完全处于沉默状态而不转录，这个优点对于克隆编码有毒蛋白基因非常有利。用不含 T_7 RNA 聚合酶的宿主菌克隆目的基因，可避免因目的蛋白对宿主细胞的可能毒

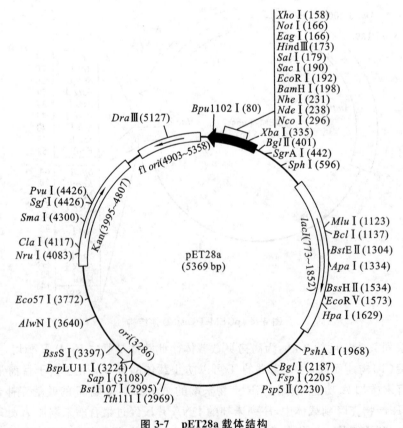

图 3-7 **pET28a 载体结构**

（引自 Novagen，manual no. TB055，2003）

性造成的质粒不稳定。如果用非表达型宿主细胞克隆,可以通过两种方法启动目的蛋白的表达:①通过在细菌培养基中加入 IPTG 来启动表达;②用带有受 λpL 和 pI 启动子控制的 T_7 RNA 聚合酶的 λCE6 噬菌体侵染宿主细胞,或将质粒转入带有受 lacUV5 控制的 T_7 RNA 聚合酶基因的表达型细胞。配合 pET 载体常用的宿主菌包括 BL21、BL21(DE3)以及 BL21(DE3)pLysS。利用 pET 载体表达的蛋白质可以满足多种需要,如目的蛋白活性分析、制备抗体和蛋白质结构研究等。

5. pGEX 系列 GST 融合蛋白原核表达载体

pGEX 是 GE 公司设计构建的 GST 融合蛋白原核表达 pGEX 系列载体。pGEX-6p-1 载体结构如图 3-8 所示,将目的基因的开放阅读框(ORF)插入该载体 MCS 后,导入 E. coli 表达菌细胞中,在 IPTG 诱导条件下,可以表达目的蛋白和 GST 的融合蛋白。lac I 是大肠杆菌中乳糖操纵子的调节基因,它所表达的阻遏蛋白是乳糖操纵基因的抑制因子,这种阻遏蛋白能与过量的乳糖结合而失去对操纵基因的抑制,使乳糖操纵子上的结构基因 lac Z(β-半乳糖苷酶基因)、lacY(透性酶基因)、lacA(乙酰基转移酶基因)得以正常表达。IPTG(异丙基-β-D-1-硫代半乳糖苷)作为乳糖的类似物与 Lac I 阻遏蛋白结合而使操纵基因不被抑制。因此,IPTG 经常作为乳糖操纵子的诱导剂而使用。在此载体结构中的基因型 $lac\ I^q$($lac\ I$ 基因发生变异)使其增加大量的表达阻遏蛋白,从而使乳糖操纵基因几乎完全被抑制。利用带有这种基因型的载体进行目的蛋白表达时,可以使目的基因的表达得到更有效的人为控制。pGEX 载体所表达的 GST 标签相对分子质量为 26000,它与目的蛋白形成融合蛋白有以下优点:①GST 是高度可溶的蛋白质,可以增加外源蛋白的可溶性。②GST 可以在大肠杆菌中大量表达,起到

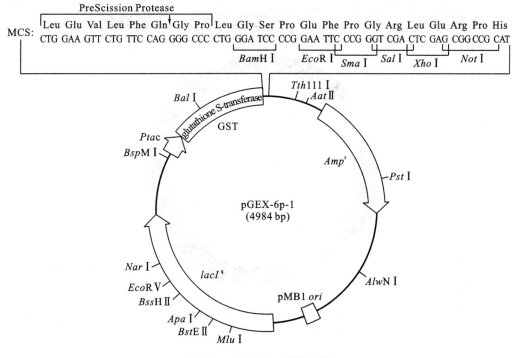

图 3-8　pGEX-6p-1 载体结构

(引自 GE Healthcare,manual no. 18-1157-58 AC,2013)

一种促进表达的作用。③利用 GST 标签可以通过亲和层析方法纯化融合蛋白。而且 pGEX-6p-1 表达出的融合蛋白在目的蛋白和 GST 标签间含有一个 PreScission 蛋白酶作用位点,可以在低温(4 ℃)下将融合蛋白上的 GST 标签卸下。这种设计更有利于防止目的蛋白在卸下 GST 标签过程中降解,而传统蛋白酶必须在常温甚至 37 ℃下进行作用,这样会加速蛋白质的降解。此外,GST 融合蛋白表达系统的另一个重要功能是可以用 GST-pulldown 技术分析蛋白质间的相互作用,这使其成为研究基因功能的辅助工具。

6. pcDNA3.1 真核细胞表达系列载体

Invitrogen 公司设计构建的 pcDNA3.1 系列载体是目前实验室中常用的真核细胞表达载体,大小约 5.5 kb,是一种典型的穿梭载体,pUC ori 使其可以在大肠杆菌细胞中稳定复制,人巨细胞病毒启动子 P_{CMV} 可以引导外源基因在真核细胞中高效表达。因此,pcDNA3.1 载体可以利用大肠杆菌进行外源基因克隆、筛选和目的基因扩增,在真核细胞中利用外源基因的高效表达进行基因功能相关研究。而且,在不同的 pcDNA3.1 载体中,表达产物可以融合 V5-Tag 和 His-Tag 标签,例如 pcDNA3.1/V5-His 载体如图 3-9 所示,V5-Tag 可用于检测外源基因在真核细胞中的表达水平和细胞定位分析,利用 His-Tag 可以非常便利地将真核表达的外源蛋白分离纯化。同时,pcDNA3.1 系列载体也可以用于目的基因在真核细胞中的稳定表达细胞系的构建。由于载体内部含有 Neo^r 抗性基因,因此可以用 G418 筛选真核细胞稳定转染细胞系。这些优秀的特点使 pcDNA3.1 载体成为在真核细胞中进行蛋白表达、纯化和基因功能研究的便利工具。

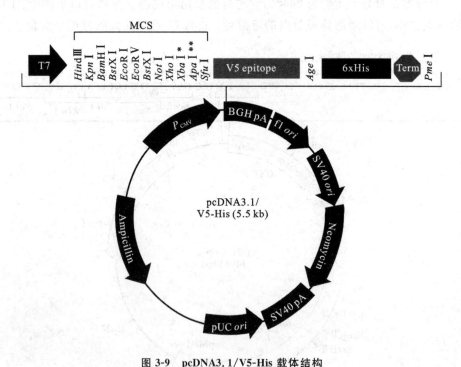

图 3-9　pcDNA3.1/V5-His 载体结构

(引自 Invitrogen,manual no. 28-0141,2010)

7. pEGFP 系列目的蛋白亚细胞定位载体

BD 公司设计构建的载体 pEGFP-N1 和 pEGFP-C1 经常用来分析目的基因的表达产物在

细胞内的位置,即亚细胞定位分析。具有特定功能的蛋白质通常含有一段细胞内定位信号肽链,通过特异受体对这段肽链的识别和结合,将其运输到细胞内特定的位置发挥功能,例如,通常转录因子带有核定位信号。因此,在研究未知功能的基因时,其表达产物在细胞内的位置可以给研究人员提供很多基因功能的线索。虽然利用目的蛋白的抗体进行免疫组织化学分析是一种更理想的分析方法,但在通常情况下无法购得未知功能的新基因的表达蛋白抗体。因此,利用 pEGFP 系列载体进行亚细胞定位是一种简单、快捷、低成本的解决办法。

pEGFP 系列载体提供了两种 EGFP 融合蛋白表达策略,即如果计划把目的蛋白连接在 EGFP 的 C 末端,选择 pEGFP-C1 型载体,此时必须保证目的基因和 EGFP 在相同的密码子阅读框内;如果计划把目的蛋白连接在 EGFP 的 N 末端,选择 pEGFP-N1 末端,此时注意目的基因插入载体时必须去除终止密码子,而且不能导致 EGFP 密码子阅读框改变。pEGFP-N1 载体结构如图 3-10 所示,载体中人巨细胞病毒启动子(CMV promoter)可以引导融合蛋白在真核细胞中高效表达,利用新霉素抗性基因(Neo^r)可以进行真核细胞稳定转化子的 G418 筛选。此系列载体属于穿梭载体,pUC ori 和 SV40 ori 保证了载体在大肠杆菌和真核细胞内都可以进行自主复制,利用卡那霉素抗性基因(Kan^r)可以实现在大肠杆菌中的转化子筛选。

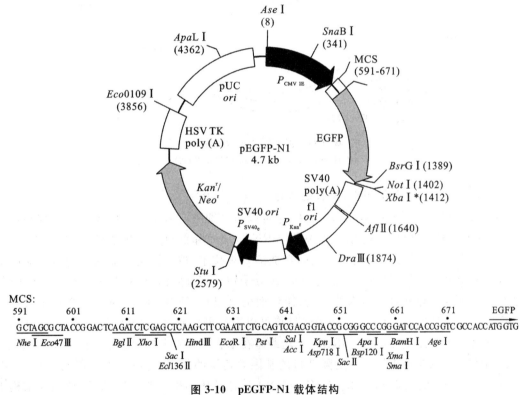

图 3-10　pEGFP-N1 载体结构

(引自 BD Biosciences Clontech,manual no. 28-0141,2010)

8. pGL3 系列基因启动子活性探针分析载体

Promega 公司的 pGL3 系列载体是大小为 4.8～5.2 kb 的探针型载体。它可用于分析目的 DNA 片段在特定遗传背景下对下游基因的调控活性,也可以用来分析调控蛋白和目的 DNA 片段相互作用对基因转录活性的影响。pGL3-Basic 载体结构如图 3-11 所示,载体 MCS

下游含有萤火虫荧光素酶编码基因,且此基因上游不含有启动子结构。在此结构中萤火虫荧光素酶发挥报告基因的作用,当外源 DNA 片段插入 MSC 区域时,外源 DNA 片段发挥调控序列的启动子功能,引导萤火虫荧光素酶表达,其表达水平直接反映出外源 DNA 调控基因表达的能力。萤火虫荧光素酶的表达量可以通过光度计检测。光度计是酶与底物相互作用催化化学发光的监测系统,具有灵敏度高、速度快、可定量操作的优点。pGL3 系列载体内部含有 Amp^r 抗性基因,便于大肠杆菌转化子的筛选。在萤火虫荧光素酶基因下游含有 SV40 poly(A)信号序列,可以增加萤火虫荧光素酶在真核细胞中的稳定性。凭借这样的特点,pGL3 系列载体已经成为研究 DNA 序列的启动子活性和调控功能的便利工具。

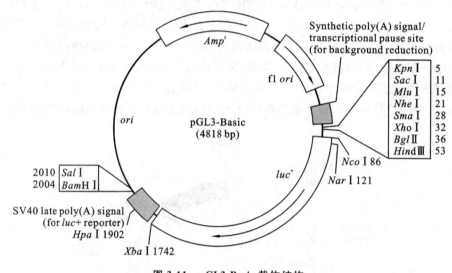

图 3-11　pGL3-Basic 载体结构

(引自 Promega,manual no. TM033,2002)

9. pSilencer 4.1-CMV siRNA 表达载体

siRNA 分子是一类双链 RNA 小分子,它可以通过细胞内 RNA 干涉(RNAi)过程和目的基因 mRNA 互补序列结合,降解目的基因 mRNA,从而降低目的基因表达量(原理见 11.3节)。目前,RNAi 技术已经成为研究基因功能的常规技术,被广泛用于哺乳动物基因功能研究。在早期研究中,通常将体外制备的 siRNA 分子转染到细胞内,使其发挥 RNA 干涉作用,只能维持 6~10 天降低目的基因的作用,伴随细胞分裂和 siRNA 降解,RNAi 作用消失。伴随基因工程载体的发展,目前通常的做法是将可以表达出功能性 siRNA 或 shRNA 的基因功能载体转染进入受体细胞,由于 siRNA 表达载体在细胞中可以更加稳定地表达 siRNA 分子,因此这种方法可以获得更加持久的降低目的基因表达量的作用,可以达到数周或数月。Life Technologies 公司的 pSilencer 4.1-CMV siRNA 表达载体结构如图 3-12 所示,此载体结构中人巨细胞病毒 CMV 启动子可以引导插入 Hind Ⅲ 和 BamH Ⅰ 酶切位点间的 siRNA 模版在哺乳动物细胞中的高效转录,利用新霉素抗性基因(Neo^r)的 G418 筛选可以在哺乳动物细胞内筛选转化子,建立 pSilencer 4.1 载体的稳定转染细胞系;其内部的 ColE1 origin 可以引导其在大肠杆菌内的稳定复制,而氨苄青霉素抗性筛选标记基因(Amp^r)可以被用来在大肠杆菌细胞内筛选转化子。

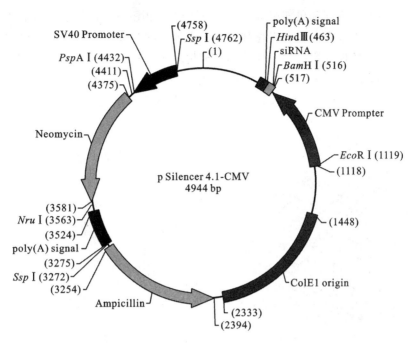

图 3-12　pSilencer 4.1-CMV siRNA 表达载体结构

（引自 Ambion，manual no. AM5779,2008）

3.2.7　质粒 DNA 的分离与纯化

实验室常用的提取载体质粒或重组体的方法是 SDS 碱裂解法。实验操作步骤如下：

(1)用含有 EDTA 的缓冲液悬浮菌体细胞，并加入溶菌酶裂解细胞壁；

(2)加入 SDS-NaOH 混合液，分离细胞膜和细胞内含物；

(3)加入高浓度乙酸钾缓冲液沉淀染色体，去除染色体 DNA 和大部分蛋白质；

(4)离心后保留上清液，用含有苯酚和氯仿的溶液萃取，去除微量蛋白质和核酸酶；

(5)利用乙醇沉淀位于水相中的质粒 DNA；

(6)利用 RNase 降解微量的 RNA 分子。

利用此方法可以获得纯度较高的质粒 DNA，且反应规模可以根据不同的要求进行扩大或缩小，缺点是操作烦琐、费时。基于这种技术原理开发了多种商业化的试剂盒，试剂盒中配置了高效的 DNA 吸附柱，所以将质粒吸附在吸附柱，再进行 DNA 洗涤，可以有效去除残余的蛋白质和 RNA，用水洗脱质粒 DNA，获得高纯度的质粒。改进后的商业化试剂盒简化了操作流程，缩短了质粒 DNA 提取时间。

3.3　噬菌体载体

噬菌体（bacteriophage，简称 phage）是感染细菌的一类病毒，可感染细菌、真菌、螺旋体和支原体等。噬菌体具有病毒的生物学特征，即个体微小，结构简单，只含有一种核酸 DNA 或 RNA，只能在活细胞内以复制方式进行繁殖。噬菌体有蝌蚪形、球形和细杆状三种形态。多数噬菌体呈蝌蚪形,由头部和尾部组成,T_4 噬菌体结构如图 3-13 所示。头部衣壳和尾部的化学组成是蛋白质,头部衣壳内存有噬菌体的遗传物质 DNA 或 RNA,尾部能识别宿主细胞表面的特殊受体,与噬菌体吸附有关。噬菌体对理化因素的抵抗力比一般细菌的繁殖体强,一般经 75 ℃ 30 min 以上才失去活性,对紫外线敏感。经过改造后的噬菌体以其高外源 DNA 承载量和高大肠杆菌侵染性等优点,成为基因克隆、文库构建时的优良载体。

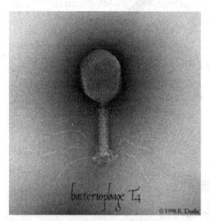

(a) T_4噬菌体电镜照片

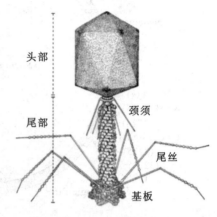

(b) T_4噬菌体模式图

图 3-13 T_4 噬菌体结构

(引自 Bob Duda,1998 与 Eiserling F. A.,1983)

3.3.1 噬菌体的一般生物学特性

1.噬菌体对宿主细菌的依赖性

作为寄生在细菌细胞内的病毒,其生命周期离不开寄生的宿主细胞,噬菌体利用宿主细胞内的氨基酸和核酸资源合成子代噬菌体的外壳和核酸,并在宿主细胞内进行组装,或伴随细菌基因组复制进行同步复制,如果离开宿主细胞,噬菌体将无法进行复制和生长。典型烈性噬菌体的生长周期通常包括以下几个环节(图 3-14):

(1)噬菌体对细菌识别和接合;

(2)噬菌体将核酸导入被感染细菌细胞;

(3)防止细菌细胞内的限制酶体系对噬菌体核酸的降解,利用细菌细胞内的资源合成出子代噬菌体核酸、头部和尾部;

(4)组装成噬菌体颗粒;

(5)裂解细菌并释放子代噬菌体颗粒去识别周围的细菌。

2.噬菌体对细菌的感染性

噬菌体对敏感细菌的感染效率极高,几乎接近 100%,任何一种质粒转化方法都无法达到如此高的效率。噬菌体进入细菌细胞后会迅速合成数百个子代噬菌体颗粒,完成包装后裂解宿主细胞,并释放到周围环境中,又可以感染数百个新的细菌,开始新的生命周期。噬菌体从感染细菌细胞到释放子代噬菌体颗粒,只需要 20～30 min.假设最初只有一个细菌细胞被一个噬菌体颗粒感染,经过 1 h 后,被感染的细菌数量能够达到数百万。噬菌体对细菌的高效感染性也是其被用于克隆载体的重要优点之一。

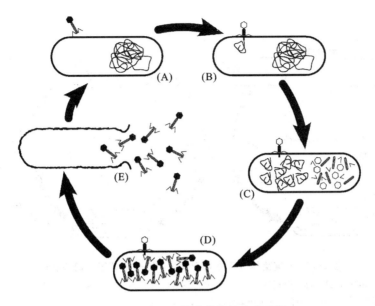

图 3-14　典型烈性噬菌体的生命周期

(A)噬菌体对细菌识别和接合;(B)噬菌体将核酸导入被感染细菌细胞;(C)防止细菌细胞内的限制酶体系对噬菌体核酸的降解,利用细菌细胞内的资源合成出组装子代噬菌体颗粒所需要的核酸、头部和尾部;(D)组装成成熟噬菌体颗粒;(E)裂解细菌并释放子代噬菌体颗粒去识别周围的细菌。

3.噬菌体溶源增殖与溶菌增殖

噬菌体在细菌细胞内可以呈现出两种不同的增殖形式,即溶菌生命周期和溶源(又称溶原)生命周期。在溶菌生命周期内,噬菌体在细菌细胞内快速合成出大量的子代噬菌体,并将细菌裂解,释放出子代噬菌体颗粒。在溶源生命周期内,细菌细胞中不合成子代噬菌体,噬菌体的核酸整合在细菌基因组内,伴随细菌核酸的复制和分离而稳定存在于细菌细胞中。有些噬菌体种类只具有溶菌生命周期,这种噬菌体称为烈性噬菌体,烈性噬菌体的生命周期如图3-14 所示。而有些噬菌体既有溶菌生命周期又具有溶源生命周期,这种噬菌体称为温和型噬菌体,例如 λ 噬菌体就是一种温和型噬菌体。

温和型噬菌体溶源生命周期和溶菌生命周期间的转化过程如下(图 3-15):

(1)噬菌体感染宿主细胞后,将噬菌体 DNA 注入宿主细胞;

(2)噬菌体 DNA 转录合成 DNA 整合及溶源生长所需要的酶;

(3)噬菌体 DNA 和宿主基因组整合,伴随宿主细胞基因组的复制而复制;

(4)在溶源生命周期内,不会产生子代噬菌体颗粒,被感染的细菌能够进行正常的核酸复制和细胞分裂;

(5)经过一定增殖时间后,如果环境条件导致细胞内噬菌体进入溶菌生命周期的条件成熟,溶源生命周期停止,噬菌体 DNA 从宿主基因组卸载下来,噬菌体进入溶菌生命周期;

(6)噬菌体 DNA 上溶菌生长相关基因表达,利用宿主细胞内的资源合成子代噬菌体 DNA、头部和尾部;

(7)子代噬菌体各种结构在宿主细胞内组装为成熟噬菌体;

(8)宿主细胞被裂解,大量子代噬菌体被释放出来,感染临近的宿主细胞。

噬菌体溶源生命周期的宿主细菌有两个重要特征:

(1)超感染免疫性:此宿主细胞不能够被使之进入溶源生命周期的噬菌体再次感染,这是

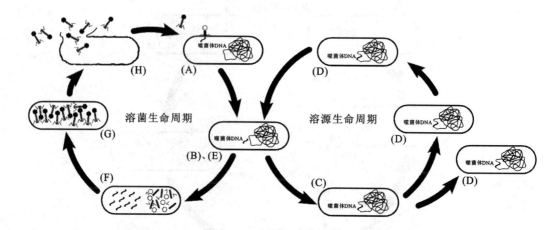

图 3-15 λ 噬菌体溶源生命周期和溶菌生命周期之间的转化

温和型噬菌体感染细胞后,也可能直接进入溶菌生命周期,但有时会进入溶源生命周期。(A)噬菌体感染宿主细胞,将 DNA 注入宿主细胞;(B)噬菌体 DNA 转录合成 DNA 整合及溶源生长所需的酶类;(C)噬菌体 DNA 和宿主基因组整合;(D)噬菌体 DNA 伴随宿主细胞的分裂而进行复制和分离;(E)环境条件导致细胞内噬菌体进入溶菌生命周期,噬菌体 DNA 从宿主基因组卸载下来,噬菌体进入溶菌生命周期;(F)噬菌体利用宿主细胞内的资源合成子代噬菌体 DNA、头部和尾部;(G)子代噬菌体各种结构在宿主细胞内组装为成熟噬菌体;(H)宿主细胞被裂解,大量子代噬菌体被释放出来,感染临近的宿主细胞。

一种防止其被同种噬菌体二次感染的机制。这种超感染现象是通过一种阻遏物参与的基因调控过程实现的。

(2)溶源性细菌的诱发:噬菌体基因组整合到细菌基因组,并伴随细菌基因组的复制而传递数代后,宿主细胞可以从溶源生命周期转变成溶菌生命周期。在诱发过程,噬菌体基因组以 DNA 片段的形式被从宿主细菌基因组中卸载下来。这种诱导过程是在阻遏物和操纵基因的参与下完成的。同时,诱发过程还涉及切除酶(excisionase)的参与,它负责将噬菌体 DNA 从细菌基因组中卸载下来。

3.3.2 λ 噬菌体载体

λ 噬菌体是迄今被研究得最详细的大肠杆菌双链 DNA 温和型噬菌体,属长尾噬菌体科。λ 噬菌体基因组长度为 49 kb,相对分子质量为 $3.1×10^7$。λ 噬菌体的生长周期包括溶源生长和溶菌生长周期(图 3-15)。λ 噬菌体基因组约含有 61 个基因,且功能相关基因成簇排列,形成若干个操纵子。基因组两端为 cos 黏性末端,中间有相当长的 DNA 片段为溶源生长必需序列,是裂解生长非必需的,因此这段区域为将其改造成外源基因的克隆载体提供了位点。

1.λ 噬菌体的形态结构

λ 噬菌体基本结构(图 3-16)包括头部、包装在头部内的 DNA、尾部和尾丝。其中,包围着病毒核酸的头部蛋白质外壳,称为壳体(capsid)或衣壳。壳体由大量同一的壳体蛋白单体分子,即蛋白质亚基(protein subunit)以次级键自组装形成。病毒壳体主要为螺旋对称和二十面体对称两种结构形式,包括二十面体对称的头部和螺旋对称的尾部,尾部连接尾丝。当 λ 噬菌体感染大肠杆菌时,尾管将基因组 DNA 注入大肠杆菌,其蛋白质外壳留在细菌细胞外。

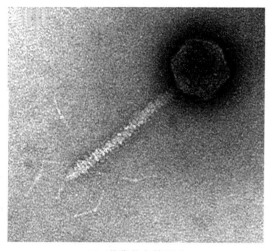

(a)λ噬菌体电镜照片

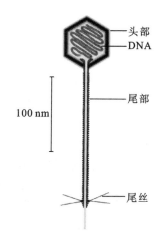

头部
DNA

100 nm

尾部

尾丝

(b)λ噬菌体模式图

图 3-16　λ 噬菌体的基本结构

（引自 Richard Calendar,2005）

2.λ 噬菌体的基因组结构

λ 噬菌体的基因组(图 3-17)是两端为黏性末端的线状双链 DNA,约占噬菌体颗粒质量的 54%,相对分子质量为 3.1×10^7,环化状态下为 48502 bp,长度为 17 μm,相似功能的基因聚集成簇,高效利用上游的启动子和操纵子区域。通常将 λ 噬菌体全基因组分为三部分。

(1)左臂:长约 20 kb,从基因 A 到基因 J,编码构成头部、尾部、尾丝等组装成完整噬菌体所需要的蛋白质。

(2)中段:长约 20 kb,包含基因 J 和基因 N 间的所有基因,编码控制 λ DNA 整合和切出、溶源生长所需的序列,又称非必需区段。

(3)右臂:长约 10 kb,位于基因 N 右侧,是调控区,包含控制溶菌和溶源生长最重要的调控基因和序列,且 λ DNA 复制起始也在此区域。

左、右臂包含 λ DNA 复制、噬菌体结构蛋白合成、组装成熟噬菌体、溶菌生长所需全部序列;对溶菌生长来说,中段是非必需的,因此,中段区域是可改造区域,经过改造后成为承载外源 DNA 的区域。

λ 噬菌体基因组的最大特点是在双链线状 DNA 两端各有 12 bp 的黏性末端,可以环化,该黏性末端形成的双链区域称为 cos 位点(cohesive-end site)(图 3-18)。λ 噬菌体核酸一旦导入细菌细胞,其两端 cos 位点的黏性末端互补结合,并利用宿主细胞的连接酶将互补区域两端缺口封闭,成为环状 DNA 分子,进行复制、转录和整合。cos 位点黏性末端的可成环结构对 λ 噬菌体在细菌细胞内复制和溶源生长周期非常重要,如果在体外利用 DNA 聚合酶将 cos 位点黏性末端补平成双链,导致其无法成环,DNA 就失去其生物活性,将不能进行复制和溶源生长,此结构也是柯斯质粒载体的重要结构基础。

3.λ 噬菌体载体的构建

野生型 λ 噬菌体含有很多优点,使其在分子生物学技术发展的初期就被用于克隆载体,这些优点包括 λ 噬菌体对大肠杆菌的高效感染性,外壳蛋白、尾部和 λ DNA 的体外自组装性,以及 λ DNA 在大肠杆菌细胞中的高拷贝数复制性等。经过改造的野生型 λ 噬菌体,消除了其作为载体的限制,同时也增加了其作为克隆载体使用的便利性。

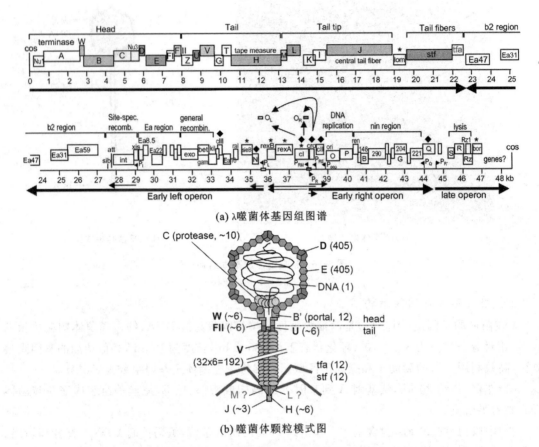

(a) λ噬菌体基因组图谱

(b) 噬菌体颗粒模式图

图 3-17 λ 噬菌体基因组图谱和噬菌体颗粒

(引自 Rajagopala S. V. ,2011)

(a)灰色标记的开放阅读框(ORFs)编码的相应结构蛋白和(b)图中噬菌体颗粒相应结构的灰度一致。箭头方向为转录本的转录方向。(b)图中展示了组成噬菌体颗粒的各种蛋白质间的相互作用,括号中的数字代表噬菌体颗粒中蛋白质的拷贝数。图中 M 和 L 两种结构蛋白目前还不清楚是最终颗粒的组成部分,还是只参与噬菌体颗粒的组装过程。

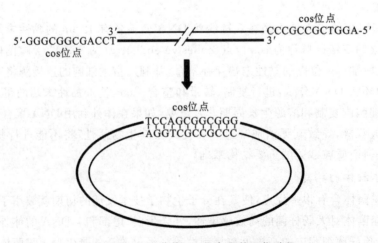

图 3-18 λ 噬菌体 cos 位点及其环化过程

λ 噬菌体的改造过程主要针对以下几个方面。

(1)删除过多重复的酶切位点,引入多克隆位点(MCS)区域,增加了插入外源 DNA 的便利性。野生型 λ 噬菌体的 DNA 长度,导致其内部单独的酶切位点非常少,其内部还有 5 个 *Eco*R Ⅰ 和 7 个 *Hind* Ⅲ,而且个别重复的酶切位点位于噬菌体 DNA 复制、裂解等重要功能的调控区,因此,为了便于克隆 DNA 的操作,必须删除多余的酶切位点,或利用点突变的方法消除个别重复的酶切位点。

(2)删除 λ 噬菌体 DNA 中段非必需区段 DNA,缩小 λ DNA 长度,以增加外源 DNA 容纳量。λ DNA 的包装范围为正常野生型 DNA 总量的 75%～105%,因此,按野生型 λ DNA 长度为 48 kb 计算,λ 噬菌体的包装上限达到 51 kb,因此,野生型的噬菌体作为插入型载体,只能容纳 3 kb 的外源 DNA。λ DNA 的改造主要针对中段非必需区段,经过再造后形成两类 λ 噬菌体载体:

①插入型载体:这类 λ DNA 经过改造后,通常相对分子质量达到噬菌体包装的下限(约 38 kb),在这种载体的中段区域只含有一个可供外源 DNA 插入的位点,外源 DNA 的重组体需要利用载体上携带的 β-半乳糖苷酶 α 片段基因(*lac Z'*)等选择性标记进行筛选,例如,λgt10、λgt11、λBV2 和 λNM540 等载体都属于插入型 λ 噬菌体载体。λNM1149 载体含有两个靠近的克隆位点,*Hind* Ⅲ 和 *Eco*R Ⅰ,也属于插入型载体。此类载体适用于承载 10 kb 以内的外源 DNA,所以主要被用于 cDNA 和小片段 DNA 克隆。

②替换型载体:这类 λ DNA 经过改造后,大小约 40 kb,在这种载体内部含有成对的克隆位点,两个位点间距离大约 14 kb,为非必需区段,外源 DNA 插入载体时会替换两个酶切位点间 14 kb λ DNA,空载只有 26 kb 大小,无法进行噬菌体包装,因此重组体无须进行选择型筛选,同时小于 10 kb 或大于 25 kb 的重组体也超出了 λ DNA 可包装范围,无法进行 λ 噬菌体包装。例如,Charon 4、Charon 10 和 λgtWES 等载体属于替换型 λ 噬菌体载体。替换型载体的最大理论承载量达到 24.9 kb,适用于承载较大相对分子质量的 DNA 片段,因此多被用于克隆真核生物染色体 DNA。

(3)引入正向选择标记,便于重组噬菌体筛选,其中常用的选择标记如下:

①β-半乳糖苷酶 α 片段基因(*lac Z'*)标记基因:来自大肠杆菌的 β-半乳糖苷酶基因(*lac Z*),通过 α-互补作用,并配合 *lac Z* 缺陷型大肠杆菌受体菌株,可以通过蓝白斑筛选鉴定重组噬菌体。

②cI^+ 标记基因:带有此标记基因的噬菌体配合高频溶源化(hfl^-)突变的大肠杆菌菌株使用,非重组噬菌体在 hfl^- 突变菌株内 cI^+ 标记基因正常表达,立即建立溶源状态,形成混浊噬菌斑,重组噬菌体的外源 DNA 插入 cI^+ 标记基因内部,导致基因失活,细菌无法进入溶源状态,形成透明噬菌斑。

③Spi^- 选择法:此筛选和存在于 λ DNA 非必需区段的 *red* 和 *gam* 基因有关。这两个基因的表达产物可以抑制 λ 噬菌体在 P2 噬菌体溶源性大肠杆菌中生长,即 Spi^+(sensitive to P2 inhibition)表型。在替换型 λ DNA 载体的使用过程中,λ DNA 空载体含有 *red* 和 *gam* 基因,不能在 P2 噬菌体溶源性大肠杆菌中生长,当外源 DNA 的替换导致这两个基因缺失后,表型由 Spi^+ 转变为 Spi^-,使重组 λ 噬菌体可以在 P2 噬菌体溶源性大肠杆菌中生长。利用这种差异进行重组子克隆的筛选方法称为 Spi^- 选择法。

(4)诱导控制 λ 噬菌体进入裂解周期的基因突变失活,使噬菌体的溶源生命周期在实验室可控条件下发生,缩小 λ 噬菌体的溶菌性宿主范围,减少发生生物污染的概率。将无意突变引入λ DNA控制裂解周期的基因内部,如 A、B、E、S 和 W 等基因,配合 K12 等少数几种具有矫正功能的大肠杆菌,只有在这类宿主细胞中带有突变基因的噬菌体才能繁殖。

4.λ 噬菌体载体的包装

外源 DNA 被连入 λ DNA 载体后,下一步就是将重组体导入大肠杆菌受体细胞,使 λ DNA 在细胞中复制并包装成成熟的噬菌体。

有两种途径可以将重组后的 λ DNA 导入宿主细胞:

(1)λ DNA 直接导入细胞,这是最为简单的一种途径。这一途径和质粒进入受体细胞的原理一致,受体细胞直接捕获 λ DNA 进入细胞。这种方法的缺点是 λ DNA 导入受体细胞成功率非常低,由于其相对分子质量比质粒大,因此比质粒的转化效率低。

(2)将重组 λ DNA 在体外包装成噬菌体颗粒,按照正常噬菌体繁殖过程感染大肠杆菌受体细胞,大大提高 λ DNA 的转染效率。

λ DNA 体外包装过程是指噬菌体的 DNA、头部、尾部在试管中完成组装,产生成熟噬菌体。噬菌体的头部和尾部的组装是独立完成的,重组 λ DNA 体外包装过程主要是利用了几种基因突变的噬菌体分别合成头部和尾部,再把头部、尾部和 λ DNA 混合孵育完成噬菌体的自组装过程。其中主要涉及两种主要的基因突变噬菌体:

(1)D 基因突变的噬菌体:D 基因产物存在于 λ 噬菌体头部的外侧,其功能与头部成熟及 λ DNA 进入头部有关,其产物占头部总蛋白的 20%。D 基因突变后,噬菌体组装被阻断在头部成熟的前期,导致 λ DNA 无法进入头部,因此其宿主细胞中积累大量的头部前体蛋白。

(2)E 基因突变的噬菌体:E 基因的产物是 λ 噬菌体的头部的主要成分,占头部总蛋白的 70%,E 基因发生突变后,在其宿主细胞中无法形成头部结构,导致在细胞中积累了大量尾部蛋白。

这两种基因突变噬菌体宿主细胞中的头部前体和尾部恰好是组装为成熟噬菌体的两种必备主要成分。因此,将 λ DNA 和这两种宿主细胞提取出来的头部和尾部混合在一起,在一定的温度条件下便可以组装出成熟的 λ 噬菌体颗粒。

λ 噬菌体 DNA 包装过程受到 λ DNA 长度的限制,其允许包装的长度范围为野生型 λ DNA 长度的 75%～105%。野生型 λ DNA 长度为 48 kb,那么包装长度在 36～50.4 kb。只有在此范围长度的 λ DNA 包装后的噬菌体颗粒才具有正常活性。

3.3.3　单链 DNA 噬菌体载体

在以大肠杆菌为宿主细胞的噬菌体家族中,λ 和 T 系列噬菌体为双链结构相对分子质量较大的噬菌体,同时还存在着相对分子质量较小的单链环形结构的噬菌体。M13 噬菌体就是一种典型的单链 DNA 小相对分子质量的噬菌体,其特异性感染含有 F 性须结构的大肠杆菌,此外 f1 和 fd 噬菌体也是和 M13 噬菌体同源性很高的单链 DNA 噬菌体。

1.M13 噬菌体的结构

并非所有噬菌体都含有多面体的头部外壳结构,例如丝状噬菌体就是一种长度可变、伸展、柔软可弯曲的管道状结构噬菌体,这种长度可变的结构可以包装不同大小的 DNA 分子。M13 噬菌体是一种典型的丝状噬菌体。M13 噬菌体呈长而柔软的圆筒状(图 3-19(a)),长度达到圆筒结构直径的 150 倍。这种筒状结构由基因 8 编码的 P8 蛋白以超螺旋形式排列组装而成,每个 P8 蛋白与 M13 噬菌体筒状结构以一个较小的夹角向外伸展(图 3-19(b)),由 5 个

P3 蛋白组成复合体构成 M13 噬菌体的一端,P3 蛋白是一种较 P8 蛋白更大而柔软的蛋白质结构,在感染宿主细胞时 P3 蛋白可以和宿主细胞表面特定受体结合。筒状结构相反的另一端由 P7 和 P9 蛋白组成,这一结构参与 M13 子代噬菌体从宿主细胞释放的过程。在筒状外壳内部包裹着 M13 噬菌体单链环状 DNA(图 3-20)。成熟的 M13 噬菌体内只含有由 DNA(一)转录出来的 DNA(+)(也称为感染性单链),DNA 含有 6407 bp,以重叠基因形式编码 11 种蛋白质(图 3-20)。

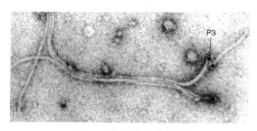

(a) M13噬菌体电镜照片　　(b) M13噬菌体丝状外壳P8蛋白

图 3-19　M13 噬菌体外壳结构

(引自 Slonczewski J. L. 与 Foster J. W.,2011)

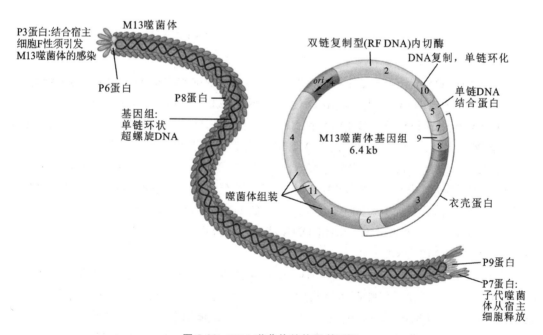

图 3-20　M13 噬菌体结构及基因组

(引自 Slonczewski J. L. 与 Foster J. W.,2011)

2.M13 噬菌体的增殖过程

M13 噬菌体只能感染有 F 性须的雄性大肠杆菌,P3 蛋白对宿主细胞 F 性须的识别与结合在噬菌体的感染吸收过程发挥重要作用(图 3-21)。P3 蛋白和发挥第一受体作用的 F 性须接触导致 F 性须收缩,这一过程引发 P3 蛋白和宿主细胞第二受体 TolA 蛋白结合。TolA 复合体协助 M13 噬菌体和宿主细胞的紧密结合。伴随 M13 噬菌体丝状结构和宿主细胞的紧密结合,M13 噬菌体 DNA 跨过细胞膜被导入宿主细胞。目前,这一过程的具体机制仍不明确。和 λ 和 T 系列噬菌体不同,M13 噬菌体的外壳不会留在宿主细胞外,构成筒状结构的蛋白亚基分解后进入宿主细胞,参与子代 M13 噬菌体组装。

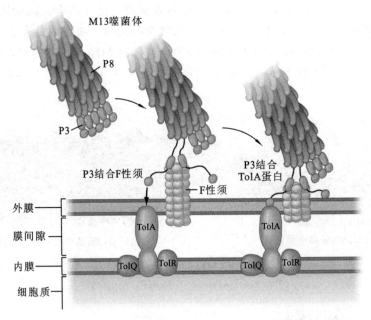

图 3-21　M13 噬菌体与宿主细胞 F 性须的结合

(引自 Slonczewski J. L. 与 Foster J. W. ,2011)

M13 噬菌体 DNA(＋)进入宿主细胞质后,伴随宿主细胞的增殖 M13 DNA 利用细胞内的酶进行复制。M13 DNA(＋)先合成出 DNA(－)形成环形双链结构(图 3-22(a)),此结构称为复制型 DNA(replication form DNA,简称 RF DNA)。RF DNA 首先进行几轮"θ"复制,使 RF DNA 的数量达到大约 200 个拷贝,随后 M13 噬菌体基因 Ⅱ 产物结合在 RF DNA(＋)特定位点并切割出一个缺口。此后,利用宿主细胞内的 DNA 聚合酶 Ⅰ 以环形 M13 DNA(－)为模版持续合成 M13 DNA(＋)。M13 DNA 基因 5 编码 P5 蛋白与新合成的 DNA(＋)结合,发挥保护 DNA 的作用,而且认为 P5 蛋白还参与不对称的 DNA 复制过程,即只复制 M13 DNA(＋)而不复制 DNA(－)。P5 蛋白作为单链 DNA 特异性结合蛋白,和 DNA(＋)结合,从而阻断以 DNA(＋)为模版合成 DNA(－)。

结合有 P5 蛋白的环化的 M13 DNA(＋)被运送到宿主细胞膜位置包装为子代噬菌体。M13 基因组提前合成出子代噬菌体组装所需要的结构蛋白和调控蛋白,如衣壳结构 P8 蛋白和组成尾部结构的 P3、P7 和 P9 蛋白,以及调控子代噬菌体组装的 P4 蛋白等。P4 蛋白单体在细胞膜位置组装为贯通细胞内膜和外膜的圆筒状包装装置,子代 M13 噬菌体在孔道结构内完整组装。为了防止宿主细胞被裂解,在子代 M13 噬菌体组装开始之前,P4 蛋白组成的包装装置孔道会被 P1 和 P11 蛋白封闭。组装过程如图 3-22(b)所示,首先,带有正电荷的 P4 蛋白N 末端结构会吸附带有负电荷的 M13 DNA(＋)进入包装装置,在包装装置入口处,P5 蛋白被卸下,带有正电荷的 P8 蛋白被逐个组装到 M13 DNA 分子上,子代噬菌体释放的最后一步是组装 P3 蛋白。当子代噬菌体释放后,P4 组装装置的孔道会再次被 P1 和 P11 蛋白封闭,防止宿主细胞被裂解。在此包装过程中,M13 噬菌体颗粒的大小和被包装的 M13 DNA 大小有关,因此 M13 噬菌体包装 DNA 的相对分子质量要求相对宽松,最大的包装容量可以达到野生型 M13 噬菌体 DNA 相对分子质量的 7 倍。每个宿主细胞在 M13 噬菌体繁殖周期可以释放约 1000 个子代噬菌体颗粒。M13 菌体的增殖过程不裂解宿主细胞,但会导致宿主细胞增殖速度减慢。在 M13 DNA 中编码的 11 个基因中有 2 个基因是防止降解宿主细胞的,这种进化策略使其可以获得更多后代。这种非溶菌性增殖方式在基因工程应用上有很大的优势,可以在培养基中聚集大量 M13 噬菌体颗粒,便于子代噬菌体分离纯化。

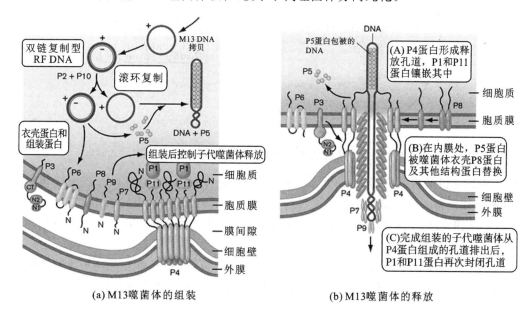

(a) M13 噬菌体的组装　　　　(b) M13 噬菌体的释放

图 3-22　子代 M13 噬菌体的组装与释放

(引自 Slonczewski J. L. 与 Foster J. W. ,2011)

3. 野生型 M13 噬菌体的改造

在对野生型 M13 噬菌体进行改造的过程中,首先确定了其 DNA 中可用的克隆区域。研究发现,几乎所有的 M13 噬菌体上的基因都非常重要,不存在类似 λ DNA 的非必需区段,只在基因 Ⅱ 和 Ⅳ 之间存在 507 bp 的区间可以进行外源 DNA 插入。对 M13 噬菌体 DNA 改造过程如下:

(1)引入遗传标记基因,将 β-半乳糖苷酶 α 片段基因(*lac Z′*)及其配套的操纵子元件引入 M13 DNA 中,便于利用蓝白斑筛选 M13 DNA 重组体,引入抗生素抗性筛选标记,便于转化子筛选;

(2)利用定点诱变技术去除在 M13 DNA 中多次出现的酶切位点,并在基因 Ⅱ 和 Ⅳ 间插入人工合成的多克隆位点(MCS)接头,MCS 区域位于 *lac Z′* 中,便于外源 DNA 的克隆和重组体的蓝白斑筛选;

(3)在 MCS 两侧加入测序引物互补序列,便于将提取的 M13 DNA 直接用于测序。

目前常用的 M13-DNA 克隆载体为 M13mp 系列载体,其中 M13mp10 和 M13mp11 的结构如图 3-23 所示,这两种 M13 噬菌体载体带有一段限制性位点相同但方向相反的 MCS 区域。因此任何一种可以插入 MCS 区域的外源 DNA 片段,都能够按两种彼此相反的取向进行克隆。这一特点对于 DNA 序列分析非常有用,可以同时从两个方向对同一段外源 DNA 测序。

4. 单链噬菌体 DNA 载体的优势

丝状噬菌体结构简单,内部 DNA 呈单链环状结构,噬菌体 DNA 复制过程既包含类似于

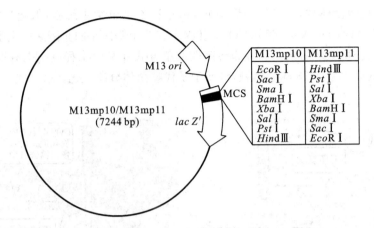

图 3-23　M13 克隆载体 M13mp10 和 M13mp11 结构图

质粒 DNA 的双链结构阶段,又包含子代噬菌体 DNA 的单链环状结构阶段,这些特殊的特征使丝状噬菌体具备了成为基因工程载体和研究工具的优势:

(1)非溶菌性增殖方式可以在培养基内收集大量的子代噬菌体颗粒,便于以类似于 λ DNA 的方式进行 DNA 纯化;

(2)子代噬菌体 DNA 只含正链 DNA(+),其中包含克隆 DNA 片段的两条互补链中的一条,因此可直接用于 DNA 测序和定点诱变,或用于制备单链 DNA 探针以选择和分离互补的 RNA;

(3)单链噬菌体 DNA 的 RF 型是双链 DNA,便于以类似质粒的方法进行分离纯化,且限制性核酸内切酶可以对其识别和切割,便于外源 DNA 与双链 RF DNA 的酶切和连接;

(4)当克隆的外源 DNA 相对分子质量不是很大时,便于以质粒转化的方式进入宿主细胞,不需要进行体外包装。

M13 噬菌体载体在使用过程中也存在一些缺点:第一,外源 DNA 插入会降低 M13 噬菌体载体稳定性,插入片段越大,则载体稳定性越低;第二,虽然理论上外源 DNA 片段可以按两个方向插入 M13 噬菌体载体,但研究发现,它经常以一种主要的方向插入酶切位点;第三,M13 噬菌体载体承载能力差,虽然理论上 M13 噬菌体载体无包装的限制,但实际情况下,通常插入的最大片段仅 1500 kb。由单链噬菌体载体和质粒载体融合构建的人工载体对这些缺点有明显的改善。

3.4　柯斯质粒载体

柯斯质粒(cosmid),英文名字由"cos site-carrying plasmid"缩写而来,即带有 λ DNA cos 位点和质粒复制元件的人工质粒载体。cosmid 综合了质粒和 λ 噬菌体载体的优点,在具有质粒操作便利性的同时,还具有 λ 噬菌体载体的转染高效性、高承载量的特点。λ 噬菌体载体的理论最大承载量为 23 kb,在实际操作过程中其承载量为 15 kb 左右。因此,当使用 λ 噬菌体载体克隆真核生物基因组 DNA 时,由于真核生物内含子的缘故,有时 15 kb 的承载量不能容纳完整的基因,所以就需要一种更高承载量的克隆载体,而 cosmid 的出现满足了这样的要求。

cosmid 是由 λ DNA 和质粒 DNA 进行重组构建而成,其内部保留了 λ DNA 的 cos 位点

注意

和质粒的复制元件和选择性标记。通常 cosmid 大小为 6 kb 左右,其中包括 1.7 kb λ DNA cos 位点及周围序列和约 4 kb 的质粒 DNA 序列,因此,其允许外源 DNA 的插入长度为 30～45 kb。载体的大量制备及外源 DNA 的插入操作过程和质粒完全相同,可以以质粒形式转化细胞,利用其内部的抗性基因进行转化子筛选。当外源 DNA 插入 cosmid 后,cos 位点可以用来进行噬菌体颗粒包装。λ DNA 包装过程只需要识别 DNA 两端的 cos 位点,而与 DNA 内部序列无关,因此,cos 位点为 cosmid 的组装提供了包装信号,利用 λ DNA 的体外包装系统包装成具有感染性的噬菌体颗粒。在此过程中,非重组体由于长度过短不能满足 λ DNA 的包装条件,不能包装成有感染性的噬菌体颗粒,所以 cosmid 无须进行重组体筛选。包装后的 cosmid 以噬菌体相同的转染效率将外源 DNA 带入宿主细胞,且由于 cosmid 内部不带有 λ DNA 的增殖调控和组装元件的编码基因,因此摆脱了 λ 噬菌体的增殖途径,而以质粒的形式在细胞内复制增殖。其在宿主细胞内的拷贝数由质粒的性状决定,增殖产物以提取质粒的方式从细胞中分离纯化。

常用的 cosmid 包括 pHC79、pJB8、pU206 和 pLFR-5 等。其中 pHC79(图 3-24)是由 λ DNA 片段和 pBR322 质粒重组而成。pHC79 包含 λ DNA cos 位点和包装相关序列,包含 pBR322 质粒的复制起点和 *Amp*^{r} 和 *Tet*^{r} 两个抗性基因,长度为 6.1 kb,允许插入外源 DNA 的范围为 31～45 kb,可以包装成具有感染性的噬菌体颗粒。

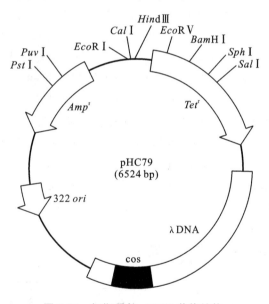

图 3-24 柯斯质粒 pHC79 载体结构

3.5 噬菌粒载体

在单链噬菌体载体中用于插入外源 DNA 片段的区域,即基因 Ⅱ 和基因 Ⅳ 间的区域,称为间隔区(IG)。这段长度为 508 bp 的区域不编码蛋白质,但发挥着复制起始和单链 DNA 包装信号的作用。将 IG 克隆进质粒载体内部,构建成噬菌粒载体。所以噬菌粒载体是由质粒载体和单链噬菌体载体融合构建的一种人工杂合载体,具有质粒载体和单链噬菌体载体的优点,同时避免了单链噬菌体载体稳定性差、克隆能力低等缺点。

噬菌粒载体具有质粒的复制起点和筛选标记基因,还具有单链噬菌体 DNA 复制起点,因此它在大肠杆菌宿主细胞中存在两种不同的增殖方式。

(1)质粒增殖方式:以质粒的形式转化宿主细胞,并以质粒复制起点进行复制,其拷贝数与噬菌粒载体中质粒序列的性质有关,并利用质粒筛选标记进行转化子筛选,扩增产物的提取方法和质粒相同,获得的 DNA 为双链 DNA,便于操作,DNA 产量高。

(2)单链丝状噬菌体增殖方式:当宿主细胞中含有辅助噬菌体时,噬菌粒载体以单链噬菌体形式进行增殖,按滚环复制模式产生单链 DNA,并在细胞膜处包装成噬菌体颗粒,排出细胞。溶液中的噬菌体颗粒便于收集提纯,所获得的单链 DNA 可直接用于外源 DNA 片段的测序。在此过程中,辅助噬菌体所表达的蛋白质产物发挥关键作用,其表达的基因Ⅱ蛋白识别载体上来源于噬菌体 DNA 的复制起始位点,引发载体以单链噬菌体方式增殖。

在丝状噬菌体增殖方式下所需要的辅助噬菌体是一种突变噬菌体,它在宿主细胞中 DNA 复制效率很低,但其表达产物可以为在同一个宿主细胞中的噬菌粒 DNA 提供识别和包装所需要的蛋白质。例如,M13K07 就是一种辅助噬菌体,由复制起始位点突变的 M13mp1 噬菌体、p15A 质粒和来自 $Tn903$ 的卡那霉素抗性基因重组而成。当含有噬菌粒载体的宿主细胞被 M13K07 感染后,M13K07 在宿主细胞中以双链质粒 p15A 复制起点进行复制,并表达出噬菌体载体 DNA 识别和包装所需要的相关蛋白质,从而引发噬菌粒载体正链 DNA(+)合成、包装和释放。但由于 M13K07 中噬菌体复制起始位点发生突变,因此其合成单链 DNA(+)的效率低,最终宿主细胞所释放的噬菌体中绝大部分是由噬菌粒载体包装成的噬菌体颗粒。

噬菌粒载体与 M13 噬菌体载体相比有很多优势。噬菌粒载体相对分子质量较小,只有 3 kb 左右,其外源 DNA 承载量更高;根据需求不同,既可以获得单链 DNA,又可以获得双链 DNA;当外源 DNA 片段较大时,M13 噬菌体载体在复制时经常发生 DNA 缺失,稳定性差,但噬菌粒载体更加稳定。实验室常用的噬菌粒载体包括 pBS、pRSA101、pGEM-3Zf、pUC118/119、pZ258、pEMBL 等。其中,噬菌粒载体 pUC118/119(图 3-25)是分别以 pUC18 和 pUC19 质粒与野生型 M13 噬菌体间隔区(IG)进行重组而构建的人工载体。在构建载体过程中将 M13 噬菌体带有复制起点的 IG,长度约 476 bp 的片段,插入 pUC18 和 pUC19 载体的 Nde I

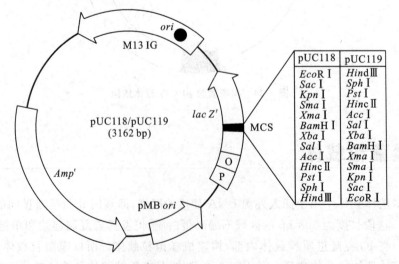

图 3-25　噬菌粒载体 pUC118 和 pUC119 结构

位点,由于 pUC18 和 pUC19 的 MCS 区域相同,但位点方向相反,因此,所获得的 pUC118/119 噬菌粒载体是一对互补载体。利用这对载体可以选择性针对外源 DNA 的正链和负链进行测序操作或点突变研究。而且,这对载体结构简单,最高可以容纳 10 kb 外源 DNA 片段。

3.6　病毒载体

在外源基因导入真核受体细胞的各种方法中,利用病毒载体感染宿主细胞的途径是最为高效的一种方法。病毒载体可以介导外源基因在真核细胞中高效表达。这种方法可以用于实验室基础研究,如建立特定基因瞬时或稳定表达的细胞系,也可以表达治疗性基因用于临床基因治疗。用于基因治疗时,其宿主细胞可以是患者特定的在体组织或来自患者体内的特定细胞。基因治疗过程要求将特定外源基因安全、高效地导入宿主细胞,实现基因稳定表达。漫长的进化过程使病毒获得了一种复杂而精致的结构,这种结构可以引导病毒高效转染宿主细胞或组织。正因为具有这种天然的优势,多种病毒被开发成基因载体。目前,常用来介导基因转移的病毒包括腺病毒、逆转录病毒和慢病毒、痘病毒、腺相关病毒、杆状病毒、单纯疱疹病毒等。本节将以腺病毒、腺相关病毒、逆转录病毒和慢病毒为例,概括性地介绍病毒载体的基本特征,以及它们的优缺点。本章前面提到的噬菌体载体也属于病毒载体,是原核生物病毒载体,而本节专门针对真核细胞病毒载体。

各种病毒载体的特性不同,实验室基础研究和临床基因治疗所要解决的问题和限制条件不同,因此不可能有一种载体能够满足所有的基因转移需求。选择病毒载体主要依据以下因素:宿主细胞的特征,所需要的外源基因在宿主细胞中的表达效率和持续时间,病毒载体是否容易制备,以及病毒载体的安全性、毒性和稳定性。临床试验研究表明,利用特定病毒载体所介导的基因治疗方案对某些疾病具有很好的治疗潜力。例如,利用逆转录病毒介导基因治疗X-SCID 取得了很好的效果;慢病毒载体用于治疗帕金森病等多种神经系统疾病;腺相关病毒用于治疗单基因紊乱相关疾病,如 Duchenne 型肌营养不良症和 B 型血友病。目前,虽然世界上还没有任何国家批准将病毒载体用于临床治疗,但临床试验的良好治疗效果和新载体的不断改进预示着病毒载体将对基因治疗领域的发展产生巨大影响。

3.6.1　腺病毒

1953 年,腺病毒(adenoviruses,Ads)在人体脂肪组织中被首次发现。可以感染人的Ads 被分为 6 种亚型(A~F),包含超过 100种不同的血清型。研究发现这些已知的 Ads种类中,最适于开发成基因载体用于基因转移和基因治疗的病毒包括 Ad2、Ad5 和 C 类病毒。

1. Ads 结构

(1)衣壳:腺病毒无被膜结构,颗粒直径为70~100 nm(图 3-26)。病毒外表由衣壳蛋白

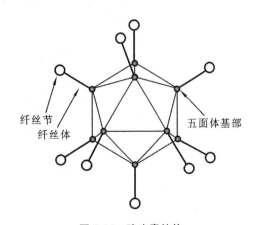

图 3-26　腺病毒结构
(引自 James N. Warnock,2011)

纤丝节
纤丝体
五面体基部

组成,呈二十面体的球形。在每个五面体交界的顶端含有由三聚体蛋白组成的纤丝,每个纤丝的末端形成球形结构域。衣壳内包裹着线状双链 DNA 分子。

(2)基因组:Ads 基因组由长度为 26～40 kb 的线状双链 DNA 分子组成。病毒 dsDNA 在衣壳内被包装成核小体样的结构,在 DNA 分子两端含有 103 bp 反向重复序列。整个基因组含有两个主要转录区域,即早期转录区域和晚期转录区域。早期转录区域含有四个重要的转录单元(E1、E2、E3 和 E4),各转录单元的功能见表 3-1。

表 3-1　腺病毒早期转录单元的功能

转录单元	功　　能
E1A	激活病毒增殖所需早期基因,诱导宿主细胞进入 S 期
E1B	编码 E1B 19K 和 E1B 55K 两种产物,抑制宿主细胞凋亡并允许病毒 DNA 复制
E2	编码 DNA 聚合酶(pol)、终端前蛋白(pTP)和 DNA 结合蛋白(DBP)
E3	编码可以阻止细胞对病毒感染作出反应的抑制蛋白
E4	编码多种参与 DNA 复制、mRNA 转运和剪切的蛋白质

2.生命周期

腺病毒感染宿主细胞的早期是指从病毒和宿主细胞相互接触到病毒 DNA 开始复制的阶段(图 3-27)。在此过程中,病毒纤丝末端的球形节结构对人体各种细胞表面的柯萨奇病毒和腺病毒受体(CAR)有很高的亲和性。当病毒靠近宿主细胞表面时,病毒和受体结合,病毒导入过程被启动。病毒衣壳五面体基部蛋白和宿主细胞第二受体相互作用可以增强纤丝和 CAR 间的亲和力。利用受体介导的细胞内吞作用,病毒穿过宿主细胞膜。当病毒释放到宿主细胞质后,病毒 DNA 被释放出来并进入宿主细胞核。

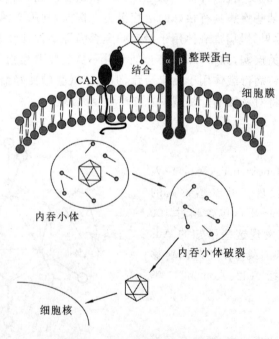

图 3-27　腺病毒感染宿主细胞过程

(引自 James N. Warnock,2011)

　　病毒基因组进入宿主细胞核后病毒 DNA 开始转录。此时,早期转录单元内的 E1A 单元开始转录,不久 E1B 开始转录。这两个转录单元的产物为病毒基因组的深入转录做准备,并促进宿主细胞进入 S 期,抑制宿主细胞凋亡。随后,E2 单元开始转录,编码病毒 DNA 复制所必需的蛋白质,包括 DNA 聚合酶、终端前蛋白和 DNA 结合蛋白。紧随其后,E3 单元开始表达,其表达产物阻止宿主对病毒入侵作出反应。最后,E4 单元开始转录,产生一系列 DNA 复制、mRNA 转运及加工所需要的蛋白质。

　　病毒 DNA 开始复制标志着开始进入病毒感染晚期。首先,病毒基因组两端的末端重复序列(ITR)开始复制。结合在病毒基因组两端的末端蛋白发挥 DNA 引物的作用。当一段较大的后期启动子的 20 kb 区段开始转录后,后期转录产物开始表达。转录产物先经过几次切割作用,产生编码五种蛋白质的 mRNA。这些蛋白质随后产生病毒衣壳,并有可能参与子代病毒的组装过程。子代病毒组装完成后,宿主细胞最终会被裂解,释放出子代病毒颗粒。

　　第一代腺病毒载体是在基因治疗实验中使用最为广泛的载体。这些载体主要以 Ad2、Ad5 和 C 类腺病毒为基础构建,为了使载体可以承载更长的外源 DNA,其基因组的 E1 或 E1 和 E3 转录单元被删除。经过改造的腺病毒载体可以承载大约 7.5 kb 的外源 DNA 片段。另一种在基因治疗中所使用的腺病毒载体称为"gutted"(完全改造)载体,其腺病毒基因组全部被删除,仅保留 ITR 和包装信号。此类载体的外源 DNA 承载量可以达到 36 kb。

3. 基因治疗应用研究

　　腺病毒载体的优势使其在基因转移和基因治疗方向的应用越来越普遍,但有些缺点阻止了腺病毒载体的大规模应用。表 3-2 中列举了腺病毒载体的优点和缺点。

表 3-2　腺病毒载体的优点和缺点

优　点	缺　点
可以感染分裂期和非分裂期细胞;重组载体很稳定;承载外源 DNA 能力高;非致瘤性;可以包装成高滴度的病毒	不允许用于长期基因治疗;高剂量载体会引起人和细胞的免疫反应

　　腺病毒载体是在癌症治疗研究中最常用的病毒载体。有研究利用腺病毒将肿瘤抑制基因 p53 和 p16 成功地导入肿瘤组织中。这项研究首次证实腺病毒介导的 p53 基因治疗策略是一种有效的肿瘤治疗方法。自杀基因疗法和药物前体疗法也是利用病毒进行癌症基因治疗的研究方向。自杀基因疗法是利用病毒的蛋白质将无毒性的药物前体转化成为有毒性的药物,从而导致癌细胞死亡的治疗策略。目前,用于治疗前列腺癌的自杀基因疗法的Ⅰ期、Ⅱ期临床试验已经完成。这一治疗过程利用删除 E1 和 E3 转录单元的复制缺陷型腺病毒载体(CTL102)完成,病毒载体携带 CB1954 药物前体和硝基还原酶重组的 DNA 片段进入患者体内。研究结果表明,接受治疗的患者体内的前列腺特异性抗原(PSA)不同程度下降,治疗过程增加了 T 细胞识别 PAS 的概率,而且这种治疗策略激发了肿瘤特异性免疫反应。

　　由于腺病毒载体具有感染非分裂细胞的能力,而且进入机体后可以在肝细胞中保持较高的浓度,因此腺病毒已经用于多种肝脏疾病的基因治疗研究。例如,有研究利用大鼠作为动物模型,通过腺病毒介导 PAI-1 的干扰 RNA(siRNA)进入细胞,以治疗肝脏纤维化。重组载体纠正了肝细胞内基质金属蛋白酶及其抑制因子的水平,同时抑制肝细胞扩增和凋亡,组织学和免疫组织化学的研究结果表明导入腺病毒载体的大鼠肝脏纤维化程度显著降低。此外,腺病毒还用于针对干细胞分化、艾滋病治疗、心血管疾病和肺结核等疾病的治疗研究。

3.6.2 腺相关病毒

1965 年首次发现腺相关病毒(adeno-associated virus,AAV),它起源于细小病毒(parvovirus)家族的依赖病毒属病毒,作为共同感染病毒和腺病毒共同感染患者。这种小型病毒是一种天然的复制缺陷型病毒,需要腺病毒或疱疹病毒(herpes)作为辅助病毒,在其帮助下才能够在宿主细胞中增殖。

1. AAV 结构

(1)衣壳:AAV 无被膜结构,外部为直径 22 nm、呈二十面体结构的外壳。AAV 每种不同的血清型都具有自己特殊的衣壳结构,这些不同的衣壳结构对不同细胞受体亲和力不同,这种特征使 AAV 可以特异性针对不同组织细胞。

(2)基因组:AAV 基因组为线状单链结构,内部含有两个开放阅读框(ORF),两端含有 145 bp 的末端重复序列(ITR)。5′端 ORF 编码四种重要的与复制相关的蛋白 Rep 78、Rep 68、Rep 52 和 Rep 40,3′端 ORF 编码三种衣壳蛋白。

2. 生命周期

在 AVV 载体中,2 型血清型 AAV 是在临床基因治疗试验中应用最为广泛的病毒。2 型血清型 AAV 首先通过带有负电荷的硫酸乙酰肝素蛋白聚糖(heparan sulfate proteoglycans,HSPGs)结构与宿主细胞相结合。位于宿主细胞膜表面的整联蛋白和不同生长因子的复合受体可以增强病毒与宿主细胞的相互作用。宿主细胞通过内含蛋白介导的内吞作用将载体摄入细胞。内吞小体的迅速酸化使得病毒基因组被释放出来。目前,病毒基因组与宿主细胞基因组的整合过程仍不清楚,但研究人员发现,在 AAV 基因组复制之前,需要辅助病毒增加宿主细胞核膜的通透性。AAV 基因组一旦进入细胞核,病毒 DNA 会整合到 19 号染色体的 S1 位点,并开始转录和复制,产生四种 Rep 蛋白和三种衣壳蛋白(表 3-3)。

表 3-3 AAV Rep 和 Cap 蛋白的功能

蛋白质	功 能
Rep 40 Rep 52	参与利用双链复制型 DNA 产生单链病毒基因组的过程
Rep 68 Rep 78	与 Rep 结合元件和 ITR 末端位点相互作用,参与 DNA 复制过程
Cap (vp1、vp2、vp3)	具有相同的 V3 结构域,但具有不同的 N 末端,以 1∶1∶10 比例形成病毒衣壳结构

在构建 AAV 载体和外源 DNA 的重组体时,需删除 Rep 和 Cap 的编码基因,这使外源 DNA 的承载能力大约达到 5 kb,因此重组体只含有天然病毒的 ITR 区段。ITR 区段作为顺式作用元件发挥作用,在辅助病毒的帮助下可以为重组体提供复制和包装信号。Rep 和 Cap 蛋白以及其他辅助腺病毒基因可以在质粒上表达。这种质粒表达策略可以避免使用野生型腺病毒共感染细胞,更加安全。生产 AAV 载体时需要将去除 Rep 和 Cap 编码区域的 AAV

DNA 和辅助质粒共转染人胚肾 HEK293 细胞系。

3.基因治疗应用研究

AAV 载体的优点使其主要被广泛用于组织工程研究,但它也有缺点,有待克服。AVV 载体的优点和缺点见表 3-4。

表 3-4　AAV 载体的优点和缺点

优　点	缺　点
对人的非致病性;广泛的宿主细胞类型;可感染分裂期和非分裂期细胞;体内可以保持较长时间(数年)较高的基因表达水平	外源 DNA 承载量小;起始基因表达较慢

在动物模型研究中,AAV 已经被用于皮肤烧伤、切除型创口和切开型创口损伤的治疗研究,并展示出良好的应用前景。由于 AAV 不同血清型的衣壳结构不同,因此 AAV 载体可以感染多种不同的组织。研究人员发现 AAV 载体可以感染脑组织、肌肉组织、视网膜等多种组织的细胞,并在这些细胞中具有很好的稳定性。例如,最为常用的 2 型血清型 AAV(AAV2)对 HSPGs 受体具有很高的亲和力,多种类型的细胞都含有这种受体;而 5 型血清型 AAV(AAV5)可以结合血小板衍生生长因子受体(platelet-derived growth factor receptor,PDGFR),脑组织、肺组织和视网膜组织都含有 PDGFR。其他血清型的 AAV 的受体虽然不是非常明确,但研究表明它们对多种细胞具有特异性亲和能力。例如,AAV1 可以特异性感染肌肉组织,AAV6 可以特异性感染肺组织,AAV7 可以特异性感染肌肉和肝脏组织,AAV8 可以特异性感染肝脏组织。深入研究表明嵌合血清型 AAV 载体,即两种不同血清型的 AAV 的重组病毒载体,对两种初始病毒的受体都有亲和力。无论在人源细胞和非人源细胞,这种重组 AAV 载体一旦进入细胞,大部分载体以非整合状态存在,然而在脑、肌肉和视网膜等组织中,这种杂合状态 AAV 载体外源基因的稳定表达时间可以超过一年。

AAV 载体不同于其他基因治疗载体,其研究主要集中在由单基因紊乱诱发的遗传疾病(53%),其次是癌症(23%)。例如,囊肿性纤维化(cystic fibrosis)是最常见的利用 AAV 载体进行治疗性研究的遗传疾病。也有研究将 AAV 载体用于 B 型血友病(hemophilia B)治疗研究,并获得成功。虽然在研究领域获得了很多令人鼓舞的结果,但距离应用于临床治疗还有一段距离。此外,重组 AAV 载体在 Canavan 病(海绵状脑白质营养不良)、婴儿期神经元蜡样沉积症、帕金森病和 α_1-抗胰蛋白酶缺乏症等遗传疾病的治疗研究领域也有较好的应用前景。

3.6.3　逆转录病毒

逆转录病毒(retroviruses)的特点是感染宿主细胞后可以将病毒单链 RNA 基因组逆转录为 dsDNA,进行病毒基因组的复制。逆转录病毒可以分为简单型(致瘤型逆转录病毒)和复杂型(慢病毒和泡沫病毒)。此部分主要探讨简单型逆转录病毒,如最常见的鼠白血病病毒(murine leukemia virus),复杂型逆转录病毒在慢病毒部分介绍。简单型逆转录病毒在组织工程领域有很好的应用前景,尤其是在骨修复领域,但其应用也受到其缺点的限制,即这种病毒只感染分裂细胞,而对非分裂细胞不敏感。

1.逆转录病毒结构

(1)衣壳:逆转录病毒大小约 100 nm(80~110 nm),外层具有表面突起的脂蛋白被膜。被

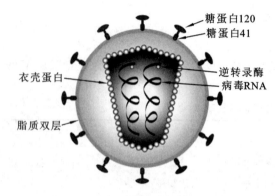

糖蛋白120
糖蛋白41
衣壳蛋白
逆转录酶
病毒RNA
脂质双层

图 3-28　典型的逆转录病毒结构

(引自 James N. Warnock,2011)

膜内包裹着呈二十面体的衣壳蛋白,衣壳蛋白内部包裹着病毒基因组。病毒被膜为脂质双层结构,脂质双层来源于宿主细胞膜,并和病毒编码的表面糖蛋白和跨膜糖蛋白组装在一起。基本的逆转录病毒结构(图 3-28)和HIV-1 慢病毒结构相似。

(2)基因组:逆转录病毒基因组为线状单链 RNA 分子,长度为 7~12 kb。简单型逆转录病毒含有三个大编码区域和一个小编码区域(表 3-5)。大编码区域含有三个基因(*gag*、*pol* 和 *env*),它们在病毒与宿主细胞的结合、复制和病毒包装过程中发挥重要作用。小编码区域含有 *pro* 基因,编码一种病毒蛋白酶。

表 3-5　简单型逆转录病毒基因与功能

基　　因	功　　能
gag	编码病毒核心蛋白
pol	编码逆转录酶和整合酶
env	编码病毒被膜蛋白的表面和膜组件
pro(小编码区域)	编码一种病毒蛋白酶

2.生命周期

逆转录病毒的生命周期开始于病毒被膜糖蛋白与宿主细胞表面受体的接触。此时,病毒的被膜和宿主细胞膜融合在一起,病毒核心被释放进入宿主细胞质。病毒单链 RNA 释放出来后,*pol* 基因编码的逆转录酶先利用单链 RNA 合成 dsDNA。由于 dsDNA 不能穿越非分裂细胞的细胞膜,因此只有当宿主细胞周期进入分裂期,核膜解体时,在病毒整合酶的作用下,病毒 dsDNA 才能和宿主基因组发生整合,整合结果将使病毒 dsDNA 永久存在于宿主基因组中,这种整合状态称为前病毒状态(provirus)。接下来,在 RNA 聚合酶Ⅱ作用下,前病毒转录出一系列 mRNA,合成出病毒复制组装所需的各种蛋白质,在这些蛋白质的作用下,病毒在细胞质中完成组装。子代病毒通过出芽方式释放到细胞外,这种出芽过程也使病毒从宿主细胞膜处获得脂质双层结构的被膜。

从生物安全方面考虑,用于基因工程载体的逆转录病毒载体必须是复制缺陷型病毒载体。因此,病毒基因组中的 *gag*、*pol* 和 *env* 被删除,只保留长末端重复序列、包装信号和对于病毒基因表达很重要的位点。这三个区域的删除也为外源基因提供了插入空间。病毒载体只有在包装辅助细胞系中才能复制。辅助细胞系是转染了含有 *gag*、*pol* 和 *env* 基因质粒的细胞系,这些质粒在细胞中为病毒包装提供所需的酶和结构蛋白。为了保证安全性,第一种质粒中含有 *gag* 和 *pol* 基因,第二种质粒含有 *env* 基因,而病毒载体在第三种质粒中。这种策略可以避免产生具有自主复制能力的病毒颗粒。

3.基因治疗应用研究

逆转录病毒载体广泛应用于组织修复和组织工程。由于这种病毒只能感染分裂期细胞,不产生具有免疫型的病毒蛋白,且病毒载体 DNA 可以和宿主细胞基因组永久整合,这些特点非常适合基因治疗研究。这些载体的主要缺点是外源基因承载量较低,并且不能感染非分裂期细胞,但这些缺点并没有阻碍其在基因转移和基因治疗领域中的广泛应用。

在逆转录病毒治疗性研究领域中,骨修复是一个重要研究方向。目前,骨修复的主要治疗办法是骨移植,但移植材料的来源受限制,并且受体也有获得供体传染性疾病的风险。然而,在动物模型研究中,利用逆转录病毒所进行的骨修复研究获得了很多良好结果。在这一领域中,逆转录病毒载体可以携带各种生长因子和分化因子进入成熟的骨细胞或干细胞,这些基因工程修饰的细胞可以用于构建组织框架。同时,逆转录病毒载体也用于软骨损伤修复和治疗心血管疾病的组织工程血管的研究。

逆转录病毒介导的基因治疗策略已经用于临床试验,例如,利用逆转录病毒载体治疗婴儿或青春期前患者的 X 连锁的严重复合型免疫缺陷(X-SCID),已经公认这一策略具有良好的治疗效果。这一治疗过程是将人正常的 IL2RG cDNA 利用逆转录病毒载体导入自体离体的 CD34$^+$ 造血细胞,再将基因工程细胞导入患者体内,临床研究表明可以达到治愈 X-SCID 的效果,但也发现这种治疗策略增加了患者患淋巴瘤的危险。

3.6.4 慢病毒

慢病毒(lentivirus)是逆转录病毒家族中的一个分支,由于其基因组较简单型逆转录病毒更加复杂,因此也被称为复杂型逆转录病毒。最著名的慢病毒为人免疫缺陷型病毒 1(HIV-1)。

1. 慢病毒结构

慢病毒结构和简单型逆转录病毒结构相似,它是含有脂质双层被膜结构的病毒,内部基因组同样为一条单链 RNA,长度为 7~12 kb。慢病毒基因组中除含有简单型逆转录病毒所包含的相同基因(gag、pol 和 env)外,还含有其他 6 个基因,包含 2 个调控基因和 4 个附属基因,这 6 个基因在慢病毒对宿主细胞的结合、感染、病毒复制和子代病毒释放过程中发挥重要作用(表3-6)。

表 3-6 慢病毒基因组部分基因的功能(不包含和简单型逆转录病毒相同的基因)

基因	功能
rev	编码一种 RNA 结合蛋白,诱导 HIV 病毒早期表达基因向晚期表达基因过渡
tat	编码一种 RNA 结合蛋白,可以使基因转录水平提高 1000 倍
nef	防止 T 细胞激活并刺激 HIV 的感染性
vpr	介导 HIV 病毒感染非分裂期细胞
vpu	促进 HIV-1 病毒从细胞表面进入细胞质
vif	编码一种参与 HIV-1 病毒复制的多肽

这些基因对于慢病毒载体是非必需的。在包装辅助细胞系中只含有编码 rev、gag、pol 和 env 基因的质粒。

最常用的慢病毒载体是由 HIV-1 病毒改造而来,其改造过程和简单型逆转录病毒载体非常相似,这些载体中的编码基因几乎全部被删除,只保留一个调控基因和病毒包装所需要的序列,删除这些编码区域为外源基因的插入提供了更大空间。制作重组慢病毒载体时需要将三种质粒转染进入辅助细胞系 HEK293 或 293T 中,第一种质粒含有 *gag*、*pol* 和 *rev* 基因,第二种质粒含有 *env* 基因,第三种质粒为慢病毒载体和外源基因的重组体。当同一个辅助细胞中导入这三种质粒,辅助质粒中的基因表达产物可以引导慢病毒重组载体进行子代病毒包装。

2. 生命周期

慢病毒的生命周期属于典型逆转录病毒生命周期。首先,病毒被膜的糖蛋白结合细胞表面特定受体,接下来病毒被膜和宿主细胞被膜相互融合,病毒核心被释放进入宿主细胞质中。这种内吞作用完成不久,在病毒逆转录酶作用下,单链 RNA 被逆转录成 dsDNA,并和基因组 DNA 整合在一起。慢病毒和简单型逆转录病毒相比,生命周期的主要差异在于:①慢病毒基因的表达过程分为两个阶段,即早期阶段和晚期阶段,这两个阶段的分界点为病毒 rev 蛋白与病毒基因组相结合的时间;②利用病毒 vpr 蛋白的作用,慢病毒可以感染非分裂期细胞;③*tat* 基因是复杂型逆转录病毒所特有的基因,参与 HIV-1 病毒的复制过程。

对野生型慢病毒的改造修饰过程可以改变慢病毒载体的特定生命周期,保证病毒载体的应用过程更加安全,使载体更符合应用的需求。例如,慢病毒自我钝化表达载体(sin)的 U3 启动子区域被删除,会引起病毒前体失活,这种载体限制了病毒基因组在宿主细胞中转移的能力,并限制了病毒基因组和宿主细胞基因组重组的能力。在通常情况下,用于基因治疗研究的慢病毒载体的被膜为一种特殊的糖蛋白,例如泡状口腔炎病毒糖蛋白(VSV-G),这种糖蛋白可以使病毒载体感染更多类型的细胞。

3. 基因治疗应用研究

慢病毒载体和简单型逆转录病毒载体相比有很多优势。例如,慢病毒载体可以感染小鼠胚胎和大鼠胚胎生产转基因动物,而且可以控制外源基因组织特异性表达,慢病毒对外源 DNA 的承载量相对也更高,慢病毒可以感染非分裂期细胞。

由于慢病毒载体可以感染非分裂期细胞,因此它在慢病毒应用研究的早期就用于针对非分裂细胞的转基因研究。例如,神经系统和心脑血管系统的基因治疗研究。2002 年首次将慢病毒用于临床试验,第一个被批准进行临床试验的慢病毒载体治疗方案是 VRX496,这是一种利用抑制因子进行抗艾滋病的 RNA 治疗方案。研究证明这种重组载体是安全的,具有短期治疗效果。此外,慢病毒载体也被用于其他疾病的治疗研究,例如脑白质肾上腺萎缩症(adrenoleukodystrophy,ALD)、渐进性神经变性疾病(这种神经病变可以引起中枢神经系统发生弥散性脱髓鞘作用)、帕金森病、镰刀状细胞贫血和地中海贫血症、艾滋病(HIV)和癌症的免疫治疗等。

3.7　人工染色体克隆载体

3.7.1　构建大容量载体的必要性

当需要克隆真核生物基因组,尤其是高等的植物、动物基因组时,由于其基因组非常庞大,往往需要克隆数百甚至数千 kb 的 DNA 片段,这时就需要更大承载量的克隆载体。因此,人工染色体(artificial chromosome)在这种需求条件下诞生。这种高承载量的克隆载体的设计是基于细胞染色体能够稳定复制和遗传的原理。因此,可以将人工载体概括为含有天然染色体基本功能单位的载体系统。实验室常用的人工染色体包括酵母人工染色体(YAC)、细菌人工染色体(BAC)、哺乳动物人工染色体(MAC)和人类游离人工染色体(HAEC)。这些人工染色体主要用于基因组图谱制作、基因分离以及基因组序列分析,而且在基因治疗领域有很好的应用前景。当较大的外源 DNA 片段和人工染色体重组成功后,通过电穿孔技术导入宿主细胞,重组体在宿主细胞内作为一条独立的染色体进行复制和分裂,因此,不存在插入宿主染色体所引起的宿主基因的插入失活或抑制外源基因表达的位置效应,每个细胞中保持一个拷贝的外源 DNA 片段。

3.7.2　人工染色体的三种必需成分

人工染色体在宿主细胞内必须能够稳定地自主复制、分离,并伴随细胞分裂平均分配到两个子细胞中,还要保证人工染色体在宿主细胞中的稳定性,因此它必须具备天然染色体的基本特征,着丝粒、端粒和复制起始区域这三种成分必不可少。

(1)着丝粒(CEN):位于染色体中央,是真核生物染色体的标志性结构,呈纽扣状。在有丝分裂时与微管蛋白结合并控制染色体的运动,也是姐妹染色单体配对分离时的控制位点,接收细胞信号而使姐妹染色体分开。

(2)端粒(TEL):位于真核生物染色体的末端,主要功能是防止染色体融合、降解,保证染色体完整复制的长度和稳定性。它在端粒酶的作用下以端粒酶所携带 RNA 为模板,在染色体末端添加端粒重复序列,并参与细胞增殖和凋亡的调控。

(3)自主复制序列(ARS):也称复制起始区域,是能够和引导 DNA 复制的特定蛋白相互作用,起始染色质复制的 DNA 序列。由于真核生物基因组庞大,因此通常在一条染色体上含有多个复制起始区域。

3.7.3　酵母人工染色体载体

Murray 和 Szosta 在 1983 年将酵母的着丝粒、ARS 序列及四膜虫核糖体 RNA 基因 rDNA(Tr)末端序列插入大肠杆菌质粒 pBR322 中,并转化酵母菌,构建成第一个酵母人工染色体,进一步改造使 YAC 能够在后代中稳定传递。由于当时人类基因组计划(Human Genome Project)需要每条染色体的高分辨率物理图谱,而且急需一种能够将染色体变成小片段进行直接测序的大片段 DNA 载体,因此,YAC 被应用于人类基因组计划。通常 YAC 载体能够容纳 200～500 kb DNA 片段,最高可以达到 1 Mb 染色体片段。YAC 重组体导入宿主细胞后通常采用营养缺陷型标记基因进行重组体筛选,如色氨酸、亮氨酸和组氨酸合成缺陷型基因 *TRP1*、*LEU2* 和 *HIS3*,尿嘧啶合成缺陷型基因 *URA3*,以及赭石突变抑制基因 *SUP4*。酵母从头合成腺嘌呤核苷酸和次黄嘌呤一磷酸时需要磷酸核糖胺咪唑羧化酶,编码该酶的基因 *ADE2* 有一种突变形式,称为 *ADE2-1*,其内部第 64 位密码子由 GAA 变成赭石型终止密码子 TAA,所以称为赭石型突变,它导致翻译终止,不能产生有活性的磷酸核糖胺咪唑羧化酶,酵母细胞内合成嘌呤的中间产物磷酸核糖胺咪唑聚合成红色物质,使 *ADE2-1* 酵母菌落呈红色。

SUP4 基因是一种反密码子发生突变的酪氨酸 tRNA 基因,能够阅读宿主酵母的 ADE2-1 内部的 TAA,使翻译继续,产生有功能的磷酸核糖胺咪唑羧化酶,抑制了 ADE2-1 的突变效应,使 ADE2-1 酵母菌落呈白色,因此被称为 ADE2-1 的赭石型抑制子。将 YAC 载体中 SUP4 基因区段作为外源 DNA 插入区域。外源 DNA 的插入导致 SUP4 失活,失去抑制赭石型突变的能力,从而产生红色菌落。

多种常用的酵母人工染色体载体都是在 pYAC3 和 pYAC4 两种 YAC 载体基础上改进而来,因此下面以 pYAC3 为例简要介绍酵母 YAC 载体的结构与功能。pYAC3(图 3-29)载体呈双链环状,承载了 β-内酰胺酶基因(β-lactamase,bal),可以进行 β-内酰胺类抗生素筛选,如氨苄青霉素(Amp)筛选,并带有细菌 pMB1 质粒的复制起始位点,可以在细菌细胞中自主复制。同时,其内部还带有酵母复制起始位点 ARS1 序列和着丝粒 CEN4 序列,保证其在酵母细胞内的复制和分离。利用 TRP1、URA3 和 HIS3 营养筛选标记基因和赭石突变抑制基因 SUP4 对重组体在酵母细胞内进行营养筛选和菌落颜色筛选。从四膜虫基因组中克隆的两个端粒样 DNA 序列 TEL 使 pYAC3 在酵母细胞中可以形成端粒结构,保证了 YAC 在细胞内的稳定性。

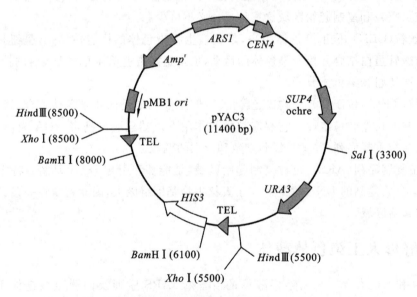

图 3-29 酵母人工染色体载体 pYAC3 结构

外源 DNA 片段与 pYAC3 的重组过程如下(图 3-30):

(1)利用 HIS3 筛选标记两端的 BamH I 酶切位点,将 pYAC3 载体线形化,此过程导致 HIS3 被切除,因此可以利用 HIS3 营养标记基因对切割不完全的载体进行逆向筛选;

(2)利用 SnaB I 限制性核酸内切酶将 SUP4 内部 SnaB I 酶切位点断开,形成外源 DNA 片段插入位点,SnaB I 限制性核酸切割产物为平末端的两条线状 YAC 载体的左臂和右臂;

(3)利用连接酶将外源 DNA 片段同磷酸酶处理的 YAC 左臂和右臂连接,转入宿主细胞进行三轮筛选。

pYAC3 重组体转入带有 URA3 突变、TRP1 突变和赭石反应突变基因 ADE2-1 的宿主酵母菌(如 AB1380),筛选原理要点如下:

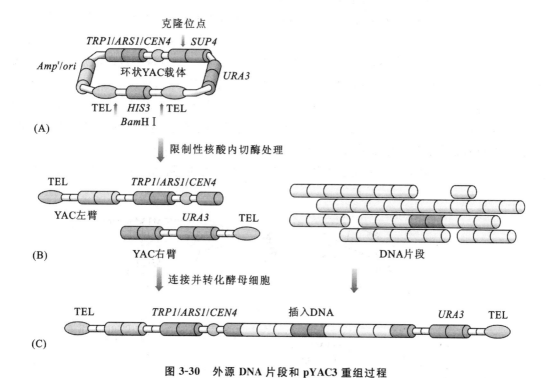

图 3-30　外源 DNA 片段和 pYAC3 重组过程

①利用宿主酵母 *URA3* 突变和载体右臂 UAR3 产物互补的原理,进行营养缺陷筛选,筛选含有 YAC 右臂的重组体;

②利用宿主酵母 *TRP1* 突变和载体左臂 TRP1 产物互补的原理,进行营养缺陷筛选,筛选含有 YAC 左臂的重组体;

③将外源 DNA 插入载体,导致 *SUP4* 失活,宿主生成红色菌落,利用颜色反应筛选插入外源 DNA 片段的 pYAC3 重组体。

目前,在人类、小鼠、果蝇、拟南芥和水稻等高等生物中均构建了高质量 YAC 文库。然而,YAC 具有一些缺陷。例如,存在高比例嵌合体,即一个 YAC 克隆含有两个本来不相连的独立片段;部分克隆不稳定,在传代培养中可能发生缺失或重排;因为 YAC 与酵母染色体具有相似的结构,因此难以与酵母染色体分离;YAC 在细胞中以线状存在,操作时容易发生染色体机械切割。

3.7.4　细菌人工染色体载体

细菌人工染色体(bacterial artificial chromosome,BAC)是一种以大肠杆菌 F 质粒(F-plasmid)为基础建构而成的细菌染色体克隆载体,其承载外源 DNA 片段的能力通常在 150 kb左右,最多可承载 300 kb 外源 DNA 片段。BAC 载体克服了 YAC 载体的多种缺点。BAC 重组体在一个细菌细胞中只有 1~2 个拷贝,稳定性好,嵌合体比例低,转化效率高,而且以环状结构存在于细菌细胞内,易于分辨和分离纯化。BAC 载体包含 6 个重要的功能区域,即氯霉素抗性标记(Cml^r)、一个严谨型复制子 *ori* S、解旋酶 *rep*E,以及三个确保低拷贝数质粒精确分配至子代细胞的基因座(parA、par B 和 par C)。其中 repE 是一个由 ATP 驱动的可促进 DNA 复制的蛋白酶。通常,BAC 重组体在大肠杆菌宿主细胞内以单拷贝形式存在。

常用的 BAC 载体 pBeloBAC11 结构如图 3-31 所示,空载时大小约 7507 kb。此载体上单独出现一次的酶切位点为 BamH Ⅰ、Hind Ⅲ和 Xho Ⅰ。在大肠杆菌中以质粒形式存在和复制,外源基因组 DNA 片段可以通过酶切、外源 DNA 连接到 BAC 载体 BamH Ⅰ、Hind Ⅲ或 Xho Ⅰ三个克隆位点,通过电穿孔方法将连接产物导入大肠杆菌重组缺陷型菌株,转化效率比转化酵母细胞高 10~100 倍。转化后宿主细胞通过氯霉素抗性基因(Cml')筛选宿主细胞转化菌,并利用 β-半乳糖苷酶 α 片段基因(lac Z')的蓝白斑筛选插入 BamH Ⅰ或 Hind Ⅲ位点的重组质粒。目前,BAC 主要用于大片段基因组文库的构建、基因组测序、文库筛选和转基因研究。

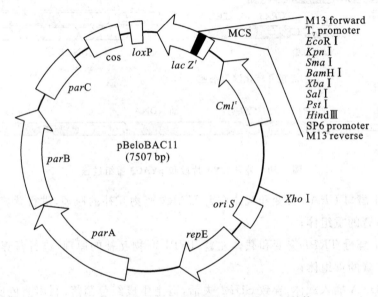

图 3-31　细菌人工染色体载体 pBeloBAC11 结构

3.7.5　人类人工染色体

人类人工染色体(human artificial chromosome,HAC)是将人工染色体理论应用于高等真核生物而产生的高容量载体。HAC 载体含有人类染色体的必需结构,使 HAC 载体可以在人源细胞中进行完整的复制和分离,此策略避免了外源 DNA 插入宿主细胞基因组造成基因插入失活或宿主染色体位置效应导致外源 DNA 承载基因无法表达的缺点。HAC 和 YAC 及BAC 类似,为了保证其在人源细胞的稳定复制和正常分离,它必须具备人染色体的基本结构,即着丝粒、端粒和复制起始区域。1997 年 Harrington 等利用来源于人类 17 号染色体的卫星DNA 体外连接构建成长约 1 Mb 的人工着丝粒,并将其和端粒序列以及部分基因组 DNA 相连构建了第一个人类人工染色体。将其转化人类癌细胞,发现进入细胞的微小染色体能够在有丝分裂中稳定存在。目前,有四种不同的 HAC 构建策略,包括从头合成组装法(bottomup)、端粒介导截短法(top-down)、天然微小染色体改造法和从头染色体诱导合成法。研究人员利用端粒介导截短法和从头染色体诱导合成法成功构建了 HAC,然后通过同源重组等方法向 HAC 中插入各种用途的基因序列,这种技术可以用于基因治疗、基因表达、动物转基因等研究。基因治疗过程中,HAC 可以作为基因表达载体,在宿主细胞中表达出正常功能的蛋白,以治疗由于基因缺陷或基因突变导致的遗传疾病。

　　HAC 在应用过程中存在一些技术屏障:第一,在构建微型染色体时会出现 DNA 重排现象,从而导致 HAC 的染色体结构不稳定,也发现在未形成新的染色体时,端粒序列插入宿主细胞染色体,从而导致 HAC 内部片段丢失;第二,由于 HAC 相对分子质量较大,因此转染效率低,且在宿主细胞中 HAC 形成效率低,有研究表明 HAC 在细胞中的形成效率仅为 5×10^{-5};第三,HAC 和基因组 DNA 差异较小,因此导致 HAC 分离纯化困难。但很多研究表明 HAC 对于研究染色体的结构和功能,进而生产转染色体动物,以及在基因治疗等方面具有良好的应用前景。

思考题

1. 优秀的质粒载体必须具备哪些基本特征和结构?
2. 遗传标记基因在基因工程载体中承担哪些功能?
3. 如何理解质粒的不相容性及其发生机制?
4. 质粒载体从功能角度可以分为哪几类?
5. 在获得理想人工质粒载体过程中,如何对天然质粒进行改造?
6. 如何理解 T 载体的 T-A 克隆过程和蓝白斑筛选过程?
7. 质粒中抗性标记基因在载体中承担什么功能? 请举例说明其工作原理。
8. pET28a 载体中的 His 标签具有什么功能?
9. pcDNA3.1-V5/His 载体中的 V5 标签具有什么功能?
10. 如何利用 pEGFP-N1 或 pEGFP-C1 载体进行目的基因的亚细胞定位分析?
11. 如何获得未知 DNA 片段的核苷酸序列信息?
12. 将目的基因连接入 pEGFP-N1 构建目的基因和 GFP 蛋白融合表达载体时如何保证不发生移码?
13. 穿梭载体如何实现在不同宿主细胞中的自主复制和转化子筛选?
14. 烈性噬菌体如何利用宿主细胞进行增殖?
15. 如何理解 λ 噬菌体的体外包装原理? cos 位点在噬菌体增殖过程中有什么功能?
16. 对比 λ 噬菌体和 M13 噬菌体增殖过程的差异和相似性。
17. 请阐述噬菌体展示技术的原理。
18. 柯斯质粒、噬菌粒载体和噬菌体载体相比较,它们各有哪些优缺点?
19. 目前常用于基因治疗的病毒载体包含哪几类?
20. 用于真核细胞基因转移和基因治疗的病毒载体和传统质粒载体相比,有何优势?
21. 目前常用的人工染色体包括哪几类? 其外源 DNA 承载能力如何? 人工染色体载体有何优势?
22. 稳定的人工染色体载体必须具备哪些组件? 各种组件的功能分别是什么?

扫码做习题

参考文献

［1］吴乃虎.基因工程原理(上册)［M］.2版.北京:科学出版社,1998.

［2］张惠展.基因工程［M］.4版.上海:华东理工大学出版社,2017.

［3］陈金中,薛京伦.载体学与基因操作［M］.北京:科学出版社,2007.

［4］王建.走进细菌世界［M］.合肥:安徽美术出版社,2013.

［5］余贺.医学微生物学［M］.北京:人民卫生出版社,1983.

［6］贺淹才.基因工程概论［M］.北京:清华大学出版社,2008.

［7］Richard Calendar. The Bacteriophages ［M］. 2th ed. New York:Oxford University Press,2005.

［8］John W Foster,Joan L Slonczewski. Microbiology:An Evolving Science ［M］. 2th ed. New York:W. W. Norton & Company,2011.

［9］Rajagopala S V,S Casjens,P Uetz. The protein interaction map of bacteriophage lambda ［J］. BMC Microbiology,2011,(11):213.

［10］刘相叶,邓洪宽,吴秀萍,等.噬菌体展示技术及其应用［J］.动物医学进展,2008,(1):60-63.

［11］秘勇建,马志奎,赵炜疆.噬菌体展示技术及其应用的研究进展［J］.现代生物医学进展,2012,12(14):2766-2768.

［12］李林川,韩方普.人工染色体研究进展［J］.遗传,2011,33(4):293-297.

［13］Bruschi C V,Gjuracic K,Tosato V. Yeast artificial chromosomes ［J］. eLS,Wiley Online Library,2006.

［14］Kouprina N,Earnshaw W C,Masumoto H,et al. A new generation of human artificial chromosomes for functional genomics and gene therapy［J］.Cellular and Molecular Life Sciences:CMLS,2013,70(7):1135-1148.

［15］Warnock J N,Daigre C,Al-Rubeai M. Introduction to viral vectors ［J］. Methods Mol. Biol. ,2011,737:1-25.

［16］ pGEM-T and pGEM-T Easy Vector Systems, manual no. TM042 ［Z］. Promoga,2010.

［17］pET System Manual,manual no. TB055 ［Z］. Novagen,2003.

［18］GST Gene Fusion System,manual no. 18-1157-58 AC ［Z］. GE Healthcare,2013.

［19］pcDNA 3.1/V5-His A,B,and C,manual no. 28-0141 ［Z］. Invitrogen,2010.

［20］pEGFP-N1 Vector Information, manual no. 28-0141 ［Z］. BD Biosciences Clontech,2010.

[21] pGL3 Luciferase Reporter Vectors,TM033 [Z]. Promega,2002.

[22] pSilencer 4. 1-CMV neo Kit,manual no. AM5779 [Z]. Ambion,2008.

[23] BAC(Bacterial Artificial Chromosome)Clone Collections,manual no. 25-0633[Z]. Invitrogen,2008.

第4章 基因工程的基本技术

【本章简介】 基因工程是指在体外将目的基因与载体DNA分子进行重组,构成遗传物质的新组合,并将其转入新的宿主细胞内使其获得持续稳定的增殖与表达,因此核酸分子操作技术是基因工程的最基本技术之一。本章将在分子生物学理论知识的基础上,进一步学习、掌握核酸的提取分离与鉴定、核酸分子的电泳、核酸分子的体外扩增、DNA序列分析、基因芯片等基本技术以及蛋白质与DNA相互作用的主要研究方法。

4.1 核酸的提取、鉴定与保存

4.1.1 概述

核酸包括DNA、RNA两类分子。真核生物中约95%的DNA分子存在于细胞核内,约5%为细胞器DNA。真核生物中的RNA分子约75%在细胞质中,约10%在细胞核内,约15%在细胞器中。总RNA中80%~85%为rRNA,tRNA及核内小分子RNA占10%~15%,而mRNA分子大小不一,序列各异。总的来说,DNA分子的总长度随着生物的进化程度而增大,而RNA的相对分子质量与生物进化无明显关系。

1.核酸分离提取的基本流程

核酸的分离提取就是采用各种方法从组织或细胞中得到想要的DNA分子或RNA分子而除去其他杂质的过程。无论采用何种方法,核酸的分离提取一般包括细胞破碎,去除与核酸结合的蛋白质、多糖、脂类等生物大分子,以及去除其他不需要的核酸分子三个主要步骤,每一步骤又可由多种不同的方法单独或联合实现。具体流程如图4-1所示。

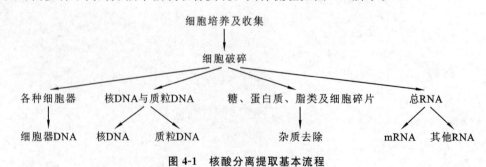

图 4-1 核酸分离提取基本流程

(1)细胞破碎:核酸必须从细胞中释放出来才能进行分离提取,常用的细胞裂解方法有机械法、化学法、酶法等。常见的机械法有低渗裂解、超声裂解、微波裂解、冻融裂解等,常见的化学法有加表面活性剂(SDS、Triton X-100、Tween 20 与 CTAB 等)或强离子剂(异硫氰酸胍、盐酸胍与肌酸胍等),常见的酶法有加入溶菌酶或蛋白酶使细胞破裂。在实际工作中,酶法、机械法、化学法经常联合使用。具体选择哪种或哪几种方法可根据细胞类型、待分离的核酸类型及后续实验目的来确定。

(2)蛋白质、多糖及脂类等的去除:核酸的高电荷磷酸骨架使其比蛋白质、多糖、脂肪等其他生物大分子物质更具亲水性。根据 DNA 与蛋白质、多糖等理化性质的差异,加入离子变性剂、去污剂等使蛋白质或多糖类变性,核蛋白解聚。用选择性沉淀、层析、离心等方法可将蛋白质、多糖及脂类等杂质去除。

(3)其他核酸分子的去除:其他核酸分子即不需要的核酸分子,制备某一特定核酸分子时,其他核酸分子均为污染物。如制备 DNA 时 RNA 为污染物,制备 RNA 时 DNA 为污染物。可用 RNase 或 DNase 去除不需要的核酸。

对于某特定细胞器中的核酸分子,先提取该细胞器,然后按照提取目的核酸分子的方案,可获得完整性好、纯度高的核酸分子。

2.核酸提取分离的原则

核酸提取分离时无论采取何种方法,一是要保证核酸一级结构的完整性,因为完整的一级结构是核酸结构和功能研究的最基本的要求;二是尽量排除其他分子的污染,保证核酸样品的纯度。

3.核酸分离提取的注意事项

为了保证分离核酸的完整性和纯度,在实验过程中,应注意以下事项:

(1)尽量简化操作步骤,缩短提取过程,以减少各种有害因素对核酸的破坏。

(2)减少化学因素对核酸的降解,为避免酸性或碱性过强对核酸链中磷酸二酯键的破坏,操作多在 pH 值为 4～10 的条件下进行。

(3)减少物理因素对核酸的降解,物理降解因素主要是机械剪切力,其次是高温。机械剪切作用的主要对象是大相对分子质量的线状 DNA 分子,如真核细胞的染色体 DNA。高温时除水沸腾带来的剪切力外,高温本身对核酸分子中的有些化学键也有破坏作用,提取时尽量避免高温。

(4)防止核酸的生物降解,细胞内外的各种核酸酶直接破坏核酸的结构,其中 DNA 酶,需要二价金属离子 Mg^{2+}、Ca^{2+} 的激活,使用 EDTA、柠檬酸盐螯合二价金属离子,基本可以抑制 DNA 酶活性。而 RNA 酶不但分布广泛,极易污染样品,而且耐高温、耐酸、耐碱、不易失活,所以是生物降解 RNA 提取过程的主要危害因素。

4.1.2　DNA 的提取方法

从各种材料中提取 DNA 的方法不同,分离提取的难易程度也不同。根据细胞破碎后,分离 DNA 与蛋白质所采用的技术及试剂的差异,常用的有以下几种提取方法。

1.CTAB 法

CTAB 是十六烷基三甲基溴化铵的简写,是一种阳离子去污剂,能溶解细胞膜与核膜,解聚核蛋白,且能与 DNA 形成 CTAB-DNA 复合物,该复合物在高盐浓度下是可溶解的。用氯仿等有机溶剂抽提可使蛋白质变性、多糖沉淀,通过离心除去沉淀,而 CTAB-DNA 复合物保留在上清液中。降低盐浓度,则 CTAB-DNA 复合物发生沉淀,通过离心获得沉淀并用高盐缓冲液溶解后,加入异丙醇使 CTAB 留在溶液中而 DNA 沉淀出来。该方法常用于含有多糖、酚类化合物的植物基因组 DNA 的提取。在该法中可将聚乙烯吡咯烷酮(PVP)与多酚结合形成复合物,从而有效避免多酚类化合物介导的 DNA 降解。

2. SDS 法

SDS 是十二烷基硫酸钠的简写,SDS 法的基本原理是将已研磨的组织细胞加入含高浓度 SDS 的抽提缓冲液,在较高温度(55～65 ℃)下细胞裂解,染色体离析,蛋白质变性,释放出核酸,然后采取提高盐浓度(KAc)和降低温度(冰上保温)的办法沉淀除去蛋白质和多糖类杂质(在低温条件下 KAc 与蛋白质及多糖结合成不溶物),离心除去沉淀后,上清液中的 DNA 用酚-氯仿抽提,反复抽提后用乙醇或异丙醇沉淀水相中的 DNA。该提取法主要应用于植物 DNA 的提取和质粒提取。

3. 浓盐提取法

核酸和蛋白质在生物体中常以核蛋白(DNP/RNP)形式存在,其中 DNP 能溶于水及高浓度盐溶液(在 1.0 mol/L 的 NaCl 溶液中溶解度比在纯水中高 2 倍),但在 0.14 mol/L 的 NaCl 溶液中溶解度很低,而 RNP 则可溶于低盐溶液,因此可利用不同浓度的 NaCl 溶液将其从样品中分别抽提出来。将抽提得到的 DNP 用 SDS 处理可将 DNA 和蛋白质分离,用氯仿-异戊醇将蛋白质沉淀除去可得 DNA 上清液,加入冷乙醇或异戊醇即可使 DNA 沉淀析出。

4. 苯酚抽提法

苯酚作为蛋白变性剂,同时有抑制 DNase 降解 DNA 的作用。用苯酚处理匀浆液时,由于蛋白质与 DNA 连接键已断,变性后的蛋白质分子表面又含有很多非极性基团,蛋白质与苯酚相似相溶而溶于酚相,而 DNA 则溶于水相。离心分层后取出水层,多次重复操作,再合并含 DNA 的水相,利用核酸不溶于醇的性质,用乙醇沉淀 DNA。

4.1.3 RNA 的提取

在 RNA 的提取中,所得 RNA 的完整性和均一性是判断提取成功与否的主要指标。而 RNA 的完整性和均一性与实验材料及提取过程中 RNA 酶(RNase)活性的抑制密切相关。

1. 实验材料

(1)样品的要求:最好使用新鲜的样品或取样后立即在低温(-20 ℃或-70 ℃)冷冻保存的样品,避免反复冻融,否则会导致提取的 RNA 降解和提取量下降。

(2)样品预处理:从不同来源样品(如细菌、酵母、血液、动物组织、植物组织和培养细胞),或同一来源样品的不同组织(如植物幼嫩叶片、成熟根、茎等)中提取高质量的 RNA,样品预处理的方式因细胞结构及所含的成分不同也各有差异。如植物材料一般用液氮研磨;动物材料一般匀浆,用液氮研磨;细菌一般用溶菌酶破壁;酵母一般用液氮研磨,玻璃珠处理,混合酶破壁。

2. RNase 的抑制

RNase 是导致 RNA 降解最主要的物质。此酶非常稳定,在一些极端的条件下只可暂时失活,但限制因素去除后又迅速恢复活性。常规高温高压灭菌方法和蛋白抑制剂不能使所有的 RNase 完全失活。在 RNA 提取过程中 RNase 按来源主要有外源性与内源性两种。

(1)外源性 RNase 的抑制。外源性 RNase 主要来自实验过程所用仪器及试剂,因此实验中一般采取下列措施对其进行抑制:所有的玻璃器皿应置于烘箱中(180 ℃)烘烤 4~8 h,凡不能高温烘烤的材料(如塑料器皿等)皆应用 0.1% 焦碳酸二乙酯(diethyl pyrocarbonate, DEPC)水溶液处理,再用洁净的蒸馏水冲洗;所有 RNA 提取中所用的水先用 0.1% DEPC 37 ℃处理 12 h 以上,再经高压灭菌;全部实验过程中均需戴手套操作,并经常更换。RNA 电泳槽需用去污剂洗涤,用水冲洗,乙醇干燥后,浸泡于 3% H_2O_2 溶液中,室温放置 10 min 后,用 0.1% DEPC 溶液彻底冲洗。

(2)内源性 RNase 的抑制。内源性 RNase 主要来自实验材料,当实验材料破碎后,细胞内的 RNA 与 RNase 均被释放出来,因此,需要加入抑制剂来抑制 RNase 活性,保护 RNA。常见的 RNase 抑制剂如下:

①DEPC:一种强烈但不彻底的 RNA 酶抑制剂。它通过和 RNA 酶的活性基团组氨酸的咪唑环结合使蛋白质变性,从而抑制酶的活性。

②异硫氰酸胍:目前被认为是最有效的 RNA 酶抑制剂,它在裂解组织的同时也使 RNA 酶失活。它既可破坏细胞结构使核酸从核蛋白体中解离出来,又对 RNA 酶有强烈的变性作用。

③RNA 酶的蛋白抑制剂(RNasin):从大鼠肝或人胎盘中提取的酸性糖蛋白。RNasin 是 RNA 酶的一种非竞争性抑制剂,可以和多种 RNA 酶结合,使其失活。

④氧钒核糖核苷复合物:由氧化钒离子和核苷形成的复合物。它和 RNA 酶结合形成过渡态物质,几乎能完全抑制 RNA 酶的活性。

⑤其他:SDS、尿素、硅藻土等对 RNA 酶也有一定抑制作用。

3. 总 RNA 的提取

RNA 中 rRNA 的数量最多,而 mRNA 仅占 1%~5%。从基因克隆、表达与基因诊断的目的出发,目前对 RNA 的分离与纯化主要集中在总 RNA 与 mRNA 上。总 RNA 的分离提取一般有两条途径:一是先提取总核酸,然后用 LiCl 将 RNA 沉淀出来;二是直接在酸性条件下用酚-氯仿混合液抽提,低 pH 值的酚将使 RNA 进入水相,使其与留在有机相中的蛋白质和 DNA 分开。水相中的 RNA 分子用异丙醇沉淀浓缩,然后复溶于异硫氰酸胍溶液中,再用异丙醇进行二次沉淀,随后用乙醇洗涤沉淀,即可去除残留的蛋白质与无机盐。常用的方法如下:

(1)异硫氰酸胍-苯酚法:也叫 TRIZOL 法,是一种传统的 RNA 提取方法,适用于大部分动植物材料,但对于次生代谢产物较多的植物材料提取 RNA 效果较差。异硫氰酸胍与 β-巯基乙醇共同作用抑制 RNase 的活性,并与 SDS 作用使核蛋白复合体解离,将 RNA 释放到溶液中,采用酸性酚-氯仿混合液抽提,低 pH 值的酚将使 RNA 进入水相,而蛋白质和 DNA 仍留在有机相,从而可以完成 RNA 的提取工作。该法所提 RNA 纯度高,完整性好,较适合于纯化 mRNA、逆转录及构建 cDNA 文库。

(2)胍盐-β-巯基乙醇法:适用于各种动物材料和次生代谢物少的植物材料。在这种方法中,胍盐使细胞充分裂解,β-巯基乙醇作为蛋白质的变性剂在实验全过程中可以抑制 RNase

的活性,保护 RNA 不被降解。

4. mRNA 的分离与纯化

真核生物的 mRNA 在细胞中含量少、种类多、相对分子质量大小不一。除血红蛋白及某些组蛋白外,绝大多数 mRNA 在其 3′末端带有一个长短不一的 poly(A)尾巴。以总 RNA 为材料,利用碱基配对原理,通过 Oligo(dT)-纤维素或 poly(U)-琼脂糖凝胶亲和层析法,理论上可以分离出细胞内所有可编码的蛋白质与多肽分子的 mRNA 的分子群体。

(1)Oligo(dT)-纤维素柱层析法:制备 mRNA 的一种标准方法。它是以 Oligo(dT)-纤维素填充层析柱,加入待分离的总 RNA 样品,其中带有 poly(A)的 mRNA 在高盐缓冲液中,通过碱基互补,与 Oligo(dT)-纤维素形成稳定的 RNA-DNA 杂合体,洗去未结合的其他 RNA,然后在低盐缓冲液中洗脱并回收 poly(A)mRNA。从哺乳动物细胞提取大量的 RNA 时,Oligo(dT)-纤维素柱层析法是首选方法,回收的 mRNA 量可达总 RNA 的 $1\% \sim 10\%$。但该方法分离速度慢,易阻塞,不适合于同时对多个标本的处理,而且很难回收全部的 mRNA,故不适合于对含量较少的 mRNA 样品的分离。

(2)Oligo(dT)-纤维素液相结合离心法:为适应同时对多个标本进行处理的要求,应选用批量的层析法。Oligo(dT)-纤维素液相结合离心法不经填充层析柱,而是直接将 Oligo(dT)-纤维素加入一系列的含不同 RNA 样品的微量离心管中,通过离心收集吸附具有 poly(A)的 mRNA 的 Oligo(dT)-纤维素,经漂洗后,用含 70%的乙醇洗脱液将吸附的 mRNA 从 Oligo(dT)-纤维素上洗脱并沉淀出来。该法可同时批量处理多个样品,而且能从少量的 RNA 样品中分离出具有 poly(A)的 mRNA。用本法分离具有 poly(A)的 mRNA 时,应选用等级较高的 Oligo(dT)-纤维素,如 Oligo(dT)$_{18\sim30}$ 纤维素,而一般的层析柱填充的是 Oligo(dT)$_{12\sim18}$ 纤维素。

(3)磁珠分离法:该技术建立于三类强有力的相互作用上,即 A 与 T 碱基间的强配对性、生物素(biotin)与链亲和素(streptavidin)间的强免疫作用,以及稀土元素磁铁与顺磁性物质间的强磁性作用。mRNA 的磁珠分离技术提取 mRNA 的原理主要为用生物素标记的 Oligo(dT)与 mRNA 3′端的 poly(A)退火形成杂交体,然后用带有链亲和素(链菌素抗生物素)的顺磁磁珠洗涤并捕获杂交体,形成杂交体-磁珠复合体,最后用磁性分离架将此复合体捕获,这样 mRNA 即可与其他形式的 RNA 相分开,进一步用无 RNase 无菌水洗涤,即可获得纯化的 mRNA(图 4-2)。其产量甚至比常规的 Oligo(dT)-纤维素柱层析法还高,且分离的带有 poly(A)的 mRNA 能用于几乎所有的分子生物学实验。但它对组织或细胞的最大处理量每次不超过 1.0 g,而且磁珠很贵,还需要专门的磁性分离架。

4.1.4　核酸的鉴定与保存

核酸鉴定主要是指对其纯度、浓度及完整性的鉴定。核酸的纯度、浓度的鉴定常采用分光光度法,完整性的鉴定常采用琼脂糖凝胶电泳法。

1. 核酸的浓度鉴定

(1)紫外分光光度法:紫外分光光度法是基于核酸分子成分中的碱基具有一定的紫外线吸收特性,即其最大吸收波长为 260 nm,该性质是测定溶液中核酸浓度的理论基础。在波长为 260 nm 的紫外线下,1.0 的 OD 值大约相当于 50.0 $\mu g/mL$ 的双链 DNA、37.0 $\mu g/mL$ 的单链

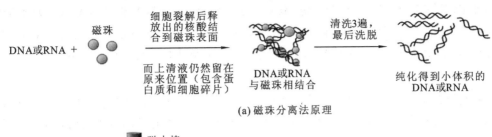

(a) 磁珠分离法原理

(b) 磁珠分离法过程

图 4-2　磁珠分离法原理和过程

DNA、40 μg/mL 的单链 RNA。若 DNA 样品中含有盐,则会使 OD_{260} 的读数偏高。该方法只用于测定浓度大于 0.25 μg/mL 的核酸溶液。

（2）荧光光度法:荧光光度法的测定原理是荧光染料溴化乙锭嵌入碱基平面后,使无荧光的核酸在紫外线激发下发出橙红色的荧光,且荧光强度积分与核酸含量成正比。该方法灵敏度可达 1.0～5.0 ng,适合低浓度核酸溶液的定量分析。另外,SYBR Gold 作为一种新的超灵敏荧光染料,可以从琼脂糖凝胶中检出低于 20.0 pg 的双链 DNA。

2. 核酸的纯度鉴定

（1）紫外分光光度法:主要基于 OD_{260} 与 OD_{280} 的比值来判定核酸的纯度。在 TE 缓冲液中,纯 DNA 的 OD_{260}/OD_{280} 值约为 1.8,纯 RNA 的 OD_{260}/OD_{280} 值约为 2.0。比值升高与降低均表示不纯。其中蛋白质与残留的酚均会使比值下降。可通过测定蛋白质 OD_{280} 与酚 OD_{270} 的吸收峰来鉴别主要是蛋白质还是酚污染的。RNA 的污染可致 DNA OD_{260}/OD_{280}>1.8,故比值为 1.8 的 DNA 溶液不一定为纯的 DNA 溶液,可能兼有蛋白质、酚与 RNA 的污染,需结合其他方法加以确认。OD_{260}/OD_{280} 的值是衡量蛋白质污染程度的一个良好指标,2.0 是高质量 RNA 的标志。但要注意,由于受 RNA 二级结构不同的影响,其读数可能有一些波动,一般在 1.8～2.1 范围内都是可以接受的。另外,鉴定 RNA 纯度所用溶液的 pH 值会影响 OD_{260}/OD_{280} 的读数。如 RNA 在水溶液中的 OD_{260}/OD_{280} 值就比其在 Tris 缓冲液(pH=7.5)中的读数低 0.2～0.3。

（2）荧光光度法:用溴化乙锭等荧光染料示踪的电泳结果可用于判定核酸的纯度。在 DNA 纯度鉴定中,依据 DNA 分子较 RNA 分子大许多而电泳迁移率低,可判断是否有 RNA 的残留;而 RNA 中以 rRNA 最多,tRNA 分子次之,mRNA 最少。故总 RNA 电泳后,原核生物呈现明显可见的 23S、16S 的 rRNA 条带及由 5S 的 rRNA 与 tRNA 组成的相对有些扩散的快迁移条带;真核生物呈现 28S、18S 的 rRNA 及由 5.8S 的 rRNA 和 tRNA 构成的条带(图 4-3)。mRNA 因量少且分子大小不一,一般是看不见的。通过分析核酸凝胶电泳结果,可以鉴定 DNA 制品中有无 RNA 的残留,也可鉴定在 RNA 制品中有无 DNA 的污染。

3. 完整性鉴定

琼脂糖凝胶电泳是用于判定核酸完整性的常见方法。基因组 DNA 的相对分子质量很大,泳动慢,如果有降解的小分子 DNA 片段存在,将在电泳图上以弥散状表现出来。而完整的无降解或降解很少的总 RNA 电泳图,除具特征性的三条带外,三条带的荧光强度积分应为一特定的比值,即 28S(或 23S)RNA 的荧光强度约为 18S(或 16S)RNA 的 2 倍(图 4-3),否则

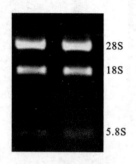

图 4-3　RNA 电泳图

RNA 可能有降解。必要时,可通过一些特殊的实验(如小规模的第一链 cDNA 合成反应、对已知大小的 mRNA 进行 Northern 印迹杂交)来分析 RNA 的完整性。如果在加样孔附近有着色条带,则表明可能有 DNA 的污染。

4. 核酸的保存

核酸的结构与性质相对稳定,一次性制备的核酸样品往往可以满足多次实验的需要,因此有必要探讨核酸的储存环境与条件。与分离纯化一样,DNA 与 RNA 的保存条件也因性质不同而相异。

(1)DNA 的保存:DNA 溶于 TE 缓冲液(pH=8.0)中,在 -70 ℃ 可以储存数年。其中 TE 的 pH 值为 8.0,可以减少 DNA 的脱氨反应,而 pH 值低于 7.0 时 DNA 容易变性;EDTA 作为二价金属离子的螯合剂,通过螯合 Mg^{2+}、Ca^{2+} 等金属离子以抑制 DNA 酶的活性;低温条件则有利于减少 DNA 分子的各种反应;在 DNA 样品中加入少量氯仿,可以有效避免细菌与核酸的污染。

(2)RNA 的保存:RNA 可溶于 0.3 mol/L 的乙酸钠溶液或双蒸水中,-80~-70 ℃ 保存。可以用焦碳酸二乙酯水溶解 RNA 或者在 RNA 溶液中加入 RNA 酶阻抑蛋白(RNasin)或氧钒核糖核苷复合物(vanadyl-ribonucleoside complex,VRC)等 RNA 酶抑制剂延长保存时间。另外,RNA 沉淀溶于 70% 的乙醇溶液或去离子的甲酰胺溶液中,可于 -20 ℃ 长期保存。这些 RNA 酶抑制剂或有机溶剂的加入,只是暂时保存的需要,如果它们对后续的实验研究有影响,则必须予以去除。

由于反复冻融产生的机械剪切力对 DNA 与 RNA 核酸样品均有破坏作用,在实际操作中,核酸的小量分装是十分必要的。

4.2　凝胶电泳技术

4.2.1　电泳的基本原理

带电颗粒在电场作用下,向着与其电性相反的电极移动,称为电泳(electrophoresis,EP)。凝胶电泳的基本原理是利用待分离样品中各种分子带电性质以及分子本身大小、形状等性质

的差异,在同一电场中产生不同的迁移速率,经一定时间后,由于移动距离不同而相互分离。按照电泳原理来分,现在有三种形式的电泳分离系统,即移动界面电泳、区带电泳和稳态电泳。目前,常用于分离 DNA、RNA 及蛋白质的电泳有琼脂糖凝胶电泳和聚丙烯酰胺凝胶电泳,它们属于区带电泳分离系统。

4.2.2　琼脂糖凝胶电泳

琼脂糖凝胶电泳是用琼脂糖做支持介质的一种电泳方法。琼脂糖凝胶具有网络结构,带电颗粒通过时会受到阻力,因此在凝胶电泳中,带电颗粒的分离不仅取决于净电荷的性质和数量,而且取决于分子大小,这就大大提高了其分辨率。其分离原理与其他支持物电泳最主要的区别,是它兼有分子筛和电泳的双重作用。但由于琼脂糖凝胶孔径相当大,对大多数蛋白质来说其分子筛效应微不足道,现广泛应用于核酸的研究中。下面就以分离 DNA 为例,介绍琼脂糖凝胶电泳。

1.琼脂糖凝胶电泳的原理

核酸是两性电解质,在常规的电泳缓冲液(pH 值约为 8.5)中带负电荷,在电场中向正极移动。泳动时,具有电荷效应和分子筛效应,但主要为分子筛效应。因此,核酸分子的迁移率主要由下列几种因素决定。

(1)DNA 分子的构象。当 DNA 分子处于不同构象时,它在电场中的移动距离不仅和相对分子质量有关,还和它本身构象有关。相同相对分子质量的线状、开环状和超螺旋 DNA 在琼脂糖凝胶中移动时,超螺旋 DNA 移动得最快,开环状 DNA 移动得最慢。

(2)DNA 的分子大小。线状双链 DNA 分子在一定浓度琼脂糖凝胶中的迁移速率与 DNA 相对分子质量的对数成反比,分子越大则所受阻力越大,迁移越慢。

(3)电压。在低电压时,线状 DNA 片段的迁移速率与所加电压成正比。但是随着电场强度的增加,不同相对分子质量的 DNA 片段的迁移率将以不同的幅度增长,片段越大,因场强升高引起的迁移率升高幅度也越大,因此电压增加,琼脂糖凝胶的有效分离范围将缩小。要使大于 2 kb 的 DNA 片段的分辨率达到最大,所加电压不得超过 5 V/cm。

(4)离子强度。电泳缓冲液的组成及离子强度影响 DNA 的电泳迁移率。在没有离子存在时(如误用蒸馏水配制凝胶),电导率最小,DNA 几乎不移动;在高离子强度的缓冲液中(例如误加 10×电泳缓冲液),则电导率很大并明显产热,严重时会引起凝胶熔化或 DNA 变性。

2.琼脂糖凝胶的浓度

一般实验室采用的琼脂糖凝胶的浓度为 0.3%～2%。不同的凝胶浓度,可以分离不同长度的 DNA 片段,具体见表 4-1。

表 4-1　琼脂糖凝胶浓度与 DNA 分子有效分离范围

琼脂糖凝胶浓度(质量分数)/(%)	可分辨的线状 DNA 大小范围/kb
0.3	5～60
0.5	1～30
0.7	0.8～12

琼脂糖凝胶浓度(质量分数)/(%)	可分辨的线状 DNA 大小范围/kb
1.0	0.5~10
1.2	0.4~7
1.5	0.2~3
2.0	0.1~3

3. 电泳缓冲液

电泳缓冲液是指在进行电泳时所使用的缓冲液,其主要作用是维持合适的 pH 值并使溶液具有一定的导电性,以利于 DNA 分子的迁移。电泳缓冲液中的 EDTA 可以螯合 Mg^{2+} 等离子,有防止激活 DNA 酶的作用。常见的琼脂糖核酸电泳缓冲液有 TAE(Tris+EDTA+乙酸)、TBE(Tris+EDTA+硼酸)和 TPE(Tris+EDTA+磷酸)。

TAE 的缓冲容量较低,长时间电泳会被消耗,阳极一侧则发生酸化,向阳极移动的溴酚蓝的颜色将会由蓝色变到黄色(从 pH 4.6 开始至 pH 3.0 结束)。TBE 与 TPE 比 TAE 缓冲容量大,同时双链线状 DNA 片段在 TAE 比在 TBE 或 TPE 中的迁移快 10%。对于高相对分子质量 DNA,TAE 的分辨率略高于 TBE 或 TPE,对于低相对分子质量 DNA,TAE 的分辨率要低一些,超螺旋 DNA 在 TAE 中的分辨率也高于 TBE。电泳缓冲液使用多次后,离子强度降低、pH 值升高,缓冲能力下降,可使 DNA 条带模糊或不规则 DNA 条带迁移。

4. 上样缓冲液

上样缓冲液(loading buffer)是上样时与样品一起加入泳道的缓冲液。上样缓冲液一般含有甘油或蔗糖,以及溴酚蓝和二甲苯青 FF 两种示踪染料。上样缓冲液中的甘油或蔗糖有增加样品密度以保证 DNA 沉入加样孔内,防止样品扩散的作用,示踪染料除使样品带有颜色以便于上样操作外,主要是用以判断 DNA 片段的电泳进行情况。如在 0.5×TBE 琼脂糖凝胶电泳中溴酚蓝迁移速率约与长 300 bp 的线状双链 DNA 相同,而二甲苯青 FF 迁移速率约与 4000 bp 的 DNA 相同。上述关系在 0.5%~1.4% 浓度范围内的琼脂糖凝胶中基本不受浓度变化的影响。

5. DNA Marker

DNA 琼脂糖凝胶电泳可使用 DNA Marker 或已知大小的正对照 DNA 来估计 DNA 片段的分子大小。Marker 应该选择在目标片段大小附近 ladder 较密的,这样对目标片段大小的估计才比较准确。同时可以依据 DNA Marker 中已知条带的亮度(浓度为已知)粗略估测样品 DNA 片段的浓度。

6. 凝胶的染色和观察

实验室常用的核酸染色剂是溴化乙锭(EB),它染色效果好,操作方便,但是稳定性差,具有毒性。现在也开发出了安全的染料,如 SYBR Green Ⅰ、SYBR Gold、GelRed 和 GelGreen 等。注意观察凝胶时应根据染料不同使用合适的光源和激发波长,如果激发波长不对,则条带不易观察,出现条带模糊的现象。

4.2.3　聚丙烯酰胺凝胶电泳

1.聚丙烯酰胺凝胶电泳的原理

聚丙烯酰胺凝胶电泳简称为 PAGE(polyacrylamide gel electrophoresis),是以单体丙烯酰胺(简称 Acr)和交联剂 N,N'-亚甲基双丙烯酰胺(简称 Bis)聚合而成的聚丙烯酰胺凝胶作为支持介质的一种常用电泳技术。凝胶聚合催化常用的方法有两种:化学聚合法和光聚合法。化学聚合法以过硫酸铵(AP)为催化剂,以四甲基乙二胺(TEMED)为加速剂。在聚合过程中,TEMED 催化过硫酸铵产生自由基,后者引发丙烯酰胺单体聚合,同时 N,N'-亚甲基双丙烯酰胺与丙烯酰胺链间产生甲叉键交联,从而形成三维网状结构。其分离原理与琼脂糖凝胶电泳相同,除了具有电荷效应外,同样具有分子筛效应。

2.聚丙烯酰胺凝胶电泳的类型

聚丙烯酰胺凝胶电泳主要有非变性聚丙烯酰胺凝胶电泳(Native-PAGE)和 SDS-聚丙烯酰胺凝胶电泳(SDS-PAGE)两大类。在 Native-PAGE 时,蛋白质能够保持完整状态,并依据其相对分子质量大小、形状及所带的净电荷量而逐渐呈梯度分开。在 SDS-PAGE 时,向样品加入还原剂和过量 SDS,使蛋白质变性解聚,并与蛋白质结合成带强负电荷的复合物,掩盖了蛋白质之间原有电荷的差异,使各种蛋白质的电荷/质量值都相同,因而在电泳时迁移率主要取决于蛋白质分子大小。前者主要用于核酸分析,后者主要用于蛋白质相对分子质量测定等。依据凝胶孔径、pH 值、缓冲液离子成分是否一致,又可将聚丙烯酰胺凝胶电泳分为连续系统和不连续系统两大类。前者指在整个电泳体系中的缓冲液 pH 值和凝胶孔径相同,后者除了电泳槽中的缓冲体系和 pH 值与凝胶中不同外,凝胶本身也由缓冲体系 pH 值和凝胶孔径不同的两种凝胶堆积而成,因此凝胶不仅有分子筛效应,还具有浓缩效应。由于凝胶孔径的不连续性、缓冲液离子成分的不连续性、pH 值和电位梯度的不连续性,蛋白质分子在浓缩胶和分离胶的界面处浓缩成一条狭小的缝带,即能使稀的样品在电泳过程中浓缩成层,从而提高电泳分辨率。尤其对小 DNA 片段的分析(5～500 bp),在这一范围内,仅差 1 bp 的 DNA 分子也能清晰地分开(表 4-2)。

表 4-2　聚丙烯酰胺凝胶浓度与 DNA 分子有效分离范围

聚丙烯酰胺凝胶浓度 (质量分数)/(%)	可分辨的线状 DNA 大小范围/bp	溴酚蓝相当于线状 DNA 大小范围/bp	二甲苯青 FF 相当于 线状 DNA 大小范围/bp
3.5	100～2000	100	460
5.0	100～500	65	260
8.0	60～400	45	160
12.0	50～200	30	70
15.0	25～150	15	60
20.0	5～100	12	45

4.2.4　脉冲场凝胶电泳

1. 脉冲场凝胶电泳的定义

1984 年,Schwartz 和 Centor 发明了一种分离大分子 DNA 的方法,即脉冲场凝胶电泳(pulsed-field gel electrophoresis,PFGE)技术。与常规的直流单向电场凝胶电泳不同,这项技术采用定时改变电场方向的交变电源,每次电流方向改变后持续 1 s 到 5 min,然后再改变电流方向,反复循环,所以称之为脉冲场凝胶电泳。

2. 脉冲场凝胶电泳的基本原理

在凝胶上至少施加两个电场方向,当某一电场开启时,DNA 分子即顺着此电场的方向纵向拉长和伸展,以"蛇行"(reputation)的方式穿过凝胶孔。如果电场方向改变,DNA 分子必须先掉转头来,才能沿着新的电场方向泳动。这样,随着电场方向反复变化,伸展的 DNA 分子相应地变化移动方向,较小的分子能相当快速地适应这种变化,但大分子则需更长的时间来改变方向,而真正用于前移的时间相对减少,从而将不同大小的分子分开。脉冲电泳分离 DNA 大分子的介质一般采用琼脂糖凝胶,DNA 分子的净迁移方向与普通电泳一样,垂直于样品孔,最大分辨率约为 5000 kb(线状 DNA 分子)。

3. 脉冲场凝胶电泳的应用

PFGE 主要用于染色体 DNA 的分离、微生物基因组分型、人类染色体内切酶物理图谱分析、细胞凋亡、探测细胞染色体上百万碱基对以上的基因组 DNA 的缺失、酵母人工染色体分析等研究中。

4.2.5　双向电泳技术

广义的双向电泳(two-dimensional eletrophoresis)是指将样品进行完第一次电泳后,为了达到某一目的而在它的垂直方向上再进行一次电泳的技术。目前所说的双向电泳大都是指首先根据蛋白质等电点不同在 pH 梯度胶中进行等电聚焦(isoelectric focusing,IEF)将其分离,然后按照它们的相对分子质量大小在垂直方向或水平方向进行 SDS-PAGE 第二次分离(图 4-4)。常见的分离系统有 ISO-DALT 与 IPG-DALT 两种系统。ISO-DALT 系统虽有很高的分辨率,但是还有诸如操作较烦琐、载体两性电解质 pH 梯度不稳定、重复性不好等缺点,而 IPG-DALT 系统则因恰好弥补了上述 ISO-DALT 系统的不足之处而被广泛应用。

4.2.6　凝胶电泳片段的回收与纯化

1. DNA 片段的琼脂糖凝胶电泳回收与纯化

琼脂糖凝胶电泳是 DNA 片段分离、鉴定、纯化和回收的常用方法,主要有以下几种。

(1)柱试剂盒回收法:这是目前最简单、快速的回收方法。电泳结束后将凝胶中的产物条带切下,用溶解缓冲液溶解、上纯化柱、离心,再洗涤一次,离心后用洗脱缓冲液洗脱,即可获得回收产物,得到的产物可直接用于后续实验。该方法结果稳定,该方法不适用于大片段的回收。

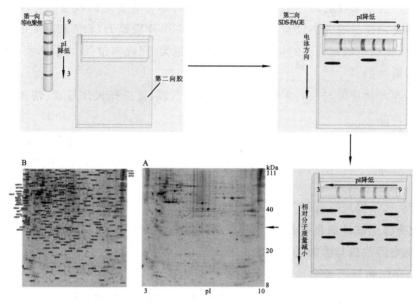

图 4-4　双向电泳示意图

（2）玻璃奶/纯化填料胶试剂盒回收法：该方法比柱试剂盒回收法更灵活，可以根据每次回收实验时预期回收量来调整纯化填料的量，使得实验不受限于柱子的载量，也不会造成浪费。该方法适合于各种大小的片段，特别是大片段的回收，但是操作就较前者复杂一些。

（3）低熔点琼脂糖法：这是传统手工操作方法之一，低熔点琼脂糖电泳后切割目的条带、熔化，用传统的酚-氯仿抽提，乙醇沉淀。该方法需时较长，现在已经不多用。

（4）透析袋电洗脱法：切下的条带放在充满 TAE 的透析袋中电泳，让 DNA"走"出凝胶，加入溶液中，再采用反向电泳将附在透析袋上的 DNA"赶"回溶液中，取溶液部分用传统方法酚-氯仿抽提沉淀。该方法只有在万不得已、针对非常大的片段回收时才考虑，也是聚丙烯酰胺电泳凝胶产物回收的方法之一。

（5）DEAE 纤维素膜纸片法：这是早期实验室最常用的方法之一，将 DEAE 纤维素膜裁成小条活化处理。电泳后在目的条带前切一刀，将比条带略宽的 DEAE 纤维素膜插入切口，不留气泡，继续电泳一会儿，条带上的 DNA 被膜片截留，取出膜片冲洗后转移到离心管中加缓冲液洗脱，将洗脱液用酚-氯仿抽提沉淀，该方法不适合于较大的 DNA。

2.DNA 片段琼脂糖凝胶电泳回收与纯化方法的选择

凝胶电泳片段回收与纯化的好坏直接影响后续实验的成功与否。要想做好胶回收，要从回收质量（回收产物的纯度和浓度）、回收效率、操作方便程度（速度）、柱子的载量等方面来综合考虑，进行方法选择。

（1）回收质量：主要指纯度，对于大片段回收，质量还包括产物的完整与否，而对于较小片段回收，质量还包括回收产物的浓度。普通级别的琼脂糖往往含有性状不明的多糖，会连同DNA 一起从凝胶中抽提出来，强烈抑制后续的连接、酶切等实验。在大片段回收时，特别要注意机械剪切力对回收产物大小的影响。对于较小片段的回收，产物浓度不能太小，否则对后续连接、标记实验等有影响。

（2）回收率：这是回收的另一个重要参数。回收时尽可能多地回收目的片段，提高产物的量。回收率通常和样品的大小以及量的多少有关，DNA 片段越大，和固相基质的结合力越强，就越难洗脱，回收率越低；DNA 的量越少，相对损失越大，回收率越低。因此，根据情况选择不同的方法是很重要的。

（3）操作：在产物质量与回收率得到保证的前提下，尽量选择操作简单、快速、应用起来方便的方法或者产品。

（4）载量：指每次回收最多能回收的产物的量。载量越大越好，因为对于纯化柱或者一定量的纯化介质，过量的产物吸附不了就是被浪费掉的。需要回收比较大量的产物时，大载量就很有优势。

一般情况下，常规片段级（DNA 片段为 100 bp～10 kb）与小片段级（DNA 片段小于 100 bp）回收主流方法是柱试剂盒回收法；大片段级（DNA 片段大于 10 kb）可选方法是玻璃奶/纯化填料胶试剂盒回收法与透析袋电洗脱法等。

3. DNA 片段的聚丙烯酰胺凝胶电泳回收与纯化

从聚丙烯酰胺凝胶中回收 DNA 片段的标准方法是压碎与浸泡法。它是将含待回收 DNA 片段条带的凝胶块切出后压碎，用洗脱缓冲液浸泡使 DNA 浸出，通过沉淀、离心获得。该法能较好回收小于 1 kb 的单链或者双链 DNA，且纯度高，回收产物不含酶抑制剂及对转染细胞或微注射细胞有毒的污染物，是回收小片段 DNA 的较好方法。依相对分子质量不同，其回收率在 30%～90%。如果将切下的聚丙烯酰胺凝胶块包埋于琼脂糖凝胶中，再进行 DEAE 纤维素膜插片法电泳或透析袋电洗脱，可以缩短双链 DNA 的回收时间。

4.3 分子杂交技术

4.3.1 分子杂交的概念

广义的分子杂交是指将某些分子与另外一些分子特异性结合而形成结合体的过程。狭义的分子杂交是指核酸分子杂交，即具有一定同源序列的两条核酸单链（DNA 或 RNA），在一定条件下按照碱基互补配对原则，经过退火处理形成异质双链的过程。

4.3.2 分子杂交的原理

在特定的条件下，互补的核苷酸序列通过 Watson-Crick 碱基配对形成稳定的杂合双链分子，或蛋白质与抗体特异性结合。分子杂交过程是高度特异性的，可以根据所使用的探针已知序列进行特异性的靶标检测。

4.3.3 分子杂交的分类

依据杂交的对象，可以将分子杂交分为核酸分子杂交与蛋白质分子杂交两大类。核酸分子杂交常见的方法有 Southern 印迹法、Northern 印迹法、原位杂交、斑点印迹杂交等，常见的蛋白质分子杂交方法有 Western 印迹法等。

1. Southern 印迹法

（1）Southern 印迹法（又叫 DNA 印迹法、Southern blotting）原理：它是研究 DNA 的基本技术，在遗传诊断、DNA 图谱分析及 PCR 产物分析等方面有重要价值。Southern 印迹杂交的基本方法是将 DNA 样品用限制性核酸内切酶消化后，经琼脂糖凝胶电泳分离片段，然后经碱变性，Tris 缓冲液中和，通过毛细作用将 DNA 从凝胶中转印至硝酸纤维素滤膜上，烘干固定后即利用 DNA 探针进行杂交。附着在滤膜上的 DNA 与 ^{32}P 标记的 DNA 探针杂交，利用放射自显影术确定探针互补的每条 DNA 带的位置，从而可以确定在众多酶解产物中含某一特定序列的 DNA 片段的位置和大小。被检对象为 DNA，探针为 DNA 或 RNA。

（2）Southern 印迹法操作步骤：①待测 DNA 样品的制备、酶切；②待测 DNA 样品的琼脂糖凝胶电泳分离；③利用变性法将凝胶中 DNA 变性；④Southern 转膜，利用硝酸纤维素（NC）膜或尼龙膜来转膜，使用方法有毛细管虹吸印迹法、电转印法、真空转移法；⑤探针的制备；⑥Southern杂交及杂交结果的检测（图 4-5）。

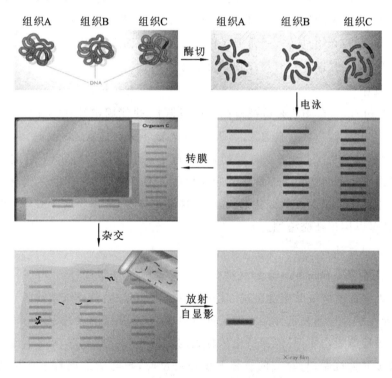

图 4-5　Southern 印迹法操作步骤

2. Northern 印迹法

Northern 印迹（Northern blotting）法是一种将 RNA 分子从琼脂糖凝胶中转印到硝酸纤维素膜上进行分子杂交的方法，可用于 RNA 的定性与定量分析。其原理是根据相对分子质量不同的 RNA 或 mRNA 在凝胶电泳时迁移速率不同而将其分成大小不同的 RNA 分子，然后将分开的 RNA 或 mRNA 分子转移到尼龙膜或乙酸纤维素膜上，利用特定的标记探针进行杂交并检测，以检出与探针分子特异性结合的 RNA 或 mRNA 分子。

Northern 印迹杂交技术与 Southern 印迹杂交技术原理与过程非常相似,不同之处在于 Northern 印迹检测对象为 RNA 或 mRNA 分子,电泳前不需酶切,直接采用变性(用甲基氧化汞、乙二醛或甲醛等变性剂使 RNA 变性,而不用 NaOH)琼脂糖凝胶电泳分离 RNA 或 mRNA 分子(在变性条件下进行电泳,以去除 RNA 中的二级结构,保证 RNA 完全按分子大小分离)。再将其转移到尼龙膜或乙酸纤维素膜上,后续步骤与 Southern 印迹法的相同。

3. 原位杂交

将标记的核酸探针与固定在细胞或组织中的核酸进行杂交,称为原位杂交。根据检测物,分为细胞内原位杂交和组织切片内原位杂交;根据探针与待检核酸,分为 DNA/DNA 杂交、RNA/DNA 杂交、RNA/RNA 杂交。原位杂交具有能在成分复杂的组织中进行单一细胞的研究,不需从组织或细胞中提取核酸,对含量极低的靶序列灵敏度高及能准确反映组织细胞的相互关系及功能状态等优点。

原位杂交技术的基本原理是利用核酸分子单链之间有互补的碱基序列,将有放射性或非放射性的外源核酸(探针)与组织、细胞或染色体上待测 DNA 或 RNA 互补配对,结合成专一的核酸杂交分子,经一定的检测手段将待测核酸在组织、细胞或染色体上的位置显示出来。为显示特定的核酸序列,必须具备 3 个重要条件:进行组织、细胞或染色体的固定;具有能与特定片段互补的核苷酸序列(探针);有与探针结合的标记物。

4. 斑点印迹杂交

斑点印迹(dot blot)杂交法是将被检标本点到膜上,烘烤固定,用已标记的探针进行杂交,洗膜(除去未接合的探针),放射自显影,判断是否有杂交及杂交强度的方法,主要用于基因缺失或拷贝数改变的检测。这种方法耗时短,可进行半定量分析,一张膜上可同时检测多个样品。为使点样准确、方便,市售有多种多管吸印仪(manifolds),它们有许多孔,样品加到孔中,在负压下就会流到膜上呈斑点状或狭缝状,反复冲洗进样孔,取出膜烤干或紫外线照射以固定标本,这时膜就可以用于杂交检测。

5. Western 印迹法

Western 印迹(Western blotting)又称蛋白质印迹或免疫印迹(immunoblotting),是指将蛋白质样品经聚丙烯酰胺凝胶电泳分离,转移至固相载体(如硝酸纤维素薄膜)上,然后根据抗原、抗体的特异性结合检测复杂样品中的某种蛋白质,分析基因的表达程度。固相载体以非共价键形式吸附被检测蛋白质,且能保持电泳分离的多肽类型及生物学活性不变。以固相载体上的蛋白质或多肽为抗原,与对应的抗体发生免疫反应,再与酶或同位素标记的第二抗体反应,经过底物显色或放射自显影以检测电泳分离的特异性目的基因表达的蛋白质成分(图 4-6)。免疫印迹由于具有 SDS-PAGE 的高分辨率和固相免疫测定的高特异性和敏感性,现已成为蛋白质分析的一种常规技术,广泛应用于检测蛋白质水平的表达、鉴定某种蛋白质、蛋白质定性和半定量分析等方面。

与 Southern 或 Northern 印迹法相比,Western 印迹法采用的是聚丙烯酰胺凝胶电泳,被检测物是蛋白质,"探针"是抗体,"显色"用标记的第二抗体。

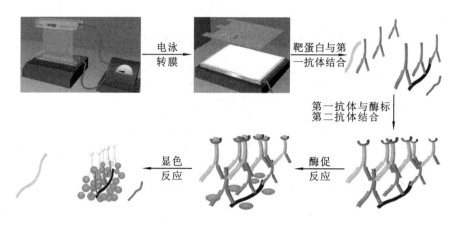

图 4-6 Western 印迹法操作步骤

4.4 PCR

4.4.1 PCR 的基本原理和反应过程

1. PCR 概述

PCR 是聚合酶链式反应(polymerase chain reaction)英文首字母的缩写,是体外酶促合成特异 DNA 片段的一种方法,为基因工程最常用的技术之一。

PCR 技术的发明是基于 1971 年 Korana 提出的"经过 DNA 变性,与合适的引物杂交,用 DNA 聚合酶延伸引物,并不断重复该过程便可克隆基因"核酸体外扩增设想。1985 年,美国 PE-Cetus 公司人类遗传研究室的 Mullis 等发明了具有划时代意义的聚合酶链式反应。Mullis 最初使用的 DNA 聚合酶是大肠杆菌 DNA 聚合酶 I 的 Klenow 片段,此种以 Klenow DNA 聚合酶催化的 PCR 技术虽较传统的基因扩增具备许多突出的优点,但由于其不耐热,在模板热变性时,会导致其钝化,每加入一次酶只能完成一个扩增反应周期,给 PCR 技术操作带来了不少困难。这使得 PCR 技术在一段时间内没能引起足够重视。1988 年,Keohanog 改用 T_4 DNA 聚合酶进行 PCR,其扩增的 DNA 片段很均一,真实性也较高,只有所期望的一种 DNA 片段。但每循环一次,仍需加入新酶。同年 Saiki 等从温泉中分离的一株水生嗜热杆菌 (*Thermus aquaticus*)中提取到一种耐热 DNA 聚合酶。此酶最大的特点是耐高温。后将此酶命名为 Taq DNA 聚合酶(Taq DNA polymerase)。此酶的发现使 PCR 被广泛应用。

2. PCR 基本原理

PCR 基本原理是指模拟体内 DNA 复制的方式在体外选择性地扩增 DNA 某个特殊区域的技术。它是以扩增的 DNA 分子为模板,以一对分别与模板互补的寡核苷酸片段为引物,在 DNA 聚合酶的作用下,按照半保留复制机制沿着模板链延伸,直至完成新的 DNA 合成。由于新合成的 DNA 也可以作为模板,因此 PCR 可使 DNA 的合成量以指数的方式增长。

3. PCR 过程

PCR 过程主要由变性、退火、延伸三个基本反应步骤构成(图 4-7)。

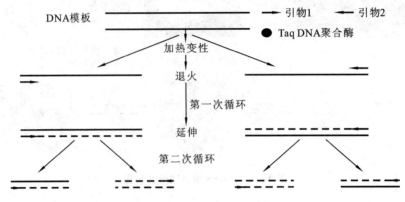

图 4-7　PCR 过程示意图

(1)模板 DNA 的变性:模板 DNA 经加热,使模板或经 PCR 扩增形成的双链 DNA 打开成为单链,以便它与引物结合,为下轮反应做准备。

(2)模板 DNA 与引物的退火(复性):模板 DNA 经加热变性成单链后,降至一定温度时,引物与模板 DNA 单链的互补序列配对结合。

(3)引物的延伸:DNA 模板与引物复合物在 Taq DNA 聚合酶的作用下,以 dNTP 为原料,靶序列为模板,按碱基配对与半保留复制原则,合成一条新的与模板 DNA 链互补的半保留复制链。

变性、退火、延伸三个基本反应步骤不断地重复循环,就可获得更多的"半保留复制链",而且这种新链又可成为下次循环的模板。经过 2~3 h 就能将待扩增目的基因扩增放大几百万倍。

4.4.2　PCR 反应体系及反应参数的建立

1. PCR 反应体系的组成

PCR 反应体系除水之外,主要由模板 DNA、特异性引物、热稳定 DNA 聚合酶、三磷酸脱氧核苷酸(dNTP)、二价阳离子(如 Mg^{2+})、缓冲液及一价阳离子等七种基本成分组成。

(1)模板(靶基因)DNA:基因组 DNA、质粒 DNA、噬菌体 DNA、cDNA 及 mRNA 等几乎所有形式的 DNA 和 RNA 都可作为 PCR 的模板。PCR 对模板的纯度要求不是很高,CTAB 法、SDS 法、蛋白酶 K 法等常规的分子生物学方法制备的样品即可满足,一般不需要另外的纯化步骤。

(2)特异性引物(PCR 扩增引物):指与待扩增的靶 DNA 区段两端序列互补的人工合成的寡核苷酸短片段,通常由 15~30 个核苷酸构成。它包括引物1和引物2,即 5' 端 DNA 序列互补的寡核苷酸和 3' 端 DNA 序列互补的寡核苷酸两种。这两种引物在模板 DNA 上结合点之间的距离决定了扩增片段的长度。实验表明,1 kb 之内是理想的扩增跨度,2 kb 左右还是有效扩增跨度,而超过 3 kb 后就不能够得到有效的扩增,而且较难获得一致的结果。

　　一般而言,引物设计的正确与否是关系到 PCR 扩增成败的关键因素。引物如果太短,就可能同非靶序列杂交,而得出非预期的扩增产物。根据概率估算,17 个核苷酸所组成的引物平均要在 1.5×10^{10} bp 上才会有一个结合位点,其长度超过人类基因组 DNA 总长度的 5 倍,所以用 17 个核苷酸长的引物对人类基因组进行 PCR,就有可能获得单一的扩增带。而引物过长往往降低其与横板的杂交效率,从而降低 PCR 的效率。

　　引物是 PCR 特异性反应的关键,PCR 产物的特异性取决于引物与模板 DNA 互补的程度。理论上,只要知道任何一段模板 DNA 序列,就能设计与其互补的寡核苷酸链作为引物,利用 PCR 就可将模板 DNA 在体外大量扩增。引物设计常采用 Oligo、Primer Premier 等软件,设计引物一般应遵循以下原则。

　　①引物长度:与模板严格配对的碱基数,一般为 15～30 bp,常用为 20 bp 左右,上下游引物长度差别一般不大于 3 bp。

　　②引物碱基组成:G+C 含量以 40%～60% 为宜,G+C 太少则扩增效果不佳,G+C 过多则易出现非特异条带。A、T、G、C 最好随机分布,避免 5 个以上的嘌呤或嘧啶核苷酸成串排列。

　　③上下游引物的互补性:上下游引物不能有大于 3 bp 的反向重复序列或自身互补序列存在,以避免引物内部出现二级结构。避免两条引物间互补,特别是 3′端的互补,否则会形成引物二聚体,产生非特异的扩增条带。

　　④引物 3′端的碱基:引物 3′端的末位碱基对 Taq DNA 聚合酶的 DNA 合成效率有较大的影响。不同的末位碱基在错配位置导致不同的扩增效率,末位碱基为 A 的错配效率明显高于其他 3 个碱基的,因此应当避免在引物的 3′端使用碱基 A。同时引物 3′端的最末及倒数第二个碱基应与模板严格配对,以避免因末端碱基不配对而导致 PCR 失败。

　　⑤引物 5′端的碱基:引物 5′端序列对 PCR 影响不太大,因此常用来引进修饰位点或标记物。在引物设计好后,也可在引物 5′端中引入或加上合适的酶切位点,这对酶切分析、后续载体构建或分子克隆很有好处。为了保护引物 5′端的酶切位点,依据内切酶的特点可适当加上 2～4 bp 的碱基(通常为 GC 或 GGCC)。

　　⑥引物的解链温度(T_m):两个引物的 T_m 值相差最好不要超过 2 ℃,扩增产物与引物的 T_m 值相差最好不要超过 20 ℃。

　　⑦引物的特异性:引物应与核酸序列数据库的其他序列无明显同源性。

　　(3)热稳定 DNA 聚合酶:热稳定 DNA 聚合酶是 PCR 技术实现自动化的关键。目前有两种 Taq DNA 聚合酶供应:一种是从嗜热水生杆菌中提纯的天然酶;另一种为大肠杆菌合成的基因工程酶。热稳定 DNA 聚合酶是从两类微生物中分离得到的:一类是嗜热古细菌,其主要的 DNA 聚合酶属于聚合酶 α 家族;另一类是嗜热和高度嗜热的真细菌,其主要的 DNA 聚合酶类似于中温菌的 DNA 聚合酶 I。Taq DNA 聚合酶是从嗜热古细菌 *T. aquaticus* 中分离到的,也是最先被分离、了解最透彻和最常用的 DNA 聚合酶。该酶具有以下特点。

　　①热稳定性好:实验证明在 92.5 ℃、95 ℃ 和 97.5 ℃ 条件下半衰期依次为 130 min、40 min 和 5 min。

　　②较高的合成速度:在最适反应条件下,每个酶分子每秒钟掺入约 150 bp。

③缺乏 $5'→5'$ 方向的外切酶活性:具有 $5'→3'$ 方向的聚合酶活性及 $5'→3'$ 方向的外切酶活性,但缺乏 $3'→5'$ 方向的外切酶活性,因而无校正功能,使其在一次 PCR 中造成的核苷酸错误掺入的概率大约是 $2×10^{-4}$。这对于 PCR 产物分析而言,不会构成什么严重问题,因为错误掺入核苷酸的 DNA 分子仅占全部合成的 DNA 分子的极小部分。然而,如果 PCR 扩增产物用于分子克隆,那么核苷酸的错误掺入是值得重视的。因为每一个克隆都来自单一的扩增分子,如果此种分子含有一个或数个错误掺入的核苷酸,那么在该克隆中所有克隆 DNA 都将带来同样的"突变"。

但当要求更高保真度、扩增的片段超过几千个碱基对,或者进行逆转录 PCR(reverse transcription-PCR)时,最好选用其他的一些热稳定 DNA 聚合酶,如 Vent DNA 聚合酶(耐热性好)、Tth DNA 聚合酶(持续合成性能好)和 Pfu DNA 聚合酶等(保真性好),多种热稳定 DNA 聚合酶已经商品化。现在,也有几家制造商将几种热稳定 DNA 聚合酶混合成"鸡尾酒",这种产品能把几种不同 DNA 聚合酶的特点组合起来。

(4)三磷酸脱氧核苷酸(dNTP):dNTP 是 dATP、dTTP、dGTP、dCTP 的总称。储备液 pH 值为 7.0 左右,其浓度一般为 2.0 mmol/L,一般在 -20 ℃ 环境下保存,多次冻融会使 dNTP 降解。

(5)二价阳离子(如 Mg^{2+}):所有的热稳定 DNA 聚合酶在催化 DNA 合成时都要求有游离的二价阳离子。常用的是 Mg^{2+} 和 Mn^{2+}。一般来说,Mg^{2+} 优于 Mn^{2+},由于 dNTP 和寡核苷酸都能结合 Mg^{2+},因而反应体系中阳离子的浓度必须超过模板 DNA、dNTP 和引物来源的磷酸盐基团的浓度。由于二价离子浓度的重要性,其最佳浓度必须结合不同的引物与模板用实验方法进行确定,购买的热稳定 DNA 聚合酶所带的缓冲液一般含有该酶反应所需的二价阳离子。Mg^{2+} 浓度以 $1.5\sim2.0$ mmol/L 为宜。Mg^{2+} 浓度过高时,反应特异性降低,出现非特异扩增;浓度过低时会降低 Taq DNA 聚合酶的活性,使反应产物减少。

(6)缓冲液:PCR 缓冲液通常为 10 mmol/L 的 Tris-HCl 缓冲液(pH 值为 8.3,20 ℃),其作用是维持 PCR 反应体系的 pH 值。

(7)一价阳离子:标准的 PCR 缓冲液中一般含有 50 mmol/L 的 KCl,它有利于引物与模板退火,对于扩增大于 500 bp 长度的 DNA 片段是有益的。提高 KCl 浓度到 $70\sim100$ mmol/L 时,对 Taq DNA 聚合酶有抑制作用。

2.PCR 反应体系的建立

标准的 PCR 反应体系(100 μL)如下:

10×扩增缓冲液	10 μL
四种 dNTP 混合物	各 $20\sim200$ μmol/L
引物	各 $10\sim100$ pmol/L
模板 DNA	$0.1\sim2$ μg($10^2\sim10^5$ 拷贝)
Taq DNA 聚合酶	$2.0\sim2.5$ U
Mg^{2+}	1.5 mmol/L
加双蒸水或三蒸水至	100 μL

在上述反应体系中每条引物的浓度以最低引物量产生所需要的结果为好,引物浓度偏高会引起错配和非特异性扩增,且可增加引物之间形成二聚体的机会。加入 dNTP 时注意四种 dNTP 的浓度要相等(等物质的量配制),如其中任何一种浓度不同于其他几种(偏高或偏低),就会引起错配,浓度过低又会降低 PCR 产物的产量。一般根据各试剂的终浓度来确定添加量,至于究竟应该用多大的体系要根据具体情况来确定,常用的有 20.0 μL、25.0 μL、50.0 μL 等体系。

3. PCR 反应参数的选择

(1)温度与时间的设置:基于 PCR 的变性、退火与延伸三个反应步骤,在标准反应中采用三温度点法,双链 DNA 在 92～96 ℃变性,再迅速冷却至 40～60 ℃,引物退火并结合到靶序列上,然后快速升温至 70～75 ℃,在 Taq DNA 聚合酶的作用下,使引物链沿模板延伸。对于较短靶基因(长度为 100～300 bp 时)可采用二温度点法,除变性温度外,退火与延伸温度可合二为一,一般采用 94 ℃变性,65 ℃左右退火与延伸(此温度 Taq DNA 聚合酶仍有较高的催化活性)。

①变性温度与时间:变性温度低,解链不完全是 PCR 失败的最主要原因。一般情况下,94～95 ℃变性 1 min 足以使模板 DNA 双链打开,若低于 93 ℃则需延长时间,但温度不能过高,因为高温环境对酶的活性有影响。此步若不能使靶基因模板或 PCR 产物完全变性,就会导致 PCR 失败。为了提高起始模板的变性效果,常在加入 Taq DNA 聚合酶之前以 97 ℃预变性 5～8 min,再按照变性温度进入循环方式。

②退火(复性)温度与时间:退火温度是影响 PCR 特异性的较重要因素。变性后温度快速冷却至 40～60 ℃,可使引物和模板发生结合。由于模板 DNA 比引物复杂得多,引物和模板之间的碰撞结合机会远远高于模板互补链之间的。退火温度与时间取决于引物的长度、碱基组成及其浓度,还有靶基序列的长度。可通过以下公式计算帮助选择合适的引物复性温度:

$$T_m(解链温度)=4(G+C)+2(A+T)$$

$$复性温度=T_m-(3～10 ℃)$$

其中 G+C 为 DNA 中胞嘧啶(C)和鸟嘌呤(G)的含量,A+T 为 DNA 中腺嘌呤(A)和胸腺嘧啶(T)的含量。

在 T_m 值允许范围内,选择较高的复性温度可大大减少引物和模板间的非特异性结合,提高 PCR 的特异性。复性时间一般为 30～60 s,足以使引物与模板之间完全结合。

③延伸温度与时间:PCR 的延伸温度一般选择在 70～75 ℃,常用温度为 72 ℃,过高的延伸温度不利于引物和模板的结合。PCR 延伸反应的时间可根据待扩增片段的长度而定,一般 1 kb 以内的 DNA 片段,延伸时间 1 min 是足够的,3～4 kb 的靶序列需 3～4 min,扩增 10 kb 需延伸至 15 min。延伸时间过长会导致非特异性扩增带的出现。对低浓度模板的扩增,延伸时间要稍长些。

(2)循环次数:循环次数决定 PCR 扩增程度。PCR 循环次数主要取决于模板 DNA 的浓度。一般的循环次数选在 25～35。循环次数越多,非特异性产物的量也随之增多,同时会出现 PCR 扩增平台效应。

4.4.3　PCR 产物的克隆

1. PCR 产物克隆的分类

同一反应体系中如果采用的热稳定 DNA 聚合酶不同,则获得的 PCR 产物末端有所不同。如采用普通的 Taq DNA 聚合酶会产生 3′末端有一突出的 A 碱基的黏性末端 PCR 产物,采用诸如 Pfu DNA 聚合酶、Vent DNA 聚合酶等则产生平末端 PCR 产物,因此依据 PCR 产物可将其大致分为平头连接和黏头连接两类克隆。

2. PCR 产物的克隆

(1)平头连接克隆:将制备好的平头载体与平末端 PCR 产物或处理成平末端的 PCR 产物直接进行连接。载体可用 EcoR Ⅴ 或 Sma Ⅰ 切成平头,黏性末端的 PCR 产物纯化后,可用 DNA 聚合酶Ⅰ处理成平末端。如果要求不高,PCR 产物也可不加处理。

(2)黏头连接克隆:黏头连接也可以大致分为两类,一类黏头连接是用某种方法,在载体和 PCR 产物上产生长的可互补的黏性末端,然后连接克隆。最普遍的方法是在引物的 5′端加入一段某种限制性核酸内切酶的识别序列。如果两个引物选用不同的限制性核酸内切酶识别序列,就可以做到定向连接。另一类借助于黏性末端 PCR 产物 3′端带有一个突出的 A 碱基的特性,与 3′端带有突出的 T 碱基的线状 T 载体直接连接克隆,这种方法一般称为 T-A 克隆法,其连接效率比平头连接效率高 50～100 倍。T-A 克隆法不需使用含限制性核酸内切酶识别序列的引物,不需把 PCR 产物进行平端处理,不需在 PCR 扩增产物上加接头,即可直接高效地连接 PCR 产物,成为 Taq DNA 聚合酶 PCR 产物的最佳克隆方法。

4.4.4　PCR 技术的拓展及其应用

1. 逆转录 PCR

RT-PCR 是一种从细胞 RNA(mRNA)中高效、灵敏地扩增 cDNA 序列的方法。顾名思义,它由两大步骤组成,首先是逆转录(reverse transcription,RT),然后是 PCR 扩增反应。其基本操作过程为提取组织或细胞中的总 RNA,以其中的 mRNA 为模板,以 Oligo(dT)(图 4-8(a))或随机引物(图 4-8(b))为引物,利用逆转录酶逆转录成 cDNA,再以 cDNA 为模板进行 PCR 扩增,而获得目的基因片段(图 4-8)。

2. 反向 PCR

常规的 PCR 技术是用于扩增两段已知序列之间的 DNA 片段,而对于已知序列侧翼的未知 DNA 序列的扩增,则毫无办法。但是,在很多时候,我们又非常渴望了解某些特征性遗传标记侧翼的序列,则可采用反向 PCR 技术(inverse polymerase chain reaction,IPCR)。由于 IPCR 是用于扩增已知序列侧翼的 DNA 片段,因此其一对引物尽管与常规 PCR 引物一样与已知序列互补,但方向是相反的(常规 PCR 引物的方向是相对的)。用这样一对引物进行常规 PCR 扩增,是无法得到足够的产物的,因为其每个引物只能对各自的模板线性扩增,无法进行指数式增长。所以对用 IPCR 进行扩增的 DNA 模板必须先经过酶切,然后连接环化,使其引物方向成为相对的,故 IPCR 步骤主要包括酶切、自身连接环化、PCR 扩增、直接序列分析或克

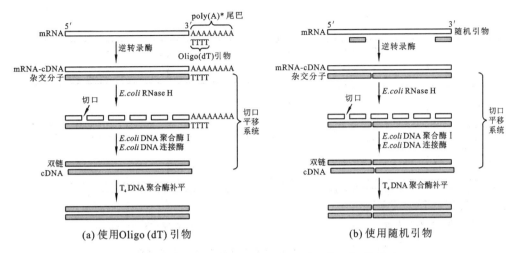

图 4-8　使用 Oligo(dT)引物或随机引物时的 cDNA 合成

隆后再测序(图4-9)。

3. 锚定 PCR

在实际工作中常仅知道一小段基因序列,难以利用常规 PCR 技术扩增得到邻近的片段。随着 PCR 技术的发展,出现了一些根据一小段序列信息快速扩增已知序列相邻片段的技术,其中之一就是锚定 PCR(anchored PCR)或锚式 PCR(anchor PCR)技术,也称为单侧特异引物 PCR(single-specific sequence primer PCR,SSPPCR)。如扩增已知序列 3′端的基因,依据已知序列设计上游引物(PS1 与 PS2),以成熟 mRNA 3′端的poly(A)尾巴设计一段 Oligo(dT)作为锚定引物,以 cDNA 为模板通过锚定 PCR 扩增已知序列 3′

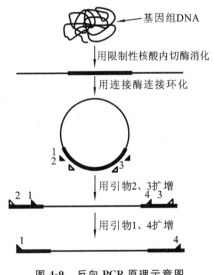

图 4-9　反向 PCR 原理示意图

端的基因(图 4-10(a))。这种以 cDNA 为模板的锚定 PCR 技术称为互补锚定 PCR(complementary anchored PCR)。采用互补锚定 PCR 技术还可以扩增已知序列的 5′端的基因(图 4-10(b))。

4. 简并 PCR

如果要扩增的基因序列不清楚,只知道部分氨基酸序列,例如用双向电泳技术鉴定到一个新的蛋白质,通过测序获得该蛋白质的末端氨基酸序列,要扩增该基因,就要由氨基酸序列推测其核苷酸序列,并以可能的序列设计多条引物进行 PCR 扩增。如果已知某段氨基酸序列在多种生物中是高度保守区域,要想扩增出这段区域以进行研究,也需要根据氨基酸序列设计引物进行 PCR 扩增。但编码氨基酸的密码子存在简并性,往往很难准确地确定核苷酸序列,从而给引物设计带来很大的困难。因此,根据密码子简并性,设计出了包含多条核苷酸序列的引物库,利用混合的引物库进行 PCR,就形成了一套简并 PCR 的技术方法。该方法的原理是基

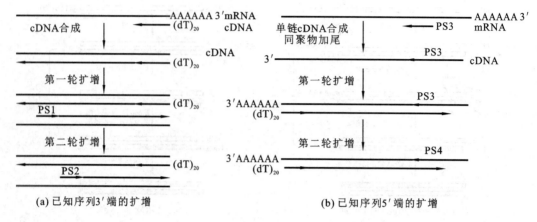

(a) 已知序列3′端的扩增　　　　　　　　(b) 已知序列5′端的扩增

图 4-10　用锚定 PCR 扩增已知序列的上下游基因

于氨基酸序列设计两组带有一定简并性的引物库,从不同生物物种中扩增出未知核苷酸序列的基因。简并引物库是由一组引物构成的,这些引物有很多相同碱基,在序列的好几个位置也有很多不同的碱基,只有这样才会和多种同源序列发生退火,以实现 PCR 扩增。简并 PCR 与一般 PCR 的不同之处在于,一般 PCR 中的引物是用给定的核苷酸序列设计的两条特定的引物,而在简并 PCR 中用的是由多条不同核苷酸序列组成的混合引物库,是由一组引物构成的,这些引物有很多相同碱基,在序列的好几个位置也有很多不同的碱基,只有这样,才会和多种同源序列发生退火,以实现 PCR 扩增。例如"Ala Asn Ile Lys Met"的引物库简并度为 $4 \times 2 \times 3 \times 2 \times 1 = 48$(编码简并度:Ala=4,Asn=2,Ile=3,Lys=2,Met=1),具体如下:

$$\begin{array}{ccccc} \text{Ala} & \text{Asn} & \text{Ile} & \text{Lys} & \text{Met} \\ 5' \text{ GCN} & \text{AAY} & \text{UAY} & \text{AAR} & \text{AUG } 3' \end{array}$$

其中,N 代表 A、G、C 或 T,Y 代表 T 或 C,R 代表 G 或 A。在引物中有越多的 Y、R 或 N,引物的简并程度就越大。

5. 荧光定量 PCR

(1)荧光定量 PCR 的原理:定量 PCR 技术是利用 PCR 来测量样品中 DNA 或 RNA 的原始模板拷贝数的 PCR 技术。荧光定量 PCR 技术则是通过荧光染料或荧光探针,对 PCR 产物进行标记跟踪,利用荧光信号实时在线监控反应过程。随着 PCR 的进行,PCR 产物不断累积,荧光信号强度也等比例增加,且被激发的荧光强度与扩增产物成正比,每经过一个循环,收集一个荧光强度信号,通过收集到的荧光强度变化监测产物量的变化,结合相应的软件可以对产物进行分析,从而得到一条荧光扩增曲线,计算待测样品的初始模板。荧光定量 PCR 技术是一次 DNA 定量技术的飞跃。运用该项技术,可以对 DNA、RNA 样品进行定量和定性分析。

①SYBR Green Ⅰ荧光染料技术原理:SYBR Green Ⅰ是一种结合于所有 dsDNA 双螺旋小沟区域激发一定荧光的染料。SYBR Green Ⅰ荧光染料技术原理如图 4-11 所示,SYBR Green Ⅰ只与双链 DNA 结合才能发出荧光,而不掺入双链中的 SYBR 染料分子不会发射任何荧光信号。在 PCR 体系中,加入过量 SYBR 荧光染料,从而保证荧光信号的增加与 PCR 产

物的增加完全同步。荧光信号强度与双链 DNA 分子数成正比,随着扩增产物增加而增加,荧光信号的强度代表了反应体系中双链 DNA 分子的数量。

②TaqMan 探针技术原理:PCR 扩增时在加入一对引物的同时加入一个特异性的荧光探针,该探针为一寡核苷酸,两端分别标记一个荧光报告基团(reporter)和一个荧光淬灭基团(quencher)。探针完整时,报告基团发射的荧光信号被淬灭基团吸收,PCR 仪检测不到荧光信号。扩增时,Taq DNA 聚合酶的 5′外切酶活性将探针酶切降解,使报告荧光基团和淬灭荧光基团分离,从而荧光监测系统可接收到荧光信号,即每扩增一条 DNA 链,就有一个荧光分子形成,实现了荧光信号的增强与 PCR 产物的形成完全同步(图 4-12)。随着扩增循环数的增加,释放出来的荧光基团不断积累,因此荧光强度与扩增产物的数量成正比,这也是定量的基础所在。相对于染料法,TaqMan 探针法具有更高的特异性和准确性。

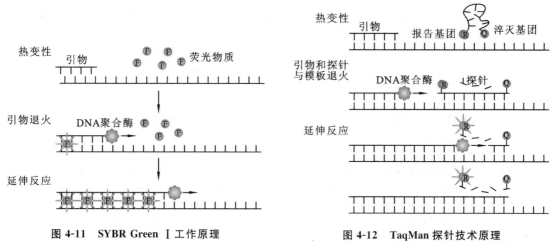

图 4-11　SYBR Green Ⅰ工作原理　　　图 4-12　TaqMan 探针技术原理

③Beacon 探针技术原理:该技术加入的荧光探针是环状的寡核苷酸探针,由茎部和环部组成,两端分别标记荧光报告基团和荧光淬灭基团,在无靶序列的情况下,探针始终是环状,报告基团的荧光被淬灭基团淬灭,使荧光检测仪检测不到荧光信号;而在有靶序列时,即在 PCR 的退火阶段,探针与靶序列结合,使荧光报告基团和淬灭基团分开,这样荧光仪可以检测到荧光信号,荧光信号的强弱代表了靶序列的多少(图 4-13)。

④Lightcycler 技术原理:该技术以 Roche(罗氏)公司为代表。两条直线型寡核苷酸探针,其中一条(D 杂交探针)的 3′端标记供体(donor)荧光基团,另一条(A 杂交探针)的 5′端标记受体(acceptor)荧光基团,在无靶序列的情况下,彼此分开,无法进行能量的传递,这样荧光仪不能检测到荧光信号;而当有靶序列时,即在 PCR 的退火阶段,两条探针与靶序列结合,由于两探针设计时可与模板同一条链相邻的序列杂交,杂交时供体荧光基团和受体荧光基团便紧密相邻,使得两条探针上的荧光基团可以进行能量的传递,这样荧光仪就可以检测到荧光信号,因此可以进行 PCR 定量分析(图 4-14)。该方法由于两个探针结合于模板上而影响扩增效率。同时还需要合成两个较长的探针,因此合成成本相对较高。

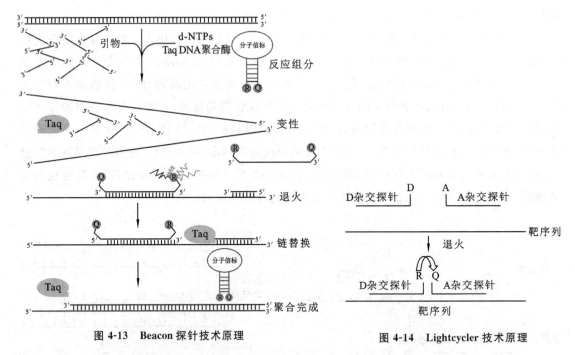

图 4-13　Beacon 探针技术原理

图 4-14　Lightcycler 技术原理

（2）荧光定量 PCR 的应用。

①基因表达定量分析：如同一基因在不同组织中的表达差异、同一基因在不同药物处理后的表达差异、转基因食品的检测。过去最常用的高通量筛选基因表达差异的技术是 cDNA 芯片和差异显示，但这两种技术的缺点是只能定性而非完整意义上的定量分析。实时 PCR 技术和高通道实时 PCR 仪的出现，无疑为这种检测提供了极大的方便。

②点突变分析和等位基因分析：用不同的荧光报告基团标记 TaqMan 探针，然后对等位基因进行荧光定量 PCR 检测。如果一种荧光信号明显强于另一种荧光信号，则表明它是纯合子（等位基因相同）；如果两种荧光信号都明显增强，则表明它是杂合子（等位基因不相同）。如分子信标（molecular beacon）就是专门为这种技术设计的探针。

③单核苷酸多态性的分析：检测单核苷酸多态性对于研究个体对不同疾病的易感性或者个体对特定药物的不同反应有着重要的意义。因分子信标结构的巧妙性，一旦 SNP 的序列信息是已知的，采用这种技术进行高通量的 SNP 检测将会变得简单而准确。

④DNA 甲基化检测：DNA 甲基化同人类的许多疾病有关，特别是癌症，Laird 报道了一种被称为 Methylight 的技术，在扩增之前先处理 DNA，使得未甲基化的胞嘧啶变成尿嘧啶，而甲基化的胞嘧啶不受影响，用特异性的引物和 TaqMan 探针来区分甲基化和非甲基化的 DNA，这种方法不仅方便而且灵敏度更高。

⑤对传染性疾病进行定量定性分析：这在我国应用比较广泛。许多生产临床 PCR 试剂的厂商已经陆续推出了一系列的诊断试剂，如肝炎系列、性病系列、肿瘤系列等。

4.5　DNA 序列分析

DNA 序列分析分为手工测序和自动化测序,手工测序包括 Sanger 双脱氧链终止法和 Maxam-Gilbert 化学降解法,而自动化测序现已成为 DNA 序列分析的主流。

4.5.1　Sanger 双脱氧链终止法

Sanger 等提出"DNA 双脱氧链末端终止测序",又称 Sanger 测序,是利用 DNA 聚合酶 I 的聚合反应,在反应体系中引入一定比例的双脱氧核苷三磷酸(ddNTP)作为终止剂,由于 DNA 聚合酶不能区分 dNTP 和 ddNTP,因此 ddNTP 可以掺入新生单链中,而 ddNTP 的核糖基 3′-碳原子上连接的是氢原子而不是羟基,因而不能与下一个核苷酸聚合延伸,合成的新链在此终止,终止位点由反应中相应的双脱氧核苷酸三磷酸而定。它们具有共同的起始位点,但终止在不同的核苷酸上,可通过高分辨率变性聚丙烯酰胺凝胶电泳分离大小不同的片段,凝胶处理后可用 X 光胶片放射自显影或非同位素标记进行检测,其原理如图 4-15 所示。

4.5.2　Maxam-Gilbert 化学降解法

1. Maxam-Gilbert 化学降解法测序原理

一个末端标记的 DNA 片段在几组互相独立的化学反应分别得到部分降解,其中每一组降解反应特异地针对某一种或某一类碱基。因此生成一系列长度不等的放射性标记分子,从共同起点(放射性标记末端)延续到发生化学降解的位点。每组混合物中均含有长短不一的 DNA 分子,其长度取决于该组反应所针对的碱基在原 DNA 全片段上的位置。此后,各组均通过聚丙烯酰胺凝胶电泳进行分离,再通过放射自显影来检测末端标记的分子。该方法测定 DNA 序列长度一般不超过 250 bp。其原理如图4-16所示。

2. 碱基特异性化学切割反应

在化学降解法中,专门用来对核苷酸进行化学修饰并打开碱基环的化学试剂主要有硫酸二甲酯(dimethylsulphate,DMS)、哌啶(piperidine)和肼(hydrazine)。硫酸二甲酯可使 DNA 分子中鸟嘌呤(G)上的 N(7)原子甲基化;肼可使 DNA 分子中胸腺嘧啶(T)和胞嘧啶(C)的嘧啶环断裂,但在高盐条件下,只 C 断裂,而不与 T 反应;哌啶可从修饰甲基处断裂核苷酸链。在不同的酸、碱、高盐和低盐条件下,三种化学试剂按不同组合可以特异地切割核苷酸序列中特定的碱基。

(1)G 反应:DMS 使 G 在中性和高温条件下脱落。

(2)G+A 反应:在酸性条件(如甲酸)使 A 和 G 嘌呤环上的 N 原子质子化,利用哌啶使 A、G 脱落。

(3)T+C 反应:肼(低盐)在嘧啶残基上的裂解。

(4)C 反应:肼(高盐)在 C 残基上的裂解。

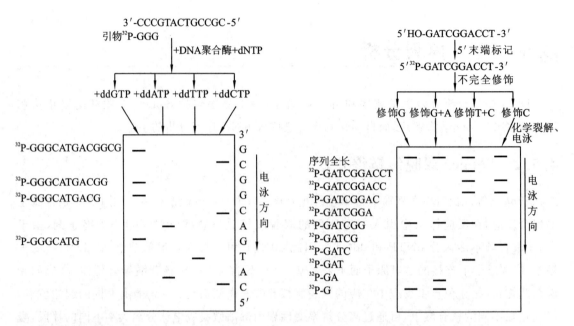

图 4-15　Sanger 双脱氧链终止法测序原理　　　　图 4-16　Maxam-Gilbert 化学降解法测序原理

3.测序电泳图谱的识读

对于测序电泳图谱的识读,化学降解法要比末端终止法复杂,因为化学裂解反应并非是完全碱基特异的。需要通过从 C+T 泳道出现的条带中扣除 C 泳道的条带而推断 T 残基的存在。类似地,A 残基的位置也要通过从 A+G 泳道中扣除 G 泳道的条带推断出来。

实际读片时从胶片底部向顶部一个个地读取。从下至上,一个一个地从 G+A 泳道和 C+T 泳道两个列中确定只相差一个碱基的条带。如果在 G+A 泳道中出现一条带,就看 G 泳道中是否有相同大小的带,如果有即为 G 碱基,如果没有则为 A 碱基。同样,在 C+T 泳道中出现条带,就检查 C 泳道中有无同样大小的条带,如果有即为 C,无则为 T。

4.5.3　DNA 序列分析的自动化

DNA 序列分析的自动化包括两个方面的内容,一是指"分析反应"的自动化,更为重要的则是指反应产物(标记 DNA 片段)分析的自动化,即"读片过程"的自动化。现在自动化测序大都沿用 Sanger 双脱氧链终止法原理进行测序反应,各种 DNA 自动测序系统差别很大,主要的差别在于非放射性标记物和反应产物(标记 DNA 片段)分析系统。

1.ALF 全自动激光荧光 DNA 测序系统

ALF 全自动激光荧光 DNA 测序系统是由德国海德堡欧洲分子生物学实验室(EMBL)等提出并设计的。测序引物用非放射性单一 Cy5 荧光素标记,沿用 Sanger 双脱氧链终止法分别生成 4 组终止于不同种类碱基、带有 Cy5 荧光素标记的 DNA 片段。4 组反应物在变性凝胶上电泳,每个泳道有一个由激光枪和探测器组成的检测装置。当荧光素标记的 DNA 条带迁移至探测区并遇上激光时,荧光标记被激活并释放出光信号,光探测器接收光信号,计算机将收集到的信号(原始数据)进行处理,获得样品 DNA 的最终序列。与传统的手工操作测序相比,

ALF 系统能直接获取原始数据并及时处理。该系统在仪器硬件和驱动软件的设计上都进行了不断的改进,近年推出了 ALF express TM 全自动激光荧光 DNA 测序仪。该仪器设计独特,可提供快速可靠的核酸测序、片段分析和突变检测,广泛应用于人类基因组计划,在这种大规模序列测定中,该仪器起到重要的初筛作用。

2. ABⅠ型全自动 DNA 测序仪

这是由 Perkin Elmer(PE 公司)推出的 DNA 自动化测序仪。其特点是采用有专利权的四种荧光染料分别标记终止物 ddNTP 或引物,经 Sanger 测序反应后,反应产物 3′端(标记终止物法)或 5′端(标记引物法)带有不同的荧光标记。一个样品的 4 个测序反应产物可在同一泳道内电泳,从而降低测序泳道间迁移率差异对精确性的影响。通过电泳将各个荧光标记片段分开,同时激光检测器同步扫描,激发的荧光经光栅分光,以区分代表不同碱基信息的不同颜色的荧光,并在 CCD 摄影机上同步成像。计算机可在电泳过程中对仪器运行情况进行同步检测,结果能以电泳图谱、荧光吸收峰图或碱基排列顺序等多种方式输出。目前 PE 公司生产出的 377 型全自动 DNA 测序仪具有可一次测定多个样品(64 个以上)、测序精确度高和每个样品判读序列长(约 700 bp)等优点,测序速度高达 200 bp/h。

4.5.4　DNA 序列的生物信息学分析

在 DNA 序列测定完成后,下一步的工作就是对所获得的 DNA 序列进行生物信息学分析。DNA 序列的生物信息学分析一般包括 DNA 序列的检索、DNA 序列的基本分析、限制酶切位点分析、测序结果分析、引物设计、序列比对、质粒作图、结构域(motif)查找等方面的内容。要求软件的算法简洁、效率高和可移植性好。目前 Web 站点可以对基因序列提供计算前的分析,并且这些站点允许使用者下载到客户机上分析自己的序列。

1. DNA 序列的检索

DNA 序列的检索有两种基本方式:一种是基于文本的查询,如将基因的数据库收录号、标识符、名称、功能等作为关键词,提交给检索系统进行匹配查找;另一种是基于序列的搜索,即用一条核酸序列在数据库中进行相似性检索,找出核酸序列数据库中与检测序列具有一定程度相似性的序列。现在以上两种数据库搜索方式都被生物学研究人员普遍采用,但它们具有完全不同的概念、所要解决的问题、所采用的方法和得到的结果均不相同。因此,很多研究者将第一种方式称为数据库检索或数据库查询,而将第二种方式称为数据库搜索。目前常用于检索的核酸序列数据库是国际上三大主要核酸序列数据库 GenBank(http://ncbi.nlm.nih.gov)、EMBL(http://www.embl.org/)和 DDBJ(http://www.nig.ac.jp)。GenBank 是美国国家健康研究所于 20 世纪 80 年代初委托 Los Alamos 国家实验室建立,后交给美国国立生物技术信息中心(NCBI)。EMBL 数据库是欧洲分子生物学实验室(Europe Molecular Biology Laboratory)于 1982 年创建,现由欧洲生物信息学研究所负责管理。DDBJ(DNA Data Base of Japan)创建于 1986 年,由日本国立遗传研究所负责管理。1988 年,GenBank、EMBL 和 DDBJ 共同成立国际核酸序列联合数据中心,建立了合作关系,三者每天相互交换数据,使三个数据库的数据同步更新。

2. DNA 序列的基本信息分析

核酸序列的相对分子质量、碱基组成与分布等分析可通过 DNAMAN、DNAstar、BioEdit 等软件进行。

3. 限制酶切位点分析

DNAssist 1.0 是一款能进行限制酶切位点分析的软件,它不但可以对线状序列进行分析,对环状的序列也可以找出酶切位点。DNAssist 在输出上非常完美,除了图形显示外,还有列表方式,列出有酶切位点和没有酶切位点的序列。同类软件还有 Primer Premier 5.0、Vector NTI Suite 6.0、DNAMAN 等多种软件。

4. 测序结果分析

送交专业公司进行测序的结果返回后,需要对所测序列进行一系列后续分析,其中主要包括对测序峰图的查看和载体序列的去除等过程。如常使用 BioEdit 和 DNAMAN 等软件直接打开测序结果文件进行观看,并将序列以文本或 fasta 格式输出。在对测序结果进行进一步分析之前,可使用 NCBI 的 VecScreen 系统(http://www.ncbi.nlm.nih.gov/VecScreen/VecScreen.html)确定载体序列,并将载体序列去除。

5. 序列比对

序列比对包括部分完全相同序列查找和序列相似性排列两类。具有这一功能的软件或软件包很多。Gene Doc 能用亮丽的色彩来区分相互间序列的同源性,输出的格式一目了然,而且可以报告为进化树的格式。选择项多,可以达到所需的要求,功能多而强。同类的有著名的序列比对软件 MACAW。另外一款完全免费的可以运行在 PC 机上的多序列比较软件是 Clustal X,它是用来对核酸与蛋白序列进行多序列比较(multiple sequence alignment)的软件。多序列比较在分子生物学中是一种基本方法,用来发现特征序列,进行蛋白质分类,证明序列间的同源性,帮助预测新序列二级结构与三级结构,确定 PCR 引物,进行分子进化分析,Clustal X 可达到这些方面的要求。

4.6　基因芯片及数据分析

4.6.1　基因芯片的概念

基因芯片(gene chip)又称 DNA 芯片或 DNA 微阵列(microarray),是生物芯片的一种。该技术是将大量(通常每平方厘米点阵密度高于 400)探针分子固定于支持物上后与标记的样品分子进行杂交,通过检测每个探针分子的杂交信号强度来获取样品分子的数量和序列信息。通俗地说,就是通过微加工技术,将数以万计,乃至百万计的特定序列的 DNA 片段(基因探针),有规律地排列固定于 $2\ cm^2$ 的硅片、玻片等支持物上,构成的一个二维 DNA 探针阵列,与计算机的电子芯片十分相似,所以被称为基因芯片。基因芯片主要用于基因检测工作。

根据探针的类型和长度,基因芯片可分为两类。其中一类是较长的 DNA 探针(100 mer)

芯片。这类芯片的探针往往是 PCR 的产物,通过点样方法将探针固定在芯片上,主要用于 RNA 水平上的基因表达分析。另一类是短的寡核苷酸探针芯片。其探针长度为 25 mer 左右,一般通过在片(原位)合成方法得到,这类芯片既可用于 RNA 水平上的基因表达监控,又可以用于核酸序列分析。

4.6.2 基因芯片技术原理

任何线状的单链 DNA 或 RNA 序列均可被分解为一个序列固定、错落而重叠的寡核苷酸,又称亚序列(subsequence)。例如,可把寡核苷酸序列 ATACGTTAGATC 分解成 5 个 8 nt 亚序列,这 5 个亚序列依次错开一个碱基而重叠 7 个碱基(图 4-17)。亚序列中 A、T、G、C 4 个碱基自由组合而形成的所有可能的序列共有 65536(4^8)种。假如只考虑完全互补的杂交,那么 4^8 个 8 bp 亚序列探针中,仅有上述 5 个能同靶 DNA 杂交。可以用人工合成的已知序列的所有可能的寡核苷酸探针(65536 种)与一个未知的荧光标记 DNA/RNA 序列(TATGCAATCTAG)杂交,通过确定荧光强度最强的探针位置,获得一组序列完全互补的探针序列。检出所有能与靶 DNA 杂交的寡核苷酸,从而推出靶 DNA 中的所有 8 bp 亚序列,最后由计算机对大量荧光信号的谱型数据进行分析,重构靶 DNA 的互补寡核苷酸序列。

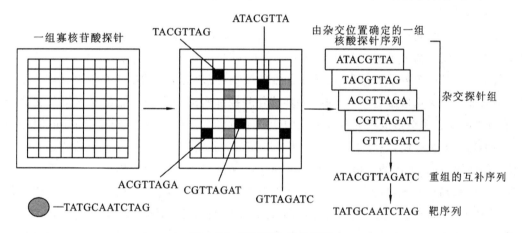

图 4-17 基因芯片技术原理

4.6.3 基因芯片的制备

基因芯片的制备主要包括 4 个主要步骤:芯片制备、样品制备、杂交反应、信号检测与结果分析。

1.芯片制备

目前制备芯片主要以玻片或硅片为载体,采用原位合成和微矩阵的方法将寡核苷酸片段或 cDNA 探针按顺序排列在载体上。芯片的制备除了用到微加工工艺外,还需要使用机器人技术,以便能快速、准确地将探针放置到芯片上的指定位置。

(1)原位光刻合成寡核苷酸:该技术的原理是在合成碱基单体的 5′羟基末端连上一个光敏保护基。合成的第一步是利用光照射使羟基端脱保护,然后一个 5′端保护的核苷酸单体被连接上去,如此反复进行,直至合成完毕。使用多种掩盖物能以更少的合成步骤生产出高密度的阵列,在合成循环中探针数目呈指数式增长。某一含 n 个核苷酸的寡核苷酸,通过 $4n$ 个化学步骤能合成出 4^n 个可能结构。例如,一个完整的 8 核苷酸通过 32 步化学步骤能合成 65536 个探针。

(2)原位喷印合成:该技术原理与喷墨打印类似,不过芯片"喷印头"和"墨盒"有多个,"墨盒"中装的是四种碱基等液体而不是碳粉。"喷印头"可在整个芯片上移动并根据芯片上不同位点探针的序列需要将特定的碱基"喷印"在芯片上特定位置。该技术采用的化学原理与传统的 DNA 固相合成一致,因此不需要特殊制备的化学试剂。

(3)点样法:点样法是将合成好的探针、cDNA 或基因组 DNA 通过特定的高速点样机直接点在芯片上。

2. 样品制备

生物样品往往是复杂的生物分子混合体,除少数特殊样品外,一般不能直接与芯片反应,有时样品的量很小。因此,必须将样品进行提取、扩增,获取其中的 DNA 或 RNA,然后用荧光标记,以提高检测的灵敏度和使用者的安全性。荧光标记基本分为两种:一种是使用荧光标记的引物;另一种是使用荧光标记的三磷酸脱氧核糖核苷酸。

3. 杂交反应

杂交反应是荧光标记的样品与芯片上的探针进行反应产生一系列信息的过程。选择合适的反应条件能使生物分子间反应处于最佳状况中,减小生物分子之间的错配率。

杂交反应是一个复杂的过程,受很多因素的影响,而杂交反应的质量和效率直接关系到检测结果的准确性。这些影响因素包括:①寡核苷酸探针密度的影响。低覆盖率使杂交信号减弱,而过高的覆盖率会造成相邻探针之间的杂交干扰。②支持介质与杂交序列间的间隔序列长度的影响。研究表明,当间隔序列长度提高到 15 个寡核苷酸时杂交信号显著增强。选择合适长度的间隔序列,可使杂交信号增强 150 倍。③杂交序列长度的影响。在杂交反应过程中经常发生碱基错配的现象,区分正常配对的互补复合物与单个或 2 个碱基的错配形成的化合物,主要依赖于形成的复合物的稳定性不同,而杂交序列的长度是影响复合物稳定性的一个重要因素。一般来说,短的杂交序列更容易区分错配的碱基,但复合物的稳定性要差一些,而长杂交序列形成的复合物稳定,而区分碱基错配的能力要差一些。研究表明,12 个、15 个、20 个碱基产生的杂交信号强度接近,但 15 个碱基的杂交序列区分错配碱基的效果最好。④GC 含量的影响。GC 含量不同的序列,其复合物的稳定性也不同。⑤探针浓度的影响。以凝胶为支持介质的芯片,提高了寡核苷酸的浓度,在胶内进行的杂交更像在液相中进行的杂交反应,这些因素提高了对错配碱基的分辨率,同时也提高了芯片检测的灵敏度。⑥核酸二级结构的影响。在使用凝胶作为支持介质时,单链核酸越长,则样品进入凝胶单元的时间越长,也就是越容易形成链内二级结构,从而影响其与芯片上探针的杂交,因而样品制备过程中,对核酸的片段化处理,不仅可以提高杂交信号的强度,还可以提高杂交速度。

4. 信号检测与结果分析

杂交反应后的芯片上各个反应点的荧光位置、荧光强度经过芯片扫描仪和相关软件分析,将荧光转换成数据,即可以获得有关生物信息。基因芯片技术发展的最终目标是将从样品制备、杂交反应到信号检测的整个分析过程集成化以获得微型全分析系统(或称缩微芯片实验室)。使用缩微芯片实验室,就可以在一个封闭的系统内以很短的时间完成从原始样品到获取所需分析结果的全套操作。

4.6.4　基因芯片的应用

基因芯片在科学史上有非常重要的意义。1998 年美国科学促进会将 DNA 芯片技术列为1998 年度自然科学领域十大进展之一。现在,基因芯片这一时代的宠儿已被应用到生物科学众多的领域之中,它以其可同时、快速、准确地分析数以千计基因组信息的本领而显示出巨大的威力。

1. 药物筛选和新药开发

所有药物(或兽药)都是直接或间接地通过修饰、改变人类(或相关动物)基因的表达及表达产物的功能而生效,而芯片技术具有高通量、大规模、平行性地分析基因表达或蛋白质状况(蛋白质芯片)的能力,在药物筛选方面具有巨大的优势。用芯片做大规模的筛选研究可以省略大量的动物试验甚至临床试验,缩短药物筛选所用时间,提高效率,降低风险。如在基因功能研究基础上,特别是确立了与某些疾病相关基因的表达变化情况后,就可针对疾病发生机理进行药物筛选工作。将这些基因特异性片段固定在芯片上,研究病变组织和正常组织在某些药物刺激下这些基因表达的变化,可快速判断药物作用的效果,并进行高通量筛选,使新药开发获得技术上的突破。

2. 疾病诊断

基因芯片作为一种检测技术,应用于疾病的诊断,其优点有以下三个方面:一是高度的灵敏性和准确性;二是快速、简便;三是可同时检测多种疾病。如应用于产前遗传性疾病检查,抽取少许羊水就可以检测出胎儿是否患有遗传性疾病,同时鉴别的疾病可以达到数十种甚至数百种,这是其他方法所无法替代的。又如对病原微生物感染诊断,医生在短时间内就能知道患者是被哪种病原微生物感染,而且能测定病原体是否产生耐药性、对哪种抗生素产生耐药性、对哪种抗生素敏感等;再如对具有高血压、糖尿病等疾病家族史的高危人群普查、接触毒性物质人群恶性肿瘤普查等,如采用基因芯片技术,立即能得到可靠的结果。其他对心血管疾病、神经系统疾病、内分泌系统疾病、免疫性疾病、代谢性疾病等,如采用基因芯片技术,其早期诊断率将大大提高,而误诊率会大大降低,同时有利于医生综合地了解各个系统的疾病状况。

3. 环境保护

在环境保护上,基因芯片也有广泛的用途。一方面,可以快速检测污染微生物或有机化合物对环境、人体、动植物的污染和危害;另一方面,也能够通过大规模的筛选寻找保护基因,制备防治危害的基因工程药品或能够治理污染源的基因产品。

4. 司法

基因芯片还可用于司法,现阶段可以通过 DNA 指纹对比来鉴定罪犯,未来可以建立全国甚至全世界的 DNA 指纹库,到那时可以直接在犯罪现场对可能是疑犯留下来的头发、唾液、血液、精液等进行分析,并立刻与 DNA 罪犯指纹库系统存储的 DNA"指纹"进行比较,以尽快、准确破案。目前,科学家正着手将生物芯片技术应用于亲子鉴定中,应用生物芯片后,鉴定精度将大幅提高。

5. 现代农业

基因芯片技术可以用来筛选农作物的基因突变,并寻找产量高、抗病虫、抗干旱、抗冷冻的相关基因,也可以用于基因扫描及基因文库作图、商品检验检疫等领域。目前该类市场尚待开发。

6. 基因功能分析研究

将成千上万个克隆到的特异性靶基因固定在一块芯片上,对来源于不同个体、不同组织、不同细胞周期、不同发育阶段、不同分化阶段、不同病变和不同刺激(包括不同诱导和不同治疗手段)下细胞内的 mRNA 或逆转录所得的 cDNA 进行检测,从而对这些基因表达的个体特异性组织、特异性发育阶段和特异性分化阶段进行综合评定与判断,极大加快这些基因功能的确立。

4.7 研究蛋白质与 DNA 相互作用的主要方法

在许多的细胞生命活动中,例如 DNA 复制、mRNA 转录与修饰以及病毒的感染等都涉及 DNA 与蛋白质之间的相互作用问题。现在的关键问题是如何揭示环境因子及发育信号控制基因的转录活性,为此需要分析参与基因表达调控的 DNA 元件,分离并鉴定这些顺式元件特异性结合的蛋白质因子等,这些研究都涉及 DNA 与蛋白质之间的相互作用。目前,常见的研究 DNA 与蛋白质相互作用的实验方法主要包括酵母杂交系统、凝胶阻滞实验、DNase Ⅰ 足迹法、甲基化干扰实验和噬菌体展示技术等。

4.7.1 酵母双杂交系统

1. 酵母双杂交系统的基本原理

酵母双杂交系统的建立是基于对真核生物调控转录起始过程的认识。真核生物细胞基因转录起始需要反式转录激活因子的参与。如酵母转录激活因子 GAL4 在结构上是组件式的,即这些因子往往由两个或两个以上相互独立的结构域构成,其中有 DNA 结合结构域(DNA binding domain,BD)和转录激活结构域(activation domain,AD),BD 可识别 DNA 上的特异序列,并使 AD 定位于所调节的基因的上游;AD 可同转录复合体的其他成分作用,启动它所调节的基因的转录。单独的 BD 虽然能和启动子结合,但是不能激活转录。不同转录激活因子的 BD 和 AD 形成的杂合蛋白仍然具有正常的激活转录的功能。正是利用这一特性建立了酵母双杂交系统,即将 2 个目的蛋白分别与 AD 和 BD 融合产生新的融合蛋白,如果这 2 个目的蛋白能够互相作用,则该相互作用会促使 AD 和 BD 互相靠近而产生有活性的转录因子,进而激活事先构建到酵母基因组中的报告基因的转录(图 4-18)。

2．双杂交系统的建立

（1）将编码 BD 的基因（DNA 结合域）与已知蛋白的 cDNA 序列（编码诱饵蛋白）融合，构建成一个诱饵质粒，可以在酵母细胞中表达诱饵融合蛋白（BD-bait protein）。

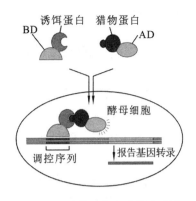

图 4-18 酵母双杂交系统原理图

（2）将待筛选蛋白的 cDNA 序列与编码 AD 的基因（转录激活域）融合，构建成文库质粒（AD-library）。

（3）将诱饵质粒与文库质粒共转化于酵母细胞中。

（4）酵母细胞中，已分离的 DNA 结合域和转录激活域不会相互作用。当上述两种载体所表达的融合蛋白能够相互作用时，功能重建的反式作用因子能够激活酵母基因组中的 Ade、His、$lac Z$、Mel 等报告基因的表达，从而通过功能互补和显色反应筛选到阳性菌落。

（5）将阳性反应的酵母菌株中的 AD-library 载体提取分离出来，并对载体中插入的基因进行测序和分析。

3．酵母双杂交系统的操作程序

酵母双杂交系统的操作程序如下：①选择合适酵母作为筛选未知蛋白的受体菌；②诱饵蛋白表达质粒的构建和鉴定；③诱饵蛋白自身转录活性分析；④猎物蛋白 cDNA 文库的构建；⑤酵母双杂交筛选与阳性克隆鉴定。这是筛选相互作用蛋白时的基本步骤，如果需要利用双杂交进行其他方面的研究，可根据不同实验目的进行相应调整。

4．酵母双杂交系统的应用

（1）利用酵母双杂交发现新的蛋白质和蛋白质的新功能。将已知基因作为诱饵，在选定的 cDNA 文库中筛选与诱饵蛋白相互作用的蛋白质，从筛选到的阳性酵母菌株中可以分离得到 AD-library 载体，并从中进一步克隆得到相应的 cDNA 片段，并将其在 GenBank 中进行比较，研究其与已知基因在生物学功能上的联系。另外，也可作为研究已知基因的新功能或多个筛选到的已知基因之间功能相关性的主要方法。

（2）利用酵母双杂交在细胞体内研究抗原和抗体的相互作用。虽然利用酶联免疫、免疫共沉淀技术可以研究抗原和抗体之间的相互作用，但它们都是在体外非细胞的环境中研究蛋白质与蛋白质的相互作用。而在细胞体内的抗原和抗体的聚积反应则可以通过酵母双杂交进行检测。

（3）利用酵母双杂交筛选药物的作用位点以及药物对蛋白质之间相互作用的影响。酵母双杂交的报告基因能否表达在于诱饵蛋白与靶蛋白之间的相互作用。对于能够引发疾病反应的蛋白质相互作用可以采取药物干扰的方法，阻止它们的相互作用以达到治疗疾病的目的。

（4）利用酵母双杂交建立基因组蛋白连锁图。众多的蛋白质之间在许多重要的生命活动中都是彼此协调和控制的。基因组中的编码蛋白质的基因之间存在着功能上的联系。通过基因组的测序和序列分析发现了很多新的基因和 EST 序列，HUA 等利用酵母双杂交技术，以所有已知基因和 EST 序列为诱饵，在表达文库中筛选与诱饵相互作用的蛋白质，从而找到基因之间的联系，建立基因组蛋白连锁图。这对于认识一些重要的生命活动（如信号传导、代谢途径等)有重要意义。

4.7.2　酵母单杂交系统

1.酵母单杂交的基本原理

酵母单杂交是在酵母双杂交的基础上发展起来的技术,酵母单杂交主要用于研究蛋白质和 DNA 的相互作用。酵母单杂交的基本原理也是基于真核生物基因的转录起始需具有DNA 结合结构域(BD)和转录激活结构域(AD)的转录因子参与。用于酵母单杂交系统的典型的转录因子是酵母 GAL4 蛋白。GAL4 上的 DNA 结合结构域靠近羧基端,可激活酵母半乳糖苷酶的上游激活位点(UAS),而转录激活结构域可与 RNA 聚合酶或转录因子 TFⅡD 相互作用,提高 RNA 聚合酶的活性。在此过程中,DNA 结合结构域和转录激活结构域可完全独立地发挥作用。据此,可将 GAL4 的 DNA 结合结构域置换为所研究的其他蛋白质,只要它能与我们想要了解的目的基因相互作用,就照样可以通过其转录激活结构域激活 RNA 聚合酶,从而启动对下游报告基因的转录(图 4-19)。

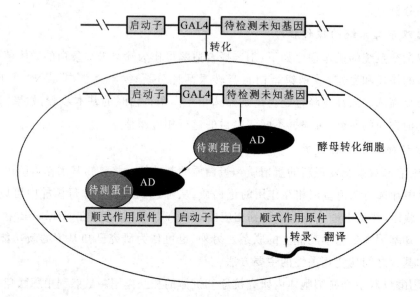

图 4-19　酵母单杂交系统原理

2.酵母单杂交技术的特点

采用酵母单杂交系统能在一个实验过程中识别与 DNA 特异性结合的蛋白质,同时可直接从基因文库中找到编码蛋白的 DNA 序列而无须分离纯化蛋白质,实验简单易行。由于酵母单杂交体系检测到的与 DNA 结合的蛋白质处于自然构象,克服了体外研究时蛋白质通常处于非自然构象的缺点,因而该方法具有很高的灵敏度。目前,多种酵母单杂交体系的试剂盒和相应的 cDNA 文库已经商品化,为酵母单杂交系统的使用提供了有利的条件。

但酵母单杂交也存在以下缺点。有时由于插入的靶元件与酵母内源转录激活因子可能发生相互作用或插入的靶元件不需要转录激活因子就可以激活报告基因的转录,因此往往产生假阳性结果。如果酵母表达的 AD 融合蛋白对细胞有毒性,融合蛋白在宿主细胞内不能稳定地表达,融合蛋白发生错误折叠或不能定位于酵母细胞核内,或者融合的 GAL4-AD 封闭了蛋白质上与 DNA 相互作用的位点,则都可能干扰 AD 融合蛋白结合于靶基因的能力,从而产生假阴性结果。

3.酵母单杂交系统的基本操作过程

(1)设计含目的基因(称为诱饵)和下游报告基因的质粒并将其转入酵母细胞。

(2)将文库蛋白的编码基因片段与 GAL4 转录激活域融合表达的 cDNA 文库质粒转化至同一酵母中。

(3)若文库蛋白与目的基因相互作用,可通过报告基因的表达将文库蛋白的编码基因筛选出来。在这里作为诱饵的目的基因就是启动子 DNA 片段,文库基因所编码的蛋白质就是启动子基因结合蛋白。

4.酵母单杂交技术的用途

迄今为止,应用酵母单杂交系统已经识别并验证了许多与目的 DNA 序列结合的蛋白质,同时单杂交技术还被应用于识别金属反应结合因子。正向与反向单杂交系统的结合,还可用于筛选阻碍 DNA 与蛋白质相互作用的突变的单个核苷酸。目前,在研究 DNA 与蛋白质相互作用时,酵母单杂交系统主要有以下用途:①确定已知核苷酸序列与蛋白质之间是否存在相互作用;②分离结合于顺式调控元件或其他短 DNA 结合位点蛋白的新基因;③定位已经证实的具有相互作用的 DNA 结合蛋白的 DNA 结合结构域,准确定位与 DNA 结合的核苷酸序列。

4.7.3 凝胶阻滞实验

1.凝胶阻滞实验的原理

凝胶阻滞实验,又叫做 DNA 迁移率变动实验(DNA mobility shift assay)或条带阻滞实验(band retardation assay),是用于体外研究 DNA 与蛋白质相互作用的一种特殊的凝胶电泳技术。电泳时,裸露的 DNA 分子向正极移动的距离同其相对分子质量的对数成反比。如果某种 DNA 分子结合上一种特殊的蛋白质,那么由于相对分子质量增大,在凝胶中的迁移作用便会受到阻滞,朝正极移动的距离也就相应缩短,因而在凝胶中出现滞后的条带,这就是凝胶阻滞实验的基本原理(图 4-20)。

2.凝胶阻滞实验过程

(1)首先制备细胞蛋白质提取物(理论上其中有某种特殊的转录因子)。

(2)用放射性同位素标记待检测的 DNA 片段(含有转录因子的结合位点)。

(3)这种被标记的探针 DNA 同细胞蛋白质提取物一起进行温育,于是有可能产生 DNA-蛋白质复合物。

(4)在使 DNA-蛋白质保持结合状态的条件下,进行非变性聚丙烯酰胺凝胶电泳。

(5)电泳结束后进行放射自显影,分析电泳结果。

3.凝胶阻滞实验结果的分析

如果有放射性标记的条带都集中于凝胶的底部,这就表明在细胞提取物中不存在能与探针 DNA 相互结合的转录因子蛋白质;如果在凝胶的顶部出现放射性标记的条带,这就表明细

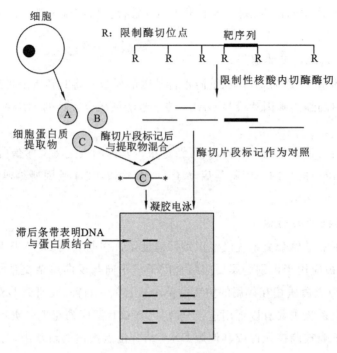

图 4-20　凝胶阻滞实验原理

胞提取物含有可与探针 DNA 结合的转录因子蛋白质。

4.凝胶阻滞实验的应用

(1)凝胶阻滞实验可以用于鉴定在特殊类型细胞蛋白质提取物中,是否存在能同某一特定的 DNA(含有转录因子的结合位点)序列结合的转录因子蛋白质。

(2)DNA 竞争实验可以用来检测转录因子蛋白质同 DNA 结合的精确序列部位。

(3)通过竞争 DNA 中转录因子结合位点的碱基突变,可以研究此种突变竞争性能及其转录因子结合作用的影响。

(4)可以利用 DNA 同特定转录因子的结合作用分离特定的转录因子。

4.7.4　DNaseⅠ足迹法

1.DNaseⅠ足迹法的原理

DNaseⅠ足迹法是一种用来检测被特定转录因子蛋白质特异性结合的 DNA 序列的位置及核苷酸序列结构的专门实验方法。它不仅能找到与 DNA 特异性结合的目的蛋白,而且能告知目的蛋白结合在哪些碱基部位。当 DNA 分子中的某一区段同特异的转录因子结合之后,加入 DNaseⅠ时该部位得到保护而免受 DNaseⅠ酶的切割作用,而不会产生出相应的切割分子,受到保护的 DNA 分子经酶切作用后遗留下该片段,结果在凝胶电泳放射性自显影图片上出现了一个空白区,俗称为"足迹"(图 4-21)。如果使用较大的 DNA 片段,通过足迹实验便可确定其中不同的核苷酸序列与不同蛋白质因子之间的结合单元的分布状况。

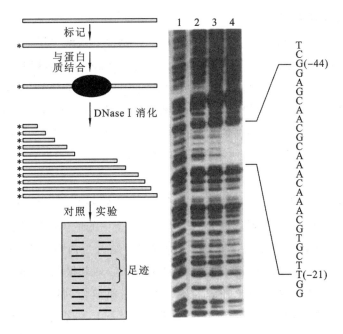

图 4-21　DNase Ⅰ 足迹法原理

2. DNase Ⅰ 足迹法实验流程

(1)将待检测的双链 DNA 分子在体外用 ^{32}P 做 5′末端标记,通常只标记一端。

(2)在体外同细胞蛋白质提取物(细胞核提取物也可)混合,等两者结合后,加入适量的 DNase Ⅰ,消化 DNA 分子,控制酶的用量,使之达到每个 DNA 分子只发生一次磷酸二酯键断裂,同时设置未加蛋白质的对照,即实验组有 DNA、蛋白质混合物,而对照组只有 DNA,未与蛋白质提取物进行温育。

①如果蛋白质提取物中不存在与 DNA 结合的特定蛋白质,经 DNase Ⅰ 消化之后,便会产生出距离放射性标记末端 1 个、2 个、3 个核苷酸等一系列前后长度均相差 1 个核苷酸的连续的 DNA 片段梯度群体。

②如果 DNA 分子同蛋白质提取物中的某种转录因子结合,被结合部位的 DNA 就可以得到保护,免受 DNase Ⅰ 酶的降解作用。

(3)从 DNA 上除去蛋白质,将变性的 DNA 加样在测序凝胶中进行电泳和放射性自显影,与对照组相比后解读出足迹部位的核苷酸序列。

(4)结果判断:实验组凝胶电泳显示的序列,出现空白的区域表明是转录因子蛋白质结合部;与对照组序列比较,便可以得出蛋白质结合部位的 DNA 区段相应的核苷酸序列。

4.7.5　甲基化干扰实验

甲基化干扰实验是研究蛋白质与 DNA 双螺旋大沟中的鸟嘌呤残基相互作用中最常用的方法,也用于研究与小沟中腺嘌呤的相互作用。应用该技术可以检测靶 DNA 中 G 残基的优先甲基化对以后的蛋白质结合作用究竟会有什么效应,从而更加详细地揭示出 DNA 与蛋白质相互作用的模式。

1. 甲基化干扰实验原理

甲基化干扰实验(methylation interference assay)是根据硫酸二甲酯(DMS)能够使 DNA 分子中裸露的鸟嘌呤(G)残基甲基化,而六氢吡啶(piperidine)又会对甲基化的 G 残基进行特异性的化学切割这一原理设计的另一种研究蛋白质同 DNA 相互作用的实验方法。DNA 甲基化是调节基因表达的一种重要的表观遗传修饰方式,应用该技术可以检测靶 DNA 中 G 残基的甲基化对蛋白质结合作用的影响,从而揭示 DNA 与蛋白质相互作用的模式,如用于研究转录因子与 DNA 结合位点中的 G 残基之间的联系等。

2. 实验步骤

先用硫酸二甲酯处理靶 DNA,控制反应条件,使平均每条 DNA 分子只有一个 G 甲基化,而后将这些局部甲基化的 DNA 群体同含有 DNA 结合蛋白的适当的细胞提取物一道温育,并做凝胶阻滞实验。经电泳分离之后,从凝胶中切取具有结合蛋白质的 DNA 条带和没有结合蛋白质的 DNA 条带,并用六氢吡啶处理,于是甲基化的 G 残基被切割,非甲基化的 G 残基则不被切割。显而易见,如果某个 G 因甲基化而不与蛋白质结合,那么六氢吡啶对这个甲基化 G 残基的切割作用只能在没有同蛋白质结合的 DNA 分子上表现出来。相反地,如果一个特殊的 G 残基在 DNA 与蛋白质的结合中不起作用,那么六氢吡啶对这个 G 残基的切割作用在同蛋白质结合的 DNA 分子及不同蛋白质结合的 DNA 分子中均可观察到(图 4-22)。

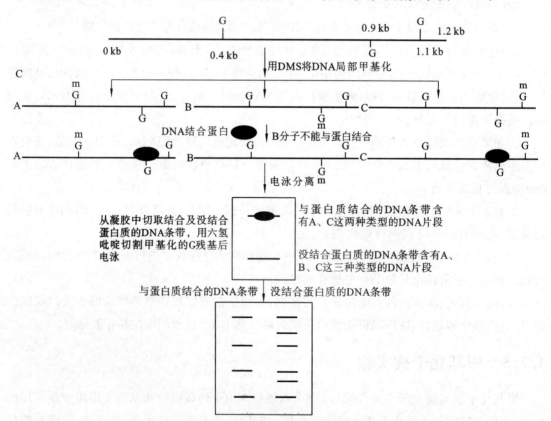

图 4-22　甲基化干扰实验及操作步骤

3.结果判断

(1)同蛋白质结合的靶 DNA 序列,经六氢吡啶切割之后,电泳分离呈现 4 条带(1.1 kb、0.8 kb、0.4 kb、0.1 kb),有两个空白区(0.9 kb、0.3 kb)。

(2)不同蛋白质结合的靶 DNA 序列,经六氢吡啶切割后,电泳分离呈现 6 条带(1.1 kb、0.9 kb、0.8 kb、0.4 kb、0.3 kb 、0.1 kb),没有空白区域的出现。因此,0.9 kb 处的 G 残基甲基化对蛋白质的结合有调控作用。

4.应用

(1)甲基化干扰实验可以用来研究转录因子与 DNA 结合位点中的 G 残基之间的联系。

(2)它是足迹实验的一种有效的补充手段,可以鉴定足迹实验中 DNA 与蛋白质相互作用的精确位置。

5.缺点

DMS 只能使 DNA 序列中的 G 和 A 残基甲基化,而不能使 T 和 C 残基甲基化。

4.7.6　噬菌体展示技术

噬菌体展示技术是一种噬菌体表面表达筛选技术,也是一种用于筛选和改造功能性多肽的生物技术。其原理是将所要研究的目的基因片段插入噬菌体外壳蛋白结构基因的适当位置,在阅读框正确且不影响其他外壳蛋白正常功能的情况下,使外源多肽或蛋白质与外壳蛋白融合表达,融合蛋白随子代噬菌体的重新组装而展示在噬菌体表面(图 4-23)。被展示的多肽或蛋白质可以保持相对独立的空间结构和生物活性,以利于靶分子的识别和结合。然后利用

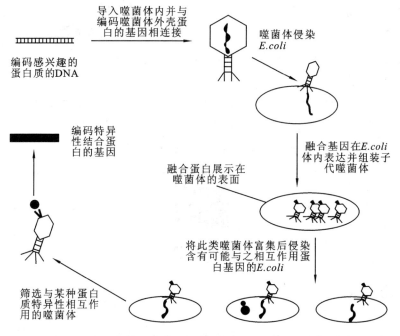

图 4-23　噬菌体展示技术研究蛋白质相互作用原理图

(引自朱玉贤等,2007)

靶分子,采用适当的淘洗方法洗去非特异性结合的噬菌体,最终从噬菌体文库中筛选出能结合靶分子的目的噬菌体;外源多肽或蛋白质表达在噬菌体的表面,而其编码基因作为噬菌体基因组中的一部分可通过噬菌体DNA序列测序出来。该技术的显著特点是建立了基因型和表现型之间的对应关系。

噬菌体展示技术具有两个最显著的意义:一是它引申出分子库(molecular repertoires)的概念;二是此项技术突破了研究蛋白质相互作用时需基于对其结构的详尽知识的限制,这也是该项技术得以愈来愈广泛运用的直接原因。目前,利用噬菌体展示技术构建随机肽库、蛋白质库和抗体库,研究受体或抗体的结合位置,改造和提高蛋白质、酶和抗体的生物学和免疫学属性,研究用于检测治疗用途的新型多肽药物、疫苗和抗体等,都具有广阔的应用前景。

思考题

1.简述核酸分离提取的基本流程。

2.在RNA的提取中,如何鉴定RNA的完整性和均一性?

3.比较琼脂糖凝胶电泳与聚丙烯酰胺凝胶电泳的异同。

4.简述双向电泳技术的基本原理。

5.什么是分子杂交?请比较Southern印迹法、Western印迹法与Northern印迹法的异同。

6.简述PCR基本原理和反应过程。

7.如何给平末端的PCR产物$3'$端加上一个突出的A碱基?

8.简述PCR引物设计原则。

9.简述锚定PCR、简并PCR、反向PCR、荧光定量PCR的基本原理及应用。

10.简述基于Sanger双脱氧链终止法的DNA自动测序原理。

11.什么是基因芯片?

12.比较蛋白质与DNA相互作用的凝胶阻滞实验与DNaseⅠ足迹法之间的异同。

13.DNaseⅠ足迹法提供了哪些凝胶阻滞实验不能提供的信息?

14.叙述酵母双杂交系统分析法研究两个已知蛋白质相互作用的原理。

扫码做习题

参考文献

[1] 王关林,方宏筠.植物基因工程[M].北京:科学出版社,2005.

[2] 郭江峰,于威.基因工程[M].北京:科学出版社,2012.

[3] 何水林.基因工程[M].北京:科学出版社,2010.

［4］黄留玉.PCR最新技术原理、方法及应用［M］.北京:化学工业出版社,2005.

［5］朱玉贤,李毅,郑晓峰,等.现代分子生物学［M］.5版.北京:高等教育出版社,2019.

［6］Robert F Weaver.分子生物学［M］.5版.郑用琏,马纪,李玉花,等,译.北京:科学出版社,2013.

［7］杨荣武.生物化学［M］.3版.北京:高等教育出版社,2018.

第5章 目的基因的获取

【本章简介】 基因工程的主要目的就是外源基因的获得与表达。要分离、改造、扩增或表达的基因称为目的基因。获得目的基因片段是基因工程研究和应用的关键内容。一般来说，获取目的基因的策略可分为两大类：一类是已知基因序列，可利用 PCR 扩增技术直接扩增或用化学合成法直接合成目的基因；另一类是未知基因序列，首先构建生物个体的基因文库即基因组文库或 cDNA 文库，也就是将生物体的全基因组分段克隆或 mRNA 逆转录的 cDNA 克隆构建基因文库，再采用直接分离法或建立合适的筛选方法如分子杂交和免疫学方法等，从基因组文库或 cDNA 文库中筛选出含有目的基因的重组克隆，然后将之克隆表达。随着人类基因组及其他许多模式生物、重要物种基因组测序工作的完成，依托网络资源的基因组数据库、蛋白质数据库、核苷酸数据库、EST 数据库等日益丰富，基于表达序列标签的电子克隆以及基因组序列的新基因预测软件的开发，采用生物信息学方法包括同源性检索、聚类、序列拼装等为克隆新基因带来了新的策略和重要方法。

基因工程是通过人工方法分离、改造、扩增并表达生物的特定基因，进而开展遗传研究或获得有价值的基因产物。要研究或应用的基因或 DNA 片段称为目的基因(target gene)，也就是要分离、改造、扩增或表达的基因。根据不同的研究需要，目的基因可能是具有完整功能的基因，包含编码区、转录启动区、终止区；只具有编码序列的基因区；只含启动子或终止子等部件的 DNA 片段。所需目的基因的来源，不外乎是分离自然存在的基因或人工合成基因，用 PCR 法、化学合成法、cDNA 法及建立基因文库的方法来筛选。一般来说，目的基因的克隆策略分为两大类：一类是构建感兴趣的生物个体的基因组文库或 cDNA 文库，即将某生物体的全基因组分段克隆或将 mRNA 逆转录的 cDNA 克隆，然后建立合适的筛选模型从基因文库中挑出含有目的基因的重组克隆；另一类是利用 PCR 扩增技术或化学合成法体外直接合成目的基因，然后进行克隆表达。

5.1 基因的人工化学合成

核酸分子由核苷酸通过 $3',5'$-磷酸二酯键连接而成。基因是核酸分子中特定核苷酸顺序组成的功能单位，它携有特定的遗传信息，在染色体上按一定的顺序排列。基因的基本组成单位为核苷酸，每个核苷酸包含三种成分：碱基、戊糖和磷酸。

基因的人工合成是指用有机化学合成和酶促合成的方法，使单核苷酸通过 $3',5'$-磷酸二酯键连接成寡核苷酸、多核苷酸和具有生物活性的核酸分子，通过人工组装合成目的基因。如果已知某种基因的核苷酸序列,或根据某种基因产物的氨基酸序列推导出为该多肽编码的核苷酸序列,可利用 DNA 合成仪通过化学合成原理合成目的基因。目前,寡核苷酸链的合成主要是利用 DNA 自动合成仪,通过固相亚磷酸三酯法,按照已知序列将核苷酸连接成核苷酸序列。基因的人工合成一般适用于已知较短序列的基因。

5.1.1　DNA 合成原理

由于核苷酸是多官能团的化合物,在连接反应中除了特定的基团会发生反应外,其他如核糖和磷酸羟基、碱基上的氨基等基团也会参加反应产生错接等,导致真正需要的产物的产率降低并且影响产物的分离纯化。因此,在 DNA 的化学合成中总是将暂时不需要的基团保护起来,并且在下一轮缩合反应之前将这些保护基有选择地除去,这样不断迅速形成专一的 $3'$,$5'$-磷酸二酯键连接的特定核苷酸序列。DNA 的化学合成有磷酸二酯法、磷酸三酯法和亚磷酸三酯法这三种方法,有液相合成和固相合成这两种形式。固相亚磷酸三酯法是目前已广泛应用的一种方法,DNA 自动合成仪就是采用固相亚磷酸三酯法原理设计的。

5.1.2　寡核苷酸化学合成

固相亚磷酸三酯法是在固相载体上完成 DNA 的合成,由引物的 $3'$ 末端向 $5'$ 末端合成。所要合成的寡核苷酸链 $3'$ 末端核苷(N1)的 $3'$-OH 通过长的烷基臂与固相载体多孔玻璃珠(controlled pore glass,CPG)共价连接,N1 的 $5'$-OH 用 $4,4'$-二甲氧基三苯甲基(DMT)保护。然后按 $3' \rightarrow 5'$ 的方向依次将核苷酸单体加上去,所使用的核苷酸单体的活性官能团都是经过保护的,核苷的 $5'$-OH 被 DMT 保护,$3'$ 末端的二丙基亚磷酸酰上磷酸的 OH 用 β-氰乙基保护,苯甲酰基用于腺苷和胞苷氨基保护,异丁酰基用于鸟苷环外氨基保护。每延伸一个核苷酸需进行四步化学反应,寡核苷酸链的合成过程如图 5-1 所示。

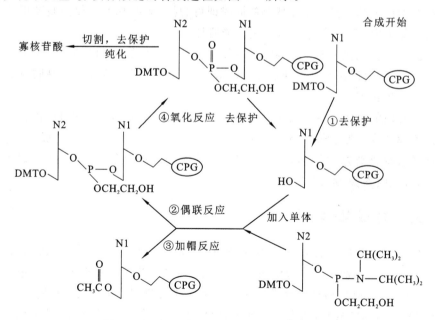

图 5-1　固相亚磷酸三酯法合成寡核苷酸片段

1. 合成

一个合成循环包括四个步骤。

(1)去保护(deprotection):将预先连接在固相载体上带有保护基的末端核苷酸,用三氯乙酸溶液处理,脱去其 5′末端的保护基 DMT,游离出 5′-OH。

(2)偶联反应(coupling):合成 DNA 的原料(亚磷酰胺保护的核苷酸单体)与活化剂四唑混合,得到反应活性很高的核苷亚磷酸活化中间体(其 3′末端被活化,5′-OH 仍然被 DMT 保护),与核苷 N1 上游离的 5′-OH 发生偶联反应,迅速形成亚磷酸三酯键。

(3)加帽反应(capping):缩合反应中可能有极少数(小于 2%)5′-OH 没有参加反应,加帽反应中使用乙酸酐和 N-甲基咪唑使这些核苷 5′-OH 乙酰化,终止其反应而成为短片段,这种短片段在纯化时分离掉,如此有利于合成全长的 DNA 片段。

(4)氧化反应(oxidation):新增核苷酸链中的磷为三价亚磷,加入氧化剂碘,使三价的核苷亚磷酸酯转变为更稳定的核苷磷酸三酯(五价磷酸)。

经过以上四个步骤循环一次,核苷酸链向 5′-OH 方向延伸一个核苷酸,接长的链始终固定在固相载体上,过量的未反应物或分解物则通过洗涤除去。每延长一个核苷酸约需10 min。当整个链达到预定的长度后,从固相载体上切下,氨解脱去保护基,经过分离纯化得到所需要的最后产物。

2. 合成后处理

合成后的寡核苷酸链仍结合在固相载体上,且各种活泼基团也被保护基封闭着,在核苷酸链合成完毕以后,要经过以下合成后处理才能最后应用。

(1)切割:合成的寡核苷酸链仍共价结合于固相载体上,用浓氨水可将其切割下来。切割后的寡核苷酸具有游离的 3′-OH。

(2)脱保护:切割后的寡核苷酸磷酸基及碱基上仍有一些保护基,这些保护基也必须完全脱去。磷酸基的保护基 β-氰乙基在切割的同时即可脱掉,而碱基上的保护基苯甲酰基和异丙酰基则要在浓氨水中 55 ℃放置 15 h 左右方能脱掉。

(3)纯化及鉴定:纯化主要是去掉短的寡核苷酸片段、盐及各种保护基等杂质。纯化方法有电泳法、高效液相色谱法和高效薄层色谱法等。采用末端标记后聚丙烯酰胺凝胶电泳以及直接测序等方法进行鉴定。

寡核苷酸片段的收率取决于每步循环反应的效率及产物长度。目前 DNA 自动合成仪每步循环的效率达 99%,则合成 20 mer 寡核苷酸的收率为 83%(0.99^{19}),合成 50 bp 和 60 bp 的寡核苷酸的收率分别为 61% 和 55%,利用这种方法最多可以合成长达 200 个碱基的寡核苷酸片段(此时理论收率为 14%)。

5.1.3 人工合成基因

目的基因的化学合成实质上是双链 DNA 的合成。目前,化学合成寡核苷酸片段的长度一般限于 150~200 bp,而绝大多数基因的长度都超出这个范围。对于 60~80 bp 的短小目的基因或 DNA 片段,可以分别直接合成其两条互补链,然后退火,而合成 300 bp 以上的长目的基因,则必须采用特殊的战略,因为一次合成的 DNA 单链越长,收率越低,甚至根本无法得到最终产物。大片段目的基因的合成通常采用单链小片段 DNA 模块拼接的方式,主要有以下三种方法。

1. 小片段黏接法

将待合成的目的基因分成若干小片段,每段长 12～15 bp,两条互补链分别设计成交错覆盖的两套小片段,然后化学合成,退火后形成双链 DNA 大片段。若一个目的基因 500 bp 长,则每条链各由 30～40 个不同序列的寡核苷酸组成,总计合成 60～80 种小片段产物,将之等分子混合退火,由于互补序列的存在,各 DNA 片段会自动排序,最后用 T₄ DNA 连接酶连接切口处的磷酸二酯键(图 5-2)。这种方法的优点是化学合成的 DNA 片段小,收率较高。但各段的互补序列较短,容易在退火时发生错配,造成 DNA 序列的混乱。

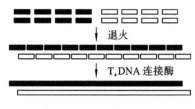

图 5-2　小片段黏接法
(引自张惠展,2010)

2. 补丁延长法

将目的基因的一条链分成若干 40～50 bp 的片段,而另一条链设计成与上述大片段交错互补的小片段,约 20 bp 长。两组不同大小的 DNA 单链片段退火后,用 Klenow DNA 聚合酶将空缺部分补齐,最后用 T₄ DNA 连接酶连接切口处的磷酸二酯键(图 5-3)。这种化学合成与酶促合成相结合的方法可以减少寡核苷酸的合成工作量,同时又能保证互补序列有足够的长度,是目的基因化学合成中常采用的战略。

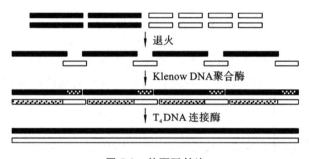

图 5-3　补丁延长法
(引自张惠展,2010)

3. 大片段酶促法

将目的基因两条链均分成 40～50 bp 的单链 DNA 片段,分别进行化学合成,然后用 Klenow DNA 聚合酶补平,最后用 T₄ DNA 连接酶连接切口处的磷酸二酯键(图 5-4)。这种方法虽然需要合成大片段的 DNA 单链,但拼接模块数大幅度减少,较适用于较大目的基因的合成。

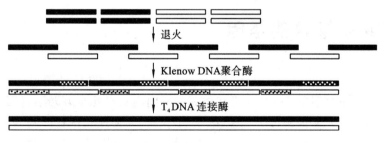

图 5-4　大片段酶促法
(引自张惠展,2010)

在化学合成目的基因前,除了按上述三种方法对模块大小及序列进行设计外,通常在每条链两端的模块中额外加上合适的限制酶切位点序列,这样合成好的双链 DNA 片段只需要用相应的限制性核酸内切酶处理即可方便地克隆到载体分子中。

5.1.4　DNA 合成的其他应用

随着 DNA 自动化合成技术的发展,人们能简便、快速、高效地合成其感兴趣的 DNA 片段。目前,DNA 合成技术已成为分子生物学研究必不可少的手段,并且已在基因工程、临床诊断和治疗、法医学等领域发挥重要的作用。

1.合成引物

(1)PCR 引物。PCR 是一种体外快速扩增特异 DNA 片段的技术,该法操作简便,可在短时间内获得数百万特异 DNA 序列拷贝。PCR 技术的特异性取决于所用引物和模板 DNA 结合的特异性,引物的设计和合成是一个关键。

(2)序列测定用引物。DNA 序列测定常采用 Sanger 双脱氧链终止法,这是一种依赖于特异 DNA 引物的序列测定方法。常用的测序载体如 M13、pUC 系列等均设计有通用引物,无论待测 DNA 的来源如何,都可以用通用引物进行测序。

(3)定点诱变用引物。利用寡核苷酸引导的突变,可在目的 DNA 序列的任何部分产生点突变、插入和缺失,从而使得基因编码的蛋白质在结构和功能上发生改变。

2.合成衔接物和接头

在 DNA 重组中常需要衔接物和接头,可提高插入效率或实现定向克隆,使得载体构建和基因重组变得更加容易和准确。接头片段还可用来调整表达载体的读码框架,用于基因表达及功能的研究。

3.合成探针

在合成寡核苷酸时,可以对某些核苷酸进行一定的修饰,这为寡核苷酸探针的非放射性标记提供了新的途径。人工合成的具有特定顺序的寡 DNA 片段可用于筛选和鉴定重组质粒或λ噬菌体。

4.合成反义核酸

作为蛋白质翻译抑制剂的寡核苷酸称为反义 RNA 或反义 DNA。合成反义 RNA 或反义 DNA,与靶 mRNA 或 DNA 结合,从而影响蛋白质翻译或 DNA 复制,在抗病毒尤其是对艾滋病和肿瘤基因治疗上有着重要作用。

5.2　PCR 扩增目的基因

聚合酶链式反应(polymerase chain reaction,PCR)是一种在体外模拟天然 DNA 复制过程的核酸扩增技术,它使目的 DNA 片段在很短的时间内获得几十万乃至百万倍的拷贝。利用 PCR 技术可以直接从基因组 DNA 或 cDNA 中快速、简便地获得目的基因片段,快速进行外源基因的克隆操作。PCR 扩增目的基因的前提是必须知道目的基因两侧或附近的 DNA 序列。

1. 从基因组中直接扩增目的基因

如果知道目的基因的全序列或其两端的序列,通过合成一对与模板互补的引物,就可以十分有效地扩增出所需的目的基因(图 5-5)。如果要大量扩增未知序列的特异 DNA 片段,或是更长的 DNA 片段,则需选择特殊类型的 PCR 策略,如套式 PCR、反向 PCR、不对称 PCR、简并 PCR、锚定 PCR 等。

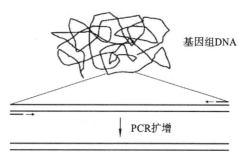

图 5-5　从基因组中直接扩增目的基因

2. 从 mRNA 中扩增——逆转录 PCR

逆转录 PCR 是通过 mRNA 逆转录生成 cDNA,再进行 PCR 扩增反应的基因克隆(分离)技术(图 5-6)。RACE(rapid amplification of cDNA ends,RACE)-PCR 是通过 PCR 进行 cDNA 末端快速克隆的技术。cDNA 末端快速扩增是一种从低丰度转录本中快速扩增 cDNA $5'$ 和 $3'$ 末端简单而有效的方法,cDNA 完整序列的获得对基因结构、蛋白质表达和基因功能的研究至关重要。

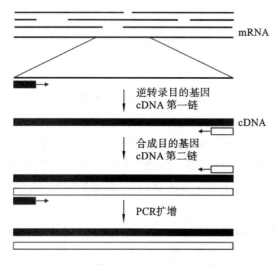

图 5-6　从 mRNA 中扩增目的基因

5.3　从基因组文库获取目的基因

基因文库(gene library,gene bank),又称 DNA 文库,是指包含某一生物全部基因的 DNA 序列片段的集合,这种集合是不同的 DNA 序列片段克隆在载体上以重组体形式出现。将某生物 DNA 片段群体或 cDNA 与适当的载体分子体外重组后,转化宿主细胞,通过一定的选择机制筛选后得到大量的阳性菌落(或噬菌体),所有菌落或噬菌体的集合即为该生物的基因文库。基因文库由外源 DNA 片段、载体和宿主组成。

基因文库按外源 DNA 片段的来源可分为基因组文库(源于染色体基因组 DNA)和 cDNA 文库(源于 mRNA 逆转录的 cDNA)。

5.3.1　基因组文库构建

构建基因组文库就是将生物体的全基因组分成若干 DNA 片段,与载体 DNA 体外重组,然后导入受体细胞中,形成一整套含有该生物体全基因组 DNA 片段的克隆(图 5-7)。

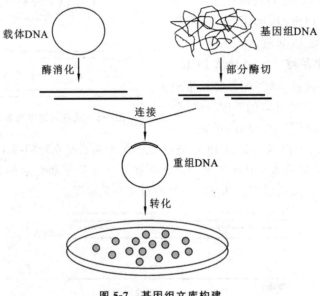

图 5-7　基因组文库构建

1.基因组 DNA 的提取和片段的制备

为了最大限度地保证基因在克隆过程中的完整性,应尽量避免用于基因组文库构建的外源 DNA 片段在分离纯化操作中被打断。外源 DNA 片段的相对分子质量越大,经进一步切割处理后,含有不规则末端的 DNA 分子比率就越小,切割后的 DNA 片段大小越均一,同时含有完整基因的概率就越大。

用于克隆外源 DNA 片段的切割主要采用机械断裂和限制性核酸内切酶部分酶解两种方法,其基本原则有二:第一,DNA 片段之间存在部分重叠序列;第二,DNA 片段大小均一。在部分酶解过程中,为了尽量随机产生 DNA 片段,一般选择识别序列为 4 对碱基的限制性核酸内切酶,如 *Mbo* I 或 *Sau*3A I 等,因为在绝大多数生物基因组 DNA 上,4 对碱基的限制酶切位点数明显大于 6 对碱基的限制酶切位点数,从而大大增加了所产生的限制性 DNA 片段的随机性。从克隆操作以及插入 DNA 片段的回收角度上看,上述两种 DNA 切割方法各有利弊,机械断裂的 DNA 片段一般需要加装接头片段,操作较为烦琐,然而克隆的 DNA 片段可以从载体分子完整卸下(外源 DNA 片段中不含有接头片段携带的酶切位点);部分酶解法产生的限制性 DNA 片段可以直接与载体分子拼接,但一般情况下不利于克隆片段的完整回收。

2.载体的选择和制备

常用的载体有质粒、噬菌体、黏粒(cosmid)以及 YAC。这些载体可以克隆的 DNA 片段长度上限分别约为 10 kb、25 kb、45 kb 和 1000 kb。选择适宜的载体,选用适当的限制性核酸内切酶酶切载体,常选择与 *Sau*3A I 或 *Mbo* I 消化后产生 GATC 相同黏性末端的 *Bam*H I 作用。

3.载体与外源片段的连接

将基因组 DNA 片段与载体进行体外重组。

4.转化或侵染宿主细胞

通过转化或转导的方法将带有不同 DNA 片段的重组 DNA 分子导入受体细胞,或利用体外包装系统将重组体包装成完整的颗粒,以重组噬菌体颗粒侵染大肠杆菌。

5.重组 DNA 的筛选和鉴定

进行阳性菌落或噬菌斑的筛选,根据相关特性筛选获得目的基因。

5.3.2 基因组文库的质量评价

基因组文库必须包括一定数量的重组子才可能克隆基因组中的任何序列。基因组文库完备性是指从基因组文库中筛选出含有某一目的基因的重组克隆的概率。如果满足两个条件:生物体染色体 DNA 片段被全部克隆,用于构建基因文库的 DNA 片段含有完整的基因,则此基因文库的完备性就是 100%。通常用基因组文库的克隆数来表示基因组文库的大小,即库容量。

1.理论值

$$基因组文库的克隆数(N)=基因组 DNA 总长/DNA 插入片段的平均长度$$

例如,某种生物基因组 DNA 总长度为 $3×10^6$ kb,酶切后的 DNA 片段平均长度为 15 kb,则基因组文库的克隆数应为 $3×10^6$ kb/15 kb$=2×10^5$。在实际工作中,由于在基因组文库的构建过程中存在多步操作,一个具备完好代表性的基因组文库的库容量大大超过这个理论值。

2.经验值

1976 年,Clarke-Carbon 提出一个经验公式,用来计算基因组文库应有的克隆数(N),即

$$N=\ln(1-P)/\ln(1-f/g)$$

式中:P 为从基因文库中选出任一基因或 DNA 序列的概率,即完备性,一般设为 99%(0.99);f 为载体容量(kb);g 为基因组大小(kb);N 为基因组文库的克隆总数,表示文库中以 P 概率出现某段 DNA 理论上应具有的最小克隆数。

根据公式可以计算某一基因组文库中应该包含的克隆数,也就是满足最低要求的基因组文库的库容量。例如:人的单倍体 DNA 总长为 $3×10^9$ bp,若载体装载量为 15 kb,则构建一个完备性为 0.9 的基因组文库大约需要 $4.6×10^5$ 个重组克隆。当完备性分别提高到 0.99、0.999 和 0.9999 时,基因组文库库容量分别需要达到 $9.2×10^5$、$1.38×10^6$ 和 $1.84×10^6$ 个克隆,即为保证某一基因有 99.99% 的概率至少被克隆一次,需要构建含有 $1.84×10^6$ 个不同重组子的基因组文库。

基因组文库应具有的克隆数与基因组大小、载体容纳外源片段大小(载体容量)的关系见表 5-1(假设文库中出现任一基因或序列概率为 99%)。

表 5-1　几种典型生物基因组文库克隆数与基因组大小、载体容量的关系

生物种类	基因组大小/bp	10 kb 载体(质粒)		25 kb 载体(噬菌体)		45 kb 载体(黏粒)	
		理论值	经验值	理论值	经验值	理论值	经验值
大肠杆菌	$4.6×10^6$	460	2116	184	845	102	468

生物种类	基因组大小/bp	10 kb载体(质粒)		25 kb载体(噬菌体)		45 kb载体(黏粒)	
		理论值	经验值	理论值	经验值	理论值	经验值
酿酒酵母	1.8×10^7	1800	8287	720	3313	400	1840
水稻	5.7×10^8	57000	262492	22800	104996	12667	58330
人	3.2×10^9	320000	1473652	128000	589459	71111	327476

选择载体的主要参数是基因组大小。例如,构建大肠杆菌(4.6×10^6 kb)等基因组较小生物的基因组文库时,按每个DNA片段平均长5 kb计算,一个包括5000个DNA片段克隆的基因文库就能够代表一个完整的大肠杆菌基因组序列,采用质粒作为载体便可得到满意的结果。构建较大基因组的文库时,噬菌体、黏粒以及YAC常选作克隆载体。根据所选用的载体,基因组文库可以分为质粒文库、噬菌体文库、黏粒文库、人工染色体文库(细菌人工染色体文库、酵母人工染色体文库等)。

3.一个理想的基因组DNA文库应具备的条件

一个理想的基因组DNA文库应具备以下条件:

(1)尽可能高的完备性,重组克隆总数不宜过大,以减轻筛选工作量;

(2)载体装载量最好大于绝大多数基因的长度,避免基因被分隔克隆;

(3)克隆与克隆之间必须存在足够长度的重叠区域,以利于克隆排序;

(4)克隆片段易于从载体分子上完整卸下;

(5)重组克隆能稳定保存、扩增及筛选。

5.3.3 基因组文库的应用

基因组文库的应用主要有以下几个方面:

(1)将生物的遗传信息以稳定的重组体形式储存起来,理论上可获得该种生物所有基因;

(2)基因组文库是分离克隆目的基因,特别是原核生物基因的主要途径;

(3)基因组文库是复杂基因组作图的重要依据;

(4)进行基因原始结构功能的研究,对比分析内含子、外显子及调控区域。

5.4 从cDNA文库获得目的基因

真核生物基因组DNA十分庞大,含有大量的重复序列。采用电泳分离和杂交的方法,都难以直接分离到目的基因。高等生物一般具有1×10^4种左右不同的基因,但在一定阶段,细胞大约只有15%的基因得以表达。因此,由mRNA出发的cDNA克隆,其复杂程度要比直接从基因组克隆简单得多。

提取组织细胞的mRNA,逆转录成cDNA,与适当的载体(常用噬菌体或质粒)连接后转化宿主菌,这样包含着细胞全部mRNA信息的cDNA克隆集合称为该组织细胞的cDNA文库(cDNA library)。cDNA 文库比基因组 DNA 文库小很多,能够比较容易从中筛选克隆得到细胞特异表达的基因。因此,构建合适的 cDNA 文库,并用适当的方法从文库中筛选目的基因,已成为真核生物细胞分离基因的常用方法。

5.4.1　cDNA 文库的构建

基因组含有的全部基因在特定的组织细胞中只有部分表达,处在不同的环境条件和不同分化时期的细胞,其基因表达的种类和强度也不同,所以 cDNA 文库具有组织细胞特异性。构建 cDNA 文库通常包括下列步骤。

1. mRNA 提取

根据研究目标合理选择组织细胞,利用 poly(A)尾巴纯化或直接提取 mRNA。常用的寡聚(dT)纤维素亲和层析柱,可以 Oligo(dT)吸附 mRNA 的 poly(A)尾,其他不具 poly(A)尾的 RNA 自柱中流出,然后将 mRNA 洗脱下来。

2. cDNA 合成

由 mRNA 到 cDNA 的过程称为逆转录,常用禽类成髓细胞病毒(AMV)逆转录酶和鼠白血病病毒(MMLV)逆转录酶催化。

(1)cDNA 第一链的合成。

逆转录酶是依赖 RNA 的 DNA 聚合酶,合成 DNA 需要引物引导。常用引物如下。

①Oligo(dT)引物:常用 Oligo(dT)引物与 mRNA 3′末端的 poly(A)配对,引导逆转录酶以 mRNA 为模板合成第一链 cDNA(图 5-8)。

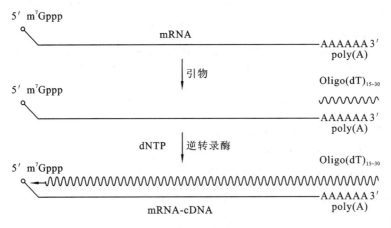

图 5-8　逆转录合成单链 cDNA

②随机引物:常用化学合成的 6~10 nt 随机引物,与 mRNA 分子多处配对,从多个位置合成 cDNA 第一链,能产生近全长 cDNA,适合得到 cDNA 的 5′末端。

③基因特异引物(gene-specific primer,GSP):仅逆转录特定目的基因 cDNA 的 5′末端。

(2)cDNA 第二链的合成。

cDNA 第二链的合成是将 mRNA-cDNA 杂交双链变成互补双链 cDNA。cDNA 第二链的合成有以下四种方法。

①自身引导法:合成的单链 cDNA 3′末端能形成一个发夹结构,为第二链的合成提供引物,引导第二链的合成。当第一链合成反应产物的 DNA-RNA 杂交链变性后,利用大肠杆菌 DNA 聚合酶 I 或逆转录酶合成 cDNA 第二链,最后用对单链特异性的 S1 核酸酶消化该环处理去除发夹结构,即可进一步克隆。缺点:在以 S1 核酸酶切割 cDNA 的发夹结构时,会导致对应于 mRNA 5′末端的序列出现缺失和重排,得到的 5′末端不完整,且 S1 核酸酶处理不好控制,易导致 cDNA 的丢失,所以该法现已少用。

②置换合成法:第一链在逆转录酶作用下产生的 cDNA-mRNA 杂交链,不用碱变性,而是在 dNTP 存在下,利用 RNase H 在杂交体 mRNA 链上造成切口和缺口,产生一系列 mRNA 短片段,作为合成第二链的引物,在大肠杆菌 DNA 聚合酶 I 和 DNA 连接酶作用下合成 cDNA 第二链(图 5-9)。此法可得到近全长 cDNA,但 5′末端可能缺失短序列。置换合成法的优点:合成 cDNA 效率高;直接利用第一链反应产物,无须进一步处理和纯化;不必使用 S1 核酸酶来切割双链 cDNA 中的单链发夹环。

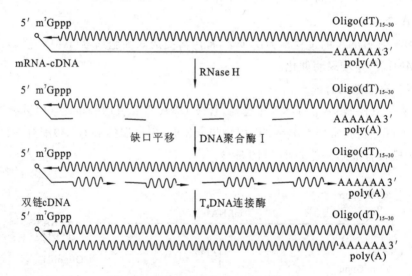

图 5-9 置换合成法合成 cDNA 第二链

③引导合成法:利用末端转移酶在 cDNA 第一链的 3′末端加上 poly(dC)尾巴,利用 poly(dG)为引物引导第二链合成,利用同源多聚尾与载体进行重组。

④引物-衔接头合成法:此法是引导合成法的改进型,如图 5-10 所示,在逆转录引物和 poly(dG)引物的 5′末端引入人工接头,可用 PCR 扩增总 cDNA,也为总 cDNA 与载体的连接提供酶切位点。

3. 双链 cDNA 的分子克隆

双链 cDNA 合成后,用末端转移酶给双链分子加尾,或者将人工合成的衔接物加到双链 cDNA 两端,再同经适当处理而具有相应末端的质粒或噬菌体载体连接。

4. 双链 cDNA 克隆进质粒或噬菌体载体并导入宿主中繁殖

将构成的重组体分子导入大肠杆菌宿主细胞进行扩增,便得到所需的 cDNA 文库。

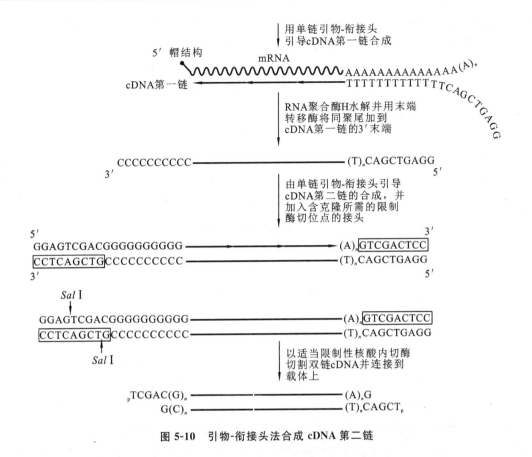

图 5-10　引物-衔接头法合成 cDNA 第二链

5.4.2　cDNA 文库的质量评价

细胞含有多种 mRNA，mRNA 根据其在细胞中的拷贝数即丰度，可分为低丰度 mRNA、中等丰度 mRNA 和高丰度 mRNA 三种。高丰度 mRNA，每种 mRNA 的拷贝数在 1000～10000；中等丰度 mRNA，每种 mRNA 的拷贝数在 100～1000；低丰度 mRNA，每种 mRNA 的拷贝数在 1～15。cDNA 基因文库中，相应于高丰度 mRNA 的 cDNA 克隆所占的比例高，分离起来较容易，而相应于低丰度 mRNA 的 cDNA 克隆所占的比例较低，分离比较困难。对 cDNA 文库质量的评价主要有两个方面。

1.文库的代表性

cDNA 文库的代表性是指文库中包含的重组 cDNA 分子反映来源细胞中表达信息（mRNA 种类）的完整性，它是体现文库质量的最重要指标。文库的代表性可用文库的库容量来衡量，它是指构建的原始 cDNA 文库中所包含的独立的重组子克隆数，库容量取决于来源细胞中表达出的 mRNA 种类和每种 mRNA 序列的拷贝数。在构建 cDNA 文库时，为了获得不同丰度的基因，可进行 cDNA 文库库容量理论估算：细胞总 mRNA 分子数/细胞中某种 mRNA 的拷贝数。

例如，某个细胞的 mRNA 分子数为 500000，为获得某个丰度为每个细胞 3500 拷贝的 mRNA 基因，应构建的 cDNA 文库的最小值为 500000/3500＝143，即由 143 个克隆组成的

cDNA 文库理论上会包含一个此丰度的 mRNA 基因。而要获得丰度为每个细胞 14 拷贝的 mRNA 基因,应构建的 cDNA 文库的最小值为 500000/14＝35714。

如果构建一个完整的 cDNA 文库,也就是不论 mRNA 丰度高低,都要包含任一种 mRNA 的 cDNA 克隆,那么同基因组文库完整性经验值计算类似,满足最低要求的 cDNA 文库的库容量也可根据以下公式计算:

$$N=\ln(1-P)/\ln(1-n/T)$$

式中:n 为细胞中某种(常指最稀少)mRNA 的拷贝数;T 为细胞中表达出的所有 mRNA 的总拷贝数;P 为文库中任何一种 mRNA 序列信息的概率,通常设为 99%;N 为文库中以 P 概率出现在细胞中任何一种 mRNA 序列理论上应具有的最小克隆数。

例如,要获得人的成纤维细胞中低丰度(小于每个细胞 14 拷贝)mRNA,这类 mRNA 占 mRNA 总数的 30%,约有 11000 种不同的 mRNA 属于这个范围,那么要包含所有这类低丰度 mRNA 基因在内的克隆数为

$$N=\ln(1-0.99)/\ln(1-0.3/11000)=1.7\times10^5$$

即需要构建 170000 个克隆子的 cDNA 文库。

2.序列的完整性

除了代表性外,文库中基因或 cDNA 片段的序列完整性(所含基因是否完整,是否是全长)也是反映文库质量的一个重要因素。在细胞中表达出的各种 mRNA 尽管具体序列不同,但基本上都是由三部分组成,即 5′端非翻译区、中间的编码区和 3′端非翻译区。非翻译区的序列特征对基因的表达具有重要的调控作用,编码序列则是合成基因产物——蛋白质模板。因此,从文库中分离获得目的基因完整的序列和功能信息,要求文库中的重组 cDNA 片段足够长以便尽可能地反映出天然基因的结构。

5.4.3　cDNA 文库的改良

1.均一化 cDNA 文库

cDNA 文库的均一化,是指某一特定组织或细胞的所有表达基因均包含于其中,且在 cDNA 文库中表达基因对应的 cDNA 的拷贝数相等或接近。均一化 cDNA 文库是克服基因转录水平上的巨大差异给文库筛选和分析带来的障碍的有效措施,有利于研究基因的表达和序列分析。构建均一化 cDNA 文库主要有两种方法。

1)基因组 DNA 饱和杂交法

在 mRNA 水平上,基因之间丰度差异极大;在基因组水平上,基因之间拷贝数差异不大,即基因在基因组上具有拷贝数相对一致的性质。通过 cDNA 与基因组 DNA 饱和杂交降低高丰度 mRNA 在文库中高拷贝数存在的 cDNA 的丰度。将随机打断的基因组总 DNA 片段标记为探针,与总 cDNA 单链饱和杂交,弃去未杂交的总 cDNA,从 cDNA-DNA 杂交体上变性释放已均一化后的总 cDNA,转化宿主。此法优点是简单、易于掌握,缺点是部分基因 cDNA 的丢失,因为低拷贝数的表达基因因拷贝数低而未杂交。

2)二级复性动力学处理

二级复性动力学是指高丰度的 cDNA 在退火条件下复性速度快,而低丰度的 cDNA 复性

要很长时间,可以通过控制复性时间来降低丰度。用羟基磷灰石柱将单链 cDNA 和双链 cDNA 分开,保留单链 cDNA 后转化宿主。此法优点是基因丢失较少、均一化效果好,缺点是技术要求比较高,操作难度大,需要多次摸索才能找到最适条件。

均一化 cDNA 文库具有以下四方面的优点:第一,可以节约大量研究成本;第二,增加克隆低丰度 mRNA 基因的机会;第三,与原始丰度的 mRNA 拷贝数相对应的 cDNA 探针与均一化的 cDNA 文库进行杂交,可以估计出大多数基因的表达水平并发现一些组织特异的基因;第四,可以用于遗传图谱的制作和大规模的原位杂交,还可以用于大规模测序或芯片制作等研究。

2. 全长 cDNA 文库

mRNA 的降解、DNA 聚合酶和 RNase H 活性的改变,以及 mRNA 模板的脱离等都可能导致 cDNA 不完整。保持 mRNA 的完整性是构建全长 cDNA 文库的核心。mRNA 完整性可通过直接检测 mRNA 分子的大小或测定 mRNA 的翻译能力来确定。

1)SMART 法构建全长 cDNA 文库

采用 Clontech 公司的专利试剂盒,其独特的逆转录酶具有末端转移酶活性,逆转录酶自动在逆转录得到的 cDNA 第一链的 3′末端加上 Oligo(dC),利用具 Oligo(dG)的接头引导第二链的合成。

SMART 法主要利用 Power Script 逆转录酶和内切酶 $SfiI$ 的特性,快速、简单地构建全长 cDNA 文库(图 5-11)。Power Script 逆转录酶还具有末端转移酶活性,能够长距离地逆转录,当逆转录到 mRNA 5′帽子结构时,能在相应的核酸 3′端补上一段 Oligo(dC),而对于非全长 cDNA,因逆转录没有延伸到 mRNA 5′端而不能在其 3′端加上 Oligo(dC)。用于合成 cDNA 第二链的引物只能结合 3′端含 Oligo(dC)的全长 cDNA,不能与短片段 cDNA 结合,因而最终得到的是全长的 cDNA 双链。实验在引物 5′端引入了 $SfiI$ 识别位点,使合成的全长 cDNA 两端含有 $SfiI$ 识别位点,经过 $SfiI$ 单酶切,可以实现目的基因的高效、定向克隆。

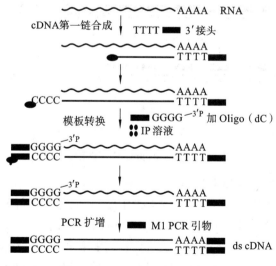

图 5-11　SMART 法原理示意图

2)Cap-trapper 法构建全长 cDNA 文库

在 mRNA 的两端均打上生物素标记,合成 cDNA 第一链时用 dm⁵CTP 代替 dCTP(可以保护 cDNA,使其不被随后的限制性核酸内切酶消化),用 RNase A 消化单链 RNA。

　　1996 年,Carninci 等建立了 Cap-trapper 法,主要利用 mRNA 分子经氧化后可与生物素结合而被标记的原理(图 5-12)。在 cDNA 第一链合成时,生物素标签结合到 RNA-DNA 杂合体上;经 RNase A 消化,所有 RNA 分子 3′末端的生物素标签被去除,与不完全 cDNA 互补的 mRNA 5′末端的生物素标签被降解,而全长 cDNA 5′端的生物素标签被保护而未被降解;这些全长 cDNA 被免疫磁珠吸附而富集,开始合成第二链。该方法还得到改进,如用海藻糖、山梨糖醇热启动逆转录反应,有利于全长 cDNA 的合成;用对甲基化敏感的限制性核酸内切酶 *Sth*(或 *Bsa* I、*Bam* H I / *Xho* I)替换 *Ecol* I / *Xho* I 双酶切,提高了文库中全长 cDNA 的比例;再就是用 SSLM 法加尾,可减少 Oligo(dG)加尾的干扰,有利于全长 cDNA 的转录和表达克隆。

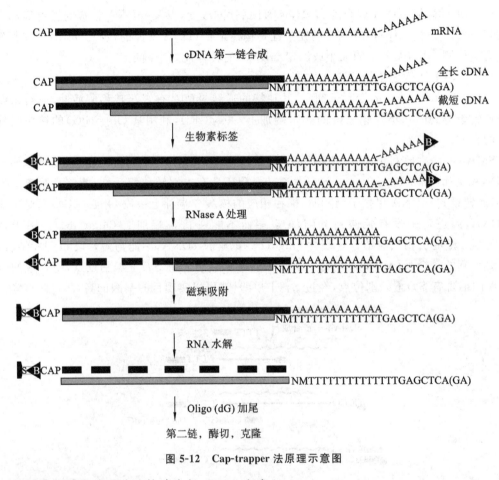

图 5-12　Cap-trapper 法原理示意图

　　3)烟草酸性焦磷酸酶法构建全长 cDNA 文库
　　该方法根据完整的 mRNA 分子含有 5′端帽子结构,而部分降解的 mRNA 分子则没有此结构的特点构建全长 cDNA 文库(图 5-13)。采用 Invitrogen 公司试剂盒,利用细菌碱性磷酸酶(BAP)处理去除 mRNA 5′端磷酸基团。用烟草酸性焦磷酸酶(tobacco acid pyrophosphatase,TAP)处理以移去 mRNA 的帽子结构,产生 5′端磷酸基团,利用 T₄ RNA 连接酶(可催化单链 DNA 或 RNA 形成共价键)为脱帽后 mRNA 的 5′末端接上人工接头,利用 Oligo(dT)的人工接头进行逆转录,得到的全长 cDNA 第一链的两端就有特别设计的人工接头,用 PCR 对全长总 cDNA 进行放大,酶切后与载体连接。

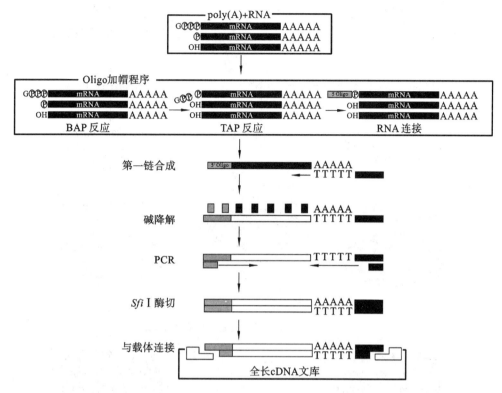

图 5-13　烟草酸性焦磷酸酶法原理示意图

5.4.4　目的 cDNA 克隆的筛选和鉴定

从 cDNA 文库中筛选和鉴定目的 cDNA 的方法主要有核酸分子杂交和免疫学检测分析等方法,具体可参见本书 6.3"重组体克隆的筛选与鉴定"内容。这里主要介绍差别杂交(differential hybridization),又叫差别筛选(differential screening),它适用于分离在特定组织细胞或发育阶段表达的、受生长因子调节的或药物诱导表达的基因。

差别杂交是寻找两组不同状态细胞的基因表达差异,一组细胞群体中目的基因正常表达,另一组细胞群体中目的基因不表达。如图 5-14 所示,以表达目的基因细胞总 mRNA 构建 cDNA 文库,该文库影印培养,制备两份滤膜。从两组的 mRNA 提取物分别制备 cDNA 并标记为探针,与文库的两份滤膜杂交。当使用存在目的基因的 cDNA 探针时,所有包含重组体的菌落呈阳性反应,而使用不存在目的基因的 cDNA 探针时,除目的基因的菌落外,其余菌落呈阳性反应,比较这两组滤膜并对照原始平板,可挑选出含目的基因的菌落,供进一步鉴定。

差别杂交是一种分离受诱导表达的基因的方法,不需要目的基因的序列信息,可有效地分离经特殊处理而诱发表达的基因。但它也存在局限性:灵敏度比较低,不适宜分离某些低丰度 mRNA 的基因。

5.4.5　cDNA 文库与基因组文库的比较

1. cDNA 文库的优越性

(1)cDNA 文库比基因组文库小得多,容易构建,筛选比较简单。

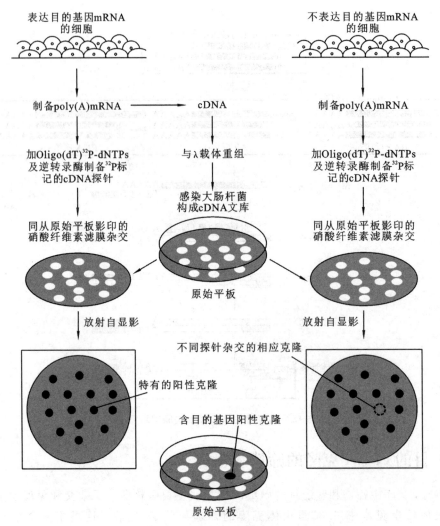

图 5-14　重组子的差别杂交筛选

(引自吴乃虎,1998)

(2)cDNA 克隆可用于在细菌中能进行表达的基因克隆。真核生物编码的基因是间断基因,含有内含子和外显子。通过基因组文库中筛选的目的基因难以直接在原核生物中表达。而 cDNA 是去除内含子的序列。cDNA 一般较短,平均为 2.5 kb 左右,大多在 100 bp～10 kb。

(3)cDNA 文库可对比研究异常基因。

2.cDNA 文库的局限性

(1)受细胞来源和发育时期的影响。cDNA 文库代表某一时空条件下的细胞总 mRNA,是在转录水平上反映该生物特定组织在某一特定发育时期和某种环境条件下的基因表达情况,并不包括该生物的全部基因。表达谱的时空动态性决定 cDNA 文库的多样性。

(2)遗传信息量有限。cDNA 文库包含的信息量远少于基因组文库,cDNA 只反映 mRNA 的分子结构和功能信息,只含有对应于成熟 mRNA 的转录区。cDNA 中不含有真核基因的启动子、内含子、终止子及调控区等,不能直接获得基因的内含子和基因编码区外的大量调控序列的结构和功能信息。

(3)不同基因的 cDNA 存在丰度上的差异。cDNA 文库中,高丰度 mRNA 的 cDNA 克隆所占比例较高,基因分离容易;低丰度 mRNA 的 cDNA 克隆所占比例较低,基因分离困难。

3. cDNA 文库与基因组文库的差别

(1)基因组文库克隆的是所有基因,包括未知功能的 DNA 序列和调控基因等,cDNA 文库克隆的是特定条件下所有表达的基因,即具有蛋白质产物的结构基因,包括调节基因。

(2)基因组文库克隆的是全部遗传信息,不受时空影响;cDNA 文库克隆的是不完全的编码 DNA 序列,受发育和调控因子的影响。

(3)基因组文库中编码的基因是完整的基因,是带有内含子和外显子的基因组基因;从 cDNA 文库中获得的是经过剪切去除内含子的基因。

(4)基因组文库中一个基因有可能分布在不同克隆上,而 cDNA 文库中每个克隆包含一个基因的编码序列。

5.5　其他基因分离技术

前面主要介绍化学合成法、PCR 扩增法、基因组文库法和 cDNA 文库法这四种基本的目的基因分离方法,下面主要介绍一些在这四种基本方法上的组合和改进技术,以及应用生物信息学方法获得目的基因。

5.5.1　应用扣除文库分离目的基因

扣除杂交又叫扣除 cDNA 克隆(subtractive cDNA cloning),它是利用分子杂交,除去那些普遍共同存在的或是非诱发产生的 cDNA 序列即非差异表达基因的 cDNA,保留差异表达的基因的 cDNA 并制备文库,即扣除文库(subtractive library),从而使差异表达的目的基因得到有效富集,提高将来分离的敏感性。

扣除文库也称差减文库,选用两种遗传背景一致或大致相同,但在个别功能或特性上不同的材料,提取 mRNA 逆转录合成 cDNA,在合适条件下,用不含目的基因的一方作为驱动子(driver),含有目的基因的作为试验方(tester),过量的驱动子与试验方进行杂交,选择性地将两者共同表达的 cDNA 去除,重复多次地杂交、去除,最后将含有目的基因的未杂交部分收集,连接到载体构建扣除文库。

1. 构建扣除 cDNA 文库

下面以 T 细胞受体(T-cell receptor,TCR)编码基因的分离为例,说明扣除杂交的过程。

T 细胞只能识别展现在其他细胞表面的抗原而不能识别游离的抗原,T 细胞的这种抗原识别特异性是由 TCR 基因决定的。TCR 基因只在 T 细胞中表达,而不在 B 细胞中表达。制备 T 细胞 mRNA 的单链 cDNA,同大大超量的 B 细胞的 mRNA 杂交。所有能在 T 和 B 两类细胞中同时表达的 T 细胞基因的 cDNA,都与 B 细胞的 mRNA 形成 DNA-RNA 杂交分子,而不在 B 细胞中表达的 T 细胞特有的 cDNA,因不能形成 DNA-RNA 杂交分子,仍然处于单链状态。将杂交混合物通过羟基磷灰石柱(hydroxy apatite column),DNA-RNA 杂交分子结合在柱上,而游离的单链 cDNA 则过柱流出。如此回收到的 T 细胞特异的 cDNA 转为双链

cDNA 并克隆,得到 T 细胞特异的扣除 cDNA 文库。筛选文库,结果成功地分离到 T 细胞的 TCR 基因。

2.构建扣除基因组文库

扣除杂交同样也可用来构建扣除基因组文库分离缺失突变基因,如图 5-15 所示。制备野生型 DNA,用合适限制性核酸内切酶如 $Sau3A$ Ⅰ酶解成小片段。另外,制备缺失突变型 DNA,随机切割后用生物素(biotin)标记做探针,同野生型 DNA 小片段变性、退火杂交。将杂交混合物通过生物素结合蛋白质柱(avidin column),大部分野生型 DNA 片段因同突变型 DNA 探针杂交结合到柱上,而野生型 DNA 片段中没有杂交的部分随柱流出,将洗涤收集的 DNA 同超量的探针再杂交,再过柱。如此重复富集之后,用 PCR 扩增 DNA 片段并克隆。最后用菌落原位杂交鉴定出只同野生型 DNA 杂交而不与突变型 DNA 杂交的含有突变基因的阳性克隆。

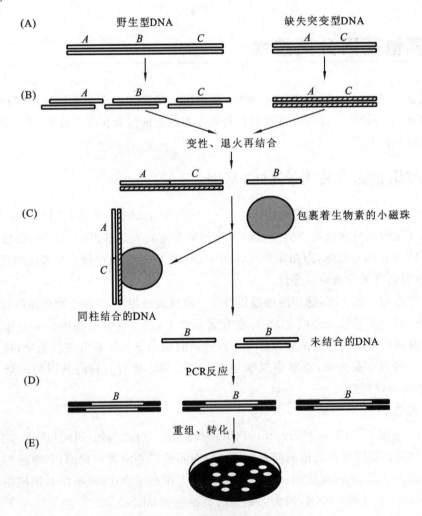

图 5-15　扣除杂交分离目的基因

(引自吴乃虎,1998)

(A)野生型及突变型 DNA 的切割;(B)DNA 变性并与生物素标记探针杂交;(C)过生物素结合蛋白质柱;(D)PCR 扩增;(E)连接转化形成克隆库。

扣除文库是否构建成功很大程度上取决于扣除杂交的效率。扣除杂交的方法除以上介绍的羟基磷灰石柱层析法(HAP)和生物素标记链亲和蛋白结合排除法外,目前最为常用的是抑制差减杂交(suppression subtractive hybridization,SSH)法。

5.5.2　抑制差减杂交技术

生物体的各种生命活动和基因的时空表达差异密切相关,通过比较组织器官在不同生理状态下或在不同生长发育阶段的基因表达差异,可为剖析生命活动过程提供重要信息。抑制差减杂交(SSH)技术是一种基于抑制 PCR 和扣除杂交技术建立的,在转录水平上研究基因表达的技术,具有稳定、高效、可靠的特点,可对生物的生长、发育、衰老、死亡等生命过程及生物或非生物逆境胁迫对生物所造成的影响等进行全面、系统的分析。

1.SSH 技术的基本原理

SSH 技术是基于抑制 PCR 和扣除杂交技术建立的技术,兼具扣除杂交技术的消减富集和抑制 PCR 技术的高效富集的特点。该技术运用杂交二级动力学原理(高丰度的单链 DNA/cDNA 序列在退火时产生同源杂交的速度比低丰度的更快),使原本在不同丰度的单链 DNA 序列相对含量趋于一致。抑制 PCR 则是利用链内退火优于链间退火的特性,两端接上同一接头的非目的序列片段,由于具有反向重复序列,在退火时容易形成类似发夹的互补结构,在 PCR 中不能作为模板与引物配对,从而选择性扩增目的基因,而抑制非目的基因片段的扩增。扣除杂交消减了实验组和对照组之间同源序列,结合抑制性 PCR 的动力学富集,从而高效分离低丰度特异性非同源片段。

2.SSH 技术的操作过程

SSH 技术的操作过程如图 5-16 所示,表达目的基因的称为试验组(tester),不表达目的基因的称为驱动组(driver)。具体步骤如下:

(1)限制性核酸内切酶 *Rsa* I 酶切试验组与驱动组的 cDNA 后得到平末端。

(2)将试验组 cDNA 分成两份,分别接上接头 1 和接头 2。接头是由一长链(40 nt)和一短链(10 nt)组成的一端是平端的双链 DNA 片段,长链 3′端与 cDNA 5′端相连。长链外侧序列(约 20 nt)与第一次 PCR 引物序列相同,而内侧序列则与第二次引物序列相同。此外,接头上含有 T_7 启动子序列及限制酶切位点,为以后连接载体和测序提供方便。

(3)用过量的驱动组 cDNA 样品分别与两份试验组样品进行第一次扣除杂交,每一杂交体系产生 a、b、c 和 d 四种类型的产物,由于试验组与驱动组 cDNA 中序列相同片段大都形成异源双链分子,这种不充分杂交使得单链 cDNA 分子在浓度上基本相同,原来在丰度上有差别的单链 cDNA 达到均一化,使得试验组 cDNA 中差异表达基因得到第一次富集。

(4)混合两份杂交样品,同时加入新的变性驱动组 cDNA 进行第二次扣除杂交。此次杂交只有第一次杂交后经扣除和丰度均等化的单链试验组 cDNA 能与驱动组 cDNA 形成双链分子。这一次杂交进一步富集了差异表达的 cDNA,并且形成了两个 5′端分别接不同接头的双链分子 e。

(5)5′填平末端,加入根据接头长链序列设计的内、外侧引物进行 PCR 扩增。第一次 PCR 是基于其抑制效应,只有两端连有不同接头(接头 1 和接头 2)的差别表达片段进行指数式扩增,而两端连接上同一接头的同源双链片段仅呈线性扩增,非目标序列因两端存在反向重复序列,退火时易产生类似锅柄的结构,无法与引物配对,扩增受到抑制。第二次 PCR 极大提高扩

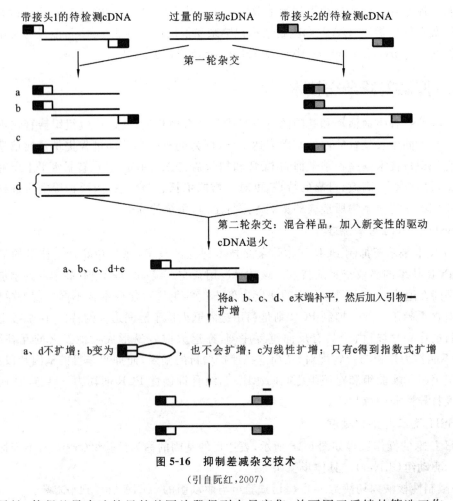

带接头1的待检测cDNA　过量的驱动cDNA　带接头2的待检测cDNA

第一轮杂交

a
b

c

d

第二轮杂交：混合样品，加入新变性的驱动
cDNA退火

a、b、c、d+e

将a、b、c、d、e末端补平，然后加入引物—
扩增

a、d不扩增；b变为　，也不会扩增；c为线性扩增；只有e得到指数式扩增

图 5-16　抑制差减杂交技术

(引自阮红,2007)

增的特异性,使得差异表达的目的基因片段得到大量富集,并可用于后续的筛选工作。

(6)克隆 PCR 产物,构建扣除文库和筛选文库。

3.SSH 技术的应用

SSH 技术是依据扣除杂交和抑制 PCR 分离差异表达基因的方法,主要用于分离两种细胞或两种组织的细胞中的差异表达基因。利用这种有效的技术来比较两个 mRNA 群体,并获得只在一个群体中过量表达或特异性表达的基因的 cDNA。SSH 技术以其假阳性率低、灵敏度高、背景值低、重复性强和检测范围广等优点迅速得到广泛应用,已成功应用于不同细胞株、不同器官组织、个体不同发育阶段以及机体在外界因子作用下差异表达基因,在动植物发育、肿瘤与疾病,以及外界因子诱导组织细胞中相关的应答基因特别是分离低丰度差异表达基因的分析和克隆方面具有广阔的应用前景。

5.5.3　mRNA 差异显示技术

真核生物基因组中,仅 10%~15%的基因在细胞中表达,而且不同发育阶段、不同生理状态和不同类型的细胞中表达的基因也不尽相同。基因的差异表达不仅是细胞形态和功能多样性的根本原因,而且是各种生理及病变过程的物质基础,因此,分离、鉴定差异表达的基因具有重要的意义。根据高等生物成熟的 mRNA 都带有 poly(A)的特性,用特定的锚定引物逆转录后,进行 PCR 扩增,建立 mRNA 差异显示技术,这种技术称为差异显示逆转录聚合酶链式反应(differential display of reverse transcriptional PCR,DDRT-PCR)技术。

1. DDRT-PCR 技术的基本程序

mRNA 差异显示技术是根据绝大多数真核生物细胞 mRNA 的 3′ 端带有多聚腺苷酸尾(poly(A))的结构特点,以含 Oligo(dT)的寡核苷酸为引物将不同的 mRNA 逆转录成 cDNA。参照图 5-17,该技术根据 poly(A)序列起点前 2 个碱基除 AA 外只有 12 种组合可能性:5′-NMAAA…AA-3′,其中 N 代表 A、G、C、T 中任意一种碱基,M 代表 G、C、T 中任意一种碱基。设计合成 12 种下游 poly(dT)引物时,在其 3′ 端加上两个锚定碱基引物:5′-TTT…TTTMN-3′,称

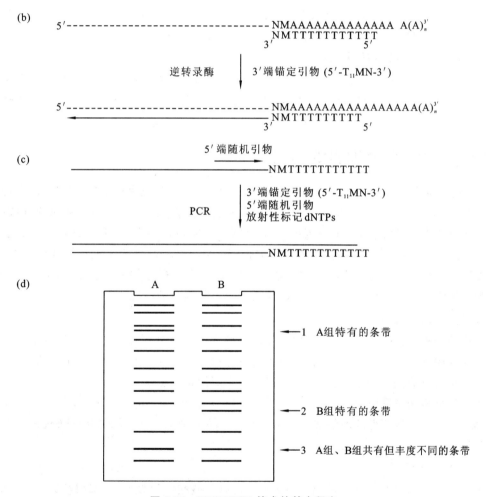

(a)　从一对不同的组织或器官中分离总mRNA,分别称为A组和B组,
　　　并同时进行如下反应。

图 5-17　DDRT-PCR 技术的基本程序

(引自吴乃虎,1998)

(a)分别从 A 组和 B 组提取总 mRNA;(b)加入 3′ 端锚定引物(5′-T_{11}MN-3′)进行逆转录合成第一链 cDNA;(c)加入一对特定组合的 5′ 端随机引物和 3′ 端锚定引物(5′-T_{11}MN-3′),以及 ^{35}S-dNTP 进行 PCR 扩增;(d)将同位素标记的 PCR 产物加样在变性的 DNA 序列胶中进行电泳分离,并做放射自显影,除了 A 组或 B 组特有的条带之外,大部分条带是两组共有的。

3′端锚定引物,其通式为 5′-T₁₁MN-3′;同时为扩增出 poly(A)上游 500 bp 以内所有可能的 mRNA 序列,在 5′端又设计了 20 种 10 bp 长的随机引物。这样构成的引物对进行 PCR 扩增能产生出 20000 条左右的 DNA 条带,其中每一条带都代表一种特定 mRNA 类型,基本包括了在一定发育阶段某种细胞类型中所表达的全部 mRNA。将 PCR 产物在变性聚丙烯酰胺凝胶上电泳分离,即可显示不同的条带位置。将不同组织所特有的差别表达条带中 DNA 回收,扩增至所需含量,进行 Southern 印迹杂交、Northern 印迹杂交或直接测序,从而对差异条带鉴定分析,最终获得差异表达的目的基因。

2. DDRT-PCR 技术的优点

DDRT-PCR 技术的优点可概括为"3SRV"(simplicity、sensitivity、speed、reproducibility、versatility),即:①简单,较易操作;②灵敏度高,PCR 技术的应用使得低丰度 mRNA 的鉴定成为可能;③可同时比较两种以上不同来源的 mRNA 样品间基因表达的差异;④实验周期短,约 8 d 即可完成,便于重复;⑤可进行多基因家族的表达分析。

3. DDRT-PCR 技术的缺点

尽管 DDRT-PCR 技术有以上诸多方面的优点,但在实际中仍存在一些问题,主要表现在:①出现差别条带太多,假阳性率高达 70% 左右,对高拷贝数的 mRNA 具很强的倾向性;②扩增条带分子长度较短,一般在 110~450 bp。

5.5.4 电子克隆获取目的基因

表达序列标签(expressed sequence tag,EST)是从 cDNA 克隆中随机挑选出来进行一次性测序的结果,一般长 200~600 bp。由于基因表达调控作用不同,同一个基因的 mRNA 剪接位点和方式不同,因此同一个基因的全长 cDNA 可能包含多个 EST。EST 既代表了基因 cDNA 的某一区段,也表征了成熟 mRNA 可能的剪接方式。基于 EST 的电子克隆策略,是近年来发展起来的一种快速克隆基因的新技术。随着 EST 数据库的进一步完善,电子克隆策略已成为克隆新基因的重要方法,并成功地应用于人类基因组的研究。

1. 电子克隆的基本原理

相近的物种在核酸序列上有相似性,相近物种中的同源基因序列在一定程度上可以代表目的基因的序列。可代表程度与两序列的相似度直接相关,加上遗传密码的简并性,这种混同在理论上是可行的,但需要做同源性检验以克服主观因素的影响。

利用计算机来协助克隆基因,称为电子克隆(in silicon cloning)。即采用生物信息学技术组装延伸 EST 序列,获得基因的部分乃至全长 cDNA 序列,进一步利用 RT-PCR 的方法进行克隆分析、验证。

2. 电子克隆过程

电子克隆技术是对生物学数据库中 EST 数据库、核酸序列数据库、基因组数据库,采用同源性序列比对和归类分析、重叠区域组装和拼接等方法延长 EST 序列,直至没有与之同源的序列可供拼接为止,所得到的序列可以认为是相对应基因的全长 cDNA,根据所得的 cDNA 序列设计包括开放阅读框两端的引物,进行 RT-PCR 克隆出相应基因的方法。

1)EST 序列的获取

电子克隆的第一步是获得感兴趣的 EST,有以下三种方法。

（1）大规模测序大量 EST。

（2）从 EST 库中发现感兴趣的 EST，在 dbEST 数据库中找出 EST 的最有效途径是寻找同源序列，标准：长度不小于 100 bp，同源性在 50%～85%。可通过使用 BLAST 检索实现，其中最常用的如 NCBI(National Center for Biotechnology Information)的 GenBank。

（3）通过实验获得与某一性状相关的 EST。

2）同源序列比对组装重叠群

将检出序列组装为重叠群(contig)，以此重叠群为被检序列，重复进行 BLAST 检索与序列组装，延伸重叠群系列，重复以上过程，直到没有更多的重叠 EST 检出或者说重叠群序列不能继续延伸，有时可能获得全长的基因编码序列。

3）获得基因序列

获得这些 EST 序列数据后，再与 GenBank 核酸数据库进行相似性检测，假如有精确匹配基因，将 EST 序列数据按 EST 六种阅读框翻译成蛋白质，接着与蛋白质序列数据库进行比较分析。基因分析的结果大致有三种：第一是已知基因，是研究对象为人类已鉴定和了解的基因；第二是未经鉴定的新基因；第三是未知基因，这部分基因之间无同种或异种基因的匹配。

4）RT-PCR 分析验证

将拼接出的 cDNA 即新基因和未知基因进行可能的开放阅读框分析，设计包括开放阅读框两端的引物，通过 RT-PCR 扩增候选基因进行分析和验证，然后进行进一步的生物学研究。

5）电子克隆与传统克隆的比较

传统的基因克隆方法是利用基因特异性引物大量扩增 cDNA 末端或构建 cDNA 文库，采用原位杂交进行筛选，实验进程长、成本高、得率低；运用电子克隆的方法延伸得到的 cDNA 几乎包括了所有疑似为目的基因的 cDNA 序列，具有快捷、成本低、针对性强等特点。传统的方法如同小规模地捕捞一条或几条鱼，电子克隆与之相比就如同集约化地捕捞一群鱼。

近年来 EST 数据库容量扩增迅速，基于 EST 数据库由一个已知的基因利用生物信息学的方法进行功能基因的电子克隆已经成为目前最常用的基因克隆手段，许多新基因就是通过 EST 序列的拼接发现的。利用 EST 资料的电子克隆是克隆功能基因的新途径，但也受到 dbEST 的 EST 数量和质量的限制，因此在 EST 资料非常丰富的模式物种（如人、鼠等）中应用较多。EST 数据库的迅速扩张，已经并将继续导致识别与克隆新基因策略发生革命性变化。

3. 电子克隆的应用

电子克隆是基于 EST 和基因组数据库发展起来的基因克隆新技术，利用生物信息学计算机技术对 EST 或基因组数据库进行同源性比较分析，整理拼接出新基因的编码序列，确认完整后根据序列设计引物进行 RT-PCR 验证获得全长基因。

1）利用 EST 数据库进行电子克隆

利用 EST 序列检索同源性序列，并由此拼接 cDNA 序列以期挖掘新基因。基于 EST 数据库进行电子克隆的步骤如下：

（1）选择其他物种尤其是亲缘关系较近的物种的某基因全长 cDNA 序列或 EST 序列为查询探针，或者以该物种某基因 EST 为查询探针，搜索 EST 数据库进行 BLAST 比对，得到许多 EST 序列，从中寻找感兴趣的 EST。

（2）把感兴趣的 EST 基于 GenBank 中的非冗余数据库进行 BLAST 分析，判断是否是已知基因的一部分，筛选出新颖的 EST。

（3）将筛选出的 EST 在该物种的 EST 数据库中进行搜索，找到部分重叠的 EST 进行拼接,经严格聚类分析,尽量避免含有旁系同源基因,拼接后产生序列重叠群,相当于实验中的一部分 cDNA 步移工作。

(4)以新获得的重叠群为新的查询探针,继续搜索 EST 数据库,直到没有新的 EST 可供拼接为止。将拼接得到的序列对非冗余数据库进行搜索,以证明是一个全新的序列。这种策略也存在一定的局限性,许多拷贝数较低的基因很难被涵盖在 EST 数据库中,这些基因只能通过分析基因组序列才能被发现。

EST 序列的拼接是电子克隆中非常重要的环节,用于 EST 序列的拼接软件有很多。另外,还可以将序列提交到 NCBI 的 Unigene 数据库。数据库中除包含已确定的基因以外,还包括数以万计的 EST,每个簇包含唯一的非冗余的基因序列、表达的组织类型和基因图谱位点。现在数据库中已经包括大量模式或重要生物的 EST 序列,其中人类、老鼠和水稻的序列最多。通过 Unigene 系统可以很方便地进行序列的拼接得到新基因。

2)利用基因组数据库进行电子克隆

目前,已完成人类基因组及其他许多模式物种、重要物种基因组测序工作。在全基因组已经测序的物种中,基于基因组序列的新基因预测软件的开发,为利用生物信息学的方法克隆新基因带来了新的策略,即研究整个基因组序列以推测其中可能尚未发现的基因。基于基因组数据库的电子克隆大致步骤如下。

(1)选择亲缘关系较近物种的某基因全长 cDNA 序列或 EST 序列为查询探针,进行 BLAST 分析,筛选出同源性较高含外显子的该物种基因组重叠群或 BAC 克隆,并获得基因组序列,同时根据比对结果对基因组序列可能造成的移码测序错误进行修正。

(2)将这些外序列根据内含子和外显子的剪接特征"GU…AG",通过人工拼接或通过基因预测软件如 GenScan、GeneFinder 和 FGENESH 等进行预测,得到可能的新基因序列。

(3)将可能的新基因序列进行 BLAST 分析,检验其新颖性。

(4)将新基因序列提交到 dbEST 数据库进行 BLAST 分析并延伸,确认真实度。

4. 全长 cDNA 的判断

需要对所获得的 cDNA 序列进行判断,确定其是否为全长的 cDNA 序列。

1)从 5′端序列上进行判断

(1)对于同源全长基因的比较,通过与其他生物已有的对应基因末端进行 BLAST 来判断。

(2)对于无同源基因的新基因,一方面判断编码框架是否完整,无终止密码的则考虑有保守的 Kozak 序列;另一方面判断是否有转录起始位点,一般在 5′帽结构后有一段富含嘧啶的区域。另外,如果 cDNA5′序列与基因组序列中经 S1 酶切保护的部分相同,则可以确定获得的 cDNA 是全长的。

2)从 3′端序列上进行判断

(1)对于同源全长基因的比较,方法同 5′端。

(2)编码框架的下游有终止密码。

(3)有一个以上的 poly(A)加尾信号。

(4)无明显加尾信号的则也有 poly(A)尾。

同源全长基因的比较可以用 BLAST 比对或多重序列比对软件来实现,ClustalW 是目前使用最广泛的多重比对软件,使用者可以将序列提交到 http://www.ebi.ac.uk/clustalw/进行在线分析。如果确定得到的 cDNA 序列为全长的 cDNA 序列,这还只是在计算机上的"虚拟克隆",最终还必须通过 RT-RCR、序列测定和 Northern 印迹杂交等方法进行实验验证,以保证序列的准确性。但是,这种分析方法为实验研究提供了重要的线索,让随后的研究起到"事半功倍"的作用,极大地提高了工作效率。

5.5.5　图位克隆

图位克隆(map-based cloning)又称定位克隆(positional cloning),由剑桥大学的 Alan Coulson 在 1986 年提出,是在不清楚基因产物结构和功能的情况下,根据基因在染色体上都有稳定的基因座实现的。大片段克隆载体的发展和高密度分子连锁图谱的构建使图位克隆技术的实际应用成为可能,而一些模式生物基因组测序的完成则使在这些生物及同科属生物间图位克隆一个目的基因的时间大为缩短。随着各种分子标记技术和高质量基因组文库构建技术的快速发展,图位克隆已经成为分离生物体基因的一种常规技术。

1.图位克隆的定义和策略

图位克隆是根据目的基因在染色体上的位置进行基因克隆的一种方法。自 1992 年图位克隆技术首次在拟南芥中克隆到 *ABI3* 基因和 *FAD3* 基因以来,图位克隆技术在其他快速发展的相关技术支持下迅速发展起来。它是依据功能基因在生物基因组中都有相对稳定的基因座,在利用分子标记技术对目的基因进行精细定位的基础上,用与目的基因紧密连锁的分子标记筛选已构建的 DNA 文库(如 Cosmid、YAC、BAC 等文库),构建出目的基因区域的遗传图谱和物理图谱,再利用此物理图谱通过染色体步行、登陆和跳跃的方式获得含有目的基因的克隆,最后通过遗传转化和功能互补实验来验证所获得的目的基因(图 5-18)。

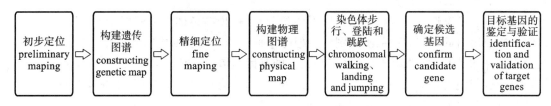

图 5-18　图位克隆的策略

2.图位克隆的一般步骤

1)筛选与目的基因连锁的分子标记

利用分子标记技术在一个目标性状的分离群体中把目的基因定位于一定的染色体区域内,对目的基因在染色体上进行初步定位。初步定位目的基因常用近等基因系法(near isogenic lines,NILs)和群组分离分析法(bulk segregant analysis,BSA)。近等基因系是一系列回交过程的产物,理论上近等基因系间除了目的基因及邻近区不同外,其他区段应完全一致。因此,如果在近等基因系中检测出多态性,差异就必定在目的基因及其邻近区域中。但近等基因系法由于基因连锁,在回交导入目标性状基因的同时,与目的基因连锁的染色体片段也随之进入子代中,出现连锁累赘现象,且构建 NILs 周期过长,从而限制了该法的广泛应用。群组分离分析法由 Michelmore 等在 1991 年提出,其原理是将分离群体(F2、BC1、DH 系等)中的个体依据研究的目标性状(如抗病、感病)分成两组,在每一组群体中将各个体 DNA 等量混合,形成两个 DNA 池(如抗病池和感病池)。由于分组时仅对目标性状进行选择,因此两个池间理论上主要在目的基因区段存在差异。通过初步定位,一般可以筛选出距目的基因的遗传距离一般为 5～10 cM 的两个侧面连锁的分子标记,这样就可以进行下一步的精细定位工作。

2)目的基因部位的精细定位和作图

精细定位的最终目标是将包含突变基因的遗传间隔缩小到 0.5 cM 甚至更小。显然用于作图的定位群体越大,就越能精确地定位突变基因。一般需要包含 3000~4000 个生物个体的定位群体来精确地定位目的基因。如果目的基因是在着丝粒附近,1 cM 相当于 1000 kb 左右,再加上着丝粒附近染色体重组率低,要想获得与目的基因紧密连锁的分子标记,就必须建立更大的定位群体,这样可以为后面的染色体步行节省时力。精细定位工作是图位克隆一个基因过程中最为耗时耗力的步骤,也是限速的一步。增加一个已知区域内的分子标记的方法如下:首先整合已有的遗传图谱,将各种遗传图谱中的分子标记整合到一块,可以提高分子标记的密度;其次可以增加新的分子标记,如在水稻、拟南芥这些已经测序的生物上,可以利用目的基因两侧的 DNA 序列和分子标记设计软件(SSRHunter、Primer Premier 5.0 等)来大量设计新的分子标记;此外,也可以利用比较基因组的共线性从其他同科属的生物上获得分子标记。用这些分子标记对建图群体进行精细定位,以期找到与目的基因更紧密连锁的分子标记甚至共分离的分子标记。对定位群体较大,需要对单株进行分析,提取大量 DNA 的问题,可根据 Churchill 等 1993 年提出的 DNA 混合样品作图的方法进行实验设计。DNA 混合样品作图是指把大群体中所需进行分子标记多态鉴定的单株(个)分成若干组(可 5~20 个单株一组),以组为单位提取 DNA,形成一个组内混合的 DNA 池,用精细定位的分子标记对混合的 DNA 池进行分析,根据所有池中的分子标记与目的基因发生的重组数来确定目的基因附近分子标记的顺序。混合样品作图大大地提高分子标记分析效率,减少了 DNA 提取的工作量,有利于扩大群体,加速克隆进程。

通过具有多态性的分子标记对作图群体的分析,根据染色体上分子标记与目的基因间的重组率构建出目的基因附近的遗传图谱。但分子标记与目的基因之间的距离是按照实际的碱基数来计算的,所以物理图谱才是真正意义上的基因图谱,它会因不同染色体区域基因重组值不同而造成与遗传距离的差别。物理图谱的种类很多,有染色体分带图、限制酶切图谱、跨叠克隆群、DNA 序列图谱等。限制酶切图谱是用几种限制性核酸内切酶消化 DNA,通过电泳检查限制性片段长度的办法确定它们的排列顺序;对于较大的基因组,可以利用稀有切点限制性核酸内切酶和脉冲电脉。跨叠克隆群的制作则需具有一定容量的大片段基因组文库。比较各个克隆的插入片段,将它们排列成与原来在染色体中的顺序一样的连续克隆群,即跨叠克隆群。荧光原位杂交技术(Fiber-FISH)使 FISH 技术的分辨率接近其理论值 1 kb(相当于约 0.14 μm 的 DNA 纤丝),即光学显微镜的识别范围内。Fiber-FISH 适宜用基因组的数量作图,而且由于可以在荧光显微镜下同时观察几种探针的位置和顺序,将有效地排除染色体步行过程中经常遇到的重复序列带来的困难。所有这些技术的发展和出现都为图位克隆基因奠定了坚实的基础。

3)染色体步行、登陆和跳跃

染色体步行(chromosome walking)是通过逐一克隆来自染色体基因组 DNA 的彼此重复的序列,而慢慢地靠近目的基因,开始步行的克隆可以是已知的基因、RFLP、RAPD 或其他已鉴定的分子标记,用它来杂交筛选大片段 DNA 文库中的阳性克隆,找出与目的基因两侧连锁最紧密的分子标记所在的大片段克隆,接着分别以两侧分子标记所在的克隆为起点进行染色体步行,逐步靠近目的基因。以大片段克隆的末端为探针,筛选基因组文库,鉴定和分离出邻近的基因组片段的克隆,再将这个克隆的远末端作为探针重新筛选基因组文库;继续这一过程,直到获得具有目的基因两侧分子标记的大片段克隆或跨叠克隆群。当遗传连锁图谱指出基因所在的特定区域时,即可取回需要的克隆,获得目的基因。

染色体步行在实际运用中的主要困难是当在克隆的一端遇到大量重复的 DNA 序列时,步行的方向会被打乱;另外,当步行必须经过一个间隙时,步行的过程就会被打断。这些都会造成图位克隆的失败。为了克服这些困难,人们相继提出了染色体登陆、跳跃和连接等方法。染色体登陆是找出与目的基因的物理距离小于基因组文库插入片段的平均距离的分子标记。一般找到与目的基因共分离的分子标记,通过这样的分子标记筛选文库可直接获得含有目的基因的克隆,完全避开染色体步行的过程。染色体跳跃、连接分别是使用一个识别位点很少的酶和一个识别位点很多的酶构建跳跃文库、连接文库。跳跃文库的插入片段是大片段克隆末端经过双酶切的部分,由同样的文库进行克隆。连接文库的插入片段是由切点较少的酶产生的,具有切点较少的那个酶的识别位点。在染色体步行的过程中,交替应用两个文库进行跳跃和连接,最终逼近目的基因。

4)目的基因的鉴定与验证

得到的目的基因所在的小片段克隆有可能含有多个开放阅读框,从这些开放阅读框中鉴定目的基因是图位克隆技术的最后一个关键环节。常用的方法是用含有目的基因的大片段克隆(如 BAC 克隆或 YAC 克隆)去筛选 cDNA 文库,并查询生物数据信息库,待找出候选基因后,把这些候选基因进行下列分析以确定目的基因:①用精细定位法检查 cDNA 是否与目的基因共分离;②检查 cDNA 时空表达特点是否与表型一致;③测定 cDNA 序列,查询数据库,以了解该基因的功能;④筛选突变体文库,找出 DNA 序列上的变化及其与功能的关系;⑤进行功能互补实验,通过转化突变体观察突变体表型是否恢复正常或发生预期的表型变化。功能互补实验是最直接鉴定基因的方法。利用 RNA 干扰(RNAi)也可有效地确定目的基因。

3.图位克隆技术的局限性

利用图位克隆法克隆基因不仅需要构建完整的基因组文库,建立饱和的分子标记连锁图和完善的遗传转化系统,而且还要进行大量的测序工作,所以对基因组大、标记数目不多、重复序列较多的生物采用此法不仅投资大,而且效率低。因而图位克隆法仅应用在人类、拟南芥、水稻、番茄等生物上。此外,在分析发生的变异时,最有可能遇到的复杂情况是一个给定的性状由不止一个的基因位点控制。例如,在拟南芥 Kashmir-1(有抗性的)和 Columbia(敏感的)株系之间的杂交实验中,粉状霉菌抗性基因至少涉及三个遗传位点,它们是以附加的方式起作用的。对这些抗性基因中的任何一个作精细定位都要求降低作图群体的遗传复杂性,如创造只有一个位点保持多态性的重组近交系。因此,当影响这些性状的自然或者诱导的突变被定位时,如第二位点修饰成分干扰这些分析,将使图位克隆此类基因变得非常困难。染色体上位点的物理距离和遗传距离的比值是变化的,通常这种变化是比较小的,对作图的分辨率也只有较小的影响。但如果要定位的基因位于重组被严格限制的着丝粒附近,精细定位的努力就有可能无效。对常染色体序列1%重组的遗传距离相当于 $100\sim400$ kb 的物理距离,然而着丝粒区域1%重组的遗传距离相当于 $1000\sim2500$ kb 的物理距离,在现存的物理图谱中很少有着丝粒区域被覆盖。这些都使图位克隆的染色体步行变得不可能。

4.图位克隆技术的展望

进入 21 世纪,生命科学取得了前所未有的发展,一系列模式生物的全基因组序列被测出,与生物研究相关的理论、方法日新月异。图位克隆是较为通用的基因获得技术,在理论上适用于一切基因。基因组研究产生了很多便宜但功能强大的工具,同时也有大量的信息被收集在免费的数据库中(高精度遗传图谱、大尺度物理图谱、大片段基因组文库,甚至基因组全序列),这为图位克隆的广泛应用提供了条件。现在,图位克隆已经成为分离基因的常规方法。有越来越多的生物通过图位克隆技术克隆到基因,如拟南芥、水稻、番茄等。图位克隆基因不仅适用于单基因克隆,对于那些由多基因控制的数量性状的定位同样适用。农作物中许多重要的农艺性状都是数量性状,受多个基因(如花时、籽粒大小、生理节律、次生代谢等)的控制。目前,利用图位克隆分离此类基因,主要是通过不断的回交构建 QTL(quantitative trait locus,数量性状座位)近等基因系以减少分离群体的遗传背景,来实现对单个 QTL 遗传效应的分析,并对 QTL 进行精细定位。随着越来越多的 QTL 被定位到分子标记连锁图上,利用图位克隆技术克隆单个贡献率较大的基因来改良作物已成为可能。

思考题

1. DNA 人工合成有哪些应用?
2. 何谓基因组文库? 简述基因组文库构建过程。
3. 构建理想的基因组 DNA 文库,应具备哪些条件?
4. 什么是 cDNA 文库? 它与基因组文库有何差别?
5. 获得目的基因有哪些基本方法?
6. 什么是扣除文库或差减文库?
7. 试述抑制差减杂交技术(SSH)的基本原理。
8. 简述 mRNA 差异显示技术。

扫码做习题

参考文献

[1] 袁婺洲.基因工程[M].北京:化学工业出版社,2010.

[2] 张应玖.基因工程[M].北京:科学出版社,2011.

[3] 阮红,杨岐生.基因工程原理[M].杭州:浙江大学出版社,2007.

[4] 吴乃虎.基因工程原理(上、下册)[M].2 版.北京:科学出版社,1998.

[5] 张惠展.基因工程[M].4 版.上海:华东理工大学出版社,2017.

[6] 钱学磊,闫海芳,李玉花.EST 的研究进展[J].生命科学研究,2012,16(5):446-450.

[7] 王晓娜,卢欣石.表达序列标签的应用现状及分析方法研究[J].草业科学,2010,27(5):76-84.

[8] 王日升,张曼,李猷,等.植物抗病虫 SSH 文库的 EST 分析[J].西北植物学报,2012,32(2):425-430.

[9] 刘媛,蔡嘉斌,蒋国松,等.基于 EST 的新基因克隆策略[J].遗传,2008,30(3):257-262.

［10］齐景斌,赵大显.表达序列标签研究进展及其在甲壳动物中的应用概况[J].湖北农业科学,2012,51(1):1-4.

［11］贺斌,黄兴奇,余腾琼,等.cDNA 末端快速扩增技术及其方法的改进[J].浙江农业科学,2012,(9):1352-1357.

［12］唐江云,张涛,郑家奎.mRNA 差别显示技术研究进展及其在水稻中的应用[J].生物技术通报,2009,(8):56-59.

［13］张洁,陆海峰,李有志.电子 PCR[J].分子植物育种,2004,(1):138-144.

［14］王冬冬,朱延明,李勇,等.电子克隆技术及其在植物基因工程中的应用[J].东北农业大学学报,2006,37(3):403-408.

［15］徐烨,刘雅婷,代文琼,等.几种主要的 RACE 技术及应用[J].中国农业科技导报,2012,14(2):81-87.

［16］孙淼,赵茂林.利用表达序列标签电子克隆 cDNA 全序列的策略[J].生物技术通报,2010,(1):49-52.

第 **6** 章　目的基因的导入与重组体的鉴定

【**本章简介**】　重组的 DNA 分子导入受体细胞时,根据受体细胞的不同,导入方法也有所不同。本章介绍重组 DNA 导入原核细胞和真核细胞的方法,并概述重组体的筛选与鉴定方法。

6.1　重组 DNA 导入原核细胞

6.1.1　原核受体细胞简介

原核生物细胞可作为较为理想的受体细胞,其主要原因是大部分原核生物细胞的细胞壁没有纤维素,便于外源 DNA 的导入。没有核膜,染色体 DNA 没有固定结合的蛋白质,便于外源 DNA 与染色体 DNA 进行重组。原核细胞基因组结构简单,不含线粒体和质体基因组,便于对引入的外源基因进行遗传分析。原核生物多数为单细胞生物,容易获得一致性的实验材料,并且培养简单,繁殖迅速,实验周期短,重复实验快。因此,原核生物细胞普遍作为受体细胞用来构建基因组文库、cDNA 文库,建立生产目的基因产物的工程菌或者作为克隆载体的宿主菌。用作受体菌的原核生物主要有大肠杆菌(*E. coli*)、枯草芽孢杆菌(*Bacillus subtilis*)和蓝藻(*Cyanobacteria*)等。

大肠杆菌(*E. coli*)是迄今为止研究得最为详尽、应用最为广泛的原核生物种类之一,也是基因工程研究和应用中发展最为完善和成熟的载体受体系统。大肠杆菌是革兰氏阴性菌,一些菌株的染色体 DNA 已测序完毕,大部分基因的生物功能已被鉴定。由于大肠杆菌繁殖迅速,培养简便,代谢易于控制,利用重组 DNA 技术建立的大肠杆菌工程菌已大规模用于生产真核生物基因的表达产物,具有重大的经济价值。目前已经实现商品化的多种基因工程产品中,大部分是由大肠杆菌工程菌生产的。但是,大肠杆菌细胞膜间隙中含有大量的内毒素,可导致人体产生热原反应。

枯草芽孢杆菌,又称枯草杆菌,是一类革兰氏阳性菌。它作为基因工程受体菌具有以下优点:①枯草芽孢杆菌具有胞外酶分泌-调节基因,能将基因表达产物高效分泌到培养基中,简化蛋白表达产物的提取和加工处理等过程,而且在大多数情况下,真核生物的异源重组蛋白经枯草芽孢杆菌分泌后便具有天然构象和生物活性;②枯草芽孢杆菌不产生内毒素,无致病性,是一种安全的基因工程菌,枯草芽孢杆菌具有芽孢形成能力,易于保存和培养;③枯草芽孢杆菌也具有大肠杆菌生长迅速、代谢易于调控、分子遗传学背景清楚等优点;④利用 DNA 重组技术改造枯草芽孢杆菌,可以用于其自身的某些特殊功能蛋白和酶类的规模化生产。

蓝藻,也称为蓝细菌,在细胞结构和生物化学方面与细菌很相似,亲缘关系也较密切。它作为基因工程受体细胞的最大特点是:蓝藻是一类光能自养型生物,由于具有叶绿素 a 等光合色素(缺少叶绿素 b)而能进行光合作用,同时释放出氧气,因此蓝藻培养简便易行,营养条件要求低,并可用于大规模生产。由于密码子的偏好性和启动子的通用性,某些蓝藻可能成为植物基因表达的宿主。随着蓝藻质粒的发现、有关载体的构建和大量突变体细胞的获得,蓝藻基因工程有了长足的发展。

棒状杆菌和链霉菌等受体细胞也可以作为原核细胞受体,进行工程菌的构建并能用来生产抗生素和氨基酸,这是利用大肠杆菌和枯草芽孢杆菌等受体细胞难以完成的工作。

以原核生物细胞来表达真核生物基因也存在一定的缺陷,较多的真核生物基因不能在大肠杆菌中表达出具有生物活性的功能蛋白。其主要原因如下:①原核生物细胞不具备真核生物的蛋白质折叠复性系统,即使许多真核生物基因能得以表达,得到的也多是无特异性空间结构的多肽链;②原核生物细胞缺乏真核生物的蛋白质加工系统,而许多真核生物蛋白质的生物活性正是依赖于其侧链的糖基化或磷酸化等修饰作用而起作用;③原核细胞内源性蛋白酶易降解空间结构不正确的异源蛋白,造成表达产物不稳定等。这在一定程度上制约了原核受体细胞作为生物反应器进行异源真核生物蛋白的大规模生产。

6.1.2　转化

重组 DNA 分子在体外构建完成后,必须导入特定的受体细胞,使之无性繁殖并高效表达外源基因或直接改变其遗传性状,这个导入过程及操作统称为重组 DNA 分子的转化(transformation)。

1. 转化的基本概念

重组 DNA 技术中的转化是指将重组 DNA 分子人工导入受体细胞的操作过程,它沿用了自然界细菌转化的概念,但无论在原理还是在方式上均与细菌自然转化有所不同,同时也与哺乳动物正常细胞突变为癌细胞的细胞转化概念有着本质的区别。重组 DNA 人工导入受体细胞有许多方法,如受体细胞的电穿孔和显微注射等,这些导入方法在重组 DNA 技术中统称为转化操作。

经典的细菌转化现象是 1928 年英国的细菌学家 Griffich 在肺炎双球菌中发现的,并在1944 年由美国的 Avery 形成完整的转化概念。细菌转化的本质是受体菌直接吸收来自供体菌的游离 DNA 片段,并在细胞中通过遗传交换将之组合到自身的基因组中,从而获得供体菌的相应遗传性状,其中来自供体菌的游离 DNA 片段称为转化因子。具有转化能力的 DNA 片段常常是双链 DNA 分子,单链 DNA 分子很难甚至根本不能转化受体菌。就受体菌而言,只有当其处于感受态(受体细胞最易接受外源 DNA 片段而实现转化的一种特殊生理状态)时才能有效地接受转化因子。处于感受态的受体菌,其吸收转化因子的能力为一般细菌生理状态的 1000 倍以上,而且不同细菌间的感受态差异往往受自身的遗传特性、菌龄、生理培养条件等诸多因素的影响。

细菌转化的全过程(图 6-1)包括:①感受态的形成。典型的革兰氏阳性菌由于细胞壁较厚,形成感受态时细胞表面发生明显的变化,出现各种蛋白质和酶类,负责转化因子的结合、切割及加工。感受态细胞能分泌一种小相对分子质量的激活蛋白或感受因子,其功能是与细胞表面受体结合,诱导某些与感受态有关的特征性蛋白质(如溶菌酶)的合成,使细菌胞壁部分溶解,局部暴露出细胞膜上的 DNA 结合蛋白和核酸酶等。②转化因子的结合。受体菌细胞膜上的 DNA 结合蛋白可与转化因子的双链 DNA 结构特异性结合,单链 DNA 或 RNA、双链 RNA 以及 DNA-RNA 杂合双链都不能结合在膜上。③转化因子的吸收。双链 DNA 分子与结合蛋白作用后,激活邻近的核酸酶,一条链被降解,而另一条链则被吸收到受体菌中,这个吸收过程为 EDTA 所抑制,可能是因为核酸酶活性需要二价阳离子的存在。④整合复合物前体的形成。进入受体细胞的单链 DNA 与另一种游离的蛋白因子结合,形成整合复合物前体结构,它能有效地保护单链 DNA 免受各种胞内核酸酶的降解,并将其引导至受体菌染色体 DNA 处。⑤转化因子单链 DNA 的整合。供体单链 DNA 片段通过同源重组,置换受体染色体 DNA 的同源区域,形成异源杂合双链 DNA 结构。革兰氏阴性菌细胞表面的结构和组成均与革兰氏阳性菌有所不同,供体 DNA 进入受体细胞的转化机制还不十分清楚。革兰氏阴性菌在感受态的建立过程中伴随着几种膜蛋白的表达,它们负责识别和吸收外源 DNA 片段。研究表明,嗜血杆菌和奈氏杆菌均能识别自身的 DNA,如嗜血杆菌所吸收的自身 DNA 片段中都有一段 11 bp 的保守序列 5′-AAGTGCGGTCA-3′。这表明革兰氏阴性菌在转化过程中对供体 DNA 的吸收具有一定的序列特异性,受体细胞只吸收自己或与其亲缘关系很近的 DNA 片段,外源 DNA 片段可以结合在感受态细胞的表面,但极少能吸收。

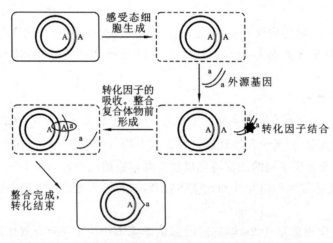

图 6-1 转化的基本过程示意图

革兰氏阴性菌的 DNA 是以完整的双链形式被吸收的,在整合作用发生之前,进入受体细胞内的双链 DNA 片段与相应的 DNA 结合蛋白结合,不为核酸酶所降解。DNA 整合同样发生在单链水平上,另一条链以及被取代的受体菌单链 DNA 则被降解。

原核细菌的转化虽是一种较为普遍的遗传变异现象,但是目前仍只是在部分细菌的种属之间发现,如肺炎双球菌、芽孢杆菌、链球菌、假单胞菌以及放线菌等。而在肠杆菌科的一些细菌间很难进行转化,其主要原因是一方面转化因子难以被吸收,另一方面受体细胞内往往存在着降解线状转化因子的核酸酶系统。另外,细菌自然转化是自身进化的一种方式,通常伴随着

DNA 的整合,因此在 DNA 重组的转化实验中,很少采取自然转化的方法,而是通过物理方法将重组 DNA 分子导入受体细胞中,同时也对受体细胞进行遗传处理,使之丧失对外源 DNA 分子的降解作用,确保较高的转化效率。

2.受体细胞的选择

野生型细菌一般不能用作基因工程的受体细胞,因为它对外源 DNA 的转化效率较低,并且有可能对其他生物种群存在感染寄生性,因此必须通过诱变手段对野生型细菌进行遗传性状改造,使菌株变成以下类型。

1)限制缺陷型

野生型细菌具有针对外源 DNA 的限制和修饰系统。如果从大肠杆菌 C600 株中提取质粒 DNA,用于转化大肠杆菌 K12 株,后者的限制系统便会切开未经自身修饰系统修饰的质粒 DNA,使之不能在细胞中有效复制,因此转化效率很低。同样,来自不同生物的外源 DNA 或重组 DNA 转化野生型大肠杆菌,也会遇到受体细胞限制系统的降解。为了打破细菌转化的种属特异性,提高任何来源的 DNA 分子的转化效率,通常选用限制系统缺陷型的受体细胞。大肠杆菌的限制系统主要由 $hsdR$ 基因编码,因此具有 hsdR⁻ 遗传表型的大肠杆菌各株均丧失了降解外源 DNA 的能力,同时大大增加了外源 DNA 的可转化性。

2)重组缺陷型

野生型细菌在转化过程中接纳的外源 DNA 分子能与染色体 DNA 发生体内同源重组反应,这个过程是自发进行的,由 rec 基因家族的编码产物驱动。大肠杆菌中存在着两条体内同源重组的途径,即 RecBCD 途径和 RecEF 途径,前者远比后者重要,但两种途径均需要 RecA 重组蛋白的参与。RecA 是单链蛋白,在同源重组过程中起着不可替代的作用,它能促进 DNA 分子之间的同源联会和 DNA 单链交换,RecA⁻ 型的突变使大肠杆菌细胞内的遗传重组频率降低至原来的 10^{-6} 左右。大肠杆菌的 $recB$、$recC$ 和 $recD$ 基因分别编码不同相对分子质量的多肽链,三者构成一个在同源重组中的统一功能 RecBCD 蛋白(核酸酶 V),它具有依赖于 ATP 的双链 DNA 外切酶和单链 DNA 内切酶双重活性,这两种活性也是同源重组所必需的。以外源基因克隆、扩增以及表达为目的的基因工程实验是建立在重组 DNA 分子自主复制基础上的,因此受体细胞必须选择体内同源重组缺陷型的遗传表型,其相应的基因型为 $recA^-$、$recB^-$ 或 $recC^-$,有些大肠杆菌受体细胞则三个基因同时被灭活。

3)转化亲和型

用于基因工程的受体细胞必须对重组 DNA 分子具有较高的可转化性,这种特性主要表现在细胞壁和细胞膜的结构上。利用遗传诱变技术可以改变受体细胞壁的通透性,从而提高其转化效率。在用噬菌体 DNA 载体构建的重组 DNA 分子进行转染时,受体细胞膜上还必须具有噬菌体的特异性吸附受体。

4)遗传互补型

受体细胞必须具有与载体所携带的选择标记互补的遗传性状,才能使转化细胞的筛选成为可能。例如,若载体 DNA 上含有氨苄青霉素抗性基因(ampicillin resistance gene,Amp^r),则所选用的受体细胞应对这种抗生素敏感,当重组分子转入受体细胞后,载体上的标记基因赋予受体细胞抗生素的抗性特征,以区分转化细胞与非转化细胞。更为理想的受体细胞具有与外源基因表达产物活性互补的遗传特征,这样便可直接筛选到外源基因表达的转化细胞。

5)感染寄生缺陷型

相当多的细菌对其他生物尤其是人和牲畜具有感染和寄生效应,重组 DNA 分子导入这些受体菌中后,极有可能随着受体菌的感染寄生作用进入生物体内,并广泛传播。如果外源基因对人体和牲畜有害,则会导致一场灾难。因此从安全的角度上考虑,受体细胞不能具有感染寄生性。受体细胞选择的另一方面内容是受体细胞种属的确定。对于以改良生物物种为目的的基因工程操作而言,受体细胞的种属没有选择的余地,待改良的生物物种就是受体。但对外源基因的克隆与表达来说,受体细胞种类的选择至关重要,它直接关系到基因工程的成败。

3. 转化方法

动物细胞和植物细胞的外源 DNA 导入完整细胞通常采用相应的病毒感染方法。细菌受体细胞的转化方法是基于物理学和生物学原理建立起来的。

1)Ca^{2+} 诱导转化

1970 年 Mandel 和 Higa 发现用 $CaCl_2$ 处理过的大肠杆菌能够吸收噬菌体 DNA,此后不久,Cohen 等用此法实现了质粒 DNA 转化大肠杆菌的感受态细胞。将处于对数生长期的细菌置入 0 ℃的 $CaCl_2$ 低渗溶液中,使细胞膨胀,同时 Ca^{2+} 使细胞膜磷脂层形成液晶结构,使得位于外膜与内膜间隙中的部分核酸酶离开所在区域,这就构成大肠杆菌人工诱导的感受态。此时加入 DNA,Ca^{2+} 又与 DNA 结合形成抗脱氧核糖核酸酶(DNase)的羟基-磷酸钙复合物,并黏附在细菌细胞膜的外表面上。经短暂的 42 ℃热激处理后,细菌细胞膜的液晶结构发生剧烈扰动,随之出现许多间隙,致使通透性增加,DNA 分子便进入细胞内。此外在上述转化过程中,Mg^{2+} 的存在对 DNA 的稳定性起很大的作用,$MgCl_2$ 与 $CaCl_2$ 又对大肠杆菌某些菌株感受态细胞的建立具有独特的协同效应。1983 年,Hanahan 除了用 $CaCl_2$ 和 $MgCl_2$ 处理细胞外,还设计了用二甲基亚砜(dimethyl sulfoxide,DMSO)和二巯基苏糖醇(dithiothreitol,DTT)进一步诱导细胞产生高频感受态的程序,从而大大提高了大肠杆菌的转化效率。目前,Ca^{2+} 诱导法已成功地用于大肠杆菌、葡萄球菌以及其他一些革兰氏阴性菌的转化。

2)聚乙二醇介导的细菌原生质体转化

聚乙二醇(PEG),也称为聚环氧乙烷(PEO)或聚氧乙烯(POE),是指环氧乙烷的寡聚物或聚合物。在高渗培养基中生长至对数生长期的细菌,用含有适量溶菌酶的等渗缓冲液处理,剥除其细胞壁,形成原生质体,使之丧失一部分定位在膜上的 DNase,有利于双链环状 DNA 分子的吸收。此时,再加入含有待转化的 DNA 样品和聚乙二醇的等渗溶液,均匀混合。通过离心除去聚乙二醇,将菌体涂布在特殊的固体培养基上,再生细胞壁,最终得到转化细胞。这种方法不仅适用于芽孢杆菌和链霉菌等革兰氏阳性菌,也对酵母菌、霉菌甚至植物细胞等真核细胞有效。

3)电穿孔驱动的完整细胞转化

电穿孔(electroporation)是一种电场介导的细胞膜可渗透化处理技术。受体细胞在电脉冲的作用下,其细胞壁上形成一些微孔通道,使得 DNA 分子直接与裸露的细胞膜脂双层结构接触,并引发吸收过程。具体操作程序因转化细胞的种属而异。对于大肠杆菌来说,大约 50 μL 的细菌与 DNA 样品混合后,置于装有电极的槽内,然后选用大约 25 μF、2.5 kV 和 200 Ω 的电场强度处理 4.6 ms,即可获得理想的转化效率。虽然电穿孔法转化较大的重组质粒(100 kb 以上)的转化效率只有小质粒(约 3 kb)的约 10^{-3},但这比 Ca^{2+} 诱导和原生质体转化方法理想,因为这两种方法几乎不能转化 100 kb 以上的质粒 DNA。对于几乎所有的细菌均可找到一套与之匹配的电穿孔操作条件,因此电穿孔转化方法有可能成为细菌转化的标准程序。

4)接合转化

接合(conjugation)是指通过细菌细胞之间的直接接触导致 DNA 从一个细胞转移至另一个细胞的过程。这个过程是由接合型质粒完成的,它通常具有促进供体细胞与受体细胞有效接触的接合功能以及诱导 DNA 分子传递的转移功能,两者均由接合型质粒上的有关基因编码(图 6-2)。应当特别指出的是,在接合转化过程中使用的重组质粒与接合型质粒必须具有互容性,否则两者难以稳定地存在于供体菌中。

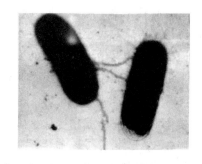

图 6-2　大肠杆菌接合的电子显微镜照片

5)噬菌体转染

以 DNA 为载体的重组 DNA 分子,由于其相对分子质量较大,通常采取转染的方法将之导入受体细胞内。在转染之前必须对重组 DNA 分子进行人工体外包装,使之成为具有感染活力的噬菌体颗粒。用于体外包装的蛋白质可以直接从大肠杆菌的溶源株中制备,现已商品化。这些包装蛋白通常分成分开放置且功能互补的两部分,一部分缺少 E 组分,另一部分缺少 D 组分。包装时,只有当这两部分的包装蛋白与重组 DNA 分子三者混合后,包装才能有效进行。任何一种蛋白包装溶液被重组分子污染后均不能包装成有感染活力的噬菌体颗粒,这种设计也是基于安全考虑。整个包装操作过程与转化一样简单:将 DNA 与外源 DNA 片段的连接反应液与两种包装蛋白组分混合,在室温下放置 1 h,加入适量氯仿,离心除去细菌碎片,即得重组噬菌体颗粒的悬浮液。将之稀释合适的倍数,并与处于对数生长期的大肠杆菌受体细胞混合涂布,过夜培养,即可用于筛选与鉴定。

4.影响转化率的因素

转化率的高低与一般重组克隆实验关系不大,但在构建基因文库时,保持较高的转化率至关重要。影响转化率的因素很多,包括以下三个方面。

(1)载体 DNA 及重组 DNA:载体本身的性质决定了转化率的高低,不同的载体 DNA 转化同一受体细胞,其转化率明显不同。载体分子的空间构象对转化率也有明显影响,超螺旋结构的载体质粒往往具有较高的转化率,经体外酶切连接操作后的载体 DNA 或重组 DNA 由于空间构象难以恢复,其转化率一般要比具有超螺旋结构的质粒低两个数量级。对于以质粒为载体的重组分子而言,相对分子质量大的转化率低,到目前为止,30 kb 以上的重组质粒很难进行转化。

(2)受体细胞:受体细胞除了具备限制重组缺陷性状外,还应与所转化的载体 DNA 性质相匹配,如 pBR322 转化大肠杆菌 JM83 株,其转化率不高于 10^3/g(DNA),但若转化 ED8767 株,则可获得 10^6/g(DNA)的转化率。

(3)转化操作:受体细胞的预处理或感受态细胞的制备对转化率影响最大。对于 Ca^{2+} 诱导的完整细胞转化而言,菌龄、$CaCl_2$ 处理时间、感受态细胞的保存期以及热激时间均是很重要的因素。其中感受态细胞通常在 12~24 h 内转化率最高,之后转化率急剧下降。对于原生质体转化而言,再生率的高低直接影响转化率,而原生质体的再生率又受诸多因素的制约。在一次转化实验中,DNA 分子数与受体细胞数的比值对转化率也有影响,通常 $50\sim100$ ng 的 DNA 对应于 10^8 个受体细胞或原生质体,在此条件下,加大 DNA 量并不能线性提高转化率,甚至反而使转化率下降。不同的转化方法导致不同的转化率,这是不言而喻的。其中电穿孔法的转化率与质粒大小密切相关,但明显优于 Ca^{2+} 诱导的转化,接合转化虽然转化率较低,但对于那些不能用其他方法转化的受体细胞来说不失为一种选择,如光合细菌大多数种属的菌株均采用接合转化方式将重组 DNA 分子导入细胞内。

5. 转化细胞的扩增

转化细胞的扩增是指受体细胞经转化后立即进行短时间的培养,如 Ca^{2+} 诱导转化后的受体细胞在 37 ℃ 培养 1 h,原生质体转化后的细胞壁再生过程以及重组 DNA 分子体外包装后与受体细胞的混合培养等。转化细胞的扩增主要包括:①转化细胞的增殖,使得有足够数量的转化细胞用于筛选环节;②载体 DNA 上携带的标记基因拷贝数扩增及表达,这是进行筛选操作的前提;③克隆的外源基因的表达,如果重组 DNA 分子的筛选与鉴定依赖于外源基因表达产物的检测,则外源基因必须在转化细胞扩增期间表达。总之,转化细胞扩增的目的只有一个,即为后续的筛选鉴定创造条件。

6.1.3　重组质粒 DNA 分子转化大肠杆菌

大肠杆菌是一种革兰氏阴性菌,其细胞表面的结构和组成均与革兰氏阳性菌有所不同,自然条件下很难进行转化,其主要原因是转化因子的吸收较为困难,尤其是那些与其亲缘关系较远的 DNA 分子更是如此。在基因工程研究和应用中,转化受体菌细胞的正是根据人们需要构建的外源重组质粒 DNA 分子,而非来自供体菌游离 DNA 片段(转化因子),因此在大肠杆菌的重组质粒 DNA 分子的转化实验中,很少采取自然转化处理。其常用的方法如下。

1. 化学转化法

1)大肠杆菌的感受态细胞

将重组体 DNA 导入感受态大肠杆菌的转化实验,是一种十分有效的导入外源 DNA 的手段,转化实验包括制备感受态细胞和转化处理。

对细菌细胞进行转化或转染的关键是细胞处在感受态。所谓感受态细胞,就是指受体细胞处于摄入外源 DNA 的状态。一般用 $0.01\sim0.05$ mol/L $CaCl_2$ 处理受体细胞,可以引起细胞膨胀,增大细胞的通透性,使重组 DNA 进入细胞,提高转化效率。

感受态细胞无特异性,对各种外来 DNA 都可接受。缺乏标记的重组 DNA 可与有识别标记的 DNA 同时转化(非亲缘关系),以有利于转化体的筛选。

2)感受态细胞的制备

大肠杆菌感受态细胞的具体制备方法如下:

(1)从 37℃ 培养 $16\sim20$ h 的新鲜平板中挑取一个单菌落(直径为 $2\sim3$ mm)转到一个含有 100 mL LB 的烧瓶中,于 37 ℃ 剧烈振摇(300 r/min)培养 3 h,使细胞的浓度达到 5×10^7 个/mL,这时,细菌的 OD_{600} 一般在 $0.2\sim0.4$,为对数生长期或对数生长前期。可每隔 $20\sim30$ min 测量 OD 值来检测培养物的生长情况。

(2)在无菌条件下将细菌转移到一个无菌的、一次性使用的、用冰预冷的 50 mL 聚丙烯管中,在冰上放置 10 min,以下所有步骤均需无菌操作。

（3）于 4℃以 4000 r/min 离心 10 min,回收细胞。

（4）倒出培养液,将管倒置 1 min,以使残留的痕量培养液流尽。

（5）用 10 mL 冰预冷的 0.1 mol/L CaCl$_2$ 重悬每份沉淀,然后放置于冰浴 30 min。

（6）于 4℃以 4000 r/min 离心 10 min,回收细胞。

（7）倒出培养液,将管倒置 1 min,以使残留的痕量培养液流尽。

（8）每 50 mL 初始培养物用 2 mL 冰预冷的 0.1 mol/L CaCl$_2$ 重悬沉淀,然后放置于冰浴上 10～30 min。

（9）于 4℃以 4000 r/min 离心 10 min,回收细胞。

（10）倒出培养液,将管倒置 1 min,以使残留的痕量培养液流尽。

（11）分装细胞,若不马上进行转化,该感受态细胞可以加入终浓度为 10%～30% 的灭菌甘油于 -70 ℃冻贮。

3）重组体向受体细胞的导入

感受态细胞的转化效率在 24 h 内最高,因此转化反应最好紧接其后。若不马上转化,感受态细胞应置于终浓度为 15% 的灭菌甘油内,-70 ℃下可保存1～2个月,-20 ℃下可保存2～3周,总之储存时间越短越好。

将重组质粒 DNA 分子与大肠杆菌感受态细胞混合,置于冰浴中一段时间,再转移到 42 ℃下进行短暂（约 90 s）的热刺激后,迅速置于冰上,向其中加入非选择性的肉汤（SOC）培养基,保温振荡培养一段时间（1～2 h）,使细菌恢复正常生长状态,以促使在转化过程中获得的新抗生素抗性基因（Amp^r 或 Tet^r）得到充分表达。该法转化效率一般可达每微克 DNA 10^5～10^6 个转化子。

重组体 DNA 分子的转化通常还包括以噬菌体、病毒或以其作为载体构建的重组 DNA 分子导入细胞的过程（转染过程）。具体操作比质粒 DNA 的转化要简单,即将重组的噬菌体 DNA 分子同预先培养好的大肠杆菌细胞混合,37℃ 保温约 20 min,直接涂布在琼脂平板上,经过一段时间之后,重组噬菌体 DNA 就在大肠杆菌细胞中复制增殖,最终在平板上形成噬菌斑。

2.电穿孔法

电穿孔法有专门的仪器,但影响导入效率的因素较多,故需优化操作参数。电压太低时,不能形成微孔,DNA 无法进入细胞膜;电压太高时,易导致细胞的不可逆损伤。故电压多在 300～600 V/cm。脉冲时间一般为 20～100 ms,温度以 0～4 ℃为宜,可使穿孔修复迟缓,增加 DNA 的进入机会。电穿孔法的特点是操作简单,不需制备感受态细胞,适用于任何菌株。其转化效率一般可达每微克 DNA 10^9 个转化子。

6.1.4　重组 λ 噬菌体 DNA 分子转导大肠杆菌

采用与质粒 DNA 转化受体细胞相似的方法,将重组 λ 噬菌体 DNA 分子直接导入受体细胞中的过程,称为转染（transfection）。

由于 λ 噬菌体载体的相对分子质量较大,再加上外源 DNA 分子,重组 λ 噬菌体 DNA 分子的长度可达 48～51 kb,这么大的重组 DNA 分子直接用于转化时,效率较低;另外,在 DNA 分子的体外连接反应中,λ 噬菌体 DNA 分子与外源 DNA 分子之间的结合完全是随机进行的,形成的重组 DNA 分子中,有相当的比例是没有活性的,这样的分子不能转染宿主细胞,因而导致转染效率明显下降。完整的未经任何基因操作处理的 λ 噬菌体 DNA 分子的转染效率仅为 $10^5\sim10^6$ pfu(噬菌斑形成单位),而经过酶切、酶连等操作处理后的重组 λ 噬菌体 DNA 分子的转染效率下降到只有 $10^3\sim10^4$ pfu。显然这么低的转染效率很难满足一般的实验要求,如应用 λ 噬菌体载体构建基因文库时,转染效率至少要达到 10^6 pfu。当然,如果采用辅助噬菌体对受体细胞进行预感染处理,可以明显提高噬菌斑的形成率,但辅助噬菌体的存在又会给基因克隆实验带来诸多不便,因此在实际操作过程中很少使用。

将重组 λ 噬菌体 DNA 分子导入大肠杆菌受体细胞的常规方法是转导(transduction)操作。所谓转导,是指通过 λ 噬菌体(病毒)颗粒感染宿主细胞的途径把外源 DNA 分子转移到受体细胞内的过程。具有感染能力的 λ 噬菌体颗粒除含有 λ 噬菌体 DNA 分子外,还包括外被蛋白,因此,要以噬菌体颗粒感染受体细胞,首先必须将重组 λ 噬菌体 DNA 分子进行体外包装。

所谓体外包装,是指在体外模拟 λ 噬菌体 DNA 分子在受体细胞内发生的一系列特殊的包装反应过程,将重组 λ 噬菌体 DNA 分子包装为成熟的具有感染能力的 λ 噬菌体颗粒的技术。该技术最早是由 Becker 和 Gold 于 1975 年建立的,经过多方面的改进后,已经发展成为一种能够高效地转移大相对分子质量重组 DNA 分子的实验手段。

Rosenberg 等于 1985 年建立了一种更为简便的方法,其要点是利用 E. coli C 菌株制备的细菌裂解液作为包装物,进行 λ 噬菌体 DNA 分子的体外包装。E. coli C 菌株有两个特点:一是溶源菌能产生 λ 噬菌体包装蛋白的所有组分;二是其所含原噬菌体包装蛋白的积累。当在细菌裂解液中加入外源 DNA 分子时,其 cos 位点能被正确识别,故外源 DNA 分子可被正常包装,形成具有感染能力的 λ 噬菌体颗粒。此外,E. coli C 菌株由于缺乏 E. coli K 菌株的限制性核酸内切酶系统,因而对未修饰的外源 DNA 不产生降解,其包装效率比 E. coli K 菌株高 $2\sim7$ 倍。

经过体外包装的噬菌体颗粒可以感染适当的受体菌,并将重组 λ 噬菌体 DNA 分子高效导入细胞中。在良好的体外包装反应条件下,每微克野生型的 λ 噬菌体 DNA 可形成 $10^8\sim10^9$ pfu。而对于重组的 λ 噬菌体 DNA,包装后的成斑率要比野生型的有所下降,但仍可达到 $10^6\sim10^7$ pfu,完全可以满足构建真核基因文库的要求。

上述外源 DNA 分子通过转化和导入等方法导入大肠杆菌的技术已趋于成熟,用这些方法获得了大量转基因工程菌株。这些方法经适当修改同样可用于蓝藻、固氮菌和农杆菌等原核生物的基因导入。

6.2 重组 DNA 导入真核细胞

6.2.1 真核受体细胞的种类及特点

常见的真核受体细胞可以分为以下三大类。

1.真菌细胞

真菌是低等真核生物,其基因的结构、表达调控机制以及蛋白质的加工与分泌都有真核生物的特征,因此利用真菌细胞表达高等动植物基因具有原核生物细胞无法比拟的优点。常用的真菌受体细胞有酵母菌细胞等。酵母菌是一群以芽殖或裂殖进行无性繁殖的单细胞真核微生物(图 6-3)。它是外源真核基因最理想的表达系统,其优势如下:①酵母菌是结构最为简单的真核生物之一,其基因表达调控机理比较清楚,遗传操作相对较为简单;②具有真核生物蛋白翻译后修饰加工系统;③不含有特异性的病毒,不产生毒素,有些酵母菌属(如酿酒酵母)在食品工业中有着几百年的应用历史,属于安全型基因工程受体系统;④培养简单,有利于大规模发酵生产,成本低廉;⑤能将外源基因表达产物分泌至培养基中,便于产物的提取和加工等。在基因工程研究和应用中,酵母菌具有极为重要的经济意义和学术价值。

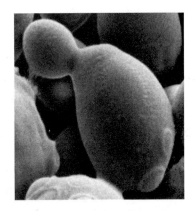

图 6-3　酵母菌电子显微镜照片

2.植物细胞

虽然植物细胞具有由纤维素参与组成的坚硬细胞壁,但经纤维素酶等处理获得的原生质体,同样可摄取外源 DNA 分子,且原生质体在适当培养条件下可再生细胞壁,进行细胞分裂。另外,即使不预先制备成原生质体,利用基因枪等仪器和农杆菌介导等方法,同样可使外源 DNA 进入植物细胞。作为基因转移的受体细胞,植物细胞最突出的优点就是其全能性,即一个分离的活细胞在合适的培养条件下,较容易再分化成植株,这意味着一个获得外源基因的体细胞可以培养出能稳定遗传的植株或品系。因此,以植物细胞为受体的转基因工作得以迅速发展。

3.动物细胞

动物细胞也可用作受体细胞,不过早期多采用生殖细胞、受精卵细胞或胚细胞作为基因转移的受体细胞,由此培育出一定数量的转基因动物。但是近年来通过体细胞克隆,获得了多种克隆动物,因此,动物体细胞同样可以用作转基因受体细胞。目前用作基因转移的受体动物主要有猪、羊、牛、鱼等经济动物和鼠、猴等实验动物,主要用途在于大规模表达生产天然状态的复杂蛋白质或动物免疫因子和动物品种的遗传改良及人类疾病的基因治疗等。

6.2.2　重组 DNA 分子导入酵母细胞

酵母细胞的 DNA 转化有以下几种方法。

(1)原生质体法:这是最早用于酵母载体 DNA 转化的方法。其缺点是控制酵母细胞原生质体化的程度比较困难,转化效率不稳定。另外,细胞原生质体转化时间长、成本较高。

(2)离子溶液法:将酵母细胞用各种离子(如一价阳离子 Cs^+、Li^+)溶液进行处理,然后进行 DNA 转化,能明显地增加外源 DNA 的吸入。这种方法的转化效率虽然不及原生质体法高,但也能达到每微克 DNA 10^3 个转化子,对于一般的应用来说已经足够高了。其优点是操作简便、容易掌握,所以很快被广泛采用。

（3）一步法：一步法是在离子溶液法基础上建立的，每微克DNA可得到10^4个转化子，特别适用于处于静止期的酵母细胞的转化，使酵母转化的方法变得越来越简单。

（4）PEG法：通过PEG 1000处理酵母细胞获得类感受态再转化，每微克DNA至少可得到10^3个转化子。

（5）电穿孔法和粒子轰击法（particle bombardment 或 biolistics）：电穿孔法和粒子轰击法最早用于植物细胞的DNA转化，后来证明也能用于酵母细胞的转化，常用于一些新的酵母宿主细胞的DNA转化。其优点是转化效率极高，每微克DNA能产生10^5个转化子。缺点是需要特殊的设备、成本较高，所以不是常规的转化方法。

6.2.3 重组DNA分子导入植物细胞

1.农杆菌介导的Ti质粒载体转化法

农杆菌是一类土壤习居菌，为革兰氏阴性菌，能感染双子叶植物和裸子植物，而对绝大多数单子叶植物无侵染能力。植物受伤后，伤口处细胞分泌大量的酚类化合物，如乙酰丁香酮（AS）和羟基乙酰丁香酮（HO-AS），它们是农杆菌识别敏感植物的信号分子。具有趋化性的农杆菌移向这些细胞，并将其Ti质粒上的T-DNA转移至细胞内部。根据这一性质，将待转移的目的基因组入Ti质粒载体，通过农杆菌介导进入植物细胞，与染色体DNA整合，得以稳定维持或表达（图6-4）。用于植物基因转化操作的受体通常称为外植体。选择适宜的外植体是成功进行遗传转化的首要条件，而外植体的选择主要是依据受体细胞的转化能力来决定的。

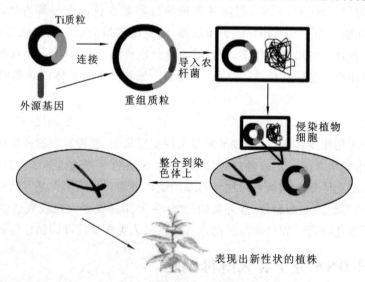

图6-4 农杆菌介导的Ti质粒载体转化法示意图

2.DNA的直接转移法

DNA的直接转移是指利用植物细胞的生物学特性，通过物理化学的方法将外源基因转入受体植物细胞。为克服农杆菌介导法的宿主局限性，至今已发展了电穿孔法、基因枪法（微弹轰击法）、激光微束穿孔转化法、显微注射法、超声波介导转化法、脂质体介导法、多聚物介导法、花粉管通道法等DNA直接转移技术。

（1）电穿孔法：细胞膜的基本成分是磷脂双分子层，在适当的外加电压作用下，细胞膜有可能被击穿,但不会导致细胞致命的伤害,当移去外加电压后,被击穿的膜孔可自行修复。根据这一性质,植物原生质体与外源 DNA 混合后,置于电击仪的样品室中,在合适的电压下进行短时间(微秒级到毫秒级)直流电脉冲处理,然后将原生质体转移到一定的培养基中培养,筛选并诱导植株的分化。利用此方法已获得转基因棉花、玉米和水稻等植物。为了避免原生质体再分化较难的问题,也可以利用此技术直接处理花粉粒。

(2)激光微束穿孔转化法:此方法是利用直径很小、能量很高的激光微束能引起细胞膜可逆性穿孔的原理,在荧光显微镜下找出合适的细胞,然后用激光光源替代荧光光源,聚焦后发出激光微束脉冲,造成膜穿孔,处于细胞周围的外源 DNA 分子随之进入细胞。这种利用激光微束照射受体细胞实现外源 DNA 直接导入、整合和表达的方法称为激光微束穿孔转化法。

激光微束穿孔转化法主要具有以下优点:操作简便快捷;基因转移效率高;宿主无限制,可适用于各种植物细胞、组织、器官的转化操作,并且由于激光微束直径小于细胞器,可对线粒体和叶绿体等细胞器进行基因操作。但该法需要昂贵的仪器设备,技术条件要求高,稳定性和安全性等都不如电穿孔法和基因枪法。

(3)显微注射法:这是一种利用显微注射仪,通过机械方法把外源 DNA 直接注入细胞质或细胞核的基因转化法。早期该技术主要用于动物细胞的基因转化等方面,现已逐步应用到植物细胞的转化操作中,成为一种重要的植物转基因手段。

这一技术的关键是原生质体或具壁细胞团的固定。由于动物细胞具有独特的贴壁生长特性,因此,不存在固定细胞的问题,这为动物细胞的显微注射创造了十分有利条件,也是动物细胞能广泛使用该技术的原因之一。但是,对于植物细胞而言,首先必须建立固定细胞技术,然后才能进行定位显微注射操作。常用的细胞固定方法有三种:第一种方法是琼脂糖包埋法,即把低熔点的琼脂糖熔化,冷却到一定温度后将制备的细胞悬浮液混合于琼脂糖中,使细胞体的一半左右埋在琼脂糖中,起固定作用,而暴露的一半则可用于微针注射;第二种方法是多聚赖氨酸粘连法,即先用多聚赖氨酸处理玻片表面,利用多聚赖氨酸对细胞的粘连作用,使分离的细胞或原生质体固定在玻片上;第三种方法是吸管支持法,即用一支固定的毛细管将原生质体或细胞吸附在管口,起到固定作用,然后用微针进行 DNA 注射(图 6-5),这种方法的优点是毛细管可以旋转或移动位置,使操作者能选择最佳位置进行注射。显微注射法操作较为烦琐、耗时,但其转化效率很高,以原生质体为受体细胞,平均转化率达 $10\%\sim20\%$,甚至高达 60% 以上。其缺点是需要使用专门的显微注射仪,并且要有精细的操作技术及低密度细胞培养技术。

(a) 操作局部图

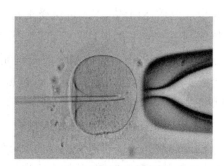
(b) 显微镜下注射操作

图 6-5　显微注射法操作局部图及显微镜下注射操作

(4)超声波介导转化法:利用低强度脉冲超声波的物理作用,可逆性地击穿细胞膜并形成过膜通道,使外源DNA进入细胞。利用超声波处理可以避免脉冲高电压对细胞的损伤作用,有利于原生质体存活,是一种有潜力的转化途径。

超声波的波长很短,可以在固体中传播,其生物学效应有机械作用、热化作用及空化作用。超声波的机械作用可以使细胞结构发生形变,且当强度增加到一定程度时,细胞会被击穿。空化作用的表现为空泡湮灭,再加上热化作用可使生物组织的温度上升,导致细胞内出现许多小泡,为细胞内外的物质交换提供便利。因此,超声波转化率较高。如果在转化反应中加入DMSO,则超声波转化率还能提高。但该转化法尚待进行更深入的研究,使之完善。

(5)基因枪法:又称微弹轰击法,是利用高速运行的金属颗粒轰击细胞时能进入细胞内的现象,将包裹在金属颗粒表面的外源DNA分子随之带入细胞进行表达的基因转化方法。其基本操作很简单,先将外源DNA溶液与钨、金等金属颗粒混匀保温,使DNA吸附在金属颗粒表面,然后在高压放电或炸药爆破的作用下加速金属微粒,轰击受体细胞,使外源DNA分子随之进入细胞内进行整合和表达。基因枪法简单、快速,可直接处理植物组织,接触面积大,并有较高的转化率。

基因枪的动力系统有三种类型:第一类是以炸药爆破力为加速动力,这是最早出现的一种基因枪;第二类是以高压气体(如氦气、氢气、氮气等)为动力;第三类是以高压放电为驱动力。三类基因枪的工作原理颇为相似,先将已包裹有外源DNA的钨(金)粉放在某种载体上,在驱动力作用下加速载体向下高速运动,遇到阻挡板阻遏后,载体前端或表面的钨(金)粉粒子凭借惯性继续以高速向下运动,击中样品室的靶细胞。

DNA颗粒载体的制备是利用$CaCl_2$对DNA的沉淀作用以及亚精胺、聚乙二醇的黏附作用进行的。将这些化合物与DNA混合后再与钨粉或金粉混合,吹干后,DNA沉淀在载体颗粒上。制备好的DNA颗粒载体可在冰水中存放保存,数小时以内有效。常用的金属颗粒有钨粉和金粉两种,其中钨粉颗粒直径可根据不同植物材料进行选择,一般以$0.6\sim4~\mu m$为宜,其优点是价廉易得,制备容易。但钨粉会产生一层对植物细胞有害的氧化物。金粉颗粒比钨粉颗粒比表面积大,DNA吸附力强,化学性质也更为稳定,不会形成表面有害的氧化膜。但金粉价格昂贵,应用仍较少。

(6)脂质体介导法:由人工构建的磷脂双分子层组成的膜状结构,可以将DNA包在其中,并通过脂质体与原生质体的融合或原生质体的吞噬过程,把外源DNA转运到细胞内。此方法的优点是包在脂质体内的DNA可免受细胞DNA酶降解。

脂质体的制备方法主要有Ca^{2+}-EDTA螯合法和反相蒸发法。在Ca^{2+}-EDTA螯合法中,先将复合双层膜囊(MLV)磷脂经超声波处理制成小型单一双层膜(SUV)磷脂,当加入Ca^{2+}时可使各个SUV分子相互融合成卷曲状,包裹加入的DNA分子,最后加入EDTA螯合Ca^{2+}而将之除去,即可制成包裹了核酸的大型单一双层膜(LUV)脂质体。反相蒸发法制备脂质体时,首先是在溶于有机溶剂的磷脂中加入核酸水溶液。磷脂即以其亲水基团朝向水相,疏水的尾链伸向有机相而整齐地排列在两相界面上,经超声波处理后,在有机相中形成包有DNA水溶液的囊泡,减压蒸馏有机溶剂,并加入水溶液后即可形成包含DNA的脂质体。

脂质体可直接转化外源DNA或RNA,也可用于基因的瞬时表达检测,特别对植物病毒RNA具有较高的转化率。如用PEG诱导脂质体与原生质体融合,可获得较高的转化率,比单独使用脂质体介导转化法提高 100 倍。

（7）多聚物介导法：这是植物遗传转化研究中较早建立、应用广泛的一种转化方法。聚乙二醇（PEG）、多聚赖氨酸、多聚鸟氨酸等是常用的协助基因转移的多聚物，尤以 PEG 应用最广。这些多聚物和二价阳离子（如 Mg^{2+}、Ca^{2+}、Mn^{2+}）与 DNA 混合，能在原生质体表面形成沉淀颗粒，通过原生质体的内吞噬作用吸收进入细胞。

（8）花粉管通道法：此法是将外源 DNA 涂于授粉的柱头上，使 DNA 沿花粉管通道或传递组织通过珠心进入胚囊，转化还不具正常细胞壁的卵、合子及早期的胚胎细胞。此方法由于操作简单，易于掌握，且能避免体细胞变异等问题，故有一定的应用前景。

6.2.4　重组 DNA 分子导入哺乳动物细胞

外源基因的导入是动物转基因技术的关键。尽管目前已建立起多种 DNA 的转化方法，有效地打破了动物细胞接纳外源 DNA 的化学壁垒，但受体细胞往往丧失了对转基因的控制能力。因此，发展和改进一些能使转基因维持其正确生物学功能的转化程序至关重要。

1. 转基因的动物受体细胞系统

高等哺乳动物细胞的基因转化效率较低，欲获得足够数量的转化株，必须选择来源丰富的起始受体细胞，因此，在培养基中能无限制生长的哺乳动物细胞系通常用于基因转化实验。然而绝大多数动物组织的细胞在培养基中的生长具有平面接触抑制特性，只有来自肿瘤组织的永生性细胞系才能摆脱正常生长的限制。肿瘤细胞系不仅能在化学成分确定的培养基中无限制生长，而且生长速度较快，通常在不到一天的时间内增殖一倍。但是肿瘤细胞的生理特性有时与正常细胞并不相同，因此必须选择那些与正常细胞生理特性尽可能接近的肿瘤细胞系作为转基因的受体。

与细菌 DNA 转化原理相似，即便是在最佳转化条件下，能稳定接纳外源基因的转化株也只有动物受体细胞总数的千分之一。因此为了快速有效地筛选转化细胞，必须建立动物细胞特异性的选择标记。

哺乳动物细胞拥有两条不同的三磷酸脱氧核苷酸生物合成途径，即由 5-磷酸核糖基-1-焦磷酸（PRPP）和尿嘧啶核苷一磷酸分别合成次黄嘌呤核苷一磷酸和胸腺嘧啶核苷一磷酸的重新合成途径，以及由次黄嘌呤和胸腺嘧啶核苷直接合成次黄嘌呤核苷一磷酸和胸腺嘧啶核苷一磷酸的补救途径。氨基蝶呤能同时抑制次黄嘌呤核苷生物合成的两步反应和胸腺嘧啶核苷生物合成的一步反应。如果在培养基中提供次黄嘌呤和胸腺嘧啶核苷，细胞便可通过其补救途径免遭氨基蝶呤的抑制作用。胸腺嘧啶核苷生物合成补救途径中的关键酶是胸腺嘧啶核苷激酶（TK），携带该酶编码基因 *tk* 突变的细胞（*tk⁻*）不能在含有次黄嘌呤、氨基蝶呤和胸腺嘧啶核苷的培养基（HAT 培养基）上生长，因此只有当用于转化的载体上含有 *tk* 基因，转化细胞才能正常生长。同理，对于含有次黄嘌呤磷酸核糖转移酶（HPRT）编码基因缺陷的受体细胞（*hprt⁻*），则可用 *hprt* 标记基因进行遗传互补。上述 *tk* 和 *hprt* 标记的使用要求受体细胞具有相应的突变性状，因而在应用范围上有所限制。更为理想的选择标记是直接为受体细胞提供显性遗传性状，其中最常用的当属细菌来源的新霉素抗性基因，其编码产物修饰、灭活能阻断哺乳动物细胞蛋白质生物合成途径的新霉素类药物 G418。

2.重组克隆载体导入哺乳动物细胞的转染

现在已建立多种可以将重组克隆载体 DNA 导入哺乳动物培养细胞的转染技术,其中最为常用的是磷酸钙共沉淀转染和 DEAE-葡聚糖介导的转染,此外,还有利用 polybrene(聚凝胺)的 DNA 转染、利用原生质体融合的 DNA 转染和电穿孔法 DNA 转染等。

无论采用何种方法将重组 DNA 导入细胞,转染效率在很大程度上取决于所用受体细胞的类型。不同的培养细胞系,其摄取和表达外源 DNA 的能力相差可达几个数量级。下面介绍重组 DNA 转染哺乳动物细胞的几种方法。

1)动物细胞物理转化法

利用物理方法转化动物细胞的主要优点是转基因不含任何病毒基因组片段,这对于基因治疗尤为安全。但转基因进入细胞后,往往多拷贝随机整合在染色体上,导致受体细胞基因灭活或转基因不表达。目前在动物转基因技术中常用的物理转化法包括以下几种。

(1)磷酸钙和 DNA 共沉淀物转染法:由磷酸钙介导的转染是最为常用的方法。重组 DNA 是通过内吞作用进入细胞质,然后进入细胞核而实现转染的。这种转染法十分有效,一次可有多达 20% 的培养细胞得到转染。由于重组载体以磷酸钙-DNA 共沉淀物的形式出现,培养细胞摄取 DNA 的能力将显著增强。在中性条件下形成磷酸钙-DNA 共沉淀物的最佳 Ca^{2+} 浓度为 125 mmol/L,最佳 DNA 浓度为 $5\sim30$ $\mu g/mL$,沉淀反应的最佳时间为 $20\sim30$ min,细胞在沉淀物中的最佳暴露时间为 $5\sim24$ h。在转染后增加诸如甘油休克和氯喹处理等步骤,可以提高该法的效率。

(2)电穿孔 DNA 转染法:利用脉冲电场将 DNA 导入培养细胞的方法称为电穿孔 DNA 转染法,该法对于用其他转染技术不能奏效的细胞系仍可适用,已用于将重组 DNA 导入多种动物细胞和植物细胞,也用于细菌细胞。现有各种商品化的电穿孔装置,可按厂商提供的说明书进行操作。电穿孔 DNA 转染法的效率受以下因素的影响:外加电场的强度、电脉冲的长度、温度、DNA 的构象和浓度,以及培养液的离子成分等。

(3)脂质体包埋法:将待转化的 DNA 溶液与天然或人工合成的磷脂混合,后者在表面活性剂的存在下形成包埋水相 DNA 的脂质体结构。当这种脂质体悬浮液加入细胞培养皿中,便会与受体细胞膜发生融合,DNA 片段随即进入细胞质和细胞核内。

(4)DNA 显微注射法:该法的基本操作程序如下:通过激素疗法使雌性小鼠超数排卵,并与雄性小鼠交配,然后杀死雌性小鼠,从其输卵管内取出受精卵;借助显微镜将纯化的转基因溶液迅速注入受精卵中变大的雄性原核内;将 $25\sim40$ 个注射了转基因的受精卵移植到母鼠子宫中发育,继而繁殖转基因小鼠子代。转基因进入体内后随机整合在染色体 DNA 上,有时会导致转基因动物基因组的重排、易位、缺失或点突变,但这种方法应用范围广,转基因长度可达数百 kb。

2)化学物质介导转染法

(1)DEAE-葡聚糖介导转染法:该法可广泛用于转染带病毒序列的质粒。DEAE-葡聚糖这一聚合物可能与 DNA 结合从而抑制核酸酶的作用,或者与细胞结合从而促进 DNA 的内吞作用。该转染法通常只用于克隆目的基因的瞬时表达,它在 BSC-1、CV-1 和 COS 等细胞系表达行之有效。进行转染时所需 DNA 量较上法要少一些,所用 DEAE-葡聚糖的浓度及细胞暴露于 DNA/DEAE-葡聚糖混合液的时间是两个明显影响本方法效率的重要参数。可采用两种技术方案:较高浓度(1 mg/mL)和较短作用时间(0.5～1.5 h),或较低浓度(250 μg/mL)和较长作用时间(8 h)。

(2)利用 polybrene 的 DNA 转染法:对于用其他方法相对较难转染的细胞系,可用聚阳离子 polybrene 来对小分子质粒 DNA 进行有效而稳定的转染,如用于 CHO 细胞时,可以获得约 15 倍于磷酸钙-DNA 共沉淀法的转染细胞。

3)利用原生质体融合的 DNA 转染法

该法已用于克隆化目的基因的瞬时表达,也用于建立稳定转化的哺乳动物细胞系,其优点是转染效率较高。曾用此方法将免疫球蛋白基因稳定地引入 B 细胞,把珠蛋白基因导入小鼠红细胞白血病细胞,其过程如下:①用氯霉素扩增培养细胞中的重组质粒 DNA,再用溶菌酶处理除去细胞壁制成原生质体;②通过离心使细菌原生质体覆盖于单层哺乳动物细胞之上,再用聚乙二醇(PEG)处理以促进两种细胞的融合(重组质粒 DNA 将转移至哺乳动物细胞中);③除去 PEG,用新鲜的组织培养液(含卡那霉素以抑制存活细菌的生长)培养细胞。

4)动物病毒转染法

通过病毒感染的方式将外源基因导入动物细胞是一种常用的转基因方法。根据动物受体细胞类型的不同,可选择使用具有不同宿主范围和不同感染途径的病毒基因组作为转化载体。

(1)腺病毒:腺病毒科为线形双链 DNA 病毒,无包膜,呈二十面体,共有 93 种,分为两个属:哺乳动物腺病毒属和禽腺病毒属。目前已鉴定的人腺病毒有六个亚属,其中常用来构建载体的腺病毒主要是 C 亚属的 2 型病毒(Ad2)和 5 型病毒(Ad5)。腺病毒感染人体细胞是裂解型的,不会致癌,但对啮齿目动物细胞来说,绝大多数的腺病毒成员能致癌。

(2)猴肿瘤病毒:最早的动物病毒载体是以猴肿瘤病毒 SV40 DNA 为蓝本构建的。SV40 为双链环状 DNA 病毒,全基因组共 5226 bp,其中 T/t 基因的编码产物与病毒的致瘤作用密切相关,同时也是病毒生长周期中的重要调控因子,而晚期基因 $VP1～VP3$ 则编码病毒颗粒的装配。首先将外源基因克隆在病毒-细菌杂合质粒上的 SV40 晚期基因启动子下游,然后从重组质粒上切下病毒和外源基因,并在体外自我环化。该环状分子与另一早期基因缺陷的辅助病毒 DNA 共同转染受体细胞,接纳了上述两种 DNA 分子的转化细胞便开始合成包装蛋白,并将经自主复制的两种 DNA 分子分别装配成具有感染力的辅助病毒和重组病毒颗粒。

(3)牛痘病毒:该病毒是大型 DNA 病毒,基因组约 185 kb,能在宿主细胞质中自主复制。目前,广泛使用的牛痘病毒表达系统是一种预先构建好的重组病毒,其基因组上含有一个可表达的细菌 T_7 RNA 聚合酶基因。在外源基因导入受体细胞之前,先以重组病毒感染细胞,使其大量表达 T_7 RNA 聚合酶,然后将含有外源基因和 T_7 启动子的细菌重组质粒以脂质体的方式导入受体细胞。转化细胞经过一段时间培养后,外源基因即在 T_7 RNA 聚合酶的作用下转录并翻译出异源蛋白。人体囊状纤维化基因就是采用这种方法高效表达的。

(4)逆转录病毒:与上述裂解型的 DNA 病毒不同,逆转录病毒是一种整合型的单链 RNA 病毒。以逆转录病毒 DNA 为载体的转基因基本程序如下:首先构建含有选择性标记的逆转录病毒 DNA 与质粒的杂合型载体分子,然后将外源基因取代病毒的编码区域,并克隆在大肠杆菌中扩增鉴定;重组 DNA 分子通过物理方法转入一个特制的病毒包装工程细胞系(如小鼠细胞系),该细胞系在染色体的两个不同位点上分别整合病毒的 5'-LTR-gag-3'-LTR 和 5'-LTR-pol-env-3'-LTR 序列;进入上述包装细胞系的 DNA 转录出相应的重组 RNA 分子,与此同时细胞系合成包装蛋白，并将重组 RNA 分子包装成成熟的病毒颗粒；收集由包装细胞系分泌出来的重组逆转录病毒，进一步感染其他类型的动物受体细胞，重组 RNA 分子即可由 DNA 形式整合在染色体上，并表达外源基因。在构建转基因小鼠时，可将重组逆转录病毒感染八细胞阶段的小鼠胚胎细胞，利用标记基因筛选整合型转基因胚胎细胞，最终将之移植到小鼠子宫内发育。

6.3 重组体克隆的筛选与鉴定

6.3.1 载体遗传标记筛选法

根据载体分子所提供的表型特征选择重组体 DNA 分子的遗传选择法，适用于大量群体的筛选，因此是一种比较简单而又十分有效的方法。在基因工程中使用的所有载体分子，都至少含有一个选择标记。质粒常有抗生素抗性基因，如氨苄青霉素抗性基因（Amp^r）、四环素抗性基因（Tet^r）、卡那霉素抗性基因（Kan^r）。根据载体分子所提供的选择性标记进行筛选，是获得重组体 DNA 分子必不可少的条件之一。实际操作中，最典型的方法是使用抗药性标记的插入失活作用，或是 β-半乳糖苷酶的显色反应，将重组体 DNA 分子的转化子同非重组的载体转化子区别开来。而对于 λ 噬菌体的置换型载体来说，λ 噬菌体头部外壳蛋白质容纳 DNA 的能力是有一定限度的。其包装能力应控制在野生型 λDNA 长度的 75%～105%（36～51 kb），这样才能形成噬菌斑。因此，包装限制这一特性，保证了体外重组所形成的有活性的 λ 重组体分子都带有外源 DNA 的插入片段。噬菌斑的形成本身就是对 λ 重组体的一种筛选特征。由于这些方法都是直接从平板上筛选，因此又称为平板筛选法。

1. 根据载体表型特征选择重组体分子的直接选择法

抗药性标记的插入失活作用，或者诸如半乳糖苷酶基因一类的显色反应，是依据载体编码的遗传特性选择重组体分子的典型方法。

1）抗药性标记插入失活选择法

pBR322 质粒是 DNA 分子克隆中最常用的一种载体分子。它的相对分子质量小，仅为 2.9×10^6，而且编码有四环素抗性基因（Tet^r）和氨苄青霉素抗性基因（Amp^r）。只要将转化的细胞培养在含有四环素或氨苄青霉素的生长培养基中，便可以容易地检测出获得了此种质粒的转化子细胞。

检测外源 DNA 插入作用的一种通用的方法是插入失活（insertional inactivation）效应。在 PBR322 质粒的 DNA 序列上，有许多种不同的限制性核酸内切酶的识别位点都可以接受外源 DNA 的插入。由于在 Tet^r 基因内有 BamH I 和 Sal I 两种限制性核酸内切酶的单一识别位点，在这两个识别位点中的任何插入作用，都会导致 Tet^r 基因出现功能性失活，于是形成的重组质粒都将具有 Amp^r Tet^s 的表型。如果野生型的细胞（Amp^s Tet^s）用被 BamH I 或 Sal I 切割过并同外源 DNA 限制性片段退火的 pBR322 转化，然后涂布在含有氨苄青霉素的琼脂平板上，那么存活的 Amp^r 菌落就必定是已经获得了这种重组体质粒的转化子克隆。接着进一步检测这些菌落对四环素的敏感性。由于 pBR322 质粒还带有 Tet^r 基因，因此，Amp^r 菌落同时具有 Tet' 的表型,除非外源 DNA 片段的插入导致 *Tet'* 基因失活。由此可以推断,具 Amp'Tet' 表型的细胞所携带的 pBR322 DNA 在其 *Tet'* 基因内必定带有插入的外源 DNA 片段。

在涂布之前,先将转化的细胞接种在加有环丝氨酸和四环素的培养基中生长,便可简化这种插入失活检测法的程序。环丝氨酸和四环素对细胞的作用效果各不相同。四环素是抑菌性的抗生素,它能通过抑制细胞蛋白质的合成迫使细菌停止生长,但不致死亡;氨基酸的类似物环丝氨酸,如果在细胞生长分裂过程中掺入新合成的蛋白质多肽链中,则会导致细菌死亡。因此,培养在这种生长培养基中的细胞因为能够生长,所以被周围培养基环境中的环丝氨酸杀死。而 Tet' 细胞由于生长受到抑制,从而避免了环丝氨酸的致死作用,结果便存活下来。将经过如此处理的细胞涂布在含有氨苄青霉素的琼脂平板上,所形成的具 Amp'Tet' 表型的菌落,全都带上了具有外源 DNA 插入片段的 pBR322 质粒分子。

此外,在 pBR322 质粒的 *Amp'* 基因序列中,也有一个 *Pst* Ⅰ 限制性核酸内切酶的唯一识别位点。因此,插入失活作用检测法对于这个位点同样也是适用的,当然,所挑选的菌落应该是具 Amp'Tet' 的表型。pBR322 的 *Amp'* 基因在正常情况下能够表达产生 β-内酰胺酶,在 β-内酰胺酶的 β-内酰胺化作用下,青霉素会转变成青霉酮酸,即一种 Amp' 基因表达产物的作用结果。当加入碘-青霉素指示液(30% I_2、1.5% KI 和 5% 青霉素 G),在 0.05 mol/L 磷酸盐缓冲液(pH=6.4)条件下,Amp'Tet' 表型菌落为无色、透明状。但 pBR322DNA 用 *Pst* Ⅰ 酶切割并插入外源 DNA 片段时,*Amp'* 基因失活,Amp'Tet' 表型菌落在这种指示液中不退色,仍呈碘的蓝灰色。根据菌落周围指示液颜色的改变与否,很容易鉴别出哪些菌落是重组体。这种方法的优点是无须把每一个转化子接种在 Amp 和 Tet 平板上,直接在转化平板上即可鉴定。其缺点是由于把指示液直接加入选择平板内,极易造成菌落之间的相互污染,给其后的鉴定带来困难。目前使用纸片法使这一方法得到改善。预先将一定大小的纸片浸泡在指示液中,干燥后密闭保存。使用时只要将纸片覆盖在转化平板上,数分钟内就可以观察到结果。插入失活筛选出来的克隆并不完全是含有目的基因的重组体。由于所使用的试剂质量(如限制性核酸内切酶和连接酶的纯度)或操作方面的问题,自身环化的载体分子有时也会失去特定的遗传标记。尽管如此,作为初级筛选,插入失活无疑是一种简便、快速的方法,它使以后的鉴定减少盲目性,并大大减少工作量。

2)β-半乳糖苷酶显色反应选择法

根据插入失活原理设计的筛选重组体分子的方法,需要进行菌落平板的影印复制,才能识别出由此而丧失的表型特征,这样势必给重组体的筛选工作带来不少的麻烦。因此,有许多实验室都曾致力于发展可适用于半乳糖苷酶显色反应的高敏感度的载体系列。应用这样的载体系列,外源 DNA 插入它的 *lac Z'* 基因上所造成的 β-半乳糖苷酶 α 肽失活效应,可以通过大肠杆菌转化子菌落在 Xgal-IPTG 培养基中的颜色变化直接观察出来。β-半乳糖苷酶会把乳糖水解成半乳糖和葡萄糖。将 pUC 质粒转化的细胞培养在补加有 Xgal 和乳糖诱导物 IPTG 的培养基中时,由于基因内互补作用形成的有功能的半乳糖苷酶,会把培养基中无色的 Xgal 切割成半乳糖和深蓝色的底物 5-溴-4-氯靛蓝(5-bromo-4-chloro-indigo),使菌落呈现出蓝色反应。在 pUC 质粒载体 *lac Z'* 序列中,含有一系列不同限制性核酸内切酶的单一识别位点,其中任何一个位点插入外源克隆 DNA 片段,都会阻断读码结构,使其编码的 α 肽失去活性,结果产生白色的菌落。因此,根据这种β-半乳糖苷酶的显色反应,便可以检测出含有外源 DNA 插入序列的重组克隆(图 6-6)。

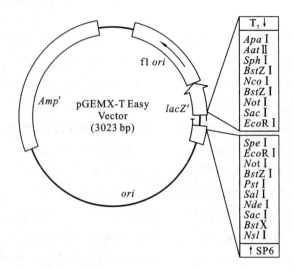

图 6-6 应用于蓝白斑筛选的质粒

3)利用报告基因筛选植物转化细胞

在植物转基因研究中,载体携带的选择标记基因(selective gene)经常称为报告基因(reporter gene)。在有选择压力的情况下,可利用报告基因在受体细胞内的表达,从大量非转化克隆中选择出转化细胞;同时,报告基因可以和某些目的基因构成嵌合基因,从报告基因的表达了解目的基因的表达情况并推测基因调控序列。常用的报告基因有抗生素抗性基因以及编码某些酶类或其他特殊产物的基因等。

(1)新霉素磷酸转移酶(neomycin phosphotransferase-II,NPT II)基因:新霉素(neomycin)与卡那霉素(kanamycin)、庆大霉素和 G418 等均属于氨基环醇类抗生素,它们的结构相似,能抑制原核细胞核糖体 70S 起始复合物的形成,从而阻碍蛋白质的合成,进一步抑制细胞的生长。*npt* II 基因编码序列来自大肠杆菌转座子 *Tn*5,它可以催化 ATP 上 γ-磷酸基团转移到上述抗生素分子的某些基团上,从而阻碍抗生素分子与靶位点的结合,并使抗生素失活。因此,在含有上述抗生素的选择培养基上培养植物转化材料,仅有携带 *npt* II 基因的转化植物细胞才能存活下来,由此将转化子与非转化子区别开来。基因对大多数植物而言是很强的选择标记,应用广泛。但该基因作为选择标记基因的缺点是,受体细胞通常具有较高的非特异性磷酸转移酶本底值,筛选时假阳性率高。NPT II 酶活性一般通过卡那霉素与[γ-^{32}P]-ATP 的原位磷酸化作用来检测。

(2)氯霉素乙酰转移酶基因(*cat*):氯霉素可选择性地与原核细胞核糖体 50S 亚基结合,抑制肽酰基转移酶的活性,从而阻断肽键的形成并最终抑制细胞生长。*cat* 基因是由大肠杆菌转座子 *Tn*9 编码。它可以催化乙酰辅酶 A 转乙酰基,使氯霉素失活。因此与外源 DNA 共转化的 *cat* 基因能使转基因植株细胞具有抗氯霉素的能力。由于植物细胞中非特异性 CAT 酶活性本底值很低,CAT 酶检测的灵敏度很高,因此 *cat* 基因经常用于植物基因转化中,特别是瞬时表达实验中。当细胞提取物与乙酰辅酶 A 及 ^{14}C 标记的氯霉素一起温育时,如果细胞中有 CAT 酶存在,氯霉素便被乙酰化。经薄层层析分离未乙酰化的底物和乙酰化的产物,通过放射自显影技术即可测定乙酰化的产物。

（3）葡萄糖苷酸酶（β-glucuronidase，GUS）基因：gus 基因最早是从 *E.coli* 12 中克隆出来的，能编码稳定的 GUS 产物。与抗生素抗性基因不同的是，gus 基因并非正选择标记，其作为报告基因的筛选依据是，作为一种水解酶，转化植物细胞所产生的 GUS 能够催化某些特殊反应的进行，通过荧光、分光光度和组织化学的方法对这些特殊反应产物的检测即可确定 gus 报告基因的表达情况，以此区分转化子和非转化子。例如，GUS 能催化裂解人工合成的底物 4-甲基伞形花酮-β-D-葡萄糖苷酸，产生荧光物质 4-甲基伞形花酮，可利用荧光光度计进行定量测定。由于植物细胞 GUS 本底值非常低，同时其检测方法简便、快捷、灵敏度高，因此 gus 基因已被广泛使用于植物基因转化实验中，尤其是在进行外源基因瞬时表达系统中。此外，gus 基因的 3′ 端与其他结构基因所产生的嵌合基因可以正常表达，所产生的融合蛋白中仍有 GUS 活性，利用组织化学分析等可以定位外源基因在不同的细胞、组织和器官类型以及发育时期的表达情况，这是其他报告基因所不及的。

4）利用遗传选择标记筛选哺乳动物转基因细胞

在植物转基因研究中采用的氯霉素乙酰转移酶基因（cat）和新霉素磷酸转移酶基因（npt Ⅱ）也可作为遗传选择标记用于哺乳动物转基因细胞的筛选，除此之外，常用的标记基因还有胸腺核苷激酶基因（tk）、二氢叶酸还原酶基因（dhfr）等。

（1）胸腺核苷激酶基因（tk）：胸苷激酶（thymidine kinase，TK）是胸腺核苷酸合成代谢途径中的一种酶，能够把胸苷转换为胸苷-磷酸，保证核苷酸的顺利合成。胸苷激酶的编码基因（tk）几乎在所有的真核细胞中都能有效地表达，因此可采用这种基因作为遗传选择记号以确定哺乳动物基因转移，相应的受体细胞为遗传标记遗传表型的缺陷型。

（2）二氢叶酸还原酶基因：二氢叶酸还原酶（dihydrofolate reductase，DHFR）是真核细胞核苷酸生物合成过程中起着重要作用的一种酶，它可催化二氢叶酸（DHF）还原成四氢叶酸（THF）。对于 dhfr 突变体细胞而言，由于它不能够合成四氢叶酸，阻断了正常核酸代谢途径，因此不能在常规培养基上生长。不过，如果在常规培养基中加入次黄嘌呤和胸苷，则突变体细胞可以借助核苷酸的补救合成途径维持生长。具体利用 dhfr 基因进行筛选时，首先须将重组 DNA 分子导入 dhfr⁻ 表型的受体细胞，然后撤除原培养基中的次黄嘌呤和胸苷，即可获得 dhfr⁺ 表型且能表达外源基因的克隆细胞系。这就是 dhfr 基因作为选择标记的依据所在。

2. 根据插入序列的表型特征选择重组体分子的直接选择法

这种选择法的基本原理是，转化进来的外源 DNA 编码的基因能够对大肠杆菌宿主菌株所具有的突变发生体内抑制或互补效应，从而使被转化的宿主细胞表现出外源基因编码的表型特征。例如，编码大肠杆菌生物合成基因的克隆所具有的外源 DNA 片段，对于大肠杆菌宿主菌株的不可逆的营养缺陷突变具有互补的功能。根据这种特性，便可以分离到获得了这种基因的重组体克隆。目前已拥有相当数量的对其突变进行了详尽研究的大肠杆菌实用菌株，而且其中有多种类型的突变，只要克隆的外源基因的产物获得低水平的表达，便会被抑制或发生互补作用。

lacY 是大肠杆菌的乳糖操纵子中编码半乳糖苷透性酶的结构基因，其大小约为 1.3 kb。大肠杆菌基因组约为 4000 kb，用限制性核酸内切酶 *Eco*R Ⅰ 切割，会得到大约 1000 个大小不同的片段。其中某一片段上可能携带 *lac*Y 基因。用 pBR322 做载体,将外源 DNA 片段插入切点上。重组体通过转化导入宿主细胞。该宿主携带两个遗传标记:一是对氨苄青霉素敏感(Amp^s);二是不能合成 β-半乳糖苷透性酶(LacY$^-$),即不能利用乳糖。当在含有氨苄青霉素和乳糖的基本培养基上选择时,只有 Amp^r 和 LacY$^+$ 细胞才能生长。这是因为 pBR322 的 *Amp*^{r} 基因赋予宿主细胞以氨苄青霉素抗性,*lac*Y 基因则弥补了宿主细胞的遗传缺陷。*lac*Y 基因随宿主细胞进行扩增,从而得到它的无性繁殖系(克隆)。

J. R. Camerori 等在 1975 年将野生型的大肠杆菌 DNA 连接酶基因克隆到 λgt·λB 噬菌体载体上,由于 C 片段的缺失而造成重组缺陷的 λred-噬菌体载体,在允许的温度下,生长在大肠杆菌 lig ts 菌株上并不能形成噬菌斑,但能在具有连接酶功能的大肠杆菌 lig$^+$ 菌株上形成噬菌斑。因此 J. R. Camerori 等构建带有连接酶基因的重组体噬菌体 λgt·λB,当其被涂布在大肠杆菌 lig ts 平板上时,通过同宿主细胞缺陷型之间的互补作用,便能够形成噬菌斑。于是根据能形成噬菌斑这种表型特征,可十分方便地选择出具有野生型连接酶功能的重组体噬菌体。

研究表明,一些真核的基因能够在大肠杆菌中表达,并且能够同宿主菌株的营养缺陷突变发生互补作用。例如,将机械切割产生的酵母 DNA 片段,经过同聚物加尾之后插入质粒载体,再用这种重组体质粒转化大肠杆菌 hisB 突变体,通过互补作用选择程序分离到一种携带着表达酵母 *his* 基因的克隆。

根据克隆片段给宿主提供的新的表型特征选择重组体 DNA 分子的直接选择法,是受一定条件限制的,它不但要求克隆的 DNA 片段大到足以包含一个完整的基因序列,而且要求所编码的基因能够在大肠杆菌宿主细胞中实现功能表达。无疑,真核基因是比较难以满足这些要求的,其原因在于有许多真核基因是不能够同大肠杆菌的突变发生抑制作用或互补效应的。此外,大多数的真核基因内部存在着间隔序列,而大肠杆菌又不存在真核基因转录加工过程中所需要的剪接机理,这样便阻碍了它们在大肠杆菌宿主细胞中实现基因产物的表达。当然,在有些情况下,是可以通过使用 mRNA 的 cDNA 拷贝构建重组体 DNA 的办法来解决这些问题的。

3. 根据插入基因遗传性状的筛选

重组体 DNA 分子转化到大肠杆菌受体细胞之后,如果插入在载体分子上的外源基因能够实现其功能性的表达,而且表达的产物能与大肠杆菌菌株的营养缺陷突变形成互补,那么就可以利用营养突变株进行筛选。例如,当外源目的基因为合成亮氨酸的基因时,将该基因重组后转入缺少亮氨酸合成酶基因的菌株中,在仅仅缺少亮氨酸的基本培养基上筛选,只有能利用表达产物亮氨酸的细菌才能生长,因此,获得的转化子都是重组子。

4. 营养缺陷型检测法

根据目的基因在受体细胞中表达产物的性质,筛选含目的基因的克隆子。如果目的基因产物能降解某些药物使菌株呈现出抗性标记,或者基因产物与某些药物作用是显色反应,则可根据抗性或颜色直接筛选含目的基因的克隆子。例如,要从某种生物的 cDNA 文库中调出二氢叶酸还原酶基因(*dhfr*),则可根据二氢叶酸还原酶能降解三甲氧苄二氨嘧啶(trimethoprim)的性质,将 cDNA 文库的一系列克隆子接种在含有适量三甲氧苄二氨嘧啶(该化合物会抑制大肠杆菌的生长)的培养基上,能正常生长的克隆子中含有 *dhfr* 基因。值得注意的是,这种方法的使用前提是待选择的目的基因能在受体菌中进行表达。但并不是所有真核基因都能在大肠杆菌中表达的。特别是用基因组文库的方法获得的转化菌株中,目的基因含有间隔序列,而大肠杆菌不具备真核基因转录加工过程中所需的剪切机制,真核目的基因在大肠杆菌中不会表达。

5.形成噬菌斑筛选法

对于 λ DNA 载体系统而言,外源 DNA 插入 λ 噬菌体载体后才能在体外包装成具有感染活性的噬菌体颗粒,转导受体菌后,转化子在培养基平板上被裂解形成噬菌斑,而非转化子能正常生长,两者很容易区分。如果在重组过程中使用的是取代型 λ 载体,则噬菌斑中的 λ 噬菌体即为重组子,因为空载的 λDNA 分子不能被包装,难以进入受体细胞产生噬菌斑。如使用插入型 λ 载体,由于空载的 λDNA 大于包装下限,因此也能被包装成噬菌体颗粒并产生噬菌斑,此时筛选重组子可以利用 λ 载体上的筛选标记基因,如 $lac\ Z'$ 等。当外源 DNA 片段插入 $lac\ Z'$ 基因内时,重组噬菌斑无色、透明,而非重组噬菌斑则呈蓝色。

6.3.2 依赖于重组子结构特征分析的筛选法

1.快速裂解菌落鉴定分子大小

这是在转化子初步筛选的基础上进一步对重组子进行筛选或鉴定的方法,主要是根据有外源 DNA 片段插入的重组质粒与载体 DNA 之间大小的差异来区分重组子和非重组子。

因为重组子中插入了外源 DNA 片段,相对分子质量较载体 DNA 分子的大,琼脂糖凝胶电泳时迁移速率慢,由此将重组子和非重组子区分开来,并最终筛选出重组子。此方法直观、快捷,只需获得质粒 DNA 分子的粗制裂解液即可进行琼脂糖凝胶电泳,尤其适用于插入片段较大的重组子的筛选。

2.限制性核酸内切酶酶解分析法

通过快速裂解菌落鉴定分子大小的方法虽可以初步筛选到重组子菌落,但难以将其中的期望重组子和非期望重组子区分开来,因为重组质粒 DNA 分子中,质粒载体可能与一个以上的外源 DNA 片段连接重组。而采用限制性核酸内切酶酶解分析法不仅可以进一步筛选鉴定重组子,而且能判断外源 DNA 片段的插入方向及相对分子质量大小等。其基本做法是从转化菌落中随机挑选出少数菌落快速提取质粒 DNA,然后用限制性核酸内切酶酶解,并通过凝胶电泳分析来确定是否有外源基因插入及其插入方向等。

酶解方式主要有全酶解法和部分酶解法两种。

全酶解法的基本操作过程:用一种或两种能将外源 DNA 段从重组质粒上切割下来的限制性核酸内切酶酶解质粒 DNA,凝胶电泳后重组质粒分子较单一载体质粒多出一条泳带,据此将重组子和非重组子分离开来(图 6-7)。如果插入片段与载体质粒大小相近,则最好用合适的酶将之

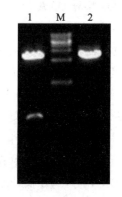

图 6-7 空质粒和已连接目的基因的质粒双酶切后的琼脂糖凝胶电泳图

1:连接了目的基因的质粒;
2:没有连接目的基因的空质粒;
M:标准相对分子质量 marker。

线形化,通过比较大小确定其是否为重组子。进一步利用在外源 DNA 片段上具有识别位点的一种或一种以上的限制性核酸内切酶酶解重组质粒分子,根据酶切图谱分析即可判明插入片段的方向等。

部分酶解法则是通过一种或数种限制性核酸内切酶对重组质粒 DNA 分子进行部分酶解分析,根据部分酶解产生的限制性片段大小,确定限制性核酸内切酶识别位点的准确位置及各个片段的正确排列方式,从而将期望重组子筛选出来。部分酶解法较全酶解法简单易行,这两种方法通常用于当载体和外源 DNA 片段连接后产生的转化菌落比任何一组对照连接反应(如只有酶切后的载体或只有外源 DNA 片段)都明显多时的重组筛选。

3. 利用 PCR 方法筛选确定重组子

在载体 DNA 分子中,外源 DNA 插入位点的两侧序列多为固定已知的,如 pGEM 载体系列中多克隆位点两侧分别是 SP6 和 T$_7$ 启动子的序列。通过与插入位点两侧已知序列互补的引物,以从初选出来的阳性克隆中提取的少量质粒 DNA 为模板进行 PCR,通过对 PCR 产物的电泳分析就能确定是否是重组子菌落。PCR 方法不但可迅速扩增插入片段,而且可直接用于 DNA 序列测定,目前已得到广泛的应用。

6.3.3 核酸分子杂交检测法

核酸分子杂交的基本原理:具有一定同源性的两条核酸(DNA 或 RNA)单链在适宜的温度及离子强度等条件下,可按碱基互补配对原则高度特异地复性形成双链。该技术也可用于重组子的筛选鉴定,杂交的双方是待测的核酸序列和用于检测的已知核酸片段(称为探针)。这也是目前应用最为广泛的一种重组子的筛选方法,只要有现成可用的 DNA 探针或 RNA 探针,就可以检测克隆子中是否有目的基因。基本做法是将待测核酸变性后,用一定的方法将其固定在硝酸纤维素膜(或尼龙膜)上,这个过程也称为核酸印迹转移,然后用经标记示踪的特异核酸探针与之杂交结合,洗去其他非特异性结合核酸分子后,示踪标记将指示待测核酸中能与探针互补的特异 DNA 片段所在的位置。

核酸分子杂交检测法实际上是一种依赖于重组子结构特征进行的重组子筛选方法,鉴于其应用的广泛性及形式的多样性,本节单独予以介绍。根据待测核酸的来源以及将其分子结合到固相支持物上的方法的不同,核酸分子杂交检测法可分为菌落(或噬菌斑)印迹原位杂交、斑点(或狭线)印迹杂交、Southern 印迹杂交和 Northern 印迹杂交四类,分述如下。

1. Southern 印迹杂交

Southern 印迹杂交是由 E. Southern 于 1975 年首先建立并使用的。它是根据毛细管作用的原理,使在电泳凝胶中分离的 DNA 片段转移并结合在适当的滤膜上,然后通过与已标记的单链 DNA 或 RNA 探针的杂交作用以检测这些被转移的 DNA 片段。Southern 印迹杂交是针对 DNA 分子进行的印迹杂交技术,有时又称为 DNA 印迹杂交或 Southern DNA 印迹杂交等。

Southern 印迹杂交的一般操作步骤如图 6-8 所示。首先将进行 DNA 电泳分离的琼脂糖凝胶,经过碱变性等预处理之后平铺在用电泳缓冲液饱和了的两张滤纸上,在凝胶上部覆盖一张硝酸纤维素滤膜,接着加上一叠干燥滤纸或吸水纸,最后压上一重物。由于干燥滤纸或吸水纸的虹吸作用,凝胶中的单链 DNA 便随着电泳缓冲液一起转移,一旦同硝酸纤维素滤膜接触,就会牢固地结合在它的上面,这样在凝胶中的 DNA 片段就会按原谱带模式吸印到滤膜上。在 80 ℃下烘烤 1~2 h,或采用短波紫外线交联法使 DNA 片段稳定地固定在硝酸纤维素滤膜上。然后将此滤膜移放在加有放射性同位素标记探针的溶液中进行核酸杂交。这些探针是同被吸印的 DNA 序列互补的 RNA 或单链 DNA,一旦同滤膜上的单链 DNA 杂交,便可以牢固结合。漂洗去除游离的没有杂交上的探针分子,经放射自显影后,便可鉴定出与探针的核苷酸序列同源的待测 DNA 片段。据此可以将含有外源 DNA 的重组子筛选出来。

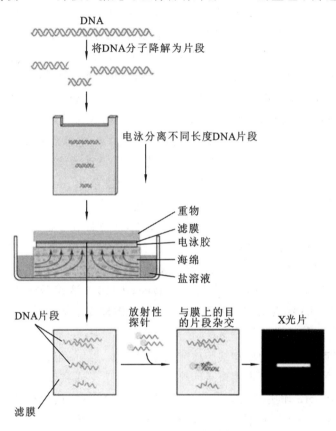

图 6-8　Southern 印迹杂交基本操作过程

　　Southern 印迹杂交操作简单,结果十分灵敏,在理想的条件下,应用放射性同位素标记的特异性探针和放射自显影技术,即使每带电泳条带仅含有 2 ng 的 DNA 也能被清晰地检测出来。因此,Southern 印迹杂交技术在分子生物学及基因克隆实验中的应用极为普遍。

　　2. Northern 印迹杂交

　　Northern 印迹杂交是指将 RNA 分子变性及电泳分离后,从电泳凝胶转移到固相支持物上进行核酸杂交的方法,又称为 Northern RNA 印迹杂交等。该法是在 Southern 印迹杂交基础上发展起来的,主要针对 RNA 分子的检测,基本步骤与 Southern 印迹杂交相似。但 RNA 分子与 DNA 分子有所不同,一般不能采用碱变性处理,同时,在 RNA 电泳时必须解决两个问题:一是防止单链 RNA 形成高级结构,故必须采用变性凝胶电泳;二是电泳过程中始终要有效抑制 RNase 的作用,防止 RNA 分子的降解破坏。

　　在 RNA 变性凝胶电泳中常用的变性剂有甲醛、乙二醛、羟甲基汞、尿素和甲酰胺等。尿素和甲酰胺会引起琼脂糖固化,故只用于 RNA 的聚丙烯酰胺凝胶电泳。羟甲基汞对 RNA 的变性作用效果好,但由于毒性大而不宜采用。乙二醛变性效果较甲醛的好些,杂交后的条带也比甲醛变性凝胶电泳清晰,但在操作上不如甲醛变性凝胶电泳简便,故使用最多的还是甲醛变性凝胶电泳。

甲醛变性凝胶电泳的原理是它能与 RNA 分子上的碱基结合形成具有一定稳定性的复合物,阻止了碱基间的配对。同时甲醛对蛋白质分子中的亲核基团(如氨基、胍基、巯基等)具一定反应性,可使酶分子失活,防止其对 RNA 分子的降解破坏。

RNA 变性凝胶电泳时一般要求较低的电压,以 3~4 V/cm 为宜。电泳过程中要注意监测电极液的 pH 值,由于电极缓冲液的缓冲容量有限,因而电泳一段时间后电极槽中缓冲液的 pH 值会发生变化,而 pH 值超过 8 时,会引起甲醛-RNA、乙二醛-RNA 复合物解离。增加缓冲液的离子强度,虽然可以增大缓冲容量,但是会使泳动速度下降,不宜采用。在 RNA 变性凝胶电泳过程中,缓冲液要不断循环,无循环设备时,每隔 30 min 左右更换一次缓冲液,或将两槽的缓冲液混合后再分配到两槽中(注意:操作时要关闭电源)。

甲醛变性凝胶电泳时,上样缓冲液中可加入 1 μg 的 EB,电泳后凝胶可以直接置于紫外线下观察、照相。如果条带不清晰,可先将凝胶浸泡在 0.1×SSC 溶液中约 20 min,以除去甲醛,然后将凝胶置于含 0.5 μg/mLEB 的 0.01×SSC 溶液中染色 20 min。对于丰度低的 RNA 及乙二醛变性时,宜采用电泳后染色,因为 RNA 与溴化乙锭结合后转移效率下降。

Northern 印迹转移完毕,取下的固相膜无须漂洗,应立即在室温条件下进行干燥处理,然后于 80 ℃真空烘烤 2 h 以上使 RNA 固定,经固定结合在膜上的 RNA 不再对 RNase 敏感,可长时间保存。由于变性剂的存在会干扰杂交灵敏度,因此在与探针进行杂交前,可以将真空干燥后的固相膜转至 20 mmol/L pH 值为 8.0 的 Tris-HCl 缓冲液或 NH₄Ac 溶液中,95 ℃放置 5~10 min,洗脱与 RNA 结合的甲醛或乙二醛,可明显地提高杂交灵敏度。

3. 斑点印迹杂交和狭线印迹杂交

如果只要检测克隆菌株、动植物细胞株或转基因个体、器官、组织提取的总 DNA 或 RNA 样品中是否含有目的基因,则可采用斑点印迹(dot blot)杂交或狭线印迹(slot blot)杂交进行检测,它们是在 Southern 印迹杂交的基础上发展的两种相似的快速检测特异核酸(DNA 或 RNA)分子的核酸杂交技术。两种方法的基本原理和操作步骤相同,即通过特殊的加样装置将变性的 DNA 或 RNA 核酸样品直接转移到适当的杂交滤膜上,然后与核酸探针分子进行杂交,以检测核酸样品中是否存在特异性 DNA 或 RNA。两者的区别仅在于呈现在杂交滤膜上的核酸样品分别为圆斑状和狭线状。斑点印迹杂交法主要用于基因组中特定基因及其表达情况的定性和定量研究。与其他核酸分子杂交法相比,斑点印迹杂交法具有简单、快速、经济等特点,一张滤膜上可以进行多个样品的检测,同时也适用于粗提核酸样品的检测,但该方法不能用于鉴定所测基因的相对分子质量,且特异性不高,有一定比例的假阳性。

如果没有特殊的加样装置,也可手工直接点样。将核酸样品变性后,用微量进样器直接点在干燥的显色纤维素滤膜上,点样时应避免样斑过大,一般采用少量多次法加样,待第一次样品完全干燥后,再在原位段第二次点样。如核酸样品为 RNA,可采用甲醛变性后点膜,有时 RNA 样品也可不经变性处理,直接于 10×SSC 液中点膜;对于 DNA 样品,可采用碱性缓冲液或煮沸方法变性。

4. 菌落(或噬菌斑)印迹原位杂交

与其他分子杂交技术不同,这类技术是直接把菌落或噬菌斑印迹转移到硝酸纤维素滤膜上,不必进行核酸分离纯化、限制性核酸内切酶酶解及凝胶电泳分离等操作,而是经溶菌和变性处理后使 DNA 暴露出来并与滤膜原位结合,再与特异性 DNA 或 RNA 探针杂交,筛选出含有插入序列的菌落或噬菌斑。由于生长在培养基平板上的菌落或噬菌斑是按照其原来的位置转移到滤膜上,然后在原位发生溶菌、DNA 变性和杂交作用,因此菌落杂交或噬菌斑杂交属于原位杂交(in situ hybridization)范畴。以菌落原位杂交为例(图 6-9),其操作步骤如下:①将大小适宜的硝酸纤维素滤膜铺在生长着转化菌落的平板表面,使其中的质粒 DNA 转移到滤膜上;②做好标记,小心取出滤膜,将吸附菌体的一面朝上放置在预先被强碱溶液浸湿的普通滤纸上进行溶菌和碱变性处理,强碱可以裂解细菌,释放细胞内含物,降解 RNA,并使蛋白质和 DNA 变性;③10 min 后,将滤膜转移至预先被中性缓冲液浸湿的普通滤纸上,中

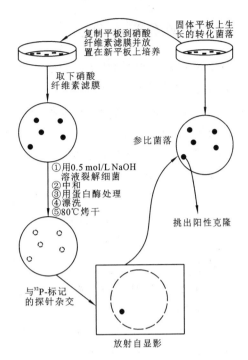

图 6-9　菌落原位杂交的操作步骤

和 NaOH;④将滤膜转移到清洗缓冲液中短暂浸泡 3 min,洗去菌体碎片和蛋白质;⑤取出滤膜,在普通滤纸上晾干,置于 80 ℃下干燥 1~2 h,使单链 DNA 牢固地结合在硝酸纤维素滤膜上;⑥将滤膜转入探针溶液中,在合适的温度和离子强度条件下进行杂交反应,离子强度和温度的选择取决于探针的长度以及与目的基因的同源程度,一般温度越高,离子强度越小,杂交反应越不易进行,因此对于同源性高并具有足够长度的探针通常在低离子强度和高温度的条件下进行杂交,这样可以大幅度降低非特异性杂交的本底值;⑦杂交反应结束后,清洗滤膜,除去未特异性杂交的探针,然后晾干;⑧将滤膜与 X 光片压紧置于暗箱内曝光,由胶片上感光斑点的位置,在原始平板上挑选出相应的阳性重组子菌落。

　　一般情况下,在直径为 85 mm 的平皿上长有 100~200 个转化菌落时进行原位杂交效果较理想。菌落太多时,容易混杂,导致杂交信号弥散,难以区分菌落位置。可用无菌牙签将相应位置上的菌落挑在少量的液体培养基中,经悬浮稀释后涂板培养,待长出菌落后,再进行一轮杂交,即可获得阳性重组子。如果平皿上菌落太过稀少,也可用无菌牙签将各平皿菌落转至一个平皿上,适当培养后再进行实验。

　　上述程序用于噬菌斑筛选则更为简单,因为每个噬菌斑中含有足够数量的噬菌体颗粒,可以免去 37 ℃扩增培养,同时由于噬菌体结构简单,不会产生菌体碎片干扰杂交效果,检测灵敏度高于菌落原位杂交。噬菌斑杂交法的另一个优越性是从一个母板上,很容易得到几张含有同样 DNA 印迹的滤膜,不仅可以进行重复筛选,增加筛选的可靠性,而且可使用一系列不同的探针对一批重组子进行多轮筛选。

6.3.4 免疫化学检测法

直接的免疫化学检测技术同菌落杂交技术在程序上是十分类似的。但它不是使用放射性同位素标记的核酸做探针，而是用抗体鉴定那些产生外源 DNA 编码的抗原的菌落或噬菌斑。只要一个克隆的目的基因能够在大肠杆菌宿主细胞中实现表达，合成出外源的蛋白质，就可以采用免疫化学法检测重组体克隆。现在已经发展出一套特异地适用于这种检测法的载体系统，它们都是专门设计的"表达"载体，因此，由它们所携带的外源基因能够在大肠杆菌宿主细胞中进行转录和翻译。

免疫化学检测法一般可分为两类，即抗体测定法（antibody test）和免疫沉淀测定法（immunoprecipitation test）。这些方法最突出的优点是，它们能够检测不为宿主提供任何可选择的表型特征的克隆基因。

1. 抗体测定法

常用的抗体测定法包括放射性抗体测定法和非放射性抗体测定法等。

1）放射性抗体测定法

1978 年，S. Broome 和 W. Gilbert 设计了一种免疫学筛选方法，现已发展成为常规的放射性抗体测定法之一，其基本依据有三：①一种免疫血清中含有多种类型的免疫球蛋白 IgG 分子，这些 IgG 分子分别与同一抗原分子上不同的抗原决定簇特异性结合；②抗体分子或其某部分可牢固地吸附在固体支持物（如聚乙烯塑料制品）的表面上，因此不会被洗脱掉；③经过体外碘化作用，IgG 抗体会迅速地被放射性^{125}I 标记上。

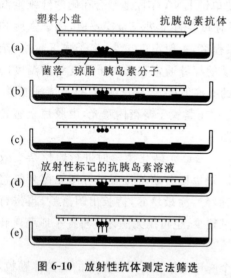

图 6-10 放射性抗体测定法筛选
分泌胰岛素的克隆

在 Broome 和 Gilbert 所使用的放射性抗体测定技术中，抗体是同作为固体支持物的聚乙烯薄膜相结合。他们同样也是使用免疫珠蛋白片段，但是用^{125}I 放射性同位素进行标记，作为第二种抗体来检测固定在聚乙烯薄膜上的与抗体相结合的抗原。图 6-10 中（a）和（b）为涂有胰岛素抗体的塑料盘，同培养皿中的菌落进行表面接触；（c）为分泌胰岛素的菌落所含的抗原分子（胰岛素）同抗体结合；（d）为塑料盘随后移放在放射性标记的抗胰岛素抗体的溶液中；（e）为放射性抗体黏着到塑料盘中相应于分泌胰岛素的菌落印迹位置上。在讨论放射性抗体测定法的同时，还有必要简单地叙述一下由 Broome 和 Gilbert 发展的双位点检测法（two sites detection method）。这种方法特别适用于含有杂种多肽菌落的分析。例如一种重组体质粒 DNA，产生出由蛋白质 A 和蛋白质 B 融合形成的杂种多肽（A-B）。为了从转化子菌落群体中检测出合成这种蛋白质多肽的克隆，可把抗（A-B）杂种多肽 A 蛋白质部分的抗体固定在固体基质上，最简便的方法是直接涂抹在聚乙烯的平皿上。再把抗（A-B）杂种多肽 B 蛋白质部分的第二种抗体在体外用放射性同位素标记上，作为检测抗体使用。

2)非放射性抗体测定法

非放射性抗体测定技术的发展得益于非放射性标记物广泛成功的应用。例如,可以采用直接与辣根过氧化物酶(HPR)或碱性磷酸酶(AP)偶合的第二抗体,检测目的蛋白抗原-抗体复合物。也可采用与 HRP 偶联的抗生物素蛋白来检测与生物素偶联的第二抗体等。这些方法也称为酶联免疫检测分析法(ELISA),具有较高的灵敏度和特异性,也没有使用放射性核素标记物带来的半衰期短和安全防护等问题,是一类很有发展前途的检测方法。

2.免疫沉淀测定法

免疫沉淀测定法也可用于筛选含目的基因的克隆子。该方法操作简便,但灵敏度不高,实用性较差。

其做法如下:在生长菌落的琼脂培养基中加入专门抗这种蛋白质分子的特异性抗体,如果被检测菌落的细菌能够分泌出特定的蛋白质,那么在它的周围,就会出现一条由一种叫做沉淀素(precipitin)的抗原-抗体沉淀物所形成的白色的圆圈(图 6-11)。在含有特异性抗半乳糖苷酶抗体的琼脂培养基平板上,生长着分泌半乳糖苷酶的菌落。图 6-11 中,(a)显示每个菌落的周围都环绕着一圈沉淀素带;(b)显示 Lac⁺ 菌落的周围有一圈沉淀素带,而在 Lac⁻ 菌落的周围则没有沉淀素带。

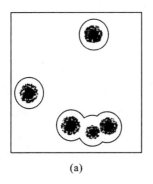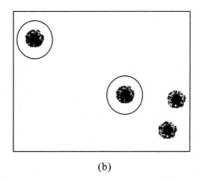

(a)　　　　　　　　　　　　　(b)

图 6-11　免疫沉淀测定法示意图

3.表达载体产物的免疫化学检测法

现在已经发展出一套专门适用于免疫化学检测技术的表达载体系统。由于这些表达载体都是专门设计的,插入它上面的真核基因所编码的蛋白质都能够在大肠杆菌宿主细胞中表达,所以最适宜于用免疫化学技术进行检测。应用免疫载体 pUC8,配合免疫化学检测法,已成功地克隆编码小鸡的原肌球蛋白(tropomyosin)β 链的 cDNA。

由于在 pUC8 表达载体分子上紧靠 *Eco*R I 位点的左侧有一个很强的 *lac* 启动子,克隆在pUC8 *lac* 启动子右侧的所有的 cDNA,只要它的取向是同启动子转录方向一致,就能够正常转录和转译。所以凡是在转化中捕获了具有 cDNA 插入的 pUC8 质粒的细胞都能够产生出真核的蛋白质。转化子菌落用氯仿蒸气处理之后,再用¹²⁵I 标记的抗原肌球蛋白的抗体进行免疫筛选。分泌原肌球蛋白的菌落会同标记的抗体结合,于是经过放射自显影,便可检测出能够分泌小鸡原肌球蛋白的克隆。

6.3.5 转译筛选法

转译筛选法可分为杂交选择的转译(hybrid-selected translation)和杂交抑制的转译(hybrid-arrested translation)两种不同的筛选策略。它们的突出优点是,能够弄清楚克隆的DNA同其编码的蛋白质之间的对应关系。这两种方法都要通过无细胞翻译系统(cell-free translation system)检测经处理后的mRNA的生物学功能。常用的无细胞翻译系统有麦胚提取物系统和网织红细胞提取物系统。在无细胞翻译系统中,若是由加入的mRNA指导转译的新蛋白质多肽,将会掺入^{35}S-甲硫氨酸而具有放射性。经凝胶电泳分离成区带,进行放射自显影,在X光片的曝光区带,即间接说明mRNA的种类和活性。

1.杂交抑制的转译筛选法

这种筛选法所依据的原理是,在体外无细胞转译系统中,mRNA一旦同DNA分子杂交,就不能够再指导蛋白质多肽的合成,即mRNA的转译被抑制了。在高浓度甲酰胺溶液的条件下(这种溶液既有利于DNA-RNA的杂交,同时又能抑制质粒DMA的再联合),将从转化的大肠杆菌菌落群体或噬菌体群体中制备来的带有目的基因的重组质粒DNA变性后,同未分离的总mRNA进行杂交。把从杂交混合物中回收的核酸,加入无细胞转译系统(如麦胚提取物或网织红细胞提取物等)进行体外转译。由于其中加有^{35}S标记的甲硫氨酸,转译合成的多肽蛋白质可以通过聚丙烯酰胺凝胶电泳和放射自显影进行分析,并把其结果同未经杂交的mRNA的转译产物比较,从中便可以找到一种其转录合成被抑制了的mRNA,这就是同目的基因变性DNA互补而彼此杂交的mRNA。根据这种目的基因编码的蛋白质转译抑制作用,就可以筛选出含有目的基因的重组体质粒的大肠杆菌菌落群体(或噬菌斑群体)。然后将这个群体分成若干较小的群体,并重复上述实验程序,直至最后鉴定出含有目的基因的特定克隆为止。杂交抑制的转译筛选法是一种很有效的手段,它能够从总mRNA逆转录生成的cDNA群体中检出所需的目的cDNA,因而特别适用于筛选那些高丰度的mRNA。

2.杂交选择的转译筛选法

杂交选择的转译也称杂交释放的转译(hybrid-released translation),是一种更敏感的方法,可用于检出低丰度的mRNA(占总mRNA的0.1%)。其基本做法是从克隆文库中挑取转化菌落或噬菌体群体,分离制备其质粒DNA分子,经适当处理后牢固结合在硝化纤维素滤膜上。然后用同一菌落或噬菌体群体的mRNA(甚至是总的细胞RNA)进行杂交。通过洗脱作用,分离出能与结合的DNA分子杂交的mRNA。如果用于杂交的DNA分子并非是固定在固相支持物上,而是处于溶液状态,则可通过柱层析从总mRNA中分离出杂种分子。回收杂交的mRNA,加到无细胞翻译系统中进行体外转译,通过凝胶电泳分析或根据生物活性鉴定转译合成的带放射性标记的多肽产物。一旦获得某种呈阳性反应的克隆群体,可将它分成许多小库,直到用划线培养法获得一个或数个呈阳性反应的单菌落重组子为止。

6.3.6 亚克隆分析法

阳性重组子一经筛选并鉴定出来后,接下来的工作就是目的基因的定位研究。因为克隆片段与整个目的基因很难完全吻合,一般较小的目的基因或cDNA基因可以完整地包含在克隆片段内,而较大的目的基因可能分散在不同的克隆片段中。基因定位研究是对重组 DNA 分子进行遗传分析的重要内容,也是进一步分析目的基因的基本前提之一,虽然采用限制性核酸内切酶酶切图谱法或 Southern 印迹法等可以将基因定位在某一限制性片段上,但更为精确和有特别价值的方法是亚克隆分析法。

所谓亚克隆或次级克隆(subcloning),是将克隆片段进一步片段化后再次进行的克隆。一般是将重组 DNA 分别用几种限制性核酸内切酶切割后,将所得各片段分别重组到载体上,再转化宿主细胞,通过对转化细胞的表型鉴定或其他方法来确定基因所在的位置。

如果目的基因两端含有合适的限制性核酸内切酶识别位点,这可根据限制性核酸内切酶酶切图谱分析获得有关信息,那么仅筛选或鉴定少数转化子就能得到所需的亚克隆子。如果含有目的基因的克隆 DNA 片段的限制性核酸内切酶酶切图谱尚未阐明,仅选用某一种限制性核酸内切酶处理克隆 DNA 片段,则其识别和切割位点可能出现在目的基因内部,造成目的基因片段分散在两个或两个以上的亚克隆子中,难以获得含有完整目的基因的重组子亚克隆。这时可选用多种不同的限制性核酸内切酶对克隆 DNA 片段进行处理,然后进行探针杂交,如果在某个限制性核酸内切酶的酶切片段中只有一条大于目的基因的杂交阳性带,则这个片段有可能包含完整的目的基因,任何出现两条或多条杂交阳性带的限制性核酸内切酶以及出现小于目的基因长度的均可被排除。探针的分子越大,这种检测方法就越有效。如果目的基因的两端区域没有合适的酶切位点,也可利用 Bal31 核酸酶从重组分子中一端或两端同时进行逐步切割以缩短非目的基因区,根据新产生的重组子的遗传表型消失与否或者根据测定的 DNA 序列决定降解反应的程度,并最终获得含有目的基因的最小 DNA 片段。

6.3.7　插入失活法

插入失活法也是一种基因定位研究法,其基本原理是将特定的 DNA 随机插入重组 DNA 分子中,获得一系列插入重组子,根据其突变的类型鉴定失活的基因,进一步利用此插入 DNA 作为标记物,对失活基因进行定位。插入失活法主要有以下两种形式。

(1)接头插入突变:通过在重组 DNA 分子中随机引入序列已知的合成接头,使目的基因失活,从而确定克隆基因的位置。一般的方法是,在合适的条件下用 DNase Ⅰ 随机切割重组 DNA 分子,然后,用 EcoR Ⅰ 甲基化酶处理线状 DNA 分子,钝化分子内部原有的 EcoR Ⅰ 识别和切割位点。再用 DNA 聚合酶 Ⅰ 将线状 DNA 分子的两端补平,在连接酶的作用下在此平末端接上 EcoR Ⅰ 接头,进一步用 EcoR Ⅰ 酶消化,经 T$_4$ DNA 连接酶作用使 DNA 分子重新环化,转化受体细胞后再次进行筛选鉴定。由于 EcoR Ⅰ 接头的插入可能导致克隆化目的基因的失活,因此一旦发现目的基因失活,便可通过接头插入位点,将克隆化目的基因位置确定下来。此外,也可采用识别和切割切点频繁出现的限制性核酸内切酶部分消化重组 DNA 分子的方法引入接头,进行插入失活基因定位。从理论上来讲,插入位点越多、越均匀,目的基因的定位越精确。但是,当待检测的外源 DNA 片段过长,且酶切位点分布不均匀甚至没有合适的酶切位点可用时,这种方法并不适用。

(2)转座子诱变:采用转座子(transposon)随机插入失活目的基因的方法也能进行目的基因的定位研究。与最早发现的玉米植物转座子相似,细菌中也有特定的转座子,且一般存在于某些质粒或噬菌体的基因组中,它们自身不能自主复制,但往往含有抗生素抗性基因。因此,将含有转座子的质粒或噬菌体引入克隆细胞,经过一段时间培养后,质粒或噬菌体DNA上的转座子有可能转移到待测重组DNA分子上,并且这种转座子的插入是随机发生的。从这些细胞所形成的菌落中分别制备重组质粒,然后转化合适的受体细胞,通过对重组质粒上原有表型特征和转座子抗生素抗性标记的选择,鉴定出含转座子诱变质粒的转化子。再次分离重组质粒,根据转座子和重组质粒的限制性核酸内切酶酶切图谱,确定转座子插入的位点,然后根据每个选择转化子的目的基因遗传表型表达与否,进一步定位目的基因。

上述过程中,携带转座子的质粒或噬菌体DNA转化含有待检测重组质粒的细菌细胞时,转座子既可转移在重组质粒上,也有可能直接插入细菌染色体DNA上,因而重组质粒接受转座子的能力极为有限。即使转座子能随机插入重组质粒中,也可能导致双质粒的同时存在,不利于后续操作。一种改进的方法是先通过质粒或噬菌体DNA转化的方法构建受体菌的染色体突变株,使得转座子定位在染色体DNA上的某个标记基因内。消除质粒或噬菌体DNA,然后将待测重组质粒转化这种受体菌突变株,利用重组质粒的筛选标记筛选转化子。当染色体上的转座子转移到重组质粒上时,原来被插入失活的染色体基因复原,因此利用这个标记基因的遗传表型可以筛选接受了转座子的重组子。

6.3.8 电子显微镜作图检测法

在一定条件下,DNA分子中某些特殊的区段,如AT丰富区段、不同DNA分子的同源区段及与RNA分子同源的DNA区段等,能呈现出特殊的结构,利用电子显微镜进行观察作图,可以鉴定这些结构,并用于克隆基因的定位研究等。

1.R环检测法

R环检测法是一种采用mRNA做探针,用于检测具有外源DNA插入片段重组体分子的核酸杂交法。其原理如下:在临近双链DNA变性温度下和高浓度(70%)的甲酰胺溶液中,双链的DNA-RNA杂交分子要比双链的DNA-DNA分子更为稳定。因此,将RNA及变性DNA的混合物置于这种退火条件下,RNA便会同它的双链DNA分子中的互补序列退火,形成稳定的DNA-RNA杂交分子,而使被取代的另一链处于单链状态。

这种由单链DNA分支和双链DNA-RNA分支形成的泡状体,称为R环结构。R环结构一旦形成就十分稳定,而且可以在电子显微镜下观察到。因此,应用R环检测法可以鉴定出双链DNA中存在的与特定RNA分子同源的区域。

根据这样的原理,在有利于形成R环的条件下,使待检测的纯化的质粒DNA在含有mRNA分子的缓冲液中局部地变性。如果质粒DNA分子上存在与mRNA探针互补的序列,那么这种mRNA将取代DNA分子中相应的互补链,形成R环结构。然后置于电子显微镜下观察,便可检测出重组体质粒DNA分子。

2.变性作图

变性作图(denaturation mapping)一般用于DNA分子中AT丰富区段的鉴定。将DNA分子暴露在变性条件下,AT丰富区端因融解温度较低最先发生变性解链,形成部分变性的DNA分子,在高浓度的甲酰胺溶液的稳定作用下,利用电子显微镜可以观察到这些变性区段形成的特殊"泡"状精细结构,以此作为标记位点,可用于克隆基因的定位。

3.异源双链定位法

如果两条单链 DNA 分子间有一定的同源序列,在复性条件下,两条单链 DNA 分子在同源序列处可因碱基配对而结合,形成部分双链结构。据此,将经碱变性处理的两种 DNA 分子混合,溶液调至中性后加入甲酰胺,使 DNA 分子复性。当同源序列有 50% 复性杂交后,将混合溶液稀释,在电子显微镜下观察并作图,可以获得异源双链间同源序列及非同源区序列的有关信息。如果使用探针和待测 DNA 分子进行上述操作,很显然,可以在待测 DNA 分子上定位与探针序列有同源性的区段。

6.3.9　转录产物作图

如果克隆 DNA 片段中的目的基因能够转录生成 mRNA 产物,通过对 mRNA 的分析,也可以间接鉴定重组 DNA 分子,并对目的基因进行定位研究。具体方法有以下两种。

1.S1 酶作图法

S1 酶作图法由 Berk 和 Sarp 于 1977 年建立,主要依据与 R 环检测法相同,即在高浓度的甲酰胺溶液中,DNA-RNA 双链分子比 DNA-DNA 双链稳定。其基本做法如下:经热变性处理的 DNA 分子在高浓度的甲酰胺溶液中与同一材料的 mRNA 复性杂交,由于 mRNA 是由克隆 DNA 片段中目的基因的外显子区域转录生成的,两者能形成上述 R 环结构。用单链特异的 S1 核酸酶消化 R 环结构中处于单链状态的 DNA 分子,保留了杂合的双链分子。然后分别在自然条件和变性条件下进行琼脂糖或聚丙烯酰胺凝胶电泳。在自然条件下进行的凝胶电泳中,杂合双链区形成一条带,由此可确定不被降解的 DNA 片段的大小。而在变性条件(碱性条件)下进行凝胶电泳时,由于 mRNA 分子被水解,每个 DNA 分子都有其特定条带。用目的基因上不同区段的 DNA 进行杂交,即可确定 mRNA 的末端及位于该基因内部的内含子的位置。

2.引物延伸作图法

引物延伸作图法可用于 RNA 5′端的定位和定量。利用 5′端标记的单链 DNA 引物(合成的寡核苷酸或限制性核酸内切酶酶切片段)与 mRNA 杂交,在逆转录酶的作用下合成与 mRNA 互补的 cDNA,再通过变性聚丙烯酰胺凝胶电泳测定 cDNA 的长度,即可反映出引物末端标记核苷酸与 RNA 5′端的距离,而 cDNA 的量与 mRNA 样品中靶序列的浓度大致成正比。

6.3.10　基因表达产物分析法

该法用于鉴定产物是否确是目的基因的产物。从产物的鉴定结果也可以进一步证明所克隆的 DNA 段或分离的 mRNA 是不是目的基因片段或其 mRNA。

常用体外转译法对基因产物进行鉴定。从细胞中提取的天然 mRNA 或通过克隆化的 DNA 在体外转录产生的 mRNA,在无细胞提取液中能被翻译而合成蛋白质,这些体外翻译反应产物可通过免疫沉淀或 SDS-聚丙烯酰胺凝胶电泳加以分析鉴定。对原核生物的基因产物进行鉴定,常用大肠杆菌或枯草芽孢杆菌无细胞系统,而对真核生物基因产物进行鉴定,则常用兔网织红细胞裂解液或麦胚提取物,这两种翻译药盒均有厂商出售。

以 RNA 在网织红细胞裂解液中的翻译为例,翻译的标准反应混合物含有:①翻译反应混合液(含亚精胺、磷酸肌酸、除甲硫氨酸外的所有氨基酸、二硫苏糖醇、HEPES、水);②KCl、乙酸镁;③[^{35}S]-硫氨酸;④小球菌核酸酶处理的网织红细胞裂解液;⑤RNA。上述反应混合物于 30 ℃温育 1 h 后,即可分析鉴定其体外翻译产物。

6.3.11　DNA 序列测定法

DNA 序列测定,即核酸一级结构的测定,简称 DNA 测序。它是现代分子生物学和基因工程操作中占有极其重要地位的一门技术。对克隆 DNA 片段进行序列测定及分析,不仅可以直观地鉴定出重组 DNA 分子中是否含有目的基因,也可以获得目的基因的编码序列和基因调控序列,这对目的基因的表达及功能研究具有重要意义。

随着相关科学技术的发展,已涌现出多种基因测序技术,统称为第二代测序技术。第二代测序技术的核心思想是边合成边测序(sequencing by synthesis),即通过捕捉新合成的末端的标记来确定 DNA 的序列,现有的技术平台主要包括 Roche/454 FLX、Illumina/Solexa Genome Analyzer and Applied Biosystems SOLID system。第二代测序技术使得核酸测序实现了速度和价格双重突破,为破译大量的核酸序列提供了支持。目前,第二代测序技术主要用于高通量的测序,如基因组测序、转录组测序等。

思考题

1. 简述 CaCl$_2$ 法制备感受态细胞转化 DNA 的原理。

2. 常见的筛选重组子方法有哪些?

3. 为了提高转化效率,实验中要考虑哪几个方面的因素?

4. 如果实验中对照组本不该长出菌落的平板上长出了一些菌落,如何解释这种现象?

5. 如何从所克隆到的基因重组体中鉴定目的基因?

6. 什么是菌落原位杂交技术? 其基本过程如何?

扫码做习题

参考文献

[1] 吴乃虎.基因工程原理(上册)[M].2 版.北京:科学出版社,1998.

[2] 张惠展.基因工程[M].4 版.上海:华东理工大学出版社,2017.

[3] 马建岗.基因工程学原理[M].3 版.西安:西安交通大学出版社,2013.

[4] 龙敏南,杨盛昌,楼士林,等.基因工程[M].3 版.北京:科学出版社,2014.

[5] 杨汝德.基因工程[M].广州:华南理工大学出版社,2003.

[6] 陈宏.基因工程原理与应用[M].北京:中国农业出版社,2004.

[7] R W Old,S B Primrose. Principles of Gene Manipulation:An Introduction to Genetic Engineering[M]. 4th ed. Oakland:University of California Press,1989.

第 **7** 章　外源基因的原核表达系统

【本章简介】　在各种外源基因的表达系统中,原核表达系统是最早被采用的,也是目前相对较为成熟的表达系统。由于原核表达系统具有能够在较短时间内获得大量基因表达产物、所需成本相对比较低等优点,原核表达系统成为合成外源蛋白的首选系统。通常,外源基因的表达系统主要由相对配套的表达载体和表达菌株组成。该项技术的主要原理是将外源目的基因 DNA 片段克隆入相应的表达载体中,再转化到相应的表达菌株中,通过表达菌株体内的转录和翻译系统的合成,最终获得所需目的蛋白。这种方法在蛋白质表达纯化、定位及功能分析等方面都有广泛的应用。虽然原核表达系统简便、快捷,但它还存在许多难以克服的缺点,例如通常使用的表达系统无法对表达时间及表达水平进行调控,有些基因的持续表达可能对宿主细胞产生毒害作用,过量表达可能导致非生理反应,有些目的蛋白质会以包含体的形式表达,导致产物生物活性的丧失和构象的改变,此外,原核表达系统翻译后加工修饰体系不完善,缺少蛋白质的糖基化、磷酸化等翻译后加工,表达产物的生物活性较低。因此需要对原核表达系统进行不断改进和完善。

7.1　原核表达系统的特点

与真核生物相比,由于原核生物细胞内没有生物膜的隔离作用,原核生物基因表达的一个非常重要的特点为转录和翻译是紧密偶联在一起的。原核生物 mRNA 的原始转录产物一般不需要转录后加工,就能直接作为翻译蛋白质的模板。通常情况下,原核生物的 mRNA 转录尚未完成时,已经合成的该 mRNA 区段便同时开始了蛋白质的翻译和折叠。在原核细胞中,一条 mRNA 模板链可附着 $10\sim100$ 个核蛋白体,依次结合起始密码并沿 $5'\rightarrow3'$ 方向读码移动,同时进行肽链合成,这种 mRNA 和多个核蛋白体聚合物称为多聚核蛋白体。这可以使蛋白质生物合成以高速度、高效率进行。在电子显微镜下观察,原核 DNA 分子上连接着长短不一、正在转录的 mRNA,每条 mRNA 再附着多个核蛋白体进行翻译,呈羽毛状。因此,原核生物基因是通过转录和翻译这两个主要的过程,产生具有生物活性的蛋白质的。

7.1.1　原核生物的转录

1.mRNA 转录合成条件

1)底物

mRNA 转录是以四种核糖核苷酸(ATP、GTP、CTP 和 UTP)为底物,通过脱焦磷酸反应,合成 mRNA。

2)模板

转录反应一般以一段单链 DNA 为模板。在原核生物中,这个单链 DNA 片段可以包括一个乃至几个基因,其中含有一个基因的称为单顺反子,含有多个基因的称为多顺反子。在结构上,基因由多个不同的区域组成,可以划分为编码区和非编码区两个基本组成部分。

(1)编码区:指能转录为相应的 mRNA,进而指导蛋白质合成的 DNA 区域。编码区能够编码蛋白质,由连续的密码子组成,其位置在起始密码子(AUG)和终止密码子(UAA、UAG 或 UGA)之间。其核苷酸序列根据基因的功能,被称为结构基因。

(2)非编码区:指不能够编码蛋白质的核苷酸序列,非编码区位于编码区的上游及下游。

①位于编码区上游的非编码核苷酸序列。位于编码区上游的非编码核苷酸序列在调控遗传信息表达方面最为重要,它对调控遗传信息的表达是必不可少的。在原核生物中,位于上游的调控序列与一系列受其操纵的结构基因共同形成一个转录单位,称为操纵子。操纵基因是操纵结构基因表达的基因,它是一段能被特异阻遏蛋白识别和结合的 DNA 序列。特异阻遏蛋白是由调节基因编码,但调节基因不属于操纵子。当特异阻遏蛋白未与操纵基因结合时,由它所控制的结构基因就开始转录、翻译和合成蛋白质。当特异阻遏蛋白与操纵基因结合时,操纵基因处于"关闭"状态,结构基因就停止转录与翻译。启动子是指与 RNA 聚合酶识别、结合并与起始转录有关的一些 DNA 序列。以 *E. coli* 乳糖操纵子(图 7-1)的启动子为例,RNA 聚合酶进入位点可以分为两部分,即识别位点和结合位点。其中,Sextama 盒(−35 序列)为 RNA 聚合酶的识别位点,序列为 TTGACA。Pribnow 盒(−10 序列)为 RNA 聚合酶的结合位点,序列为 TATAAT。RNA 聚合酶一旦与启动子结合,就可以开始催化 mRNA 转录。此外,在 *E. coli* 乳糖操纵子基因的启动子上游还有 CAP-cAMP 结合位点。CAP(cyclic AMP receptor protein)为环腺苷酸受体蛋白,是一种二聚体蛋白质,亚基相对分子质量为 2.3×10^4。只有在 cAMP 与此受体结合成的复合物结合到 CAP 位点后,才能刺激 RNA 聚合酶与起始部位结合,从而起始转录过程。

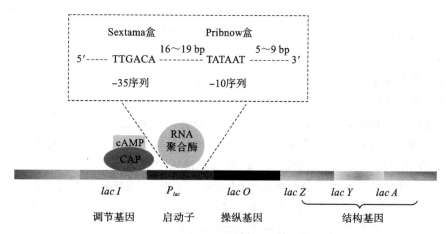

图 7-1　*E. coli* 乳糖操纵子结构示意图

②位于编码区下游的非编码核苷酸序列。在一个操纵子的 3′末端往往有特定的核苷酸序列,具有终止转录功能,这一序列称为转录终止子,简称终止子。终止子的主要作用是使 RNA 聚合酶停在 DNA 模板上不再前进,RNA 的延伸也停止在终止信号上,完成转录的

RNA 从 DNA 模板和 RNA 聚合酶上释放出来。对 RNA 聚合酶起强终止作用的终止子有两个明显的结构特点,即有一段富含 AT 的区域和一段富含 GC 的区域。其中,GC 富含区域具有回文对称结构,这段终止子转录后形成的 RNA 具有茎环结构;AT 富含区域对应转录出一连串的 U。这些结构特征共同促进转录的终止。因此,在构建表达载体时,为了稳定载体系统,防止克隆的外源基因表达干扰载体的稳定性,一般在多克隆位点的下游插入一段很强的 rrB 核糖体 RNA 的转录终止子。

3)RNA 聚合酶

RNA 聚合酶是一种不同于引发酶的依赖于 DNA 的 RNA 合成酶。该酶在单链 DNA 模板以及四种核糖核苷酸存在的条件下,不需要引物,即可按 $5' \rightarrow 3'$ 合成 RNA。

大多数原核生物只含有一种 RNA 聚合酶,它负责几乎所有的 mRNA、rRNA 和 tRNA 的合成。原核生物来源的 RNA 聚合酶的组成是基本相同的。以 *E. coli* 为例,RNA 聚合酶全酶由 6 个亚基构成,即 $\sigma\alpha_2\beta\beta'\omega$,相对分子质量为 4.65×10^5。其中,σ 亚基与转录起始位点的识别有关,它的主要功能是确定 DNA 的模板链和辅助转录的起始,而在转录合成起始后被释放。余下的部分($\alpha_2\beta\beta'\omega$)称为核心酶,负责 RNA 链的延伸。其中,$\beta$ 亚基和 β' 亚基共同形成 RNA 聚合酶的催化中心。α 亚基可能与核心酶的组装及启动子的识别有关,并参与 RNA 聚合酶和部分调节因子的相互作用。

4)终止因子和抗终止因子

(1)终止因子(ρ 因子):终止因子是一种由 6 个相同亚基组成的六聚体蛋白质,其相对分子质量为 2.80×10^5。它具有 NTP 酶和解螺旋酶活性。ρ 因子能水解各种核苷酸三磷酸,它通过催化 NTP 的水解促使新生 RNA 链从三元转录复合体中解离出来,从而终止转录。

(2)抗终止因子(N 蛋白):λ 噬菌体中由 N 基因编码的 N 蛋白具有抗转录终止作用。N 蛋白的功能发挥依赖于宿主所产生的 NusA、NusB、NusG 和 S10 等几种蛋白质。在终止子附近有一个二重对称序列,N 蛋白能识别转录所形成的颈-环结构,并与之结合。NusA 以二聚体的形式存在,其一个亚基与 RNA 聚合酶结合,另一个亚基与 N 蛋白结合,当其他蛋白质都结合到 Nut 位点时,便形成一个蛋白质复合物,并通过 NusA 与 RNA 聚合酶的结合,改变 RNA 聚合酶的构象,使之对终止信号不敏感,继续催化 RNA 链的合成。

2.RNA 转录合成的特点

RNA 转录合成是在 RNA 聚合酶的催化下,以一段 DNA 链为模板合成 RNA,从而将 DNA 所携带的遗传信息传递给 RNA 的过程。其特点如下:

(1)转录的不对称性:指以双链 DNA 中的一条链为模板进行转录,从而将遗传信息由 DNA 传递给 RNA。其中,作为 RNA 转录模板合成 RNA 的那条 DNA 链称为反义链(模板链),而与之互补的另一条 DNA 链称为有义链(编码链)。

(2)转录的连续性:RNA 转录合成时,以 DNA 为模板,在 RNA 聚合酶的催化下,连续合成一段 RNA 链。转录中不需要 RNA 引物。合成的 RNA 中,如只含一个基因的遗传信息,称为单顺反子;如含有几个基因的遗传信息,则称为多顺反子。

(3)转录的单向性:RNA 转录合成时,只能向一个方向进行聚合,所依赖的模板 DNA 链的方向为 $3' \rightarrow 5'$,而 RNA 链的合成方向为 $5' \rightarrow 3'$。

(4)有特定的起始和终止位点:RNA 转录合成时,只能以 DNA 分子中的某一段为模板,故存在特定的起始位点和特定的终止位点,特定的起始位点和特定的终止位点之间的 DNA

链构成一个转录单位,通常由转录区和相关的调节序列构成。调节序列对基因表达至关重要,因此对转录起始相关的调控序列的了解在设计高效表达载体时是很有意义的。

3.RNA 转录合成的基本过程

1)模板识别

模板识别主要是指 RNA 聚合酶与启动子 DNA 双链相互作用并与之相结合的过程。原核生物 RNA 聚合酶中的 σ 亚基识别转录起始位点-35 区的 TTGACA 序列(Sextama 盒),并促使核心酶结合形成全酶复合物。全酶与该区结合后,即滑动至-10 区的 TATAAT 序列(Pribnow 盒),并启动转录。

2)转录起始

当 RNA 聚合酶以全酶的形式与启动子 DNA 紧密结合后,形成起始复合物,使 DNA 分子的构象发生变化,促进启动部位的配对碱基解离。当 RNA 聚合酶进入起始位点后,就可催化四种核苷三磷酸按碱基配对原则互相配对(A-U、C-G、T-A、G-C),分别结合到反义链上。一般新合成的第一个核苷酸往往是腺嘌呤核苷酸,当第二个核苷酸进入 DNA 模板时,与第一个 3′-OH 端形成 3′,5′-磷酸二酯键,并释放出焦磷酸。此时,启动阶段结束,进入延伸阶段。

3)转录延伸

σ 亚基脱离复合物,留下的核心酶与 DNA 的结合变松,因而较容易继续往前移动。核心酶在 DNA 链上每滑动一个核苷酸距离,即有一个与 DNA 链碱基互补的核苷三磷酸进入,与前一个核苷酸 3′-OH 形成 3′,5′-磷酸二酯键。随着转录不断延伸,DNA 双链顺次被打开,并接受新来的碱基配对,合成新的磷酸二酯键后,核心酶向前移去,已使用过的模板重新关闭起来,恢复原来的双链结构。核心酶如此不断滑动,RNA 链就不断延长。原核生物 RNA 合成的速度为每秒 25～50 个核苷酸。核心酶无模板专一性,能转录模板上的任何 DNA 序列。合成的 RNA 链对 DNA 模板具有高度的忠实性。脱离复合物后的 σ 亚基可与新的核心酶结合,循环地参与起始位点(又称启动子)的辨认作用。

4)转录终止

DNA 模板链上有终止信号,在终止信号中有由 GC 富集区组成的反向重复序列,在转录生成的 mRNA 中形成相应的发卡结构。此结构可被 RNA 聚合酶或 ρ 因子识别,并与之结合,从而阻碍 RNA 聚合酶的行进,核心酶不再向前滑动,RNA 不再延长,转录终止。新合成的 RNA、核心酶和 ρ 因子都从模板 DNA 上释放出来。核心酶可再与 σ 亚基结合,又可辨认启动基因合成新的 RNA。根据终止子的强弱不同,转录终止可以分为不依赖于 ρ 因子的终止和依赖于 ρ 因子的终止。在 *E.coli* 中,ρ 因子依赖型终止子占所有终止子的一半左右。

7.1.2　原核生物的翻译

蛋白质生物合成又称翻译,是指以新生的 mRNA 为模板,把四种核苷酸编码的遗传信息解读为蛋白质一级结构中 20 种氨基酸排列顺序的过程。

1.遗传密码及其基本特性

遗传密码又称密码子、遗传密码子、三联体密码,是指 mRNA 分子上从 5′端到 3′端方向,由翻译起始位点开始,每相邻 3 个核苷酸组成的三联体。由 A、G、C、U 这四种核苷酸可组合成 64 个密码子,其中 AUG 既可以编码多肽链内部的甲硫氨酸,又可作为多肽合成的起始信号,称为起始密码子。而另有3个密码子(UAA、UAG和UGA)不编码任何氨基酸,只作为肽链合成终止的信号,称为终止密码子。有61个密码子编码20种氨基酸,称为有义密码子。从mRNA 5′端起始密码子AUG到3′端终止密码子之间的核苷酸序列,各个密码子连续排列编码一个蛋白质多肽链,称为开放阅读框(open reading frame,ORF)。

遗传密码具有以下几个重要特点。

1)连续性

编码蛋白质氨基酸序列的各个密码子连续阅读,密码间既无间断也无交叉。基于遗传密码的连续性,如基因损伤引起mRNA阅读框内的碱基发生插入或缺失,可能导致框移突变,造成下游翻译产物氨基酸序列的改变。多种生物基因转录后存在一种对mRNA的加工过程,可通过特定碱基的插入、缺失或置换,导致mRNA的转码、错义突变或提前终止,造成mRNA与其DNA模板序列之间不匹配,使同一mRNA前体翻译出序列、功能不同的蛋白质。这种基因表达的调节方式称为mRNA编辑(mRNA editing)。

2)简并性

遗传密码表显示,每组密码仅编码一种氨基酸,但除甲硫氨酸和色氨酸只对应1个密码子外,其他氨基酸都有2、3、4或6个密码子为之编码,这称为遗传密码的简并性。比较编码同一氨基酸的几组三联体简并密码可发现:第一、二位碱基多相同,前两位碱基决定编码氨基酸的特异性,而仅第三位碱基存在差异。如丙氨酸的密码子是GCU、GCC、GCA、GCG,而密码子ACU、ACC、ACA、ACG都编码苏氨酸。对应于这些密码子第三位的碱基变异或突变并不影响所翻译氨基酸的种类。但不同生物在翻译中,对同一氨基酸的几个密码子,可表现某些密码子优先使用的特性,即对密码子的"偏好性"。

3)通用性

蛋白质生物合成的整套密码子,从原核生物到人类都通用。仅发现少数例外,如动物细胞的线粒体中存在独立的基因表达系统,翻译使用的密码子和通用密码子间有一定差别。如用AUA兼作甲硫氨酸密码子和起始密码子,终止密码子可为AGA、AGG,而UGA编码色氨酸等。密码子的通用性进一步证明各种生物进化自同一祖先。

4)摆动性

转运氨基酸的tRNA的反密码子需要通过碱基互补与mRNA上的遗传密码反向配对结合,但反密码子与密码子间不严格遵守常见的碱基配对规律,这称为摆动配对。按5′→3′阅读密码规则,摆动配对在反密码子的第一位碱基与密码子的第三位碱基间更常见。如tRNA的反密码子第一位有稀有碱基次黄嘌呤出现,可分别与密码子第三位U、C、A配对。摆动配对的碱基间形成的是特异、低键能的氢键,有利于翻译时tRNA迅速与密码子分离。这使一种tRNA能识别mRNA的1~3种简并性密码子,据计算最少32种tRNA即可满足对61种有意义密码子的识别。

2.蛋白质生物合成的分子基础

1)mRNA是蛋白质生物合成的模板

(1)原核生物mRNA的半衰期短。细菌基因的转录与翻译是紧密联系的,一旦基因转录开始,核糖体就结合到新生mRNA链的5′端,启动蛋白质的合成。因为基因转录和多肽链延伸的速率基本相同,所以细胞内某一基因的产物(蛋白质)的多少取决于转录和翻译的起始效率。

(2)原核生物 mRNA 大多数以多顺反子的形式存在。原核生物一条 mRNA 可以同时编码几个不同的蛋白质。对于第一个顺反子来说,一旦 mRNA 的 5′端被合成,翻译的起始位点即可与核糖体相结合,而后面的几个顺反子的翻译的起始就会受其上游顺反子结构的控制。此外,原核生物多顺反子基因中后续编码区的翻译起始受顺反子之间距离的影响。当两个顺反子之间的距离较远时,前一顺反子翻译的终止与后一顺反子翻译的起始是相互独立的;当两个顺反子之间的距离较近时,前一顺反子翻译的终止与后一顺反子翻译的起始是相衔接的。

(3)原核生物 mRNA 的 5′端无帽子结构,3′端没有或只有较短的 poly(A)结构。原核细胞 mRNA 起始密码子 AUG 的上游 7～12 个核苷酸处含有一段富有嘌呤碱基的序列,称为 SD 序列(Shine-Dalgarno sequence),它可与 16S rRNA 3′端富嘧啶区序列互补。SD 序列是核糖体的结合位点(ribosome-binding site,RBS),是原核细胞翻译起始所必需的。SD 序列与起始密码子 AUG 之间的距离是影响 mRNA 翻译成蛋白质的重要因素之一。某些蛋白质与 SD 序列结合也会影响 mRNA 与核糖体的结合,从而影响蛋白质的翻译。

2)核蛋白体是多肽链合成的装置

核糖体是细胞内进行蛋白质合成的场所,在蛋白质合成中起着中心作用。不论何种来源的核糖体,均由 rRNA 和一定数量的蛋白质组成,其中 rRNA 对核糖体结构的形成和功能的发挥都起着重要作用。

所有生物的核糖体都由大、小两个亚基构成,但原核生物和真核生物不同来源的核糖体还是有差别的。原核生物的核糖体沉降系数为 70S,由 30S 小亚基和 50S 大亚基两部分组成。30S 小亚基由 1 个 16S rRNA 和 21 种蛋白质组成,50S 大亚基则由 2 个 rRNA(5S 和 23S)和 36 种蛋白质组成。70S 核糖体的立体结构类似椭圆体。游离状态的核糖体结构和蛋白质合成过程中的核糖体结构有区别,说明核糖体的结构在蛋白质合成过程中有一定的柔韧性。在核糖体上有 3 个 tRNA 结合位点,分别称为 A 位点(aminoacyl site)、P 位点(peptidyl site)和 E 位点(exit site)。其中,A 位点是接受氨酰-tRNA 位点,P 位点是接受肽酰-tRNA 位点,E 位点是空载 tRNA 离去的位点。在核糖体中,tRNA 的移动顺序是从 A 位点到 P 位点再到 E 位点,通过密码子与反密码子之间的相互作用保证反应正向进行而不会倒转。

3)tRNA

tRNA 在蛋白质的合成中处于关键的地位,它不但为每个密码子翻译成氨基酸提供结合体,还为准确无误地将所需氨基酸运送到核糖体上提供运送载体,所以它又被称为第二遗传密码。所有的 tRNA 都具有共同的特征:存在经过特殊修饰的碱基,3′端都以 CCA-OH 结束。

tRNA 的二级结构呈三叶草形,在三叶草形 tRNA 分子上有 4 条根据它们的结构或已知功能命名的手臂:①受体臂:位于 3′端-CCA 序列,是 tRNA 上的氨基酸接受位点。②TΨC 臂:负责核糖体上的 rRNA 识别。③反密码子臂:负责对密码子的识别与配对。④D 臂:负责和氨基酰 tRNA 聚合酶结合。还有些 tRNA 在 TΨC 臂和反密码子臂之间存在多余臂。多余臂的生物学功能尚不清楚。

tRNA 的三级结构呈倒 L 形,这种结构是靠氢键来维持的。tRNA 的三级结构与 AA-tRNA 合成酶对 tRNA 的识别有关。tRNA 的主要功能是转运活化的氨基酸。通过自身的反密码子和携带的相应氨基酸,将核酸中携带的遗传信息解码成具有活性的蛋白质分子。

4)氨基酰-tRNA 合成酶

氨基酸活化过程,即氨基酸与特异 tRNA 结合形成氨基酰-tRNA 的过程。这一化合反应由氨基酰-tRNA 合成酶催化完成。

$$氨基酸 + tRNA + ATP \xrightarrow{氨基酰\text{-}tRNA\ 合成酶} 氨基酰\text{-}tRNA + AMP + PPi$$

氨基酰-tRNA 合成酶催化氨基酰-tRNA 合成过程分为两步。

第一步:氨基酸活化生成酶-氨基酰腺苷酸复合物。

$$氨基酸 + ATP + E \longrightarrow 氨基酰\text{-}AMP\text{-}E + PPi$$

第二步:生成氨基酰-tRNA。

$$氨基酰\text{-}AMP\text{-}E + tRNA \longrightarrow 氨基酰\text{-}tRNA + AMP + E$$

反应中氨基酸的 α-羧基与 tRNA 的 3′端氨基酸臂-CCA 的腺苷酸 3′-OH 以酯键连接,形成氨基酰-tRNA。细胞中的焦磷酸酶不断分解该反应生成的 PPi,促进反应持续向右进行。

氨基酸与 tRNA 分子的正确结合,是维持遗传信息准确翻译为蛋白质过程保真性的关键步骤之一,氨基酰-tRNA 合成酶在其中起着主要作用。氨基酰-tRNA 合成酶对底物氨基酸和 tRNA 都有高度特异性。此外,氨基酰-tRNA 合成酶具有校正活性,即该酶可将反应任一步骤中出现的错配加以改正。

3. 原核生物的蛋白质生物合成

氨基酸在核糖体上缩合成多肽链是通过核糖体循环而实现的。此循环可分为肽链合成的起始、肽链的延伸和肽链合成的终止三个主要过程。下面以 *E.coli* 细胞为例,来说明原核细胞的蛋白质合成过程。

1)肽链合成的起始

(1)三元复合物的形成:原核生物 mRNA 在 30S 亚基上定位涉及两种机制。其一,在各种原核 mRNA 起始密码子 AUG 上游 8～13 个核苷酸部位,存在 AGGAGG 的 SD 序列。而 30S 亚基 16S rRNA3′端含有 UCCUCC 序列,该序列与 SD 序列碱基配对,使 mRNA 与小亚基结合。该结合反应是由起始因子 3(IF3)介导的,形成(IF3)-30S 亚基-mRNA 三元复合物。其二,mRNA 上紧接 SD 序列的小核苷酸序列,可被核蛋白体小亚基蛋白 rpS-1 识别结合。上述 RNA-RNA、RNA-蛋白质相互作用使 mRNA 的起始密码子 AUG 在核蛋白体小亚基上精确定位,形成复合物。

(2)30S 前起始复合物的形成:在起始因子 2(IF2)的作用下,甲酰蛋氨酸-起始型 tRNA(fMet-tRNAi^fMet)与 mRNA 分子中的起始密码子(AUG 或 GUG)结合,即密码子与反密码子相互反应。同时 IF3 从三元复合物脱落,形成 30S 前起始复合物,即(IF2)-30S 亚基-mRNA-(fMet-tRNAi^fMet)复合物。

(3)70S 起始复合物形成:50S 亚基与上述的 30S 前起始复合物结合,同时 IF2 脱落,形成 70S 起始复合物,即 30S 亚基-mRNA-50S 亚基-(fMet-tRNAi^fMet)复合物。此时 fMet-tRNAi^fMet 占据着 50S 亚基的肽酰位(P 位点),而 50S 的氨基酰位(A 位点)暂为空位。起始因子 1(IF1)在 70S 起始复合物形成后促进 IF2 的释放,从而完成蛋白质合成的起始(图 7-2)。

2)肽链合成的延长

这一过程包括进位、肽键形成、脱落和移位共四个步骤。肽链合成的延长需两种延长因子(elongation factor,EF),分别称为 EF-T 和 EF-G。

(1)进位:新的氨基酰-tRNA 进入 50S 大亚基 A 位点,并与 mRNA 分子上相应的密码子结合。在 70S 起始复合物的基础上,原来结合在 mRNA 上的 fMet-tRNAi^fMet 占据着 50S 亚基

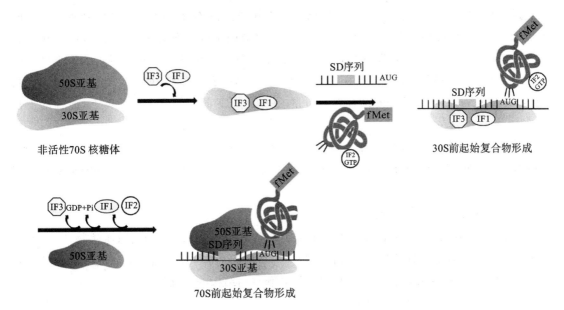

非活性70S核糖体

30S前起始复合物形成

70S前起始复合物形成

图 7-2　肽链合成的起始过程示意图

的 P 位点(当延长步骤循环进行两次以上时,在 P 位点则为肽酰-tRNA),新进入的氨基酰-tRNA 则结合到大亚基的 A 位点,并与 mRNA 上起始密码子随后的第二个密码子结合。此步骤需 GTP、EF-T 及 Mg^{2+} 的参与。

(2)肽键形成:在大亚基上肽酰转移酶的催化下,将 P 位点上的 tRNA 所携带的甲酰蛋氨酰(或肽酰基)转移给 A 位点上新进入的氨基酰-tRNA 的氨基酸,即由 P 位点上的氨基酸(或肽)的 $3'$ 端氨基酸提供 α-COOH,与 A 位点上的氨基酸的 α-NH_2 形成肽链。此后,在 P 位点上的 tRNA 成为无负载的 tRNA,而 A 位点上的 tRNA 负载的是二肽酰基或多肽酰基。此步骤需 Mg^{2+} 及 K^+ 的存在。

(3)脱落:50S 亚基 P 位点上无负载的 tRNA(如 $tRNAi^{fMet}$)脱落。

(4)移位:在 EF-G 和 GTP 的作用下,核糖体沿 mRNA 链($5'{\rightarrow}3'$)作相对移动。每次移动相当于一个密码子的距离,使得下一个密码子能准确地定位于 A 位点处。与此同时,原来处于 A 位点上的二肽酰 tRNA 转移到 P 位点上,空出 A 位点。随后再依次按上述的进位、肽键形成和脱落步骤进行下一循环,即第三个氨基酰-tRNA 进入 A 位点,然后在肽酰转移酶催化下,P 位点上的二肽酰 tRNA 又将此二肽基转移给第三个氨基酰-tRNA,形成三肽酰 tRNA。同时,卸下二肽酰的 tRNA 又迅速从核糖体脱落。延长过程每重复一次,肽链就延伸一个氨基酸残基。多次重复,就使肽链不断地延长,直至增长到终止密码子。实验已经证明,mRNA 上的信息阅读是从多核苷酸链的 $5'$ 端开始的,而肽链的延伸是从 N 端开始的。

3)肽链合成的终止

肽链合成的终止需终止因子或释放因子(releasing factor,RF)参与。在 E.coli 中已分离出三种 RF:RF1、RF2 和 RF3。其中,RF1 和 RF2 为 Ⅰ 类释放因子,具有识别 mRNA 链上终止密码子的能力,催化新合成的多肽链从 P 位点的 tRNA 中水解释放出来;RF3 为 Ⅱ 类释放因子,具有在多肽链释放后刺激 Ⅰ 类释放因子从核糖体上解离出来的能力。释放因子具有GTP 酶活性,可以催化 GTP 水解,使肽链释放,核糖体解聚。

多肽链合成完毕,这时,虽然多肽链仍然附着在核蛋白体及 tRNA 上,但 mRNA 上肽链合成终止密码子已在核蛋白体的 A 位点上出现。释放因子可以识别这些密码子,并在 A 位点上与终止密码子相结合,从而阻止肽链的继续延伸。RF1 和 RF2 对终止密码子的识别具有一定特异性,RF1 可识别 UAA 和 UAG,RF2 可识别 UAA 和 UGA。RF 与 EF 在核糖体上的结合部位是同一处,它们重叠的结合部位防止了 EF 与 RF 同时结合于核糖体上,而扰乱正常功能。

最后,核蛋白体与 mRNA 分离,同时,在核蛋白体 P 位点上的 tRNA 和 A 位点上的 RF 也脱落。与 mRNA 分离的核蛋白体又分离为大、小两个亚基,可重新投入另一条肽链的合成过程。

4. 蛋白质合成后加工和输送

在原核生物中从核蛋白体释放出的新生多肽链大多数本身就具备蛋白质生物活性,但也有部分蛋白质必须经过翻译后加工过程才转变为具有天然构象的功能蛋白。这主要包括对肽链一级结构的修饰、多肽链天然三维构象的折叠和空间结构的修饰等。

1)去除 N-甲酰基或 N-蛋氨酸

在蛋白质合成过程中,N 端氨基酸总是 fMet(甲酰蛋氨酸),其 α-氨基是甲酰化的。但天然蛋白质大多数不以蛋氨酸为 N 端第一位氨基酸。细胞内的脱甲酰基酶或氨基肽酶可以除去 N-甲酰基、N 端蛋氨酸或 N 端的一段多肽。

2)蛋白质二硫键的正确形成

多肽链内或肽链之间二硫键的正确形成对稳定蛋白质的天然构象十分重要。多肽链的几个半胱氨酸间可能出现错配二硫键,影响蛋白质正确折叠。二硫键异构酶可在肽链中催化错配二硫键断裂,并形成正确二硫键连接,最终使蛋白质形成热力学最稳定的天然构象。在 $E.coli$ 中,非还原环境的细胞周质与二硫键形成有关。在细胞周质中,含有 DsbA、DsbB、DsbC 和 DsbD 等蛋白,其中,DsbA 是 $E.coli$ 细胞周质中的二硫键异构酶。

3)肽酰-脯氨酰顺反异构酶

脯氨酸为亚氨基酸,多肽链中肽酰-脯氨酸间形成的肽键有顺、反两种异构体,空间构象有明显差别。肽酰-脯氨酰顺反异构酶可促进上述顺、反两种异构体之间的转换。天然蛋白肽链中肽酰-脯氨酸间肽键绝大部分是反式构型,仅 6% 为顺式构型。肽酰-脯氨酰顺反异构酶是蛋白质三维构象形成的限速酶,在肽链合成需形成顺式构型时,可使多肽在各脯氨酸弯折处形成准确折叠。

4)分子伴侣

分子伴侣是细胞中一类保守蛋白质,可识别肽链的非天然构象,促进各功能域和整体蛋白质的正确折叠。细胞中至少有两种分子伴侣家族。①热休克蛋白(heat shock protein,HSP):属于应激反应性蛋白,高温应激可诱导该蛋白质合成增加。热休克蛋白在进化上相对保守,大体有 Hsp70、Hsp40 和 GrpE 三个家族。热休克蛋白的主要功能是促进和协助某些能自发性折叠的蛋白质折叠为有天然空间构象的蛋白质。此外,还能避免或消除蛋白质变性后因疏水基团暴露而发生的不可逆聚集,以利于清除变性或错误折叠的多肽中间物。热休克蛋白促进蛋白质折叠的具体机制如下:Hsp40 结合待折叠多肽片段,并将多肽导向 Hsp70-ATP 复合物,Hsp40 激活 Hsp70 的 ATP 酶活性,水解 ATP 成 ADP,产生稳定的 Hsp40-Hsp70-ADP-

多肽复合物。而 GrpE 是核苷酸交换因子,与 Hsp40 作用,促进 ATP 交换 ADP,使复合物变得不稳定而迅速解离,释出该多肽链片段,进行正确折叠。多肽各区段依次进行上述结合-解离循环,完成折叠过程。②伴侣素(chaperonins):伴侣素是分子伴侣的另一家族,如 $E.coli$ 的 GroEL 和 GroES(真核细胞中同源物为 Hsp60 和 Hsp10)等家族。其主要作用是为非自发性折叠蛋白质提供能折叠形成天然空间构象的微环境。估计在 $E.coli$ 中 $10\%\sim20\%$ 的蛋白质折叠需要这一家族辅助。GroEL 由 2 组相对分子质量为 6.0×10^4 的同亚基七聚体形成桶状空腔,组成未封闭的复合物。待折叠肽链进入该空腔后,GroES 为相对分子质量为 1.0×10^4 的同亚基七聚体,可作为"盖子"瞬间封闭 GroEL 复合物。封闭复合物空腔提供了能完成该肽链折叠的微环境。伴随 ATP 水解释能,GroEL 复合物构象周期性改变,引起 GroES"盖子"解离和折叠后肽链释放。重复以上过程,直到蛋白质形成天然空间构象。实际上,分子伴侣并未加快折叠反应速度,而是通过消除不正确折叠,增加功能性蛋白折叠产率来促进天然蛋白质折叠。

5) 亚基聚合

具有四级结构的蛋白质由两条以上的肽链通过非共价聚合,形成寡聚体,才能够发挥作用。

6) 辅基连接

蛋白质分为单纯蛋白和结合蛋白两类。各种主要的结合蛋白,如糖蛋白、脂蛋白、色蛋白及各种带辅基的酶,合成后都需要结合相应辅基,成为天然功能蛋白质。辅基(辅酶)与肽链的结合过程十分复杂,很多细节尚在研究中。例如在用原核生物表达系统生产某些生理活性糖蛋白时,用基因工程方法表达出其肽链后,还不具备活性。如何使该蛋白质实现糖基化是目前期待解决的关键问题之一。

7) 分泌蛋白的靶向输送

新合成的蛋白质只有被运送到各自特定的亚细胞部位或分泌到胞外才具有功能活性,这个过程就称为蛋白质的靶向输送或蛋白质定位。在原核生物中,分泌蛋白是按照翻译转运同步机制(共翻译转运机制)转运的。其机制如下:分泌蛋白的 N 端有一段特殊的肽段,称为信号肽,它的主要功能是引导多肽链穿过细胞膜进入细胞外的周质空间。在蛋白质合成开始不久后,当 N 端的新生肽链刚生成时,信号肽就与信号肽识别颗粒(signal recognition particle,SRP)相结合,SRP-核糖体就移动到质膜上,并与质膜上的 SRP 受体蛋白相结合,将正在合成的含有信号肽的蛋白质连接到质膜的转运通道内。在周质腔表面含有信号肽酶,在信号肽进入周质腔后,肽链合成完成之前,信号肽酶切除信号肽。随后,蛋白质边跨膜边合成,并最终完成蛋白质的合成。同时,蛋白质也分泌到细胞外。

7.2　原核细胞表达系统

外源基因原核细胞表达系统泛指目的基因与原核细胞表达载体重组后,导入合适的原核受体细胞,并能在其中有效表达,产生目的基因产物(目的蛋白)。由此可知,外源基因原核细胞表达系统由原核细胞表达载体和相应的原核受体细胞两部分组成。

7.2.1 原核细胞表达系统概述

1. 原核细胞表达载体

1)原核细胞表达载体的特点

原核细胞表达载体是指能携带插入的外源核酸序列进入原核细胞中进行表达的载体。原核细胞表达载体主要有质粒载体、噬菌体载体和人工染色体等。目前已经构建了多种原核细胞表达载体,通常对原核细胞表达载体的基本要求如下:

(1)复制子:复制子是含有 DNA 复制起始位点和反式因子作用区的 DNA 片段,其功能是通过复制使质粒在受体细胞内大量扩增和传代。质粒中复制子的复制能力决定每个细胞内质粒的拷贝数。在通常情况下,基因剂量与合成的基因产物之间存在非线性的正相关关系,但在质粒拷贝数达到一定的阈值后,质粒拷贝数的增加并不能使目的基因产物同步增加,相反会产生一些副作用,主要表现为对细胞生长能力的损害和质粒本身编码的蛋白质过量积累。因此,根据需要选用适合类型的复制子对于构建质粒表达载体是相当重要的。如果需要两个质粒共转化,还要考虑复制元是否相容的问题。

(2)筛选标记和报告基因:表达载体上必须含有表型选择标记,才能把转化体从大量的菌群中分离出来。微生物表型选择标记可分为显性标记和营养缺陷型标记。例如,大多数微生物对抗生素敏感,因此质粒上携带的抗生素抗性基因可作为最常见的显性选择标记,把转化成功的菌体轻而易举地挑选出来。抗性筛选标记主要有氨苄青霉素、卡那霉素、新霉素、四环素、红霉素和氯霉素等。抗性基因的选择要注意是否会对研究对象产生干扰,比如代谢研究中要注意抗性基因编码的酶是否和代谢物相互作用。在使用抗生素时要注意温度的控制,温度过高容易导致抗生素失效。另外一种转化体检测是通过报告基因实现的。通常的报告基因有绿色荧光蛋白、半乳糖苷酶、荧光素酶等。此外,一些融合表达标签也有报告基因的功能。

(3)启动子和终止子:启动子是 RNA 转录不可缺少的重要顺式作用元件。通常启动子具有特定的保守序列区域,但在不同的生物中,这些保守区域的序列会有所不同。保守区域序列的改变会影响 RNA 聚合酶识别和结合能力。根据保守区域序列的不同,具有强、弱启动子之分。启动子的相对强弱对基因表达量具有决定性的影响。根据转录模式,基因表达可分为组成型表达和诱导调控型表达。常见的原核细胞表达载体启动子如表 7-1 所示。大量的外源基因表达可能对宿主有毒害作用,影响宿主的生长,所以以表达载体应带有诱导性表达所需要的元件,即有操纵子序列以及与之相应的调控基因等。转录终止子对外源基因的高效表达也有重要作用,即控制转录的 RNA 长度,提高系统的稳定性,避免质粒上异常表达导致质粒稳定性下降。放在启动子上游的转录终止子还可以防止其他启动子的通读,降低本底水平表达。

表 7-1　原核细胞表达载体常用启动子种类及结构组成

启动子类型	−35 区序列	−10 区序列
P_{lac}	TTTACA	TATAAT
P_{tac}	TTGACA	TATAAT
P_{trp}	TTGACA	TTAACT

续表

启动子类型	−35 区序列	−10 区序列
P_{traA}	TAGACA	TAATGT
P_{recA}	TTGATA	TATAAT
$P_{\lambda L}$	TTGACA	GATACT

(4)核糖体结合位点:在起始密码子 AUG 上游 7～13 bp 处有一富含嘌呤的区域,称为 SD 序列。SD 序列能与 16S rRNA3′端互补配对,形成翻译起始复合物,这对有效地进行蛋白质翻译是必需的。多数表达载体有 SD 序列,也有些表达载体没有 SD 序列。虽然缺乏 SD 序列的 mRNA 也能进行蛋白质的翻译,但效率明显降低。因此,为了提高外源基因的表达水平,可将外源基因编码区插入 SD 序列下游,使外源基因的翻译起始效率显著地提高。

(5)克隆位点:外源基因需要插入载体合适的位置上,所以表达载体要有合适的多克隆位点(multiple cloning site,MCS)或多位点接头。这些位点在载体上通常是独一无二的,这样可以防止插入片段插入不恰当的位置。多克隆位点的存在可以确保载体适合大部分的 DNA 片段,可以针对插入片段提供特定的酶切位点图谱,提高质粒重组操作的灵活性。在选择质粒载体时,既要考虑多位点接头的位置,又要考虑多位点接头的顺序,保证插入序列的方向性。

(6)载体大小:大的质粒不会很好地转化,而且 DNA 产量通常很低。在设计实验时,要考虑到加入插入片段的最终载体的大小,尽量用小的载体。

2)表达载体的选择

表达系统的核心是表达载体。用来表达外源基因的载体有很多种,一般来说,这些载体应满足以下要求:①重组质粒拷贝数高,表达量高;②适用范围广;③表达产物容易纯化;④在菌体内稳定性好。

目前已知的应用较广的表达载体有非融合表达载体、融合表达载体、分泌型表达载体和表面呈现表达载体等。

(1)非融合表达载体:其优越性在于表达的非融合蛋白与天然状态下存在的蛋白质在结构、功能以及免疫原性等方面基本一致,从而可以方便地进行后续研究。为了提高翻译效率,在设计表达载体时采用了许多方法,例如:①优化翻译起始区以达到高效表达;②构建一套 SD-AUG 间隔不等的表达载体以供选择利用;③在构建表达载体时,使用近年来发现的"原核翻译增强子"序列,以提高翻译效率;④将"原核翻译增强子"和双顺反子结构结合到一起,从而提高表达效率。

(2)融合表达载体:将外源蛋白基因与受体菌自身蛋白基因重组在一起,但不改变两个基因开放阅读框,以这种方式表达的蛋白称为融合蛋白。表达融合蛋白的一般模式如下:原核启动子—SD 序列—起始密码子—原核结构基因片断—目的基因序列—终止密码子。目前成功的融合表达载体包括 GST(谷胱甘肽 S 转移酶)系统、半乳糖苷酶系统、麦芽糖结合蛋白(MBP)系统、蛋白 A 系统、纯化标签融合系统等。由于翻译起始信号在调控翻译强度中是最重要的,融合表达载体 SD-AUG 间隔通常已固定,翻译起始信号组织合理,有利于翻译起始,且简化了蛋白质分离纯化步骤。将相对分子质量较小的蛋白质以融合蛋白形式表达,可增强 mRNA 及表达产物稳定性,并生产出可溶性蛋白。

（3）分泌型表达载体：为减少所需蛋白质在宿主体内被蛋白酶降解的量，或者使蛋白质能够在体外正确折叠和便于提纯，经常需要将被表达的蛋白质分泌到细胞外，因此要用分泌型载体。表达分泌蛋白是防止宿主菌对表达产物的降解，减轻宿主细胞代谢负荷及恢复表达产物天然构象的最有力措施。利用分泌型表达载体的优点如下：①一些在胞内被蛋白酶降解的蛋白质在细胞周质中很稳定；②一些在胞内无活性的蛋白质分泌后便具有活性，分泌可能使蛋白质能够正确折叠；③产生的蛋白质没有氨基酸末端甲硫氨酸，因为切割位点在信号肽与编码序列之间，甲硫氨酸会影响许多蛋白的活性。

（4）表面呈现表达载体：表面呈现表达技术分为两种：一种是噬菌体表面呈现表达技术，另一种是细菌表面呈现表达技术。例如对于大肠杆菌来说，有三种呈现方式：①将目的基因克隆入外膜蛋白的表面暴露部位的 loop 区，可将较小的肽呈现到外膜；②将目的基因克隆入鞭毛或纤毛的结构基因中；③将目的基因融合到脂蛋白、IgA 蛋白酶等的 N 端或 C 端。此载体由于表达量低，只适用于一些对蛋白质性质方面的研究、筛选文库等。

2. 原核受体细胞

受体细胞是指在转化和转导（感染）中接受外源基因的宿主细胞。在原核细胞表达系统中，最常用的宿主细胞有大肠杆菌、芽孢杆菌、链霉菌和蓝藻等。作为受体细胞，必须具备下面的性能：①易于接纳外源 DNA；②限制酶缺陷型（或限制与修饰系统均为缺陷型）；③DNA 重组缺陷型，DNA 不易转移，遗传稳定性高，易于进行扩大培养；④无致病性，不适于在人体内或在非培养条件下生存；⑤载体复制、扩增不受阻；⑥与表达载体有互补性，同时，表达载体所含的选择性标记与受体细胞基因型必须匹配；⑦受体细胞内源蛋白水解酶基因缺失或蛋白酶含量低，有利于外源基因蛋白表达产物的积累；⑧受体细胞在遗传密码子的应用上无明显偏好性，有利于外源基因的高效表达；⑨可使外源基因高效分泌表达；⑩具有好的翻译后加工机制，便于真核基因的表达等。

根据宿主细胞的类型，可将原核生物基因表达系统，大致分为大肠杆菌表达系统、芽孢杆菌表达系统、链霉菌表达系统和蓝藻表达系统等。

7.2.2 大肠杆菌表达系统

大肠杆菌表达系统是基因表达技术中应用最早和最广泛的经典表达系统。随着分子生物学技术的不断进步，大肠杆菌表达系统也不断得到完善和发展。与其他表达系统相比，大肠杆菌表达系统具有遗传背景清楚、操作简单、转化导入效率高、培养周期短、抗污染能力强、成本低、目的基因表达水平高等优点。因此，大肠杆菌表达系统在基因表达技术中占有重要的地位，是分子生物学研究和生物技术产业化发展进程中的重要工具。

1. 大肠杆菌表达载体的特征

大肠杆菌质粒是一类独立于染色体外自主复制的双链、闭环 DNA 分子。大肠杆菌质粒可分为接合转移型和非接合转移型两种。非接合转移型质粒在通常培养条件下不在宿主间转移，整合到染色体上的频率也很低，具有遗传学上的稳定性和安全性。又因其大小一般在 2～50 kb 范围内，适合于制备和重组 DNA 的体外操作，因此几乎所有的大肠杆菌表达系统都选用非接合转移型质粒作为运载外源基因的载体，这些表达载体通过对天然质粒的改造获得。理想的大肠杆菌表达载体具有以下特征：①具有稳定的遗传复制、传代能力，在无选择压力下能存在于大肠杆菌细胞内;②具有显性的转化筛选标记;③启动子的转录是可以调控的,抑制时本底转录水平较低;④启动子转录的 mRNA 能够在适当的位置终止,转录过程不影响表达载体的复制;⑤具备适用于外源基因插入的酶切位点。复制子、筛选标记、启动子、终止子和核糖体结合位点是构成表达载体的最基本元件。

2.各种类型大肠杆菌表达系统的构成及特点

一个完整的大肠杆菌表达系统至少要由表达载体和宿主菌两部分构成。为了改善表达系统的性能和提高对各类外源基因的适应能力,表达系统有时还需要有特定功能基因的质粒或溶源化噬菌体参与。到目前为止,已经成功发展了许多表达载体和相应的宿主菌。

1)Lac 和 Tac 表达系统

(1)原理:Lac 表达系统是以大肠杆菌 lac 操纵子调控机理为基础设计、构建的表达系统。lac 操纵子在无诱导物的情况下,负调节因子 lacI 基因产物(阻遏蛋白)与启动子下游的操作基因紧密结合,阻碍转录的起始。在诱导剂 IPTG 存在的情况下,IPTG 与阻遏蛋白结合后,导致与操纵基因的结合能力降低而解离出来,lac 操纵子的转录因此被激活。野生型 lac 操纵子受启动子上游的 CAP 位点调控,但 lacUV5 突变体能够在没有 CAP 存在的情况下非常有效地起始转录,受它控制的基因在转录水平上只受 lacI 的调控,因此,lacUV5 突变体的启动子常用于构建表达载体,便于操作。

用 tac 启动子构建的表达系统称为 Tac 表达系统。tac 启动子是由 trp 启动子的 -35 序列和 lacUV5 的 Pribnow 序列(-10 序列)拼接而成的杂合启动子,调控模式与 lacUV5 相似,但 mRNA 的转录水平比 trp 启动子和 lacUV5 启动子更高。当需要有较高基因表达水平时,选用 tac 启动子比用 lacUV5 启动子更优越(图 7-3)。

(2)Lac 和 Tac 表达系统的应用:在 Lac 和 Tac 表达系统中,使用的诱导物 IPTG 具有一定的毒性,从安全角度考虑,对表达和制备用于医疗目的的重组蛋白是不适合的。有些国家规定:在生产人用的重组蛋白的生产工艺中不能使用 IPTG。于是就需要其他诱导方法:①温度诱导。将阻遏蛋白 LacI 的温度敏感突变株 lacI(ts)应用于 Lac 和 Tac 表达系统。这些突变体基因插入表达载体或整合到染色体后,均能使 lac 和 tac 启动子的转录受到温度严谨调控,在较低温度(30 ℃)时抑制,在较高温度(42 ℃)时开放。②乳糖诱导。用乳糖替代 IPTG 作为诱导物。乳糖要通过转运和转化等过程变为异乳糖,才能变为诱导物,但其效率受到多种因素的影响和制约,因此乳糖诱导的有效剂量大大高于 IPTG。乳糖本身作为一种碳源可以被大肠杆菌代谢利用,较多的乳糖存在也会导致菌体生理及生长特性变化。乳糖代替 IPTG 作为诱导剂的研究要与发酵工艺结合起来,才能显示其良好的前景。

2)P_L 和 P_R 表达系统

(1)原理:以 λ 噬菌体早期转录启动子 P_L、P_R 为核心构建的表达系统称为 P_L 和 P_R 表达系统。启动子 P_L、P_R 具有很强的启动转录功能,利用它们来构建表达载体并控制外源基因在大肠杆菌表达系统中表达。P_L、P_R 启动子的转录是由 λ 噬菌体 P_E 启动子控制的 cI 基因编码的阻遏物调控的。cI 基因的产物在 E.coli 中的浓度取决于一系列宿主与噬菌体因子之间的错综复杂的平衡关系,因此,通过细胞因子来控制 cI 因子的产生和消失是相当困难的。利用温度敏感突变体 cI857(ts)的基因产物来调控 P_L、P_R 启动子的转录,它在较低温度(30 ℃)时以活性形式存在,在较高温度(42 ℃)时失活。

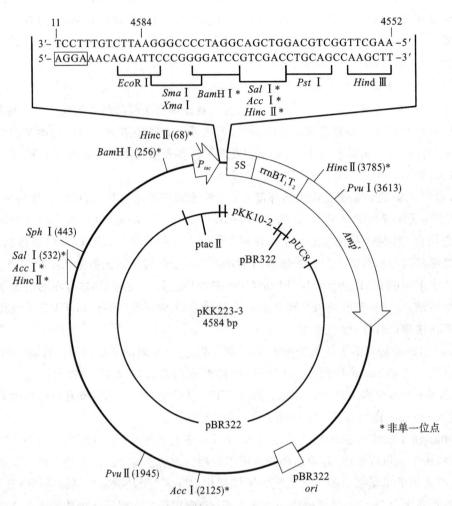

图 7-3   *tac* 启动子调控的大肠杆菌表达载体 pKK223-3 结构图

(引自孙明,2006)

带有 P_L、P_R 启动子的表达载体在普通大肠杆菌中相当不稳定,这是因为菌体中没有 $c\,I$ 基因的产物,P_L 或 P_R 启动子高强度直接转录。解决这个问题的办法之一是用溶源化 λ 噬菌体的大肠杆菌 cI+ 菌株作为 P_L 和 P_R 启动子表达载体的宿主菌,例如 N99c I +菌株(溶源化野生型 λ 噬菌体)、N4830-1 菌株和 POP2136 菌株(溶源化 c I 857(*ts*)λ 噬菌体)等;办法之二是把 $c\,I\,857(ts)$ 基因组装在表达载体上,这样就可以有更大的宿主菌选择范围。

(2)P_L 和 P_R 表达系统的应用:由于 P_L 和 P_R 表达系统在诱导这一环节上不加入化学诱导剂,成本又低廉,因此最初几个在大肠杆菌中制备的药用重组蛋白质都采用 P_L 或 P_R 表达系统。利用温度诱导的方法,采用较高温度(42 ℃),使 cI 因子失活,可以诱导外源基因在大肠杆菌中大量表达。此表达系统的缺陷如下:首先是在热刺激过程中,大肠杆菌热休克蛋白的表达也会被激活,其中一些是蛋白水解酶,有可能降解所表达的重组蛋白;其次是在大体积发酵培养菌体时,通过热平衡交换方式把培养温度从 30 ℃ 提高到 42 ℃ 需要较长的时间,这种缓慢的升温方式影响诱导效果,对重组蛋白的表达量有一定的影响。

3)T$_7$ 表达系统

(1)原理:利用大肠杆菌 T$_7$ 噬菌体转录体系中的转录元件为基础构建的表达系统称为 T$_7$ 表达系统。T$_7$ 噬菌体基因 1 编码的 T$_7$ RNA 聚合酶选择性地激活 T$_7$ 噬菌体启动子的转录。它是一种高活性的 RNA 聚合酶,合成 mRNA 的速度比大肠杆菌 RNA 聚合酶快 5 倍,并可以转录某些不能被大肠杆菌 RNA 聚合酶有效转录的序列。在细胞中存在 T$_7$ RNA 聚合酶和 T$_7$ 噬菌体启动子的情况下,大肠杆菌宿主本身基因的转录竞争力低于 T$_7$ 噬菌体转录体系。最终受 T$_7$ 噬菌体启动子控制的基因的转录能达到很高的水平。T$_7$ 表达载体启动子选用的是 T$_7$ 噬菌体主要外壳蛋白 $\phi10$ 基因的启动子。pET 系列载体是这类表达载体的典型代表。

(2)T$_7$ 表达系统的应用:外源基因在 T$_7$ 表达系统的表达完全受 T$_7$ RNA 聚合酶调控,T$_7$ RNA 聚合酶的转录调控的模式决定了表达系统的调控方式。T$_7$ RNA 聚合酶的调控模式如下:①噬菌体 DE3 是 λ 噬菌体的衍生株,一段含有 lacI、lacUV5 启动子和 T$_7$ RNA 聚合酶基因的 DNA 片段被插入其 int 基因中,如用含有噬菌体 DE3 的溶源菌(如 BL21(DE3)、HMS174(DE3)等)作为表达载体的宿主菌,调控方式为化学信号诱导(IPTG),类似于 Lac 表达系统(图 7-4)。②噬菌体 CE6 是 λ 噬菌体含有裂解缺陷突变和温度敏感突变的衍生株,其 T$_7$ RNA 聚合酶基因处于 P_L 启动子控制下。噬菌体 CE6 转染宿主菌后可通过热脉冲诱导方式激发 T$_7$ 噬菌体启动子的转录。这种在需要时才把 T$_7$ RNA 聚合酶基因导入的方式可以使本底转录降到很低的水平,尤其是用于表达对大肠杆菌宿主有毒性的重组蛋白质。③T$_7$ RNA 聚合酶可以由共转化质粒提供。大肠杆菌 GJ100 含有透明颤菌血红蛋白基因(vgb)启动子控制下的 T$_7$ RNA 聚合酶基因表达质粒。vgb 基因的转录是受环境溶解氧浓度控制的。在贫氧条件下 vgb 基因的启动子被激活。用 GJ100 作为宿主时,表达系统调控方式为贫氧诱导型。

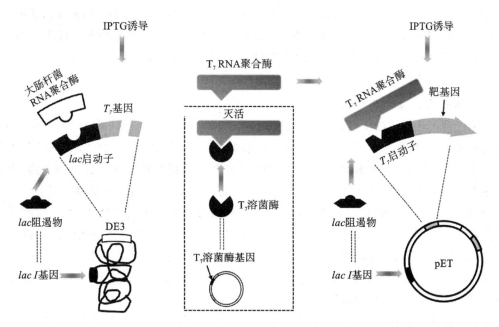

图 7-4　大肠杆菌 T$_7$ RNA 聚合酶表达系统

T_7 表达系统表达目的基因的水平是目前所有表达系统中最高的,但也不可避免产生相对较高的本底转录,如果目的基因产物对大肠杆菌宿主有毒性,就会影响它的生长。解决这一问题的办法之一就是在表达系统中低水平表达 T_7 溶菌酶基因。因为 T_7 溶菌酶除了作用于大肠杆菌细胞壁上的肽聚糖外,还与 T_7 RNA 聚合酶结合抑制其转录活性。目前 T_7 溶菌酶基因都通过共转化质粒导入表达系统,它能明显降低本底转录,但对诱导后目的基因的表达水平没有明显影响。

4)其他诱导表达系统

(1)营养调控型:采用大肠杆菌碱性磷酸酶基因 *phoA* 启动子或甘油 $3'$-磷酸转移系统 *ugp* 启动子构建的表达载体,受培养基中的无机磷浓度调控。无机磷浓度大于 5 mmol/L 时抑制,无机磷浓度小于 1 mmol/L 时激活。

(2)糖原调控型:采用大肠杆菌岩藻糖转移系统 *mgl* 启动子或沙门氏菌阿拉伯糖基因 *araB* 启动子构建的表达载体,受葡萄糖抑制,岩藻糖和阿拉伯糖分别是它们的诱导物。

(3)pH 调控型:采用大肠杆菌赖氨酸脱羧酶基因 *cadA* 启动子构建的表达载体,*cadA* 启动子受培养基中的 H^+ 浓度调控。pH>8 时抑制,pH<6 时激活,pH=6 时,转录活力最高。

(4)溶解氧调控型:采用大肠杆菌丙酮酸甲酸裂解酶基因 *pfl* 启动子、硝基还原酶基因 *nirB* 启动子或透明颤菌血红蛋白基因 *vgb* 启动子构建的表达载体,含有对氧响应的调节因子 fnr 的作用位点。在富氧条件下转录被抑制,在贫氧和微氧条件下转录被激活。

(5)生物素调控型:采用大肠杆菌生物素操纵子及其调控区构建的表达载体,在培养基生物素浓度低于 2 ng/mL 时,生物素启动子被激活。

7.2.3 芽孢杆菌表达系统

芽孢杆菌是一类被广泛应用的重要工业微生物,其遗传学和生理学已得到深入研究,人们对其遗传背景和生理特性的了解仅次于大肠杆菌。芽孢杆菌作为典型的革兰氏阳性菌,具备了大肠杆菌等一些其他菌株所没有的优良特性。在实际应用中,芽孢杆菌可以作为不同来源的外源基因的表达宿主。

1.芽孢杆菌表达系统的优点和缺点

芽孢杆菌表达系统的优点:①呈非致病性,除个别菌种(炭疽芽孢杆菌和蜡样芽孢杆菌)外对人畜无害;②转化外源 DNA 的感受态系统也同样适用于转化重组 DNA;③质粒和噬菌体都可以作为克隆的载体;④细胞壁的组成简单,只含有肽聚糖和磷壁质,因此在分泌的蛋白质产品中不会混杂内毒素(热源性脂多糖),而这是大肠杆菌无法比拟的;⑤能够大量分泌某些胞外蛋白,蛋白质跨越细胞膜后,被加工和直接释放到培养基中而不发生聚集,回收和纯化蛋白质较为简单;⑥具备良好的发酵基础和生产技术,在相对简单的培养基中能生长到很高的密度;⑦没有明显的密码子偏好性,同时表达产物也不容易形成包含体。在 *E.coli* 表达系统中,若重组表达的外源蛋白中含有大量连续的稀有密码子,则常常造成表达量低,或者翻译提前终止,而目的蛋白质产物形成包含体会导致蛋白质丧失活性。

芽孢杆菌表达系统的缺点:①能够产生大量的胞外蛋白酶,往往造成表达产物的大量降解;②能自发形成感受态的菌株极少,感受态持续时间短暂,分子克隆效率低;③存在限制和修饰系统,重组质粒不稳定。

2.芽孢杆菌表达系统的重要调控元件

1)σ因子

原核生物基因的转录主要由 RNA 聚合酶完成。RNA 聚合酶全酶由 σ 因子和核心酶(α_2 $\beta\beta'$)5 个亚基组成。σ 因子的主要功能是帮助核心酶识别特定的启动子而结合到转录的起始部位。转录开始后,σ 因子就不起作用了。目前,在枯草芽孢杆菌中发现了 10 多个 σ 因子,如 σ^A(σ^{43}、σ^{55})(营养生长)、σ^B(σ^{37})、σ^D(σ^{28})、σ^E、σ^F、σ^G、σ^H(σ^{29})(平台期)、σ^K(生孢特异性)、gp28 和 gp33~34 等,而大肠杆菌只有两种 σ 因子(σ^{70} 和 σ^{32})。这种多 σ 因子现象与营养体的繁殖和芽孢形成有关,也与重叠启动子、非重叠启动子以及转录级联有关。根据 σ 因子级联式交替出现,提出了 σ 因子级联基因调控模型。该模型认为枯草芽孢杆菌及其噬菌体在不同生长时期或不同生长环境中,所表达基因的种类和程度各不相同,而 σ 因子的级联交替则是实现这种专一性调控的重要分子基础之一。大多数革兰氏阴性菌的基因不能够在芽孢杆菌中直接表达,而需要更换启动子等元件。

2)启动子

枯草芽孢杆菌 σ^A 因子所识别的启动子-35 区和-10 区与大肠杆菌类似,保守序列分别为 TTGACA 和 TATAAT。而带其他 σ 因子的 RNA 聚合酶识别的启动子的保守区域与 σ^A 启动子存在很大差异。如 σ^B 启动子的 -35 区和 -10 区分别为 AGGATT 和 GGAATTGTTT,σ^D 的分别为 CTAAA 和 CCGATAT 等。σ^A 因子识别的启动子两区域之间的间距为 17~18 bp,而其他 RNA 聚合酶的则不定,多为 15~16 bp。一般来说,当该距离偏离 17 bp 时,无论大或小,启动子都会变弱。

在枯草芽孢杆菌中,许多启动子的-35 区上游富含 AT,该 AT 丰富区称为转录增强区,对基因转录非常重要;在-10 区的上游含有一个重要的 TGTG 基序(-16),这个区域的突变会显著地减弱启动子的强度。另外,在-10 区与+1 区之间通常也富含 AT,该特点主要是便于转录起始时促进 DNA 的局部解链。

迄今发现的枯草芽孢杆菌启动子主要有两种形式:一是单个的启动子,多数在快速生长期表达;另一类为复合启动子,它包括串联启动子和重叠启动子。重叠启动子有以下特征:①不同类型的两个启动子重叠;②两个启动子有不同的转录起始位点或相同的起始位点;③启动子可能受时序调节。这类启动子在枯草芽孢杆菌感知外界环境的变化、时序调节、孢子形成和萌发等诸多生命现象中发挥重要作用。

3)终止子

一旦 RNA 聚合酶起始了转录,就会不停地合成核酸直到遇到转录终止位点。大肠杆菌中有两类转录终止位点:ρ 因子依赖型和非 ρ 因子依赖型。在枯草芽孢杆菌基因转录终止方面,仅有少数基因得到很好的研究。它们的终止区都富含 GC 的倒转重复序列,后面跟着一串 A(T),即非 ρ 因子依赖型的转录终止。

4)核糖体结合位点

枯草芽孢杆菌 mRNA 的核糖体结合位点,也称为 SD 序列。其典型的 SD 序列为 5'-GGAGG-3',与大肠杆菌的 5'-AAGGA-3'有所不同。一般来说,mRNA 与核糖体的结合程度越强,翻译的起始效率就越高,而这种结合程度主要取决于 SD 序列与 16S rRNA 3'端的碱基互补性,其中以 GGAG 这 4 个碱基的序列尤为重要。对多数基因而言,上述 4 个碱基中任何一个换成 C 或 T,均会导致翻译效率大幅度降低。

核糖体 16S rRNA 3′端参与识别 mRNA 并起始翻译,而枯草芽孢杆菌的 16S rRNA 3′端序列与大肠杆菌是不同的,枯草芽孢杆菌的核糖体只能识别同源的 mRNA。因此,来源于大肠杆菌的基因,除极个别以外,不能直接在属于革兰氏阳性菌的芽孢杆菌中表达,而芽孢杆菌的基因可以在大肠杆菌中表达。这是因为革兰氏阳性菌的核糖体 30S 亚基缺少 S1 蛋白,这可能涉及核糖体结合位点的问题,另外革兰氏阴性菌的启动子枯草芽孢杆菌不能够识别。

SD 序列与起始密码子之间的序列也影响翻译效率,通常富含 AT 的间隔区比富含 GC 的间隔区翻译效率高 15~50 倍。SD 序列下游的碱基若为 AAAA 或 UUUU,翻译效率最高;而 CCCC 或 GGGG 的翻译效率则分别是最高值的 50% 和 25%。紧邻 AUG 的前 3 个碱基成分对翻译起始也有影响。对于大肠杆菌 β-半乳糖的 mRNA 而言,在这个位置上最佳的碱基组合是 UAU 或 CUU。如果用 UUC、UCA 或 AGG 取代,酶的表达水平只有 $\frac{1}{20}$。SD 序列与起始密码子之间的精确距离保证了 mRNA 在核糖体上定位后,翻译起始密码子 AUG 正好处于核糖体复合物结构中的 P 位点,这是翻译启动的前提条件。一般来说,"GGAGG"的最后一个 G 和起始密码子的距离为 7~9 个碱基。在此间隔少一个或多一个碱基,均会导致翻译起始效率不同程度地降低。起始密码子在枯草芽孢杆菌中,多数基因的起始密码子为 AUG,少数为 GUG 或 UUG,AUG 仍为起始密码子的最优选择。

5)蛋白质分泌

蛋白质分泌是指某些蛋白质在细胞内合成后,可以通过特定机制输送到细胞外的过程。芽孢杆菌由于没有外膜,分泌蛋白质时只需要穿过一层细胞膜,即可直接释放到环境中。因此,芽孢杆菌是生产各种酶及外源蛋白的理想宿主。

现已在枯草芽孢杆菌中发现了至少四种蛋白质分泌途径:①普通分泌途径(general secretion pathway,Sec 分泌途径)。在枯草芽孢杆菌中,大约有 300 种(占 90% 以上)的胞外蛋白是通过该途径实现分泌的,其中 secA、secD、secE、secF、secY、ffh 和 ftsY 编码蛋白参与整个分泌过程。该途径的一般特点如下:核糖体首先合成带有信号肽的分泌蛋白前体,信号肽是区分胞内蛋白和分泌蛋白的标志。Sec 途径要求分泌蛋白前体在转移之前不能折叠,通过细胞膜上由一组膜蛋白组成的极性通道将分泌蛋白前体转移到细胞膜外。通道蛋白含有负责定位和转移分泌蛋白的细胞质组分的结合位点。合成的分泌蛋白前体在转移前以肽链形式存在,通过 Sec 蛋白的 ATP 酶活性水解 ATP 和质子驱动力,驱动肽链穿过细胞膜。穿膜之后,信号肽酶切除信号肽,蛋白质折叠成正确的构象。最后,折叠成正确构象的蛋白质穿过细胞壁释放到培养基中。②双精氨酸分泌途径(twin-arginine translocation pathway,Tat 分泌途径)。Tat 途径因分泌蛋白的信号肽中含有两个相邻的精氨酸残基而得名,其突出特点是可分泌在胞内已折叠形成正确构象的蛋白质。Tat 途径与 Sec 途径有两点明显不同:一是 Tat 途径识别的信号肽含有 R-R-X-♯-♯(♯ 是疏水残基)结构;二是 Tat 途径可以转运紧密折叠的蛋白质甚至是多亚基酶复合物。因而 Tat 途径的功能是转运那些折叠迅速或紧密的蛋白质,这些蛋白质无法通过 Sec 途径分泌。已知枯草芽孢杆菌中通过 Tat 途径分泌的蛋白质只有磷酸二酯酶(PhoD),迄今为止的研究认为只有极少数的蛋白质经 Tat 分泌,因此该途径可以称为"特殊目的"途径。③ATP 结合盒转运子途径(ATP-binding cassette transporter,ABC 转运子途径)。该途径主要用于细菌素等分子的输出。④假菌丝蛋白输出途径(Pseudophilin pathway,Com 途径)。该途径与枯草芽孢杆菌细胞感受态形成有关。

蛋白质分泌系统识别分泌蛋白的信号主要是位于蛋白质 N 端的信号肽。信号肽一般由三部分构成:N 端由 1～5 个带正电荷的氨基酸组成;中间部分为 7～15 个疏水性氨基酸构成的核心区;C 端由 3～7 个能被信号肽酶识别并切割的亲水性氨基酸组成。枯草芽孢杆菌的信号肽同样具有这一共性。根据枯草芽孢杆菌蛋白质分泌机制的不同,可将其信号肽分为四种类型:①sec 型信号肽,参与 Sec 途径;②类 prepilin 信号肽,参与 Com 途径;③bacteriocin 和 pheromone 信号肽,参与 ABC 转运子途径;④双精氨酸信号肽,参与 Tat 途径。通过计算机分析,枯草芽孢杆菌有将近 300 个 N 端具有信号肽用来跨膜的蛋白质。不过用来表达和分泌克隆基因的信号肽主要来自蛋白酶、淀粉酶和细胞壁表层蛋白等。

利用芽孢杆菌表达系统合成分泌蛋白,有时产量较低,这可能是由于分泌途径中的一个或几个瓶颈环节以及胞外蛋白酶的作用降低了培养液中目的蛋白质的产量,因此深入研究蛋白质的分泌机制是提高芽孢杆菌外源表达的关键。

利用枯草芽孢杆菌进行外源基因的分泌表达时,通常采用的策略是推测目的蛋白质可能具有的分泌途径,再将该途径可识别的信号肽融合到目的蛋白质的 N 端以便尝试其分泌表达水平。外源蛋白的来源菌种与枯草芽孢杆菌在进化关系上可能具有很大差别,蛋白质本身与分泌途径的相容性和相容度均为未知,因此这种策略带有较大程度的盲目性。众多研究报道表明,同一种蛋白质在不同信号肽的作用下分泌效率相差甚远,有的甚至不能分泌。因此,针对不同的蛋白质应该选择合适的信号肽来实现有效分泌表达。目前许多实验室也在自主开发野生的芽孢杆菌表达系统,主要因其高效分泌表达的能力;另外,对于菌剂产品来讲,将外源基因在芽孢杆菌中表达,可以大大延长产品的货架期。

3. 芽孢杆菌常用的宿主和载体

1)宿主

芽孢杆菌为革兰氏阳性菌,细胞壁不含内毒素,能分泌大量蛋白质到胞外,为一些重要工业酶制剂的生产菌种。对芽孢杆菌表达系统的研究首先是从枯草芽孢杆菌的研究开始,作为革兰氏阳性菌的典型代表,对于其生理、生化、遗传及分子生物学的研究已有较长的历史。近年来,随着分子生物学和基因工程的发展,枯草芽孢杆菌作为基因工程表达系统发展迅速,并展现出良好的应用前景。随着时间的推移,将会有更多种被发展成为基因工程表达系统。

(1)枯草芽孢杆菌宿主菌株:将携有外源基因的重组载体导入宿主中是基因工程表达系统的必要条件之一。早期研究发现:枯草芽孢杆菌 168 菌株及其突变体能转变为感受态细胞,转化和重组外源基因,可作为理想的宿主细胞。枯草芽孢杆菌 168 菌株突变之后,可以形成包括各式各样的营养条件、芽孢形成和萌发、蛋白酶缺失、重组缺陷、限制/修饰系统缺陷、转座子插入等方面的突变体。这些突变表型可以作为理想的筛选标记。枯草芽孢杆菌 168 菌株突变株可从美国俄亥俄州立大学"芽孢杆菌遗传保存中心"(BGSC)获得。后来,从我国土壤中分离出的枯草芽孢杆菌 Ki-2 菌株也可以成为转化菌株。在此基础上,从 Ki-2 菌株获得的突变体中,Ki-2-132 和 Ki-2-148 为高频转化菌株,并建立了宿主/载体表达系统。

(2)短短小芽孢杆菌宿主菌株:短短小芽孢杆菌(*Brevibacllius bervis*)也具有与枯草芽孢杆菌等同的蛋白质产物分泌能力,但它所产生的胞外蛋白酶活性水平远低于枯草芽孢杆菌,因此它是一种理想的芽孢杆菌分泌表达系统宿主。短短小芽孢杆菌 47 菌株和 HPD31 菌株在合适的培养条件下,每升培养液可累积 30 g 蛋白质产物。蛋白质主要在细菌稳定期中合成,胞外蛋白比胞内蛋白总量高 2 倍,而且在常规培养基中,短短小芽孢杆菌很少产生饱子。

短短小芽孢杆菌具有独特的细胞壁结构。其 47 菌株含有 3 层细胞壁,包括 2 层蛋白胞壁和 1 层多聚糖胞壁,前者称为外壁和中壁,分别由相对分子质量为 1.03×10^5 和 1.15×10^5 的蛋白质组成。这种细胞壁结构与形态随着细胞生长周期的转换而发生变化,在稳定前期,细胞外壁和中壁蛋白开始从细胞表面脱落,与此同时胞内的可分泌型蛋白启动表达;进入稳定期后,蛋白质层几乎全部脱落,而细胞壁蛋白的合成与分泌仍继续进行一段时间,从而导致大量的细胞壁蛋白在培养基中积累。

细胞壁蛋白组分的表达和分泌还与细胞表面的结构变化有关。当细胞壁蛋白占据细胞表面时,其基因的表达被阻遏在一个恒定的低水平上,以防止这种蛋白组分的过量合成;细菌进入稳定期后,细胞壁蛋白从细胞表面的脱落以及培养基中低浓度 Mg^{2+} 的存在,会使细胞壁蛋白基因的转录去阻遏,从而保证细胞壁蛋白连续合成并分泌至培养基中。由于短短小芽孢杆菌的细胞壁蛋白合成、分泌及其有效调控,其启动子、操纵子、翻译起始区以及蛋白质的信号肽编码序列非常有利于实现外源基因的高效表达与分泌。短短小芽孢杆菌 47 株的两个细胞壁蛋白编码基因已经被克隆鉴定,它们组成一个 *cwp* 操纵子结构,其 5′ 端的基因表达调控区域在构建短短小芽孢杆菌的表达分泌系统中得到广泛应用。

(3)可作为宿主的其他菌种:除枯草芽孢杆菌以外,已报道用作宿主表达克隆基因的有:嗜碱芽孢杆菌(*Bacillus alcalophilus*);解淀粉芽孢杆菌(*B. amyloliquefaciens*);地衣芽孢杆菌(*B. licheniformis*);巨大芽孢杆菌(*B. megaterium*);短小芽孢杆菌(*B. pumilus*);球形芽孢杆菌(*B. sphaericus*);嗜热脂肪芽孢杆菌(*B. stearothermophilus*);苏云金芽孢杆菌(*B. thuringiensis*)以及病原菌炭疽芽孢杆菌(*B. anthracis*)。

2)载体

目前,芽孢杆菌中常用的载体主要有自主复制质粒、整合质粒和噬菌体三种。

(1)自主复制质粒:从芽孢杆菌中分离的自主复制质粒,除极少数以外(例如 pBC16),均为无抗性标记的隐秘质粒。带有抗性标记的自主复制质粒主要来自其他革兰氏阳性菌,特别是来自金黄色葡萄球菌的质粒。可复制质粒的复制子(replicon)可分为滚环型复制子(rolling-circle replicon,RCM replicon)和 θ 型复制子(theta replicon)。滚环型复制子质粒较典型的有 pUB110、pC194 和 pE194,而 θ 型复制子质粒较典型的有 pAMβ1。除个别质粒外,滚环型复制子质粒通常不稳定,在不含抗生素抗性基因的条件下易丢失,而 θ 型复制子质粒则要稳定得多,是进行重组表达系统构建的良好材料。迄今,已在上述质粒的基础上构建了双标记质粒、芽孢杆菌/大肠杆菌穿梭质粒、表达质粒、整合质粒和探针质粒等。

(2)整合质粒:整合质粒是一类具有选择性标记并以限制性复制为特点的质粒,它是在对枯草芽孢杆菌分子遗传学研究的早期阶段发展出来的一种非常有用的克隆载体。绝大多数的载体在革兰氏阳性菌中的拷贝数都相对低。采用整合质粒将克隆基因整合到宿主染色体,是克服芽孢杆菌质粒不稳定性的一个有效途径。整合的目的一般通过同源重组或者转座子插入来实现。这种质粒的基本结构是在大肠杆菌质粒的基础上增加一个芽孢杆菌的抗性标记,以及待整合的目的基因。它在大肠杆菌中进行基因克隆或亚克隆操作。整合质粒导入芽孢杆菌后,由于它没有芽孢杆菌质粒的复制起点而不能自主复制,只有插入宿主体后,随着细胞复制而复制。在含有整合质粒中芽孢杆菌抗性标记的抗生素的培养基上,就可以很容易挑出这种整合体。

选择性标记一般为对某种抗生素的抗性,限制性复制通常是指这类质粒在大肠杆菌中具有自主复制的功能,而在革兰氏阳性菌(如枯草芽孢杆菌)中不能自主复制。因此在有选择性压力存在的条件下,当这种质粒被转化入枯草芽孢杆菌后,所有的转化子都将质粒整合进染色体或其他能够自主复制的 DNA 单元中。整合质粒一般带有和枯草芽孢杆菌染色体同源的 DNA 序列,并在同源位点处整合入染色体。如果整合质粒中只带有一段同源 DNA 序列,它将通过 Campbell 机制和染色体发生一个单交换而全部整合到染色体中;当它带有两段在染色体上相距比较近的同源 DNA 序列时,则还可以和染色体发生双交换而部分整合在染色体中。

整合质粒在枯草芽孢杆菌分子遗传学的研究中通常有以下几种用途:①基因敲除。带有目的基因部分序列的整合质粒可以通过单交换方式插入所研究的目的基因中而破坏其功能,因此可以用来构建目的基因的缺陷株,通过缺陷株的表型变化来研究目的基因的功能。②染色体步移。用合适的限制性核酸内切酶处理带有整合质粒的染色体,然后将酶切处理过的染色体片段自连,往往可以得到带有旁侧序列的"新"整合质粒。在早期的枯草芽孢杆菌遗传学研究中,这种载体在确定染色体图谱方面是非常有用的。③报告基因的融合。利用整合载体可以很方便地将报告基因整合在染色体上,从而研究目的基因在单拷贝的自然状态下的转录和表达水平。④基因的异位整合。利用双交换整合,可以方便地把不同的基因整合在染色体的同一个"中立"位点上来比较它们在"中立"位点的转录和表达水平,这可以有效地排除不同的整合位点对转录所造成的干扰。⑤染色体上 DNA 序列的扩增。整合质粒通过 Campbell 机制整合入染色体后,在所插入的质粒两侧具有同向重复序列,利用这种序列可以实现插入质粒在染色体上的串联扩增。因此,仅仅通过提高抗生素的浓度,就可以筛选到目的基因剂量增加的菌株。当细胞内的染色体进行复制时,其中一条染色体因为偶然发生分子内重组而使整合质粒从该条染色体上脱落下来,一旦脱落的质粒通过 Campbell 机制而整合入另一条染色体中,就导致整合质粒在该染色体上的串联扩增。随着扩增程度的增加,细胞内两条染色体之间在重复序列处的双交换重组也能导致其中一条染色体上重复序列扩增程度增加,而另一条染色体上的扩增序列则丢失。

(3)噬菌体:不少噬菌体都可用作载体,如 Φ105 噬菌体、SPβ 噬菌体、sppl 噬菌体和 spplv 噬菌体等。其中 Φ105 噬菌体应用较多,它是温和型噬菌体,基因组约为 39.2 kb,从中发展了不少载体,如 Φ105dcM、Φ105J27 等。sppl 噬菌体是毒性噬菌体,有一个非必需区,占基因组 DNA 序列的 10%。利用带 *Bam*H I 酶切位点的接头取代该非必需区,构成 spplv 噬菌体载体。该载体可克隆 *Bam*H I 、*Bgl* II 和 *Bcl* I 酶切片段,DNA 片段的最大尺寸可达 6 kb 左右。

SPβ 噬菌体为原噬菌体,基因组约 120 kb,枯草芽孢杆菌 168 菌株及其衍生株都带有此原噬菌体。枯草芽孢杆菌 Ki-2-132 中也发现了缺陷的原噬菌体。

目的基因一般在体外包装之后,经噬菌体介导(转导)而进入宿主菌进行重组和表达。

7.2.4　链霉菌表达系统

链霉菌属于革兰氏阳性菌,它在原核生物中占有特殊的地位。在固体培养基上链霉菌有复杂的形态和生理生命周期。链霉菌还可以产生各种各样的具有生理活性的次级代谢物质。链霉菌从形态分化到次级代谢的产生以及蛋白质的分泌均受着高度的调控。因此,链霉菌可以作为表达外源基因的宿主。研究表明以链霉菌作为宿主,能表达并分泌出具有生物活性的真核基因产物的能力,使链霉菌成为继大肠杆菌、枯草芽孢杆菌之后又一个有价值的基因表达的宿主。

1. 链霉菌作为表达系统的特点

链霉菌作为外源基因表达宿主,具有一定的优点和缺点。

链霉菌作为基因工程受体菌的优点:①利用链霉菌进行工业化规模生产抗生素的历史悠久,在工业规模发酵技术方面已积累了相当丰富的经验,因而可利用现有的技术及设备生产链霉菌表达的外源基因产物;②链霉菌产生丰富的胞外酶,这些酶常常直接分泌到培养基中,因而研究这些胞外酶分泌系统并应用于相应的基因工程技术中,使外源基因分泌性表达,可以简化链霉菌产生的外源基因产物的分离和纯化;③链霉菌的生长伴随着形态分化过程,它一直受到科学家的注意和广泛的研究。对链霉菌的分子遗传学研究的长足进展,特别是有关链霉菌质粒的分子生物学、链霉菌启动子、链霉菌蛋白质分泌的信号序列等方面研究的综合进展,给外源基因在链霉菌中的表达提供了理论基础;④在链霉菌中表达出的蛋白质常常是可溶性的,因此无须为了获得具有生物活性的蛋白质而使表达的蛋白质重新溶解并折叠成正确的构型;⑤链霉菌作为基因表达的受体,其致病性小,不产生内毒素。

链霉菌作为基因工程受体菌的缺点:①虽然链霉菌的克隆体系已建立得较为完善,然而在链霉菌中直接引入外源基因的操作如转化等要比大肠杆菌复杂;②大多数链霉菌由于可能存在着限制-修饰系统,一般难以转化或转化率较低;③能与大肠杆菌操作中相比拟的、用于基因表达的启动子和载体,特别是诱导型的超量表达载体的发展还只是刚刚起步;④在链霉菌中表达的真核异源蛋白往往产量较低,达不到工业化生产水平;⑤使外源蛋白糖基化的能力有限。

2. 链霉菌表达系统的重要作用元件

1) 链霉菌的启动子

(1) 链霉菌的启动子的种类:链霉菌基因的启动子结构具有多样性,链霉菌启动子有以下几种类型:①SEP 启动子。这类启动子的 -10 和 -35 区以及这两个保守区的间隔与大肠杆菌的多数基因启动子的序列类似。②类似于枯草芽孢杆菌的启动子。③有些启动子的 -10 区与保守性的大肠杆菌启动子相似,但 -35 区不相似,有的甚至没有 -35 区。④有些链霉菌启动子序列则与已知的启动子序列没有任何相似性,它们的序列看起来不像启动子,有时甚至随机克隆的片段也可能表现出相当大的启动子活性,可以直接用于启动基因的超量表达。

(2) 几种常见的用于外源基因表达的链霉菌启动子。

①galpl 启动子(半乳糖诱导启动子):半乳糖操纵子中两个独立的启动子中的一个(图 7-5)。在 gal 基因转录起始位点上游区域中含有一系列核苷酸的六聚体(TNTNAT,N 为 A、T、C、G 中的任何一个)和两对正向重复序列,这些六聚体被认为能与具有一螺旋-转角-螺旋结构的结合蛋白相互作用。这些六聚体核苷酸和正向重复序列中有两个碱基是相互重叠的,六核苷酸 II 或 IV 具有 TGTGAT 序列,分别位于两个碱基的完全正向重复序列内。这两个碱基的完全正向重复序列紧接在 -10 和 -35 区的上游。分别将六核苷酸 II 或 IV 中处于 N 位置的碱基进行替换,结果能使依赖于半乳糖的转录启动子控制的转录水平提高。但使六核苷酸

Ⅱ或Ⅳ中 N 位置的碱基同时突变后,在缺乏半乳糖的情况下,转录水平显著提高。另外,含有 *galp1* 的高拷贝数质粒可以刺激染色体上控制的结构基因的转录,而染色体上不依赖于半乳糖的由 *galp1* 控制的结构基因的转录则不受高拷贝数突变(六核苷酸Ⅱ或Ⅳ同时诱变)的刺激,因此,六核苷酸和正向重复序列在 *galp1* 中起调节基因的作用。*galp1* 的负调控表明在高拷贝数的载体中 *galp1* 启动子的严谨控制需要多个拷贝的 *galp1* 阻遏物基因。

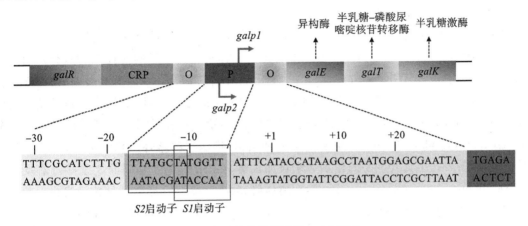

图 7-5　半乳糖操纵子及双启动子结构

②P_{tipA}启动子:来自变铅青链霉菌中的 *tipA* 基因上的硫链丝菌素诱导启动子。P_{tipA}启动子是调控型启动子,P_{tipA}启动子控制的转录绝对地依赖于硫链丝菌素的存在。*tipA* 上含有两个相互重叠的基因——$tipA_L$和$tipA_s$。$tipA_L$ ORF 编码一个 DNA 结合蛋白,无论是否有硫链丝菌素它都同 P_{tipA}结合。在离体情况下,当有硫链丝菌素存在时,这个结合蛋白才诱导启动子开始转录。运用印迹法定位 TipA_L 蛋白的结合位点的结果表明它结合于一个含有 45 bp 的反向重复序列片段上,该重复序列与 −10/−35 区相互重叠。TipA_L 蛋白的 N 末端氨基酸序列区域与许多 DNA 结合蛋白质中的螺旋-转角-螺旋结构域同源,TipA_L 蛋白具有 DNA 结合蛋白活性。然而没有证据表明 TipA_L 蛋白在没有硫链丝菌素时是作为阻遏物存在的。

③P_{chi}启动子:链霉菌产生能降解几丁质的几丁质酶。褶皱链霉菌中几丁质酶基因 *chi63* 和 *chi65* 上的启动子都受几丁质的诱导,但几丁质的诱导又受葡萄糖抑制。*chi* 基因启动子的 −10 区和 −35 区类似典型的真细菌 RNA 聚合酶识别序列。将该启动子中 −17 区位置的 C 运用突变技术换为 A 后,其后的融合基因($xylE$)的转录就不再依赖于几丁质,而且也不再受葡萄糖的抑制了。此外,含有正向重复序列的寡核苷酸在离体情况下能与序列特异的 DNA 结合因子相互作用。这些结果表明,可能存在一个还没有鉴定出来的 DNA 结合因子,该因子是一个阻遏物,它与正向重复序列结合。该阻遏物对受几丁质诱导和葡萄糖抑制、含正向重复序列的启动子的几丁质酶基因(包括 *chi63*)有调控作用。

④温和型噬菌体 ΦC31 启动子:链霉菌噬菌体 ΦC31 中有强严谨型控制的启动子调控系统。系统中的一个关键成分就是由 *c* 基因编码的阻遏物,*c* 基因编码 3 个 in-frame 的蛋白质,它们的相对分子质量分别为 4.2×10^4、5.4×10^4 和 7.4×10^4。*c* 基因的转录受控于两个启动子 *cp1* 和 *cp2*,由 *cp1* 启动的转录产生编码相对分子质量为 7.4×10^4 蛋白质的 mRNA,而编码相对分子质量为 4.2×10^4 和 5.4×10^4 蛋白质的 mRNA 则由 *cp1* 和 *cp2* 两个启动子转录而来。在变铅青链霉菌和天蓝色链霉菌中,ΦC31 中溶源菌在诱导后 20 min 内 *c* 基因就表达

出上述三种蛋白质。

在 ΦC31 的早期转录中存在一个复杂的级联调控系统,这种调控要么通过噬菌体编码的阻遏物(识别 IRS 因子)来抑制 ΦC31 的裂解生长,要么通过一个噬菌体编码的转录因子来刺激 ΦC31 的裂解生长。虽然利用 ΦC31 中的启动子来进行外源基因的表达仍然存在着可能,但是在利用一个 ΦC31 衍生的载体表达系统前,还有必要深入了解这种复杂的级联调控。

2)链霉菌的终止子

链霉菌基因转录终止的特性与大肠杆菌类似,大肠杆菌基因的终止子在链霉菌中具有转录终止的活性。反之,链霉菌终止子在大肠杆菌中同样具有终止子的活性(此外,链霉菌终止子在大肠杆菌中还具有明显的方向性)。例如,大肠杆菌的 *ampC*(β-内酰胺酶基因)的终止信号在变铅青链霉菌中具有正常的终止功能。不依赖因子的终止信号 *fd* 同样在链霉菌的转录终止中具有活性,因此在构建链霉菌表达载体时,常常用 *fd* 作转录终止子。同时在链霉菌 *aph*、*vio*、*tsr*、*hyg* 和 *ssi* 等基因中也发现了茎环结构,推测这些茎环结构有利于转录的终止,因而在基因的表达中具有重要的作用。来自弗氏链霉菌中的 *aph* 基因的 3′末端具有反向重复序列(inverted repeat sequence,IRS),在离体研究中,这段 IRS 能够诱导转录终止。曾把这段 IRS 插入人干扰素-α2 基因的下游后再引入变铅青链霉菌中,研究其对转录终止的作用。结果表明,其有效率约达 90%。相反地,在没有它的情况下,转录出来的则相对长些。进一步研究发现,它能够增加人干扰素-α2 的产量,这表明形成的茎环结构可能具有稳定 mRNA 的功能。在大肠杆菌和 λ 噬菌体中发现的几个转录终止子具有同样的稳定 mRNA 的功能。此外,在 *tsr* 基因的 3′末端存在一个长达 30 bp 的不完全重复序列,它们都能形成茎环结构,同时在邻近的 *tipA* mRNA 末端也可能形成类似的茎环结构。然而在这些茎环结构的 3′端则没有发现富含尿嘧啶核苷酸区,而富含尿嘧啶核苷酸区被认为在大肠杆菌和枯草芽孢杆菌中有利于不依赖 ρ 因子的转录终止,同时有利于使 mRNA 从模板上释放出来。然而,至今还没有发现任何一个链霉菌终止子中具有富含尿嘧啶核苷酸区,但这些具有二重对称区富含 G+C 的序列具有一个共同的特征,即它们形成的茎环结构相对于大肠杆菌和细菌噬菌体中的要长些,因此也相对地要稳定些。所有这些都反映出链霉菌的转录终止在某些方面有其特征。

3)链霉菌的 SD 序列

在链霉菌中 mRNA 的翻译与其他细菌中的翻译一样,被翻译的基因常常从 AUG 或 GUG 开始,翻译遇到 UAA 或 UAG 则终止(很少出现 UGA)。在变铅青链霉菌起始密码子的上游常能发现一段能与 16S 3′端 UCCUCC 相配对的序列,这段序列与枯草芽孢杆菌中的相应序列类似,是比较典型的 SD 序列,但有的链霉菌基因没有这样的核糖体结合序列,有的基因甚至从作为起始密码子 AUG 的 A 处开始转录。

4)信号肽

链霉菌的信号肽同其他微生物中已知的信号肽一样,由一个带电荷的 N 末端区、一个疏水区及带有信号肽酶识别位点的 C 末端区组成。在革兰氏阳性菌中,组成信号肽的氨基酸数目显著地大于大肠杆菌和人类基因的信号肽氨基酸组成数目。信号肽的加长有利于链霉菌有效地分泌蛋白质。链霉菌信号肽的 N 末端区的平均氨基酸残基数是 12,净电荷为+3.5,一般地,链霉菌信号肽的 N 末末端区中精氨酸残基数较赖氨酸残基数少,这可能是因为链霉菌中密码子使用的偏好性不同。链霉菌信号肽中疏水区也相对长些(在链霉菌中是 15 个氨基酸残基,而在大肠杆菌中则为 12 个氨基酸残基),而且丙氨酸残基较亮氨酸残基多。

链霉菌信号肽酶的识别位点序列,似乎也遵循(−3,−1)规则。链霉菌中的枯草芽孢杆菌蛋白酶抑制剂(SSI)基因在大肠杆菌和白灰链霉菌、变铅青链霉菌中分泌表达的差异主要是由宿主的信号肽酶加工造成的。变铅青链霉菌和大肠杆菌产生的 SSI 具有相同的 N 末端,而白灰链霉菌表达出来的 SSI 蛋白的 N 末端则不同,这说明在不同的链霉菌中信号肽酶是不同的,但是其切割位点似乎都遵循(−1,−3)规则。

为了极大地优化蛋白质的运输步骤,必须精确地确定待表达蛋白质与信号肽之间的间隔。因此,在进行蛋白质表达时,就有必要重新设计信号肽酶切割位点周围的氨基酸残基。将外源蛋白与天然分泌蛋白 C 末端或其一部分相融合是解决上述问题的一种方法。另外,待分泌蛋白中还应该没有会影响蛋白质运输的序列,例如,蛋白质中的疏水区后如果紧随着带电荷的氨基酸残基,这些氨基酸残基将会引起蛋白质运输中止。此外,蛋白质如果在运输过程中形成稳定构型,也可能导致蛋白质通过细胞膜受阻。

3. 链霉菌表达系统的组成

1)宿主

变铅青链霉菌是一种常用的重要的用于外源基因表达的链霉菌宿主菌。其主要优点如下:①缺乏明显的限制修饰系统;②能接受大多数的启动子;③能分泌蛋白质;④重组缺失突变株能保证质粒的稳定性;⑤使蛋白质糖基化。因此,变铅青链霉菌被认为是能产生有活性的异源蛋白的首选宿主菌。

2)载体

(1)高拷贝数载体:pIJ101 是能在链霉菌中复制的高拷贝数载体,经常用于鸟枪克隆,它们有广泛的宿主范围,其拷贝数为 40～800,与宿主有关,通常抗性基因标记为硫链霉素、红霉素、紫霉素和新霉素。pIJ702 是由 pIJ101 衍生的质粒载体,其拷贝数为 40～300,具有两个选择性标记,即酪氨酸酶和硫链霉素抗性。克隆在酪氨酸酶位点可使其失活,因不产生酪氨酸酶而导致不产生黑色素的表型,以此作为插入失活标记使用。

(2)低拷贝数载体:最常用的低拷贝数(1～2)载体是由 SCP2* 衍生的,有广泛的宿主范围,能插入 30 kb 以上的片段,如 pIJ922、pIJ940 等。

(3)穿梭载体:由于在链霉菌中提取质粒的操作不像在大肠杆菌中那么容易,构建同时能在大肠杆菌和链霉菌中复制的穿梭质粒,这样可以在大肠杆菌中完成重组质粒的构建,构建完成后转入链霉菌中进行表达,如 pHJL197、pHJL210、pHJL302、pZH1351 等。但是有许多穿梭载体在链霉菌中不够稳定,尤其是来源于大肠杆菌的部分易丢失。外源基因也会表现出结构的不稳定。

(4)柯斯质粒载体:含有柯斯位点的穿梭载体,因具有足够的外源 DNA 容量,被广泛地应用于链霉菌基因文库的构建。

(5)接合转移载体:穿梭转移质粒 pPM801 携带 pBR322 和 pIJ101 复制起点以及有转移功能的 RK2,质粒依靠 760 bp 顺式作用的 oriT 片段和反式因子 RP4 功能实施转移。

(6)噬菌体载体:链霉菌噬菌体载体大部分是由 ΦC31 衍生的,如 KC304、KC505 等。ΦC31 与细菌噬菌体在形态和普通遗传学方面均相似,它能在大多数链霉菌中形成噬菌斑或形成溶源状态。它含有维持其溶源状态的阻遏基因及整合至宿主染色体的 attP 位点和一个黏性末端。

(7)表达载体：利用 P_{tipA} 启动子构建的表达载体有 pIJ6021、pIJ4123、pHZ1271 和 pHZ1272 等。P_{tipA} 启动子是一个绝对依赖 tsr 诱导的强启动子,它来源于含有 tsr 抗性基因的变铅青链霉菌,经 tsr 诱导后超量表达 $tipA$ 基因。

(8)分泌载体：$S. albogriseolus$ S-3253 和 $S. longisporus$ 分泌的 SSI,特异性地抑制微生物丝氨酸蛋白酶,利用 SSI 分泌和对蛋白酶抑制的特性,用 pIJ702 构建了外源基因分泌表达载体。已从 $S. venezuelae$ 中筛选到新的 SSI 有效分泌蛋白 VSI,其启动子有很强的转录活性。利用 VSI 信号肽使 mTNF 在变铅青链霉菌中得到达 300 mg/L 的高效表达。

(9)整合型载体：整合型载体可避免重组质粒的不稳定性,整合质粒可以在染色体上以单拷贝形式存在,不需要选择性压力而稳定存在。pSAM2 所含的 3.5 kb 片段含有定点的重组酶。利用 pSAM2 的 3.5 kb 片段构建的整合型载体 pPM927,可以在许多链霉菌染色体上整合。此外,变铅青链霉菌染色体中含有一段约 80 kb 的 Ase Ⅰ 片段,构建了在变铅青链霉菌中使外源基因能定点克隆的置换型载体 pHZ808。

7.2.5 蓝藻表达系统

蓝藻是一类能进行植物型光合作用的原核生物,种类众多,分布广泛,适应性强。蓝藻由于在细胞结构、代谢、遗传和进化等方面表现出独特的性质,多年来被广泛地用于研究光合作用、固氮作用、叶绿体起源以及植物进化等重大生物学问题。特别是近年来,随着基因工程的兴起和蓝藻分子生物学研究的深入,提出了蓝藻是一种独特的基因工程受体系统的观点。

1. 蓝藻表达系统的特点

蓝藻是一种原核生物,是藻类中最原始的门类,兼具植物及细菌的一些特性。蓝藻作为基因工程受体系统,兼具微生物和植物的优点,因此越来越受到人们的关注。蓝藻作为外源基因表达受体,具有以下优点:①蓝藻基因组为原核型,遗传背景简单,除了裸露的染色体 DNA 外,不含叶绿体和线粒体 DNA,便于基因分析和外源 DNA 检测;②蓝藻为革兰氏阴性菌,细胞壁主要由肽聚糖组成,便于外源 DNA 转化;③多数蓝藻含内源质粒,为利用和改造这些质粒,构建适用于蓝藻的穿梭质粒载体提供了很好的条件;④蓝藻属光合自养生长,培养条件简单,成本低,只需光、CO_2、无机盐和合适的温度就能生长,适于大规模生产;⑤与常用的基因工程受体,如大肠杆菌和酵母菌相比,其细胞体积较大,能耐受高浓度(总蛋白的 25%)的单一蛋白(而在 $E. coli$ 中仅为 5%),内源蛋白更新速度慢,对外源蛋白的容纳量较大;⑥蓝藻富含人体和动物所必需的氨基酸和生理活性物质或前体,并且多数是无毒的,是食物及药物的重要来源,若在此基础上转入有用的外源基因,可获得能生产不同用途物质的转基因蓝藻。但蓝藻作为外源基因表达受体,有时对外源基因产生强烈的排斥作用。因此,需对蓝藻受体进行改进:①降低细胞内限制性核酸内切酶的活性。藻细胞内存在多种限制性核酸内切酶,阻止了外源 DNA 的转入和整合。限制/修饰系统是一种自我保护机制,能防止外源 DNA 的侵入,这是基因转化的一个重要障碍。外源基因刚转入细胞,还未来得及整合即被内切酶降解,根本无法在细胞内稳定存在和表达。②需要良好的重组系统。外源基因要在螺旋藻中稳定存在和表达,必须整合到宿主染色体上,随它们的复制而复制,或以质粒的形式存在。蓝藻基因工程中常用的表达载体为穿梭质粒和同源重组质粒。穿梭质粒的构建需要内源质粒的复制起始序列,才能实现质粒在蓝藻细胞中的自主复制。③建立有效的筛选标记系统。基因工程常用的筛选标记有抗生素标记和营养标记,由于有些藻类对某些抗生素具有很高的抗性,因此需要寻找其他选择标记。

2. 蓝藻基因转录调控机理

蓝藻基因转录调控机理目前有以下几种:①基因表达的转换与不同的 σ 因子有关。分离纯化的 *Anabaena* 营养细胞 RNA 聚合酶在体外转录系统中只能识别 *E. coli* 型启动子;*Gln* 基因前方兼有 *E. coli* 型和 *nif* 型启动子,在营养细胞中两者可识别转录,而在除去氨氮时仅从 *nif* 型启动子转录。②存在阻遏蛋白类调节因子,在启动子下游有识别位点。*Anabaena* 的 *xis A* 基因启动子后一段 170 bp 的序列,即担负阻遏其启动子在营养细胞中转录的功能,并有五核苷酸重复序列,可被一种蛋白质特异识别结合,可能为阻遏调控序列。③存在基因表达激活因子。单细胞藻 *Synecchococcus* PCC 7942 *ntcA* 基因突变失活则导致硝酸还原酶、亚硝酸还原酶、谷酰胺合成酶、甲基氨转移活性等氮代谢功能丧失。这种多效性表明 *ntcA* 产物可能是氮代谢基因的正调控因子。④基因组超螺旋状态调控基因的转录。氧对固氮酶基因表达的调控就可能是通过拓扑酶调节基因组超螺旋状态实现的。

转录调控是蓝藻基因调控的重要方式。recA、伴侣蛋白、铁氧还蛋白和黄素蛋白、铁调控蛋白等编码基因的转录直接受环境因子的调控。

除转录水平的调控外,也存在转录后调控。具补色适应的 *Calothrix* 7601 和 *Synechococcus* 6701 两者 *cpe* 启动子部位有一个保守识别序列,故它们在绿光条件下转录水平接近,但细胞内藻红蛋白量相差较大,可能就是转录后调控的结果。*Calothrix* 7601 *gvp* 操纵子内有一个 0.4 kb 的反向转录本,与正向的三个转录本可互补结合,称为反义 RNA。可能在结合成双链 RNA 后,利于特殊降解双链 RNA 的酶的快速作用。另外,*cpc₃* 操纵子编码的产物在翻译后 N 端 Met 被切去,则属于翻译后修饰。

3. 蓝藻基因表达系统

1)蓝藻克隆载体

藻类基因工程中常用的克隆载体是穿梭质粒载体和基因整合载体,另外还有辅助质粒。

(1)穿梭质粒载体:在穿梭质粒载体系统中,带有外源基因的质粒在转化藻细胞后仍以质粒的形式在藻体中复制并表达外源基因。因此,穿梭质粒载体除了具有大肠杆菌的复制起始位点外,还必须具备能被藻体细胞识别的蓝藻质粒复制起始位点,才能实现质粒在藻体细胞中的自主复制。目前已在 50 余株单细胞及丝状蓝藻中发现了质粒的存在。蓝藻中所含质粒数目为 1~10 个不等,大小在 1.3~130 kb,一般认为蓝藻质粒属隐秘型质粒,目前只在极少数淡水蓝藻中找到质粒编码功能的证据。至今尚未发现蓝藻质粒可识别的遗传标记,不能在 *E. coli* 中复制,也不能作为克隆载体。用含 *Tn901* 的 *E. coli* 质粒转化淡水蓝藻聚球藻 PCC7942,由于 *Tn901* 插入蓝藻内源质粒,第一次得到带 *Ampʳ* 标记的杂交质粒 pCH1 及衍生质粒 pUC1,将后者与 pCYC184 融合,首次获得了双向质粒 pUC104 和 pUC105,其后,利用多种单细胞蓝藻质粒与 *E. coli* 质粒如 pBR322 等重组,或引入多克隆位点,或补充新的选择标记,改善载体克隆潜力,又相继构建了许多双向质粒。此外,还将 *cat* 基因重组于穿梭载体 pRts 5C 中,构建了鱼腥藻启动子探测质粒 pHB10,可检测外源和内源启动子的表达。这种嵌有细菌遗传标记的重组质粒,由于均能在细菌和蓝藻中复制、稳定存在和表现选择标记,故被称为穿梭载体。

由于蓝藻中广泛存在限制性核酸内切酶,因此构建穿梭载体时应从质粒上选择去除相应酶切位点,用甲基化保护,或丧失位点识别能力的突变藻株作为宿主,以提高转化效率。在穿梭载体中插入报告基因,如荧光素酶基因、cat 基因等,以酶的活性显示目的基因的表达和确定启动子的作用,用于基因调控和基因工程研究。

(2)基因整合载体:基因整合的方式有三种:双交换、单交换以及转座。同源部分发生双交换能造成基因置换,可用来进行定位突变研究。单交换并不造成置换,而产生部分二倍体,可用于把报告基因和目的基因融合在一起。另外,可通过转座子将选择标记随机地插入染色体DNA 而产生一系列突变。

对于不具有质粒的蓝藻,利用其自身染色体片段和细菌选择标记,以实现同源重组和外源基因的整合表达,或利用病毒作为定向整合载体。目前,用于将克隆基因和染色体上的同源基因重组的载体已经被构建。这些载体缺乏蓝藻中的复制起始区,不能在蓝藻细胞中独立复制,但含有一段与宿主的染色体同源的序列、抗生素抗性的基因以及 bom 区(转移必需区)。在转移的过程中,同源序列之间发生单交换或双交换,将外源基因整合到宿主染色体上作为低拷贝数基因存在和表达,表达相应的抗性。这些载体通常被用于定点诱变来产生基因沉默或者用来在染色体上插入一个基因,形成局部二倍体。由于在单细胞蓝藻中很少形成重组和局部二倍体,因此整合平台对单细胞蓝藻是非常有用的。

一个携带聚球藻 7942 的染色体片段且具有 BamⅢ酶切位点的质粒作为整合靶位,融合了 psbD 和 lac Z。在这项工作中,由于 psbD 基因对聚球藻 7942 是非常重要的,psbD 的整合就非常关键。构建中间载体时将来自聚球藻 7942 的特定的 2～4 kb 的染色体插入 pBR328 的四环素抗性基因上。具有此整合的载体被一特定的质粒筛选,此质粒上有一个插入片段,该片段具有载体不具有的特定的限制酶切位点。

聚球藻 7002 的平台载体也已经建立,它使用聚球藻 7002 上和大肠杆菌 arg3 突变体互补的 DNA 序列,此 DNA 具有多个酶切位点,因此允许外源基因插入,并且可根据卡那霉素或新霉素的抗性筛选重组体。

在 pBR322 基础上构建的聚球藻 7942 整合平台,将质体蓝素基因整合到聚球藻 7942 上,整合平台含有 pBR322 的 oriV 区域和阿司匹林抗性基因,两者中间有卡那霉素抗性基因。此整合平台也曾将眉藻 7601 上的 apcE 基因整合到聚球藻 7942 上,此异源性的基因虽能表达却不能取代聚球藻 7942 自身的 apcE 基因。

(3)辅助质粒:Elhai 和 Wolk 改造了最初的提供反式作用的 mob 基因的辅助质粒,他们加入了编码 AvaⅠ甲基化酶、Eco4711 甲基化酶和 EcoT221 甲基化酶的基因,这种辅助质粒的衍生物也常被使用。到达蓝藻中的载体在供体大肠杆菌中被甲基化。供体大肠杆菌中要有辅助质粒,用于防止被存在于许多蓝藻中的 AvaⅠ、AvaⅡ和 AvaⅢ的同裂酶酶切。在念珠藻 7120中也发现有 AvaⅠ、AvaⅡ和 AvaⅢ活性。

2)蓝藻接合转移系统

蓝藻基因转移系统主要可分为两类:①遗传转化,包括自然转化、诱导转化、电击转化。自然转化如聚球藻 PCC 7002、PCC 7942 和集胞藻 PCC 6803 等,具有自然吸收外源 DNA 的能力,然而到目前为止尚不清楚自然转化的机制。诱导转化是利用溶菌酶、Ca^{2+} 诱导细胞感受态,或利用溶菌酶 EDTA 处理产生原生质球用于蓝藻转化。自从 1989 年 Thiel 等首次通过电击转化成功地把穿梭表达载体 pRL6 转入鱼腥藻 M131 以来,已有一批穿梭表达质粒通过电击在多种蓝藻中转化成功。②接合转移。接合转移是目前蓝藻基因转移系统中使用最为普遍的一种方法。它操作较为简单,适用于大多数的单细胞、丝状蓝藻。从 Wolk 首创鱼腥藻接合转移系统以来,这个系统已被修改并可应用于其他藻株,如念珠藻属、集胞藻属、聚球藻属、织线藻属等。

虽然接合转移法是蓝藻基因转化的有效系统,但需先构建含有目的基因、E. coli 质粒复制起点及转移起点(oriT)和选择标记的杂交质粒,转化含有辅助质粒(有识别 oriT 的基因)的 E. coli 菌株,再通过接合引入 Incp 接合质粒(具有编码接合装置的基因),使三种质粒位于同一宿主,然后与受体藻株混合,通过抗生素筛选获得抗性藻落。典型的接合转移模式为三亲接合体系,该法具有普适性和高效性,在蓝藻转基因中普遍使用。该法在含抗生素的固体培养基上进行。由于使用无机培养基,大肠杆菌不会污染转化藻种。该转化系统的成功主要在于两个因素:首先是质粒载体上缺乏蓝藻细胞的限制性核酸内切酶位点,其次是蓝藻复制子能在转化的藻细胞中发挥功能。接合转移作为一种重要的蓝藻遗传转移工具,正在突变体诱导和启动子分析等方面得到越来越广泛的应用。

3)蓝藻质粒表达载体

作为蓝藻质粒表达载体,必须能转化蓝藻细胞,在其中进行有效复制,并且还必须含有能调控外源基因表达的启动子和终止子以及合适的克隆位点。

现在已有大量用于转化大肠杆菌的质粒载体,但是这些载体不能直接用于转化蓝藻。蓝藻内源质粒属于隐蔽型质粒,也不能直接作为载体用于转化蓝藻。只有构建成穿梭质粒,不仅含大肠杆菌源质粒的复制起始位点,而且含有蓝藻源质粒的复制起始位点,这样的质粒既能转化大肠杆菌,又能转化蓝藻。pPbS 是构建这种穿梭质粒很好的材料。由于 pPbS 是一种很小的质粒,即使整个质粒作为穿梭质粒的复制起始区和复制起始位点,也只有 1511 bp。选用 pPbS 上只有一个识别序列,并且不在复制起始区内的限制性核酸内切酶 Cla I,同时切割 pPbS 和大肠杆菌质粒 pBR322,连接重组后获得了穿梭质粒 pPRS-1(5.8 kb)。进一步以 pPRS-1 为出发质粒,经多次亚克隆,组装上含有 CaMV 35S 启动子、多克隆位点和 rbcS 终止子的表达盒以及 Kan' 基因,获得了穿梭质粒表达载体 pPKE2(9.6 kb)。这是一种适用于蓝藻的强表达载体。并且由于穿梭质粒表达载体通过转化进入受体细胞后未插入染色体 DNA,不会影响受体细胞的自稳系统,因此转基因蓝藻除了表达外源目的基因产物以外,一般能维持原来的性状,因此可以认为是比较安全的。其缺点是携带外源目的基因的这种质粒载体进入受体细胞后容易丢失,导致目的基因表达的不稳定性。但是可以通过选择标记药物经常筛选转基因藻株,维持其相对的稳定性。

4)藻类基因工程表达

蓝藻是藻类中唯一成功地稳定表达外源基因的类群,仅在中国就已构建了十几种转化系统,都能有效地把外源基因转入鱼腥藻 7120、集胞藻 6803、聚球藻 7942 和聚球藻 7002。目前已有多个外源基因在蓝藻中表达,如大肠杆菌谷氨酸脱氢酶基因、人的 SOD 基因、芽孢杆菌的毒蛋白基因、脂肪酸脱饱和基因、脱氯基因、羟丁酸聚合酶基因、金属硫蛋白基因、肿瘤坏死因子基因、尿激酶原基因和人表皮生长因子基因等。这表明通过引入外源基因,赋予了蓝藻新的遗传特性,或使其成为重要的天然产物基因表达的宿主。目前还成功地将芽孢杆菌的杀虫毒素基因导入并表达于几种蓝藻细胞中,以期日后以此类基因工程藻株对水体幼蚊进行生物防治,控制疟疾。这些都标志着蓝藻基因工程正向着实用化目标迈进。外源基因在蓝藻中的表达要求克隆载体、基因转移技术以及启动子等多种因素的相互协调。如果表达产物对蓝藻有毒性以致危害其正常生长,则需对基因的表达进行调控。

7.3 提高外源基因表达水平的措施

不同来源的表达系统具有各自不同的特点,同时待表达的外源基因结构也具有多样性,尤其是真核生物基因与原核生物基因结构上存在较大的差异,因而在构建表达系统时必须具体情况具体分析。一般来说,高效表达外源基因必须考虑以下基本原则。

7.3.1 优化表达载体的设计

如何使外源基因在宿主细胞中高效表达是基因工程的关键问题。其中表达载体的主要作用,不仅表现在能在宿主细胞中稳定地存在,还包括能使外源基因在宿主细胞中大量地表达。不同的载体具有不同的特点,对某一个特定的基因而言,并非所有的表达载体都适合。因此,正确选择和设计表达载体,能大幅度地提高外源基因的表达效率。对表达载体的改进和优化主要表现在以下几个方面。

1. 提高表达质粒的稳定性

重组质粒的不稳定性,是指重组菌在培养过程中重组质粒发生突变或丢失,结果使重组菌失去了原有的表型特征。依据重组质粒的变化本质,质粒不稳定性可分为结构不稳定性和分离不稳定性两种。①质粒的结构不稳定性主要是由于 DNA 的插入、缺失或重排等引起的不稳定,使目的基因功能丢失,但对质粒主要遗传标记丢失影响较小。②质粒的分离不稳定性是细胞在分裂后分离时引起的不稳定,由于质粒在子代细胞中的不均匀分配而使部分细胞不含质粒,是质粒丢失的主要原因。质粒的分离不稳定性常出现在两种情况:一是传代质粒只在许多世代之后才明显产生丢失;二是带有质粒的细胞与无质粒细胞有不同的生长速率。外源基因的存在犹如细胞内存在多拷贝的质粒一样,对宿主是一种代谢负担,当外源基因大量产生特异蛋白时,这种代谢压力就变得更加严重。一般条件下,带有重组质粒的宿主菌的生长速率低于无质粒的细菌,因此,质粒的稳定性随着生长速率的不同而变化。

从表达载体方面考虑,提高质粒稳定性的策略有:①选择大小合适的质粒。为了构建稳定的结构体,最好利用小的质粒,小的质粒在高密度发酵中遗传性状比较稳定,而大的质粒往往由于发酵环境中各种因素的影响出现变异的概率较大。②在构建质粒载体时将 *par* 基因引入表达质粒中。例如:*parB*、*parD* 和 *parE* 基因的插入,可提高重组质粒稳定性。将 pSC101 的 *par* 基因克隆在 pBR322 类型的质粒上,或将 R1 质粒上的 *parB* 基因构建到普通质粒上,其表达产物可选择性杀死由于质粒分配不均而产生的无质粒菌体细胞。将 *parDE* 基因插入 pST1021 等质粒上可以提高重组质粒的遗传稳定性,提高基因工程菌的应用效果。利用 RK2 质粒的 *parDE* 片段提高重组质粒在生防菌、成团泛菌中的稳定性。③正确设置质粒载体上的多克隆位点,避免将外源基因插入质粒的稳定区域内,减少外源基因的干扰。④将大肠杆菌中的 *ssb* 基因克隆到质粒载体上,该基因编码的单链结合蛋白(single strand DNA-binding protein,SSB)是 DNA 复制必需的因子,因此无论何种原因丢失质粒,由于同时丢失 SSB,均不能再继续增殖。⑤在质粒构建时,加入抗生素抗性基因。在生物反应器的培养基中,加入抗生素以抑制无质粒细胞的生长和繁殖。⑥利用营养缺陷型细胞作为宿主细胞,构建营养缺陷型互补质粒。设计营养缺陷型培养基,抑制无质粒细胞的生长和繁殖。⑦利用噬菌体抑制及转化子中自杀蛋白的表达,在含"选择压"的培养基中培养基因工程菌可以有效地抑制无质粒细胞的生长和繁殖,提高质粒稳定性。这种方法由于质粒或宿主细胞本身发生了突变,虽保留了选择性标记,但对于不能表达目的产物的细胞无效。

2. 提高表达质粒的拷贝数

通常情况下,目的基因的扩增程度同基因表达成正比,所以基因扩增为提高外源基因的表达水平提供了一种方便的方法。对于表达系统而言,选择高拷贝数的质粒,以其为基础构建外源基因的表达载体。例如,大肠杆菌中经常以 pUC 质粒(拷贝数 500～700)及其衍生质粒为基础,组建表达质粒。

3. 启动子的选用和改造

有效的转录起始是外源基因能否在宿主细胞中高效表达的关键因素之一,也可以说,转录起始是基因表达的主要限速步骤。因此,选择强的可调控启动子及相关的调控序列,是组建一个高效表达载体首先要考虑的问题。最理想的可调控启动子应该是,在发酵的早期阶段表达载体的启动子被紧紧地阻遏,这样可以避免出现表达载体不稳定,细胞生长缓慢或由于产物表达而引起细胞死亡等问题。当细胞达到一定的密度,通过多种诱导(如温度、药物等)使阻遏物失活,RNA 聚合酶快速起始转录。原核细胞表达系统中通常使用的可调控的启动子有 *lac*(乳糖启动子)、*trp*(色氨酸启动子)、*tac*(乳糖和色氨酸的杂合启动子)、P_L(λ噬菌体的左向启动子)等。而 T₇ 噬菌体启动子为组成型启动子,它能被 T₇ 噬菌体 RNA 聚合酶识别,它的转录活性非常强,远远超过宿主细胞的 RNA 聚合酶的活性。由于 T₇ 噬菌体 RNA 聚合酶几乎能完整地转录在 T₇ 噬菌体启动子控制下的所有的基因序列,因此,T₇ 噬菌体启动子可对外源基因进行高效表达。对于此类载体,T₇ 噬菌体 RNA 聚合酶可以被严格诱导调控表达,从而使外源基因被严格调控表达。T₇ 噬菌体启动子调控下的表达载体已形成一个系列,根据外源基因的插入位点不同,可以分为直接表达载体和融合表达载体。

4. 转录的有效延伸和终止

外源基因的转录一旦起始,那么接下来的问题是如何保证 mRNA 有效地延伸、终止以及稳定地积累。然而,在转录物内的衰减和非特异终止可能诱发转录中的 mRNA 提前终止。衰减子具有简单终止子的特性,在原核生物中位于启动子和第一个结构基因之间。由于衰减子是负调控因子,在表达载体的构建中要尽量避免衰减子的存在。为了防止转录的非特异性终止,可将抗终止元件加入表达载体上。

正常的转录终止子序列的存在也是外源基因高效表达的一个重要因素。其作用是防止不必要的转录,增加表达质粒的稳定性。因此,在设计表达载体时要考虑在外源基因插入位点的末端加入强的终止子序列。

5.翻译的有效起始和终止

在原核生物中,影响翻译起始的因素如下:①AUG 是最首选的起始密码子。GUG、UUG、AUU 和 AUA 有时也用作起始密码子,但非最佳选择。②核糖体结合位点的有效性。SD 序列是指原核细胞 mRNA 5′端非翻译区同 16S rRNA 3′端的互补序列。不同来源的宿主细胞,载体的 SD 序列是不完全一样的。载体的 SD 序列要与宿主细胞相对应,才能起始蛋白质的翻译。SD 序列的存在对原核细胞 mRNA 翻译起始至关重要。③SD 序列和起始密码子 AUG 的间距。AUG 是最首选的起始密码子,SD 序列与起始密码子之间的距离以 6~12 bp 为宜。④除 SD 序列外,处于起始密码子 5′端的核苷酸应该是 A 和 U。⑤在起始密码子 AUG 后面的序列是 GCAU 或 AAAA 序列,能使翻译效率提高。⑥在翻译起始区周围的序列防止转录后形成明显的二级结构,使翻译起始调控元件如 AUG、SD 序列易被核糖体识别和结合。以上述原则设计表达载体,可使翻译起始更有效。

翻译终止后多肽链的释放由两个释放因子控制,RF1 识别 UAA 和 UAG,RF2 识别 UAA 和 UGA。其中,UAA 在基因高水平表达中终止效果最好,为两个终止释放因子所识别,因此,在基因合成中以 AUU 为终止密码子。在实际操作中,为了保证翻译有效终止,使用串联的终止密码子,而不只用一个终止密码子。

7.3.2 避免使用稀有密码子

遗传密码有 64 种,多数密码子具有简并性,而不同密码子使用的频率不相同。但是绝大多数生物倾向于对某些密码子的使用表现了较高的偏好性。其中,那些被最频繁利用的称为主密码子或最佳密码子,那些不被经常利用的称为稀有密码子或罕用密码子。实际上用作基因表达的宿主细胞都表现出某种程度的密码子利用的差异或偏好。因此,不同来源的重组蛋白表达可能深受密码子利用的影响(尤其在异源表达系统中)。此时,利用偏好密码子,并避免用利用率低的或稀有的密码子合成基因,可使基因的表达水平大幅度地提高。基因的这种重新设计称为密码子最佳化。

1.影响遗传密码子偏好性的原因

(1)基因序列碱基组成的偏好性:在不存在自然选择压力的情况下,一定方向的突变压力会影响序列本身的碱基组成,而这一效应同时也会反映在同义密码子的第 3 位上,如细菌基因组中,核苷酸 GC 含量变化范围较广(25%~75%),这种变异主要是 GC 至 AT 的正向和回复突变压力差异造成的。这样的偏好性仅仅反映了序列组成的特征,而与蛋白质功能或表达水平无关。

(2)弱的自然选择效应:对于所有密码子家族来讲,即使存在密码子偏好性,由于同义密码子并不改变最终的蛋白质产物,因此对于那些频繁被使用的密码子的选择性是很弱的。但是这种弱的选择性会体现在基因表达水平上,在高表达的基因中,密码子使用偏好性要强过一般表达的基因。即密码子偏好性与表达水平之间呈相关性,通常情况下,高表达水平的基因或基因组密码子偏好性高。但在哺乳动物和人类的基因组中,低表达水平的蛋白质也可表现较高的密码子偏好性。前者提高了翻译的速度、准确率以及蛋白质产量等,而后者对实现基因的组织特异性表达等具有重要意义,体现了生命体对自然选择的一种适应性。

(3)tRNA 丰度:密码子在蛋白质翻译过程中需要和携带对应反密码子的 tRNA 相互识

别,才能把游离的氨基酸残基转移到多肽链上,因此,这些对应的 tRNA 的丰度就决定了蛋白质合成的资源。在高表达水平的基因中,那些具有偏好性的密码子对应的 tRNA 含量也较高,这些密码子称为最优密码子,它们通过减少与对应的 tRNA 匹配时间而加快翻译速度。另外一个能加快翻译速度的因素在于,非最优密码子由于对应的 tRNA 含量相对较低,往往易形成错配,而加大了基因纠错的时间和能量成本。因而,密码子使用的偏好性与细胞内 tRNA 的含量呈正相关。

(4)基因长度:基因越长,能够容纳的密码子越多,在没有其他压力的情况下,则同义密码子被选择的概率不会受样本容量限制而出现统计上的误差;相反,基因越短,可以编码的密码子数量和种类越少,甚至有的密码子根本不会出现,这种使用偏好性和其他进化压力无关。有研究报道,大肠杆菌的密码子偏好性和基因的长度成正比,而果蝇和酵母菌则相反。翻译选择可以解释上面的两种结果:大肠杆菌通过选择来避免翻译时出现氨基酸的错误整合;而果蝇在自然选择的压力下缩短表达量高的基因的长度,对生物体本身是有利的,因为较长的蛋白质编码基因翻译时需要消耗更多的能量,这种作用在真核生物中是很明显的。

(5)蛋白质的结构功能基因:密码子的使用与基因编码的蛋白质的结构和功能有关。蛋白质的折叠方式与 mRNA 序列之间存在一定的相关性,蛋白质的三级结构与密码子使用概率有密切的关系;在不同物种中,类型相同的基因具有相近的密码子使用模式,对于同一类型的基因由物种引起的同义密码子使用偏好性的差异较小。

(6)氨基酸保守性:在由某些特定基因组编码的蛋白质序列中,各种氨基酸含量差异很大,一些稀有氨基酸的存在,导致了某些特定同义密码子频繁使用,而其他很少被用到;同样,对于保守性较高的氨基酸,因为其发生突变的可能性很小,所以密码子的使用模式往往较为固定,从而合成生物体中的特定蛋白质,实现蛋白质特定功能的发挥。

(7)蛋白质编码基因在 DNA 双链上的位置:脊椎动物线粒体 DNA 在复制期处于单链状态的 H 链,易于积累 A 到 G 和 C 到 U 的突变,并且富含 GT,导致新合成的 L 链富含 AC,进而影响密码子的使用模式。脱卤厌氧黏菌和立克次氏体基因组中分别有 17% 和 21% 的密码对在 DNA 双链上的使用偏好性正好相反,即在前导链上偏好的密码对在滞后链上却不偏好,反之亦然,表明 DNA 的前导链与滞后链上密码对的使用偏好性存在差异。

(8)密码子碱基组成的上下文关系:如果密码子第 1、2 位是 A、U,那么其第 3 位倾向于使用 G 或 C,反之亦然。这种前、后碱基之间的相互作用,对密码子偏好性的形成具有一定影响。假如密码子 3 个位置上都是 A、U 或 G、C,密码子和反密码子的配对就容易出现位置差错,或影响配对速度,造成其结合困难、分离容易,进而降低基因的表达效率。

2. 密码子偏好性在基因表达中的应用

(1)外源基因稀有密码子的替换:通过分析密码子使用模式,预测目的基因的最佳宿主,或者应用基因工程手段,为目的基因表达提供最优的密码子使用模式。利用密码子偏好性来提高异源基因的表达。同义密码子使用的频率与细胞内相应的 tRNA 的丰度呈正相关,稀有密码子的 tRNA 在细胞内的丰度很低。在 mRNA 的翻译过程中,往往由于外源基因中含有过多的稀有密码子而使细胞内稀有密码子的 tRNA 供不应求,最终使翻译过程终止或发生移码突变。此时可通过点突变等方法将外源基因中的稀有密码子转换为在受体细胞中高频出现的同义密码子。

(2)宿主细胞的选择:除了改变外源基因以外,还可以在表达系统中共表达稀有密码子 tRNA 基因,以提高宿主细胞内的稀有密码子 tRNA 的丰度,从而提高外源基因的表达效率。

(3)翻译起始效应:mRNA 浓度是翻译起始速率的主要影响因素之一,密码子直接影响转录效率,决定 mRNA 浓度。如单子叶植物在"翻译起始区"的密码子偏好性大于"翻译终止区",暗示"翻译起始区"的密码子使用对提高蛋白翻译的效率和精确性更为重要,因此,通过修饰编码区 5′端的 DNA 序列,来提高蛋白质的表达水平有可能实现。

(4)影响蛋白质的结构与功能基因的密码子:偏好性与所编码蛋白质结构域的连接区和二级结构单元的连接区有关,翻译速率在连接区会降低。哺乳动物 MHC 基因的密码子偏好性与所编码蛋白质的三级结构密切相关,并可通过影响 mRNA 不同区域的翻译速度,来改变编码蛋白质的空间构象。其研究所选取的蛋白质结构单位是蛋白质指纹,它在很大程度上也是一种蛋白质功能单位,表明密码子偏好性与蛋白质的功能密切相关。改变密码子使用模式可有目的地改变特定蛋白质的结构与功能。

综上所述,为了使外源基因在受体细胞中高效、忠实地表达,要充分注意外源基因的密码子的组成、氨基酸的组成以及受体菌本身的遗传背景等多方面的因素。

7.3.3　提高外源基因 mRNA 的稳定性

外源基因 mRNA 的稳定性,也是影响表达效率的一个很重要的条件。一个典型的细菌 mRNA 半衰期为 2～3 min。mRNA 分子被降解的可能性取决于它们的二级结构。研究发现 IFN-β 的表达量与 mRNA 的半衰期成正比例关系,最长的半衰期为 4.5 min。在表达 β-半乳糖苷酶时发现,诱导表达后,mRNA 的合成速度提高了 42 倍,稳定存在的 mRNA 量仅提高了 4 倍。可见,大部分 mRNA 被迅速降解。

在大肠杆菌中含有的核酸酶系统能专一性地识别外源 DNA 或 RNA 并对其进行降解。对于 mRNA 来说,为了保持其在宿主细胞内的稳定性,可采取两种措施:一是尽可能减少核酸酶对外源基因 mRNA 的降解;二是改变外源基因 mRNA 的结构,使之不易被降解。mRNA 的降解方式有外切和内切两种形式,可在 5′端和 3′端进行。某些 mRNA 的 SD 序列上游 20 多个核苷酸有一段富含 U 的区域,易受核酸内切酶的作用,但它对翻译其实是必不可少的。合成蛋白质时,核糖体及起始因子的结合对这一区域起保护作用,避免被核酸内切酶降解。而且,核糖体结合与内切酶作用有相关性。当有充足的核糖体时,内切酶的作用概率会减小。mRNA 的 3′端结构也影响 mRNA 的稳定性,在大肠杆菌中,约有 1000 个拷贝的 REP(repetitive extragenic palindrome)序列存在于染色体上,它在 mRNA 的 3′端出现时,可以避免 3′端核酸外切酶的作用。

7.3.4　提高表达蛋白的稳定性,防止其降解

外源蛋白表达后是否能在宿主细胞中稳定积累,不被内源蛋白水解酶降解,这是基因高效表达的一个重要参数。蛋白酶水解是一个具有高度选择性的、严格调节的过程,该过程参与许多代谢活动。在宿主细胞中含有许多蛋白酶,这些蛋白酶参与宿主的代谢活动,如选择性地清除异常和错误折叠的蛋白质。到目前为止,蛋白酶解的机制尚未完全明确,但已有一些策略和方法以减少宿主中异源蛋白的降解。

1.蛋白质降解机制

虽然使得蛋白质不稳定的精确结构特点还不清楚,但是通过系统研究已经明确了一些蛋白质不稳定的决定因素。①蛋白酶解途径的"N 末端规则"在大肠杆菌中能够发挥作用,即蛋白质的稳定性与其氨基端的残基有关。在大肠杆菌中,N 末端 Arg、Lys、Leu、Phe、Tyr 和 Trp 的半衰期为 2 min,而除脯氨酸外的其他氨基酸的半衰期均超过 10 h。有研究表明,在多肽的第二位带有较小侧链的氨基酸有利于甲硫氨酸氨肽酶催化的 N 末端甲硫氨酸的去除,从而暴露出位于第二位的亮氨酸,使得该蛋白质不稳定。②泛素依赖性蛋白质降解。位于蛋白质中特异性的内源赖氨酸残基是泛素的修饰位点,当泛素结合到蛋白质链上,有利于泛素蛋白依赖的蛋白酶对蛋白质的降解。③PEST 假说。根据对短寿命真核蛋白的统计分析,蛋白质如果有富含 Pro、Glu、Ser 和 Thr 的区域,且在该区域附近有某些特定的氨基酸,则该蛋白质就会不稳定。这些 PEST 结构域的磷酸化导致钙的结合能力提高,从而有利于钙依赖性蛋白酶对蛋白质的降解。这说明可以在缺乏 PEST 蛋白裂解系统的 *E.coli* 中表达 PEST 富含蛋白。

2.减少重组蛋白裂解的策略

在产物的诱导下,蛋白水解酶的活性可能增加。因此,须采用多种措施提高外源蛋白在大肠杆菌细胞内的稳定性。常用的方法包括:①产生可分泌的蛋白质,将外源基因的表达产物转运到细胞周质或培养基中。②选择合适的表达系统。选用某些蛋白水解酶缺陷株作为受体菌,使表达的外源蛋白不被降解。③对外源蛋白中水解酶敏感的序列进行修饰或改造,使外源蛋白不能被蛋白水解酶识别。④构建融合基因,产生融合蛋白。融合蛋白通过构象的改变和空间的保护,使外源蛋白不被选择性降解。如在大肠杆菌中,可通过构建融合基因表达融合蛋白,提高目的蛋白的活性,减少无活性包含体的形成。⑤在表达外源蛋白的同时,表达外源蛋白的稳定因子,如与分子伴侣或 T₄噬菌体 *pin* 基因共表达。

7.3.5　减轻细胞的代谢负荷,提高外源基因的表达水平

基因工程方法改良微生物,就是通过把某一特定的外源基因和一定的载体,放入宿主细胞内,使之随宿主细胞的生长和繁殖一起复制和表达。外源基因的表达产物属于异己物质,并可能对宿主细胞有毒性。大量的外源基因表达产物可能打破宿主细胞的生长平衡,如大量的氨基酸被用于合成与宿主细胞无关的蛋白质,从而影响其他代谢过程。有的表达产物本身对细胞有害,表达产物的大量积累可能导致细胞生长缓慢甚至死亡。基因工程产物在细胞内过量合成,必然影响宿主的生长和代谢,而细胞生长受限,又反过来抑制外源基因产物的合成。所以必须合理调节这种消长关系,使宿主细胞的代谢负荷不至于过重,又能高效表达外源基因。

为了减轻宿主细胞的代谢负荷,提高外源基因的表达水平,可以采取当宿主细胞大量生长时,抑制外源基因表达的措施。即将细胞培养过程分为细胞的生长和外源基因的表达两个阶段,使表达产物不会影响细胞的正常生长。当宿主细胞的生物量达到饱和时,再进行基因产物的诱导合成,以降低宿主细胞的代谢负荷。目前,常用的诱导的方式包括添加特异性诱导物和改变培养温度等。使外源基因在特异的时空进行表达不仅有利于细胞的生长代谢,而且能提高表达产物的产率。

7.3.6 优化发酵条件

在进行工业化生产时,工程菌株大规模培养的优化设计和控制对外源基因的高效表达至关重要。为了获得高浓度的工程菌菌体和高表达的外源基因表达产物,基因工程菌通常采用高密度发酵。高密度发酵一般是指菌体干细胞达 50 g/L 以上的发酵。在发酵过程中,通过延长工程菌对数生长期,相对缩短衰亡期,提高菌体的发酵密度,最终提高外源蛋白的产率,降低生产成本。由于表达系统、表达的外源基因不同,工程菌的发酵模式是不固定的,所以要对发酵条件进行优化。

优化发酵条件既包括生产工艺方面的因素,也包括生物学方面的因素。

1. 生产工艺方面的因素

生产工艺方面主要包括选择合适的发酵系统或生物反应器和培养方式。

1)反应器

目前应用较多的生物反应器有罐式搅拌反应器、鼓泡反应器和气升式反应器等。

2)培养方式

基因工程菌发酵与培养方式也有很大的联系。基因工程菌一般采用高密度发酵,高密度发酵的培养方式主要有补料分批培养、透析培养和固定化培养等,其中以补料分批培养应用最多。

(1)补料分批培养:基因工程菌高密度发酵取得成功的关键在于补料策略,即采用合理的营养流加方式。其中最常用的培养方式是补料分批培养。补料分批培养是指在发酵过程中,间歇或连续地补加新鲜培养基,使菌体进一步生长的培养方法。补料分批培养通过持续供给菌体生长所需要营养,能延长对数生长期,保持较高的菌体浓度,且不断地补料稀释,可以解除底物抑制,稀释有毒代谢产物,降低遗传不稳定性,因此在高密度发酵中应用最多。

(2)透析培养:透析培养是利用膜的半透性,根据分子不平等扩散原理使外源蛋白和培养基分离,从而除去乙酸等小分子代谢产物,解除其对生产菌的抑制作用,并可维持较合适的营养浓度,获得高密度菌体。在大肠杆菌高密度培养中通过透析培养,细胞密度超过 190 g/L,300 L 发酵罐中的蛋白质浓度是补料分批发酵的 3.8 倍。但是透析培养以生长培养基为透析液,透析过程中大量的甘油被当作废物透析掉,生产中耗资大,目前该方法在实验室中应用较为成功,工业化生产还有待于进一步改善。

(3)固定化培养:固定化培养是通过化学或物理方法,将游离细胞或酶固定于限定的空间区域内,使其保持活性并可以反复利用,具有菌体浓度高、反应速度快、发酵周期短、产物分离操作简单、反应过程容易控制、菌体可重复连续使用和增加发酵过程中重组质粒稳定性等优点,因此固定化培养在基因工程菌发酵中具有很大的应用潜力。利用海藻酸钙固定化乳杆菌,发酵半纤维素水解液生产乳酸,乳酸产量为 62.77 g/L,而采用游离细胞发酵产量只有 41.30 g/L。

2. 生物学方面的因素

外源基因表达产物的总量取决于外源基因表达水平和菌体浓度。在保持单个细胞基因表达水平不变的前提下,提高菌体浓度可望提高外源蛋白合成的总量。在培养过程中达到最大菌体浓度,需要注意以下几个因素。

1)培养基的组成

高密度发酵要获得高生物量和高浓度表达产物,需投入几倍于生物量的基质以满足细菌迅速生长繁殖及大量表达基因产物的需要。一般使用的培养基为半合成培养基,培养基各组分的浓度和比例要恰当,过量的营养物质反而会抑制菌体的生长,特别是碳源和氮源的比例要控制好。葡萄糖因细菌利用快且价廉易得,已被广泛用作重组菌高密度发酵的限制性基质。一般葡萄糖浓度控制在 10 g/L 左右,如果超过 20 g/L 将会抑制细胞的生长。已有人用甘油代替葡萄糖作为细菌生长的碳源,以减少代谢抑制物质乙酸的积累,更易达到重组菌的高浓度和外源蛋白的高表达。NO_3^-、胰蛋白胨(Tr)、酵母提取物(Ye)作为氮源有利于细胞的生长。比如,在硅藻类高密度培养过程中提高十二碳五烯酸(EPA)的产量时,NO_3^-、Tr、Ye 的最佳质量比为 1:2.6:1.3,Glu、NO_3^- 的最佳质量比为 32:1。有些营养物质在高密度培养过程中可以控制细胞的死亡率。

另外还有实验数据表明,在培养基中加入重组蛋白表达的前体氨基酸和一些能量物质有利于蛋白质表达量的提高。比如利用重组大肠杆菌生产谷胱甘肽(GSH)时,在发酵开始和进行 12 h 后,各添加 2.0 g/L 腺苷三磷酸和 9 mmol/L 前体氨基酸,可以使细胞浓度和 GSH 的产量分别比不添加这两种物质时提高 24% 和 1.4 倍。

2)溶解氧浓度

溶解氧浓度是高密度发酵过程中影响菌体生长的重要因素之一。大肠杆菌的生长代谢过程需要氧气的参与,溶解氧浓度对菌体的生长和产物生成的影响很大,溶解氧浓度过高或过低都会影响细菌的代谢。在高密度发酵过程中,由于菌体浓度高,发酵液的摄氧量大,一般通过增大搅拌转速和增加空气流量来增加溶氧量。随着发酵时间的延长,菌体浓度迅速增加,溶解氧浓度随之下降。因此在高密度发酵的后期,需要维持较高水平的溶解氧浓度。

目前,提高溶氧量的方法主要有:通入纯氧来提高氧的传递水平,但可能导致局部混合不匀,易使微生物氧中毒;在菌体中克隆具有提高氧传递能力的透明颤藻蛋白;培养基中添加 H_2O_2,利用宿主菌的过氧化氢酶分解产生 O_2;提高氧的分压。

3)pH 值

稳定的 pH 值是使菌体保持最佳生长状态的必要条件。外界的 pH 值变化会改变菌体细胞内的 pH 值,从而影响细菌的代谢反应,进而影响细胞的生物量和基因产物的表达。大肠杆菌发酵时产生的有机酸(主要是乙酸)可导致发酵液的 pH 值降低,细胞释放的 CO_2 溶解于发酵液内与 H_2O 作用生成的碳酸也会导致发酵液 pH 值降低。在高密度发酵条件下,细胞产生大量的乙酸和 CO_2,可使 pH 值显著降低。必须及时调节 pH 值,使之处于适宜的范围内,避免因 pH 值剧烈变化而对细胞生长和代谢造成不利影响。

菌体生长和产物合成过程中,常用于控制 pH 值的酸碱有 HCl、NaOH 和氨水等,其中氨水较常被使用,因为它还具有补充氮源的作用。但有研究发现,NH_4^+ 浓度对大肠杆菌的生长有很大影响,当 NH_4^+ 浓度高于 170 mmol/L 时,会严重抑制大肠杆菌的生长。

4)温度

培养温度是影响细菌生长和调控细胞代谢的重要因素。较高的温度有利于细菌高密度发酵,低温培养能提高重组产物的表达量,而且在不同培养阶段采用不同的培养温度有利于提高细菌的生长密度和重组产物的表达量,并可缩短培养周期。但细胞生长的温度突然升高,细胞内就会生成某些热激蛋白,以适应变化的环境,使得外源蛋白相对量降低,给后续的纯化造成困难。如果温度升高的幅度不太大,热激蛋白合成的速度会很快下降,恢复正常蛋白的合成。对于采用温度调控基因表达或质粒复制的重组菌,发酵过程一般分为生长和表达两个阶段,分别维持不同的培养温度。但也会因为升温而引起质粒的丢失,进而减少重组蛋白量。

综上所述,与细菌生长密切相关的条件有发酵系统中的培养基的成分、溶解氧、pH 值和温度等,这些条件的改变都会影响细菌的生长及基因表达产物的稳定性。

7.4 利用原核细胞生产蛋白质实例

由于原核细胞表达系统能够在短时间内产生大量的目的蛋白,培养成本低,条件易于控制,因此原核细胞表达系统是很多蛋白质生产的首选表达系统,也是目前在生产上应用较为广泛、成熟的系统。

7.4.1 胰岛素基因工程

1.胰岛素的结构和功能

胰岛素(insulin,INS)是人体唯一具有降糖功效的蛋白质、多肽类激素,在糖代谢的调节中具有重要作用,目前主要用于治疗糖尿病。1921 年,加拿大科学家 Frederic Banting 和 Charles Best 首次从动物胰脏中提取出胰岛素。随后动物胰岛素被广泛应用于临床,并取得了较好的疗效,因此胰岛素的发现也被称为医学界最重大的成就之一。但由于动物胰岛素的来源有限及异种免疫反应,其应用逐渐不能满足市场的需求。基因工程技术的诞生为开发动物胰岛素的替代品提供了可能,不仅满足了胰岛素的市场需求,而且减少了动物胰岛素导致的过敏反应。1978 年 Genentech 公司使用大肠杆菌利用重组 DNA 技术生产出人源胰岛素,随之 1982 年诞生了世界上第一个基因工程药物——重组人胰岛素,这标志着基因重组技术实现产业化。

胰岛素来自胰岛素原,胰岛素原的结构包括 A 肽链、B 肽链和 C 肽链,成熟的胰岛素则为去掉 C 肽链后的结构,包括 A 肽链和 B 肽链。人胰岛素分子由 16 种共 51 个氨基酸残基组成,其中 A 链包含 21 个氨基酸残基,B 链包含 30 个氨基酸残基。A 链、B 链通过二硫键相连,其中 A_7(Cys)与 B_7(Cys)、A_{20}(Cys)与 B_{19}(Cys)4 个半胱氨酸残基中的巯基两两形成二硫键,使 A、B 两链连接起来(图 7-6)。若二硫键断裂,则胰岛素失去生物活性。

2.基因工程技术生产胰岛素

采用基因工程技术生产人胰岛素主要通过"A 链和 B 链分别表达法",美国礼来(Eli Lilly)公司率先利用大肠杆菌工程菌生产出人胰岛素,生产过程如图 7-7 所示。首先构建含有细菌启动子、lac Z 基因的融合表达载体,分别将胰岛素 A 链和 B 链与表达载体连接后,各自转化大肠杆菌工程菌;培养一定时间,待表达出胰岛素 A 链融合蛋白(β-半乳糖苷酶-A 肽)和胰岛素 B 链融合蛋白(β-半乳糖苷酶-B 肽)后,通过亲和色谱柱将融合蛋白纯化,纯化后使用溴化氰切断 β-半乳糖苷酶肽段,得到纯化的胰岛素 A 链和 B 链;将 A 链和 B 链通过二硫键连接,即得到有活性的人胰岛素分子。在胰岛素基因的表达过程中,基因表达产物为融合蛋白,

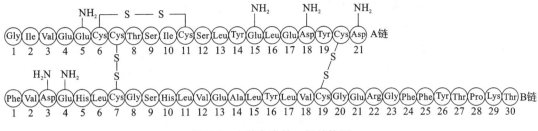

图 7-6　人胰岛素的一级结构图

（引自袁婺洲，2010）

因为 β-内酰胺酶信号肽的存在，可促使表达产物穿过细胞膜，分泌到胞外，易于实现蛋白质的提取和分离。

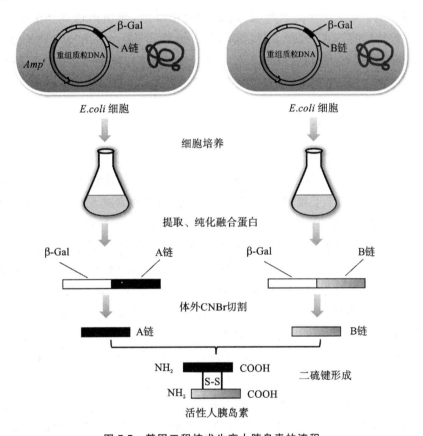

图 7-7　基因工程技术生产人胰岛素的流程

在基因工程生产人胰岛素的工艺中，最初由于人胰岛素 A 链和 B 链中共有 6 个半胱氨酸残基存在，而 A 链和 B 链只有通过 A_7(Cys)与 B_7(Cys)、A_{20}(Cys)与 B_{19}(Cys)4 个半胱氨酸残基中的巯基形成两个二硫键连接才能成为有活性的胰岛素。空气氧化法得到的二硫键正确配对率较低，因此最初的工艺步骤较多且生产成本较高；在此基础上，又发展了人胰岛素原表达法，即将含有 C 肽的人胰岛素原基因与含有 *lac Z* 基因的融合表达载体连接，转化大肠杆菌工程菌后，表达出融合蛋白（β-半乳糖苷酶-胰岛素原），随后在 C 肽链的帮助下，二硫键正确配对率明显提高，使得胰岛素原能够折叠成正确的空间构象。该方法不仅显著地提高了二硫键的正确配对率,并且极大地降低了生产成本。

3. 基因工程胰岛素的应用

1982 年第一支重组人胰岛素的上市为重组人胰岛素和胰岛素类似物的开发奠定了良好的基础。重组人胰岛素因其具有安全性强、疗效好、产量高和成本低等优点,在临床上得到了广泛的应用。我国在 1998 年成功研制了重组人胰岛素"甘舒霖",进入基因重组技术的世界领先行列。在此基础上,又发展了速效、中效、长效胰岛素制品,胰岛素药物得到迅猛发展。

重组人胰岛素类似物赖脯胰岛素(insulin lispro)是将人胰岛素 B 链的第 28 位与第 29 位氨基酸残基互换得到的胰岛素类似物。研究显示,该类似物在控制高血糖时,比人胰岛素的作用更快。重组人胰岛素类似物于 2000 年获批上市,在临床上得到广泛应用。门冬胰岛素(insulin aspart)是速效人胰岛素类似物,在人胰岛素 B 链第 28 位上,用天冬氨酸残基替代了原有的脯氨酸残基,与普通胰岛素相比,药效达峰快 2 倍,作用更快。甘精胰岛素(insulin glargine)是一种长效胰岛素类似物,在人胰岛素 A 链第 21 位上,用甘氨酸残基替代了原有的丙氨酸残基,同时在 B 链的 C 末端加入 2 个精氨酸残基,甘精胰岛素的作用持续时间长达 24 h,因此主要用于需长效控制血糖的 2 型糖尿病患者和 1 型糖尿病患者的治疗。

7.4.2 干扰素基因工程

1. 干扰素的结构和功能

干扰素(interferon,IFN)是糖蛋白类细胞因子,具有广谱的抗病毒、抗肿瘤细胞增殖、免疫调节作用,在临床上常用于毛细胞白血病、慢性肝炎、肿瘤患者的免疫治疗等,临床需求量较大。人干扰素按照结构不同主要分为 α、β、γ 三种亚型,其中 α 干扰素(IFN-α)是最大的一类干扰素亚型,是首个广泛用于临床并取得显著功效的细胞因子。目前已经基本研究清楚了 IFN-α 的基因结构,自 5′ 端到 3′ 端依次为非翻译序列、先导序列、干扰素基因、3′ 非翻译区和 poly (A)。干扰素的相对分子质量较小,如 IFN-α 的相对分子质量为 $1.9 \times 10 \sim 2.6 \times 10^4$,该类蛋白质容易被肾小球滤过,半衰期较短,需频繁给药。同时最初的干扰素来源主要是血源性干扰素,提取物纯度低并且生产成本高。以上因素都限制了干扰素在临床上的使用。随着重组 DNA 技术的发展,通过先进的基因工程手段可以在体外大规模生产人干扰素,即基因工程干扰素。

2. 基因工程技术生产干扰素

自从 20 世纪 70 年代基因重组技术取得重大突破以后,重组人干扰素的开发就成为科学工作者的关键课题。我国科学家侯云德院士于 1982 年报道了重组人干扰素 α1b,这是具有中国自主知识产权的第一个基因工程类药物。

基因工程 IFN-α 首先从人白细胞中克隆出 *IFN-α* 基因,将 *IFN-α* 基因与大肠杆菌表达载体连接后构建重组表达质粒,然后转化到大肠杆菌中,从而获得高效表达人 IFN-α 的工程菌。发酵后通过收集大量菌体、菌体破裂、IFN-α 蛋白分离纯化等过程获得基因工程 *IFN-α* (图 7-8)。与传统的血源性干扰素相比,基因工程 *IFN-α* 具有无污染、安全性好、纯度高、成本低和疗效确切等优点。随着基因工程技术的发展,目前研究主要集中于改善 *IFN-α* 的特征上,如聚乙二醇修饰、白蛋白修饰、糖基化修饰和靶向修饰等。

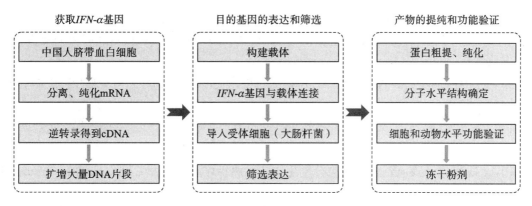

图 7-8　重组人干扰素 α1b 生产工艺流程图

思考题

1.原核生物的转录与翻译过程各有什么特点？它们是如何调节的？

2.原核细胞表达系统必须具备什么要求？

3.大肠杆菌表达系统、芽孢杆菌表达系统、链霉菌表达系统和蓝藻表达系统各有什么特点？

4.提高外源基因表达水平的措施有哪些？

5.常用的目的蛋白纯化标签有哪些？纯化标签的原理是什么？

扫码做习题

参考文献

［1］F M 奥斯伯,R 布伦特,R E 金斯顿,等.精编分子生物学实验指南［M］.5 版.北京:科学出版社,2008.

［2］吴乃虎.基因工程原理［M］.2 版.北京:科学出版社,1998.

［3］朱玉贤,李毅,郑晓峰,等.现代分子生物学［M］.5 版.北京:高等教育出版社,2019.

［4］李育阳.基因表达技术［M］.北京:科学出版社,2002.

［5］静国忠.基因工程及其分子生物学基础:基因工程分册［M］.2 版.北京:北京大学出版社,2009.

［6］屈伸,刘志国.分子生物学实验技术［M］.北京:化学工业出版社,2008.

［7］刘志国.基因工程原理与技术［M］.3 版.北京:化学工业出版社,2016.

［8］孙叔汉.基因工程原理与方法［M］.北京:人民军医出版社,2002.

［9］张金红,陈华友,李萍萍.基因工程菌发酵研究进展［J］.生物学杂志,2012,29（5）:

72-76.

[10] 沈卫锋,牛宝龙,翁宏飚,等.枯草芽孢杆菌作为外源基因表达系统的研究进展[J].浙江农业学报,2005,17(4):234-238.

[11] 杨闰英,胡志浩,邓子新,等.链霉菌表达系统的研究进展[J].农业生物技术学报,1996,4(3):260-268.

[12] 董可宁,还连栋.异源基因在链霉菌系统中的克隆和表达[J].生物工程学报,1990,6(3):175-180.

[13] 秦松,严小军,曾呈奎.藻类分子生物技术两年评——基因工程及其上游——分子遗传学[J].海洋与湖沼,1996,27(1):103-112.

[14] 楼士林,章军,吴巧娟,等.蓝藻基因表达载体系统的构建和应用[J].厦门大学学报(自然科学版),2001,40(2):586-592.

[15] 张晨,刘志伟,郭勇.藻类基因工程研究进展[J].嘉应大学学报(自然科学版),2001,19(6):97-101.

[16] 赵广荣.重组人干扰素的研究进展[J].中国生物制品学杂志,2010,23(12):1384-1388.

[17] 武小路.生长抑素的分布及其功能研究进展[J].运动,2012,44:143-145.

[18] 刘永庆,刘文波,潘杰彦,等.生长抑素(SS)基因在pET-32表达系统中的高效表达[J].南京农业大学学报,2003,26(1):61-65.

[19] 蔡金津,孙爱龙,华子春.牛生长抑素基因的构建及其在大肠杆菌中的表达[J].东南大学学报(医学版),2003,22(6):376-379.

[20] 吴丽民,刘美龙,刘丽华.串联亲和纯化(TAP)技术的研究进展[J].海峡药学,2009,21(1):1-6.

[21] 洪奇华,陈安国.串联亲和纯化技术及其应用[J].细胞生物学杂志,2006,28(5):694-698.

[22] 袁婺洲.基因工程[M].北京:化学工业出版社,2010.

[23] 孙明.基因工程[M].北京:高等教育出版社,2006.

[24] 董佳鑫,杨梅.转基因技术在生物制药上的应用与发展[J].中外医学研究,2018,16(9):178-181.

[25] 李晏锋,甄橙.基因泰克重组人胰岛素技术开发历程及启示[J].临床医学史,2018,39(9):93-96.

[26] 程永庆,刘金毅.从技术创新到市场创新——中国首个基因工程创新药物重组人干扰素α1b[J].中国生物工程杂志,2019,39(2):22-25.

[27] 祁浩,刘新利.大肠杆菌表达系统和酵母表达系统的研究进展[J].安徽农业科学,2016,44(17):4-6.

[28] 陈理,俞昌喜.重组大肠杆菌高密度发酵工艺进展[J].海峡药学,2011,23(3):15-18.

[29] 马平英,罗雯,詹怡昕,等.枯草芽孢杆菌表达系统研究进展[J].江西科学,2020,38(6):867-871.

[30] 孔任秋,徐旭东,王业勤.蓝藻分子遗传学又十年[J].水生生物学报,2001,6:620-630.

[31] 倪福太,刘强,芦曼,等.藻类基因工程研究概述[J].生物学教学,2018,43(3):75-76.

[32] 赵东峰,李汉超,王悦然.基因工程人生长激素及其应用研究进展[J].广州化工,2010,38(2):44-48.

[33] 王战强.胰岛素及其合成技术应用与发展[J].中国医药导报,2011,8(13):11-24.

第 **8** 章　　外源基因的真核表达系统

【本章简介】　本章主要讲述外源基因的真核表达系统,包括表达系统的特点和表达策略,以酵母表达系统、昆虫表达系统以及哺乳动物表达系统为例进行阐述。详细描述酵母表达质粒的构成、常见的几种作为宿主细胞的酵母类型,以及在酵母中高效表达外源基因的策略;对于昆虫表达系统,以重组杆状病毒为例描述其作为真核基因表达载体的优势、杆状病毒表达系统的效率与加工能力,对于一类稳定转化的昆虫表达系统,则是以家蚕核型多角体病毒(BmNPV)为例描述家蚕生物反应器的发展状况;最后是哺乳动物表达系统,对基因表达载体的组成特征,常用的病毒载体包括 SV40 病毒、逆转录病毒(retrovirus,RV)以及腺病毒(adenovirus,AV)等进行阐述,另外对哺乳动物表达系统常用的宿主细胞类型和基本特征,以及提高哺乳动物表达系统表达效率的途径进行描述。

8.1　真核表达系统的特点

　　原核表达系统虽然具有高效、廉价的优点,但外源蛋白通常以包含体形式存在,表达产物活性较低甚至不具有活性,使得真核表达系统越来越受到重视。在表达真核蛋白时,由于原核细胞缺少翻译后加工修饰所需要的酶和相关机制,加上原核表达系统的胞内环境中还原性因素所限,真核蛋白在原核细胞中表达以后不能形成精确的二硫键,此外糖基化、磷酸化、寡聚体的组装,以及其他翻译后的加工过程也会受到影响而不能顺利进行,使得表达的真核蛋白不能正确折叠,无法形成有生物活性的构象,生物活性会大大降低,甚至丧失。因此在进行外源基因表达时,要根据具体情况选择好受体细胞和表达系统。如果存在蛋白质翻译后加工的问题,选择真核表达系统是更为明智的策略。有的情况下,即使选择的基因表达系统能够进行糖基化,也不一定符合要求,因为不同真核生物的糖基化机制有一定的差别,这种糖基化的差异往往影响到蛋白质类药物的疗效。比如,当重组蛋白的糖基化程度同天然人源蛋白质相差较大时,人体就会将其视为异体蛋白,引起免疫排斥反应。在大肠杆菌或酵母中表达的缺少糖基化或糖基化程度不足的重组蛋白,可能由于多肽的抗原决定簇暴露而使人体产生与其相对应的抗体,影响重组蛋白在临床上的应用。翻译后加工的问题在基因工程产品的生产中越来越受到人们的重视,而随着这一问题的解决,将不断提高基因工程产品的效率和安全性。

　　真核表达系统主要包括哺乳动物和酵母细胞,最常见的哺乳动物细胞系是中国仓鼠卵巢(CHO)细胞。1985 年 Lin 等用几种合成的寡核苷酸探针从 Charon 4A 人胎肝基因组文库中克隆了 *EPO* 基因,并在 CHO 细胞中获得了高效表达。以后 *EPO* 陆续在大肠杆菌、酵母、幼仓鼠肾细胞(BHK)和昆虫细胞中进行了表达。但原核细胞没有糖基化修饰的功能,其表达的 EPO 在体内无活性。而在酵母和昆虫细胞进行表达的 *EPO*,虽然有糖基化,但与哺乳动物的糖基化有所不同,糖基中缺少唾液酸,在体内也无活性。因此,目前国内外都是用 CHO 或 BHK 细胞进行生产的,其表达水平一般为$(5\sim15)\times10^{-6}\ \mu g/d$。

甲型血友病是由缺乏凝血因子 FⅧ引起的,因此 FⅧ是治疗该病必不可少的药物。1984 年 Wood 和 Toole 等先后对 FⅧ基因进行了克隆,由于 FⅧ是一种大分子的糖蛋白,因此采用基因工程生产该蛋白质的宿主细胞主要是哺乳动物细胞。目前已经有两种重组 FⅧ产品获得批准,分别是 CHO 细胞表达生产的商品 Recombinate 和 BHK 细胞表达生产的商品 Kogenate。

8.2 酵母表达系统

酵母菌(yeast)是一群以芽殖或裂殖方式进行无性繁殖的单细胞真核微生物,可分为子囊菌酵母、担子菌酵母和半知菌酵母 3 纲,下有 56 属 500 多种。在基因工程中最早作为基因表达系统的酵母菌是酿酒酵母,后来裂殖酵母、甲醇酵母、克鲁维酵母以及汉逊酵母等也被用于基因表达。毕赤酵母表达系统是应用最广、最为人熟知的酵母表达系统,具有使用简单、外源蛋白分泌表达效率高、便于下游纯化操作、利于大规模工业化生产等优点。毕赤酵母是一种甲醇营养型酵母菌,能在相对低廉的甲醇培养基中生长,具有甲醇诱导表达的醇氧化酶基因 *AOX1* 和 *AOX2*。由于 *AOX1* 具有强启动子,因此能够诱导外源基因进行高水平表达。目前所使用的表达宿主菌主要有三种,包括 GS115、KM71 和 X-33 菌株。X-33 菌株为毕赤酵母的野生型菌株,可进行外源蛋白的大量表达,常用博来霉素(Zeocin)进行转化子的筛选。能够在含有甲醇的培养基上迅速生长的 GS115 菌株含有 *AOX1* 和 *AOX2* 两个基因,而 KM71 菌株只有 *AOX2* 基因,另一个基因 *AOX1* 发生缺失突变,因此其在甲醇培养基上的生长速度比 GS115 菌株明显慢了许多,而 MC100-3 菌株的两个基因 *AOX1* 和 *AOX2* 均被敲除,因此在甲醇培养基上无法生长繁殖。

8.2.1 酵母基因表达载体的构成

酵母菌天然存在的自主复制型质粒并不多,目前用于基因表达的质粒载体是由野生型质粒和宿主染色体 DNA 上的自主复制子结构(*ARS*)、中心粒(*CEN*)、端粒序列(*TEL*)以及用于转化子筛选鉴定的功能基因构建而成。

以酵母菌为受体细胞的表达载体都是由酵母质粒和细菌质粒重组构成的,也称为穿梭质粒(shuttle plasmid)。穿梭质粒中的细菌质粒启动子不能启动真核基因在酵母中表达,所以穿梭质粒也含有酵母启动子,如 ADH(乙醇脱氢酶)、SUC(蔗糖酶)和 PHOS(磷酸酯酶)启动子等。

一般而言,酵母的表达载体都是以大肠杆菌质粒为基本骨架,并具有以下构件。

1.DNA 复制起始区

该区段具有复制起始功能,可以是酵母 2 μm 质粒的复制起始区或酵母自主复制序列(autonomously replicating sequence,*ARS*)。2 μm 质粒的复制起始区与酵母 *ARS* 有一个 11

bp 的一致序列(AES consensus sequence,*ACS*):5′(A/T)TTTATPTTT(A/T)3′。在复制起始时,DNA 复制起始复合物结合到该序列上。酿酒酵母基因组中的 *ARS* 能使重组质粒的转化效率大幅度提高,但提高的程度有较大差异。*ARS* 中富含 AT 碱基对(70%～85%),11 bp 的核心序列对于复制功能很重要,一个碱基的改变将导致复制功能丧失。核心序列的上游和下游区域对于复制也是必需的。

酵母自主复制型载体质粒的构建包括引入复制子结构、选择标记基因、多克隆位点三部分。由 *ARS* 构成的质粒称为 YRp,而由 2 μm 质粒构建的杂合质粒称为 YEp。

2. 选择标记

选择标记是载体转化酵母后筛选转化子时必需的构件。用于酵母转化子筛选的标记基因主要有营养缺陷互补基因和显性基因两类,前者包括营养成分合成基因,如合成氨基酸的 *LEU*、*TRP*、*HIS*、*LYS* 基因和合成核苷酸的 *URA*、*ADE* 基因等,这些基因的营养缺陷型突变株用来作为受体菌,已经在实验室研究中广泛使用。但对于工业酵母来讲,由于其多倍体的特性,不可能获得营养缺陷型,因此发展了显性选择标记系统。目前使用的显性选择标记有抗 G-418 的氨基糖苷磷酸转移酶基因 *aph*、氯霉素乙酰转移酶基因 *cat*、二氢叶酸还原酶基因 *dhfr*、抗腐草霉素的 *ble* 基因、抗铜离子的 *CUP1* 基因、蔗糖利用的 *SUC2* 基因、抗硫酰脲除草剂的乙酰乳酸合成酶基因 *ILV2*ᵣ 以及 5-烯醇丙酮酸莽草酸-3-磷酸合成酶(EPSPS)基因 *aroA* 等。显性选择标记的优点是它可以用于野生型酵母菌的转化。

3. 整合介导区

整合介导区与受体菌株基因组有某种程度的同源性,介导区 DNA 序列能有效地介导载体与宿主染色体发生同源重组,使载体整合到宿主染色体上。根据整合介导区的设定可以控制载体整合到宿主染色体上的位置和拷贝数。

4. 有丝分裂及端粒稳定区

YRp 和 YEp 两种质粒在转化酿酒酵母后可以达到每细胞 200 个拷贝的水平,但稳定性较差,经过几代后质粒会丢失。YRp 和 YEp 两种质粒的不稳定性主要是由在母细胞和子代细胞中不均匀分配引起的。为了提高质粒的稳定性,将着丝粒区域的 DNA 片段(*CEN*)插入 *ARS* 型质粒中,能明显改善质粒拷贝在母细胞和子细胞中的均匀分配,同时提高质粒在宿主细胞中的稳定性。酵母表达载体类似于微型染色体,其在宿主细胞分裂时的均匀分配是决定转化子稳定性的重要因素之一。有丝分裂稳定区可以使酵母表达载体在子代细胞中均等分配,一般是由酵母染色体的着丝粒(centromere)片段组成。此外,来自酵母 2 μm 质粒的 STB (stability)片段也有助于游离载体的有丝分裂稳定性。

酵母的 *CEN* 含有一个 110～120 bp 的保守区域,由 *CDE* Ⅰ、*CDE* Ⅱ 和 *CDE* Ⅲ 组成。将 *CEN* DNA 片段与含 *ARS* 的质粒重组,可构成 YCp 杂合质粒。其稳定性高,但拷贝数只有 1 ～5 个。YCp 与 YRp 和 YEp 一样,可以高频转化酵母菌,也可在大肠杆菌和酵母菌中有效穿梭转化并维持。

为了维持线状 DNA 载体的稳定性,防止染色体末端粘连以及复制引起的末端缺失,在酵母染色体型载体的两端引入 *TEL* 序列,可以增强其稳定性。酿酒酵母的 *TEL* DNA 含有一个恒定的 Y′区(6.7 kb)和一个 X 区(0.3～4.0 kb)。Y′区两侧含有几百个 C₁~₃A 重复序列,其下游是 *ARS*。将酵母的 *TEL*、*CEN*、*ARS* 等 DNA 元件构建成人工染色体,可以克隆大片段外源 DNA,装载量可达 800 kb。如 pYAC2 含有 2 个反向的 *TEL* DNA 和 *SUP4*、*TRP1*、

URA3 等酵母选择基因以及大肠杆菌的复制子和选择基因 *Amp*ʳ。

5．表达盒

表达盒（expression cassette）一般由启动子、分泌信号序列和终止子等组成。酵母启动子长 1～2 kb，其上游含有上游激活序列（upstream activating sequence，*UAS*）、上游阻遏序列（upstream repression sequence，*URS*）和组成型启动子序列等，其下游存在转录起始位点及 TATA 序列。转录因子可以结合到 TATA 序列形成转录起始复合物，并决定基因的基础表达水平。而一些调控蛋白则通过与上游的 *UAS*、*URS* 等结合，与转录起始复合物相互作用，以激活、阻遏等方式影响基因的转录效率。分泌信号序列是用于蛋白分泌表达时载体中需要的一段序列，它编码前体蛋白 N 端的 17～30 个氨基酸，可引导分泌蛋白从细胞内转移到细胞外。常见的分泌信号序列有 a 因子前导肽序列、蔗糖酶和酸性磷酸酯酶的信号肽序列。其中 α 因子前导肽序列最有效，在酵母菌中应用最广。终止子是决定 mRNA 3′端稳定性的重要元件，是前体 mRNA 加工与多聚腺苷酸化紧密偶联所必需的。位于基因 3′端的酵母终止子长度一般不超过 500 bp。

8.2.2 酵母基因表达载体的种类

酵母基因表达载体可以分为三种，即酵母质粒载体、酵母整合载体、酵母人工染色体。

1．酵母质粒载体

酵母质粒载体广泛用于表达胞内或胞外的重组蛋白，但游离的质粒表达系统不够稳定。当酵母质粒载体整合到宿主染色体上以后稳定性增加，由于整合后的克隆基因拷贝数仅为 1，因而外源基因表达效率低。基因串联可以增加外源基因拷贝数和表达产量，但质粒稳定性会受影响。

酵母质粒载体分为酵母附加型质粒（yeast episomal plasmid，YEp，图 8-1）、酵母复制质粒（yeast replicating plasmid，YRp，图 8-2）和酵母着丝粒质粒（yeast centromere plasmid，YCp，图 8-3）。

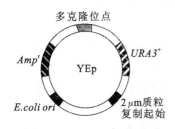 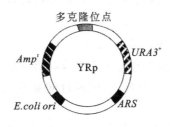 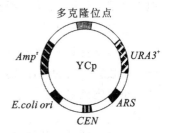

图 8-1 YEp 质粒图谱 （引自张惠展，2005）　图 8-2 YRp 质粒图谱 （引自张惠展，2005）　图 8-3 YCp 质粒图谱 （引自张惠展，2005）

酵母附加型质粒是酵母的野生型质粒，大小为 6.3 kb，长约 2 μm，称为 2 μm 质粒。在一个单倍体细胞中其拷贝数可达 50～100，占到酵母基因组的 2%～4%。野生型质粒的一个重要特点是，该质粒被一段长度为 599 bp 的反向重复序列分为两部分，每部分都含有一个启动子和该启动子控制下的两个基因。其中的一个基因称为 *FLP*，它编码一个位点特异性的重组酶（recombinase），这个酶可以催化反向重复序列之间的遗传重组。这样 2 μm 质粒就有两种存在形式（图 8-4）。YEp 就是在 2 μm 质粒的基础上，加入酵母核 DNA 序列，以及大肠杆菌质粒 pMB9 的部分序列组成的。这样,YEp 就既可以在酵母细胞中复制,也可以在大肠杆菌中复制。

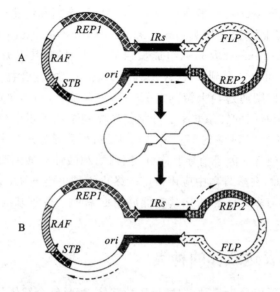

图 8-4　2 μm 双链环状质粒的两种不同形态

(引自张惠展,2005)

　　酵母复制质粒是大肠杆菌质粒 pBR322 的衍生质粒。在 pBR322 中加入一段来源于酵母染色体的自主复制序列后,质粒就可以在酵母中进行复制。酵母复制质粒一般不会与酵母染色体发生重组,其转化效率很高,但是不能稳定地传代,这是此载体的一个严重缺点。

　　酵母着丝粒质粒克服了酵母复制质粒不能稳定传代的缺点。在酵母的 3 号染色体着丝粒周围的 *leu2* 和 *cdc10* 之间的一段 1.6 kb 序列可以稳定遗传,并含有 2 个自主复制序列。在 4号和 9 号染色体上也存在功能相同的序列。带有此着丝粒序列的这类质粒在酵母中的行为类似于微型染色体,在宿主细胞中的拷贝数低,可以稳定遗传,均匀分配给子代细胞。

　　2. 酵母整合载体

　　酵母整合载体(yeast integration plasmid,Yip)是指不含酵母自主复制序列,因而不能在酵母中独立复制的一种载体。这种载体必须在整合到酵母染色体中之后才能使其中所包含的基因组得到稳定表达。它带有整合介导区,可通过同源重组整合到酵母基因组中与其同步复制。

　　在啤酒酵母的基因组中的可动遗传因子——Ty 因子,与逆转录病毒在结构和功能上有很多相似之处,包括两个长的 *ORF* 和两个长末端重复序列(*LTR*),这两个长末端重复序列称为δ因子。基因组中含有 30~40 个拷贝的 Ty,由于 Ty 可以整合到宿主细胞的染色体中,适合于构建整合载体。经过研究发现,用磷酸甘油酸激酶启动子代替δ因子中原有的启动子序列,可以使 Ty 的拷贝数大大提高,从而在细胞质中形成大量的类似病毒颗粒(virus-like particle,VLP)的物质。

　　毕赤酵母没有稳定的附加体质粒,其表达载体一般是整合型载体。毕赤酵母表达系统最早在 20 世纪 90 年代由 Phillip Petrocleum 公司的研究人员开发,该表达系统利用 *AOX1* 基因的启动子,使整合到 *AOX1* 基因启动子下游的外源基因得到高水平表达。1993 年,毕赤酵母表达系统被 Phillip Petrocleum 公司出售给 RCT（Research Corporation Technologies），在 RCT 控制下的 Invitrogen 公司被授权可以向世界范围出售这一系统。目前，常见的表达载体有胞内表达型载体 pHIL-D2、pPICZ、pHWO10、pAO815、pGAPZ、pPIC3K，分泌表达型载体 pPIC9K、pHIL-S1、pPICZα、pGAPZα 等。不同载体具有各自特殊的基因组件，但也有一些共同的序列。如这些载体都包含由醇氧化酶-1（alcohol oxidase 1）基因（*AOX1*）的启动子和转录终止子（5′*AOX1* 和 3′*AOX1*）组成的表达盒，另外还有一个多克隆位点。外源基因可以在多克隆位点（multiple cloning site，*MCS*）插入，有些载体还包含组醇脱氢酶（histidinol dehydrogenase）基因（*HIS4*）选择标记，同时还含有在细菌中复制所必需的序列及选择标记，如大肠杆菌复制起始位点和 *Amp*^r 基因等。pGAP 载体的 *GAP* 启动子是自主表达的启动子，不需要甲醇诱导。整合型载体的 5′*AOX1* 和 3′*AOX1* 可与宿主染色体上的同源基因重组，其结果是载体和外源基因同时插入宿主染色体上，外源基因在 5′*AOX1* 启动子控制下表达，其表达水平可占总蛋白的 35% 以上。

Easyselect pichia 表达载体是一种高效表达载体，该载体含有的 Zeocin 抗性基因可用于阳性重组子的快速筛选，"Easyselect"即为容易筛选的意思。在有些情况下，Easyselect pichia 表达载体可以产生多个拷贝，这种重组酵母的产生与酵母菌转化方式有关，概率很小。其载体特征如图 8-5 所示。该载体具有 5′*AOX1* 启动子，可以分为两种：一种是无 α 因子的，如载体 pPICZA、B、C；另一种是含有 α 因子的，如 pPICZαA、B、C，该类载体的终止密码子处有 6 个组氨基酸序列，形成的表达产物在纯化时可与亲和层析柱结合的镍螯合，便于分离。

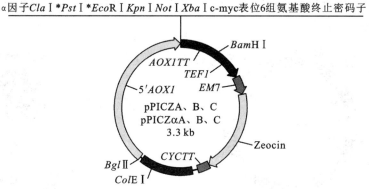

图 8-5　Easyselect pichia 表达载体

（引自童光志等，2009）

Multi-copy pichia 表达载体是一种用于多拷贝目的基因的载体，插入酵母基因组的外源基因以多拷贝形式存在，因此外源基因的表达水平较高。"Multi-copy"就是多拷贝的意思，这类载体有 pPIC9K、pPIC3.5K、pAO815 三种，其特征如图 8-6 所示。pPIC9K 和 pPIC3.5K 除了多克隆位点有微小差异外，其酶切位点和抗性筛选标记基本相同，其所含的 *Kan*^r 基因用于转化子筛选。pPIC3.5K 在多克隆位点比 pPIC9K 多一个 *Bam*H I 位点。载体 pPIC9K 带有 *Sig*，编码 α 因子 N 端信号肽序列，可引导蛋白分泌。而 pAO815 与它们的结构差异要大一些，没有 *Kan*^r 基因。pAO815 在 5′-*AOX1*-MCS-TT 的两端为 *Bgl* II 和 *Bam*H I 位点，*Bgl* II 和 *Bam*H I 为同尾酶，酶切片段可以相互连接，可用于构建多拷贝的目的基因，实现目的基因多拷贝表达。

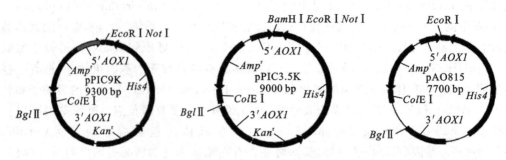

图 8-6 **Multi-copy pichia 表达载体**

（引自童光志等，2009）

3. 酵母人工染色体

为了克隆更大的外源 DNA 片段，利用酵母人工染色体（yeast artificial chromosome，YAC）是一种理想的克隆策略。1983 年，Murray 等首次构建出 55 kb 酵母人工染色体，它由酵母染色体的 DNA 复制起始序列（ARS，自主复制序列）、着丝粒、端粒以及酵母选择性标记组成，能自我复制。两端有四膜虫的端粒（TEL，telomere）来保护 YAC，其左臂含有酵母筛选标记 TRP1、自主复制序列 ARS 及着丝粒 CEN，其右臂含有酵母筛选标记 URA3。在两者之间插入外源 DNA 大片段。酵母人工染色体可插入 100～2000 kb 的外源 DNA 片段。由于 YAC 可容纳更大的 DNA 片段，因此用不多的克隆就可以包含特定的基因组全部序列，使其迅速成为真核基因组物理图谱制作，以及致病基因克隆和分离的一个重要工具。YAC 载体的克隆程序如图 8-7 所示。

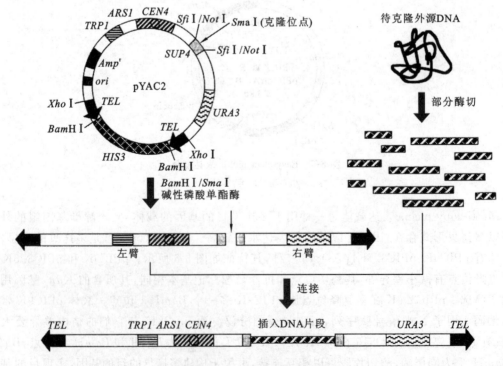

图 8-7 **酵母 YAC 载体的克隆程序**

（引自张惠展，2005）

YAC 还可用于同源重组改造,直接转化哺乳动物细胞,研究基因表达和调节。

常见的 YAC 克隆载体有三种:pYAC3、pYAC4 和 pYAC5。3 个载体的 *SUP4* 基因位置不同,分别在 *Sna* Ⅰ、*Eco*R Ⅰ、*Not* Ⅰ 位点。以 pYAC4 为例,该载体含有酵母自主复制序列(*ARS1*)、着丝粒元件(*CEN4*)和端粒序列(*TEL*)。此外生长选择标记 *URA3* 可用于选择细胞中的 YAC。用含 ADE2-1 赭石突变的酵母来选择重组子,ADE2-1 赭石突变受 *SUP4* 基因产物抑制,当外源 DNA 插入使 *SUP4* 基因失活时,形成的菌落为红色。

8.2.3　酵母表达系统宿主菌

酵母作为一种真核表达系统,不仅具有原核生物的一些优点,如操作简便、生长快速、易于培养和进行大规模发酵生产,而且表达产物可进行相对正确的折叠和翻译后加工修饰,特别是蛋白质的糖基化修饰等对于保证重组蛋白质量十分重要。由于酵母表达系统具有这些优点,近几年来,工程化的甲醇酵母(*Hansenula*、*Pichia*、*Candida* 和 *Torulopsis*)、酿酒酵母等几种酵母已经被用于外源蛋白的商业化生产。

1. 毕赤酵母

毕赤酵母(*Pichia pastoris*)是 20 世纪 70 年代 Koichi Ogata 发现的一种可利用甲醇作为唯一的能源和碳源生长的甲醇酵母。甲醇代谢的第一步是甲醇在乙醇氧化酶作用下被氧化成甲醛,乙醇氧化酶对氧的亲和力很弱,因此甲醇酵母代偿性地大量产生这种酶。调控乙醇氧化酶的启动子是强启动子,可用于调控异源蛋白的表达。毕赤酵母表达系统是利用甲醇的独特优势使其成为一个表达外源基因很成功的表达系统,甲醇酵母被认为是分泌表达或非分泌表达外源基因的一种优秀工程菌。

由于甲醇能够从天然气中获得,价格低廉,因此毕赤酵母曾被用于生产单细胞蛋白(single cell protein,SCP),有很好的发酵基础,菌体(干细胞)质量体积浓度可达 130 g/L 以上。在毕赤酵母中有两个编码甲醇代谢途径的关键酶——乙醇氧化酶(alcohol oxidase,AOX)的基因,*AOX1* 基因受甲醇诱导和调控,*AOX2* 基因与 *AOX1* 基因有很高的同源性,其蛋白质产物有 97% 的氨基酸残基相同。在 *AOX* 基因进行高效表达时,其产量可达细胞可溶性蛋白的 30%。由于 *AOX* 基因具有甲醇特异性诱导的启动子,在其他碳源如葡萄糖、甘油或乙醇培养的细胞中,*AOX* 不会表达。*AOX* 基因的启动子具有明显的调控功能,可在转录水平上调控外源基因的表达,此调控作用可以通过培养基中是否添加甲醇来实现,是由一般碳源抑制(或解除抑制)及碳源特殊诱导机制控制的。外源基因在甲醇以外的碳源中处于非表达状态,而在培养液中加入甲醇后,外源基因即被诱导表达,因此毕赤酵母是甲醇诱导性的表达系统。目前,毕赤酵母宿主菌株主要有 Y-11430、GS115(*his4*)、KM71(*aox1*Δ::*SARG4 his4 arg4*)、MC100-3(*aox1*Δ::*SARG4 his4 arg4 aox2*Δ::*Phis4 his4 arg4*)、SMD1168(*pep4*Δ*his4*)、SMD1163(*pep4 prb1 his4*)等。Y-11430 为野生型,其余皆为组氨酸突变型。GS115 有完整的 *AOX1* 基因,转化子表型为 Mut⁺ 或 Mutˢ,可以用 MD 和 MM 鉴定转化子。KM71 没有 *AOX1* 基因,而是被 *ARG4* 基因替代,只有依靠 *AOX2* 基因在甲醇培养基上生长,其转化子为 Mutˢ。SMD1168 为蛋白酶缺陷型菌株,可避免细胞高密度培养过程中蛋白水解酶对外源蛋白的降解,特别适合于分泌表达载体。毕赤酵母在异源蛋白的分泌表达方面优于酿酒酵母,获得重组蛋白高效表达的关键因素是整合型表达基因的多拷贝存在。目前已有 300 种异源蛋白在毕赤酵母中进行了表达。

构建毕赤酵母表达菌株的基本方法是先构建穿梭载体,然后转化宿主酵母菌细胞。转化的方法包括原生质体法、LiCl 转化法、PEG 转化法及电转化法,其中原生质体法及电转化法效率高,但是有些载体系统不适用原生质体法转化,如 pPIC 系列及 pGAP 系列。

哺乳动物细胞中天然存在的蛋白质多数是糖蛋白,其糖基化的类型和位点与蛋白质的生物活性和组织靶向性有密切关系,而酵母的糖基化方式和位点与哺乳动物细胞有所不同,限制了酵母表达系统的应用,目前酵母表达系统主要用于表达非糖蛋白。将毕赤酵母糖基化改造成类似于哺乳动物糖基化是毕赤酵母表达系统近年来研究的热点和难点。

2. 酿酒酵母

酿酒酵母(*Saccharomyces cerevisiae*)很早就被应用于食品工业,是最早应用于酵母基因克隆和表达的宿主菌,也是目前为止了解最完全的真核生物,1996 年完成了其基因组全序列测序工作。酿酒酵母表达系统表达外源基因具有如下优点:一是具有安全性,人类对酿酒酵母的利用有相当长的历史,长期应用于食品工业的酿酒酵母是安全性很高的生物,美国 FDA 已经认定其安全性;二是容易进行培养,生产工艺简单;三是具有翻译后加工的特点;四是可以分泌表达外源蛋白,容易纯化;五是研究背景清楚,易进行操作。克隆的基因通常用 *GAL* 启动子来控制,该启动子位于半乳糖差相异构酶(galactose epimerase)基因的上游,并受半乳糖的诱导。葡萄糖对 *GAL* 启动子有强烈抑制作用,只有当葡萄糖完全耗尽后,半乳糖才能诱导 *GAL* 启动子表达外源基因。其他的启动子还有 *PHO5* 和 *CUP1*,分别受培养基中的磷酸和铜的调节。酿酒酵母表达系统的缺点包括发酵时产生乙醇,影响外源基因的高水平表达;缺乏强启动子;蛋白质过度糖基化引起副反应;表达菌株不稳定,质粒易丢失;分泌效率低。

酵母表达外源蛋白时,可以是胞内的,也可以是分泌到胞外的,分泌到胞外对外源蛋白本身而言更为稳定,产量也较胞内形式更高,因此多选择具有信号肽的分泌型表达菌株。但是信号肽具有选择性,所以选择合适的信号肽对于提高某种重组蛋白的表达量是非常重要的,常用的信号肽有 α-MF,PHO5,SUC2 等。在酿酒酵母中,通常只有分泌蛋白才能糖基化。酵母的交配因子 α(mating factor α,α-MF)的前导序列必须接到目的基因上游,融合基因可有效分泌酵母产生的外源蛋白,并可形成正确的二硫键,切除前导肽并进行翻译后修饰。

1981 年 Hitzeman 等在酿酒酵母中成功表达出人重组干扰素,为酿酒酵母表达系统应用于多种外源基因表达奠定了基础。目前美国 FDA 批准的多种药物如乙肝疫苗、细胞因子、多肽激素、酶、血浆蛋白等都已经用酿酒酵母进行生产。

3. 乳酸克鲁维亚酵母

乳酸克鲁维亚酵母(*Kluyveromyces lactis*)长期用于发酵生产 β-半乳糖苷酶,其遗传学背景研究得比较深入,也是安全性很高的微生物,已被证明可利用其天然启动子高水平表达外源基因。目前乳酸克鲁维亚酵母应用最多是 β-半乳糖苷酶基因(*lac4*)的启动子。乳酸可以作为乳酸克鲁维亚酵母的能源和碳源,并诱导 *lac4* 基因表达生成半乳糖苷酶使乳糖分解。*lac4* 基因的启动子已经分离出来,用于构建外源基因表达载体。果蝇乳酸克鲁维亚酵母的双链环状质粒 pKD1 已用于构建高效表达载体,采用 *URA3* 基因或 Kan^r 的 *Tn90* 基因来建立表达载体,其拷贝数可达 70,可诱导性强。

乳酸克鲁维亚酵母的主要优点如下:适合于高密度发酵;不产生甲醇;繁殖能力强,适合于工业化生产。此外,以乳酸克鲁维亚酵母表达分泌型和非分泌型的重组异源蛋白,均优于酿酒酵母,而且重组蛋白能正确折叠。因此,乳酸克鲁维亚酵母表达系统在分泌表达高等哺乳动物来源的蛋白质方面具有较好的应用前景。

4. 产朊假丝酵母

产朊假丝酵母(*Candida utilis*)在工业上用于生产谷胱甘肽以及氨基酸和酶类,也是一种安全的微生物。在许多国家,产朊假丝酵母用作饲料。该酵母具有一些优点,如在严格好氧条件下不会产生乙醇,适合高密度发酵,可以用糖蜜来培养。

产朊假丝酵母没有稳定的质粒,外源基因需要整合到染色体上进行表达。其 rDNA 序列和 *URA3* 基因已经分离成功,可作为整合介导区整合到染色体上,用于控制有外源基因表达载体与宿主染色体之间发生同源重组的位置,形成多个拷贝。

5. 裂殖酵母

裂殖酵母(*Schizosaccharomyces pombe*)是一类以分裂和产孢子的方式进行繁殖的酵母。与其他酵母相比,它更接近真核生物,如具有线粒体结构、启动子结构,转录机制和对蛋白质 N 端乙酰化功能均更接近于哺乳类细胞,因而逐渐成为研究真核生物分子生物学的模式生物。它作为外源基因表达系统也逐渐受到人们关注。

裂殖酵母有近一半的基因具有内含子,其 3′ 端剪切位点与高等生物相似,均为 CTNAC,可以作为良好的高等真核生物基因表达系统。由于该系统表达的外源蛋白更接近其天然形式,因此已经用于多种蛋白质的表达,如人凝血因子Ⅷa、人白介素 6(IL-6)等。

6. 汉逊酵母

汉逊酵母也是一种甲醇酵母,*ura3* 和 *leu2* 缺陷型菌株已经分离出来,其两个自主复制序列 *HARS1* 和 *HAR2* 也已经被克隆,但与乳酸克鲁维亚酵母和毕赤酵母相似,由 *HARS* 构建的自主复制型质粒在受体细胞有丝分裂时显示出不稳定性。但其质粒整合频率很高,在宿主基因组上可达 100 多个拷贝,因此重组汉逊酵母的构建可以采用整合策略。目前,已经有 10 多种外源蛋白在汉逊酵母表达系统中获得表达。

8.2.4　在酵母中高效表达外源基因的策略

外源基因在宿主细胞内的有效表达是基因工程的核心问题之一,利用宿主菌合成某种真核生物的蛋白质以满足商品生产的广泛需求,仅仅停留在实验室检测水平上的表达量是远远不够的。因此,使外源基因高效表达是急需解决的问题。使用酵母表达真核基因获取蛋白质产物是基因工程中较为成熟的生产手段,人们已在筛选强启动子、调控因子以及提高表达载体稳定性和拷贝数等方面做了大量的工作,其表达外源基因主要有以下几种策略。

1. 构建合适的表达菌株

要使外源蛋白在酵母中得到高效表达,首先是要构建合适的表达菌株。一般而言,蛋白质的合成产量与基因的拷贝数成正比,因此增加外源基因的拷贝数是常见的一种用于提高外源基因表达效率的方法。要获得高效稳定的外源蛋白表达菌株,首先要将毕赤酵母表达载体连同外源基因通过同源重组途径整合到宿主染色体基因组上。根据整合时线形化位点的不同,分为两种整合方式,即单插入和置换,产生两种不同的表型。单插入通常导致插入不同拷贝数的基因组,而置换一般是将单拷贝外源基因整合入基因组。整合型表达载体与自主复制的质粒型表达载体有不同的特点,其拷贝数可以有很大的变化。含有多个拷贝的外源基因时,表达菌株合成蛋白质的量也会显著增大。然而多拷贝的外源基因也具有一定的缺点:多拷贝的发生也会干扰重组子的筛选;目的基因拷贝数较多,会给宿主菌造成内质网压力而降低表达。因此适当的外源基因拷贝数有利于外源蛋白的表达,当前主要是通过人工构建的方式得到合适的表达载体,然后整合到宿主菌获得多拷贝表达菌株。主要有两种方法可获得多拷贝表达菌株:一种是在大量的重组转化子中利用免疫杂交或菌落斑点印迹杂交方法筛选产量高的表达菌株;另一种是在转化前先将多个表达盒拷贝插入单个载体中,而后通过同源重组整合到受体染色体上。以上两种方法要在发酵罐培养的产物选择压力下,才能获得稳定的多拷贝表达菌株。此外,利用内源性质粒也可获得多拷贝质粒载体,但其稳定性无法保持。也可利用酵母rDNA的多拷贝基因来介导载体的多拷贝整合,使外源基因得到高水平表达。

利用毕赤酵母作为宿主细胞表达乙肝表面抗原(HBsAg)时(图 8-8),比酿酒酵母效果更好。将 HBsAg 的编码序列和选择标记 his4(组氨酸脱氢酶基因)插入 AOX1 的启动子和终止子之间获得 pBSAG151 重组质粒。重组质粒用 Bgl Ⅱ线形化后,AOX1 的启动子和终止子分别位于两端。用 HIS⁻ 受体细胞选择 HIS⁺ 转化子,HBsAg 的编码序列通过同源重组整合到宿主染色体上。未受影响的 AOX2 使转化子可在甲醇培养基中生长。重组菌产生的 S 蛋白可达细胞可溶性蛋白的 2‰～3‰,比含有多拷贝表达单元的重组酿酒酵母高近 1 倍。

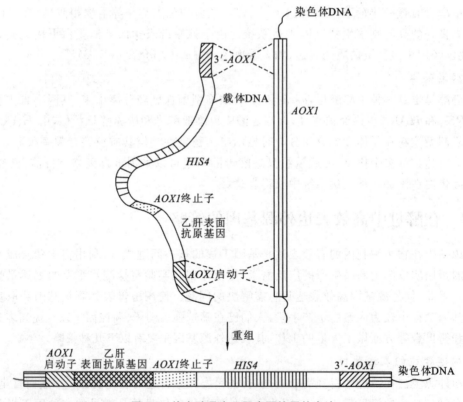

图 8-8　毕赤酵母中乙肝表面抗原的表达
(引自瞿礼嘉等,1998)

2. 外源基因的特征

不是任何基因都适合在酵母中进行表达,外源基因的自身特征也是影响基因表达水平的重要因素。如将蜘蛛的丝蛋白基因整合到表达载体中在酵母中进行表达,当拷贝数逐渐增加时,其生产效率却有所降低,这与丝蛋白基因自身的特征密切相关。此外,在许多富含 AT 的基因中容易出现提前终止转录的现象,使外源基因的表达效率受到限制,不能有效地转录并翻译形成蛋白质产物。相反,基因中 GC 含量过高,特别是在 mRNA 5′ 翻译区,则容易导致翻译能障过高,翻译过程不能顺利进行,进而导致表达量的减少。因此,可以通过调整外源基因的 AT 和 GC 含量来使外源基因顺利表达。而 mRNA 5′非翻译区的核苷酸序列长度不合适也可能影响到基因的表达,成为外源基因高效表达的限制因素。转录提前终止被认为是一种具有种属特异性的现象,如 HIV ENV 蛋白在毕赤酵母中不能表达,但在啤酒酵母中表达良好。因此,可以通过对高 AT 含量区的核苷酸组成进行调整来避免转录提前终止的发生。Sreekrishna 等通过研究发现,将人血白蛋白(human serum albumin,HAS)的 mRNA 5′非翻译区的核苷酸组成进行调整,使其与醇氧化酶的 5′非翻译区的核苷酸序列相同,则 HAS 的表达量可以提高 50 倍以上。但遗憾的是,限于目前对毕赤酵母的了解程度,仍然无法预见某种外源蛋白能否在其中表达或获得高产量。

3. 提高表达产物质量

酵母具有多种蛋白质修饰能力,如乙酰化修饰、甲基化修饰等,另外酵母还有较强的亚基装配能力,如哺乳动物钠钾 ATP 酶的 α、β 亚基以及人胚胎血红蛋白的 α、β 亚基在酵母中能进行表达和装配。酵母可以对很多外源蛋白进行分泌表达,而分泌表达不仅能提高表达水平,简化产物纯化步骤,还可使产物通过分泌途径完成加工和修饰。

4. 其他因素

还可以考虑通过优化其他因素来提高表达效率,包括:提高翻译效率,如优化翻译起始区前后的 mRNA 二级结构,在外源基因中尽量选用酵母偏爱的密码子;避免表达产物在细胞内降解,可以使用蛋白酶缺失的菌株;优化工程菌发酵工艺,如进行高密度发酵、控制发酵参数和发酵时间。

8.3　昆虫或昆虫细胞表达系统

昆虫或昆虫细胞表达系统是以杆状病毒为外源基因载体,通过感染昆虫细胞或者昆虫幼虫来表达外源蛋白的系统。20 世纪 80 年代就已成功开发出该系统,经过 30 多年的发展,利用核型多角体病毒(nuclear polyhedrosis virus,NPV)为载体的昆虫细胞表达系统已经成为一种高效表达系统。核型多角体病毒又称杆状病毒(Baculovirus),它是一种专性昆虫病毒,在杆状衣壳中含有双链环状超螺旋的 DNA。此病毒生命周期包括三个主要阶段:①早期(病毒 DNA 合成阶段),包括病毒附着、早期病毒基因表达,以及关闭宿主基因表达;②晚期(病毒结构形成阶段),包括病毒复制、形成有利于病毒侵袭的出芽包膜;③极晚期(病毒封闭体形成阶段),包括多面包含体的形成、裂解细胞。此外,所产生的蛋白质还会发生与哺乳动物类似的翻译后修饰(如磷酸化、二硫键形成,甚至糖基化)。杆状病毒表达系统是安全的,因为杆状病毒对哺乳动物和植物无致病性,并且昆虫细胞在悬浮培养中易于生长,可提高蛋白质的产量。以杆状病毒为载体的昆虫细胞表达系统,是重组蛋白表达技术的一个重要组成部分。它被广泛用来制备蛋白质和病毒疫苗开发(如流感病毒和 HPV 疫苗开发),用于生命科学基础研究,如功能基因组学和信号传导分析。杆状病毒的代表种是苜蓿银纹夜蛾多核型多角体病毒(*Autographa california* multiple necleo polyhedrovirus,AcMNPV)和家蚕核型多角体病毒(*Bombyx mori* necleo polyhedrovirus,BmNPV),目前所用的昆虫杆状病毒载体,主要由这两种病毒组建而成。AcMNPV 是一种溶源性病毒,基因组为双链 DNA,可感染包括草地夜蛾(*Spodoptera frugiperda*,Sf)和粉纹夜蛾(*Trichoplusia ni*,Tn)在内的 39 种蛾子,而

BmNPV 只感染家蚕细胞系。除此之外,杆状病毒还有黄杉毒蛾多核型多角体病毒(*Orgyia psedotsogata* MNPV,OpMNPV)、舞毒蛾多核型多角体病毒(*Lymantria dispar* MNPV,LdMNPV)和甜菜夜蛾多核型多角体病毒(*Spodoptera exigua* MNPV,SeMNPV)等。

1977 年美国植物保护研究所的 Vaughn 等从秋黏虫的蛹卵组织中分离获得亲代细胞 IPLB-SF21AE。1983 年该研究所的 Smith 等从亲代细胞中克隆获得了 Sf-9 细胞系。它对首蓿尺蠖核型多角体病毒和其他杆状病毒高度敏感。通常用无血清培养基 Grace 培养基添加 3.3 g/L 水解乳蛋白和 3.3 g/L 酵母浸膏以及 10%胎牛血清(胎牛血清主要为细胞生长提供必要的营养因子)来培养 Sf-9 细胞系。目前 Sf-9 细胞系已经被广泛用于高效表达外源蛋白。

8.3.1 以重组杆状病毒为载体的昆虫细胞表达系统

与微生物表达系统相比,Baculovirus 昆虫细胞表达系统拥有得天独厚的优势。昆虫细胞不同于微生物细胞和酵母细胞,它们能像哺乳动物细胞一样,在翻译蛋白质之后对真核生物的蛋白质进行折叠和修饰。它们同样适合表达细胞内的哺乳动物蛋白,如激酶和分泌性蛋白,某些可能对哺乳动物宿主细胞产生抑制或毒性等副作用。最常用的 Baculovirus 昆虫细胞表达系统是 Baculovirus expression vector system(BEVS),由得克萨斯 A&M 大学的 Max Summers、Gale Smith 和其同事开发完成。用 BEVS 能在短时间内制备大量翻译后修饰的真核生物蛋白。Baculovirus 的基因组为双链环状 DNA,长度是 80～220 kb。每种杆状病毒的宿主专一性强,不会感染脊椎动物和植物细胞。杆状病毒 DNA 具有大量的非复制必需区,可容纳较大的外源 DNA 片段,使昆虫杆状病毒载体具有广阔的应用前景。

1. 转移载体质粒的构建

昆虫杆状病毒是最大的环状单一双链 DNA 病毒,由于基因组太大,其载体需要通过组建重组病毒来获得,主要包括以下两个步骤。

(1)构建转移载体(transfer vector)。转移载体的基本结构中含有杆状病毒启动子和外源基因插入位点,通常是将含有强启动子的基因及其旁侧序列(如 NPV 多角体蛋白基因)克隆入一个质粒载体,然后通过修饰以便能使要克隆的外源目的基因在启动子的控制下表达融合蛋白或非融合蛋白。

(2)将携带外源基因的转移载体及野生型 NPV DNA 共转染昆虫培养细胞,在转染细胞内自发进行 DNA 同源重组,野生型病毒的相关序列(如多角体蛋白基因)被重组 DNA 替代。最后利用重组病毒感染细胞噬斑与野生病毒感染噬斑的形态差异,进行空斑分析,镜检筛选纯化出重组病毒。以纯化的重组病毒感染宿主细胞或幼虫,可获得大量的外源基因表达产物。

转移载体质粒构建方法有多种,一种是利用多角体蛋白基因启动子构建转移载体,此外也可以用来自家蚕核型多角体病毒的 *P10* 基因启动子或者 AcMNPV 碱性蛋白基因启动子来组建转移载体。

利用多角体蛋白基因启动子通过各种修饰可以组建表达非融合蛋白或融合蛋白的转移载体。载体中的多角体蛋白启动子的 14 bp 保守序列可对外源基因的表达进行调控;其上游的 5′前导序列−70～−1 bp 也是外源基因高水平表达所必需的;在多角体蛋白基因的起始密码子 ATG 下游+4 bp 位点处插入外源基因,其表达水平会更高;将多角体蛋白基因部分编码序列与外源基因融合,则外源基因的表达接近天然多角体蛋白的表达水平。外源基因插入片段中 ATG 上游的非翻译序列应该尽可能缩短,否则不利于外源基因的高效表达。如 pUBM-4

和 pBMX-3 就是以家蚕多角体蛋白强启动子为基础构建的。转移载体根据表达外源基因的能力可以分为单一表达载体和多元表达载体。目前用于表达多个外源基因的多功用载体有 pBacPAK8、pBacPAK9、pBac Ⅲ 和 pBlue-BacHls 等。由 Clontech 公司开发的 pBacPAK-His 杆状病毒表达载体在多克隆位点插入外源基因,使其位于多角体蛋白强启动子的下游,通过与 BacPAK6 病毒基因组共转染 Sf-21 细胞进行同源重组。pBlue-BacHls 转移载体在其多角体蛋白起始密码 ATG 下游有一个编码 6 个组氨酸的序列和一个肠激酶(enterokinase)切割位点。用该转移载体组建重组病毒来表达的外源蛋白在纯化时,其组氨酸与亲和层析柱的镍螯合,肠激酶用于切去位于融合蛋白 N 端的金属结合结构域(或组氨酸片段),该处是肠激酶切割位点。同样可以将外源蛋白基因与谷胱甘肽 S-转移酶(GST)基因重组进行融合表达,形成的融合蛋白通过谷胱甘肽-琼脂糖亲和层析柱来进行纯化。

杆状病毒的极晚期基因 *P10* 与 *polh* 一样,是病毒复制非必需的基因,*P10* 基因启动子也可用于外源基因的表达。*P10* 位点常被用作外源基因插入点,用 *P10* 基因启动子及其旁侧序列构建转移载体来克隆外源基因,与野生型 NPV 共转染时,外源基因通过同源重组替代病毒 *P10* 基因,在 *P10* 基因启动子控制下进行表达。由于 BmNPV 的 *P10* 基因与 AcMNPV 的 *P10* 基因具有相当高的同源性,构建了 BmNPV *P10* 和 AcMNPV *P10* 的联合载体 pBmAcPV-1。这个载体的 *Bgl* Ⅱ 限制性核酸内切酶位点用于外源基因的插入,其上游为 BmNPV *P10* 基因启动子部分及其 5′端,而 *Bgl* Ⅱ 的下游为 AcMNPV 的 *P10* 基因的 3′端部分。由于 AcMNPV 和 BmNPV 的 *P10* 的结构基因及两端序列的同源性高达 90% 以上,因此同一个载体不仅可以和野生型的 AcMNPV DNA 重组表达外源基因,而且可以和野生型的 BmNPV DNA 重组表达外源基因。这将为进一步研究 BmNPV 和 AcMNPV 之间的关系提供有效的方法和材料,同时也为载体的构建提供新的方法和途径。晚期基因表达相对较迟,不利于表达产物的翻译后加工。此外,对 P10 蛋白的合成与否缺少可识别的表型差异,不便于筛选重组病毒,该类载体目前使用较少。

除了 *P10* 基因启动子用于转移载体构建以外,其他的一些基因(如早期及晚期基因)其启动子也可用于构建表达载体。如早期基因 *IE-1* 启动子也被广泛应用于外源基因的表达,由 Invitrogen 公司用黄杉毒蛾杆状病毒(OpNPV)早期启动子 *IE-1* 构建的商品化载体 pIZT/V5-His 已进入市场。由于 NPV 早期基因产物一般是 NPV 的调控或结构蛋白,因此构建重组病毒不能删除或失活原有基因,而是在病毒基因组的某一非必需位点增加一个上述基因启动子拷贝,以驱动外源基因表达。AcMNPV 的碱性蛋白基因启动子替换常规载体中的多角体蛋白基因启动子,并仍然使用多角体蛋白基因的两侧序列,与野生型 NPV DNA 同源重组,使外源基因在此碱性蛋白基因启动子控制下在感染晚期进行表达。此外,融合或修饰的启动子如 *p39-P-Pn* 型融合启动子,可使基因表达效率提高。家蚕的丝心蛋白基因启动子被认为是自然界最强的启动子,但其介导的基因高效表达会干扰宿主细胞的正常生理。

2. 重组病毒的组建和筛选

重组病毒实际上是通过野生型病毒 DNA 与携带外源目的基因的转移载体 DNA 之间的同源重组而产生的。将野生型病毒和转移载体共转染培养的昆虫细胞系后,通过同源重组完成重组病毒的组建并将外源基因与病毒 DNA 的重组子导入宿主细胞内。目前广泛使用的转染方法有两种:一种是磷酸钙共沉淀法;另一种是阳离子脂质介导法。磷酸钙共沉淀法操作简单,直接将溶于磷酸缓冲液中的 DNA 混合物同 CaCl$_2$ 混合,形成的磷酸钙沉淀与 DNA 结合成为共沉淀颗粒。这些 DNA 共沉淀物加入培养细胞后被细胞摄取,在细胞内通过同源重组形成重组病毒。阳离子脂质介导法则是利用脂转染物(lipofectin)能自发地与DNA作用形成脂-DNA混合物的特点,将DNA完全包裹形成脂质体,然后加入不含血清的生长培养基中,脂质体与细胞膜融合后介导DNA进入细胞。该方法的转染效率比磷酸钙共沉淀法高5~100倍。

传统的杆状病毒系统是利用转移载体与野生型病毒DNA在昆虫细胞内发生同源重组产生重组病毒DNA。以昆虫细胞作为重组介质,转染率高,不易出现假阳性。其缺点是同源重组率非常低,只有0.5%~1%,操作烦琐,要通过3~5轮的空斑筛选才能完成重组病毒的分离和纯化。这些局限使得该技术无法大规模地使用,特别是用于不同种类蛋白质的大量表达。随着研究的深入,在20世纪90年代开发了病毒线形化技术,使得同源重组效率有所提高。所谓病毒线形化,就是将野生型病毒的双链环状DNA切开,使其变成线状双链DNA,通过与转移载体发生同源重组"救活"病毒。该技术无法使病毒DNA全部切割成线状DNA,仍然有一些非重组病毒需要用局限空斑分析法来排除。近年来出现的一些新技术,酵母-昆虫细胞穿梭载体系统、Bac-to-Bac杆状病毒表达系统、Gateway克隆系统和Cre-lox重组系统等,使重组病毒构建和筛选的过程变得更加容易。下面对这些新技术进行简单介绍。

(1)酵母-昆虫细胞穿梭载体系统:1992年Patel等开发出酵母-昆虫细胞穿梭载体系统,其主要原理是利用在酵母中可以复制的杆状病毒基因组DNA和含有外源基因和酵母DNA片段的转移载体进行重组并筛选重组病毒,重组病毒再转染昆虫细胞,使外源基因表达形成重组蛋白。通过重组将酵母的自主复制序列(ARS)、着丝粒区段(CEN)和选择标记$URA3$基因(内源乳清酸核苷-5′-单磷酸脱羧酶基因)置入重组病毒基因组中,在酵母中将反选择标记$SUP4$-0重组到病毒中形成穿梭载体。将穿梭载体和5′端携带杆状病毒序列及3′端为酵母ARS的转移载体在酵母中发生重组,使外源基因替代$SUP4$-0基因。而含有缺失$SUP4$-0的重组穿梭载体的酵母能在含有精氨酸类似物刀豆氨酸(canavanine)的培养基中生长,因此只需选择抗刀豆氨酸的酵母克隆即可获得可表达外源基因的重组病毒,过程简单且便于操作。

(2)Bac-to-Bac杆状病毒表达系统:1994年Luckow等提出了一个利用转座子介导提高重组效率的新思路。利用细菌转座子在大肠杆菌内快速构建重组杆状病毒,是迄今为止最为方便、快捷的重组杆状病毒筛选方法,这也是Bac-to-Bac杆状病毒表达系统的优点。"Bac-to-Bac"意为从细菌到杆状病毒,该技术使重组杆状病毒的构建方法发生了革命性改变,所使用的大肠杆菌-杆状病毒穿梭载体称为杆粒(bacmid),即杆状病毒-质粒杂合子(Baculovirus-plasmid hybrid molecule)。其基本原理如下:首先将$mini$-F复制子、卡那霉素抗性基因、$lacZ'$和细菌$Tn7$转座子的靶序列共同引入$polh$基因内,形成$E. coli$-昆虫细胞穿梭载体(杆粒),然后转化大肠杆菌,在辅助质粒提供转座蛋白的情况下,供体质粒上带有两个结合位点的外源目的基因表达盒能以极高的效率转座到杆粒,在大肠杆菌内完成病毒基因组的重组。由于供体质粒带有基因表达盒和卡那霉素抗性基因的DNA片段整合到杆粒后破坏了$lacZ'$基因的读码框,在IPTG和X-Gal存在时,带有重组杆粒的菌株将形成白色菌落。最后利用重组杆粒DNA转染昆虫细胞,即可使外源基因表达形成重组蛋白。

目前还有成功适用于家蚕的Bac-to-Bac表达系统。首先在BmNPV病毒的多角体基因位点插入含细菌单拷贝$mini$-F复制子、编码β-半乳糖苷酶α肽的部分DNA片段($lacZ'$)和卡那霉素抗性基因的片段,形成家蚕的BmBacmid。用BmBacmid转化的大肠杆菌DH103称为BmDH10Bac。利用与大肠杆菌类似的利用颜色的改变进行鉴别的蓝白斑筛选法对重组子进行鉴别,重组子转染家蚕细胞即可获得表达的重组蛋白。

(3)Gateway克隆系统及Cre-lox重组系统:由美国Invitrogen公司开发的Gateway克隆

系统是基于 λ 噬菌体位点特异重组的原理,产生所需要的重组子。进入溶源周期中的 λ 噬菌体可以通过 *attP* 位点在整合酶的作用下整合到大肠杆菌基因组的 *attB* 位点而成为溶源噬菌体(称为 BP 反应),而当进入裂解周期时溶源噬菌体也可从大肠杆菌基因组上切离下来(称为 LR 反应)。BP 反应使得噬菌体的序列整合进入宿主染色体,LR 反应相反,是从基因组上脱离。无论是 BP 反应还是 LR 反应,都是通过特定位点和辅助因子的参与才能实现,BP 和 LR 两个反应构成 Gateway 技术的核心。经过改造将 *attR* 位点构建在 BaculoDirect™ 线状 DNA (杆状病毒基因组)之中,用于与带有目的基因的 entry 克隆载体进行有效重组。将 entry 克隆、BaculoDirect™ 线状 DNA 和 Gateway LR clonase™ 酶混合均匀,在室温下反应 1 h 即可用于转染昆虫细胞。操作步骤简单,整个过程仅需要 8 h。

利用 P1 噬菌体的特异性 Cre-lox 重组系统可构建体外重组表达载体系统是基于 P1 噬菌体编码的 Cre 重组酶可以特异性识别 *loxP*(由 34 个碱基对构成的一个反向重复序列)序列并与之重组的原理。通过同源重组将人工合成的 *loxP* 序列整合到 NPV 的基因组中形成重组病毒 NPV(*loxP*⁺),在体外经 Cre 重组酶催化重组病毒 NPV(*loxP*⁺)可与含 *loxP* 序列的转移载体进行位点特异性重组,转染细胞后可以形成重组病毒。

8.3.2　杆状病毒表达系统的效率与加工能力

以杆状病毒为载体的昆虫细胞表达系统是经过人工修饰的高效基因表达系统,可用于外源蛋白的大规模生产。与其他细菌、酵母和哺乳动物细胞表达系统相比,*Baculovirus* 昆虫细胞表达系统的优点如下。

(1)可以使外源基因超高效表达。*Baculovirus* 多角体蛋白基因和 *P10* 基因都有强启动子且为非必需基因,被外源基因置换后不会影响病毒复制和增殖。

(2)适于表达细胞毒性蛋白。杆状病毒表达系统所用的启动子多为 NPV 极晚期基因启动子,外源基因的表达是在病毒成熟之后进行,故外源细胞毒性蛋白的表达不会影响病毒复制。

(3)容纳外源基因片段的能力大。10 kb 左右的外源基因仍可在多角体蛋白启动子的调控下表达,这是其他载体无法比拟的。

(4)外源蛋白生物活性高。在昆虫细胞中所表达的外源蛋白可以进行翻译后修饰和加工,表达产物在结构、活性、抗原性、免疫原性方面与天然蛋白很相似,适合于生产药用蛋白。

(5)由于 NPV 的宿主范围很窄,不会感染脊椎动物和植物,重组体只能在昆虫体内细胞间传播,因此重组杆状病毒具有安全性。

当然,昆虫细胞表达系统也同样有其不足之处。由于 NPV 感染昆虫细胞导致宿主死亡,因此外源基因的表达出现不连续性,即每一轮蛋白质合成均需重新感染新的昆虫细胞;许多蛋白质是在病毒侵染晚期才进行胞内加工,并且会影响某些蛋白质的修饰过程,此时由于大量外源蛋白的表达引起昆虫细胞的裂解,细胞质内的物质释放出来,与目的蛋白混合使后续的纯化工作变得很困难;与此同时,细胞内的蛋白水解酶也会降解重组蛋白。此外,昆虫细胞的糖基化方式与哺乳动物细胞的糖基化方式存在一定的差异,前者多为简单的、不产生分支、高甘露糖含量的结构。所以在昆虫细胞表达系统中表达出的部分蛋白质与其天然蛋白在结构上仍然存在着差异,可能影响到重组蛋白的活性和免疫原性,这些问题有待于进一步的研究。

为了进一步提高杆状病毒表达系统的效率与加工能力,可以从以下几个方面进行研究。

1. 提高外源基因表达效率

针对杆状病毒表达系统的上述问题,科学工作者先后尝试用丝蛾肌动蛋白基因启动子或杆状病毒 *IE-1* 基因启动子表达外源蛋白,但效果都不明显。一种新型的鳞翅目昆虫细胞表达系统使这些问题有了改观,该系统主要包括 3 个调节外源蛋白表达序列:一个是家蚕(*Bombyx mori*)肌动蛋白基因启动子;另一个是家蚕核型多角体病毒(BmNPV)的早期基因 *IE-1*,编码的 IE-1 蛋白是一种可激活肌动蛋白基因启动子的转录激活因子;BmNPV 的同源序列 3(homologous region 3,HR3)可作为肌动蛋白基因启动子的增强子。此外,BmNPV 与 AcNPV 杂合的多角体病毒(HyNPV)也被用于昆虫细胞表达系统的构建。

以前以为杆状病毒是节肢动物专性病毒,仅能感染鳞翅目昆虫细胞,不能在其他昆虫细胞(如果蝇细胞)中进行复制,然而后来通过研究表明,在一定条件下杆状病毒也能感染果蝇细胞。杆状病毒-S2 表达系统就是以果蝇 S2 细胞为宿主细胞的重组杆状病毒表达系统。该系统的表达载体利用果蝇启动子,如热休克蛋白 70(heat shock protein 70,HSP70)启动子、肌动蛋白 5C 启动子、金属硫蛋白基因启动子等,其中 HSP70 启动子的作用最强。果蝇 S2 细胞被重组杆状病毒感染后不会引起细胞裂解,且蛋白质表达水平与鳞翅目细胞相似,因此,杆状病毒-S2 系统是一个很有应用前景的昆虫细胞表达系统。并且杆状病毒表达系统所能表达的外源蛋白与 HSP70 共表达可明显提高重组蛋白的分泌水平,这是因为分泌性多肽被翻译后必须到达内质网进行加工才能被分泌至胞外。如果前体多肽在没有到达内质网时就已经伸展开并暴露出疏水残基,就很容易通过残基间的疏水相互作用形成多肽聚集体,影响外源基因表达产物的加工和分泌。当外源蛋白与 HSP70 共表达时,HSP70 具有分子伴侣的作用,可协助细胞内分子组装和蛋白质折叠,可以与新合成的多肽结合帮助其正确折叠,抑制前体肽的聚集体形成,使前体肽顺利到达内质网进行加工,从而提高蛋白质的分泌水平。使用杆状病毒-昆虫细胞系统可生产人类乳头状瘤病毒样颗粒疫苗,还可生产一种美国批准使用的、由重组血凝素组成的季节性接种疫苗。以杆状病毒为载体的昆虫细胞表达系统由于具有操作安全、表达量高等特点,目前与酵母表达系统一样被广泛应用于基因工程的各个领域。

2. 增强宿主细胞蛋白糖基化修饰能力和蛋白前体加工能力

糖基化修饰作为一种重要的蛋白质翻译后加工形式,可对蛋白质分子结构及生理生化特征产生重大影响。蛋白质分子表面的糖链分子与蛋白质的抗原性、分子识别以及生理活性和稳定性有密切关系,因此要获得与天然的蛋白质糖基化相同的外源基因表达产物,宿主细胞蛋白糖基化修饰能力是一个很关键的因素。糖基化在细胞免疫、信号转导、蛋白质降解等诸多生物过程中起着重要作用。作为一类在基因工程中得到广泛应用的真核表达系统,昆虫细胞表达系统具有与多数高等生物类似但又有所不同的翻译后加工修饰过程,其蛋白糖基化修饰较简单,一般只能形成高甘露糖型和寡甘露糖型糖链,对于带有唾液酸或是半乳糖等复杂构型的糖链,昆虫细胞表达系统难以生成,因此糖基化水平低成为该系统的主要缺陷。根据糖链和肽链连接方式的不同,蛋白质的糖基化可以分为 N-糖基化和 O-糖基化两种。蛋白质的糖基化是在糖基转移酶的作用下将糖基从供体转移到受体肽链的特定部位形成 N-糖基化和 O-糖基化的糖蛋白。昆虫细胞表达系统所表达的外源蛋白与真核蛋白具有相同的糖基化位点,但形成的糖链有所不同,其原因是昆虫细胞中的糖基供体主要是由游离单糖分子与核苷形成的"糖-核苷",包括 UDP-Gal 和 UDP-GlcNAc 等糖基供体,但缺乏"唾液酸-核苷"(CMP-Neu5Ac)供体。因此,昆虫细胞并不能在 N-连接糖蛋白中加入半乳糖或末端唾液酸残基形成复杂型的糖链,杆状病毒系统不能用于生产大量重要的哺乳动物蛋白。

昆虫细胞缺乏唾液酰基转移酶和 β-1,4-半乳糖苷转移酶这两种酶,表达的糖蛋白将不能形成半乳糖和唾液酸型糖链。由于不同的昆虫细胞内含有的糖基转移酶种类不同,从而导致糖基化的能力不同,因此选用不同的昆虫细胞系是拓展昆虫杆状病毒系统糖基化处理能力的有效方法之一。另外,Altmann 等发现 N-乙酰氨基葡萄糖苷酶能够降解蛋白的多糖侧链,因此抑制 N-乙酰氨基葡萄糖苷酶活性也是提高表达蛋白糖基化程度的一个途径。将哺乳动物糖基化酶基因引入野生杆状病毒载体,用于建立稳定的昆虫细胞系,有助于提高外源基因表达产物的活性。利用此技术已经成功获得了多种转基因昆虫细胞系,其中糖基化潜力最强的 Sf-SWT-3 转基因昆虫细胞系除了编码五种普通的糖基转移酶外,还可以编码鼠科的两种酶,即鼠唾液酸合成酶(saliva acid synthase,SAS)和 CMP 唾液酸合成酶(CMP-SAS)。如果缺乏这两种酶,将不能使唾液酸前体和 N-乙酰甘露糖苷转变为 CMP-唾液酸,糖基转移酶缺乏供体,形成的糖蛋白与天然蛋白结构上有较大差异。

异源蛋白前体在许多情况下不能在昆虫细胞中进行正确加工,因此无法形成活性蛋白。利用哺乳动物细胞中的蛋白前体转化酶、菲林蛋白酶(furin)来增强昆虫细胞的蛋白前体加工能力,可以改善昆虫细胞基因表达系统的性能。将编码该酶的基因置于杆状病毒载体的多角体蛋白基因的启动子下游,与带有前体蛋白基因序列的杆状病毒表达载体共转染昆虫细胞,就可以产生有活性的目的蛋白。

3.筛选细胞溶解能力低的杆状病毒

利用显微镜技术可以在杆状病毒感染昆虫细胞 3～5 d 后观察细胞溶解的状况,由于细胞破碎可能释放大量的蛋白酶,导致重组蛋白的迅速降解,这一因素限制了昆虫细胞杆状病毒表达系统的效率。因此,筛选细胞溶解能力低的杆状病毒对于提高昆虫细胞杆状病毒表达系统的效率至关重要。通过随机诱变和荧光能量共振转移(fluorescence resonance energy transfer,FRET)试验进行目的突变的选择,从杆状病毒的突变株中筛选到细胞溶解能力降低了的杆状病毒株。与亲代病毒的细胞溶解能力相比较,草地夜蛾 Sf-21 细胞被突变病毒感染 5 d 后细胞的溶解率只有 7%,而亲代病毒感染的细胞溶解率达到 60%。显然利用这种病毒作为表达载体可以显著降低蛋白质降解水平,提高外源基因表达的效率。减少蛋白质降解的另一种方法是开发缺失几丁质酶和组织蛋白酶(v-cathepsin)的穿梭载体。用这种杆粒设计的重组病毒作为穿梭载体可以保护分泌性重组蛋白使其免受降解。

8.3.3　一类稳定转化的昆虫表达系统

1984 年,日本学者 Maeda 以家蚕核型多角体病毒(BmNPV)为载体,在家蚕中成功表达了人 α-干扰素,其表达量要比当时其他真核表达系统高出 1000 倍,由此开发出一类稳定、高效的昆虫表达系统。BmNPV 表达系统(图 8-9)与其他动物病毒载体表达系统相比,具有如下优点:①多角体蛋白编码基因的强启动子可使外源基因获得高效表达;②杆状病毒对于脊椎动物和其他昆虫是安全的;③双链环状的病毒基因组结构易于重组操作;④表达产物的修饰加工系统接近于哺乳动物;⑤重组 BmNPV 分子不仅能在细胞培养物中表达,更主要的是能在蚕体内合成蛋白质,由于家蚕血淋巴中含有蛋白酶抑制剂,表达产物相对稳定。

构建家蚕生物反应器,首先需要将重组病毒载体注入 5 龄幼虫体腔内,也可将携带外源基因表达盒的重组质粒与线形化处理后的野生型家蚕病毒基因组混合注射。在家蚕体内,通过重组质粒与病毒基因组同源重组并环化获得具有感染和增殖能力的重组病毒。因为重组核型

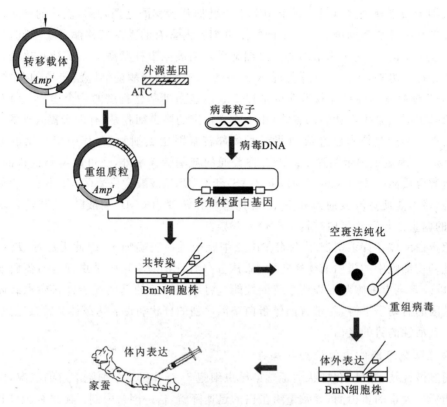

图 8-9　BmNPV 系统表达外源基因示意图

(引自张惠展,2005)

多角体病毒具有独特的结构特点,与野生型病毒相比其感染能力相对较弱,如果经口感染家蚕,难以达到理想的效果,所以目前都是通过人工直接经皮注射来感染家蚕幼虫,难以实现自动化操作。因此,提高重组病毒的经口感染率,对于杆状病毒表达系统的规模化生产具有重要意义。目前效果较好的方法是利用荧光增白剂 VBL 与家蚕重组植酸酶病毒混合来增强家蚕重组病毒经口感染的效率,荧光增白剂可导致中肠上皮细胞结构和生理功能异常,引起重组杆状病毒经口感染效率显著提高。

　　家蚕生物反应器自 1984 年由日本的 Maeda 等开发以来,已经有许多外源基因在该表达系统中进行了表达,成为继大肠杆菌、毕赤酵母、中国仓鼠卵巢细胞之后的第四大重要表达系统。1996 年日本利用家蚕生物反应器生产猪生长激素和鸡新城疫疫苗。中国科学院上海生命科学研究院生物化学与细胞生物学研究所、浙江大学及兰州生物制品研究所合作利用家蚕生物反应器生产乙肝表面抗原疫苗。目前已在家蚕内表达的外源蛋白有人 α-干扰素、人白介素 3、人白介素 4、人粒细胞巨噬细胞集落刺激因子(hGM-CSF)、人凝血因子Ⅷ、天花粉蛋白、流感疫苗、乙肝表面抗原、丙肝抗原蛋白、HIV-1、日本脑炎病毒膜蛋白 gp120 和 gp41、人嗜 T 淋巴细胞 1 型乳头瘤病毒(HTLV-1)结构蛋白 p40X、腺病毒蛋白 Ela、牛 1 型乳头瘤病毒(BPV-1)蛋白 E_2 和 E_6、人乳头瘤病毒 6b 蛋白 E_2、人脱辅基蛋白 A 和 E、人尿激酶原(pro-UK)、人促红细胞生成素(EPO)、人成骨蛋白(BMP2)、日本血吸虫谷胱甘肽 S 转移酶、碱性蛋白酶抑制剂、浙江蝮蛇神经生长因子、禽马立克氏病毒糖蛋白 B 抗原、鸡传染性法氏囊病毒 VP2 抗原蛋白、类胰岛素生长因子以及植酸酶等。

8.4　哺乳动物表达系统

哺乳动物表达系统包括瞬时表达系统(transient expression system)和稳定表达系统两类。两类系统的区别在于表达载体的不同。哺乳动物细胞系的表达载体有两类:一类是瞬时转染载体;另一类是稳定转染载体。瞬时转染载体所携带的外源 DNA 不整合到宿主染色体中,因此一个宿主细胞中可存在多个拷贝,产生高水平的表达,但通常只持续几天,多用于启动子和其他调控元件以及某种蛋白质短时间起效的功能分析。稳定转染载体的外源 DNA 可以整合到宿主染色体中,而稳定存在于细胞中。外源 DNA 整合到染色体中的概率很低,所以通常需要通过一些选择性标记如潮霉素 B 磷酸转移酶(HPH)、胸苷激酶(TK)等基因反复筛选,得到稳定转染的同源细胞系。然而随着转染技术的革新,目前可以使用慢病毒转染,并加入特定的筛选标记(如嘌呤霉素),使得获得稳转细胞系的时间大幅缩短。

COS 细胞(猴肾细胞)瞬时表达系统是目前应用最广泛的瞬时表达系统。其原因如下:首先,COS 细胞容易获得,容易培养维护,容易转染;其次,大量的哺乳动物表达载体含有 SV40 病毒来源的 DNA 复制起始位点(SV40 ori),可以与 COS 细胞一起使用;第三,在转染的 COS 细胞中,含有 SV40 ori 的质粒被扩增到较高拷贝数,并产生高水平的 mRNA 转录本和它们编码的蛋白质产物。瞬时表达系统中的外源基因由于没有稳定地整合到宿主细胞染色体中,而是以染色体外的 DNA 形式存在,容易被细胞内的核酸酶降解,故外源基因不能长期稳定地表达,因此称为瞬时表达系统。COS 细胞瞬时表达系统包含 COS 细胞系和带有 SV40 复制起始位点(SV40 ori)的表达质粒。在 SV40 病毒感染猴细胞后 48 h,SV40 DNA 可扩增 1000 拷贝,其原因是当 SV40 病毒的早期基因表达产物大 T 抗原与 SV40 DNA 的复制起始位点结合后,宿主细胞的 DNA 聚合酶就可以不断复制 SV40 DNA。因此,SV40 DNA 中由 100 bp 组成的 SV40 ori 可用于组建表达质粒。COS 细胞是由非洲绿猴细胞系(CV-1)经过 SV40 ori 缺陷的 SV40 病毒基因组转化后形成的。COS 细胞株的特点是能组成型表达 SV40 的大 T 抗原,但用于感染的 SV40 病毒有 SV40 ori 缺陷,因此 SV40 DNA 不能复制。当带有 SV40 ori 的质粒转染 COS 细胞系后,组成型合成的 SV40 大 T 抗原就可以启动质粒进行复制,使带有 SV40 ori 的质粒进行快速扩增。在转染 COS 细胞系后,每个细胞内带有 SV40 ori 的重组表达质粒将达到 10^5 个以上,质粒所携带的外源基因获得高效表达。由于转染质粒毫无节制地大量复制,最终超过细胞的承受极限而导致 COS 细胞死亡,因此这一系统的表达是瞬间性的。

要使外源基因在宿主细胞中高效、稳定地表达,必须建立起一个稳定的表达系统。表达载体的组建、基因的有效转染、基因的高效转录、有效的翻译起始、标记基因和目的基因的选择与共扩增、受体细胞的选择及培养条件的优化等都是建立稳定表达系统时必须考虑的因素。一般而言,目的基因的拷贝数越多,其基因产物的表达量越高,因此基因扩增为提高特定基因的表达水平提供了一个便利的方法。dhfr 是最广泛应用的可扩增的选择标记基因,dhfr 在细胞中的功能是催化二氢叶酸或叶酸还原成四氢叶酸。四氢叶酸是一种辅酶,是叶酸在体内的主要存在形式。叶酸类似物甲氨蝶呤(MTX)可抑制 DHFR 活性,使细胞致死。通过 dhfr 基因的扩增,某些细胞可以产生对 MTX 的抗性而存活。对 MTX 具高抗性的细胞内可有数千个 dhfr 基因拷贝,与其连接的外源基因拷贝数也大大增加,使其表达水平大幅度提高。

常用的 CHO 细胞一般是 *dhfr* 基因缺陷型的细胞,适用于多种蛋白质的分泌表达和胞内表达,培养条件简单,适合于规模化生产。同 COS 细胞瞬时表达系统不同,要想得到长久稳定表达的细胞系,必须施加选择压力使外源基因进行扩增并且使其和启动子(如 SV40 启动子、CMV 启动子)整合到宿主基因组 DNA 上,并与膨胀的染色体均匀着色区(homogenously staining region,HSR)相连。在无选择压力的情况下,扩增的基因也可能不稳定而最终丢失。由 *dhfr* 基因扩增形成染色体外的"双微染色体"(double-minute chromosome,DMS),虽然可以自我复制,但由于缺乏着丝粒,因此在有丝分裂时不能均匀分配,当选择压力消除后,它们即会迅速消失。

8.4.1 哺乳动物基因表达载体的组成特征

哺乳动物基因表达载体包括质粒载体和病毒载体两大类。哺乳动物基因表达的质粒载体是一类穿梭质粒载体,能够在细菌和哺乳动物细胞中进行扩增。哺乳动物基因表达载体一般包括以下几个方面:

(1)基因转录元件,如转录的启动子、增强子、终止子、poly(A)信号和内含子剪接信号等;

(2)选择标记基因;

(3)在细菌中进行复制和筛选的元件;

(4)基因表达的调控元件。

早期的哺乳动物表达系统一般是用来研究基因的功能与调控的,所以很多载体都源自动物病毒,如 SV40、多瘤病毒(polyomavirus)、疱疹病毒(herpes virus)和牛乳头瘤病毒(bovine papillomavirus)等。从总体上讲,这些载体不适于表达重组蛋白,因为它们的宿主范围有限,而且只是瞬时表达,产率低,克隆步骤烦琐,某些病毒的 DNA 片段还有潜在的致癌作用(如乙肝病毒,慢性感染可导致肝细胞癌变),不能用于表达供人体使用的药物蛋白或其他蛋白。同时,有些人类医用蛋白只能在哺乳动物细胞中才能正确地修饰,因此研究人员致力于改进原有的载体和开发新的载体,以便哺乳动物细胞能够成为新的生物反应器。

研究人员通过将不同生物的基因组元件整合起来构建复合穿梭载体,克服早期表达载体的缺陷,穿梭载体可以在特定细胞的特定条件下将外源基因转入受体细胞,并进行有效的表达。如穿梭质粒在大肠杆菌和哺乳动物细胞中均可以进行复制,包含原核 DNA 序列、转录基本元件和筛选标记基因等。pV2(*gpt*)就是一个 SV40 载体,它包括 pBR322 的大肠杆菌复制起始位点、氨苄青霉素抗性基因、大肠杆菌谷氨酸丙酮酸转氨酶基因 *gpt* 和 SV40 的哺乳动物细胞复制起始位点,以及其他一些在哺乳动物细胞中表达所必需的序列。重组子可以通过对 *gpt* 进行筛选得到。科学家们利用 pV2(*gpt*)载体已成功地在猴的肾细胞中表达出有活性的兔 β 珠蛋白。人乳多空 BK 病毒穿梭载体是另一种重要的哺乳动物基因表达载体,该载体将编码病毒核心蛋白和外壳蛋白的基因删除,保留有复制功能的部分,并与大肠杆菌质粒组合构建了穿梭载体(图 8-10)。它在大肠杆菌中以质粒形式存在,在人类细胞中不能产生病毒粒子,以染色体外的 DNA 形式存在。该载体含有一个 SV40 的新霉素抗性基因(*Neo*r)启动子,一个受细胞色素 P450dioxin 诱导的增强子(dioxinresponsive enhancer,*DRE*)调控的小鼠乳腺癌启动子(*MMTP*),*DRE* 序列在有毒物质二噁英(dioxin)存在时,能增强 mRNA 的合成。这样就可以用抗生素 G418 来筛选重组子。

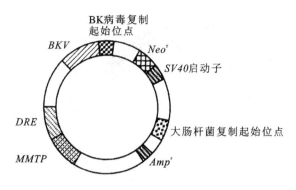

图 8-10　哺乳动物细胞-大肠杆菌穿梭载体结构

(引自瞿礼嘉等,1998)

8.4.2　哺乳动物基因表达载体

哺乳动物细胞表达外源重组蛋白所用的载体按照进入宿主细胞的方式可分为质粒载体和病毒载体两类。利用质粒载体获得稳定的转染细胞所需时间长,一般要几周甚至几个月,大大限制了该类载体的应用;病毒具有快速感染细胞的能力,只需要几天就可获得整合了外源基因的病毒载体,因此与质粒载体相比,病毒载体具有很多优点,尤其适合目的蛋白的大量表达和检测。

病毒载体是以病毒颗粒表面的包膜蛋白与宿主细胞膜上的受体进行相互作用,通过病毒包膜与宿主细胞膜相融合的方式使外源基因进入细胞内。常用的病毒载体包括 SV40 病毒载体、逆转录病毒(retrovirus,RV)载体、腺病毒(adenovirus,AV)载体、腺病毒相关病毒(adenovirus associated virus,AAV)载体、单纯疱疹病毒(herpes simplex virus,HSV)载体以及慢病毒(lentivirus,LV)载体等。

1)SV40 病毒载体

SV40 病毒是环状双链 DNA 病毒,是乳多空病毒的一种,可以裂解性感染猴源细胞,是在人和猴中都已发现的致瘤病毒。SV40 基因组长 5.2 kb,可与宿主的组蛋白 H4、H2a、H2b 和 H3 结合形成微型染色体。根据基因表达的先后顺序可分为早期基因和晚期基因。早期基因有大 T 抗原基因和小 t 抗原基因。晚期基因有 VP1 基因、VP2 基因和 VP3 基因。SV40 载体有取代型载体和病毒-质粒重组克隆载体。取代型载体是由用外源 DNA 取代 SV40 的晚期基因片段或部分早期基因片段构建而成的克隆载体,被取代的 DNA 序列不能超过 SV40 基因组的 30%。由于病毒基因缺失,必须在辅助病毒存在下才能包装成完整的病毒粒子。病毒-质粒重组克隆载体则具有更大的装载容量和宿主范围。如 SV40 穿梭型质粒 pEUK-C1(图 8-11)就是病毒-质粒重组克隆载体,适合于外源基因在哺乳动物细胞中的瞬时表达。

2)逆转录病毒载体

逆转录病毒是一类用于构建哺乳动物基因整合型载体的正链 RNA 病毒。逆转录病毒是国际病毒分类标准中一个科的总称,包含 α-、β-、γ-、δ-、ε-逆转录病毒以及慢病毒(Lentivirus)和泡沫病毒(Spumavirus)七个属,其基因组由顺式作用 DNA 序列(LTR、ψ 和 PB±)和反式作用 DNA 序列(gag、env 和 pol)组成,长度为 5～9 kb,如小鼠乳腺瘤病毒(MMTV)以及小鼠白血病病毒(MMLV)。逆转录病毒在宿主细胞中转变成双链 DNA 形式整合到宿主基因组 DNA 中,能持久地表达外源基因,而且能感染几乎所有类型的哺乳动物细胞,是一种较为理想

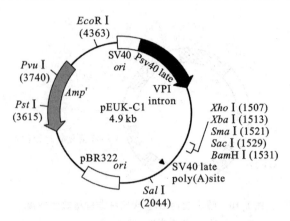

图 8-11　SV40 穿梭型质粒 pEUK-C1 结构示意图

(引自刘志国等,2003)

的转基因载体。逆转录病毒载体有以下特点:逆转录病毒结构基因 *gag*、*env* 和 *pol* 为病毒活性的非必需基因,用外源性基因代替这部分病毒基因不会影响病毒的活性,但装载量最大约 8 kb。这类载体分子的复制是缺陷型的;*env* 编码的囊膜糖蛋白能与许多哺乳动物细胞膜上的特异性受体相结合,介导逆转录病毒的遗传物质 RNA 高效地进入宿主细胞,并通过逆转录形

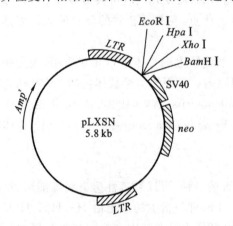

图 8-12　逆转录病毒载体 pLXSN 的结构

(引自李立家等,2004)

成 cDNA,在病毒自身表达的整合酶作用下整合到宿主染色体上,使外源基因可以在宿主细胞中稳定地表达。在整合的原病毒中的 U3 元件含有 TATA 盒,同时也有 poly(A)信号 AATAAA,它们对增强转录以及维持 RNA 的稳定十分重要。*LTR* 也是原病毒基因组与宿主基因组的连接部位,对原病毒的整合以及病毒 DNA 的合成都必不可少。病毒颗粒在包装后通过出芽方式形成具有包膜的成熟病毒粒子并脱离宿主细胞,因此容易与宿主细胞分离(图 8-12)。逆转录病毒载体基因转移系统包括两部分:一部分是用外源基因替换病毒结构基因的重组逆转录病毒载体;另一部分是基因组 DNA 中整合了逆转录病毒基因

的包装细胞。

目前较常用的逆转录病毒载体是用 Moloney 小鼠白血病病毒(moloney murine leukemia virus,MMLV)与质粒 pBR322 组建而成,该病毒载体可以在体外大量扩增。逆转录病毒的宿主范围由病毒颗粒表面的囊膜表面蛋白 Env 蛋白决定,因此,可通过改变 Env 蛋白来改变载体的靶向性。水疱性口炎病毒的糖蛋白能抵抗血清补体的灭活作用,这种糖蛋白整合于逆转录病毒包膜中能扩大宿主范围,加速对各种宿主细胞的识别、膜融合和内吞,提高转染效率,特别是对静止细胞的转染效率很高。

逆转录病毒载体具有基因表达持久而稳定、转染效率较高等优点,它可以克隆并表达外源基因,但不能自我包装成有增殖能力的病毒颗粒。这些优点使逆转录病毒载体在介导哺乳动物细胞表达外源蛋白方面有良好的应用前景,但仍有需要进一步改善的地方。逆转录病毒载体一般只能感染分裂期细胞,且载体容量小于 8 kb,随机整合到宿主细胞基因组可引起基因

突变,通过复制后可产生有活性的病毒颗粒。为了提高逆转录病毒感染靶细胞的特异性,降低其潜在的危险性,可以在病毒 Env 蛋白上接上一段具有特异靶向的单链可变区抗体(single chain variable fragments antibody,ScFV)。Martin 等设计的逆转录病毒能特异性靶向黑色瘤细胞,其原理是在病毒包被糖蛋白的表面结构域(SU)上依次接上间质金属蛋白酶的酶切位点、一段富含脯氨酸的肽段以及一段特异识别高相对分子质量黑色素瘤相关抗原(high molecular weight melanoma-associated antigen,HMW-MAA)的 ScFV,这种改造过的载体在 scFV 的导向下达到肿瘤细胞,大大提高了载体靶向的特异性。还可通过插入组织特异启动子实现靶向表达。第三代包装细胞系 Ψ2crip 和 Ψcre 使载体与包装细胞间至少需要发生 4 次同源重组才可能产生有复制能力的逆转录病毒,提高了逆转录病毒载体的安全性。

3)腺病毒载体

一般来讲,外源基因常插入腺病毒早期基因 E1、E2、E3、E4 区(见 3.6.1 小节)和右端 ITR 之间。E1 或 E3 基因缺失的第一代腺病毒载体需要辅助病毒的作用进行复制,可引发机体产生较强的炎症反应和免疫反应,影响转染效率。E2A 或 E4 基因缺失的第二代腺病毒载体,其病毒晚期基因表达产物大大减少,引起的免疫反应明显减弱,外源基因表达显著提高,其载体容量和安全性方面也改进许多。而缺失了全部的(无病毒载体,gutless vector)或大部分腺病毒基因(微型腺病毒载体,mini Ad)的第三代腺病毒载体则仅保留 ITR 和包装信号序列,最大可插入 35 kb 的基因,病毒的复制受到抑制,腺病毒载体引起的细胞免疫反应进一步减少,引入核基质附着区基因的载体可使外源基因保持长期表达,载体的稳定性也有所增加。这一载体系统可用腺病毒突变体作为辅助病毒。腺病毒作为转化载体的特点如下:基因组重排率低,外源基因与病毒载体 DNA 重组后能稳定复制几个周期;安全性能好,不整合人类基因组,不会导致恶性肿瘤发生;宿主范围广,对受体细胞是否处于分裂期要求不严格;转染效率和重组病毒滴度高,外源基因在载体上容易获得高效表达。腺病毒载体最大的缺陷是重组的外源基因不能持久表达,而且病毒蛋白对体液和 T 淋巴细胞具有免疫原性。

4)人乳多空 BK 病毒载体

人乳多空 BK 病毒(human papova BK virus,BKV)能以多拷贝游离的双链 DNA 形式在哺乳动物细胞中培养并维持很多代。将该病毒的其他基因删除,只保留复制功能的区域,使其与大肠杆菌质粒整合形成穿梭载体。将 SV40 的新霉素抗性基因启动子和小鼠乳腺癌启动子(MMTP)加入该载体,在二噁英存在时可增强 mRNA 的合成,并可用 G418 来筛选重组子。将目的基因整合到 DRE-MMTP 启动子的 3′端后,可用 TCDD(2,3,7,8-tetrachlorodibenzo-p-dioxin)诱导表达重组蛋白。

5)牛痘病毒载体

牛痘病毒和疱疹病毒一样,是一种大型 DNA 病毒,基因组长约 185 kb,能在宿主细胞质中自主复制。牛痘病毒是一种可引起牛产生轻微牛痘病灶的病毒。人若感染该病毒,只会产生轻微不适,并产生抗牛痘病毒的抵抗力。18 世纪后,牛痘病毒用于免疫接种以预防高传染性的天花,这也是免疫接种的首个成功案例。以前,外源基因直接插入病毒基因组的非必需区,构建出的重组病毒具有感染活力,外源基因可在最邻近的病毒启动子控制下迅速转录。因为牛痘病毒基因组很大,一般采用体内重组方式来重组外源基因。牛痘病毒曾经广泛用作天花疫苗,对其研究较为深入,这是牛痘病毒被选择作为基因载体的基础。牛痘病毒可用鸡胚成纤维细胞、RK13、BHK 和小鼠 L 细胞进行培养。

目前使用的牛痘病毒载体是预先构建好的重组病毒,含有细菌 T7 RNA 聚合酶基因。重组病毒感染细胞后,产生大量的 T_7 RNA 聚合酶,当外源基因和 T_7 启动子随质粒进入受体细胞后,外源基因在 T_7 RNA 聚合酶作用下转录并翻译形成异源蛋白。研究人员采用这种方法高效表达人囊状纤维化基因。

6)单纯疱疹病毒载体

作为双链 DNA 病毒的单纯疱疹病毒载体表达外源基因,可以容纳 40～50 kb 的外源基因。该病毒对神经元具有特异性感染的特性,适合于神经系统疾病如帕金森病、阿尔茨海默病等的基因治疗。但该载体的细胞毒性需要进一步改善,去除早期基因可降低其毒性。

7)慢病毒载体

慢病毒为二倍体逆转录 RNA 病毒,有灵长类病毒如人类的 HIV、猴类的 SIV 以及非灵长类的马 EIAV。目前以 HIV 载体研究较多,它具有可感染非分裂期细胞、容纳量大、持续表达外源基因、免疫反应小等优点。SIV 与 HIV-1 同源性高且感染宿主之后的病理过程及免疫反应相似,因此,SIV 猴模型可以有效地评价 HIV 疫苗效果。EIAV 载体是一种可与 HIV 载体相比的慢病毒载体,已经用于神经元细胞、神经胶质细胞、造血细胞以及肌肉细胞中进行基因转移。

8.4.3　哺乳动物基因表达宿主细胞

哺乳动物表达系统常用的宿主细胞有 CHO、COS、HEK293、BHK、N1H3T3 等,其中 CHO 细胞是近年来研究最多、应用相对成熟的宿主细胞系,已经用于多种外源蛋白的表达。另外,犬肾细胞系(MDCK)、非洲绿猴肾的 Vero 细胞系等常在生产流感疫苗时使用,但是这些细胞系的糖基化作用也不尽相同。

目前用于基因工程的几种哺乳动物基因表达宿主细胞主要特点如下。

(1)BHK-21 细胞:最早建立 BHK-21 细胞系的是英国 Glasgow 大学的 Macpherson 等,1961 年他们从 5 只生长 1 d 的地鼠幼鼠的肾脏中分离出该细胞。现在广泛使用的 BHK-21 细胞是从单细胞经过 13 次克隆后建立起来的细胞株。原始的 BHK-21 细胞株是成纤维样细胞,核型为 $2n=44$,具有贴壁依赖性,但经过反复传代后,BHK-21 细胞也可悬浮培养。通常用的培养基为 DMEM 培养基,添加 7% 胎牛血清。该细胞既可用于增殖病毒制作疫苗,也可用于生产重组蛋白,如重组凝血因子Ⅷ已获批用于临床治疗甲型血友病。

(2)C127 细胞:该细胞是从 RⅢ 小鼠乳腺肿瘤中分离出来的一株细胞,由牛乳头瘤病毒(bovine papilloma virus,BPV)构建的载体 BPV-1 对 C127 细胞的转染效果较好。BPV-1 病毒载体的优点是转染后可以引起细胞形态发生明显变化,容易识别被转染的 C127 细胞。基于该技术的 C127 细胞/BPV-1 表达系统已经用于生产重组人生长激素(human growth hormone,hGH),并获准用于临床治疗缺乏生长激素的疾病。促红细胞生成素(EPO)在 C127 细胞/BPV-1 表达系统中也获得高水平表达,其浓度可达到 10 mg/L。

(3)CHO-K1 细胞:美国 Colorado 医学院的 Puck 等在 1957 年从成年中国仓鼠卵巢的活检组织获得 CHO 细胞,CHO-K1 是 CHO 的一个亚型,其细胞形态为上皮样,是一株二氢叶酸还原酶的缺陷型细胞。通过甲氨蝶呤使外源基因拷贝数扩增,提高外源蛋白表达水平。目前广泛应用的工程细胞是 CHO-$dhfr^-$,它在甲氨蝶呤选择压力下可使外源基因的拷贝数扩增并得到较高水平的表达,表达量可达 10 μg/mL 以上。它的培养基可用 DMEM 加 0.1 mmol/L 次黄嘌呤和 0.01 mmol/L 胸苷,以及 10% 小牛血清,也可在无血清培养基上生长,适合大规模培养。目前 CHO-K1 细胞已用于生产组织型纤维酶原激活剂(t-PA)、β 干扰素、γ 干扰素、促红细胞生成素(EPO)、乙肝表面抗原疫苗(HbsAg vaccine)、粒细胞集落刺激因子(G-

CSF)、凝血因子Ⅷ和 DNA 酶Ⅰ等。

（4）COS 细胞：该细胞是由 Gluzman 在 1981 年用无复制起点的 SV40 DNA 转化非洲绿猴肾细胞 CV-1 后获得的，包括 COS-1、COS-3 和 COS-7 三个细胞系，和非洲绿猴肾细胞（Vero 细胞）、著名的 HeLa 细胞系一样是常用的细胞系。COS 细胞可以与带有 SV40 复制起始位点（SV40 ori）的表达质粒组成瞬时表达系统。SV40 复制子的快速复制特征，使 COS 细胞因无法忍受如此大量的染色体外 DNA 复制而死亡。COS 细胞瞬时表达系统有广泛的应用前景，由于 COS 细胞来源广，易培养和转染，加上带有 SV40 ori 的表达质粒在 COS 细胞中的高拷贝数，使外源基因高水平表达 mRNA 和蛋白质，可以作为对组建的真核基因表达载体的快速评估系统。

（5）MDCK 细胞：1958 年 Madin 和 Darby 从西班牙长耳成年雌狗肾脏中分离出该细胞，它是一种上皮样细胞，具有贴壁生长的特征，可在微载体上进行增殖。该细胞能用于培养多种病毒，已被用于生产兽用疫苗。最近研究者用带有人巨细胞病毒早期启动子的载体转染 MDCK 细胞，高效表达 MMP13 金属蛋白酶，表达量占细胞分泌蛋白总量的 15%～20%，浓度高达 10 mg/L。

（6）MRC-5 细胞：该细胞源于英国国立医学研究所的 Jacobs 等在 1966 年从 14 周的正常男性胎肺组织中获得的一株二倍体成纤维细胞，其核型为 $2n=46$。可以用 BME 培养基加 10% 小牛血清进行培养，但只能传代培养 42～46 代。具有葡萄糖-6-磷酸脱氢酶（G6PD）B 型同工酶标记。与 WI-38 细胞相比，其细胞分裂周期较短，因此增殖速率较快，但对不良环境因素的敏感性较 WI-38 细胞低。多种人类病毒都可侵染 MRC-5 细胞进行增殖，因此该细胞已经被广泛用于生产人用疫苗。

（7）Namalwa 细胞：该细胞最早由 Singh 于 1972 年从名为"Namalwa"的肯尼亚 Burkitt 淋巴瘤患者中分离获得，后在瑞典 Karolinska 研究所建成一株人的类淋巴母细胞。多数 Namalwa 细胞缺少 Y 染色体，只有一条 X 染色体，标记染色体有 12～14 条，有 2.8% 的细胞是高倍体。虽然 Namalwa 细胞的基因组中含有部分 EB 病毒基因，但不会产生有活性的 EB 病毒粒子，因此 Namalwa 细胞的安全性有保证。该细胞已被用于大规模生产 α 干扰素，也可用于生产其他生物制品。Namalwa 细胞已经用于生产人重组 EPO、人重组淋巴毒素、G-CSF、α 干扰素、β 干扰素、t-PA 和 pro-UK 等。Yanagi 等认为，外源基因之所以在 Namalwa 细胞中的表达水平较高，可能因为该细胞是已经分化成熟的 B 淋巴细胞，具有大量分泌免疫球蛋白的特征。通常用 RPMI1640 加 7% 胎牛血清来培养 Namalwa 细胞，也可用无血清培养基在悬浮状态下高密度培养该细胞，并有效表达外源基因。

（8）Vero 细胞：1962 年日本 Chiba 大学的 Yasumura 等从正常的成年非洲绿猴肾中分离到一株贴壁生长的成纤维细胞，命名为 Vero 细胞。核型为 $2n=60$，1.7% 的细胞为高倍体，可持续培养。Vero 细胞常用 199 培养基加 5% 胎牛血清来培养。使用不同的启动子在该细胞中表达 HbsAg，其表达量也表现出差异。用人金属硫蛋白启动子比 SV40 启动子的表达效率要高很多。Vero 细胞可支持多种病毒的增殖并制成疫苗，目前脊髓灰质炎疫苗、狂犬病疫苗和乙脑疫苗已经投放市场。2020 年 12 月，由我国国家药品监督管理局附条件批准国药集团中国生物北京生物制品研究所有限责任公司的新型冠状病毒灭活疫苗（Vero 细胞）注册申请。

（9）WI-38 细胞：1961 年美国的 Hayflick 等从高加索女性的正常胚胎组织中获得成纤维样的 WI-38 细胞系，核型为 $2n=46$。该细胞可用 BME 培养基加 10% 小牛血清进行培养。每 24 h 细胞分裂一次，最多可传代培养 50 代。该细胞是最早被认为安全的传代细胞，20 世纪 60

年代被广泛用于制备疫苗。

(10)鼠骨髓细胞:该宿主细胞是专门的分泌细胞,其培养基上清液中的 Ig 可达到 100 mg/L,容易转染和培养,可在无血清培养基中进行高密度培养;具有蛋白质糖基化的修饰能力;可以通过载体的增强子和启动子设计达到高效表达外源基因的目的。目前使用的骨髓瘤细胞有 Sp2/0、J558L 和 NS0 等。

(11)SP2/0-Ag14 细胞:1978 年瑞士的 Shulman 和英国的 Wilde 等用 BALB/c 小鼠脾细胞和骨髓瘤细胞系 P3X63Ag8 融合形成杂交瘤 SP2/HL-Ag,从亚克隆中分离获得 SP2/0-Ag14 细胞。它不分泌任何免疫球蛋白抗体链,能耐受 20 μg/mL 8-氮鸟嘌呤,但在含 HAT 选择培养基中不能存活。该细胞通常用 DMEM 培养基添加 10% 胎牛血清来培养。该细胞系已被广泛地用于单克隆抗体杂交瘤细胞的制备和抗体的生产。近年来 SP2/0-Ag14 细胞作为高表达宿主细胞用于生产其他药品,包括 t-PA 和 pro-UK。由该细胞表达的 pro-UK 在治疗心肌梗死方面取得了很好的疗效。

8.4.4 提高哺乳动物表达系统表达效率的途径

将外源基因导入哺乳动物细胞之后,获得高效的基因表达是研究者的主要目标,认真分析各种因素,达到最佳的条件是提高基因表达效率的有效途径。在细胞表达外源基因时存在表达水平低及获得高表达细胞株的时间长等困难。目前主要通过增加目的基因的拷贝数,优化目的基因在宿主细胞染色体上的整合位点,以及提高转录水平和翻译水平等手段来构建和优化哺乳动物细胞的高效表达系统。

(1)选择宿主细胞。要获得外源基因的高效表达,首先需要选择合适的宿主细胞。一般是选择已经丧失接触抑制和锚定依赖性的细胞系,便于大规模培养。遗传稳定性好、周期短易于培养的细胞更为理想,此外,细胞的安全性以及选择标记也是重要的因素。如猴肾细胞(COS)、犬肾内皮细胞(MDCK)、CHO 细胞以及 BHK/v16 细胞等。

(2)改进表达载体,提高表达水平和产量。作为表达载体,强启动子可以增加转录活性。细胞内源性强启动子如鼠 H2-Kb 启动子、鼠 pgK-1 启动子、鸡胞浆 β-肌动蛋白启动子等可以用于构建表达载体。外源基因表达产物对细胞有毒时可采取诱导表达,可以避免表达产物对细胞的不利影响。诱导型的启动子,如热休克蛋白启动子、重金属启动子、糖皮质激素启动子等已用于构建诱导型载体,但这些系统的诱导表达特异性差,常对细胞造成损害。而四环素的 Tet-on 基因表达系统特异性较强,只有加入四环素或强力毒素后目的基因才会高效表达,该系统是目前应用最广的哺乳动物细胞诱导表达系统。此外,利用增强子也可提高基因表达效率,目前使用的增强子有人巨细胞病毒(CMV)增强子和 Rous 肉瘤病毒基因长末端重复序列(LTR)。如真核表达载体 pCAGGS 的启动子就是鸡胞浆 β-肌动蛋白启动子与 CMV 启动子的增强子元件组合在一起构建成的杂合启动子,其转录活性是 CMV 启动子的 1.5 倍,比 CMV 启动子的应用范围更广。有些内含子对基因表达具有调控作用,为了稳定基因表达,可将内含子序列构建在表达载体中。此外,mRNA 的稳定性也会影响蛋白质产物的形成,在目的基因 3′端加上 poly(A)信号,可使表达水平提高 10 倍以上。目前表达载体的商品化生产已经初具规模,研究人员可以通过各大公司的网站进行载体的查询及购买,极大缩短了构建载体所需要的时间。在新冠病毒疫情期间,很多生物公司提供免费的已经搭载完病毒相关蛋白的表达载体,供科研人员使用,希望能够尽快开发出有效抑制新型冠状病毒的研究方案,这也是我国生物科技进步的体现。

（3）构建多顺反子。绝大多数哺乳动物表达载体只带有一个编码功能肽的目的基因。但一些商业上重要的蛋白质的活性形式往往由两条不同的蛋白链组成。在体外多肽链几乎不能正确装配，而在体内装配二聚体和四聚体效率很高。通过构建多顺反子的表达载体，利用内核糖体进入位点（internal ribosome entry Site，IRES）介导进行翻译，可以获得持久、稳定表达的外源基因产物。双顺反子载体将两个基因用 IRES 隔开，形成"基因-IRES-基因"的结构，在"双基因"转录物形成之后，翻译就从 mRNA 5′末端开始形成第一条链（α 链），而后从 IRES 处开始翻译产生另一条链（β 链）。

（4）强化基因扩增，高效表达外源蛋白。利用甲氨蝶呤对细胞的毒性来选择二氢叶酸还原酶基因（$dhfr$）扩增的细胞，与 $dhfr$ 相邻近的外源基因被同时扩增，利用该方法可使每个细胞的外源基因拷贝数达到 100 个左右，使表达产物大大增加。另外，谷氨酰胺合成酶（GS）-甲硫氨酸亚砜（MSX）表达系统也用于提高外源基因拷贝数，增加基因表达产物量。CHO-$dhfr$ 扩增系统可使目的基因拷贝数扩增至 1000 倍。Werner 等在 neo 基因的内部人工内含子中放置目的基因和 $dhfr$ 基因偶联的表达单元，通过用 MTX 对阳性克隆的 $dhfr$ 扩增，CD20 单克隆抗体的表达量高达 2 g/L。

（5）利用代谢工程改善培养工艺，降低成本。通过引入特定的代谢途径，使细胞对培养基的要求降低，可以大规模培养。如可以用无血清培养基进行培养，降低生产成本。在工业化大规模细胞培养中常采用的无血清/无蛋白培养基（SFM/PFM）缺乏生长刺激因子、黏附因子、扩展因子以及其他细胞生长存活所必需的成分，通过将生长刺激因子、黏附因子基因导入 CHO 细胞中，能使细胞在 SFM/PFM 中生长良好。降低成本的另一种方法是优化培养工艺，如采用灌流式生物反应器（Biofermentor™），通过透析膜补充缺乏的营养成分，通过微硅胶管补充溶解氧。

（6）抑制细胞凋亡，延长细胞周期。细胞凋亡是细胞正常的生理特征，但在生物反应器中的细胞死亡受培养条件影响，通过改变培养条件可以抑制细胞凋亡、延长细胞周期，提高外源基因表达效率。如使营养和氧源充分，加入抗氧化剂延缓细胞凋亡以及引入抗凋亡基因等。Chen 等在杂交瘤细胞中虽然仅敲除了一条乳酸脱氢酶（LDH）基因 2A 等位基因，乳酸产量减少，细胞的培养周期大为延长，单克隆抗体的产量大为增加。利用 GS 基因扩增系统的宿主细胞必须利用氨合成谷氨酰胺，因此 GS 基因扩增系统可使细胞中氨量大大减少。GS-MSX 系统应用于骨髓瘤细胞，氨减少后抗体产量也显著提高。提高 BCL-2 的表达水平同时降低 $caspase$-3 的表达水平，明显地提高了细胞的抗凋亡能力。

（7）通过糖基化工程提高产品质量。哺乳动物蛋白的一个重要特征是糖基化，而糖基化的方式决定蛋白质的特征。特别是 N-糖基化对蛋白质的特性起主要作用。细胞内糖基化酶以及培养环境等对蛋白质的糖基化有一定影响，因此要选择合适的宿主细胞，使其表达的蛋白质尽可能与人类天然蛋白的糖基化相同或相似。另一方面，要通过基因工程方法改造宿主系统，引入糖基化酶以增强其糖基化能力。此外，优化培养条件也有利于表达蛋白的糖基化。

思考题

1. 酵母表达系统的基因表达载体组成、种类有哪些？
2. 酵母表达系统的宿主菌有哪些？其特点是什么？
3. 试讨论毕赤酵母过表达整合型载体系统的显著特征。

4.什么是昆虫杆状病毒？昆虫杆状病毒表达系统的优点和缺点各有哪些？

5.什么是杆粒？它有什么作用？

6.哺乳动物细胞表达载体相关的选择性标记系统有哪些？

7.试述两个异源蛋白在同一哺乳动物细胞中表达的方法。

8.试述逆转录病毒载体的特点。

9.提高哺乳动物表达系统的表达效率的途径有哪些？

10.哺乳动物表达系统常用的宿主细胞有哪些？

11.哺乳动物基因表达载体有哪几种？

扫码做习题

参考文献

[1] 童光志,王云峰.动物基因工程疫苗原理与方法[M].北京:化学工业出版社,2009.

[2] 静国忠.基因工程及其分子生物学基础[M].北京:北京大学出版社,1999.

[3] 夏焕章,熊宗贵.生物技术制药[M].北京:高等教育出版社,2006.

[4] 邓春梅,葛玉强,刘丽,等.外源基因表达系统的研究进展[J].现代生物医学进展,2010,10(19):3744-3746.

[5] 瞿礼嘉,顾红雅,胡苹,等.现代生物技术导论[M].北京:高等教育出版社,1998.

[6] 刘志国.基因工程原理与技术[M].北京:化学工业出版社,2011.

[7] 许煜泉,白林泉,黄显清,等.基因工程——原理、方法与应用[M].北京:清华大学出版社,2008.

[8] T A Brown.基因克隆和DNA分析[M].魏群,等,译.北京:高等教育出版社,2002.

[9] 张惠展.基因工程[M].4版.上海:华东理工大学出版社,2017.

[10] 罗建红.医学分子细胞生物学:研究策略与技术原理[M].北京:科学出版社,2012.

[11] 钟卫鸿.基因工程技术[M].北京:化学工业出版社,2007.

[12] 楼士林,杨盛昌,龙敏南,等.基因工程[M].北京:科学出版社,2002.

[13] 陆德如,陈永青.基因工程[M].北京:化学工业出版社,2002.

[14] 李立家,肖庚富.基因工程[M].北京:科学出版社,2004.

[15] 李育阳.基因表达技术[M].北京:科学出版社,2002.

[16] 刘祥林,聂刘旺.基因工程[M].北京:科学出版社,2005.

[17] 李海英,杨峰山,邵淑丽,等.现代分子生物学与基因工程[M].北京:化学工业出版社,2008.

[18] 刘志国,屈伸.基因克隆的分子基础与工程原理[M].北京:化学工业出版社,2003.

[19] B R 格利克,J J 帕斯捷尔纳克.分子生物技术——重组DNA的原理与应用[M].北京:化学工业出版社,2005.

第9章　转基因植物

【本章简介】　转基因植物技术是指把从动物、植物或微生物中分离的目的基因，通过各种方法转移到植物中，从而获得具有特定性状的植物。培育转基因植物的基本程序为：①建立植物基因转化受体系统。常用的受体类型有愈伤组织受体系统、直接分化芽受体系统、原生质体受体系统、细胞系及体细胞胚受体系统、生殖细胞受体系统、叶绿体受体系统等。②克隆目的基因。③将目的基因克隆到表达载体，检测表达情况。④将目的基因导入转化受体。主要采用农杆菌介导的转化和基因枪转化，其他转化方法还有电击法、PEG 介导的转化、超声波介导的转化、激光微束穿刺、脂质体介导、碳硅纤维介导、病毒介导转化等。⑤筛选转化细胞。常用选择标记基因筛选。⑥通过植物组织培养诱导转化细胞再生形成植株。⑦再生植株鉴定。常用的鉴定方法有报告基因、PCR 鉴定、分子杂交、定量 PCR、基因芯片、ELISA 等。⑧转基因植物分析。

外源基因在转基因植物中不表达或表达水平低的现象称为基因沉默。基因沉默可分为位置效应和表遗传失活现象两大类。提高外源基因表达水平的策略涉及构建 MARs 表达载体、选用特异性或诱导型启动子、利用引导肽定位、降低转化拷贝数、内含子运用、偏好密码子的修饰等。

转基因植物技术在抗虫、抗病、抗逆、抗除草剂、品质改良、植物生物反应器等方面取得了巨大的成功，带来了显著的经济效益。但转入植物的外源基因对环境安全和食品安全可能存在潜在的安全隐患，因此在应用于农业生产前需进行安全性评价。

9.1　转基因植物概述

转基因技术为新品种培育提供了一个重要途径，它克服了物种之间的生殖隔离，实现了种间物质转移。1983 年，Herrera 等通过农杆菌介导法培育出世界上第一例转基因植物——抗病毒转基因烟草，标志着人类开始利用转基因技术进行农作物遗传改良。1986 年，抗虫和抗除草剂的转基因作物获准进行田间试验。1994 年，Calgene 公司研制的延熟保鲜转基因番茄"Flavr Savr"在美国获准上市，开创了转基因植物商业化的先河。

自 1990 年 Gordon-Kamm 等首次报道获得可育的转基因玉米以来，作为全球种植面积第一的作物，玉米已成为转基因技术的主要研究对象，受到各国研究者的广泛关注。我国科研工作者运用转基因技术对玉米的农艺性状进行改良，在抗玉米螟、抗逆性、抗除草剂以及玉米营养品质的提高等方面取得了一定研究成果,弥补了传统育种方法的局限,其中转植酸酶基因玉米在 2009 年获得农业部颁发的安全生产证书。然而我国转基因玉米的研究及应用与国际先进水平仍存在一定差距,至今尚无商品化的玉米品种。我国转基因水稻研究起步较早,研发水平与世界同步,其中抗虫转基因水稻处于世界领先地位,前期的研究积累为推进转基因水稻产业化奠定了基础。1992 年成功获得了第一例转基因小麦,尽管是最后一个转化成功的重要禾谷类粮食作物,转基因小麦研究在转化新方法、降低转化基因型依赖性、提高转化效率等方面均取得长足的进展。目前转基因小麦的研究方向主要包括抗病、抗虫、抗逆、品质改良和提高产量等方面。转基因作物的推广不仅创造了显著的经济效益,还在保障粮食安全、减少农田环境污染、缓解能源短缺和保护生物多样性等方面作出了积极的贡献。

1996 年是转基因作物商业化种植的元年。截至 2019 年,全球转基因作物种植面积已从最初的 170 万公顷增加到 1.91 亿公顷,增长了 111 倍,种植的作物种类(图 9-1)也从最初的烟草、玉米、大豆、棉花、油菜、番茄、马铃薯,扩展到苜蓿、甜菜、木瓜、南瓜、茄子、马铃薯和苹果等,涉及 26 种转基因作物(不包括康乃馨、玫瑰和矮牵牛花)的 476 个转基因转化体,取得直接经济效益 2249 亿美元。2019 年,全球共有 70 个国家和地区应用了转基因农作物,29 个国家种植了转基因农作物,其中美国、巴西、阿根廷、加拿大、印度为全球五大转基因农作物种植国,种植面积约占全球种植面积的 91%。目前,全球商业化种植转基因作物的性状主要集中在抗除草剂、抗虫和复合性状(多种性状的结合)等。

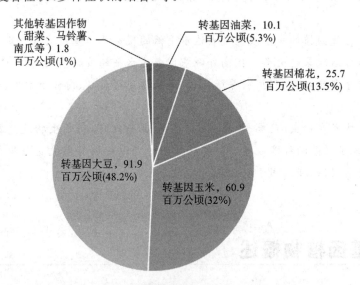

图 9-1 2019 年转基因作物的种植面积及比例

截至 2021 年 4 月,我国共有 8 种转基因植物获得农业转基因生物安全证书,即 1997 年发放的耐储存番茄、抗虫棉花安全证书,1999 年发放的改变花色矮牵牛和抗病辣椒(甜椒、线辣椒)安全证书,2006 年发放的转基因抗病番木瓜安全证书,2009 年发放的转基因抗虫水稻和转植酸酶基因玉米安全证书,2019 年发放的耐除草剂大豆安全证书。但只有抗虫棉花和抗病番木瓜实现商业化种植。

9.2　植物基因转化受体系统

基因的成功转化首先依赖于良好的植物受体系统的建立。所谓植物基因转化受体系统，是指用于转化的外植体通过组织培养途径或非组织培养途径能高效、稳定地再生无性系，并能接受外源基因的整合，对于转化选择剂敏感的再生系统。

9.2.1　良好的植物基因转化受体系统应满足的条件

1.具有高效、稳定的再生能力

用于植物基因转化的外植体必须有很高的再生频率，并且具有良好的稳定性和重复性。植物基因转化过程中通常转化率比较低，并且在转化处理过程中不可避免地受到一定的伤害，如选择压、微弹穿过细胞造成的伤害等，从而使转化的受体再生频率进一步降低，有的甚至不能形成正常的植物。通常为了获得较好的转化效果，建立的基因转化受体应具有 80% 以上的再生频率。

2.具有较高的遗传稳定性

植物基因转化最终的目的是在最大程度保持物种原有种性基础上定向改造生物的遗传性状。受体系统接受外源 DNA 后应不影响其自身的遗传体系，同时又能稳定地将外源基因遗传给后代，保持遗传的稳定性。另外，植物再生过程是一个复杂、系统的过程，每一个环节均有产生无性系变异的可能，进而影响到转化的效果。因此，建立转化受体系统应最大程度避免各种变异类型的产生。

3.具有稳定的外植体来源

植物基因转化率一般比较低，试验次数相对较多，这就要求用于转化的材料容易大量获得。目前用于转化的外植体有叶片、茎段、无菌实生苗的胚轴、幼胚、成熟胚、愈伤组织、原生质体、悬浮细胞等。

4.对选择压敏感

将外源基因导入受体植物细胞以后，需要用一定的选择压将未转化的细胞淘汰掉。如在培养基中添加抗生素、除草剂等，受体植物材料对选择剂应有一定的敏感性，即培养基中选择剂浓度达到一定水平时，能够抑制非转化细胞的生长、发育和分化，而转化细胞能正常生长，进而再生获得完整的转化植株。不同植物的不同外植体种类对抗生素的敏感性差异较大，过度敏感和过度钝化的植物材料均不适合作为转基因受体。

5.对农杆菌侵染有敏感性

对于利用农杆菌 Ti 或 Ri 质粒为载体介导的植物转化而言，需要植物受体材料对农杆菌敏感，这样才能实现农杆菌的侵染，但不能有过敏性反应。一些单子叶植物和裸子植物对农杆菌的侵染不敏感，即使双子叶植物对农杆菌的敏感程度也不一样。不同的植物，甚至是同一植物不同组织对农杆菌侵染的敏感性也有很大的差异。因此，必须测试受体系统对农杆菌侵染的敏感性。

9.2.2　植物基因转化受体系统的类型及特性

植物基因转化受体通常有体外培养材料和活体材料两类。利用体外培养材料如原生质体、悬浮培养细胞、愈伤组织、小孢子和原初外植体等作为植物基因转化受体,即通过组织培养和植株再生来实现遗传转化,这是目前基因转化最主要的受体类型。此外,使用活体材料如完整植株、种子、子房或花粉等作为植物基因转化受体也取得了成功。

1.愈伤组织受体系统

不同植物、同一植物的不同基因型或者同一基因型的不同部位被诱导而产生愈伤组织的能力是不同的,诱导产生的愈伤组织分化能力也是不同的,所以建立以愈伤组织为受体的转化系统,必须选用适当时期、适当材料诱导愈伤组织。从不同类型的愈伤组织中挑选分苗能力强的组织块作为受体。愈伤组织作为植物基因转化受体具有以下特点:①愈伤组织是由脱分化的分生细胞组成,易接受外源 DNA,转化率较高;②外植体来源广泛,因此应用面比较广;③愈伤组织可继代繁殖,因而愈伤组织培养可获得更多的转化植株;④由愈伤组织再生植株过程中无性系变异可能性较大,转化的外源基因稳定性较差;⑤从外植体诱导的愈伤组织常由多细胞形成,本身就是嵌合体(同一个体中有两个以上的细胞系并存,称之为嵌合体),因而分化的不定芽嵌合体多,增加了转基因再生植株筛选的难度。

2.直接分化芽受体系统

所谓直接分化芽受体系统,是指外植体细胞越过脱分化产生愈伤组织阶段而直接分化出不定芽获得再生植株的系统。通过植物子叶、叶片、茎段、胚轴、茎尖分生组织等已建立了一批植物的再生系统。其特点如下:①不经过愈伤组织诱导阶段,获得再生植株的周期短,操作简单;②体细胞无性系变异小,遗传稳定性高,转化的外源基因也能实现稳定遗传,特别是由茎尖分生细胞建立的直接再生系遗传稳定性更佳;③不定芽的再生可能起源于单细胞,也可能起源于多细胞,因此起源于多细胞时会产生嵌合体;④目前外植体直接分化成植株诱导频率一般不高,因此其基因转化效率低于愈伤组织再生系统。

3.原生质体受体系统

由于除去了细胞壁屏障,能够直接高效地摄取外源遗传物质,因此原生质体成为植物转基因良好的受体。该系统的特点如下:①除去了细胞壁屏障,转化效率高,适合各种转化方法;②原生质体为游离的单细胞,培养过程中细胞分裂可形成基因型一致的细胞克隆,因此再生的转基因植株的嵌合体少;③易于在相对均匀和稳定的条件下进行准确的转化和鉴定;④原生质体培养周期长、难度大、再生植株困难,许多植物原生质体培养体系还不成熟,转化实验的重复性较差;⑤原生质体培养需经历许多复杂的生长、发育过程,体细胞变异频率高,遗传稳定性差,给转基因后代的鉴定和利用带来很多的困难。

4.细胞系及其体细胞胚受体系统

悬浮培养的植物细胞系,其遗传和生理状态较为一致,通过一定的方法,可使细胞进入胚性状态,进而形成体细胞胚。该受体系统在培养技术上相对于原生质体来说要容易得多,从转化效率的角度讲,又优于其他组织培养系统,因此被认为是最为理想的基因转化受体系统。其主要特点如下:①胚状体由具有卵细胞特征的胚性细胞发育而来,这些胚性细胞是理想的基因转化感受态细胞,遗传转化效率高;②胚性细胞繁殖量大,同步性好,转化后的胚性细胞即可发育成转基因的胚状体及完整的植株;③胚状体的发生多数是单细胞起源的,获得的转化植株嵌合体少,遗传稳定性好;④胚状体具有两极性,在发育过程中可同时分化出芽和根,免去了生根的环节,特别是对于离体培养难以生根的植物而言是一个形成完整植株的有效途径。

5. 生殖细胞受体系统

它是以植物生殖细胞如花粉细胞、卵细胞为受体细胞进行基因转化的系统。主要有两条途径:一是利用组织培养技术进行花粉细胞和卵细胞的单倍体培养,诱导产生愈伤组织,进而诱导产生单倍体植株,建立单倍体的基因转化系统;二是直接利用花粉和卵细胞受精过程进行基因转化,如花粉管通道法、花粉粒浸泡法、子房微针注射法等。其主要特点如下:①将生殖细胞直接作为受体细胞,具有更强的接受外源 DNA 的潜能;②利用单倍体作为转化的受体,避免了基因显隐性的影响,利于性状的选择,通过染色体加倍后即可使基因纯合,缩短了育种的年限;③花粉管通道法和子房微针注射法,利用植物自身的授粉过程,操作简单,受实验室条件限制较小,有利于将现代的分子育种与常规育种紧密结合,也有利于目的基因在转基因后代中稳定表达;④受体系统的建立受到季节的影响大,转化只能在短暂的开花期内进行,且无性繁殖的植物不能采用。

6. 叶绿体受体系统

叶绿体遗传系统不遵循孟德尔定律,越来越受到人们的重视。近几年来,叶绿体转化(chloroplast transformation)研究有了很大突破:①随着转基因技术研究的深入,除基因枪转化法外,产生了一些新的转化方法,如农杆菌介导法、玻璃珠法、电击法、纤维注射法、PEG 法等;②通过同源重组技术解决了外源基因定点整合到叶绿体基因组的问题;③采用叶绿体特异的启动子和终止子(如光系统Ⅱ作用蛋白基因 $psbA$ 启动子和终止子、核糖体 RNA 基因 $fitI$ 的启动子)实现外源基因的高效表达;④采用筛选标记基因,或在转化前降低受体细胞叶绿体基因组拷贝数等方法实现叶绿体基因组的同质化。一般选用的选择标记基因有突变型 16S rRNA 基因、npt Ⅱ 基因以及 gfp 基因等。

自 1990 年 Svab 等利用基因枪法获得烟草叶绿体转基因植株,并使外源基因获得稳定表达以来,叶绿体基因组转化技术已在拟南芥、马铃薯、油菜、番茄和水稻等高等植物中获得成功应用。叶绿体受体系统与传统的核基因转化相比,有以下几个突出的优点:①叶绿体属于母性遗传,可以防止外源基因随花粉发生逃逸而污染环境,解决了生物学家一直担心的转基因植物安全性问题;②叶绿体基因组倍性高,例如一个烟草叶片细胞就有约 100 个叶绿体颗粒,每个颗粒又有 100 多个叶绿体基因组,所以其拷贝数极高,这便造就了外源基因的高表达;③叶绿体基因转化可以通过同源重组等手段实现定点整合,克服了核基因转化的不可预测性,从而也克服了基因沉默现象;④由于大多数叶绿体基因是以多顺反子为转录单位,产生多顺反子mRNA 来合成蛋白质,因此由一个启动子引导下的多个外源基因可以同时在叶绿体中表达,实现多个基因的同时表达。

9.3　植物基因遗传转化方法

转基因植物培育的核心是遗传转化,即用一定的方法(如农杆菌介导法、基因枪法等)将外源基因转入植物受体细胞内,并稳定遗传给后代。目前高等植物遗传转化的方法主要有三大类,即间接转化法、直接转化法和种质系统转化法。

9.3.1　间接转化法

间接转化法也称为载体介导转化法,是指通过载体将目的 DNA 导入植物细胞,从而获得转基因植物的方法。目前最常用的转化载体为农杆菌 Ti 质粒和 Ri 质粒,此外,植物病毒、线粒体 DNA、叶绿体 DNA、人工染色体、核复制子、SI 类质粒等也可用作转化载体。

1. 农杆菌介导的植物基因转化技术

农杆菌是普遍存在于土壤中的一种革兰氏阴性菌,它能在自然条件下趋化性地感染大多数双子叶植物的受伤部位,并诱导产生冠瘿瘤或发状根。与植物基因转化有关的有根癌农杆菌和发根农杆菌这两种类型。

1)根癌农杆菌

(1)Ti 质粒的结构。

Ti 质粒是农杆菌染色体外的遗传物质,能诱导被侵染的植物细胞形成肿瘤,即诱发冠瘿瘤,大小为 200~250 kb,为双链共价闭合环状 DNA 分子。原始的 Ti 质粒根据其基因功能的不同可分为 5 个区(图 9-2)。

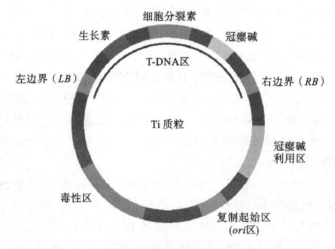

图 9-2　Ti 质粒的结构

(引自 Wikipedia)

①T-DNA 区(transfer-DNA region,T 区,转移-DNA):指的是在农杆菌侵染细胞时,从 Ti 质粒上切割下来转移到植物基因组中的一段 DNA,长度为 12~24 kb,其携带的基因与肿瘤的形成有关。T-DNA 上共含有 *tms*、*tmr* 和 *tmt* 3 套基因。其中 *tms* 和 *tmr* 2 套基因分别控制合成植物生长素与分裂素,促使植物创伤组织无限制地生长与分裂,形成冠瘿瘤。*tms* 由 *iaaH* 和 *iaaM* 2 个基因组成,控制生长素吲哚乙酸的生物合成;*tmr* 基因组中的 *iptZ* 负责由异戊烯焦磷酸和 AMP 合成细胞分裂素的反应。*tmt* 编码产物可催化合成冠瘿碱(opine)。冠瘿碱的代谢产物为氨基酸和糖类,是根癌农杆菌生长必需的物质。依据 Ti 质粒诱导植物细胞产生的冠瘿碱的种类不同,根癌农杆菌可分为四种类型:章鱼碱(octopine)型、胭脂碱(nopaline)型、农杆碱(agropine)型和琥珀碱(succinamopine)型。

T-DNA 区两端的边界各为 25 bp 的重复序列,其中 14 bp 是完全保守的,分 10 bp (CAGGAATATA)和 4 bp(GTAA)不连续的 2 组。左、右 2 个边界(LB 和 RB)是 T-DNA 转移所必需的,只要其存在,T-DNA 就可以将携带的任何基因转移并整合到植物基因组中。转移的方向是从右向左,T-DNA 区的右边界在 T-DNA 的整合中对于靶 DNA 位点的识别具有重要作用,因此,以右边界更为重要。

②毒性区(virulence region,vir 区):临近 T-DNA 区的一段长 30～40 kb 的区段,该区段编码的基因并不整合进植物基因组中,但其编码产物对 T-DNA 的加工和转移,即农杆菌表现毒性是必需的。这些基因也称为 Ti 质粒编码毒性基因。

目前,对章鱼碱型农杆菌 Ti 质粒 pTi15955 和胭脂碱型农杆菌 Ti 质粒 pTiC58 的 vir 区进行了全序列分析,在章鱼碱型 Ti 质粒的 vir 区发现了 8 个操纵子,分别为 $virA$～$virH$,共包括 23 个基因($virA$、$virB1$～$virB11$、$virC1$、$virC2$、$virD1$～$virD4$、$virE1$、$virE2$、$virF$、$virG$、$virH$)。而胭脂碱型 Ti 质粒的 vir 区不含 $virF$ 和 $virH$ 操纵子,它含有另一个基因 tzs,也有学者认为有大约 35 个 vir 基因成簇排布于 vir 区。

③接合转移编码区(region of encoding conjuction,con 区):该区有与细菌间接合转移有关的基因(tra 和 trb),冠瘿碱能激活 tra 基因,诱导 Ti 质粒的转移,因此将该区称为接合转移编码区。

④复制起始区(region of origin of replication,ori 区):该区调控 Ti 质粒的自我复制。

⑤冠瘿碱利用区(region of opine catabolism):该区含有 40 多个与冠瘿碱的摄取及分解代谢相关的基因,分解植物细胞产生的冠瘿碱作为唯一的碳源和氮源,满足农杆菌生长的需求。

(2)转化过程。

农杆菌介导的 T-DNA 的转移和整合是细菌和植物细胞相互作用发生生物学效应的过程,兼具原核生物中的细菌接合转移及真核细胞加工修饰的特点。其转化过程如下(图 9-3):a.受伤的植物在伤口处分泌乙酰丁香酮、丁香醛或香荚兰乙酮等酚类分子;b.这类分子激化 vir 区基因的表达;c.vir 区基因激活单链 T-DNA;d.T-DNA 转移;e.T-DNA 复合物引入细胞核并整合到植物基因组中;f.合成冠瘿碱,合成生长素和细胞分裂素;g.生长素和细胞分裂素在农杆菌侵染的植株中启动致瘤;h.冠瘿碱回到农杆菌中代谢产生农杆菌生长所需的营养物质。

①vir 区基因的诱导表达:根癌农杆菌具有趋化性,即植物的受伤组织会产生一些糖类和酚类物质吸引根癌农杆菌向受伤组织集中。研究证明,主要酚类诱导物为乙酰丁香酮(acetosyringone,AS)和羧基乙酰丁香酮,这些物质主要在双子叶植物细胞壁中合成,通常不存在于单子叶植物中,这也是单子叶植物不易被根癌农杆菌侵染的原因。还发现一些中性糖,如 L-阿拉伯糖、D-木糖等也有诱导作用。当根癌农杆菌接收到此类信号时,其 vir 区基因可被诱导转录。vir 区基因的活化首先是从 $virA$ 基因开始的。VirA 蛋白是一种结合在膜上的化学受体蛋白,可直接感应植物产生的酚类化合物,其感应部位可能位于细胞质区域。VirA 蛋白的细胞质区域有自激酶的功能,C 端特定的组氨酸被磷酸化激活后,磷酸组氨酸高能磷酸键的不稳定性传递给 VirG 的天冬氨酸残基,使 VirG 蛋白活化。VirG 蛋白是 DNA 结合活化蛋白,可以二体或多体形式结合到 vir 启动子的特定区域,从而成为其他 vir 基因转录的激活因子,打开 $virB$、$virC$、$virD$、$virE$、$virH$ 等几个基因。$virC$、$virD$、$virE$ 参与 T-DNA 复合体的形成和转移。ChvE(染色体毒性蛋白)可结合一些单糖,也可直接与 VirA 周质区相互作用,以加强 AS 对 vir 基因的诱导。

②T-DNA 复合物的形成:T-DNA 的加工与转移是由 vir 基因被诱导后产生的蛋白质来完成的。$virD$ 基因编码的 VirD1 和 VirD2 直接参与加工过程。VirD1 蛋白是一种拓扑异构

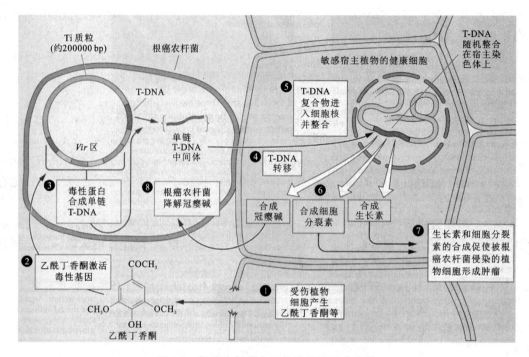

图 9-3 根癌农杆菌介导的肿瘤的形成过程

酶,可将超螺旋型 DNA 变成松弛型 DNA。VirD2 蛋白具有特异剪切单链 DNA 的内切酶活性,可以在 T-DNA 边界区 25 bp 重复序列的第三和第四个碱基之间产生切口,在此过程中,VirD2 蛋白通过 Tyr29 与切断的 T-DNA 的 5′端共价连接,避免核酸外切酶降解。这种单链形式的 T-DNA 称为 T 链。VirD2/T-DNA 释放需复制酶作用,以未切断的顶链为模板,从右向左复制合成新的 T-DNA。当复制到左边时,T 链释放。释放的 T 链的 3′端带有左边界 4～25 个核苷酸,5′端带有右边界 1～3 个核苷酸。T 链形成后全身被 VirE2 蛋白包裹,形成一种半刚性、中空圆柱形的丝状螺旋结构的 T-DNA 复合物(或称 T-复合物)。这种结构有利于保护 T-DNA 链,使其免受细胞中核酸酶的降解。

③T 复合物的跨膜转运核输入:农杆菌的 T-DNA 转移通道由多达 12 种蛋白质组成,包括两个主要部分:纤毛附属丝(或纤毛)和膜结合复合物。该通道也可称为 T-复合物运输器,由 virB 编码的 11 种蛋白质和 VirD4 蛋白组成。VirB1 可在细菌膜上为 T-复合物运输器的装备提供位点;VirB2 和 VirB5 可被移动到细胞表面形成纤毛;其余的 VirB、VirD4 为 T-复合物的运输提供能量。合成的 T-复合物经过 T-复合物运输器,以类似于细菌转导过程的方式注射到植物细胞内(图 9-4)。

T-复合物需穿过植物细胞质并定位于细胞核,才能实现基因组的整合。农杆菌的部分毒性蛋白和宿主植物的部分蛋白参与了这个过程(图 9-5)。这个过程是由核定位信号(nuclear localization signal,NLS)介导的,VirD 和 VirE 蛋白在核定位过程中起主导作用。VirD 蛋白有 2 个核定位序列,分别位于 N 末端和 C 末端,C 末端的 NLS 能将 VirD 蛋白定位于细胞核上。VirF 和 VirB 等蛋白也参与该过程。

T-DNA 和 Vir 蛋白核定位还需要一些植物蛋白参与,主要有 VirE2 互作蛋白(VirE2 interacting proteins,VIP)和核输入蛋白(nuclear importin)等。VIP1 不仅协助将农杆菌来源的 T-DNA 定位于细胞核,还可以通过被促分裂原活化蛋白激酶(mitogen-activated protein

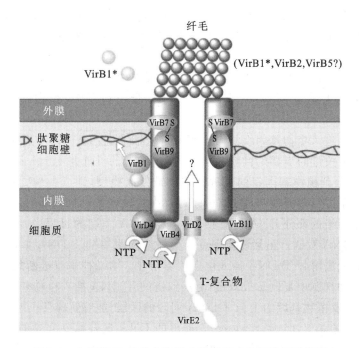

图 9-4　由跨膜 VirB 复合物形成的 T-复合物转移通道模型

（引自 Christian Baron）

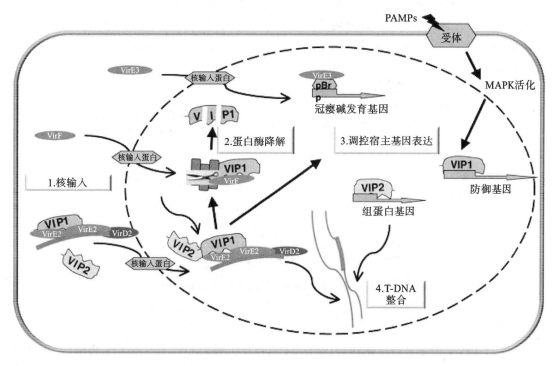

图 9-5　T-DNA 转移和宿主响应涉及因子的分子机制

（引自 Heribert Hirt）

kinase,MAPK)磷酸化后参与农杆菌诱导的植物免疫信号转导过程。核输入蛋白包括输入蛋白 α 和类输入蛋白 β。两者首先要形成依赖能量的核孔-定位复合体(nuclear pore-targeting complex,PTAC),输入蛋白 α 可识别具有 NLS 的蛋白质,作为 PTAC 的接合器,并且可与类输入蛋白 β 结合,类输入蛋白 β 作为 PTAC 的载体,通过结合核孔蛋白将携带具有 NLS 的蛋白质的 PTAC 定位于细胞核中。

T-DNA 复合体靶向植物基因组区域后,相关蛋白需要从复合体中卸载下来,便于 T-DNA 在植物基因组上的整合,VirF 蛋白参与 VirE 蛋白和 VIP1 蛋白的降解和 T-DNA 的释放。

④T-DNA 整合进入植物基因组并表达产生生物学效应:T-DNA 整合进入宿主细胞基因组,是转化过程中最关键的步骤。目前关于 T-DNA 整合的机理并不十分清楚,已提出多种模型解释 T-DNA 整合到植物基因组的过程。如单链侵入模型,即 T-DNA 单链在 VirD2 蛋白的协助下,在植物基因组内寻找与 T-DNA 序列有小片段同源的区域,随后 T-DNA 单链入侵同源区,将植物基因组的部分 DNA 链置换,在植物 DNA 复制的过程中 T-DNA 的互补链也被合成而形成 T-DNA 双链。虽然该模型可以很好地阐明单链 T-DNA 如何入侵并整合到植物基因组中,但它无法解释 T-DNA 插入位点的复杂性。第二种是双链断裂修复整合模型,即 T-DNA 首先在植物细胞中复制形成双链,随后双链的 T-DNA 插入植物基因组双链断裂的区域。这种模型不涉及植物基因组上与 T-DNA 同源的区段,能够解释 T-DNA 反向插入植物基因组的情况。较新的是 2016 年 Kregten 等提出的 DNA 聚合酶 θ 介导的 T-DNA 整合模型(图 9-6)。DNA 聚合酶 θ 具有解旋酶和聚合酶活性,聚合过程中能进行模板的转换,这对于 T-DNA 的整合至关重要。DNA 聚合酶 θ 在植物基因组 DNA 双链断裂处的 3′末端或附近,通过微同源性捕获 T 链的 3′末端。在每个断裂的植物 DNA 末端捕获两个 T-DNA 可能产生头对头 T-DNA 二聚体,而对于尾对尾或头对尾二聚体的产生,目前很难解释。这些整合方式不能解释所有的实验现象,意味着这些方式或途径不一定是互斥的,可能同时存在。

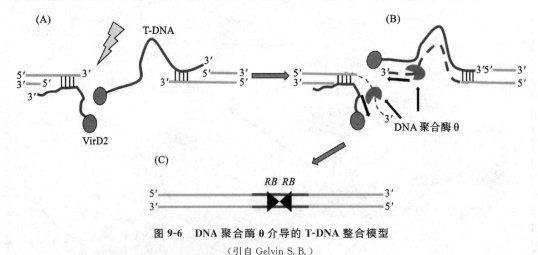

图 9-6　DNA 聚合酶 θ 介导的 T-DNA 整合模型
(引自 Gelvin S. B.)

(3)野生型 Ti 质粒的改造和中间载体的构建。

由于 T-DNA 能够进行高频转移,而且 Ti 质粒上可插入大至 150 kb 的外源基因,因此 Ti 质粒是植物基因转化中理想的载体系统。但野生型 Ti 质粒不能直接用作载体,主要原因如下:①野生型 Ti 质粒分子过大,近 250 kb,操作困难;②野生型 Ti 质粒上分布着各种限制性核酸内切酶的多个酶切位点,难以找到可利用的单一切割位点的内切酶;③T-DNA 上的 *tms* 和 *tmr* 基因产物干扰受体植物内源激素的平衡,导致冠瘿瘤的产生,阻碍转化细胞的分化和植株的再生;④冠瘿碱的合成过程消耗大量的精氨酸和谷氨酸,直接影响转基因植物细胞的生长代谢;⑤野生型 Ti 质粒没有大肠杆菌的复制起点和作为转化载体的选择标记基因。因此,必须对野生型的 Ti 质粒进行改造后才能将其作为转基因植物的载体。

对野生型 Ti 质粒的改造,主要包括以下几个方面:①删除 T-DNA 上的 *tms*、*tmr* 和 *tmt* 基因;②加入大肠杆菌复制起点和选择标记基因,构建根癌农杆菌-大肠杆菌穿梭质粒,便于重组分子的克隆与扩增;③引入植物细胞的筛选标记基因,如细菌来源的新霉素磷酸转移酶(neomycin phosphotransferase)Ⅱ基因(*npt* Ⅱ),便于转基因植物细胞的筛选;④引入植物基因的启动子和 poly(A)信号序列;⑤插入人工多克隆位点,以利于外源基因的克隆;⑥除去 Ti 质粒上的其他非必需序列,最大限度地缩短载体的长度。

(4)农杆菌 Ti 质粒载体构建。

从上述转化过程中可以看出,要实现农杆菌介导目的基因转化植物细胞,需要满足以下几个条件:a. 毒性基因,但并不需要和 T-DNA 连接在一起,只需要共存于同一个细胞中;b. T-DNA 左右边界区;c. 顺式调控区,如启动子、终止子等;d. 选择标记基因。可以帮助筛选鉴定转化的植物细胞,细菌选择标记基因还可以帮助鉴定带有标记基因的载体是否转化到农杆菌中。依据上述的基本元件构建了以下两种载体类型。

①共整合载体(co-integrated vector)系统:大肠杆菌具有能与农杆菌高度接合转移的能力,因此可以将含有 T-DNA 边界区的片段克隆到大肠杆菌载体中,在大肠杆菌中进行外源基因的克隆。带有重组 T-DNA 片段的大肠杆菌质粒的衍生载体称为中间载体(intermediate vector)。存在于农杆菌中的含有毒性基因但缺少 T-DNA 和致瘤基因的 Ti 质粒载体,称为卸甲 Ti 质粒(disarmed Ti plasmid)。缺失的 T-DNA 部分可以被与中间载体同源的序列(如 pBR322)取代。这样要转移的目的基因通过中间载体在大肠杆菌中克隆,筛选的含有目的基因的重组载体可以通过一定的方法(如电击法、冻融法或三亲交配法)转化到含有卸甲 Ti 质粒的农杆菌中。在农杆菌内,通过同源重组形成可穿梭的共整合载体,在 *vir* 基因产物的作用下完成目的基因向植物细胞的转移和整合(图 9-7)。

②双元载体(binary vector)系统:研究发现,Ti 质粒上的 *vir* 区对 T-DNA 的转移是通过反式作用因子来实现的,虽然 *vir* 区对 T-DNA 的转移必不可少,但这一区域并不一定与 T-DNA 连在一起,可以分别位于不同的复制子(质粒)上,甚至可以放在细菌的染色体中,而不影响 T-DNA 的转移。根据这一原理,双元载体系统由两个分别含有 T-DNA 和 *vir* 区的相容性突变 Ti 质粒构成,即微型 Ti 质粒(mini-Ti plasmid)和辅助 Ti 质粒(helper Ti plasmid)。微型 Ti 质粒是含有 T-DNA 边界、缺失 *vir* 基因的 Ti 质粒,同时还具有广谱质粒复制位点、选择标记基因和多克隆位点,方便分子克隆操作。这种载体既含有大肠杆菌的复制位点,也有农杆菌的复制位点,也称大肠杆菌-农杆菌穿梭质粒,但载体上不带 *vir* 基因。转化根癌农杆菌之前,所有的克隆操作步骤都可以在大肠杆菌中进行。完成克隆后,通过一定的方法将其转入含有辅助 Ti 质粒的农杆菌中(此时农杆菌中含有 2 个质粒),该 Ti 质粒包括一整套 *vir* 基因,但 T-DNA 序列则由于缺失而无法转移,由辅助 Ti 质粒提供,合成 *vir* 基因产物——毒性蛋白,使双元克隆载体中的 T-DNA 能够整合到植物染色体中(图 9-8)。在双元载体的基础上,通过在微型 Ti 载体上再引入一个含 *virB*、*virC* 和 *virG* 的区段,连同原有辅助 Ti 质粒,这个系统中共有 2 个 *vir* 区段,具有更强的激活 T-DNA 转移的能力,这种改进的双元载体称为超级双元载体(super binary vector)。这种载体系统现多用于单子叶植物的转化。

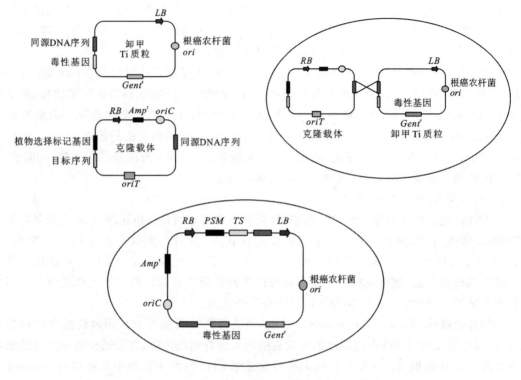

图 9-7 共整合载体系统

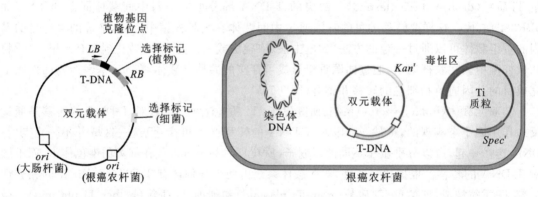

图 9-8 双元载体系统

与共整合载体不同的是,双元载体不依赖两个质粒之间的同源序列,不需要经过共整合过程就能在农杆菌内独立复制,因此构建的操作过程比较简单;由于微型 Ti 质粒较小,并无共整合过程,因此质粒转移到农杆菌比较容易,且构建的频率较高;另外,双元载体在外源基因的植物转化中效率高于共整合载体。

(5)农杆菌介导常用的转化方法。

目前已建立多种转化方法,其基本程序为:含重组 Ti 质粒的根癌农杆菌培养,选择合适外植体,根癌农杆菌与外植体共培养,外植体脱菌及筛选培养,转化植株再生及鉴定等。

①叶盘法(leaf disc transformation):叶盘法为 Monsanto 公司 Morsch 等于 1985 年建立起来的一种转化方法。其操作步骤为:首先用打孔器从消毒叶片上取下直径为 2～5 mm 的圆形叶片,即叶盘。再将叶盘放入培养至对数生长期的根癌农杆菌菌液中浸泡几秒钟,使根癌农

杆菌侵染叶盘。然后用滤纸吸干叶盘上多余的菌液,将这种经侵染处理过的叶盘置于培养基上共培养 2~3 d,再转移到含有头孢霉素或羧苄青霉素等抑菌剂的培养基中,除去根癌农杆菌。与此同时,在该培养基中加入抗生素进行转化体的筛选,使转化细胞再生为植株。对这些再生植物进行分子检测,就可确定它们是否整合有目的基因及其表达情况(图 9-9)。叶盘法已在多种双子叶植物上得到成功的应用。实际上,其他多种外植体,如茎段、叶柄、胚轴、子叶、愈伤组织、萌发的种子均可采用类似的方法进行转化。该方法的优点是适用性广且操作简单,是目前应用最多的方法之一。

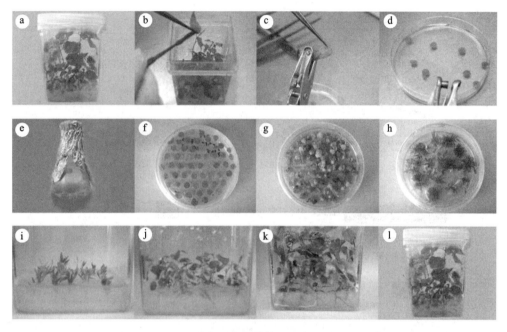

图 9-9　叶盘法培育转基因植物技术流程
(引自 Steven Strauss)

②真空渗入法:将健壮植株倒置浸于装有携带外源目的基因的工程农杆菌转化液的容器中,经真空处理、造伤,使农杆菌通过伤口感染植株,在农杆菌的介导下,发生基因转移。它是一种简便、快速、可靠而且不需要经过组织培养阶段即可获得大量转化植株的基因转移方法,具有良好的研究与应用前景。

影响真空渗入法转化率的因素主要包括植物发育时期(多数采用初花期的植株)、农杆菌生长时期(一般以静止期的农杆菌为宜)、转化介质构成、转化后的植株培养等。

③原生质体共培养转化法:在原生质体培养的早期,将携带外源目的基因的农杆菌与原生质体进行短暂的共培养,洗涤除去残留的根癌农杆菌后,置于含抗生素的选择培养基上筛选出转化细胞,进而再生成植株。与叶盘法相比,此法所获转化体不含嵌合体,一次可以处理多个细胞,得到相对较多的转化体。应用此法进行基因转化时,其先决条件就是要建立起良好的原生质体培养和再生技术体系。

④创伤植株感染法:这是用根癌农杆菌直接感染植物而进行遗传转化的一种简单易行的方法。其做法(图 9-10)如下:人为在植株上造成创伤,然后把含有重组质粒的工程根癌农杆菌接种在创伤面上,或把含有重组质粒的根癌农杆菌注射到植物体内。使根癌农杆菌在植物体内进行感染来实现转化。为了获得较高的转化率,一般采用无菌种子的实生苗或试管苗。

用去除了致瘤基因的根癌农杆菌进行整株感染后,受伤部位一般不会出现肿瘤。在筛选转化
体时,可将感染部位的薄壁组织切下放入选择培养基上及诱发愈伤组织的培养基上,分别进行
筛选和愈伤组织诱导。最后将转化的愈伤组织转移至含合适植物激素的培养基上诱导再生
植株。

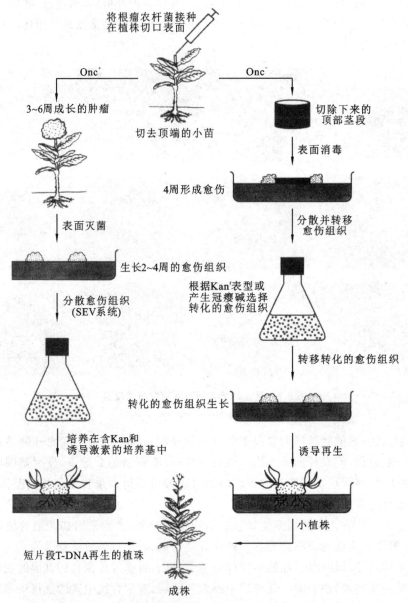

图 9-10 根癌农杆菌感染创伤植株实现基因转移

(引自吴乃虎,2001)

(6)影响农杆菌介导转化效率的因素。

农杆菌介导的遗传转化是农杆菌、植物受体及环境条件共同作用的结果。影响农杆菌介
导的转化效率的因素较多,总体上可分为农杆菌菌株及载体、外植体的类型和生理状态,以及
组织培养体系和条件这三个大的方面。

　　①农杆菌菌株及载体。

　　不同类型的农杆菌菌株的侵染力不同。一般而言,四类农杆菌菌株的侵染能力顺序为:农杆碱型菌株(如 A281)＞琥珀碱型菌株(如 EHA101、EHA105)＞胭脂碱型菌株(如 C58)＞章鱼碱型菌株(如 Ach5、LBA4404)。但不同植物物种差异比较大。对于难以转化的品种,菌株的选择尤为重要。但对于某一特定植物品种,超毒力菌株并不总是具有高的转化效率,这还与载体的选择有关。比如在 Hiei 等的水稻转化实验中,普通菌株 LBA4404 与超级双元载体 pTOK233 构成组合的转化效率明显高于其他组合,而超毒力菌株 EHA101 与 pTOK233 组合比普通菌株与双元质粒组合的转化率还低。针对不同的转化受体构建高效的转化载体并选择合适的菌株与载体组合,可适当提高转化效率。

　　②外植体的类型和生理状态。

　　农杆菌对植物细胞的成功转化需要两个条件:一是植物细胞受损伤后分泌足够浓度的 *vir* 基因诱导物;二是细胞正在进行活跃的 DNA 合成或分裂。目前作为转基因受体的外植体材料包括叶片、叶柄、幼茎、子叶、胚轴、幼穗、成熟胚、幼胚、胚性愈伤组织、小孢子、原生质体等,涉及植物的各组织和器官。不同外植体材料的转化率有明显差异,应根据具体植物种类选择最佳的外植体类型。一般来说,发育早期的组织(如分生组织、维管束形成层组织、薄壁组织及胚、雌和雄配子体等)的细胞具有较强的分裂能力。当这些组织创伤或受环境诱导时,加速分裂,即处于转化的敏感期。已经分化的组织细胞的转化能力与其发育程度有重要关系。比如在高粱的转化中,来自大田的幼胚具有较高的转化效率。对易于转化的水稻品种来说,来自盾片的胚性愈伤组织是最常用的外植体。

　　③组织培养体系和条件。

　　组织培养体系和条件如感染方式、*vir* 区基因活化诱导物的添加及共培养基成分、农杆菌菌液的浓度、共培养条件等都能对转化效率产生很大影响。针对特定的植物和组织,成功的转化往往需要对诸多因素进行优化。

　　a. *vir* 区基因活化的诱导物。

　　酚类是 *vir* 区基因表达的主要信号物质,是诱导细菌附着到受体的重要因子之一。在众多的酚类物质中,乙酰丁香酮(AS)和羟基乙酰丁香酮诱导能力较强,AS 的促进效果与菌株类型、植物材料种类和共培养基的 pH 值有关。没食子酸、间二羟基苯甲酸、香草酚、儿茶酚、对羟基苯酚等多酚混合处理农杆菌也有很强的作用,但不同酚类物质是否有累加效应在不同研究结果中不尽相同。不同农杆菌类型对酚类物质的敏感性不同,章鱼碱株系比胭脂碱株系需要更高的酚类物质诱导。AS 的使用浓度多为 $5\sim200\ \mu\mathrm{mol/L}$,浓度过高会降低转化率且损伤转化受体;一般在农杆菌液体培养基和共培养基中加入。

　　糖类等小分子一方面可作为化学源吸引农杆菌的趋化运动,另一方面可诱导或抑制农杆菌 *vir* 基因的表达。而糖类的主要作用是与农杆菌染色体毒性蛋白 ChvE 结合,激活 VirA 蛋白进而诱导 *vir* 基因高水平表达和扩大农杆菌的宿主范围。特别在 AS 浓度很低的情况下,它可强烈诱导 *vir* 基因的表达,并且与 AS 存在协同效应,可显著提高 AS 诱导效果。糖类在不含酚类化合物的情况下效果较明显,但是糖类和酚类化合物同时存在时没有明显的协同效应。

　　多胺也参与植物宿主和病原之间的相互作用。Kumar 等曾用多胺物质对农杆菌进行活化后感染烟草,GUS 瞬时表达研究表明农杆菌的感染活力显著提高。

　　b. 外植体的接种。

　　外植体预培养有利于提高遗传转化的效果。接种前将外植体在含有外源激素的培养基上预培养一段时间(一般以 2~3 d 为宜),使植物组织代谢活跃,促进细胞分裂,分裂状态的细胞更易整合外源 DNA,从而提高外源基因的瞬时表达和转化效率。另外,预培养有利于外植体与培养基平整接触。这是因为外植体在开始培养过程中,由于其迅速生长而出现上翘和卷曲,使农杆菌的接种切面离开培养基,致使农杆菌生长受抑制而影响对受体的转化,预培养则有利于改进这种状况。

外植体接种农杆菌的方式也会影响转化的效果。比较常用的接种方式是将外植体置于浸染液中浸泡。有研究者在浸泡的基础上结合振荡进行接种,振荡培养能打破细胞表面的气泡,使农杆菌与外植体的接触面增大,利于侵染。另外,利用超声波辅助农杆菌介导法、负压与农杆菌介导结合法以及基因枪与农杆菌介导结合法等,均可增强农杆菌侵染,提高转化效率。

外植体的接种时间和接种农杆菌菌液的浓度根据物种和外植体类型不同而异。接种时间过长及接种菌液浓度过高,容易引起农杆菌细胞间的竞争性抑制,抑制受体细胞的呼吸作用,并容易引起后续培养中的污染。而接种时间太短和接种菌液浓度过低则造成受体细胞表面农杆菌附着不足,转化效率变低。一般处在对数生长期,即 OD_{600} 0.3~1.8 范围(1.0 OD_{600} 相当于每毫升 1×10^9 个细胞)具有较高侵染活力,接种时间一般为 1~30 min。

侵染培养基的 pH 值一般采用 5.1~5.7。研究人员普遍认为酸性培养环境有利于农杆菌的侵染。这是因为植物细胞释放对农杆菌有趋化作用的化学物质(如酚类、糖类),虽然在不同 pH 值下比较稳定,但在 pH 值为 5.0~5.8 时对 *vir* 基因的诱导能力最高。

c. 共培养。

共培养需要足够的时间以确保 T-DNA 的转移和整合,但共培养时间也不宜太长,否则会导致农杆菌的过度生长,使植物细胞受到毒害而死亡或共培养后不容易去除。一般共培养时间为 3 d。多数在共培养基中加入 AS 和单糖类物质作为诱导物,并加入较高浓度的生长素(如 2,4-D),而避免使用细胞分裂素(如 BA 和 TDZ),因为生长素能促进 T-DNA 的转移,细胞分裂素则抑制 T-DNA 的转移。共培养基同时还应该能支持外植体细胞进行活跃的分裂,并使之保持胚性状态。共培养温度对转化效率的影响也很大。农杆菌的最佳生长温度是 28~30 ℃,植物组织培养也多在 25~30 ℃进行,而 *vir* 基因的活性诱导对温度的要求是 15~25 ℃。通过 T-DNA 转运机制进行的质粒转移在 19℃时最为活跃,因此,T-DNA 转移在 25℃以下可能更为有效。较低的共培养温度有两个优点:一是不易发生质粒丢失;二是比较容易控制细菌的过度生长。但缺点是植物细胞的生长也受到抑制,所以应综合考虑 T-DNA 转移效率与植物细胞和农杆菌的生活力这两个方面的因素。

④其他影响因素

表面活性剂也影响农杆菌介导的遗传转化的效果。此类物质能增强细胞通透性,有效清除受体表面的杂质,促进农杆菌在植物细胞表面的黏附,增加植物受体表面单位面积上农杆菌细胞的数量,提高转化效率。在农杆菌转化中常用的表面活性剂有 Tween 20、Silwet 77、Triton X、MES、Pluronic F 68 等。

转化过程中常用的抗生素也会影响转化效率。抗生素浓度过高或过低都不利于农杆菌的转化。农杆菌侵染对受体植物来说是一个抗逆的过程,会导致植物受体组织发生胁迫响应,产生一些次生代谢物质(如过氧化物、乙烯和自由基等)阻碍或抑制转化。添加次生代谢物质清除剂有利于转化。如添加一些抗氧化剂消除或抑制羟自由基、超氧自由基、过氧化氢等活性氧(ROS),有利于组织细胞的发育生长。常用的抗氧化剂包括抗坏血酸、过氧化物酶、超氧化物歧化酶、过氧化氢酶等。

农杆菌介导法和其他方法相比,T-DNA 链在转移过程中受到蛋白质的保护及定向作用,可免受核酸酶的降解,从而完整、准确地进入细胞核,转化效率较高,使用费用低;导入基因拷贝数低,表达效果好,农杆菌介导的转化导入的外源基因拷贝数大多只有 1~3,而其他方法往往有几十,大量拷贝会导致转基因的沉默;导入植物细胞的基因片段明确,且能导入大片段的 DNA,Ti 质粒上位于 2 个边界序列之间的外源基因片段均会转移到植物细胞中,可避免其他理化方法将非目的基因片段导入植物细胞而造成潜在遗传物质扩散的危险。

2)发根农杆菌

发根农杆菌(*Agrobacterium rhizogenes*)与根癌农杆菌属同一种病原土壤杆菌,不同的是其含有 Ri 质粒,能够诱发植物产生许多不定根,这些不定根生长迅速,不断产生分支,呈毛状,故称之为毛状根或发状根(hairy root)。Ri 质粒属于巨大质粒,其大小为 200~800 kb,与 Ti 质粒比较,不仅结构、特点相似,而且具有相同的宿主范围和相似的转化机理。与 Ri 质粒转化相关的也主要为 *vir* 区和 T-DNA 区两部分,所不同的是 *vir* 区和 T-DNA 区所含基因及其同源性不同(图 9-11),并且 T-DNA 上的基因不影响植株再生,因此,野生型 Ri 质粒可以直接作为转化载体。根据诱导的冠瘿碱的不同,Ri 质粒可分为三种类型:农杆碱型、甘露碱(mannopine)型和黄瓜碱(cucumopine)型。

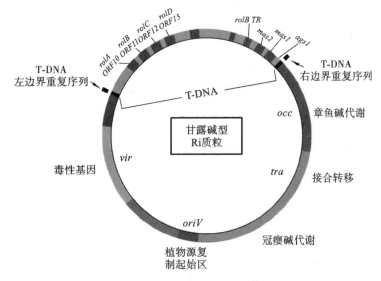

图 9-11　发根农杆菌甘露碱型 Ri 质粒结构

(引自 Ibrahim)

(1)转化机制:发根农杆菌感染植物诱导毛状根的过程可分为以下几个步骤:损伤的植物组织通常会产生一些小分子的乙酰丁香酮等酚类物质,其作为诱导信号被发根农杆菌识别,发根农杆菌识别了信号分子后,向受伤细胞做趋化性运动,与宿主细胞发生黏接;发根农杆菌 Ri 质粒上的 *vir* 区的 *virA* 基因被 AS 等物质活化并诱导其他基因的活化,同时 *virA* 基因会与细菌基因组中的 *chv* 基因共同作用,将 Ri 质粒上的 T-DNA 片段切割下来并转入植物细胞,T-DNA 进入宿主细胞的细胞核并整合到核基因组中;T-DNA 基因在寄主细胞基因组中表达。由于 T-DNA 含有植物生长素合成基因(*tms1*、*tms2*),因此能使宿主细胞无限繁殖,从植物感染点诱导出毛状根。

(2)发根农杆菌的植物转化方法:诱导毛状根生成的过程包括外植体培养和农杆菌感染两

个阶段。农杆菌感染植株常采用以下方法：①直接注射法：用活化好的新鲜菌液对发芽后数天的无菌幼苗茎部进行 2～3 次注射接种，一般 2 周左右注射处会产生毛状根。②接种感染：对胚轴、子叶、子叶节、幼叶、未成熟的胚等外植体进行常规灭菌，用刀片切成小块或小段，用活化好的菌液进行注射涂抹或与菌液共培养，然后将外植体转移到无外源抗生素的培养基上，诱导毛状根。3～4 d 后，将外植体转移至含有相应抗生素的除菌培养基上进行除菌培养，1～4 周后，诱导生成的毛状根迅速伸长，并长出很多侧根。③与原生质体共培养。将叶肉细胞获得的原生质体培养 3～4 d 后，加入 100 倍量的活化好的菌液进行共培养，这种方法常常是为了获得愈伤组织而采用。

Ri 质粒作为载体，与 Ti 质粒相比有许多优点：①野生型 Ri 质粒 T-DNA 区的基因不会影响植株再生，不需卸甲即能直接作为转化载体，操作起来更方便；②转化产生的根能够再生植株，每条发根都是一个单细胞克隆，可以避免嵌合体，且再生植株的染色体很少发生畸变；③Ri质粒诱导的发状根适于离体培养，而且具有原植株的次生代谢物合成能力，可用于次生代谢物生产；④毛根的无性系可以通过产生激素进行选择。

2. 植物病毒作为载体介导的转化

病毒感染细胞后将其 DNA 导入宿主细胞，病毒 DNA 能在宿主细胞中进行复制和表达，其本身就是一种潜在的基因转化系统，因此，病毒可以作为植物转基因的一种载体。植物病毒载体的研究开展得较晚，1984 年才诞生了第一例由花椰菜花叶病毒构建的载体。但是植物病毒载体具有很多优点，例如：短时间内可以生产大量成本低廉的外源蛋白，满足医药及工业用蛋白日益增加的需求；不受宿主范围的限制；克隆外源目的基因的病毒载体可能扩散到感染植株的所有细胞中，通过此途径培育转基因的植物，就可避免从转化细胞再生植株的烦琐过程。随着植物病毒分子生物学及遗传学研究的不断深入，用病毒基因组作为载体转化植物细胞日益受到人们的重视。

在已知的 300 多种植物病毒中，单链 RNA 病毒约占 91%，双链 DNA 病毒、单链 DNA 病毒各占 3% 左右。RNA 不太适合用作载体，因为 RNA 的操作非常困难。目前较为成熟的植物病毒载体是花椰菜花叶病毒(cauliflower mosaic virus，CaMV)和番茄金色花叶病毒(tomato golden mosaic virus，TGMV)。

1)CaMV DNA 载体转化法

CaMV 为直径 50 nm 的球形颗粒，含有双链环状 DNA 分子。将外源目的基因插入 CaMV DNA，重组分子在体外包装成有感染力的病毒颗粒，就可高效转染植物原生质体，进而通过原生质体培养再生为整株植物。但 CaMV 作为基因转化的载体也存在以下缺点，从而限制了其应用：①CaMV 容纳外源 DNA 的能力非常有限，即使是切除了非必需序列，也只能插入很小的片段，可以稳定表达的外源基因的大小为 1 kb 左右；②CaMV 的宿主范围非常窄，主要是芸薹属(Brassica)植物如甘蓝和花椰菜等；③CaMV 是一种病原体，它的感染会使宿主植物患病，降低产量和品质；④目前还没有发现一种植物病毒 DNA 是可以整合到宿主染色体上的，也就不可能通过有性生殖过程将插入的外源基因稳定地传递给感染植株的后代；⑤尽管 CaMV DNA 可以感染植物，但带有外源基因的 CaMV DNA 重组体一般不能感染植物，这就必须通过原生质体予以克服，但通过原生质体再生植株对有些植物是非常困难的，并且植物病毒在植物组织中的传播也是受到限制的；⑥目前判断 CaMV DNA 是否感染，唯一的办法就是靠"症状"的表现，因此，对 CaMV DNA 载体来说，还需要一个更好的选择标记。

多年来有关 CaMV 克隆载体的设计思想，主要集中在以下三个方面。

（1）由缺陷型的 CaMV 病毒分子同辅助病毒分子组成互补的载体系统。其中缺陷型 CaMV DNA 分子仅具有少数几种病毒的功能，外源基因可以在其上克隆。而辅助 CaMV DNA 分子则携带除缺陷型 CaMV DNA 分子编码的一两种病毒功能以外的全部 CaMV 病毒的功能。在共感染植物细胞时，外源基因能在 CaMV 35S 启动子驱动下表达，由于辅助病毒的协助，可组成重组病毒颗粒。该系统两种分子不能够单独感染敏感的植物细胞，只有彼此依赖对方基因组提供的产物，才能发生有效的感染作用。

（2）将 CaMV DNA 整合在 Ti 质粒 DNA 分子上，组成混合的载体系统。将 CaMV DNA 插入 Ti 质粒的 T-DNA 中，通过根癌农杆菌导入植物细胞，可以表现出典型的病毒感染症状。这种途径有以下优点：①扩大了 CaMV 的正常宿主范围，使人们有可能在其他植物中研究该病毒的行为；②克隆在 Ti 质粒上的 CaMV DNA 可以整合到植物基因组上，避免了不同的 CaMV 突变体之间重组，进而形成野生型 CaMV 的麻烦。

（3）构成带有 CaMV 355 启动子的融合基因，在植物细胞中表达外源 DNA。CaMV 35S 启动子能够在被感染的植物组织中产生高水平的 35S mRNA，是一种理想的启动子。将 CaMV 35S 启动子同目的基因重组转化到植物受体细胞中，由 GMV35S 启动子直接指导目的基因进行有效的表达，这种方法既避免了重新出现野生型病毒的麻烦，又不需要严格的组织特异性，并且能够高水平地表达。

2）TGMV DNA 载体转化法

植物双生病毒（geminiviruses）为单链 DNA 病毒，成熟时呈双颗粒状，每个颗粒中含有一条 DNA 单链，互不相同。其中 A 链能单独在植物细胞中复制，并含有一部分病毒包衣蛋白基因；B 链含有另一部分包衣蛋白基因及感染性基因。A、B 两条链必须同处于一个植物细胞中，才能形成有感染力的病毒。双生病毒具有广泛的宿主细胞范围，对单子叶植物及双子叶植物都有感染力，因此是一种有很大潜力的植物病毒载体。

双生病毒的基因组比较小，其分子大小为 2.5~3.0 kb，而且主要是由环状 DNA 分子组成，是一种二联的基因组（bipartite genome）。番茄金色花叶病毒（TGMV）是一种双生病毒，是最有可能被发展为植物基因转移载体的病毒。这种病毒在同一个蛋白质外壳内存在着两条各长 2.5 kb 的单链 DNA。单链 DNA A，又称 TGMV A 组分，编码病毒外壳蛋白质及参与复制的蛋白质；单链 DNA B，又称 TGMV B 组分，则编码着控制病毒从一个细胞转移到另一个细胞的运动蛋白质。

DNA 分子仅能在植物细胞中复制，但只有存在 DNA B 的情况下才具有感染性。这就是说，要形成 TGMV 的感染性，就必须在细胞中同时存在 DNA A 和 DNA B 两种基因。双链复制型的 TGMV DNA 处于没有外壳蛋白质的环境中，仍然具有感染性。因此，外壳蛋白质编码基因的大部分序列可以从 DNA A 中删除掉，以便为外源基因的插入留出必要的空间。

利用 TGMV 将外源基因克隆到植物体内的程序如下：从成熟的病毒颗粒中分离其单链 DNA A，并在体外复制成双链形式；以外源基因和标记基因（例如 npt Ⅱ）取代 A 链 DNA 上的病毒包装蛋白基因；将重组分子克隆在含有 T-DNA 和根癌农杆菌复制子的载体质粒上，并转化含有辅助 Ti 质粒的根癌农杆菌；将农杆菌注射到已含有 TGMV B 链植物的茎组织中，此时重组 DNA 分子在植物体内被包装成具有活力的病毒颗粒，后者分泌后再感染其他细胞和组织，使外源基因迅速遍布整株植物（图 9-12）。在上述工作的基础上，随后又发展出同时含有单链 DNA A 和单链 DNA B 两种组分的另外一种双元载体系统。使用这类载体就不需事先用单链 DNA B 转化植物，简单、便捷。此外，病毒可引起破坏性的感染，需要严格防护，防止载体从宿主中逃逸,感染自然中的植物。所以 CaMV 和 TGMV 作为克隆载体还需要进一步的改造。

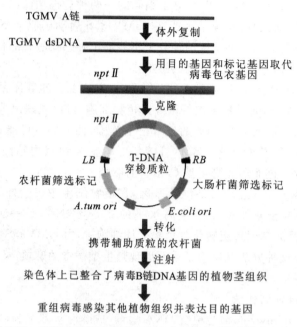

图 9-12　番茄金色花叶病毒(TGMV)克隆表达载体的构建程序

9.3.2　直接转化法

不依赖于生物体将裸露的 DNA 直接转移到受体细胞中导致细胞转化的方法称为直接转化法,包括基因枪法、电击法、PEG 介导法、脂质体介导法、激光微束穿刺法、碳化硅纤维介导法、超声波介导法、显微注射法等。

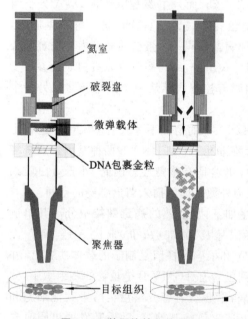

图 9-13　基因枪转化的原理

1. 基因枪(particle gun 或 biolistics)法

该转化方法是美国康乃尔大学生物化学系 J. C. Sanford 等于 1987 年研制成功的,其原理(图 9-13)是通过高压气流的作用加速金属微粒的运动,将吸附在其表面上的 DNA 射入受体细胞中,伴随而入的 DNA 分子便随机整合到宿主细胞的基因组上。

相对于其他遗传转化方法,基因枪法有以下优点:①受体材料十分广泛,包括成熟胚、幼胚、幼穗、花药、分生组织、根或茎的切段、原生质体等具有分化能力的组织或细胞;②没有宿主限制,基因枪不仅可以对单子叶植物和双子叶植物进行轰击转化,还可以对动物、微生物进行有效转化;③可以转化线粒体、叶绿体等植物细胞器;

④基因枪法转化得到的 T_0 代植株大多是可育的;⑤基因枪法操作简单,而且在轰击过程中可以调节轰击参数,用最佳的轰击参数使转化效率达到最高。

当然,基因枪法也有其缺点:具有转化的多拷贝特性,基因的多拷贝插入容易引起基因的失活,影响基因的表达水平,可能引起基因的沉默;外源基因整合位置是随机的,会发生 DNA 丢失、环化和甲基化等;容易产生嵌合体;受体材料受到机械损伤,导致分化率降低;转化成本很高。

影响基因枪法转化率的因素有很多,主要是基因枪轰击参数(粒子速度、射程、轰击次数等)、受体的生理因素、金属微粒、DNA 沉淀辅助剂及其浓度、DNA 的纯度及浓度等。

(1)基因枪轰击参数:DNA 包裹和射击过程中的各种物理参数因基因枪类型不同而有差别。以目前使用较为普遍的 PDS-1000/He 型基因枪为例,DNA 包裹所用的金属粒子主要有金粒和钨粒,金粒形状较均匀,对受体细胞没有太大的损伤,转化效果较好。一般认为金属粒子大小以 $0.6\sim4~\mu m$ 为宜。氦气的压力是决定金属粒子飞行速度的主要因素,压力过大时会对植物细胞造成伤害,压力过小时金属粒子不能进入细胞。PDS-1000/He 型基因枪提供了不同压力类型的可裂膜,在使用中可根据不同的转化材料进行选择。此外,金属粒子大小、载体膜的位置和受体靶材料的位置等参数也与其他射击参数相互联系,应根据实验具体设置。微弹射程是指基因枪挡板与靶细胞间的距离,也是影响基因转化率的重要因素。植物受体中只有特定的细胞具有再生能力,因此必须调节射程来转化这类细胞。在动力来源恒定时,射程越短,穿透力越大,对细胞的损伤也越大,因此必须根据受体材料选择合适的距离。

转化率与弹膛内的真空度呈正相关,但要考虑靶细胞对真空度的耐受性;轰击次数对转化率也有影响,适当的轰击次数有利于目的基因的转化,轰击次数过多往往使轰击细胞损伤严重,降低转化率。

(2)受体的生理因素:主要是指受体细胞或组织的生理状态。一般认为,生理活性高的组织或细胞有利于外源 DNA 的摄入与整合。选用再生能力强的外植体作为转化受体,在轰击前将受体预培养一段时间,可明显提高转化率。另外,高渗和脱水处理可使细胞质壁分离,从而减少轰击后,因细胞质溢出而导致细胞损伤,提高转化率。

(3)DNA 的纯度及浓度:DNA 纯度越高,转化效果越好;适宜的 DNA 浓度有利于提高转化率,高浓度 DNA 容易使微弹粘结成大凝结团而降低转化率,目前普遍采用的 DNA 浓度为 $1~mg/mL$。

(4)DNA 沉淀辅助剂及其浓度:最早使用的 DNA 沉淀剂是 $CaCl_2$ 和亚精胺。DNA 沉淀辅助剂的浓度不仅对 DNA 在金属粒子上的黏附有重要影响,而且对植物受体细胞的伤害也至关重要。现在,普遍采用 $2.5~mol/L~CaCl_2$、$100~mmol/L$ 亚精胺。但也有报道用 $Ca(NO_3)_2$ 代替 $CaCl_2$,PEG400 代替亚精胺可显著提高 *gus* 基因的瞬时表达水平。

2.电击法

电击法又称为电击穿孔转化法(electroporation transformation method),是 20 世纪 80 年代初发展起来的一种遗传转化技术。此法转移外源基因时,利用高压脉冲作用,在原生质体膜上"电击穿孔",细胞膜上会出现短暂可逆性开放小孔,当外源 DNA 附着于细胞质膜上靠近电击点处时,DNA 分子就有可能通过小孔进入细胞内,进而整合到受体细胞的基因组上(图 9-14)。此通道形成的数量和大小与电场强度有关。

通过电击法介导外源基因转化植物原生质体应用范围广,适合于不同基因型的植物,特别是对农杆菌介导不敏感植物,电击法是外源基因转入原生质体的一种理想方法。该方法操

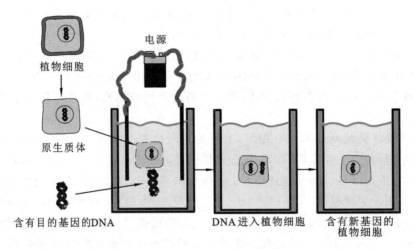

图 9-14　电击法的原理示意图

作简便,转化效率较高,没有化学物质对原生质体的伤害,非常适合于瞬时表达的研究。但是电击会造成原生质体的损伤,从而使植板率降低,同时仪器也较昂贵。

经过努力尝试,研究者已经可以将电穿孔法运用于植物组织细胞的转基因,如近年有部分研究采用细胞悬浮系、发芽的种子和分割的成熟胚做转化的受体,这些外植体的应用使遗传转化更加简化。近年来,在电击法的基础上又发展了电注射法,可以直接在带细胞壁的植物组织和细胞上打孔,将外源基因直接导入细胞。使用该技术可以不制备原生质体,提高了植物细胞的存活率,而且简便易行。

影响转化率的主要因素如下:①电场强度。它影响通道形成的数量和大小,影响进入原生质体内的外源物质数量,是影响转化率的重要参数。电场强度增大,吸收外来 DNA 的能力增强,但同时细胞的存活率也会随之降低。②脉冲时间。脉冲时间是影响细胞膜透性的主要因素之一,对转化率有一定的影响。③DNA 浓度。外源基因转化率会随着外源基因浓度的增加而上升,外源基因的浓度过高(大于 100 μg/mL),可能对受体细胞活力产生影响,所以外源基因浓度一般在 10~50 μg/mL。

3. PEG 介导法

PEG(polyethylene glycol)即聚乙二醇,具有细胞黏合及扰乱细胞膜的磷脂双分子层的作用,它可使 DNA 与膜形成分子桥,促使相互间的接触和粘连;引起膜表面电荷紊乱,干扰细胞识别而有利于细胞膜间的融合和外源 DNA 进入原生质体,进入原生质体的外源 DNA 随机地整合到基因组中,经培养再生可形成转基因的植株。以 PEG6000 最为常用。PEG 介导法需要的设备简单,易于操作,结果也较稳定,所以在植物原生质体遗传转化中是应用最普遍的方法之一。

PEG 介导法转化原生质体的转化率受很多因素的影响,主要有以下几个方面:①外源基因的浓度和构象。在一定浓度范围内,转化率随外源基因浓度的提高而增加,呈线性关系,线形 DNA 的转化能力可能高于环状质粒 DNA。②外源 DNA 序列的重复性。外源 DNA 的重复性越高,转化率越高。③携带 DNA 的作用。小牛胸腺 DNA 起携带 DNA 的作用,其作用不能被相同浓度的质粒 DNA 代替。④PEG 溶液浓度和 pH 值。PEG 溶液浓度对转化率影响极大,太高对原生质体有伤害作用,太低则影响到转化效果。而高 pH 值的 PEG 溶液虽然有利于原生质体的瞬时表达,但导致原生质体分裂困难,培养一段时间之后破裂,因此不同植物应选择不同的 PEG 浓度和 pH 值。⑤加入 DNA 和 PEG 的顺序。先加入 DNA 可把转化率提高 15 倍左右,现在一般是先加入携带 DNA,再加入质粒 DNA,最后加入 PEG 溶液。⑥转化介质中二价阳离子的影响。在转化介质中加入 Mg^{2+} 比加入 Ca^{2+} 转化率高,但也有研究出现相反的结果。⑦原生质体的质量。转化效率与原生质体的质量呈正相关。另外,热激处理、射线照射等也影响到转化效率。总之,以原生质体为受体进行的遗传转化对环境条件等十分敏感,每个步骤都会影响到最后的转化效率,因此需对转化的各个环节进行严密的探究,才能获得一个完善、成熟的转化系统。

4. 超声波介导法

低强度脉冲超声波可以击穿细胞膜,形成瞬时通道,从而使得外源 DNA 能进入细胞。现在对超声波击穿细胞膜的机制还不是很清楚,但一般认为有以下两种可能性:①超声波的生物学效应是由空化现象产生的。超声波引发的空化泡破裂时会产生瞬时的高压与高温,这种瞬时的高温高压冲击可能导致局部细胞膜的破裂,进而有可能吸收周围物质如 DNA 分子等,从而发生转化。②在超声波作用下,细胞膜内的流体静压力引发细胞膜的可逆性破裂,从而引发细胞与周围介质的物质交换。总之,超声波引发细胞转化的机制有可能是瞬时空化泡破裂时产生的高温高压或者是流体静压力导致细胞膜的机械破裂,又可能是两种作用同时存在导致细胞膜的机械破裂。

超声波转化是一个复杂的过程,在超声波作用下,会引起外源 DNA 分子断裂。因此,在转化时首先必须采用适当的超声波处理参数,以保持外源目的基因的完整性,使外源基因在转基因植物细胞中能够正确表达;其次才考虑能使细胞壁形成大量小孔的超声波参数;再次转化反应中加入二甲基亚砜(DMSO)或携带 DNA,则超声波转化率还能提高。

超声波介导法具有操作简单、设备便宜、不受宿主范围限制、对受体机械损伤小、转化率高等优点,已成为烟草、玉米、甜菜等作物的基因工程中有效的转基因途径。但该法也存在外源 DNA 随机整合、多拷贝转化等问题,进而导致外源基因的丢失及基因沉默现象,尚待进行更深入的研究,使之完善。

5. 激光微束穿刺法

激光的诞生为生物学提供了一个有效的研究工具。激光是一种相干性很强的单色电磁射线,一定波长的激光经过显微聚焦可形成微米级光斑,微米级的激光微束可对组织进行穿刺,从而导入外源 DNA,这就是激光微束穿刺法。它可对生物靶体,如植物细胞壁、花粉粒等进行穿刺,引起膜的可逆性穿孔。

为保持生物体的活性,一般应用脉冲激光,脉冲激光与生物靶体作用时间很短,热效应小,冲击效应大,在照射到靶体组织的瞬间,组织首先被激光融化,形成气、液、固三相共存状态,气体分子反冲量变化产生压力把液体推向边缘,激光的热效应又把该部分液体汽化,进而使照射部位物质被切除,形成穿孔。当激光脉冲作用后,冲击力消失,由于膜具有一定流动性,细胞膜从"亚稳定"状态恢复到天然膜的原始状态。对植物受体材料而言,在激光辐射之前,受体组织或细胞必须进行高渗缓冲液预处理,将受体材料在适当浓度的高渗缓冲液中浸泡一定时间,使其体积缩小到原来的 80% 左右,其目的是形成细胞内外渗透压梯度,当微束激光在细胞表面形成穿孔时,外源基因可以依赖于渗透压梯度流入细胞内,而受体细胞的穿孔又在短暂的时间自行闭合,从而使细胞接受外源 DNA。

同其他转化技术相比,激光微束转化系统有许多独有的特点:①光斑直径可聚焦到 1 μm 以下;②聚焦后的激光束可击穿细胞壁,甚至可在花粉上穿孔;③激光束耦合进入显微镜后,可对细胞膜进行可恢复性穿孔,导入外源基因,大大减小基因工程的难度;④激光束可被聚焦至细胞内,不必打开细胞膜即可对细胞核及细胞器进行操作,因此也可用于细胞器的转化;⑤激光束可对染色体进行切割,切割后的片段可构建基因文库;⑥激光微束有"光钳"的作用,可用来"捕捉"及操作细胞、细胞器、生物大分子等;⑦可以接受激光显微照射的受体材料来源广泛,不受种的限制,操作方便。基于激光微束穿刺法这些突出的优点,它一开始出现就引起了人们的广泛注意。随着该技术的不断完善和发展,它已成为植物转化方法中重要的组成部分。但该法需要昂贵的仪器设备,技术条件要求高,稳定性、安全性等目前还不如电击法和基因枪法。

6. 脂质体介导法

脂质体(liposome)也称人工细胞膜,是由脂质双分子层组成的。磷脂分子在水中可自动生成闭合的双层膜,从而形成一种囊状物,被称为脂质体。将外源基因包裹在脂质体中,通过植物原生质体的吞噬、与细胞膜交换脂质或融合作用把内含物转入受体细胞,实现基因的转化。这种方法的影响因素相对较少,大体有以下几个方面:脂质体的类型和浓度、脂质体与原生质体相互作用的方式等。

虽然应用脂质体介导法已成功将外源基因导入植物原生质体中,但此法有其自身的缺点:在包装 DNA 时必须用短时间的超声波处理,会使相当多的 DNA 断裂;必须使用具有全能性的原生质体作为受体细胞,转化效率较低,操作复杂且专一性的脂质体不易制备,造成转化的烦琐和低效。

7. 碳硅纤维介导法

碳硅纤维(silicon carbide whisker,SCW)介导的基因转化技术是近几年发展的新技术。SCW 是一种细长的纤维状粉末,由它介导的转化简便、快捷,不需要昂贵的设备,是植物转化中最富吸引力的方法之一。组成 SCW 的碳硅有很高的内在硬度和断层,易形成尖锐的切面,经碳硅纤维处理的细胞,细胞壁被穿透。碳硅纤维表面带负电荷,使其同带负电荷的 DNA 无相互吸引力。SCW 不携带 DNA 到细胞中,而是作为大量的微针通过振荡在细胞上打孔,从而帮助 DNA 进入细胞。该方法主要局限于几种植物(如玉米、烟草等)的悬浮培养细胞,其余受体研究较少。

9.3.3 种质转化系统

种质转化系统主要是利用花粉粒及花粉管通道,子房、幼穗及种胚注射外源 DNA 等方法导入外源基因,又称为生物媒体转化系统,主要包括花粉管通道法、生殖细胞浸泡法、胚囊和子房注射法、萌发种子转化法等。

1. 花粉管通道法

花粉管通道法是我国学者周光宇在 1979 年提出的,其原理是植物授粉后,花粉萌发形成花粉管,外源基因沿着花粉管注入,经过珠心通道进入胚囊,转化受精卵或其前后的生殖细胞,由于它们仍处于未形成细胞壁的类似原生质体状态,并且正在进行活跃的 DNA 复制、分离和重组,因此很容易将外源 DNA 片段整合到受体基因组中。

供体 DNA 大小与纯度、质粒载体、转化受体的雌性器官结构、不同的导入方法、转化时受体受精生理时期等都影响花粉管通道法的转化效率。

周光宇认为 DNA 片段的相对分子质量以不小于 10^7 为宜。过小将有可能得不到带有完整基因的 DNA 片段,使 DNA 供体的性状无法表达。外源 DNA 直接导入技术对 DNA 纯度要求极高,一般认为 DNA 样品光密度比值 $OD_{260}/OD_{280} \approx 1.8$、$OD_{260}/OD_{230} > 2$,则纯度符合转化要求。不同的植物最适 DNA 浓度不同。花粉管通道法转化成功与否取决于经花粉管进入胚囊的外源 DNA 能否参与受精。确定适宜的导入时间,正是利用双受精时卵细胞处于最佳感受态时易于外源 DNA 的导入和整合,从而完成转化。但由于自然条件复杂多变,如每天不同时段温度、湿度等各有其基本变化规律,不同日期的同一时段又可能有显著的差异,因此,充分考虑各种影响因子、最佳导入时间间隔和时间点,还需因地因时而异。

花粉管通道法包括以下几种具体操作方式。

(1)自花授粉后外源 DNA 导入植物技术:由周光宇首创,即将供体总 DNA(相对分子质量不小于 10^7)的片段,在受体自花授粉后一定时期涂抹于柱头上,使其能沿着花粉管通道进入胚囊,转化受精卵或其前后的细胞。实际应用时一般切除柱头进行涂抹,这样可以减少 DNA 进入胚囊的距离,提高转化率,但会影响结实率。该项技术应用最广泛,水稻、小麦、玉米、高粱、大豆等已通过此途径实现了遗传转化。

(2)花粉匀浆涂抹柱头法:张孔恬等用小麦恢复系花粉匀浆缓冲液直接涂抹不育系柱头,获得了恢复系可育性状的转移,首创了花粉匀浆法。该项技术应用较广泛,在小麦、玉米、高粱、花生、番茄上都有应用。

(3)受体花粉与供体 DNA 混合授粉法:Pandey 等以烟草为原料,将供体品种的花粉经 γ 射线杀死后与受体新鲜花粉混合授粉,结果获得供体花色形状的变异,认为经照射杀死的花粉其遗传物质可不通过配子融合而发生基因转化。Hess 应用外源 DNA 溶液浸泡受体花粉,利用花粉萌发时吸收外源 DNA,通过授粉过程导入外源 DNA,使子代出现 DNA 供体的性状。国内这项技术用得不多。

(4)授粉前涂抹 DNA 法:除受体为雄性不育系外一般事先人工去雄套袋,隔日开花时,用供体总 DNA 处理受体植株柱头 3~5 min,然后授以本株或同品种其他植株花粉。

花粉管通道法局限于开花植物,且只有花期可以进行转育,导入总 DNA 片段的转育株会带有少量非目的性状的 DNA 片段。不同植物的花器结构及授粉受精的过程不同,进行导入时需要按不同时间及方法来进行,才能保证有效地实施这一育种新技术,也就是要求寻找合适的 DNA 导入时期和导入方法。表 9-1 是一些农作物外源基因导入最佳时期和方法。与其他转基因技术相比,花粉管通道法缩短了育种周期,特别是既可以转化目的基因,又可以进行杂交育种;适用于多种单、双子叶显花植物;利用植物自然生殖过程,避开了植株再生的难题,由于不依赖组织培养,降低了操作的技术难度;不必建立原生质体培养体系、胚性细胞系或悬浮细胞系,育种程序简单易行,进一步降低了转化成本;可以将基因组 DNA 作为转化载体,故有可能实现多基因同时转化一个细胞,对于植物获得由微效多基因控制的性状有重要意义。

表 9-1 不同农作物外源基因导入的最佳时期和方法

受体作物	导入最佳时期	方　　法
棉花	授粉后 24 h	切去柱头,DNA 滴于切口
水稻	授粉后 1~3 h	剪去花柱,DNA 滴于切口
大豆	授粉后 6~32 h	切去柱头,DNA 滴于切口
高粱	授粉后 2~4 h	切去柱头,DNA 滴于切口
玉米	授粉后 20 h	剪去花丝,DNA 涂于花丝切口
小麦	授粉后 0.6 h	切去柱头,DNA 滴于切口

续表

受体作物	导入最佳时期	方　法
番茄	花冠形态180°~270°	切去柱头,DNA滴于切口
黄瓜	授粉后12~24 h	不切去柱头,DNA滴于切口
亚麻	开花当天上午11时	切去柱头,DNA滴于切口
西瓜	授粉后24~42 h	不切去柱头,DNA滴于切口
茄子、辣椒	授粉后24~48 h	切去柱头,DNA滴于切口

该方法的不足之处在于转化技术不完善、对转化机制缺乏系统的研究、操作过程带有一定的盲目性、不能转化大片段的外源DNA、转化效率较低、只能在开花期应用等。

2.子房注射法

该方法由丁群星等于1993年创立。其原理如下:使用微注射针或显微注射仪将外源DNA注入处于减数分裂期的受体植物的子房中,借助子房产生的压力和卵细胞产生的吸收力,外源DNA进入受精的卵细胞中,借助合子胚旺盛分裂过程中基因组的复制、重组、缺失或易位等现象,外源DNA被随机整合到受体染色体上。目前,子房注射法成功用于玉米、小麦、甜瓜和黄瓜等农作物的转基因育种工作中。

该方法的基本步骤如下:①目的基因的制备;②根据受体植物受精后其子房的变化特点,确定最佳时间,进行外源DNA注射或将离体的受精子房进行外源DNA注射,再对该离体子房进行培养;③转化种子及其后代的检测。

子房注射法的优点如下:不需组织培养过程,因此实验过程简单、操作便捷;该方法所用的仪器设备简单、便宜;外源DNA直接注射进入子房可以提高转化率;该方法可以直接得到转化种子,因此缩短了育种周期。

其缺点如下:田间转化过程的工作量大;转化过程中,子房受到机械性伤害易导致转化率和结实率低;易产生杂基因污染;该方法只能在授粉期进行,受季节和天气等自然条件影响;由于后代群体规模较大,因此筛选过程工作量较大。

3.生殖细胞浸泡法

将植物的种子、胚、胚珠、子房等生殖细胞(有时甚至是幼穗、幼苗等)直接浸泡于外源DNA溶液中,利用渗透作用使外源基因进入受体细胞,并有效整合到受体细胞基因组中,达到遗传转化的目的。浸泡转化中,植物细胞能通过自身的物质运输系统直接吸收外源DNA。研究证明,植物细胞将外源DNA吸入细胞内的途径至少有以下三种:①植物细胞可通过内吞作用吸收外源DNA;②植物细胞间隙与胞间连丝组成的网络化运输系统可将胞外的外源DNA运输到系统的各个细胞中;③植物组织中的传递细胞膜透性的改变,可增加大分子物质(外源DNA)透过细胞膜进入受体细胞的机会。

生殖细胞浸泡法是植物遗传转化中最简便、快速、便宜的转化法。不需复杂的组织培养及昂贵的仪器,可同时处理大批量的受体材料,容易推广普及。但该方法重复性差,转化率较低,筛选和检测也比较困难,有待进一步完善。现在报道较多的in planta转化法,也是将受体植物浸泡转化,不过该方法较多采用处于开花期、去掉花序的整株植物作为受体,浸泡转化液也是含外源基因的根癌农杆菌菌液,一般不使用裸露的外源DNA溶液。

常用植物基因转化方法的特点比较见表9-2。

表 9-2　常用植物基因转化方法特点比较

评价条件	植物基因转化方法					
	农杆菌法	PEG 法	电击法	微针注射法	基因枪法	花粉管通道法
受体材料	完整细胞	原生质体	原生质体	原生质体	完整细胞	卵细胞
宿主范围	有	无	无	无	无	有性生殖植物
组织培养条件	简单	复杂	复杂	复杂	简单	无
转基因植株转化率	$10^{-2} \sim 10^{-1}$	$10^{-5} \sim 10^{-4}$	$10^{-5} \sim 10^{-4}$	$10^{-3} \sim 10^{-2}$	$10^{-3} \sim 10^{-2}$	$10^{-2} \sim 10^{-1}$
嵌合体比例	有	无	无	无	多	无
操作复杂性	简单	简单	简单	复杂	复杂	简单
设备要求	便宜	便宜	昂贵	昂贵	昂贵	便宜
转化工作效率	高	低	低	低	高	低
单子叶植物的应用	少	可行	可行	可行	广泛	广泛

9.4　转基因植物的筛选与鉴定

　　植物转基因操作中,除利用选择标记基因排除非转化细胞而留存转化细胞,以及利用 *gus* 和 *gfp* 等报告基因显示转基因成功外,更重要的是从分子水平鉴别出阳性转化体,明确目的基因在转基因植株中的拷贝数和转录表达情况。检测方法主要有 PCR 检测、Southern 印迹法、Northern 印迹法、酶联免疫吸附检测(ELISA)、RT-PCR、Western 印迹法等。

9.4.1　转化植物细胞的筛选

　　植物外植体经过遗传转化后,只有极少数被转化,这就需要采用特定的方式将转化细胞与非转化细胞区分开来,淘汰非转化细胞。目前,转化细胞与非转化细胞的区分及非转化细胞的淘汰常采用抗生素抗性基因及除草剂抗性基因等,总称选择标记基因(selectable marker gene)。选择标记基因是指可使转化细胞获得其亲本细胞所不具备的新的遗传特性,从而使得能利用特定的选择培养基将转化细胞从亲本细胞群体中选择出来的一类特殊的基因。

　　1.常用选择标记基因的种类

　　1)抗生素抗性基因

　　这类选择标记基因是通过编码一种或多种酶来解除抗生素的毒性,使得已经转入了此选择标记基因的细胞,在有抗生素存在的情况下能够存活。

　　抗生素抗性基因和其对应的抗生素构成一个筛选体系。使用最多的抗生素抗性基因有 *npt* Ⅱ 基因(产生新霉素磷酸转移酶,抗卡那霉素、G418、巴龙霉素、新霉素)、*hpt* 基因(产生潮霉素磷酸转移酶,抗潮霉素)、*cat* 基因(产生氯霉素乙酰转移酶,抗氯霉素)、*spt* 基因(产生链霉素磷酸转移酶,抗链霉素)和 *gent* 基因(抗庆大霉素)等。

　　新霉素磷酸转移酶基因(*npt* Ⅱ)与 G418 筛选体系:G418 属于氨基糖苷类抗生素,该类抗生素能干扰植物细胞叶绿体及线粒体中蛋白质的合成,从而影响植物的光合作用和能量代谢,导致植物细胞死亡。*npt* Ⅱ编码的产物能够修饰该类抗生素分子,从而影响该类抗生素功能的发挥而使抗生素失活。所以在含有 G418 的培养基上,只有那些转化成功的细胞能够存活下来,而没有转化成功的细胞则因能量代谢受到影响而死亡。

新霉素磷酸转移酶基因在植物遗传转化中应用最早,Bevan M. W. 等在 1983 年已将其用作植物遗传转化的标记基因。美国食品和药物管理局(FDA)在 1994 年批准的首例商业化应用的转基因延熟番茄就是用该基因作为标记基因。目前,该基因仍然是最常用的转基因植物的选择标记基因。

潮霉素磷酸转移酶基因(hpt)和潮霉素 B 筛选体系:编码的潮霉素磷酸转移酶(HPT)能够解除抗生素潮霉素 B 的毒性而起到选择标记的作用。潮霉素 B 在植物基因工程中的应用有对愈伤组织的选择效果明显,并且对植株的分化影响小等优点。潮霉素磷酸转移酶和潮霉素 B 在植物基因工程中已经发展成为一个非常有效、作用广泛的筛选体系,在单子叶植物、双子叶植物和裸子植物中均有应用。

2)除草剂抗性基因

这类基因能够赋予转化成功的个体抗除草剂的性状。相比于抗生素抗性的筛选体系,除草剂抗性的筛选体系在转基因植株后代纯化筛选中有其独到的优势。近年来常用的除草剂抗性基因有 $epsps$ 基因、bar 基因和 gox 基因等。

$epsps$ 基因和草甘膦筛选体系:$epsps$ 基因编码的酶称为 5-烯醇式丙酮酸莽草酸-3-磷酸合成酶,该酶在植物自身氨基酸合成过程中发挥重要作用,该酶的缺失会造成植物因氨基酸的缺乏而死亡。草甘膦是目前世界上使用最广泛的除草剂之一,它能特异性地抑制植物中该酶的活性,阻断氨基酸的合成,造成氨基酸的缺乏,从而导致植株死亡。但将能够过量表达该酶的突变基因转入植物以后,在一定的草甘膦浓度下,会有一部分细胞因该酶不会被抑制而能正常合成氨基酸,并正常生长。

bar 基因和草丁膦筛选体系是目前应用最广泛的除草剂类选择标记筛选体系,尤其是对于禾谷类粮食作物特别有效。它编码的膦丝菌素乙酸转移酶,通过乙酸化作用使膦丝菌素失去毒性。表达 bar 基因的植物转化细胞,在经受致死剂量的膦丝菌素处理之后,仍能正常生长或是以接近正常的速度生长,而敏感的非转化植株则迅速停止生长,并在 $10\sim21$ d 内死亡。特别注意的是要避免产生抗除草剂的转基因杂草。

2.常用选择标记基因潜在的危险性

随着转基因产品的商品化与市场化,转基因农作物的安全问题日益受到人们的关注,利用选择标记基因得到所需要的转化植株之后,选择标记基因成为多余的,甚至是有害的。选择标记基因的潜在危险性主要包括以下几个方面。

(1)可能转移、扩散。例如:抗生素抗性基因在环境中的传播是否影响抗生素治疗的有效性;除草剂抗性标记基因通过花粉和种子等途径在种群之间扩散,可能转移到杂草,产生抗除草剂的"超级杂草";或者向其他植物中转移,从而对生态环境和生物多样性产生潜在的危害。尽管风险评估报告对一些选择标记基因提供了安全保证,但还是不能彻底消除人们对转基因植物的担忧,而且对选择标记基因及其产物的风险评估是一个既昂贵又烦琐的过程。

(2)影响转化细胞再生。选择标记基因同目的基因共同转化,然后将转化后的细胞培养在含有抗生素或除草剂的培养基上,非转化细胞在逐渐凋亡过程中能够分泌毒素或生长抑制剂,阻碍营养物质向转化细胞的运输,进而影响转化细胞的增殖及分化。

(3)影响多重转化。在细胞第一次转化中使用了某一特殊的选择标记基因,在随后的转化中就要使用不同的选择标记基因,这就给多基因转化造成困难。另外,通过含不同外源基因的转基因植株杂交,可以获得具有多个优良性状的转基因植株,同时植株中选择标记基因的拷贝数也随之增加,多个同源基因的堆积会大大增加基因沉默的可能性。

3.解决选择标记基因安全性的策略

选择标记基因的安全性是近年来国际上关注的热点,当前解决选择标记基因安全性的主要策略有以下两种。

1)选择标记基因的消除

从转基因植物中消除选择标记基因的方法有共转化、位点特异性重组、转座子介导的再定位和染色体内重组等。

(1)共转化(co-transformation):将选择标记基因和目的基因分别构建在不同载体或同一载体的不同 T-DNA 区域,共同转化受体细胞,通过筛选和分子鉴定获得共整合植株。如果这两个基因整合到不同的位点,通过杂交能使目的基因与选择标记基因分离开来(图 9-15)。这样,无选择标记的转基因植株可以在子代水平上分离出来。农杆菌介导的转化方法比基因枪转化方法更能有效地将目的基因与选择标记基因分离。

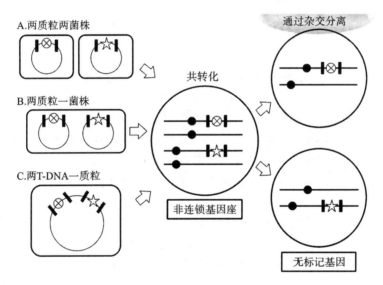

图 9-15　共转化消除选择标记基因

(引自 Komamine)

(2)位点特异性重组系统(site-specific recombination system):该系统由重组酶及其识别位点组成。同源重组是双向的,通过重组酶作用在 DNA 专一性位点间实现同源交换,可以把外源基因整合到染色体上,也可以从染色体上把外源基因切除。目前应用于植物遗传转化的重组酶系统有大肠杆菌噬菌体 P1 的 Cre-lox 系统、酿酒酵母 2 μm 质粒的 FLP-FRT 系统、接合酵母 pSR1 质粒的 R-Rs 系统、链霉菌属噬菌体 ΦC31 的位点特异性重组系统和 Mu 噬菌体的 Gin 重组系统。

噬菌体 P1 的 Cre-lox 系统是一个位点特异性重组系统,它有两个组成部分:重组酶(Cre)及其识别位点(*lox P*)。Cre 介导重组事件的发生并引起位于两个相邻 *lox P* 位点之间的 DNA 片段的切除。将一个选择标记基因插入两个相邻 *lox P* 位点之间,再与一个目的基因相连,导入植物,获得转基因植株。通过异花授粉或再转化将 *cre* 基因导入转基因植株,以切除选择标记基因。然后再通过杂交将 *cre* 基因与目的基因分离开(图 9-16)。

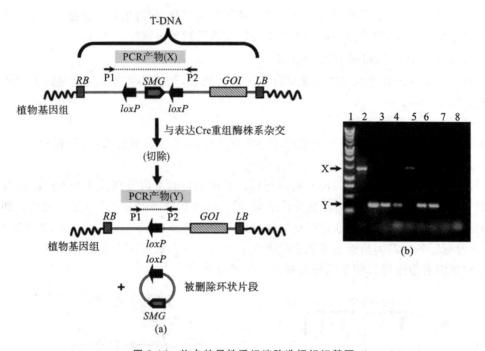

图 9-16 位点特异性重组消除选择标记基因

（引自 Yuan-Yeu Yau）

GOI:目的基因;SMG:选择标记基因

（3）转座子介导的再定位(transposon-mediated repositioning)：该方法是借助于转座子系统如玉米的 Ac-Ds、Spm-dSPm 的转座作用。非自主的 Ds 元件是玉米转座元件 Ac-Ds 家族中的一员,只有在自主的 Ac 元件存在下,Ds 才能在基因组内从所在位点上切除下来并转移到其他位点上。

Yoder 等应用 Ac-Ds 转化系统在相连的两个基因整合后将目的基因或选择标记基因转移到新的位点上,如果新位点距离原位点足够远,通过杂交能够将目的基因与选择标记基因分离开。无选择标记的转基因植株在子代水平上分离出(图 9-17)。

（4）染色体内重组系统：在没有外源重组酶表达的情况下,只要两条 DNA 序列相同或相近,重组就可以在此序列中的任何一点发生。把标记基因放在两个 DNA 同源序列之间,发生同源重组后,标记基因即被去除,这样的细胞经过诱导再生植株,可得到无选择标记转基因植物。来源于噬菌体的重组结合位点称为 *attP*。通过两个 *attP* 的正向重复,将选择标记基因设计在两个 *attP* 序列之间,通过 *attP* 同源序列介导的染色体内同源重组,实现对选择标记基因的剔除。植物细胞核中同源重组发生的频率很低,在转基因植物的组织培养时期利用染色体内重组系统切除核基因组中的标记基因,需要经过两轮连续的筛选,且效率不足 1%。但叶绿体中同源重组频率比较高,因此这种方法在叶绿体转基因去除标记基因方面有很大的应用潜力。

2）利用无争议的生物安全标记基因

目前发现的生物安全标记基因主要有绿色荧光蛋白基因、甜菜碱醛脱氢酶基因、6-磷酸甘露糖异构酶基因、木糖异构酶基因、核糖醇操纵子、谷氨酸-1-半醛转氨酶基因、异戊烯基转移酶基因和吲哚-3-乙酰胺水解酶基因等。

（1）甜菜碱醛脱氢酶(betaine aldehyde dehydrogenase,BADH)基因：它是植物本身就具

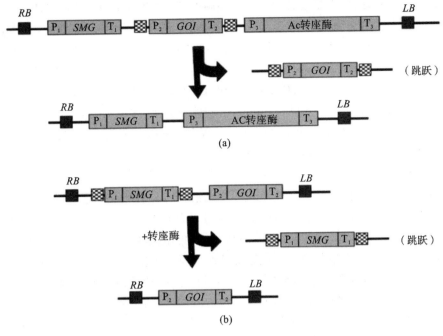

图 9-17　Ac 转座子消除选择标记基因

（引自 Yuan-Yeu Yau）

有的基因,能催化有毒的甜菜碱醛转变成无毒的甘氨酸甜菜碱,作为一种渗透保护剂,还可以提高转基因植株的再生率。

（2）与糖代谢途径相关的基因:离体培养的细胞不能进行光合作用,必须在培养基中添加一定浓度的碳源(如蔗糖、麦芽糖、葡萄糖等)后细胞才能进行正常的生长分化。近年来,利用这一点研究开发了三种非抗生素标记基因,即 6-磷酸甘露糖异构酶(6-phosphomannose isomerase)基因(pmi)、木糖异构酶(xylose isomerase)基因($xflA$)和核糖醇操纵子(ribitol operon),它们分别能使转化细胞利用 6-磷酸甘露糖、木糖和核糖醇为碳源正常生长,而非转化细胞由于不含有这些基因,不能利用这些碳源,会产生碳饥饿而不能正常生长,从而达到高效选择的目的。

（3）与激素代谢途径相关的基因:包括异戊烯基转移酶(isopentenyl transferase,IPT)基因(ipt)、吲哚-3-乙酰胺水解酶(indole-3-acetamide hydrolyse,IAAH)基因($iaaH$)等。ipt 基因从农杆菌的 T-DNA 中克隆而来,编码 IPT,参与植物细胞分裂素的合成。细胞分裂素可以促进器官发生,转化细胞在未加细胞分裂素的培养基上能继续生长,形成不定芽。相反,非转化细胞在不含细胞分裂素的培养基中不能正常生长和分化而死亡。IAAH 也是通过调节植物体内激素代谢而使转化细胞与非转化细胞的生长与分化造成一定的差异,从而达到筛选出转化细胞的目的。

9.4.2　外源基因整合及其整合拷贝数的鉴定

1. 报告基因

报告基因(reporter gene)是指其编码产物能够被快速测定,常用来判断外源基因是否已经成功地导入宿主细胞(器官或组织)并检测其表达活性的一类特殊用途的基因。对于一个理想的报告基因,最基本的要求是在转化的宿主细胞中不存在相应的内源等位基因的活性,其表达产物不仅不会损害宿主细胞,而且具有快速、灵敏、定量和可重复的检测特性。通过分析报告基因的表达产物 mRNA 和蛋白质,便可检测出在转基因植株中报告基因的活性。在转基因植物的实验设计中,是将报告基因的编码区与位于其上游的目的基因融合,并置于目的基因启动子的控制之下。可见报告基因实质上起到判断目的基因是否表达的标记基因的作用,常用的报告基因有 β-葡萄糖苷酸酶(β-glucuronidase,GUS)基因、绿色荧光蛋白(green-fluorescent protein,GFP)基因、荧光素酶(luciferase,LUC)基因、氯霉素乙酰转移酶(chloramphenicol acetyltransferase,CAT)基因(见 3.2.3 小节)。

2. 转基因植株的 PCR 检测

转基因植株的 PCR 检测是根据外源基因序列设计特异性引物,通过 PCR 特异性地从转化植株基因组中扩增出外源片段,从而筛选出阳性转基因植株的方法。PCR 检测所需 DNA 量少、纯度要求低、操作简单、检测灵敏、效率高、成本低,能够从大量的转化样品中快速筛选出阳性植株,是目前在转基因检测中广泛使用的方法。但引物设计不合理、靶序列或扩增产物的交叉污染等因素可能造成假阳性结果的出现,同时由于 DNA 插入受体细胞基因组后发生的重排等致畸因素,也会增加阳性转基因植株漏检的可能性,因此普通 PCR 的检测结果通常仅作为转基因植物初选的依据,还需要进一步进行其他如 Southern 印迹法、Western 印迹法等相关鉴定。

在同一 PCR 环境内对内源基因与外源基因进行扩增,扩增产物在琼脂糖凝胶电泳上进行分离,分析目的条带灰度,可以检测外源基因的拷贝情况。

3. Southern 印迹杂交

Southern 印迹法原理见 4.3 节,该技术在外源基因整合鉴定中被认为是筛选阳性转基因植株最为可靠、稳定的方法。用标记的目的基因片段作为探针与消化的待测的基因组 DNA 进行杂交,包含目的基因的基因组片段因为与探针具有同源性而显示出杂交信号,通过检测信号的有无、强弱、杂交条带的类型可以实现定性、定量分析,从而实现外源基因整合及拷贝的分析。如图 9-18 所示,选择目的基因内部有酶切位点的限制性核酸内切酶如 EcoR Ⅰ,对转基因植物的基因组 DNA 进行酶切,以目的基因的一段为探针,要求探针序列位于目的基因的一端,并且不能包括酶切位点,进行 Southern 印迹杂交。如果是单拷贝的插入,杂交结果应显示一个未知长度的条带,长度的大小取决于基因组上下一个酶切位点的位置。如果是多拷贝的串联整合,结果应显示一个目的基因长度的条带和一个未知长度的条带。

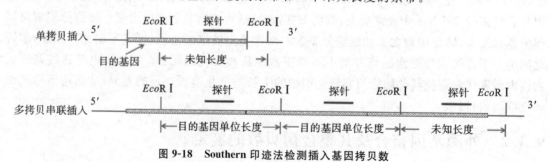

图 9-18　Southern 印迹法检测插入基因拷贝数

4. PCR-Southern

PCR-Southern 是近年来开始使用的检测外源基因整合的方法。该方法先对被检材料进行 PCR 扩增,然后用目的基因的同源探针与扩增的特异性条带进行杂交。由于 Southern 印迹杂交对样品 DNA 纯度要求很高,未经纯化的样品杂交效果不理想,虽然 Southern 印迹杂交灵敏度很高,理论上可检测出 1 pg 单拷贝的外源基因,但实际操作中往往达不到此检出量。另外,Southern 印迹杂交需要的样品量较大(5～15 μg DNA),转化材料较少时不能及时检测。而 PCR-Southern 恰好可弥补上述缺点。因此,该方法常用于检测转基因植物中外源基因及分析外源基因的遗传稳定性和遗传规律。

5. 实时荧光定量 PCR

利用新型、灵敏、高通量的实时荧光定量 PCR(real-time quantitative PCR)技术可以测定原始品系中转基因的绝对拷贝数。实时荧光定量 PCR 技术是一种较新的 DNA 定量方法。其原理是在 PCR 反应体系中加入非特异性的荧光染料(如 SYBR GREEN Ⅰ)或特异性的荧光探针(如 Taqman 探针),实时检测荧光量的变化,获得不同样品达到一定的荧光信号(阈值)时所需的循环次数——C_T(cycle threshold)值;将已知浓度标准品的 C_T 值与其浓度的对数绘制标准曲线,就可以准确定量样品的浓度。实时荧光定量 PCR 技术具有简便、快捷的优点,能够有效扩增低拷贝的靶片段 DNA,对每克样品中 20 pg～10 ng 的转基因成分进行有效检测。同时,与 Southern 印迹法相比,实时荧光定量 PCR 技术可对 T-DNA 的不同序列进行扩增,因此能实现对品系中的基因重组的检测,目前已广泛用于定量检测基因拷贝数和基因表达。用植物体中已知拷贝数的基因为内参,利用内参基因 C_T 值与初始拷贝数的线性关系计算外源基因插入拷贝数。

6. 染色体原位杂交

染色体原位杂交(insitu hybridization)是检测外源基因在染色体上确切整合位置的重要手段。其原理是利用碱基互补原则,将经同位素或荧光标记的 DNA 片段作为探针,与染色体标本上的基因组 DNA 在原位进行杂交,经放射自显影或荧光激发等检测手段在显微镜下直接观察并分析目的基因在染色体上的整合位置。原位杂交分析结果的好坏,较大程度取决于染色体标本的质量。较好的染色体标本应该分散良好,有较多的核型完整分裂象。随着荧光显微镜技术的发展和计算机图像处理系统的应用,原位杂交的分辨率已有了很大的提高。

7. 基因芯片

基因芯片(gene chip)是在已发展的核酸杂交技术基础上开发的一项新技术。其原理是将已知序列的基因探针固定在固相支持物表面,通过与标记的 DNA 样品杂交,检测相应位置杂交探针,从中获取信息并经计算机处理分析得到结果,根据检测信号的有无或强弱,确定待测样品中该基因的有无或核苷酸序列的含量。

9.4.3　外源基因在转化植株中转录的检测与鉴定

1. Northern 印迹杂交

Northern 印迹杂交是在转录水平上以 DNA 或 RNA 为探针,检测 RNA 链。Northern 印迹杂交比 Southern 印迹杂交更接近于目的性状的表现,更有现实意义。但 Northern 印迹杂交的灵敏度有限,RNA 提取条件要求严格,且 RNA 在材料的含量不如 DNA 高,对细胞中低丰度的 mRNA 检出率较低。因此,实际工作中更多的是利用 RT-PCR 技术对外源基因的转录水平进行检测。

2. RT-PCR

RT-PCR(reverse transcription PCR)也是对外源基因在植物内的转录水平表达的检测。其原理是提取组织或细胞中的总 RNA,以其中的 mRNA 为模板,采用 Oligo(dT)或随机引物利用逆转录酶逆转录成 cDNA,再以 cDNA 为模板进行 PCR 扩增。如果从细胞总 RNA 提取物中得到特异的 cDNA 扩增条带,则表明外源基因实现了转录表达。因此,RT-PCR 可以在 mRNA 水平上检测目的基因是否表达。RT-PCR 使 RNA 检测的灵敏度提高了几个数量级,使一些极为微量的 RNA 样品的分析成为可能。该方法简单快速、灵敏度高,能够检测出低丰度的 mRNA,特别是在外源基因以单拷贝方式整合时,其 mRNA 的检测常用 RT-PCR。

9.4.4 外源基因在转化植株中基因表达情况的检测与鉴定

尽管在 mRNA 水平上也能一定程度地研究外源基因的表达,但存在 mRNA 在细胞质中被特异性地降解等情况,mRNA 与表达蛋白质的相关性不高,基因表达的中间产物 mRNA 水平的研究并不能取代基因最终表达产物的研究。转基因植株外源基因表达的产物一般为蛋白质,外源基因编码蛋白在转基因植物中能够正常表达并表现出应有的功能才是植物基因转化的最终目的。外源基因表达蛋白检测主要利用免疫学原理,通过目的蛋白(抗原)与其抗体的特异性结合进行检测。ELISA 和 Western 印迹法是蛋白质检测的经典和常用方法。

1. 酶联免疫吸附法

酶联免疫吸附法(enzyme-linked immunosorbent assay,简称 ELISA)是继免疫荧光和放射免疫技术之后发展起来的一种免疫技术。与经典的同位素标记不同之处在于建立了固-液抗原抗体反应体系,并采用酶标记,抗体与抗原的结合通过酶反应来检测。把抗原与抗体反应高度专一性、敏感性与酶的高效催化特性有机地结合起来,从而达到定性或定量的目的。ELISA 有直接法、间接法和双抗体夹心法,目前使用得最多的是双抗体夹心法(图 9-19),其灵敏度最高。一般 ELISA 为定性检测,若能作出已知转基因成分浓度与 OD 值的标准曲线,也可据此来确定样品转基因成分的含量,实现半定量测定。优点:由于酶的放大作用,测定的灵敏度极高,可检测出 1 pg 的目的产物,同时酶反应还具有很强的特异性。缺点:易出现本底值过高、缺乏标准化等。

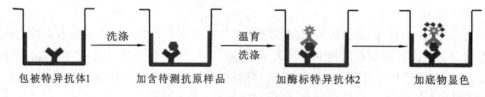

洗涤　　　　　　温育洗涤

包被特异抗体1　　加含待测抗原样品　　加酶标特异抗体2　　加底物显色

图 9-19　双抗体夹心法 ELISA 检测

2. Western 印迹法

Western 印迹法是将蛋白质电泳、印迹、免疫测定融为一体的蛋白质检测技术。不同分子大小的蛋白质在凝胶中迁移率不同,蛋白质电泳后转到 NC 膜,放在蛋白质(如牛血清蛋白)或奶粉溶液中,温育,以封闭非特异性位点,然后与含有放射性标记或酶标记的特定抗体杂交,再通过放射性自显影或显色观察。Western 印迹法是在翻译水平上对目的基因表达结果的检测,可检测目的基因是否表达、表达强度及相对分子质量。能直接显示目的基因在转化体中是否经过转录、翻译,最终合成蛋白质而影响植株的性状表现。它具有很高的灵敏度,可以从植物细胞总蛋白中检出 50 ng 的特异蛋白质。若是提纯的蛋白质,可检出 1~5 ng。缺点是操作烦琐,费用较高,不适合进行批量检测。

9.4.5　外源基因整合位点分析

对于外源基因整合位点的精确分析则要通过分析外源基因插入位点的侧翼序列来完成。目前已知基因侧翼序列的分析方法有很多,比较有代表性的方法有质粒拯救法、热不对称交错 PCR 法、反向 PCR 法和高通量测序法。

1. 质粒拯救法

1982 年 Holsters 等首次将质粒拯救法(plasmid rescue)用于烟草基因组 T-DNA 插入位点侧翼序列的分离。其原理是构建 T-DNA 转化载体时,在左、右边界内部引入大肠杆菌的质粒复制起点及可在原核细胞中表达并起作用的选择标记基因;转化植物后,根据载体的序列选定 T-DNA 边界内合适的单一酶切位点对转化体基因组 DNA 进行完全酶切;酶切片段环化后转化大肠杆菌,含目的片段的环化载体可在大肠杆菌中进行复制从而存活于选择培养基上,筛选得到的阳性克隆经过测序可得到插入位点的侧翼序列信息(图 9-20)。该方法在研究农杆菌介导转化整合情况时应用广泛。但对于常规意义的转基因作物育种,为避免带来生物安全性问题,在构建载体时不宜引入大肠杆菌的质粒复制起点及可在原核细胞中表达并起作用的选择标记基因。因此,对于准备推广应用的转基因作物不适合用该方法研究侧翼序列。

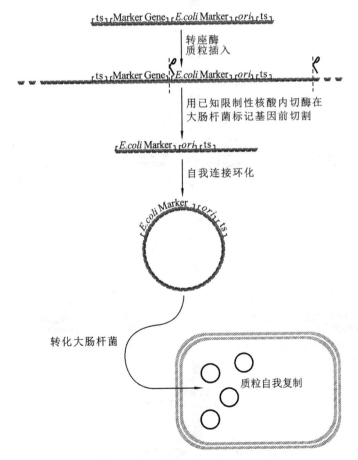

图 9-20　质粒拯救分析整合位点侧翼序列程序
(引自 Wikipedia)

2.热不对称交错 PCR 法

热不对称交错 PCR 法（thermal asymmetric interlaced PCR，TAIL-PCR）由 Liu 和 Whittier 在 1995 年创立。该方法的理论基础如下：依据已知序列设计的特异引物（TR）具有一个较高的 T_m（解链温度）值，而设计的任意引物（arbitrary primer，AD）具有一个较低的 T_m 值，两者之间差值在 10～15 ℃；在 PCR 过程中，使用几组热不对称交错 PCR，即通过控制复性温度来调节特异引物和任意引物与模板的复性，实现对目的区域的特异性扩增（图9-21）。第一轮反应（primary reaction）是 TAIL-PCR 的重要环节，先进行 5 轮高严谨性循环，特异性引物（TR1）与模板退火，只能发生单引物循环，外源基因整合位点上游侧翼序列得到线性扩

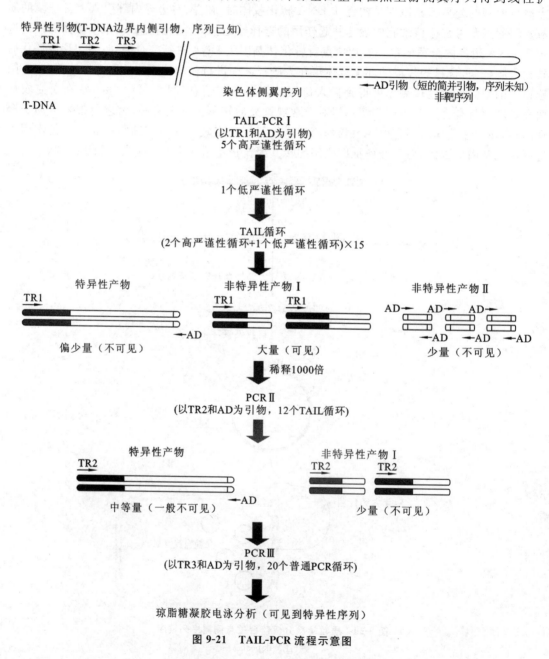

图 9-21 TAIL-PCR 流程示意图

增。大幅度降低退火温度,使 AD 及 TR1 均与模板 DNA 相结合,指数式扩增一个循环。此后,两个高严谨性循环、一个低严谨性循环交替进行,共 15 个循环。特异性序列(两端分别拥有 TR1 和 AD 序列)和非特异性序列Ⅰ(只有 TR1,没有 AD 序列)大大超过非特异性序列Ⅱ(两端均为 AD 序列)。PCRⅡ中,特异性序列再次被优先扩增,经稀释的非特异性序列Ⅰ也已大为降低,此时已没有明显的背景片段了。PCRⅢ是真正意义上的 PCR,共 20 个循环,进一步扩增特异性序列,在第三阶段结束后,基本上只有目的产物。整个过程操作简单,容易实现自动化和大规模化分析。Liu 和 Whittier 认为与以前的其他方法相比,TAIL-PCR 具有 7 个很明显的优点:简单性、高特异性、高效性、高速性、无连接导致的假阳性、产物直接测序和高敏感性。TAIL-PCR 一经报道,就得到极为广泛的应用。

3. 反向 PCR 法

反向 PCR 法(inverse or inverted PCR,IPCR)是 Triglia 等于 1988 年设计的一种方法,其基本原理(图 9-22)是根据已知序列和宿主序列选择合适的酶切位点,对转化体基因组 DNA 进行完全酶切,酶切产物环化,用一对与已知序列两侧互补的引物进行 PCR 扩增。对于已知序列来说,引物复性后两引物 3′端相背,引物的延伸沿环状分子的未知序列区进行,这与传统的 PCR 扩增方向相反,故称为反向 PCR。该方法在应用时也会存在一些缺陷,如特异性不高、PCR 受酶切片段环化效率限制等,因此近些年很少有这方面应用的报道。

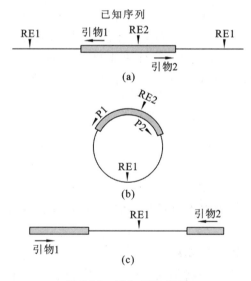

图 9-22　反向 PCR 原理

4. 高通量测序法

用高通量测序法可以同时对上百万的核酸分子进行测序,能够全面展示植物的基因组和转录组。对于有参考基因组的植物,只需将转基因植物的全基因组重测序所得到的序列与参考基因组序列比对,通过寻找目的基因,分离出其两端的基因组序列,进而确定目的基因插入位置。对于没有参考基因组的植物突变体,需要先对该物种进行从头测序,组装出参考基因组,而后再对转基因植物进行全基因组重测序,分析外源基因在植物体内的整合情况。

9.5 提高外源基因在转基因植物中表达效率的途径

自从 1983 年首例转基因植株问世以来,转基因技术成为植物品种改良和基因功能研究的重要手段。但随着对转基因植物研究的深入,发现大量外源基因并没有得到预期表达,不同转基因个体中外源基因的表达也存在较大差异。外源基因在转基因植物中不表达或表达水平降低,这种基因失活现象称为基因沉默(gene silencing)现象。基因沉默已成为植物转基因应用的严重障碍。因此,研究基因沉默的发生机理并探求控制其发生的方法、提高外源基因表达的策略已成当今研究热点。

9.5.1 基因沉默发生的机理

基因沉默可分为两大类:①位置效应(position effect),由于外源基因插入基因座(loci)两侧的 DNA 或插入特定的染色质部位对插入的基因产生负影响所致(异染色质区);②由于多拷贝的外源基因存在于同一染色体中而诱发的一种表遗传失活(epigenetic inactivation)现象,由于是同源或互补的序列所诱导,因此也称为同源依赖的基因沉默(homology-dependent gene silencing,HDGS)。同源依赖的基因沉默根据沉默发生的时期又可以分为两类,即转录水平的基因沉默(transcriptional gene silencing,TGS)和转录后水平的基因沉默(post-transcriptional gene silencing,PTGS)。转录水平的基因沉默是指由于 DNA 的修饰(如甲基化等)等,使得基因不能正常转录,进而导致外源基因不能表达;转录后水平的基因沉默是指外源基因在核内能够正常转录甚至超常转录,但是转录产物在细胞质中的积累很低或根本检测不到。

1.转基因多拷贝导致基因沉默

在转基因的多种方式中,直接转化法往往导致多拷贝基因在宿主细胞中整合,无论是单位点整合还是多位点分散,使转基因植株发生基因沉默的概率都较大。这是由于多拷贝转基因序列之间以及转基因与转录产物之间的配对,使整合位点的染色质发生异染色质化或使其从头甲基化,从空间上阻碍了转录因子与转基因的接触,造成转录受抑,引起转录水平的基因沉默。

2.转基因位置效应导致基因沉默

位置效应是指转基因的表达受到插入位点周围序列的影响。转基因在宿主细胞基因组中的整合位点决定着转基因能否稳定表达,由于高等生物中存在固定的较高 GC 碱基对的等容线(在染色体的各个区段,碱基组成是不均匀的,在某些区段常含有固定的较高的 GC 碱基对,这样的组成方式称为等容线),转基因的整合破坏了它们的特征性组成,形成一个让宿主生物易于识别的甲基化位点,使转基因极易在甲基化酶的作用下发生甲基化而失活。同时,如果转基因插入转录不活跃区域或异染色质区域,转基因通常会融入该区域的染色质结构,使转基因进行很低水平的转录,或使转基因发生异染色质化而导致基因沉默。另外,由于外源基因的碱基组成与整合区域的不同而被细胞的防御系统所识别,也会导致转录受抑。

3.转基因反式失活导致基因沉默

反式失活是指某一基因的失活状态引起同源的等位或非等位基因的失活,可以借助有性生殖过程的基因分离重组而逆转。它主要由基因启动子间同源序列相互作用引起,只要启动子区域有 90 bp 的同源序列,即可使两个基因间产生反式失活。

4.后成修饰作用导致基因沉默

后成修饰作用是指转基因的序列和碱基组成不发生改变,但其功能在个体发育的某一阶段受到细胞内因子的修饰而关闭,这种修饰作用所造成的基因沉默与受体植物的染色体组型构成有关,可以随着修饰作用的解除而被消除。

5.反义 RNA 导致基因沉默

转基因 DNA 和 RNA 相互作用或内源和外源基因 DNA 间的相互作用导致基因转录区域的甲基化,产生反义 RNA,触发所有相关转录物特异性降解,植物体内具有同源基因的外源基因的表达或使用强启动子都会造成转录本过量,形成反义 RNA。而且具有同源性的 DNA 序列在载体上如果呈反式排列也会产生反义 RNA。反义 RNA 与特异的 mRNA 形成双链或三链结构,引起特异性的 RNase 的降解,使细胞内完整的 mRNA 含量降低,引起内、外源基因的失活。

6.转基因甲基化导致基因沉默

甲基化是活体细胞中最常见的一种 DNA 共价修饰形式,通常发生在 DNA 的 CG 碱基和 CNG 序列的 C 碱基上,它在基因表达、植物细胞分化以及系统发育中起着重要的调节作用。植物转基因的研究则发现几乎所有的基因沉默现象均与转基因及其启动子的甲基化有关。

7.共抑制导致基因沉默

共抑制是转录后水平的基因沉默中最常见的现象。它是由于转基因编码区与受体细胞基因组间存在同源性,导致转基因与内源基因的表达同时受到抑制。共抑制的产生不仅同内、外源基因间编码区的同源性有关,还与控制转基因的启动子强度有关,同时具有基因的剂量依赖性。强启动子往往增加共抑制的强度,扩大表型范围。同时共抑制也受植物发育的调控,可以由基因的重组分离而逆转消失,在不同的转化植株中表现不同,有时也会伴随甲基化现象。另外,共抑制现象还受周围环境条件的影响。通常用一些模型来解释共抑制现象,例如 RNA 阈值模型(RNA threshold model)、异常 RNA 模型(aberrant RNA model)、分子间(内)碱基配对模型(inter or intra-molecular base-paring model)、反义假设等,但因为不同转基因实验中出现的共抑制现象不同,这些假设还不能全面、合理地解释共抑制现象。

9.5.2　提高外源基因表达的策略

1.构建含 MARs 的表达载体

核基质结合区(matrix attachment regions,MARs)是细胞中与核基质特异性结合的一段 DNA 序列。大多数 MARs 位于基因两侧非编码区,富含 AT 和保守的结构域。其最小活性序列为 300 bp,常与增强子、启动子、复制起始位点等重要元件相邻。MARs 可以作为边界因子和染色质调控因子对外源基因的表达发生作用。

转基因发生时,外源基因随机插入植物的基因组 DNA 中。如果插入位点的染色质呈紧密排列状态,则很容易发生外源基因的沉默现象。在基因转录单元两侧连接 MARs 之后,MARs 与核基质结合形成一个相对独立的疏松染色质 loop 结构,可以减少同源依赖的基因沉默,使外源基因保持较高的转录活性,从而提高表达效率。

另外,MARs 可以作为边界因子限定基因调控的独立区域,阻止调控因子超越边界的调节作用。植物体内存在很多内源的调控因子,可以增强或减弱基因的表达。MARs 位于基因的侧翼时,可以把其限定区域之外的调控因子与基因隔离开。

2. 选择组织特异性或诱导型启动子

转基因植物研究中常用的启动子按来源一般分为病毒来源的 CaMV 35S 启动子、植物来源的玉米泛素(ubiquitin)基因启动子和人工合成的启动子元件(G-box motif)。这些启动子能引导外源基因在转基因植株的各组织中表达,但不能从时间和空间上对其进行有效调控。因此不仅造成了表达产物的浪费,而且在质外体、液泡等器官中因表达产物的过度积累对植株本身的生长发育造成不良影响。而组织特异型启动子或诱导型启动子引导外源基因在植物发育过程中某一特定时间或特定空间表达,则可减缓这一现象的发生。

组织特异型启动子可在根、叶片和叶脉、韧皮部、木质部、花粉绒毡层、果实、胚等器官或组织中特异表达,而且大部分组织特异型启动子活性强于组成型启动子。马铃薯 *MCP-1* 启动子可引导外源基因在块茎和浆果中特异表达;子房特异型启动子 *TPRP-F1* 在促进番茄的单性结实上也有很好效果,而且不影响果实大小和形态。

对诱导型启动子的研究相对较少,根据作用类型可将其分为三类:A 型启动子受植物体内合成的某些产物,如脱落酸(ABA)、生长素或受创伤诱发的活性物质诱导;B 型启动子受高温、低温、高浓度盐离子和重金属离子的环境胁迫诱导;C 型启动子受外源化学诱导物如四环素、苯并噻二唑(BTH)等诱导。由于可以对外源基因的表达进行适时调控,理论上可以人为控制基因表达的时间或顺序,因此具有较大的应用前景。

3. 降低外源基因的拷贝数

外源基因通过常规的方法转化往往以多拷贝形式存在于植株基因组内。但拷贝数的增加并不一定使表达水平增强,反而更易引起重复序列间的异位配对导致基因沉默。可以在转基因再生植株的当代选择,也可以从多拷贝整合植株的有性生殖分离后代中选择。切实可行的途径是选择适宜的转基因方法,提高单拷贝转基因植株的比例。

4. 利用引导肽进行表达产物的定位

外源基因在植物组织细胞中表达时,其表达产物受细胞中大量蛋白酶的作用而降解,造成外源蛋白积累量的减少。因此,采取措施保护外源蛋白不受降解是实现转基因成功的重要环节。外源基因的表达产物会受细胞内蛋白酶的降解,而在接入引导肽序列对蛋白质进行定位后可以提高蛋白质的含量。

Edith 和 Catherine 在研究拟南芥 Rubisco 小亚基的引导肽序列时,发现接入引导肽后基因在叶片中的表达效率提高了 10～20 倍。植物合成的蛋白质中有 2000～3000 种要定位于叶绿体上,此过程中引导肽起到主要作用。如番茄 PEND 蛋白的 16 个氨基酸的引导肽序列能进行叶绿体定位。

5. 建立位点特异性重组系统

一般的转基因方法外源基因在基因组中的整合是随机的,利用位点特异性重组系统如 Cre-lox、FLP-frt 则可以将转化基因精确整合到基因组中含单拷贝的既定位点。Cre-lox 系统由相对分子质量为 3.815×10^6 的 Cre 重组酶和 34 bp *lox* 位点组成,野生的 *lox* 位点被称为 *loxP*,由 2 个 13 bp 的反向重复序列和 1 个 8 bp 的间隔区组成,由于间隔区为非对称序列,因此使得 *lox* 位点具有方向性。在细胞和离体系统中,当 2 个 *loxP* 方向相同时,在 Cre 重组酶的作用下,*loxP* 之间的 DNA 片段被切除;当 2 个 *loxP* 方向相反时,两端携带 *loxP* 的 DNA

片段会发生倒位;如果 $loxP$ 不在同一分子上,例如一个在质粒 DNA 上,而另一个在某条染色体上,那么质粒 DNA 将整合到染色体中 $loxP$ 所在的位置上,实现定点整合。定点整合通常分为两步:首先按常规方法随机整合进一个 lox 位点,使其成为载体整合的靶位点;在随后的第 2 轮转化中,携带另一个 lox 位点的 T-DNA 与染色体中原有的 lox 位点整合,从而使得插入的 DNA 具有特异性和准确性。因此,建立位点特异性重组系统,可以在既定位点整合目的的基因,是一种获得高效稳定表达的转基因植株的策略。

6. 叶绿体和线粒体转化的应用

在高等植物细胞中,除细胞核内存在 DNA 外,叶绿体和线粒体内也存在部分 DNA,因此,理论上存在进行遗传转化的可能性。由于植物细胞中含有多个叶绿体,因此将外源基因导入叶绿体基因组中时会使该基因在细胞中的拷贝数迅速增加,可大大提高转化基因的表达效率。而且在叶绿体中表达的蛋白质避免了翻译后的修饰作用,提高了表达的蛋白质的数量。另外,叶绿体转化时可通过构建定位片段使目的序列与叶绿体基因组同源序列间进行重组,实现外源基因的定点整合。同时,由于叶绿体具有母系遗传性,目的基因在后代中的性状分离不遵循孟德尔定律,故转化基因可在子代中稳定地遗传和表达。

线粒体内存在的部分 DNA 也可以用来进行基因的独立表达。外源基因在线粒体内有高精度转录、准确编辑等特点,因此,也具有很大的研究价值。

7. 其他策略

不同来源的基因在不同物种中的表达效率差异较大。如果外源基因来自原核生物,由于表达机制的差异,这些基因的 mRNA 在植物体内往往不稳定,表达产物含量低。通过选用植物偏好的密码子,去除富含 AT 的不稳定元件等一系列措施,可大幅度提高外源基因的表达量。如对 Bt 基因的改造,则是在不改变毒蛋白氨基酸序列的前提下,对杀虫蛋白基因进行了改造,选用植物偏好的密码子,增加了 GC 含量,去除原序列中影响 mRNA 稳定性的元件。结果在转基因植株中毒蛋白的表达量增加了 30~100 倍,获得了明显的抗虫效果。

内含子虽然一般并不参与编码多肽,但具有其特定的生物学功能。其中一个重要的功能就是增强外源基因在受体中的表达。目前已知的能增强外源基因表达的内含子来自玉米脱氢酶、玉米泛素蛋白、玉米肌动蛋白、水稻肌动蛋白、矮牵牛的 1,5-二磷酸核酮糖羧化酶小亚基、马铃薯的光诱导组织特异性蛋白等基因。

9.6　转基因植物的应用和展望

9.6.1　抗虫转基因植物

虫害造成农业严重减产,全球农业、林业每年的此项损失高达上百亿美元。长期使用化学杀虫剂造成生态破坏与环境污染,并使各类害虫产生了抗药性。生物杀虫剂由于具有生产成本较高、田间不稳定性及抗虫谱窄等缺点,目前还远不能普遍使用。通过常规育种手段来获得抗虫作物,选育历程较长,缺乏理想的亲本资源。通过基因工程手段将外源抗虫基因转入农作物,培育抗性转基因品种已成为害虫综合防治计划的最佳选择。目前常用的抗虫基因有 10 余种,分别来自动物、植物和微生物。

1. 微生物来源的抗虫基因

Bt 基因即苏云金芽孢杆菌基因是目前应用最为广泛的一个抗虫基因,它编码一种杀虫结晶蛋白(ICP),对鳞翅目及非鳞翅目的非靶标昆虫有明显影响。ICP 与昆虫小肠上皮细胞的特异性蛋白结合,全部或部分嵌合于细胞膜中,使细胞产生一些孔道,从而导致细胞由于渗透平衡被破坏而破裂。伴随上述过程,昆虫将停止进食,最终死亡。

2. 蛋白酶抑制剂基因及其应用

蛋白酶抑制剂是一类蛋白质,抗虫机理在于它与昆虫消化道内的蛋白酶、消化酶活性部位或变构部位结合,抑制蛋白酶的催化活性,从而阻断或减弱蛋白酶对于外源蛋白的水解作用,导致蛋白质不能被正常消化;同时酶抑制剂复合物能刺激消化酶类的过量合成和分泌,引起某些必需氨基酸(如甲硫氨酸)的缺乏,扰乱昆虫的正常代谢,最终导致昆虫的发育不正常甚至死亡。此外,蛋白酶抑制剂可能通过消化道进入昆虫的血淋巴系统,从而严重干扰昆虫的蜕皮过程和免疫功能,导致昆虫不能正常发育。蛋白酶抑制剂对于人畜是无害的,其原因在于人畜的消化机理和昆虫不同。对于人畜,蛋白酶主要存在于肠道中,而蛋白酶抑制剂在胃中的酸性条件下,被胃蛋白酶分解。

目前已克隆的蛋白酶抑制剂基因有马铃薯蛋白酶抑制剂基因和豇豆胰蛋白酶抑制剂基因等。利用这些基因已获得了抗虫的烟草、番茄、棉花、水稻、玉米等转基因植物。

3. 植物凝集素基因及其应用

植物凝集素是一类至少具有一个可与单糖或寡聚糖特异性可逆结合的非催化结构域的植物蛋白。已经发现多种植物凝集素具有抗虫性,特别是对蚜虫、稻褐飞虱、叶蝉等同翅目害虫以及线虫。其抗虫作用的确切机理目前尚不清楚,一般认为,植物凝集素与昆虫消化道上皮细胞的糖蛋白结合,降低了膜通透性,影响营养物质的正常吸收。同时,植物凝集素可能在昆虫消化道内诱发病灶,促使消化道内细菌繁殖,使昆虫感病、拒食、生长发育受抑制,甚至死亡。目前应用最多的植物凝集素主要有雪花莲凝集素、麦胚凝集素、豌豆凝集素和苋菜凝集素等,已报道的抗虫凝集素转基因植物有玉米、水稻、马铃薯、小麦和番茄等。但利用植物凝集素基因获得的转基因植株是否对人畜无害,还有待于进一步证实。

4. 其他抗虫基因

植物在受到伤害时可产生大量几丁质酶,该类酶可降解作为昆虫外部骨架结构及真菌细胞壁主要成分的几丁质,因此可作为植物的一种抗虫蛋白基因。从胡蜂、蝎子、蜘蛛毒液中分离到的一些昆虫毒素基因也有抗虫作用,因为这些毒素可能干扰昆虫的神经系统,引起麻痹而死亡。如将蜘蛛神经毒素基因导入烟草,表现出对棉铃虫有较强的抗性。另外,将昆虫激素基因导入植物,有可能干扰昆虫交配、栖息习惯或发育,从而达到控制虫害的目的。

9.6.2 抗病转基因植物

植物抗病毒病害基因工程所选用的目的基因主要有病毒的外壳蛋白基因、病毒复制酶基因、病毒反义 RNA 基因、病毒卫星 RNA 和中和抗体等。

1. 几丁质酶转基因植物

几丁质酶(chitinase)广泛存在于植物和微生物中,它能降解几丁质。几丁质是许多植物病原真菌细胞壁的主要成分,因而利用几丁质酶转基因植物在防治植物真菌病害中有重要意义。几丁质酶对真菌的抑制作用是通过水解菌丝尖端新合成的几丁质而实现的。

2.植物抗毒素转基因植物

植物抗毒素是植物抵抗病原真菌侵染所产生的有毒性低分子化学物质,目前已从不同的植物中鉴定了 200 多种植物抗毒素,它们大多数是类黄酮与类萜类物质。病原真菌对非宿主植物抗毒素比较敏感,大量研究表明,抗毒素的产生速度、累积量和植物的抗病性密切相关。将植物抗毒素基因导入植物,可以获得抗真菌病害的转基因植物。

3.复制酶

复制酶(特异性依赖于病毒 RNA 的 RNA 聚合酶)是病毒基因组编码的自身复制不可缺少的部分,特异性地合成病毒的正负链 RNA。人为切除复制酶活性中心部位核苷酸序列,将缺陷的基因导入植物表达的不稳定蛋白质产物会干扰病毒复制过程中复制酶复合体的形成及功能的发挥,从而使转基因植株表现出抗病性。

4.病毒的外壳蛋白基因

关于病毒外壳蛋白基因抗病毒机理,目前有几种假说。一种假说认为:外壳蛋白基因在植物细胞内表达、积累,当入侵的病毒裸露核酸进入植物细胞后,会立即被这些外壳蛋白重新包裹,从而阻止病毒核酸分子的复制和翻译。另一种假说认为:植物细胞内积累的病毒外壳蛋白会抑制病毒脱除外壳,使病毒核酸分子不能释放出来。然而最近的研究表明,如果病毒外壳蛋白的 AUG 起始密码缺失,使之不能被翻译,或者将外壳蛋白基因变成反义 RNA 基因,整合到植物细胞染色体上,则转基因植物有很好的抗性。因此,有人认为抗性机理不是外壳蛋白在起作用,而是外壳蛋白基因转录出 RNA 后,与入侵病毒 RNA 之间的相互作用产生抗性。

利用外壳蛋白基因介导的抗病毒性还存在一些问题:①转基因植物对病毒的抗性有局限性,仅限于特定的病毒或密切相关的病毒;②转基因植物大多数只是发病延缓,一般为两周,并非根治;③存在转基因植物表达的外壳蛋白包被新病毒核酸形成新的杂合病毒的危险。

9.6.3　抗除草剂转基因植物

抗除草剂的基因按其作用原理可分为编码能分解除草剂的酶、扩增被除草剂破坏的酶以及通过替换氨基酸而不被除草剂识别的酶三种。目前抗除草剂植株已得到非常广泛的应用,针对的除草剂主要有草甘膦、草丁膦、绿黄隆、溴苯腈等。草甘膦除草剂是最先开发的一种有机磷除草剂,草甘膦的突出优点有高效、广谱、易降解、不污染环境等。它能抑制 5-烯醇式丙酮酸莽草酸-3-磷酸合成酶(EPsPs)的合成,该酶在芳香族氨基酸合成中起关键作用,最终由于芳香族氨基酸的缺失而阻碍植物的正常生长,但过量的 EPsPs 反而能使植物细胞产生抗药性。从细菌中分离出能够编码 EPsPs 的基因 *aroA*,将其转入烟草等作物研究其抗性,结果表明转基因作物对草甘膦的抗性增加了 10 倍,田间喷施该除草剂后真正做到草死苗长。草丁膦能抑制谷氨酰胺合成酶(GS)活性,植物的叶片或其他绿色组织吸收它后能导致在植物细胞内氨的含量在较短时间内大量增多。而氨的积累将直接导致光系统 I 和光系统 II 反应受阻,从而引起跨膜 pH 梯度下降,叶绿体结构随之解体,最终植株因光合作用受阻、有机物供应不足而死亡。在乙酰 CoA 存在的情况下,乙酰 CoA 转移酶能够催化乙酰 CoA 与草丁膦的游离氨基结合,从而使除草剂失活。从链霉菌中分离出的编码乙酰 CoA 转移酶的基因称为 *bar* 基因,将 *bar* 基因导入马铃薯、烟草和番茄中获得抗草丁膦转基因植株,结果表明其转基因植株的除草剂耐受性是普通植株的 4~10 倍。

9.6.4 抗逆性转基因植物

环境条件的变化对植物的生长发育有重要的影响,严重时会造成植物大规模减产,培育抗逆性作物是作物育种的主要目标之一。目前研究较多的抗逆性作物主要是抗干旱、盐碱、冻害等胁迫因素。

甜菜碱是植物的一种重要的渗透调节物质,许多高等植物在受到干旱、盐胁迫时积累大量的甜菜碱,其积累有利于提高植物的抗旱、抗盐性。甜菜碱在植物体内是以胆碱为底物经两步反应合成的,即胆碱加单氧酶催化胆碱氧化成甜菜碱醛,然后,甜菜碱醛脱氢酶催化甜菜碱醛形成甜菜碱。由于甜菜碱合成途径简单,进行遗传操作方便,因此甜菜碱合成酶基因是目前使用最多的胁迫抗性基因之一。

脯氨酸也是许多植物的渗透调节物质,在中性条件下不带电,水中溶解度较高,可以作为渗透平衡物质及亚细胞结构的保护物质,脯氨酸的积累对大分子与溶剂的相互作用也几乎没有影响,并可以增加水的内流,减少水的外流,从而保护细胞的结构。在渗透或干旱胁迫下,脯氨酸的积累可以增加酶的稳定性,保护酶的活性,防止质膜损伤,保护多核糖体的正常功能。已经证明,脯氨酸合成酶 P5cs 是植物中脯氨酸合成的限速因子,植物中 *P5cs* 基因对干旱胁迫下的脯氨酸合成起主要作用。将 *P5cs* 基因转入烟草,发现转基因烟草中脯氨酸含量比对照组高 10~18 倍,在干旱胁迫下的抗渗透能力明显增强。

果聚糖是一种可溶性的聚果糖分子,可帮助植物耐受干旱引起的渗透胁迫。研究发现,转果聚糖蔗糖酶基因(*sacB*)的烟草在正常条件下,与对照作物无显著差异;而在干旱胁迫下,转基因烟草中果聚糖的含量比对照组高 7 倍,转基因烟草中果聚糖的积累能明显提高植株的抗旱性。

植物的耐盐是在一系列酶的调节下发挥作用的,这些酶分别参与植物的渗透调节、离子区域化和离子的选择性吸收。参与植物细胞内渗透调节的是一类小分子有机化学物质如脯氨酸、甜菜碱等,这些小分子的合成酶是耐盐相关基因研究的一个重点。通过对渗透调节剂合成基因的克隆和转移,可大大提高植物的抗盐性。例如,将大肠杆菌和菠菜的甜菜碱醛脱氢酶基因转移到烟草中,获得了具有高抗盐能力的转基因植株;将枯草芽孢杆菌果聚糖合成酶基因转移到烟草细胞后,也获得了具有高抗盐能力的转化株。

植物在低温下一般会遭到不同程度的伤害,包括寒害(chilling injury)和冻害(freezing injury)两个方面,两者之间有着明确的界限。一般说来,寒害是指 0 ℃以上的低温对农作物生长造成的伤害,而冻害则是指 0 ℃以下的低温对农作物的生长造成的伤害,主要是植物体内结冰,导致细胞受伤,甚至死亡。每年由于低温寒害引起的作物损失巨大,而传统的抗寒育种方法对提高植物抗寒性的作用不大。抗冻蛋白是一种能降低冰点和减少冰晶生长速度的蛋白质,在许多植物中都存在抗冻蛋白。将黄盖鲽抗冻蛋白基因转移到番茄和烟草中,其组织提取物冰晶的生长明显受到抑制,使未经低温驯化的植株具有较强的抗寒能力,能抵御寒冷的气候。

9.6.5 品质改良的转基因植物

改良品质涵盖的范围十分广泛,包括改良植物的蛋白质、淀粉、油脂、铁、维生素和糖的含量或品质,改良花卉的花色、形态、香味、花期和光周期,改良饲料作物和牧草的营养成分及其可消化性等。

　　制作品质优良的面包,要求小麦面粉的面筋蛋白含较多高相对分子质量的蛋白质亚基,这样的小麦面筋蛋白才有良好的延伸性和弹性。对某些质量差的小麦品种,用传统的育种方法不能解决其高相对分子质量蛋白质亚基的缺乏问题,但利用转基因技术可解决。

　　改变淀粉结构有着很多潜在的应用价值。高支链、高直链淀粉都有着广泛的工农业用途。基因工程改变淀粉质量集中于对淀粉合成的 3 个关键酶(GPP、SS 和 SBE)的操作上。一般是通过导入某个酶基因的正义结构或反义结构,影响细胞内酶的含量或活性,从而实现对淀粉结构的控制。

　　随着对番茄、香蕉、苹果、菠菜等果蔬成熟及软化机理的深入研究和基因工程技术的迅速发展,通过转基因的方法直接生产耐储藏果蔬已成为可能。促进果实和器官衰老是乙烯最主要的生理功能。在果实中乙烯生物合成的关键酶主要是乙烯的直接前体——1-氨基环丙烷基-1-羧酸合成酶(ACC 合成酶)和 ACC 氧化酶。在果实成熟中这两种酶的活力明显增加,导致乙烯产生量急剧上升,促进果实成熟。在对这两种酶基因克隆成功的基础上,可以利用反义基因技术(根据碱基互补原理,将人工合成或生物体合成的特定互补的 DNA 或 RNA 片段(或其化学修饰产物)导入靶细胞,形成 mRNA-DNA 或 mRNA-RNA 杂交双链,从而抑制或封闭基因表达,使其丧失活性,达到基因控制和治疗的目的)抑制这两种基因的表达,从而达到延缓果实成熟、延长保质期的目的。所用的目的基因还包括与细胞壁代谢有关的多聚半乳糖醛酸酶(PG)、纤维素酶和果胶甲酯酶基因。反义 PG 转基因番茄还具有更强的抗机械损伤和真菌侵染能力,且有更高的果酱产率(图 9-23)。

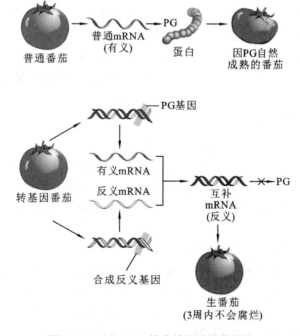

图 9-23　反义 RNA 技术培育耐储藏番茄

　　铁是人体必需的微量营养素,缺铁是全世界,特别是发展中国家最主要的营养问题之一。据世界卫生组织 2003 年报道:在全世界人口中,约 20 亿人由于缺铁而患有贫血,发展中国家有 30%～40% 的幼儿和育龄妇女缺铁。目前,已经分离和克隆了一些相关基因,如铁螯合物还原酶基因、铁转运激活蛋白基因和铁转运体基因等。将外源的铁吸收和转运基因导入植物，可以提高植物的铁含量。

玫瑰有 5000 多年的人工栽培历史,迄今已培育出 2500 多个品种,但始终没有蓝玫瑰的身影。这是由于玫瑰花没有产生蓝色素的基因,无法生长出蓝色花瓣,因而英语"bluerose"(蓝色玫瑰)有"不可能"之意。2008 年 11 月 1 日,日本三得利公司展出了世界上首次培育出的真正的蓝玫瑰,它被植入三色紫罗兰所含的一种能刺激蓝色素产生的基因,花瓣因而自然呈现蓝色。

9.6.6 植物生物反应器

植物生物反应器是以常见的农作物为制造工厂,通过植物基因工程途径,生产医用蛋白、工农业用酶、人体或者动物疫苗、特殊碳水化合物、脂类及其他一些次生代谢产物等生物制剂的高新技术。

1.植物生物反应器的优点

许多研究证实植物系统具有表达活性哺乳动物蛋白的能力,在产品质量、成本和安全方面已显现出优势,并很快得到科学家和生物制药业的认可。科学家预测,不久的未来,植物生物反应器很可能成为生物化学药物及多种药用蛋白的重要生产系统。植物作为生产药用蛋白的生物反应器,为人类提供了一个更为安全和廉价的生产系统,与微生物发酵、动物细胞和转基因动物等生产系统相比,它具有许多潜在的优势。以生物学生产要求很高的疫苗为例,它的优点如下:①技术较成熟,成本低廉,使用方便,易于推广;②植物具有完整的真核细胞表达系统,能准确地进行翻译后加工;③不需提取纯化过程,可直接食用;④比传统的免疫途径更有效,植物细胞中的疫苗抗原通过胃内的酸性环境时可受到细胞壁的保护,直接到达肠内黏膜诱导部位,刺激黏膜和全身免疫反应;⑤安全性好,不需要注射器和针头之类的设备,避免了某些血液传播疾病;⑥到目前为止还没有植物病原物感染人类或动物的报道,因此植物生物反应器避免了人或动物潜在病原物的污染;⑦易于储存和分发,不需要冷藏设备,适于大范围给药。

2.植物生物反应器的应用

1)利用植物生物反应器生产药用蛋白

近 30 年来,转基因植物作为生物反应器,成功表达了大量有价值的药用蛋白,使得转基因药用蛋白的工业化生产成为可能,并呈现出良好的市场前景及极大的商业价值,促进了医药领域的快速发展。目前,利用转基因植物生产药用蛋白越来越受到关注,但转化基因表达量低一直制约着工业化的生产。

2)利用植物生物反应器转基因植物生产可食疫苗

利用转基因植物作为生物反应器规模化生产可食疫苗是一个新兴的研究领域。随着生物技术的不断发展,植物生物反应器将成为疫苗生产的有效途径。目前已报道的疫苗主要包括五类:细菌疫苗、病毒疫苗、避孕疫苗、寄生虫疫苗和糖尿病疫苗。近年来对转基因植物疫苗的研究也取得了重大的进展。目前在植物中成功表达的动物和人类疫苗有几十种,主要涉及乙肝表面抗原(HBsAg)基因、大肠杆菌热敏肠毒素 B 亚单位(LT-B)基因、狂犬病病毒糖蛋白(G蛋白)基因、口蹄疫病毒(VP1)基因、轮状病毒基因等。

3)利用植物生物反应器生产抗体

将编码全抗体或抗体片段的基因导入植物,在植物中表达出的具有功能性识别抗原及结合特性的全抗体或部分抗体片段称为植物抗体。1989年美国生物学家Hiatt从小鼠中克隆IgG的重链和轻链基因并导入烟草,通过有性杂交得到F₁抗体,即成功组装的功能性抗体,就此开创了植物抗体的先河(图9-24)。目前,利用转基因植物表达的抗体包括完整的抗体分子、分泌型抗体IgA、IgG、单链可变区片段(scFv)、Fab片段以及嵌合型抗体等不同类型的抗体。

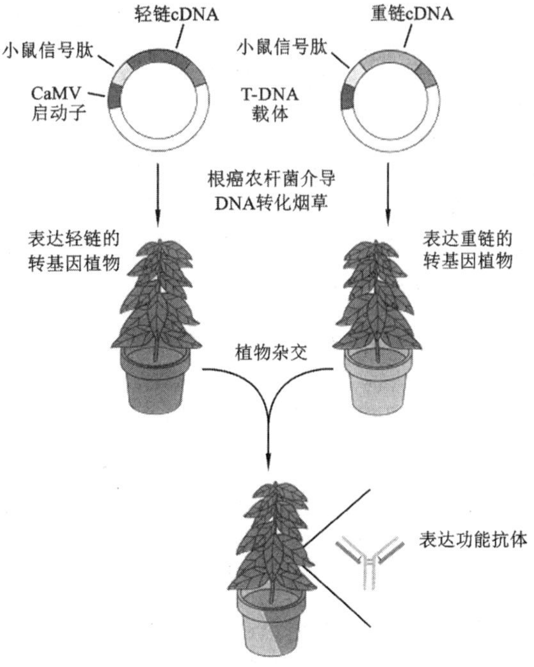

4)生产有用的生物资源

发达国家特别是美国采用植物生物反应器这种"分子农业"的方法,已经成功地生产出多种高新生物技术产品,包括特殊的饱和或不饱和脂肪酸、改性淀粉、环糊精或糖醇、次生代谢产物、工农业用酶以及一些高经济附加值的药用蛋白、多肽,一些研究机构和公司已经开始从这些产品生产中获得巨大的经济效益。

3. 植物生物反应器存在的问题

现阶段植物生物反应器也存在一些问题和不足之处,主要表现有基因沉默、表达水平低、重组蛋白质中糖链结构的改变、下游生产成本高、转基因药品的安全性问题等。如对于转基因产品的安全性目前存在着很大的争议,尤其是在口服药物和口服疫苗方面。公众对转基因产品的接受和认可程度还不够,从而使转基因产品的市场化进程受到影响。因此,一方面要加大宣传普及力度,另一方面要对转基因产品的潜在危险性进行充分评价,开发清洁载体,防止目标产物受到污染,同时还要制定相应的安全和管理法规等。

图 9-24　转基因烟草表达小鼠抗体

9.7 转基因植物的安全性评价

据不完全统计,自1983年第一株转基因植物问世以来,已对30多科300多种植物进行了遗传转化。但转基因植物大面积种植进展缓慢,其原因主要在于公众对环境安全性和食品安全性的担忧。转入植物的外源基因扩散对生态环境的危害性和严重性目前无法预测,因此必须对转基因植物进行安全性评价。从理论上说,转基因技术和常规杂交育种都是通过优良基因重组获得新品种的,常规育种的安全性并未受到人们的质疑,而转基因技术是把任何生物甚至人工合成的基因转入植物,因为这种事件在自然界是不可能发生的,所以人们无法预测将基因转入一个新的遗传背景中会产生什么样的作用,故而对其后果存在着疑虑。而要消除这一疑虑就要经过合理的试验设计和科学的试验程序,使人们可以判断转基因植物的田间释放或大规模商品化生产是否安全。经试验证明安全的转基因植物可以正式用于农业生产,否则要加以限制,以免危及人类生存以及破坏生态环境。

转基因植物的安全性评价主要集中在两个方面:环境安全性和食品安全性。

9.7.1 转基因植物的食品安全性评价

1.公众对转基因食品的担忧

转基因植物从诞生以来,其食品安全性一直是科学界、政府和广大消费者关心的焦点。目前,人们对转基因植物食品安全性的担忧主要体现在以下五个方面:

(1)转基因食品是否与传统食品一样,可以提供人类或动物生长繁衍必需的营养物质。人们担心转基因操作可能导致某种营养物质的减少,甚至缺失,从而造成营养水平发生变化,影响食用价值,长期食用后对人体产生难以预料的影响。

(2)转基因食品对人体或动物是否具有毒性。很多消费者常有以下疑虑:长期吃转基因食品会影响身体健康吗? 吃了转基因食品会被转基因吗? 为什么害虫吃了含 Bt 基因的植物会死亡,而人吃了没事呢? 支持转基因的人认为:一般来说,食物要先经加热煮熟然后再吃,蛋白质加热后会变性。实验表明,Bt 蛋白在 60 ℃水中煮 1 min 就失去了活性;Bt 蛋白前体只有在昆虫肠道的碱性环境下才能加工成有毒的蛋白质,而人畜的胃环境是酸性的,而且 Bt 蛋白不能跟人畜肠道细胞结合;不管生吃还是煮熟后再吃,被人畜吃下去的 Bt 蛋白最终都会像其他蛋白质一样被消化和分解掉。几十年前,苏云金芽孢杆菌就被作为生物农药使用,大面积种植含 Bt 基因的抗虫转基因农作物也有 20 多年,迄今为止还没有发现一例人畜因吃了这种含 Bt 基因的抗虫转基因作物而中毒的例子,因此,Bt 基因对人和哺乳动物都十分安全。我们每天都"满口基因"地吃着,因为我们常吃的蔬菜水果的每个活细胞里都包含大量的基因,几千年来,我们一直吃着。因此,我们吃转基因食品也不可能被转基因。

(3)转基因食品是否比传统食品的过敏性强。过敏性的产生可能有三个方面的原因:①转入基因表达的蛋白质产物可能对人体存在过敏性;②转基因操作可能引发植物体内源的过敏性物质含量升高;③转基因操作可能导致植物产生新的过敏性物质。

(4)转基因食品中的抗生素抗性基因的安全性问题。转基因生物基因组中插入的外源基因通常连接了抗生素标记基因,用于帮助转化子的选择。抗生素标记基因可能产生的不安全因素包括两个方面:①标记基因的表达产物是否有毒或有过敏性,以及表达产物进入肠道内是否继续保持原来的催化活性;②标记基因的水平转移。由于微生物之间可能通过转导、转化或接合等形式进行基因水平转移,标记基因转移到人体胃肠道有害微生物体内,可能导致微生物产生耐药性,影响抗生素的治疗效果。

(5)转基因食品是否存在非期望效应。转基因是否会使原来沉默的毒素合成途径得以激活。在植物的进化过程中,会有因突变而沉默的代谢途径,这些代谢途径的产物或者中间产物有可能是毒素。若转基因植物具有长期安全食用的历史和长期的育种进程,则沉默的代谢途径被育种过程中导入的外源基因激活的可能性不大。但对于没有长期食用和育种历史的作物,则需要进行评价,因为缺乏必要的信息来预测这些作物产生毒素的可能性。

已知常见的植物毒素及抗营养因子有生氰素、葡萄糖异硫氰酸盐、配糖生物碱、棉籽酚、凝集素、草酸盐、酚类物质、植酸盐、蛋白酶抑制剂、皂素和单宁等。在转基因后,以上成分及主要营养成分是否有改变,是食品安全性分析的重要内容。

目前的科学技术水平还不足以精确预测一个基因在一个新的遗传背景中会产生什么样的相互作用,而且转基因植物中基因的表达受环境等多种因素的影响。此外,还存在基因的多效性、体细胞变异等问题,要精确地预测转基因植物可能产生的所有基因效应尚有困难,因此转基因植物释放到自然界之前必须进行安全性评价。充分保障转基因植物的安全性,消除消费者的疑惑,才能促进转基因产业的健康发展。

2.转基因植物食品安全性评价的原则

虽然对转基因植物的安全性评价还存在着诸多不确定因素,但是各级组织及科研人员一直致力于在现有科技水平上尽最大可能保证转基因产品的安全性,以使其发挥最大的经济与社会效益,更好地为人类服务。目前对转基因植物的食品安全性评价已经制定出一套较为完整的评价体系,其主要的评价依据如下。

1)科学原则(science-based)

科学原则是指在对转基因生物进行安全性评价的过程中应该以科学的态度,采用科学的方法,利用科学试验获得的数据和试验结果来进行科学和客观的评价。

2)实质等同性原则(substantial equivalence)

若某一转基因食品和传统食品具有实质等同性,即该转基因食品的特性与其非转基因亲本生物或同类传统产品,除转基因所导致的性状以外,在营养成分、毒性以及致敏性等食品安全性方面没有实质性差异,则认为是安全的;若某一转基因食品和传统食品不具有实质等同性,则需要从营养性和安全性等各方面进行更全面的评价和分析。

3)预先防范的原则(precautionary)

对于转基因生物可能带来的生物安全性问题及风险应该给予充分的重视,并对转基因生物可能带来的风险有充分的预见性而采取必要的安全评价和防范措施,即使目前没有确实的证据证明该危害必然发生,也应该采取必要的评价和预防措施。

4)个案评价的原则(case by case)

因为转基因生物及其产品中导入的基因来源、功能各不相同,受体生物及基因操作也可能不同,所以必须对不同的转基因生物应进行逐个评估。这意味着,不能将某一类特定转基因生物或产品进行生物安全性评价的结果和结论,任意和无原则地拓展到其他类型的转基因生物及其产品上。

5)逐步评估的原则(step by step)

要求对转基因生物及其产品依次在每个环节上进行风险评价,并以每一步试验累积的相关数据和结果作为是否进入下一步安全性评价的基准。根据逐步评价的原则,每一步的生物安全性评价均可能有三种结果:第一,转基因生物可以进入下一阶段的评价;第二,转基因生物暂不能进入下一阶段的评价,需要进一步在本阶段补充必要数据和信息;第三,转基因生物由于存在生物安全性问题不能继续进行评价。

6)熟悉性原则(familiarity)

确认对转基因生物受体种类的有关生物学性状、食用历史的背景知识,以及与其他生物种类或环境的相互作用等方面情况的熟悉和了解程度。同时,也要求对转入的目的基因在上述各方面有相当程度的了解。这样才能在安全性评价过程中对其转基因生物是否会导致风险进行有效及合理的预测。

7)公正、透明原则(impartial and transparent)

安全评价要本着公正、透明原则,让公众信服,让消费者放心。

3.转基因植物食用安全性评价的内容

我国对转基因植物及其产品的食用安全性评价的内容包括以下几个部分:①转基因植物

及其产品的基本情况,包括供体与受体生物的食用安全情况、基因操作、引入或修饰性状和特性的叙述、实际插入或删除序列的资料、目的基因与载体构建的图谱及其安全性、载体中插入区域各片段的资料、转基因方法、插入序列表达的资料等;②营养学评价,包括主要营养成分和抗营养因子的分析;③毒理学评价,包括氨基酸序列比对、急性毒性试验、亚慢性毒性试验等,其依据是 2004 年修订的"食品毒理学评价程序与方法";④过敏性评价,主要依据 FAO/WHO 提出的过敏原评价决定树依次评价,包括氨基酸相似性比较、血清筛选试验、模拟胃液消化试验、动物模型试验等;⑤其他,包括转基因植物及其产品在加工过程中的安全性、转基因植物及其产品中外来化合物蓄积资料、非期望效应、抗生素抗性标记基因安全等。

9.7.2 转基因植物生态环境的安全性评价

1.目标害虫对转基因植物的抗性

自然界生物间的协同进化或生物与非生物抑制因子间的对抗可能出现生物适应或被淘汰的结果。根据协同进化理论,转基因抗病虫作物的应用也将面临目标害虫对抗性植物的适应和产生抗性的问题。通常选择压力越大,害虫抗性产生得越快。以转 Bt 基因为例,Bt 蛋白在植物各营养器官中的表达通常是高剂量的持续表达,因此提高了对害虫的选择压力,可能促使害虫对 Bt 作物产生抗性,从而削弱 Bt 作物的经济效益和优势。

此外,抗虫转基因作物的大量种植,还可能发生目标害虫的"行为抗性"和宿主转移现象。一方面,害虫可能区分 Bt 蛋白在植株不同部位的表达量,从而选择性地取食 Bt 毒素含量较低的部位,提高种群的存活率;另一方面,如果目标害虫宿主植物来源较广,在不适口的情况下转至非转基因作物上危害。目前尚无证据表明目标害虫对转基因植物产生抗性。尽管如此,国际上普遍提倡通过转基因植物种子和非转基因种子混合播种、提供非转基因作物庇护所、种植替代宿主植物或提高自然植被多样性等策略,预防和应对目标害虫对转基因植物产生抗性的问题。

2.转基因植物对非目标害虫的毒性及其宿主嗜好性的影响

转基因植物本身及其转入基因编码产物不仅会对目标生物起作用,还有可能对非目标生物产生直接毒性作用,或通过食物链和食物网对非目标生物产生间接影响。这方面的评估指标通常包括非目标生物的生物学特性指标。在田间,由于转基因作物对目标害虫具备很强的针对性,目标害虫的种群数量下降,导致生物群落中种与种间竞争格局发生变化,某些非目标害虫由于其较强的适应性而成为主要害虫。

3.转基因植物对有益生物及天敌的影响

转基因植物不仅要控制目标害虫,而且必须与天敌协调共存。随着转基因植物的大面积推广,其花粉对家蚕等经济昆虫和传粉蜂类的潜在影响受到关注。此外,转基因植物的环境释放,有可能通过基因水平转移、根系活性分泌物改变和残体中生化成分的改变影响整个土壤生态系统的功能。

转基因抗虫植物表达的杀虫蛋白不仅作用于目标害虫,也必然影响非目标害虫和天敌的生活力。这些影响包括转基因植物表达的毒蛋白或改性蛋白对天敌存活和发育的直接毒害或通过害虫对天敌产生的间接毒害,天敌对转基因作物的目标害虫行为、生理、生殖的反应,天敌种类及种群数量的变化,天敌群落结构和种群动态的变化等。

4.转基因植物对生物多样性及环境生态系统的影响

在生态环境中稳定下来的转基因植物,可能在生态系统中通过食物链产生累积、富集和级联效应。转基因作物由于有较强的针对性和专一性,会使生物群落结构和功能发生变化,一些物种种群数量下降,另一些物种种群数量急剧上升,导致均匀度和生物多样性降低,系统不稳定,影响正常的生态营养循环流动系统。转基因植物对生物多样性和生态系统的影响可能是微妙的、难以觉察的,需要进行长期的监测和研究。目前影响较大的相关报道有美国黑脉金斑蝶事件、墨西哥玉米受污染事件、加拿大抗除草剂油菜事件。

5. 基因漂移及杂草化问题

转基因植物可能通过与野生植物异种杂交而使目的基因进入野生植物,从而引发基因漂移(指的是一种生物的目的基因向附近野生近缘种的自发转移,导致附近野生近缘种发生内在的基因变化,具有目的基因的一些优势特征,形成新的物种,以致整个生态环境发生结构性的变化)。发生基因漂移需要具备两个条件:一是该转基因植物可与同种或近缘种植物进行异花授粉;二是这些同种或近种植物与该转基因植物在同一区域种植,而且转基因植物的花粉可以传播到这些植物上。根据这两个条件,转基因玉米、甜菜、油菜及一小部分转基因水稻有可能产生基因漂移。基因漂移的后果是产生适应性或竞争力更强的品种,从而导致生态系统的失衡。如果转基因植物中外源基因表达的是提升植物繁殖优势的特性,如抗除草剂、抗霜冻、延长种子在土壤中的活性时间、调节花期、植物固氮能力等特性,则更可能发生这种生态系统的失衡。如果转基因植物可使野生植物具有抗虫特性,则可影响野生植物所维持的昆虫自然种群数量和群落结构,威胁某些生物的生存。如果这种基因漂移发生在转基因作物和生物多样性中心的近缘野生种之间,则可能降低生物多样性中心的遗传多样性;如果这种基因漂移发生在转基因植物和有亲缘关系的杂草之间,则可能产生难以控制的杂草。此外,转基因抗病毒植物可能通过重组过程产生新的植物病毒株系,这对自然生态系统的风险难以估量。

6. 应用转基因植物后植保费用的变更

目前应用的大多数抗虫转基因植物所使用的目的基因为 *Bt* 基因,不同的毒素基因分别具有高度专一性,只能作用于其靶标害虫。由于转基因抗虫植物的应用,对目标害虫的田间用药量将会大幅度下降,可能导致次要害虫种群增长,进而增大农药的使用量,降低转基因植物的预期经济和环境效益。

由于对转基因植物的潜在风险尚不明确,各国政府及公众对转基因植物及其产品的态度表现不一。我们不能因为转基因植物的应用存在风险就束之高阁,而应该将其风险与给农业、消费者和环境带来的利益进行衡量和比较,大力发展风险评估技术体系,定量评估其风险程度,长期监测其潜在生态风险,以期最大限度地控制转基因植物商业化生产过程中的生态风险,推动转基因植物的研究、开发和应用。

思考题

1. 名词解释:转基因植物、植物转化系统、种质转化系统、Ti 质粒、T-DNA、卸甲载体、双元载体、共整合载体、超级双元载体、选择标记基因、报告基因、反义 RNA 技术、植物生物反应器、基因沉默、基因漂移。
2. 植物转基因技术的基本途径主要包括哪些?
3. 试述良好的植物基因转化受体系统应满足的条件。
4. Ti 质粒可分为哪些功能区域? 各功能区域有哪些特点?
5. Ti 质粒介导基因转化的原理是什么?

6.试述叶盘法转化的主要步骤。

7.试述影响农杆菌侵染效率的因素。

8.植物遗传转化方法主要分为哪几类？简述根癌农杆菌 Ti 质粒介导转化的基本程序。

9.试述解决选择标记基因安全性的策略。

10.转基因植株检测的主要内容有哪些？其检测对象是什么？可以使用哪些检测方法？

11.分析出现基因沉默现象的可能原因。

12.试述植物转基因应用的领域。

13.试述提高外源基因在植物中表达效率的策略。

14.有人认为,转基因新产品也是"双刃剑",有如水能载舟也能覆舟,甚至可能带来灾难性的后果,你是否支持这一观点？如果支持,请列出你的理由。

15.怎样剔除转基因植物中筛选标记基因？

扫码做习题

参考文献

[1] 杜彦艳,单保恩.报告基因荧光素酶在科研中的应用[J].中华肿瘤防治杂志,2009,16(9):715-718.

[2] 赵佩,王轲,张伟,等.参与农杆菌侵染及 T-DNA 转运过程植物蛋白的研究进展和思考[J].中国农业科学,2014,47(13):2504-2518.

[3] Tzfira T,Li J,Lacroix B,et al. *Agrobacterium* T-DNA integration:molecules and models[J]. Trends in Genetics,2004,20(8):375-383.

[4] 贺熙勇,陈善春,彭爱红.转基因植物的分子检测与鉴定方法及进展[J].热带农业科技,2008,31(1):39-44.

[5] Gelvin S B. Plant DNA repair and *Agrobacterium* T-DNA integration [J]. International Journal of Molecular Sciences,2021,22(16):8458.

[6] 叶文兴,孔令琪.影响根癌农杆菌转化效率的因素综述[J].中国草地学报,2019,41(3):142-148.

[7] 韩锐. 白桦 T-DNA 插入突变体的鉴定及突变基因 *BpCOI1* 功能研究[D].哈尔滨:东北林业大学,2020.

[8] 田野,柴薇薇,包爱科,等.生物安全型选择标记基因及其应用研究进展[J].植物生理学报,2017,53(3):352-362.

[9] 赵凯,朱宏,赵星海,等.转基因植物环境安全性研究进展[J].生物学通报,2009,44(4):8-11.

[10] 叶凌凤,王映皓,贺舒雅,等.无选择标记的植物转基因方法研究技术进展[J].中国农业大学学报,2012,17(2):1-7.

[11] 卓勤,杨晓光.转基因食品的安全评价:中国疾病预防控制中心达能营养中心.达能

营养中心 2019 年论文汇编:转基因食品与安全[C].北京:出版者不详,2019.

[12] 罗滨,陈永康,王莹.植物外源基因拷贝数及插入位点的检测方法与技术[J].河南师范大学学报(自然科学版),2012,40(6):111-116.

[13] 张婷婷.植物非组培转化方法获得转基因植株[D].太原:山西大学,2011.

[14] 宋新元,张欣芳,于壮,等.转基因植物环境安全评价策略[J].生物安全学报,2011,20(1):37-42.

[15] 柳小庆,陈茹梅.增强外源基因在转基因植物中表达的策略[J].中国农业科技导报,2012,14(1):76-84.

[16] 王彩芬.植物遗传转化中选择标记基因的研究进展[J].生物技术通报,2009,(2):6-10.

[17] 王关林,方宏筠.植物基因工程[M].北京:科学出版社,2009.

[18] 朱延明.植物生物技术[M].北京:中国农业出版社,2009.

[19] 尹伟伦,王华芳.林业生物技术[M].北京:科学出版社,2009.

[20] 岳同卿,郎志宏,黄大昉.转基因植物外源基因的整合分析[J].生物技术通报,2009,(10):1-7.

第 **10** 章   转基因动物

【本章简介】 转基因动物技术是以特定的方法,将外源基因导入早期的胚胎细胞,并使之整合到染色体 DNA 上,通过生殖细胞系传递给后代,从而形成一类整合有外源基因的动物。近年来,由于大量研究结果的积累,转基因动物技术已被公认是基础生物学、医学和农业研究的重要手段之一,在生命科学的各个领域得以应用,为人类认识自身、战胜疾病提供了有力的工具。

10.1   转基因动物发展简史

转基因动物起源于 20 世纪 80 年代,由于转基因动物体系打破了自然繁殖中的种间隔离,使基因能在种系关系很远的机体间流动,因此它对整个生命科学产生了全局性影响。

10.1.1   转基因动物的起源

重组 DNA 技术的问世、细胞遗传学理论的日益完善以及胚胎操作技术的成熟,为转基因动物的出现提供了契机。20 世纪 70 年代初,一些科学家就开始尝试用各种方法向动物体内转移外源遗传物质。经过数年努力,终于找到向动物体内转移外源基因的可靠方法,证明了无论是来自微生物的基因还是来自动植物的基因,都可以在动物基因组中有效表达。

动物转基因的常规方法是显微注射法,由 Lin 发明于 1966 年。1974 年 Jaenisch 把猿猴空泡病毒 40(SV40)注入小鼠囊胚腔,得到部分体组织中含有 SV40 DNA 嵌合体小鼠,并利用逆转录病毒与小鼠卵裂球共培养把莫氏白血病病毒基因插入小鼠基因组,创建世界上第一个转基因小鼠系,从而拉开全球转基因动物研究的序幕。1977 年 Gordon 首先用显微注射的方法将外源 mRNA 和 DNA 注射到非洲爪蟾胚胎,发现被注入的核酸完全有功能。这些工作奠定了生产可以"获得新功能"的转基因动物的科学思想和方法。

1980 年 Gordon 等将 SV40 和人单纯疱疹病毒的人胸腺激酶基因整合后的质粒直接注入小鼠受精卵原核中,产生了世界上第一只转基因小鼠。1982 年 Palmiter 等利用显微注射法成功将人的生长激素基因注射到小鼠受精卵雄原核中,首次获得整合并表达生长激素(GH)外源基因的转基因超级"硕鼠",它们比普通小鼠生长速度快 2~4 倍,体形大 1 倍,这批"硕鼠"一时成为科技明星。

转基因动物技术在 1991 年第一次国际基因定位会议上被公认是遗传学中继连锁分析、体细胞遗传和基因克隆之后的第四代技术,并被列为生物学 126 年发展史中 14 个转折点之一。

10.1.2　转基因动物的快速发展

1985 年,Wagner 等用拼接有新霉素抗性基因的逆转录病毒感染胚胎干细胞(embryo stem cell,ES 细胞),获得嵌合体小鼠,为利用 ES 细胞制备转基因小鼠开辟了先例。同年,Hammer 等制备转基因兔、羊及猪成功,成为制备大型转基因动物的先驱。

1987 年,Thomas 利用 ES 细胞法结合同源重组技术,制备出 hprt 基因定点诱变的转基因小鼠,使 ES 细胞很快成为研究基因调节和功能的主要工具之一。1987 年,Gordon 等提出动物乳腺生物反应器的概念,并在转基因鼠奶中表达外源蛋白。1987 年,Simons 等把羊的 α-乳球蛋白基因导入小鼠基因组中,阳性小鼠乳腺中分泌出这种蛋白质。这表明外源蛋白基因在乳腺特异性启动子控制下,在家畜泌乳期可通过泌乳向外分泌外源蛋白,目前在生产药用蛋白方面运用最广的家畜乳腺生物反应器由此而来。

1989 年,Lavitrano 等首次用小鼠附睾精子与 DNA 温育产生转基因小鼠,转基因效率高达 30%,外源基因稳定整合到生殖细胞中,由此获得了转基因动物系。

1994 年,Sharma 等成功地获得能产人血红蛋白的转基因猪,为进行血液代用品的研究提供了材料。

1997 年,PPL 公司和 Roslin 研究所的 Schnieke 等在世界上首次报道了采用随机整合外源 DNA 羊胎儿成纤维细胞的核移植技术制备出转基因羊乳腺生物反应器,这是制备大型动物乳腺生物反应器有希望的技术平台。

2000 年,McCreath 等在大型家畜的胚胎成纤维细胞上进行了外源基因定位插入后的核移植克隆,选择Ⅰ型原胶原基因作为外源基因定位插入位点。Ⅰ型原胶原蛋白在成纤维细胞中高效表达,可以采用启动子捕获富集基因打靶中的靶细胞克隆。在此位点敲入 BLG-AAT 表达框架,AAT 获得了 650 mg/L 的表达量,远远高于显微注射 BLG-AAT 转基因羊的最高表达水平(18 mg/L)。随后,大型动物的外源基因定位整合获得成功,使大型动物的转基因技术进入一个新的发展时期。

2002 年,几家单位使用猪体细胞打靶和核移植技术分别制备出剔除 β(1→3)-半乳糖苷转移酶的克隆猪,这种猪缺乏细胞膜的种属表位抗原,避免了异种器官移植产生的超急性排斥反应,为异种器官移植提供了有希望的供体。

2004 年美国科学家宣布培育出世界上首只转基因猴,这是世界上首次培育成功的转基因灵长类动物,此项成果为人类最终战胜糖尿病、乳腺癌、帕金森病和艾滋病等顽症带来了曙光。

四十余年的时间,转基因动物技术取得了前所未有的进展,转基因兔、转基因猪、转基因牛、转基因猴、转基因鱼等都陆续被研制成功。利用转基因技术建立疾病动物模型与基因治疗动物模型已成为转基因动物研究的热点,有的已经进入应用阶段。同时,用转基因技术进行疫苗研究和利用体细胞核移植技术在反刍动物身上进行的应用研究也取得重要进展。

中国是世界上较早开展转基因动物研究与开发的国家之一,较大规模地进行转基因动物研究与产业化开发是由中国"863"计划资助的,它也是"863"计划最早实施的高新技术项目。开启中国转基因动物研究先河的是 1984 年陆德裕等将人 β-珠蛋白基因注入小鼠受精卵,得到转基因小鼠。1985 年中国首次在国际上成功获得转基因鱼。从那以后,经过研究者的努力工作,一些重要的转基因动物成果在中国陆续问世。1990 年国家"863"计划将转基因山羊乳腺生物反应器研究列入重大项目,中国农业大学农业生物技术国家重点实验室等科研机构攻关建立了动物乳腺生物反应器和体细胞克隆技术平台,动物乳腺生产的 IBDV 疫苗和干扰素标志着一个新的转基因动物研究与产业化高潮已在中国形成。2001 年周江等在基因剔除 Smad 小鼠研究中获得国内首例 Smad 条件基因打靶小鼠,标志着中国在生物技术领域又迈上了一个新台阶。2005 年王晓梅等采用共培养和脂质体介导两种方法将金黄地鼠附睾内的精子与 NFkB-luc$^+$ 质粒共孵育后,与成熟卵母细胞进行体外受精,用 PCR、Southern 印迹及荧光原位杂交技术检测,获得阳性胚胎率平均为 10%。2006 年张敬之等在国内首次用慢病毒载体法成功制备 GFP 转基因小鼠。目前大部分转基因家畜均已在中国获得成功,有的转基因动物品种正在处于开发生产之中,已引起学术界和产业界的高度关注。

10.2 转基因动物技术

转基因动物技术在发展过程中不断吸收其他生物技术发展的成果,丰富自身内容,拓宽使用范围。从转基因的构建体到获得转基因动物,过程较长,涉及的技术较多,影响因素也很多,各种转基因方法都有其特点,目前常用方法的特点比较列于表 10-1 中。下面就一些常规使用的转基因方法和目前正在发展中的方法的原理和发展概况进行介绍。

表 10-1 转基因方法比较

转基因方法	优　点	缺　点
显微注射法	转外源基因没有长度上的限制,基因的转移率高,在宿主染色体上的整合效率较高,实验周期相对较短	需要的仪器设备精密而昂贵,对操作者的技术要求高,开孔时容易对受体产生损伤,胚胎死亡率高,无法控制被导入的目的基因拷贝数,宿主 DNA 易突变等
逆转录病毒法	操作简便,可大量感染细胞,具有高拷贝数和高转化率。将外源目的基因整合到宿主基因组,呈单一位点单拷贝整合,整合率高,插入位点克隆分析较容易	逆转录病毒载体构建较为复杂,携带外源基因的能力有限(通常小于 10 kb),转基因动物大多为嵌合体,存在安全隐患
胚胎干细胞法	可用多种方法将外源基因导入胚胎干细胞,对转基因的细胞的鉴定和筛选较方便,克服了其他方法只能在子代筛选的缺点。打破物种界限,可以定向变异和育种,可以在胚胎早期进行选择,极有可能得到稳定遗传的动物新品系	个体成功率低,在不同物种中应用的成功率低,目前只限于小鼠,主要用于制作定点整合的转基因小鼠
精子载体法	简便易行,具有很好的物种适应性,对胚胎发育影响小	效果不够稳定,实验重复性很差,外源基因整合进基因组后基因出现严重的重排现象

10.2.1　外源基因导入动物细胞的方法

1.显微注射法

显微注射法(microinjection)是利用极细的玻璃毛细管,将外源基因片段直接注射到受精卵的原核期胚胎中,然后使外源基因嵌入宿主的染色体内,是目前使用最为广泛、发展最早的,也是最为有效的方法。

显微注射法是美国科学家 Gordon 等在研究小鼠转基因技术时发明的,这也是目前为止使用较多、比较有效的一种方法。显微注射法的具体做法是,在一台倒置相差显微镜下,用一根直径为 $80\sim100~\mu m$ 的细玻璃管将胚胎固定,再用另一根直径为 $1\sim5~\mu m$ 的玻璃管刺入细胞原核,把 DNA 溶液直接注射到原核期胚胎的一个或两个原核中。完成显微注射 DNA 的胚胎经过 $1\sim3~h$ 培养,证明未因显微注射而发生裂解后,即可直接移植到受体母畜的输卵管中;也可以转移到适当培养液中,让它们继续发育到桑葚胚或囊胚阶段,然后再进行胚胎移植。用这一方法建立转基因动物的过程至少涉及以下四个主要步骤:①构建外源基因表达载体并生产用于注射的 DNA 溶液;②准备供注射用的胚胎并制订显现原核的技术方案;③实施显微注射并将注射后的胚胎进行相应的技术处理,然后移植到受体母畜中;④对出生的幼畜进行基因整合和表达的检测,把筛选出来的转基因动物繁殖传代培育,进而建立转基因动物的家系和群体。其基本流程见图 10-1。

| 获得外源目的基因 | 显微注射入受精卵细胞 | 注射卵植入假孕小鼠子宫 | 后代幼鼠 | 后代幼鼠杂交 | 筛选获得转基因动物 |

图 10-1　显微注射法获得转基因动物流程

以显微注射法转外源基因没有长度上的限制,基因的转移率高,实验周期相对较短,目前已证明数百 kb 的 DNA 片段也可以生产出转基因动物。显微注射法的缺点是所需要的仪器设备精密而昂贵,对操作者的技术要求高,每次只能注射有限的细胞;开孔时容易对受体产生损伤,造成卵内物质外流,降低孵化率;无法控制被导入的目的基因拷贝数,宿主 DNA 易突变等。尽管如此,由于直接对基因进行操作,整合率较高,因而该方法目前仍是建立转基因动物极为重要的方法。

2.逆转录病毒法

逆转录病毒是一类 RNA 病毒,含有逆转录酶,病毒的 RNA 进入宿主细胞后,在逆转录酶的作用下合成病毒 DNA。由于逆转录病毒具有侵染动物细胞并整合进细胞染色体 DNA 的能力,因此逆转录病毒可以用于构建转基因动物的载体。逆转录病毒载体已经广泛地应用于体外细胞的转染和基因治疗的研究。

逆转录病毒法是指将外源基因替换病毒基因组的反式元件,通过顺式元件的调控序列和感染成分重组病毒载体,然后注射到 MII 期的卵母细胞,进行体外受精和筛选。即将目的基因重组到逆转录病毒载体上,制成高浓度的病毒颗粒,人为感染着床前或着床后的胚胎,也可以直接将胚胎与能释放逆转录病毒的单层培养细胞共孵育以达到感染的目的,通过病毒将外源目的基因插入整合到宿主基因组 DNA 中。

早在 1976 年,Jaenisch 等就成功地用逆转录病毒法制作转基因小鼠,其后用这一方法生产出转基因鸡和转基因牛。近年来,同属于逆转录病毒科的慢病毒载体被广泛应用于转基因动物的制备,可使转基因效率提高到 10%～30%。2003 年 Hofmann 等用慢病毒载体法首次成功制备了绿色荧光蛋白转基因猪,McGrew 等利用同样的方法高效制备了转基因鸡,效率比以往任何方法高出 100 倍以上。

通过病毒 DNA 插入宿主 DNA 的机制,将外源目的基因整合到宿主基因组,呈单一位点单拷贝整合,整合率高,以及插入位点克隆分析较容易等都是逆转录病毒法的优点。但由于逆转录病毒载体构建较为复杂,携带外源基因的能力有限(通常小于 10 kb),转基因动物大多为嵌合体,而且还存在安全隐患,因此该技术的应用受到一定的限制。

3. 胚胎干细胞法

胚胎干细胞(ES 细胞)是高度未分化的全能干细胞,通过人工培养和定向诱导,可分化为多种组织细胞。将外源基因导入 ES 细胞后进行必要的筛选,筛选出的细胞转移到原肠时期的胚胎中便得到带有目的基因的嵌合体动物,再通过杂交的方法得到一个品系。目前这种方法仅用于转基因小鼠的基础研究。

Robertson 等用 mos-neo 逆转录载体感染 EK. CCE 系小鼠干细胞。当确定逆转录载体整合进干细胞基因组后,将每 10～12 个整合外源 DNA 的干细胞植入一枚小鼠囊胚期胚胎的囊胚腔。在得到的 21 只小鼠中,20 只小鼠体细胞及生殖细胞中含有外源载体的序列,部分嵌合体小鼠可将外源 DNA 传递给 F_1 代。

在小鼠 ES 细胞的应用上,目前着重于利用基因的定位整合、同源重组等手段研究基因的功能,包括 ES 细胞的建立、对 ES 细胞进行电击转入外源基因、筛选稳定整合有外源基因的 ES 细胞、体外克隆成系、ES 细胞的囊胚注射、囊胚移植入输卵管中、子代鼠的检测等过程。

该方法的优点是,在将 ES 细胞植入胚胎前,可以在体外选择一个特殊的基因型,用外源 DNA 转染以后,ES 细胞可以被克隆,继而可以筛选含有整合外源 DNA 的细胞用于细胞移植,由此可以得到很多遗传上相同的转基因动物。用这种方法制作转基因小鼠的阳性率接近 100%,经过耐心细致的选择,极有可能得到稳定遗传的动物新品系。ES 细胞已被公认是转基因动物、细胞核移植、基因治疗等研究领域的一种新试验材料,具有广泛的应用前景。其缺点是许多嵌合体转基因动物生殖细胞内不含有转基因。

4. 精子载体法

精子载体法(sperm mediate gene transfer,SMGT)最早由 Brackett 于 1971 年提出,直到 1989 年,才有人首次报道用精子载体法成功获得转基因小鼠。随后这种方法也被应用到其他动物中,其中在转基因猪上运用较为广泛,涉及的主要动物物种及其转基因阳性率等见表 10-2。

表 10-2　精子载体法成功转基因动物

物种	介导方法	检测方法	阳性率/(%)
海胆		cat 基因表达	
蜜蜂		PCR 检测	
鲍鱼	精子电穿孔	PCR、Southern 印迹法	65
家蚕		cat 基因表达	

续表

物种	介导方法	检测方法	阳性率/(%)
兔	睾丸注射法	*lac Z* 表达	19.3
鼠	精子入卵注射	*cat* 基因表达	17
鸡	脂质体介导	PCR、Southern 印迹法	25.9
牛	精子电穿孔	PCR 检测	22
猪	人工授精	PCR 检测	5.7
爪蟾		PCR 检测	23
泥鳅	精子电穿孔	Southern 印迹法	
斑马鱼	精子电穿孔	斑点印迹杂交	14.5
鲤鱼	精子电穿孔	斑点印迹杂交	
鲑鱼	精子电穿孔	Southern 印迹法	7.5
山羊	精子电穿孔	PCR 检测	12.5
猴	显微注射	GFP 表达	25

1）精子结合外源 DNA 的机制

虽然对外源 DNA 如何整合到受精卵的过程仍有诸多不清楚之处,但许多实验结果表明精子具有潜在的结合外源 DNA 并在受精过程中将其转入卵内的能力。长期以来,对精子介导机理的研究主要集中于精子与外源 DNA 结合的能力以及影响因素研究。对多个物种的实验证明,精子有瞬间吸收外源 DNA 的能力,其结合率从 15% 到 80% 不等。在这一结合过程中,MHCⅡ、CD4、IF-1 等一系列因子起重要调节作用。1998 年,Spadafora 提出外源 DNA 内化的模型,对这些因子与 DNA 之间的相互作用给予了充分的分子层面的解释。Lavitrano 发现,在精子吸收外源 DNA 的时候,其吸收区域是特异性的,位于精子头部的顶体后区,靠近精核的区域。

Brinster 在 1989 年对部分探索实验的失败进行了总结,对这种方法的可靠性进行了质疑。部分学者提出还需要对这种方法中精子和外源 DNA 之间相互作用的各个方面进行研究,从而提高其转化效率。

虽然研究者对精子与外源 DNA 作用原理做了大量深入细致的研究,但很多实验证据仅仅来自对小鼠的研究。鉴于各个物种在转基因率、DNA 进入精子的介导方式及外源 DNA 在后代中的表达上都存在很大的差异,很有必要对各个物种的精子对 DNA 的吸收和内化及整合的生化、分子生物学特征与机制进行深入研究。

2）精子载体法的技术类型

根据转基因途径实现方式的不同,精子载体法可分为体外精子载体法和体内精子载体法。

（1）体外精子载体法。

①SMGT 法（外源 DNA 与精子共孵育）：这是精子介导法最基本的转移技术。将已获能的精子与外源 DNA 直接混合孵育,利用精子体外培养或人工授精等方法将携带外源 DNA 的精子转移到体内得到转基因动物。

②SMGT-脂质体法：为防止外源 DNA 在导入的过程中被降解或被稀释,使用脂质体将外源 DNA 包裹起来,形成脂质体-DNA 复合体。这种复合体较易与精子细胞质膜融合,从而进

入细胞内部。

③SMGT-电穿孔法:电穿孔法的原理是通过高压电场使精子细胞质膜通透性产生暂时的可逆性变化,从而使外源 DNA 分子进入精子细胞内。该方法能够使精子结合外源 DNA 的比率提高 5～8 倍。但由于电击过程也可能对精子造成不可逆的损伤,导致精子细胞死亡,因此,应根据物种差异、个体差异,对电穿孔的脉冲强度、脉冲时间等进行优化。

(2)体内精子载体法。

体内精子载体法与体外精子载体法不同之处是通过注射的方式把外源 DNA 直接注射到动物体内(睾丸、输精管、曲精细管等),之后使精子在体内完成转染过程,从而使外源 DNA 进入胚胎,发育成转基因动物。这类方法避免了精浆中部分物质对 DNA 的降解作用,简化了精子体外处理的过程,从一定程度上优化了 SMGT 的方法。但由于注射过程需要根据不同的动物进行条件和方法探索,可能对动物生殖器官造成伤害,因此要选择适宜的注射位置、注射手段和注射工具等。

利用精子载体法转基因既简便易行,又具有很好的物种适应性,对胚胎发育影响小,成为最受关注的动物转基因方法之一。该法操作起来相对简单,但是效果不够稳定,实验重复性很差,且外源基因整合进基因组后基因出现严重的重排现象。不过,最近有研究显示,将外源基因与精子表面蛋白的抗体结合可以提高外源基因进入受精卵的效率,而且整合效率高,能表达并能遗传到后代,目前已成功生产出转基因小鼠和猪。

10.2.2 转基因动物技术的新发展

1. 精原干细胞介导法

精原干细胞是哺乳动物睾丸内具有高度自我更新和分化潜能并具有生精能力的一类细胞。该技术流程为:①体外培养精原干细胞过程中摸索最佳的 DNA 转染条件;②对转染外源基因的阳性精原干细胞进行筛选;③通过受精获得整合位点不同的转基因动物。该方法大大提高转基因效率,且简单易行,为转基因动物的制作提供了一个极佳的思路,也是近年来转基因动物研究领域的热点之一。2008 年,Kanatsu-Shinohara 等首次利用精原干细胞种间移植技术获得了转基因大鼠后代。

2. 转座子介导法

转座子是基因组上一段可以自由跳跃的 DNA 序列,首先由 Mc Clintock 于 20 世纪 40 年代在玉米染色体中发现,后又陆续在细菌、真菌、昆虫和哺乳动物等多种生物中发现。DNA 转座子的转座过程遵循"剪切—粘贴"的机制在基因组上进行移动,因此以转座子介导的外源基因转移技术在制备转基因动物方面得到广泛应用,其中以 Sleeping Beauty(SB)转座子和 PiggyBac(PB)转座子为代表。该方法整合效率高且单拷贝整合,可以携带多个外源基因,易于模拟内源基因的表达,同时还容易确定整合位点,成为生物基因功能分析的有效途径之一。丁昇等用 PB 转座子系统成功培育出带有荧光的转基因小鼠,从而首次建立一种高效的哺乳动物转座系统;Wu 等还利用 PB 转座子与 Cre-loxP 系统相结合获得大量转基因突变体,并进行了广泛的功能基因研究。

3. 诱导多能干细胞技术

通过导入外源基因的方法使体细胞去分化成为多能干细胞,这类干细胞称为诱导多能干细胞(induced pluripotent stem cell,iPS 细胞)。2006 年,Takahashi 等将四个转录因子(*Oct4*、

Sox2、*Klf4* 和 *c-Myc*）的组合转入分化的小鼠成纤维细胞中，使其重编程而得到一种类似于胚胎干细胞和胚胎 APSC 多能细胞的 iPS 细胞。随后也成功诱导了猪、牛、绵羊等的 iPS 细胞。该技术为干细胞以及转基因动物的研究提供了全新的思路。可以将 iPS 细胞诱导技术和转基因技术结合起来，即利用 iPS 细胞作为核供体细胞，结合适当的受体细胞融合后获得转基因动物，可以很大程度上弥补大家畜 ES 细胞难以建系和克隆效率低等不足。同时，iPS 技术也是干细胞研究领域的一项重大突破，它回避了历来已久的伦理争议，解决了干细胞移植医学上的免疫排斥问题，使干细胞向临床应用又迈进了一大步。

4.基因靶位技术

利用基因靶位技术可以对目的基因进行定点修饰，改造基因特定位点，更精确地调控外源或内源基因的表达，故该技术一直是转基因动物研究的热点之一。近年来更是涌现了不少如 RNA 干扰（RNA interference，RNAi）技术、锌指核酸酶（Zinc finger nuclease，ZFN）技术、TALEN 技术、CRISPR 干扰（CRISPRi）技术等重要的新技术，使转基因动物的研究产生了历史性的飞跃。

利用 RNAi 技术，可以部分地抑制特定内源基因的表达或通过 mRNA 的降解来下调沉默目的基因。相对于传统的基因敲除方法来说，它具有操作简单、特异性强、高效和周期短等优点，可以作为一种简单、有效的替代基因敲除的工具来生产转基因动物。

ZFN 由一个 DNA 识别域和一个非特异性核酸内切酶构成。DNA 识别域是由一系列 Cys2-His2 锌指蛋白串联组成（一般 3～4 个），每个锌指蛋白识别并结合一个特异的三联体碱基。现已公布的从自然界筛选的和人工突变的具有高特异性的锌指蛋白可以识别所有的 GNN 和 ANN，以及部分 GNN 和 TNN 三联体，多个锌指蛋白可以串联起来形成一个锌指蛋白组而识别一段特异的碱基序列，具有很强的特异性和可塑性，很适合于设计 ZFN。与锌指蛋白组相连的非特异性核酸内切酶来自 *Fok* I 的 C 端的 96 个氨基酸残基组成的 DNA 剪切域。*Fok* I 是来自海床黄杆菌的一种限制性核酸内切酶，只在二聚体状态下才有酶切活性，每个 *Fok* I 单体与一个锌指蛋白相连而构成一个 ZFN，识别特定的位点。当两个位点相距恰当的距离（6～8 bp）时，两个单体 ZFN 相互作用产生酶切功能，从而达到 DNA 定点剪切的目的。

ZFN 技术的出现使基因打靶技术发生了质的飞跃，它使基因打靶的效率由原来的 10^{-7}～10^{-6} 提高到 10^{-2}～10^{-1}，已在动物的细胞水平和整体水平实现了基因的精确修饰，而且操作简单，缩短生产转基因动物的时间，应用范围更广，是一种比较理想的转基因技术。

TALEN(transcription activator-like effector nuclease）技术是通过对 DNA 识别的 TALEN 臂和人工改造的核酸内切酶的切割域（*Fok* I）的结合对细胞基因组进行修饰而实现的。TALEN 的 DNA 识别域由非常保守的重复氨基酸序列模块组成，每个模块由 34 个氨基酸残基组成，其中第 12 位和第 13 位的氨基酸残基种类是可变的，且决定该模块识别靶向位点的特异性。DNA 识别域结合到靶位点上，与 *Fok* I 的切割域形成二聚体后，可特异性对目的基因 DNA 进行切断。在非同源末端连接修复过程中，DNA 双链断开后会由于碱基的随机增减造成目的基因功能缺失。

TALEN 技术和 ZFN 技术类似，可以介导内源基因的敲除或外源基因的定点敲入，对复杂基因组进行精确的修饰。不过与 ZFN 技术相比，TALEN 技术更容易设计，能够实现大规模、高通量的组装，具有更高的 DNA 序列识别特异性，毒性和脱靶效应更低。该技术的使用可以极大地提高对家畜进行基因靶向修饰的效率。

CRISPRi 技术利用靶向干扰外源 DNA 的 cr-RNAs，将调控真核生物和原核生物进程的各类小 RNA 分子连接在一起,能同时抑制多个靶基因,且不会出现脱靶效应,比 ZFN 技术或 TALEN 技术更易于操作,有更强的扩展性,是一种更简便、更安全的哺乳动物基因组编辑新方法。

10.3　转基因动物的制备和检测

10.3.1　转基因动物的制备

转基因动物制备的主要步骤包括:目的基因的分离与克隆;表达载体的构建;受体细胞的获得;基因导入;受体动物的选择及转基因胚胎的移植;转基因整合表达的检测;转基因动物的性能观测及转基因表达产物的分离与纯化;转基因动物的遗传性能研究以及性能选育;组建转基因动物新类群等。

1. 外源基因的获得

通过 cDNA 文库或基因组文库的构建,利用探针筛选出目的基因,或利用 PCR 方法或化学合成法获得外源目的基因。为了使外源基因进入细胞后能够有效表达,一般需要将外源目的基因克隆于表达载体的高效表达启动子的下游,或置于组织特异性启动子的控制之下。此外,目的基因下游具有强的终止子。外源基因以这种完整的表达盒形式进入动物细胞是在动物细胞内实现表达的基本条件。

2. 基因转移的受体细胞

研究转基因动物的制备,首先要考虑用何种转基因受体细胞。选择合适的受体细胞和可行的基因导入途径,是该技术成功的前提。基因转移的受体细胞必须是全能细胞,全能细胞随着细胞分化、胚胎发育,可以把其中的基因组储存的全部遗传信息扩大到生物体所有的细胞中。满足转基因动物需要的受体细胞有以下几种。

(1)原生殖细胞:禽类的原生殖细胞容易分离、培养和冷冻,所以这种受体细胞在禽类动物较易实现。

(2)配子:配子能把自身携带的基因组全部信息和外源基因序列完整地贡献给合子。精子可用作有效的转移载体,所以可以用来作为目的基因的受体。较多的是用重组病毒直接感染精子,精子即可把外源基因传到合子。

(3)受精卵或胚胎内细胞团:精卵结合形成的单细胞受精卵,是最常用的外源基因转移的受体细胞,受精后的早期胚胎及囊胚期稍后的胚胎含有内细胞团,该细胞团内含有未分化的 ES 细胞,可认为是全能的,至少是多能性的,所以用该时期的内细胞团或囊胚期的细胞作为外源基因的受体细胞,可望达到基因转移的目的。但这种情况下制备的转基因动物多为嵌合体。

3. 实验动物的准备——以转基因小鼠为例

(1)不育公鼠:结扎公鼠与母鼠交配以后产生假孕母鼠。受结扎的公鼠需 8 周以上,对种系无特殊要求。在正式实验前,结扎公鼠须与性成熟的母鼠交配,反复交配两次或三次,经检查雌体有阴道栓,均不怀孕产仔,则证明结扎成功。结扎公鼠使母鼠产生阴道栓的能力可维持 2 年。值得注意的是,如结扎公鼠与母鼠交配 4~6 次均不能产生阴道栓,则该公鼠必须替换。

(2)假孕母鼠:作为获得外源基因即转基因胚胎的养母,要求 6 周至 5 个月较合适,对种系无特殊要求。其生殖系统的生理状态应与移进胚胎的发育阶段同步化,从而为移植胚胎提供着床和继续发育的生理条件。将选好的成年健康雌性个体与不育雄性个体进行交配,时间应与供体(取受精卵的雌体)同时进行。一般为下午 4 点合笼,次日早晨选有阴道栓的母鼠待用。

(3)取受精卵的母鼠:如果无特殊遗传背景的要求,一般用杂交 F_1 代受精卵较为理想。因杂交 F_1 代胚胎的发育能力和对外环境的耐受能力都较强,有益于提高移植胚胎的出生率。在对遗传背景有特殊要求的情况下,供卵母鼠需选择种系,例如把一种鼠的等位基因转移到另一种不同等位基因的种系,这种卵供体母鼠必须有特定的遗传背景,因此需用纯系鼠。在实际操作中,通常用孕马血清促性腺激素(PMSG)和人绒毛膜促性腺激素(hCG)进行腹腔注射诱导母鼠超排卵。一般用 4~6 周母鼠作为超排卵供体,3~4 周母鼠产卵更多但卵细胞膜脆性较大,在处理过程中易破裂,而 6 周以后母鼠产卵逐渐减少。

(4)与卵供体母鼠交配的正常公鼠:公鼠性成熟在 6~8 周,不同种系有些区别。每只作超排卵的母鼠与一只公鼠交配,次日上午检查是否有阴道栓并记录。如两次以上都不能使母鼠有阴道栓,或总的阴道栓产生率低于 80%,则需更换公鼠。

10.3.2　转基因的鉴定和表达水平检测

转基因动物的检测一般包括可视化识别、DNA 整合、RNA 转录和蛋白质翻译、功能分析等检测,即感官、分子和功能三个水平的检测。

1. 感官水平检测

在设计目的基因表达载体时,常采用可以直观分辨转基因个体的元素,常用的有毛色、肤色、发光、药物刺激表象、动作特征等。如能够表达黑色标记的个体,在白色群体中黑色个体为阳性转基因动物;带有荧光(GFP、RFP 等)标记的转基因个体,在激发光刺激下会发出相应的荧光等;药物刺激表象、动作特征类型的转基因个体,仅有转基因鼠个体问世,这类转基因动物检测比较容易,不需要试剂、药品和专门的仪器设备,幼仔一出世就能很快鉴别,只是构建表达载体时需要设计特别的标记基因。在嵌合体转基因方面,作为一种特殊的标记,肤色标记比较实用,如借助于转基因 iPS 细胞、ES 细胞等手段制备转基因动物的研究中,使用黑色及棕色皮肤标记,小动物出世后,皮肤上有黑色或棕色斑块,即为嵌合体转基因个体,再通过繁殖后代,将得到纯黑色或棕色的转基因个体。这方面成功的实验以小鼠比较多。

2. 分子水平检测

分子水平检测包含 DNA 检测、RNA 检测和蛋白质检测。其中 DNA 检测主要指整合检测,可用 PCR 初步判断,再用 DNA 印迹杂交(Southern 印迹法)确定,还可以结合其他检测,如斑点印迹杂交和原位杂交等加以判断。RNA 检测和蛋白质检测属于表达检测,RNA 分析可用逆转录 PCR(RT-PCR)初步检测,RNA 印迹杂交(Northern 印迹法)定性,RT-PCR 结合定量 PCR 来定量;蛋白质初步判断用琼脂免疫扩散、酶联免疫吸附测定(ELISA)等,定性以蛋白质印迹杂交(Western 印迹法)为基准加以判断,免疫组化、放射免疫等可以作为参考。

3. 功能水平检测

这部分检测比较复杂,不同的基因检测手段各不相同,没有参考和比较的价值,如异种器官移植的转基因动物功能检测就是直接用血清灌注器官研究其反应,细胞毒试验直接用异源血清攻击细胞,研究细胞的形态结构变化,抗病转基因动物直接用病毒攻击探索其抗病的能力等。因此,功能水平检测是检验转基因动物的最后一关,一旦达到预期的功能,家畜生长快、异种器官能抵御排斥、反应器生产的药物能治疗疾病、帕金森病医学模型出现症状等,这才是转基因动物研究实质性成功的标志。

10.4 转基因动物研究中出现的问题及其对策

10.4.1 转基因动物研究中出现的问题

1.转基因动物效率极低

这是目前几乎所有从事转基因动物研究的实验室都面临的问题,也是制约这项技术广泛应用的关键。总体上讲,小型实验动物转基因阳性率要高于大家畜。以显微注射法产生转基因动物为例,统计资料表明,小鼠转基因阳性率为 2.6%,大鼠为 4.4%,兔子为 1.5%,牛为 0.7%,猪为 0.9%,绵羊为 0.9%。显微注射造成胚胎的机械损伤导致胚胎死亡是其中一个极其重要的原因。

2.难以控制转基因在宿主基因组的行为

转基因在宿主基因组中的插入是随机的,这种行为可能导致内源基因的破坏或失活,也可能激活正常情况下处于关闭状态的基因。其结果是导致转基因阳性个体出现不育、胚胎死亡、四肢畸形、足蹼相连等异常现象。Palmiter 等报道转 hGH 基因的小鼠,由于 GH 水平过高抑制了黄体的功能,母鼠出现不孕;Overbeek 等将鲁斯氏肉瘤病毒的长末端重复与细菌氯霉素乙酰转移酶基因组成的融合基因显微注入原核期小鼠胚胎后移植,其中整合外源基因的部分胚胎出现胚胎死亡现象,而出生的转基因小鼠出现了足蹼相连的现象;Woychik 等在转 $MMTV\text{-}myc$ 基因小鼠中发现一起由转基因插入引起的插入突变,这起插入突变导致转基因小鼠四肢发育出现畸形。

3.大部分转基因表达水平不适宜

由于前面所说的位置效应的影响,大部分转基因(尤其是 cDNA)表达水平低得难以检测,而个别转基因的表达水平又太高。如 Wright 等制作的转 $h\alpha1\text{-}AT$ 基因绵羊,其中一只转基因羊在产羔后泌乳时,乳汁中 hα1-AT 的水平高达 60 g/L,泌乳中期乳汁的 hα1-AT 水平仍维持在 35 g/L,外源基因的这种高水平表达是宿主动物难以承受的。

10.4.2 转基因表达特征及提高转基因表达的策略

1.转基因的表达特征

许多转基因构件的表达强烈地受其在宿主染色体上整合位点的影响,这种现象称为位置效应。位置效应的存在使得研究者们难以驾驭转基因的表达频率和表达水平。而有些基因构件的表达不受整合位点的影响,即不存在上述位置效应,其表达水平直接与该基因在宿主基因组中整合的拷贝数相关。如 β-珠蛋白样基因的表达不受位置效应影响,而与位点控制区(LCR)的 5′远端侧翼区有关。β-珠蛋白样基因的 LCR 位于 β-珠蛋白基因簇第一基因上游 30 kb 处,有 5 个相邻的红细胞特异 DNA 酶Ⅰ超敏感位点。α-珠蛋白的上游基因簇内发现了类似 LCR 的因子,使 α-珠蛋白样基因的表达也免受位置效应的影响。$CD2$ 基因的 LCR 位于 3′侧翼区内,鼠 MT 基因的 LCR 位于 5′及 3′侧翼区内,鸡的溶菌酶基因以及绵羊 BLG 基因的表达也似乎不表现位置效应。

2. 提高转基因表达的策略

1）导入大片段

在大部分转基因研究中由于载体承载能力的限制，所构建的基因构件都比较小，从而使整合后的位置效应更明显。P1 载体和 YAC 的出现为实施大片段基因转移，克服位置效应提供了极大的可能性。P1 载体可承载 300 kb 的插入片段，而 YAC 的承载能力（1000 kb）更大。此外，也可以引进连锁基因，比如要增加某种酪蛋白在乳汁中的含量，可以通过导入该酪蛋白基因以及与之连锁的酪蛋白基因。牛的 4 个酪蛋白基因（*αS1*、*αS2*、*β*、*κ*）连锁在 6 号染色体上，这个连锁区可达 250 kb，导入 4 个连锁的酪蛋白基因，可以使之相互调节，使各种酪蛋白基因的表达水平达到理想状态。也可以考虑引进 LCR 样因子，不过目前发现的 LCR 样因子都只在特定的细胞类型中起作用，如能发现一种在各种类型的细胞中均能克服位置效应的 LCR 样因子，对增强外源基因的表达无疑是十分有用的。

2）共整合和基因搭救

这可能是一种很有用的策略，即将表达水平较高的基因与另外一些表达水平低的基因一同整合进宿主细胞的基因组中（同一位点串联整合），这样的处理对增强表达水平低的基因构件的表达具有明显的作用。Clark 等将 *oBLG* 基因与 oBLG-hα1-AT cDNA 及 *oBLG* 基因与 oBLG-hFIX cDNA 注入小鼠原核期胚胎，结果表明 hα1-AT cDNA 及 hFIX cDNA 的表达水平都得到较大的提高。Yull 等的研究结果表明这种搭救作用是由 *oBLG* 基因的转录作用引起的。

3）增添基质附着区

基质附着区（MAR）可能是结构基因的界域，它将染色质分成许多可独立调控的单元。Mcknight 等将来自鸡溶菌酶基因的基质附着区（A 因子）与小鼠 *WAP* 基因组成的杂合基因导入小鼠基因组（以 *mWAP* 基因为对照），以揭示 A 因子对基因表达的调控作用。结果表明，整合 *mWAP* 的 10 个鼠系只有半数表达 mWAP，而含 A 因子的杂合基因在整合外源基因的 11 个鼠系中均得到表达，但表达水平没有提高。研究者认为转基因由于所处的位置不合适便不能建立自己的结构域，从而无法进行独立调控。A 因子可以帮助转基因在不同的整合位点上形成完整的结构域，这样转基因即可以表达。而 A 因子不具有增强子的作用，因而不能提高目的基因的表达水平。

10.5　转基因动物技术的应用

转基因动物技术发展到现在，已应用到生命科学研究、生产生活、生物制药、医学研究、动物育种等许多方面。

10.5.1　在生命科学研究方面的应用

实验室中，转基因动物技术为生命科学领域的研究提供了合适的研究材料。利用转基因动物技术，对研究对象的基因进行敲除和过量表达等，可以研究相关基因的功能及其与结构的关系，以及基因表达调控。例如，基因敲除的动物模型为蛋白质生理功能的研究提供了很大帮助。水通道蛋白家族被发现后,Verkman、马彤辉和杨宝学等利用十几年的时间构建出一系列水通道蛋白基因敲除小鼠,研究水通道蛋白在尿浓缩、消化液、脑脊液代谢过程中的生理功能。

10.5.2 在生产和生活中的应用

用动物乳腺生产工业蛋白质(如蜘蛛丝蛋白)是转基因动物应用的一个新领域。蜘蛛丝是目前已知最为坚韧且有弹性的天然动物纤维之一。它不仅具有优异的机械特性,还具有耐腐蚀、耐低温、抗酶解的特性。但由于蜘蛛不能像家蚕那样大规模群体饲养,因此从蜘蛛中获取大量蛛丝是行不通的。由于其巨大的相对分子质量,通过化学合成的方法也无法获得蛋白质。因此,利用动物乳腺来生产蛋白质就成为一种行之有效的方法。加拿大魁北克 NEXIA 生物技术公司的研究人员将蜘蛛体内的牵丝蛋白基因转入山羊体内,培育出羊奶中含牵丝蛋白的转基因山羊。用此种方法生产的人造蜘蛛丝强度比钢高 4～5 倍,因此他们将这种产品称为"生物钢"。这种人造蜘蛛丝有蚕丝的质感,有光泽,弹性极好,可以用来制造手术缝线、耐磨服装,还能制成具有防御功能且柔软的防弹衣,在医疗、军事和建材、航天、航海等领域有广阔的应用前景。

10.5.3 在生物制药方面的应用——动物生物反应器

转基因动物制药是转基因动物的一个非常重要的用途,它能生产出具有医药价值的生物活性蛋白质药物。一般通过以下五种途径:①通过血液。1992 年 Swanson 等制备了血液中含有人血红蛋白的转基因猪,这为从人以外的动物体获取珍贵的人血有效成分提供了一条新途径。②通过膀胱。1998 年,Kerr 等获得能在尿液中表达人类生长激素(GH)的转基因小鼠,含量高达 0.5 g/L。③通过蚕茧。2003 年,Tomita 等将原骨胶原蛋白Ⅲ基因转入蚕体内获得成功,表明某些昆虫的茧可以作为生产外源蛋白的良好生物反应器。④通过鸡蛋清。利用鸡蛋清作为生物反应器,具有周期短、产量大的优势,因此逐步成为开发药用和营养蛋白的一种有效途径。2002 年,Harvey 等将 β-内酰胺酶基因转入母鸡中,每年产蛋达 330 个,蛋清中含有约 3.5 g 外源蛋白。运用此技术,市场上将出现真正具有防心血管病、抗癌等效用的"营养蛋""保健蛋"。⑤通过乳腺。早在 1987 年,Gordon 等就建立了第一例乳腺生物反应器小鼠模型,成功地表达了人组织纤维酶原激活剂(tPA),对于溶解血栓有着显著的效果。此后,乳腺生物反应器作为一种全新生产模式,在生产高附加值蛋白方面有着广泛用途。

目前也有许多公司通过转基因动物乳腺生产治疗性抗体。2002 年,美国的一家生物技术公司(TranXenoGen,Inc.)宣布,他们在转基因鸡蛋白中表达了可用于治疗的单克隆抗体,表达量为 1.5 ng/mL。同年,Kuroiwa 等敲除牛自身抗体基因,把包含人抗体基因重链和轻链的人工染色体整合到奶牛中,筛选得到具有人源化抗体的奶牛,通过检测发现表达有功能性的免疫球蛋白。用这种方法生产的治疗性抗体在治疗疾病方面具有积极的推动作用。牛初乳中的抗体类型主要为 IgG,新生儿 Fc 受体(neonatal Fc receptor,FcRn)作为 IgG 的转运工具,是决定牛奶中 IgG 含量的主要因素。利用 FcRn 转基因动物来生产高 IgG 含量的初乳化牛奶,为免疫疾病的治疗,如 IgG 转运(如新生儿免疫)、IgG 水平调控(如自动免疫)等提供了一条全新的思路。

由此可以看出,转基因动物带来的不仅仅是一种全新的药物生产模式,极大地降低生物药品的成本和投资风险,而且还为人类社会带来了新的经济增长点。

10.5.4　在医学研究中的应用

医药卫生领域是转基因动物应用最为广泛、发展最迅速的一个领域。

1. 人类疾病动物模型建立

用于药物研究和适合基因治疗的转基因动物模型是转基因动物研究的重要方向。采用转基因技术，人为地使动物基因组中某个特定基因发生定向突变，或人为地导入一个或多个外源基因至动物体内，就可以建立人类疾病相关基因动物模型，该疾病模型可以代替传统的动物模型进行药物筛选，具有准确、经济、实验次数少、显著缩短实验时间等优点，现已成为快速筛选的一种手段。用癌基因或致癌病毒基因制作肿瘤转基因动物模型，可以探讨外来癌基因与实验动物的原癌基因、癌基因表达与癌转化及动物遗传背景或外界激活因素的关系，为癌基因的活性、肿瘤的发生与抑制、肿瘤的治疗等研究提供了极为重要的方法与途径。目前已建立人胰岛素的转基因小鼠模型以及与人类发病机理相似的阿尔茨海默病（AD）转基因动物模型。AD转基因动物模型有助于我们了解 AD 的发病机制，进一步研究针对病因治疗的药物。张南等利用转基因小鼠研究乙肝病毒 X 蛋白在细胞凋亡中的作用，证明 X 蛋白可在体外和体内诱导细胞凋亡。英国罗斯林研究所研究人员培育出一种转基因母鸡，这种母鸡下的蛋含有能够抗癌和抗其他疾病的蛋白质。这些成果为基因治疗人类疾病奠定了基础，使人类的各种疑难杂症可能得到有效治疗，实现医疗史上的一大飞跃。

2. 异体器官移植

器官移植术是目前治疗器官功能衰竭等疾病的首选技术，但一直存在着供体来源严重不足的问题。利用转基因动物可以在动物体上培育人体器官，有效缓解器官供需间日益突出的矛盾。对于异体排斥反应，一种较长久的措施是通过转基因技术特别是基因打靶技术，向器官供体基因组敲入某些调节因子来抑制 α-半乳糖抗原决定因子基因的表达，或敲除 α-半乳糖抗原决定因子，再结合克隆技术培育大量不产生免疫排斥反应的转基因克隆猪的器官。Rosengard 等将人的补体抑制因子、衰退加速因子转移至猪胚胎中，并使 $hDAF$ 得到不同程度的表达，这可以解决器官移植中的超敏排斥反应，为异种器官移植展示了良好的前景。Lai 等和 Dai 等采用基因打靶和体细胞核移植相结合技术，成功地获得了 α-1,3-半乳糖转移酶基因敲除猪，消除了异种器官移植的一个主要障碍，进一步推动了器官移植的发展与应用。针对动物体内存在的内源性逆转录病毒可能通过移植传染给人的危险，Miyagawa 等尝试利用 RNAi技术来抑制动物内源逆转录病毒的表达，为利用 RNAi 生产抗猪逆转录病毒的转基因猪提供了一种新方法。

10.5.5　在动物育种中的应用

转基因动物技术可以改造动物本身的基因组，从而推动动物育种进入一个更高层次的育种阶段——基因工程育种，其主要目标是提高动物的遗传本质，给物种改良或动物改造带来极大的机遇。

1. 提高动物生长率

1985 年，中国科学院水生生物研究所的朱作言等首次用人生长激素（hGH）构建了转基因金鱼，F_1 代转基因鱼类的生长速度为非转基因鱼的 2 倍。1986 年，法国的 Chourrout 等用 hGH 基因的 cDNA 片段为目的基因，以小鼠 MT 启动子为转基因的启动子构建转基因虹鳟；

1987年,Dunham等用同样的方法构建了转基因鲶鱼。美国Hopkins大学Powers实验室使生长激素基因在鲤鱼和虹鳟体内表达并产生了生物学效应。以上成果显示出转基因鱼在渔业生产和水产养殖业的潜在经济价值。1985年,Hammer将人生长激素基因导入猪的受精卵获得成功,转基因猪与同窝非转基因猪比较,生长速度和饲料利用效率显著提高,胴体脂肪率也明显降低。Pursel等把牛生长激素基因转入猪,生产出2个猪的家系,其生长速度提高11%~14%,饲料转化率提高16%~18%。类胰岛素样生长因子1(IGF1)构建转基因猪也可以加快猪的生长速度。1989年,美国农业部的研究者Pursel把IGF1基因转入猪中,首次获得表达IGF1的转基因猪;1998年,终于培育出IGF1转基因猪群,其脂肪减少10%,瘦肉增加6%~8%。1990年,中国农业大学培育的转基因猪,生长速度超出对照组40%。

转基因技术不仅可以培育出体积大、生长快的动物,还可以创造出微缩动物。墨西哥国立自治大学的专家对品种优良的巨型瘤牛进行微缩,诞生了第一代"微型牛"。"微型牛"成年时体重只有150~200 kg,且具有对气候环境适应力强、生长快、皮薄、肉质嫩、产奶量高等优点,一般饲养6个月即可宰杀。2000年,Uchidal等研制出微型猪,生长快、易于处理、饲料成本低,可作为疾病模型用于药物筛选。

2. 提高动物产毛性能

1991年,Nancarrow把来自优质羊毛的一种A2蛋白的主要成分(半胱氨酸)基因导入绵羊原核期胚胎,得到的转基因羊的产毛率明显提高。1995年,Bulcock把人类胰岛素生长因子21(IGF21)基因转入受体羊的原核期胚胎,得到的转基因羊的产毛率也提高不少。Powell等将毛角蛋白II型中间细丝基因导入绵羊基因组,转基因羊毛光泽亮丽,羊毛中羊毛脂的含量得到明显提高。1996年,新西兰科学家Damak等将小鼠超高硫角蛋白启动子与绵羊的IGF1 cDNA融合基因显微注入绵羊原核期胚胎,转基因羊净毛平均产量比非转基因羊提高了6.2%。

3. 提高动物ω-3多不饱和脂肪酸含量

2003年,Kang等将线虫的fat-1基因转入小鼠中,成功地把ω-6多不饱和脂肪酸转化成ω-3多不饱和脂肪酸,将其应用于动物产品的生产中,可以增加ω-3多不饱和脂肪酸的含量,这对于治疗人类心律失常、癌症以及提高免疫力有着积极的作用。

4. 提高动物抗寒能力

1988年,加拿大的Fletcher等用美洲拟鲽的抗冻蛋白(AFP)基因作为目的基因,生产出转基因大西洋鲑鱼,用以提高鱼类的抗寒能力。1991年,Shears等将冬季比目鱼中的抗冻蛋白基因转入大西洋鲑鱼中,表达量为0.1~50 µg/mL。这为南鱼北养、扩大优质鱼种养殖范围提供了有效途径。

5. 改变牛奶成分

通过转基因技术可以制备出不同特性的牛奶以满足更多人的需求。比如奶中所含的乳糖会使一部分人由于过多饮用造成腹部不适,通过敲除合成乳糖的α-乳白蛋白位点或在乳腺中表达乳糖酶均可有效地降低奶中乳糖的含量,而其成分和产量基本不受影响,这深受糖尿病患者和那些不能分解乳糖的人们的欢迎。此外,可以通过增强酪蛋白基因的表达来增加酪蛋白含量以促进乳品加工产业的发展;通过敲除β-乳球蛋白消除过敏原以产生不引起人过敏反应的牛奶;通过转入人乳铁蛋白基因,生产含有大量人乳铁蛋白的"人源化牛奶"等。2004年,中国农业大学先后成功地获得了转有人乳清白蛋白、人乳铁蛋白、人岩藻糖转移酶的转基因奶牛,为我国的"人源化牛奶"产业化奠定了重要的基础。

6.提高动物抗病能力

通过将干扰素、白介素等细胞因子的 DNA 或 cDNA 及核酶等导入细胞,使动物获得抗病毒感染能力。1992 年,Berm 将小鼠抗流感基因转入猪体内,使转基因猪增强了对流感病毒的抵抗能力。Clement 等将 Visna 病毒的衣壳蛋白基因(*Eve*)转入绵羊,获得了抗病能力明显提高的转基因羊。2000 年,Kerr 等将溶葡萄球菌酶基因转入小鼠乳腺中,用来防治由金黄色葡萄球菌引起的乳腺炎,结果证实高表达量的小鼠乳腺具有明显的抗性,这对于防治奶牛乳腺炎具有潜在的应用前景。湖北省农科院畜牧所与中国农科院兰州兽医所合作,将抗猪瘟病毒(HCV)的核酶基因导入猪中,获得抗猪瘟病毒的转基因猪。中国农科院兰州兽医所等单位获得了含酶性核糖核酸基因的转基因兔,这为家畜的抗病育种、培育抗口蹄疫的转基因家畜提供了动物模型。朊病毒(prionprotein,PrP)实质上是一种具感染性、可自我复制的蛋白质致病因子,能引起人类和动物的亚急性海绵样脑病,许多致命的哺乳动物中枢神经系统机能退化症,如羊瘙痒症(scrapie)、疯牛病(BSE)、人克鲁雅克氏病(vCJD)均与此病原有关。这些疾病已使众多欧洲国家遭受了严重的经济损失。人和动物正常细胞存在 *PrP* 基因,但其产物无致病性。从对 *PrP* 基因敲除小鼠的实验来看,它们都不受朊病毒疾病的感染,且没有发现其他副作用。因此,如果将牛和羊的 *PrP* 基因敲除掉,产生抗 *PrP* 种群,这对畜牧业生产和人类健康都有着积极的作用。2001 年,Denning 等生产出 4 只敲除掉 *PrP* 基因的羊羔,其中一只存活了 12 d。2004 年,Kuroiwa 等敲除了牛编码 *PrP* 的基因,这为产生无"疯牛病"种群展示了光明的前景。

10.6　转基因动物的安全性及其未来

10.6.1　转基因动物安全性评价原则

转基因动物目前被认为是一个不同于传统物种的新物种。转基因动物的鉴定、溯源和遗传评估存在标准较难界定的问题。随着转基因动物越来越多地被生产出来,涉及的动物安全问题、食品安全问题等越来越突出。当务之急是如何将现有的安全管理机构联合起来,出台切实有效的安全评价条例,这就需要进行大量的试验分析,需要对传统的分析方法加以改进。转基因产品安全评价策略必须与生产实践相结合,广泛征求消费者的意见和建议,必须是公开透明的。

以下是现今公认的一些关于克隆、转基因动物的安全性评价原则:①基于最大限度地保证人类自身安全、动物安全和动物福利的前提;②确立明晰的技术标准和安全评价指导法则;③提供科学严谨的风险评估方法;④兼顾技术受益者和风险承担者双方,即考虑技术使用者和产品消费者两方面因素;⑤随着技术水平的发展,要不断调整和更新已有的法规法则;⑥保护生物的遗传多样性和环境安全,遗传修饰物种不能对传统物种造成威胁。

10.6.2　食品安全性

对于转基因动物,有些外源基因及其启动子来自病毒序列,有可能在受体动物体内发生同源重组或整合,形成新的病毒。外源基因在染色体内插入位点的不同也可能造成不同程度的基因改变,引起非预期效应。转基因动物还可能增加人畜共患病的风险,某些动物可能导致人类过敏性反应等。因此,对于转基因动物,我们必须提高警惕,要对转基因食品进行严格的食用安全性评价。检测转基因动物及其产品的营养成分、抗营养因子和天然毒素以及其他由于转入目的基因而发生的成分改变,是安全性评价的重要内容。转基因食品进入市场后需要对其销售及消费状况进行追踪,并对消费人群进行监测,以便了解转基因食品对消费者的长期效应和潜在作用。建立一套与国际接轨的适合我国国情的转基因动物食品安全性评价方法是目前食品安全领域需要解决的问题。

10.6.3　环境安全性

基因漂移是可能造成生态风险的主要因素之一。目前基因漂移造成生态风险的研究主要集中在转基因植物。尤其是 1998 年转 *GNA* 马铃薯的"普斯陶伊(Pusztai)事件"和 1999 年转 *Bt* 玉米的"斑蝶事件"引起了人们的极大恐慌与担忧。而目前的转基因动物中只有转基因鱼规模较大,释放到人工控制环境和野外环境。对鱼的基因改造不容易被限制在固定的环境中,因而有可能将外源基因释放入自然界进而影响生态。转基因动物与其近缘野生种间的杂交是基因漂移的主要形式。和植物相类似,转基因鱼的目的基因在野生种中稳定下来也可能造成生态问题,可能使野生近缘种获得选择优势,影响生态系统中正常的物质循环和能量流动。另外,还可能导致野生等位基因的丢失,从而造成遗传多样性的下降。而野生物种基因库中有大量的优质基因,是人类的宝贵资源。这些正是人们最担心的问题。因此,对于转基因鱼,必须采取有效的跟踪管理措施,防止种间杂交,从而保证环境安全。

除转基因鱼外,转基因动物中规模稍大的就是家养动物,其去向比较容易跟踪。另外,因其对环境的适应能力较低,很容易控制和捕捉,只要管理严格、措施得当,不存在很大的环境问题。其他转基因动物规模较小,具有可控性,目前还不会造成环境安全问题。另外,目前的转基因宠物——荧光斑马鱼,因为是热带鱼,且转入荧光蛋白基因后,与普通斑马鱼没有其他特性的改变,在野外不容易存活,不会造成安全问题。

随着技术的发展,转基因动物的规模会越来越大,如果没有很好的跟踪、评估管理系统,势必从目前的可控状态变成无序的、不可控状态。因此,建立全球范围的转基因动物的跟踪管理规范、检测和评估系统是非常迫切的。

转基因动物的研究正逐渐走向经济领域,对经济社会的发展起到极大的促进作用。尽管各种不确定因素依然存在,但随着科学技术的继续发展,人类将会监测与控制风险。转基因动物必将在不久的将来得到更加广泛的应用,造福于人类社会。

思考题

1.外源基因导入转基因动物有哪些方法?
2.转基因动物的鉴定有哪些水平?分别有什么检测手段?
3.转基因动物研究中有什么问题?其对策是什么?
4.转基因动物在各方面的应用如何?

扫码做习题

参考文献

[1] 吴易雄.转基因动物研究及其产业化[J].生物技术通报,2007,(6):5-9.

[2] 刘西梅,乔宪凤,张立苹,等.转基因动物研究的技术思路[J].湖北农业科学,2012,51 (21):4837-4840.

[3] 李紫聪,黄晓灵,刘德武,等.转基因动物生物反应器研究进展[J].广东畜牧兽医科技,2013,38(4):1-5.

[4] 吴惠仙,白素英,金煜.转基因动物的应用及问题安全[J].畜牧兽医科技信息,2008,(2):4-6.

[5] 郭黠,谢辉,何承伟.转基因动物研究进展[J].医学综述,2006,12(5):268-270.

[6] 刘建忠,李宁,丁翔,等.转基因动物研究进展[J].农业生物技术学报,1998,6(3):269-276.

[7] 张然,徐慰倬,孔平,等.转基因动物应用的研究现状与发展前景[J].中国生物工程杂志,2005,25(8):16-24.

[8] 刘岩,童佳,张然,等.转基因动物育种研究的现状与趋势[J].中国医药生物技术,2009,4(5):329-334.

[9] 王傲雪.基因工程原理与技术[M].北京:高等教育出版社,2015.

[10] 高晗,钟蓓.转基因技术和转基因动物的发展和应用[J].现代畜牧科技,2020,(6):1-4,18.

第11章 基因工程技术在基因功能研究中的应用

【本章简介】 基因工程相关技术与医药卫生、工业、农业、军事以及环境保护等领域的发展息息相关,特别是基因功能研究、基因诊断、基因治疗等方面的应用范围不断扩大。随着高通量测序技术的飞速发展,目前基因数据量迅速扩增,随之而来的就是对新增基因相关功能研究的新挑战。目前基因功能的研究在分子水平上不断深入,越来越多的新基因得以成功克隆,了解与基因功能研究的相关技术对新基因功能的研究日益重要。常用的与基因功能研究相关的技术包括基因敲除技术、基因敲减技术、基因过表达和异位表达技术等。本章将对常用基因功能研究的基本技术原理、基本流程和应用现状等进行介绍。

11.1 基因敲除技术

基因敲除(gene knockout)技术是指通过同源重组的方法利用外源突变基因替换内源的正常同源基因,使内源基因失活,进而表现突变体性状的外源 DNA 导入技术。基因敲除是实现基因精确缺失和研究某一已知序列基因功能的最直接、有效的方法之一,目前广泛应用于分子生物学、基因治疗、遗传学等研究领域。基因敲除技术主要分为完全基因敲除技术和条件基因敲除技术。

11.1.1 完全基因敲除技术

完全基因敲除技术是以基因打靶技术、胚胎干细胞(ES 细胞)的分离和培养技术为基础,通过基因工程方法使得动物体内(一般为小鼠)某一基因功能缺失的技术。以小鼠为例,首先需要获得小鼠 ES 细胞,然后构建打靶载体,采用基因打靶技术转染 ES 细胞后,在 ES 细胞中通过同源重组,用突变基因将原有正常的内源基因替换掉,从中靶 ES 细胞中筛选阳性细胞株后,再将阳性细胞株通过显微注射技术导入早期胚胎,移入小鼠子宫内完成胚胎发育过程。最终可以通过回交和杂交等方式,获得完全基因敲除的纯合体(图 11-1)。

1. 胚胎干细胞的获得

基因敲除技术中使用的动物一般是小鼠,其中 129 种系及其杂合体是最常用的种系,主要因为 129 种系及其杂合体小鼠具有自发突变形成畸胎瘤的倾向,是基因敲除中的理想胚胎干

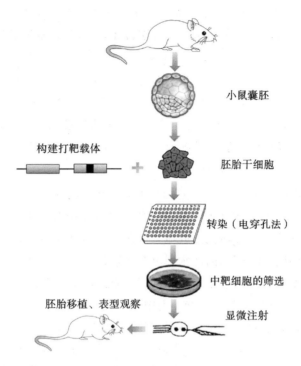

小鼠囊胚

构建打靶载体　　＋　　胚胎干细胞

转染（电穿孔法）

中靶细胞的筛选

胚胎移植、表型观察　　　　　　显微注射

图 11-1　完全基因敲除技术的基本流程

细胞来源。自 1981 年 Evans 首次分离得到小鼠 ES 细胞后，哺乳动物 ES 细胞的分离技术日渐成熟，目前已广泛应用于各个研究领域。ES 细胞是分子遗传学、基因工程、细胞工程、组织工程等研究的重要工具，在基因功能研究、基因治疗、转基因等领域具有重要意义。

目前哺乳动物 ES 细胞较常用的分离方法包括全胚培养法、免疫外科法和酶消化法。其中全胚培养法是最早用于分离培养 ES 细胞的方法，又称为显微剥离法，此方法在分离前需将早期胚胎透明带脱去，然后将胚胎内细胞团和滋养层细胞共同培养，待胚胎内细胞团增殖到出现生长集中、细胞团隆起明显的细胞集落后，通过显微操作将囊胚的胚胎内细胞团与周围的滋养层细胞剥离开，使用胰酶消化后，离散并接种。研究表明，此方法获得的 ES 细胞贴壁率达到 60％以上。

免疫外科法是指采用免疫法去除滋养层，进而分离 ES 细胞的方法。将脱去透明带的囊胚分别置于抗体和补体中作用一段时间（一般为 30 min）后，转移到培养基中，轻轻吹打以除去溶解的滋养层细胞，然后将纯的胚胎内细胞团转入 ES 细胞培养液中培养，待其增殖后消化、离散以获得 ES 细胞。免疫外科法培养时不受滋养层细胞的影响，因此获得的 ES 细胞纯度较全胚培养法更高。

酶消化法是采用酶消化除去滋养层，进而分离 ES 细胞的方法。将脱离透明带的囊胚置于 0.25％胰蛋白酶-0.04％乙二胺四乙酸的细胞消化液中，消化约 5 min 后将囊胚移入培养液中，此时滋养层细胞已经脱落，使用吸管和拨针分离胚胎内细胞团，离散并接种。酶消化法操作简单，效果明显。据报道，采用酶消化法分离 ES 细胞的获得率达到 85％以上。

2.打靶载体的构建

在基因敲除过程中,需要将目的基因和与细胞内靶基因特异片段同源的 DNA 分子都重组到带有标记基因的载体上。此载体也称为打靶载体,在基因敲除技术中用于和打靶位点重组。在设计载体时,可根据基因打靶目的的不同,设计不同种类的载体,包括替换型打靶载体和插入型打靶载体。为了使某一基因失去其生理功能,应将打靶载体设计为替换型打靶载体。绝大多数完全基因敲除技术选用的是替换型打靶载体。打靶载体的基本组成包括载体骨架、靶基因的同源序列和选择性标记,其中选择性标记用于筛选打靶重组后的转化子,常用的标记基因有新霉素磷酸转移酶(neo)基因、单纯疱疹病毒的胸苷激酶(TK)基因、*lac Z* 基因等。

3.基因的导入和中靶 ES 细胞的筛选

在获得 ES 细胞和打靶载体后,需将基因打靶载体导入同源的 ES 细胞中,使 ES 细胞基因组和外源 DNA 发生同源重组,导入成功后才能将打靶载体中的 DNA 序列整合到内源基因组中得以表达。一般可采用电穿孔转化法或显微注射法。显微注射法命中率较高,但技术难度相对较大,电穿孔转化法便于操作,因此常用电穿孔转化法导入基因。

在完成基因导入后,快速、高效地筛选中靶 ES 细胞是重要的步骤。为了将同源重组的中靶细胞筛选出来,可用选择性培养基筛选已击中的细胞。一般情况下,可选用正负选择系统筛选中靶细胞,即设计具有正、负两个选择性标记的打靶载体。常用的正选择标记包括 *lac Z*、新霉素磷酸转移酶(neo)基因等,其中 neoʳ 基因是应用最多的正选择标记,因其对新霉素具有抗性,常将 neoʳ 基因置于载体的同源靶基因内,若同源重组成功,中靶的 ES 细胞会表现新霉素抗性;负选择系统常用 *tk* 基因,即胸苷激酶基因,其表达产物为胸苷激酶,胸苷激酶能够将核酸类似物如丙氧鸟苷代谢为毒性物质,影响细胞存活。通常在设计载体时,将 *tk* 基因置于靶基因同源区域外,未发生同源重组时,打靶载体与 ES 细胞的染色体会产生随机整合,位于打靶载体中的正负选择基因整合到 ES 细胞染色体中,*tk* 基因会导致细胞中毒死亡。当上述正负选择系统存在时,中靶的阳性 ES 细胞株被筛选出来(图 11-2)。

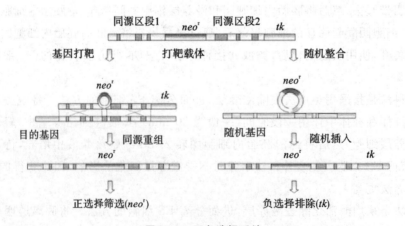

图 11-2 正负选择系统

(改自 Cherng-Shyang Chang)

11.1.2　条件基因敲除技术

条件基因敲除技术是指在完全基因敲除技术的基础上,通过重组酶对靶位点进行特异性重组,在小鼠发育的特定阶段或特定细胞组织类型中将目的基因进行敲除的技术。该技术能够在时间和空间上调控基因组的修饰,近些年取得了迅猛发展。条件基因敲除技术主要通过 Cre-loxP 系统、CRISPR-Cas9 系统、FLP-frt 系统来实现,下面以 Cre-loxP 系统为例说明条件基因敲除技术的基本原理和过程。

1. Cre-loxP 系统

1994 年第一例基于 Cre-loxP 系统的特异性基因敲除小鼠问世,从此条件基因敲除技术得到迅猛发展。Cre 重组酶相对分子质量为 3.8×10^4,来自噬菌体 P1,由于其可以作用于两个 $lox\ P$ 位点之间并发生特异性的同源重组,因此被广泛使用。若两个 $lox\ P$ 位点方向相反,Cre 重组酶无法切除中间序列,而使序列产生倒位;反之,若方向相同,$lox\ P$ 位点之间的 DNA 序列可以被切除。可借助此原理将某一 DNA 序列使用两端插入 $lox\ P$ 位点的方式删除(图 11-3)。同时,Cre 重组酶还可通过条件性表达控制在特定部位(在特定细胞种类或组织中)或特定时间(在细胞及组织发育的特定阶段)删除中间的 DNA 序列。

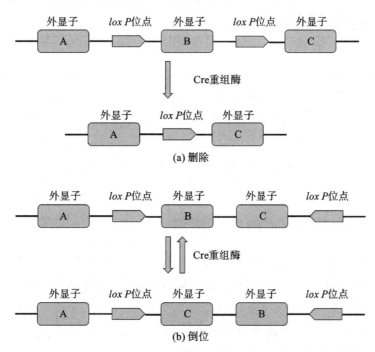

图 11-3　Cre-loxP 系统介导的删除和倒位

2. Cre-loxP 系统介导的条件基因敲除基本过程

Cre-loxP 系统介导的条件基因敲除主要分为两步。第一步需要在获得的 ES 细胞基因组中引入 $lox\ P$ 的序列,该序列长约 34 bp,包括两个 13 bp 的反向重复序列和中间的 8 bp 的非回文序列,此步骤需要控制好 $lox\ P$ 位点的方向。第二步为靶基因的修饰,需要通过 Cre 介导的重组来实现,此步骤可在 ES 细胞水平实现,也可以利用转基因小鼠来实现。以小鼠为例,

首先构建含有 *lox P* 序列的条件基因敲除小鼠,该小鼠表型和发育正常,与组织特异性 *cre* 转基因小鼠杂交后,杂交后代含有 Cre 酶,能将 *lox P* 序列中间锚定的靶基因删除,从而使得靶基因缺失,表现出某一表型缺陷,进而推断靶基因的特定功能(图 11-4)。

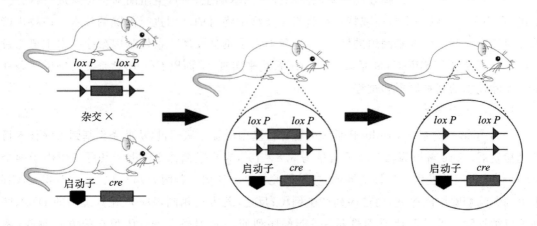

图 11-4　Cre-loxP 系统介导的重组

11.2　基因过表达技术

目前已经克隆了成千上万的基因,但由于遗传信息过剩,有很多的基因在正常状态下并不表达或低表达,将上述沉默的基因进行表达是研究该基因功能的有效途径之一。基因过表达(gene overexpression)技术是指通过人工构建的方式在目的基因上游加入强启动子等控制元件,使基因实现大量转录和翻译,其表达量高于正常水平。在已知某一基因功能的情况下,可以通过过表达赋予生物体特殊的性状,此外还可以通过基因过表达某一性状,推断或确定基因的功能。

11.2.1　基因过表达技术的基本流程

基因过表达技术是研究基因功能必不可少的方法之一,其基本步骤包括基因过表达载体的构建、转化入宿主细胞、筛选目的产物过量积累的转化子和基因功能的分析。

基因过表达载体的构建是实现基因过表达的关键步骤。表达系统一般可分为组成型和诱导型两种,其中组成型表达系统能够使外源蛋白时刻处于表达状态,如 pTREX 系列的质粒载体,此类载体往往对宿主细胞产生代谢压力。另一种为诱导型表达系统,外源基因的表达可通过诱导物、环境的改变等因素来进行调控,如糖诱导、温度诱导等。如为了研究谷氨酸脱羧酶基因 *gadB* 对乳酸乳球菌生产氨基丁酸性能的影响,首先构建了 pNZ8148 质粒,该质粒全长 3165 bp,含有 *nisA* 启动子,由乳酸链球菌素诱导表达,同时具有氯霉素抗性,便于筛选。GAL4-UAS 系统是比较有代表性的过表达系统,于 1993 年在果蝇中建立,由 *GAL4*(酵母中一种转录激活因子)和 *UAS*(酵母中 *GAL4* 的增强子序列)组成。该系统中将 *GAL4* 基因与强启动子或增强子连接后成为 *GAL4* 转基因系,*UAS* 序列与靶基因相连接而成为 *UAS*-靶基因转基因系,只有 UAS 存在时靶基因不表达,当 UAS 和 GAL4 杂交后,GAL4 蛋白才能与 UAS 序列结合,使靶基因转录表达(图 11-5)。该系统不仅可以使目的基因过量表达,而且可以使目的基因在特定的时期、特定细胞中表达。同时可借助该系统在不同组织及不同发育时期进行分析,实现异位表达,可用于综合分析基因的功能。

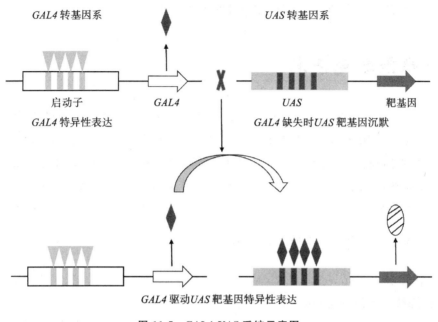

图 11-5　GAL4-UAS 系统示意图

(引自李春峰等,2006)

将目的基因与过表达载体连接后即形成重组载体,将重组载体导入宿主细胞,如大肠杆菌、酵母细胞、哺乳动物细胞等,此过程称为转化或转染。常用的方法包括电穿孔转化法、脂质体介导法、显微注射法等,根据宿主细胞的不同可选择合适的导入方法。外源基因与表达载体连接后的重组载体进入宿主细胞后,外源基因在宿主细胞中整合、过表达,可通过重组载体中的筛选标记筛选目的产物过量积累的转化子,如抗药性筛选法、显色互补筛选法、原位杂交法、免疫化学检测法等。筛选所得重组子可采用 PCR 法、Western 印迹法检测靶基因的过表达效率,进而通过表型的差异研究某一基因的相关功能。

11.2.2　基因过表达技术的应用

目前可通过基因过表达技术建立大肠杆菌表达系统、果蝇表达系统、酵母表达系统、昆虫表达系统、哺乳动物细胞表达系统和一些无细胞系的体外翻译系统等。在以上系统中,可通过让基因的表达水平高于生理状态,检测和观察基因过表达后相关性状和表型的变化,研究基因组中某一基因的相关功能。如可利用 GAL4-UAS 系统,使肺癌相关基因在杂交子代小鼠肺部特异性表达,建立小鼠肺癌模型,对肺癌相关基因表达水平进行检测,这为肿瘤相关基因和功能的检测提供了可借鉴的模式和方法。据报道,可采用一种新型腺病毒载体 GV314 与一种促代谢因子 *betatrophin* 重组,该载体具有 CMV 启动子、MCS、poly(A)的信号区等必需调控元件和同源重组序列,得到的重组腺病毒过表达载体导入宿主细胞后可实现 *betatrophin* 的过表达,继而宿主细胞出现致细胞病变效应,为 *betatrophin* 基因的功能研究奠定了基础。

基因过表达技术可在细胞水平和动物个体水平实现基因的过表达。细胞水平主要通过转染疾病相关的细胞系,可选择瞬时转染或稳定转染;动物水平主要通过构建转基因动物的方式实现,是整体水平的评价方式。研究基因组中某一基因的功能时,往往需要在细胞水平和动物水平均进行基因的过表达,通过表型的变化推断和证明基因的功能。

11.3 基因敲减技术

基因敲减(gene knock-down)技术是指通过双链小 RNA 特异性地降解具有同源序列靶基因的 mRNA,从而阻断体内靶基因的表达。与基因敲除技术中目的基因永久性的表达沉默不同,基因敲减是在转录后水平或翻译水平通过降解具有同源序列靶基因的 mRNA,使基因表达失活或沉默,因此也称基因敲低技术。基因敲减技术主要包括 RNA 干扰技术、Morpholino 干扰技术、反义寡核苷酸技术等。本节主要介绍应用范围最广的 RNA 干扰技术。

11.3.1 RNA 干扰的发现和发展

RNA 干扰(RNA interference,RNAi)是指内源性或外源性双链 RNA 进入细胞后,在细胞内特异性降解与其同源的 mRNA,从而抑制特定基因的表达。

1998 年,美国科学家梅洛(Craig C. Mello)和法尔(Andrew Fire)在线虫中验证了基因沉默。他们将正义 RNA、反义 RNA 以及两种互补形成的双链 RNA 分别注射入线虫体内,发现原本作为对照加入的双链 RNA 的抑制基因表达程度比只注射其中一种时的程度要高,能够高效地特异性阻断该基因的表达。该发现让我们能够用极为简便的方法,对生物的某一特定基因进行调控。他们推测,这个转入的外源基因能够同时抑制植物中内源基因的表达。法尔与梅洛两人因在 RNAi 研究中的重要贡献,于 2006 年共享了诺贝尔生理学或医学奖。后来又先后在小鼠、大肠杆菌、昆虫、鸟类等生命体中发现了 RNAi 现象。科学家们认为 RNAi 是存在于生物体中的一种古老现象,是生物抵抗异常 DNA(病毒、转座子和某些高重复的基因组序列)的保护机制,同时在生物发育过程中扮演着基因表达调控的角色,它可以通过降解 RNA、抑制翻译或修饰染色体等方式发挥作用。

11.3.2 RNA 干扰的作用机制

在 RNAi 现象中,有一类关键的分子,即小干扰 RNA(small interference RNA,siRNA)。siRNA 由长度为 21~23 bp 的两条 RNA 组成,由 RNAase Ⅲ 家族成员 Dicer 蛋白复合物作用于双链 RNA 切割而成,siRNA 链中与靶标 RNA 互补配对的一条链称为 guide 链,另一条称为 passenger 链。在 siRNA 研究的基础上,目前普遍认为 RNAi 的机制如下。

外源双链 RNA 导入细胞后,被 RNAase Ⅲ 家族成员 Dicer 蛋白复合物(胞质中的核酸内切酶)切割成具有特定长度和结构的 siRNA,此过程称为 RNAi 的起始阶段。双链的 siRNA 与一些蛋白酶(如 Agonaute 2 等)结合,形成 RNA 诱导的沉默复合物(RNA-induced silencing complex,RISC),RISC 在 RNAi 中起着重要的作用。形成 RISC 后,siRNA 在解旋酶的作用下解旋成正义链和反义链,其中反义链将 RISC 引导至内源基因表达的靶标 mRNA 的同源区并特异性结合,随后利用 RISC 的核酸酶功能,在距离 siRNA 3′端约 12 bp 处将 mRNA 剪切成碎片,随即迅速降解,此过程称为 RNAi 的效应阶段。此外,在 RNA 聚合酶的作用下,siRNA 还可以作为引物,与靶 RNA 结合,形成更多的双链 RNA,双链 RNA 能够继续被 Dicer 蛋白复合物切割,产生大量的次级 siRNA,进一步介导新一轮靶标 mRNA 的降解,这称为级联放大效应。以此来强化沉默效应,少量的 siRNA 就能使靶标 mRNA 全部降解,此过程称为 RNAi 的倍增阶段(图 11-6)。

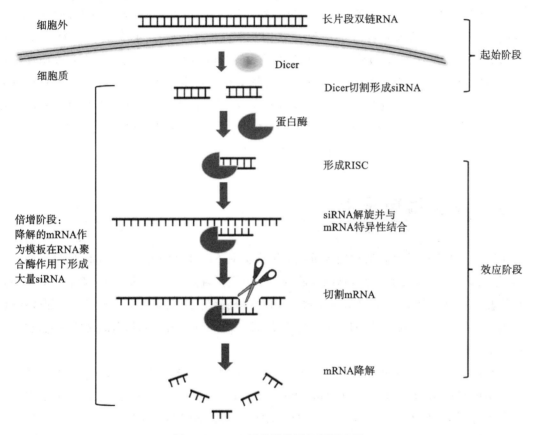

图 11-6　RNA 干扰的作用机制示意图

通过以上 RNAi 机制的介绍,可总结出 RNAi 具有以下特征:RNAi 的基因沉默机制属于转录后水平;RNAi 具有高度的特异性,只降解靶标 mRNA,即与 siRNA 序列相对应的内源基因的 mRNA;RNAi 存在级联放大效应,因此抑制基因表达的效率很高;用于 RNAi 的双链 RNA 片段应大于 21 bp,切割成为 siRNA;RNAi 过程中需要 Dicer 的酶切等,因此具有一定的 ATP 依赖性。

11.3.3　RNA 干扰的应用和挑战

可以根据已知基因的 mRNA 的序列,对 siRNA 进行合理的设计,特异性地阻断相关基因的表达,如癌症相关基因等。继首次发现 RNAi 可以用于抑制哺乳动物乙肝病毒复制后,陆续成功利用 siRNA 诱导哺乳动物细胞的特异性基因沉默,如用于治疗小鼠肝纤维化的 siRNA,能够靶向自身免疫性肝炎小鼠模型的 Fas mRNA,用于治疗湿性老年性黄斑变性的 siRNA 等。RNAi 技术因其高效、便捷、特异性强等优势在基因的功能研究和靶向治疗等领域迅速发展。

科研人员在获得的大量肿瘤凋亡相关的基因如胞外调节蛋白激酶 ERK、淋巴细胞特异蛋白酪氨酸激酶 LCK、凋亡抑制因子等基础上,合理设计并合成 siRNA 序列,并利用 RNAi 技术发挥高效的 RNAi 作用,取得了较快的进展,RNAi 在肿瘤的靶向治疗中成为强有力的手段。此外,可利用 RNAi 的高度特异性,通过基因沉默推断该基因的功能,在基因组学研究中 RNAi 也可以作为重要的研究工具。但 RNAi 在应用过程中也存在一定的问题,如将 siRNA 作为核酸类药物,虽然能特异性导致某一基因沉默,达到治疗目的,但是未经修饰的裸露 siRNA 稳定性差,容易被核酸酶降解或免疫细胞吞噬,同时 siRNA 容易受到自身聚阴离子特性的影响,出现跨越细胞膜障碍,影响 siRNA 发挥 RNAi 功能。针对以上问题,常通过以下方法提高 siRNA 的稳定性:通过 siRNA 的自身修饰(对磷酸骨架或碱基的化学修饰),提高其在血清中的稳定性;设计和选择合适的 siRNA 载体包裹 siRNA,克服 siRNA 的跨膜障碍并保护 siRNA 不被降解,常用的载体主要包括脂质体、纳米粒子、阳离子聚合物载体等。

11.4 基因编辑技术

传统的基因敲除技术是通过同源重组的策略实现体内基因的定点突变,包括敲除、缺失和替换,但同源重组频率很低,导致基因敲除的效率更低。直到 20 世纪初,研究者们建立了一系列更简便的基因打靶技术,通过这些技术可在体内任何细胞内完成特定基因组序列的改变,包括基因序列的缺失、插入、替换和单碱基的突变,即任意编辑基因组或基因的特定序列,这一技术称为基因编辑(gene editing)技术。

近年来兴起的基因编辑技术涉及几种 DNA 核酸酶,如锌指核酸酶(ZFN)、类转录激活因子效应物核酸酶(transcription activator-like effector nuclease,TALEN),它们都是通过在特异位点产生 DNA 双链断裂,激发细胞内 DNA 修复机制,如同源重组和非同源末端连接,从而导致特异位点的编辑。然而,ZFN 技术和 TALAN 技术操作复杂,且对 DNA 甲基化敏感,极大限制了它的应用。CRISPR-Cas 系统(CRISPR-Cas system)是 2013 年新发明的基因编辑技术,不仅能克服以上缺点,而且可以同时进行多个基因的编辑,大大提高了基因编辑的效率,因而具有更大的应用潜力。

11.4.1 锌指核酸酶技术

锌指核酸酶技术(ZFN 技术)作为第一代的基因编辑技术,是基于 ZFN 介导的特异基因组编辑。与传统的基因打靶技术不同,它不依赖于同源重组的高效率基因打靶技术,并且不受胚胎干细胞的限制。ZFN 主要由锌指蛋白结构域和非特异性的核酸内切酶 *Fok* I 的切割结构域组成。锌指蛋白结构域中的 DNA 结合域特异性识别并结合靶基因位点。*Fok* I 的催化结构域具有核酸内切酶活性,能够非特异性地切断基因组 DNA。通过人工设计锌指表达文库,可使不同的 ZFN 结合在不同的特定 DNA 位点,在催化结构域的作用下,可实现特定 DNA 位点的切割,然后启动细胞内的修复机制,达到基因突变的目的。目前,ZFN 技术已经成功地在大鼠、小鼠、斑马鱼、果蝇、家蚕、拟南芥、烟草、玉米等多种生物上得到广泛应用。

11.4.2　类转录激活因子效应物核酸酶技术

TALEN 蛋白由两部分组成。一部分来自转录激活因子样效应物(transcription activator-like effector,TALE)蛋白的结构域,其 N 端含有一个易位结构域,中间为 DNA 特异性识别与结合结构域,由高度保守的锌指模块同源重复序列组成,每个锌指重复序列对应识别 1 个碱基,由 34 个氨基酸残基组成,其中第 12 位和第 13 位氨基酸残基是可以变化的,称为重复变异双残基(repeat variant diresidue,RVD),能够特异性结合一个碱基序列,不同的 RVD 决定了 TALE 能识别不同的碱基;TALE 蛋白的 C 端含有一个核定位信号以及转录激活因子,能帮助 TALE 蛋白从细胞质进入细胞核,同时发挥转录激活作用。另一部分由核酸内切酶 FokⅠ的催化结构域组成,当 FokⅠ发生二聚化后发挥活性对目的基因 DNA 双链进行切割,然后激活细胞内的修复机制:一种为非同源末端连接依赖的修复机制(non-homologous end joining,NHEJ),将断开的 DNA 末端重新结合在一起,通常会随机引入新的突变,导致基因突变,达到基因敲除的目的;另一种是依赖同源重组的修复机制(homology-directed repair,HDR),引入修复的 DNA 模板,通过同源重组修复,在靶位点引入其他的基因或沉默靶基因。TALEN 和 ZFN 一样可以对复杂的基因组进行精细的基因编辑,由于其构建较为简单,特异性更高,因此在植物、人类细胞、小鼠、斑马鱼、猪、牛中迅速得到应用。

11.4.3　CRISPR-Cas 系统

1. 概述

CRISPR(clustered regularly interspaced short palindromic repeats)指有规律的成簇间隔短回文重复序列,Cas(CRISPR-associated proteins)指 CRISPR 关联蛋白。CRISPR-Cas 系统是来源于细菌和古细菌,在抵抗入侵的病毒和外源 DNA 的长期演化中形成的一种适应性免疫防御。1987 年,日本大阪大学实验室对 K12 大肠杆菌的碱性磷酸酶基因进行研究时,发现在该基因的编码区附近存在 24～37 bp 的串联间隔重复序列,但当时并没有引起普遍关注。后来,西班牙科学家在地中海盐菌中也发现了相同的序列。随后的研究发现这种间隔重复序列广泛存在于细菌和古细菌的基因组中。2002 年,正式将这样的一段带有间隔序列的具有回文结构的多个重复序列命名为 CRISPR。2005 年,三个研究团队均发现 CRISPR 的间隔序列与宿主菌的染色体外的遗传物质高度同源,推测可能是微生物适应性免疫系统的一部分。2007 年,Barrangou 等首次证明在细菌遭受噬菌体的攻击后,在筛选得到的抗性细菌的 CRISPR 区整合了来源于噬菌体 DNA 的新的间隔序列,细菌通过识别与噬菌体序列相同的 CRISPR 间隔区对应的特定序列,抵抗噬菌体的入侵,获得对噬菌体的抗性,产生适应性免疫能力,抗性的特异性由噬菌体的间隔序列决定。2008 年,John van der Oost 等发现细菌 CRISPR 可转录并加工非编码 RNA,即 crRNA,而 crRNA 介导了随后的干扰机制。2011 年,法国科学家在《Nature》上进一步阐明了 CRISPR 介导的免疫机制。2013 年,张峰等率先实现了 CRISPR-Cas9 系统在哺乳动物细胞中特定位点的基因编辑,并构建了可同时靶向多个位点的基因编辑系统。从此,CRISPR-Cas 基因编辑技术快速发展并得到广泛的应用。

2. CRISPR-Cas 系统的作用机理

目前,CRISPR-Cas 系统主要有五种类型,其中 I、III 和 IV 型需要多个 Cas 蛋白形成复合物才能干扰目的基因,但 II 和 V 型只需要利用单一 Cas 蛋白就能够干扰靶基因。目前,研究较透彻、应用较广的 CRISPR-Cas9 系统为 II 型 CRISPR 系统,而 V 型 CRISPR 系统就是新兴的 CRISPR-Cas12a(Cpf1)系统。

CRISPR-Cas 系统由 CRISPR 和 Cas 核酸酶组成(图 11-7)。*CRISPR* 基因座主要由前导区(leader)、重复序列(repeat)和间隔序列(spacer)构成。前导序列富含 AT 碱基,长度为 300~500 bp,位于 *CRISPR* 基因上游,负责转录合成 crRNA 前体(Pre-crRNA)。重复序列长度为 20~50 bp,并且涵盖 5~7 bp 回文序列,转录产物可以形成发卡结构,稳定 RNA 的整体二级结构。间隔序列是被细菌捕获的外源 DNA 序列。当这些外源遗传物质再次入侵时,CRISPR-Cas9 系统就会对目的序列进行切割,破坏外源 DNA 结构以达到防御的目的。

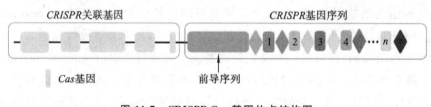

图 11-7 *CRISPR-Cas* 基因位点结构图

Cas 基因位于 *CRISPR* 基因附近或分散于基因组其他地方,该基因编码的蛋白均可与 *CRISPR* 序列区域共同发生作用。因此,该基因被命名为 *CRISPR* 关联基因(*CRISPR associated gene,Cas*)。

CRISPR-Cas 系统的作用机理可以分为三个阶段(图 11-8)。第一阶段是 *CRISPR* 的新间隔序列的获得,外源 DNA 首次入侵时,细菌进入适应阶段,Cas 蛋白会靶向裂解噬菌体上短基因片段(原间隔序列),将其插入宿主 *CRISPR* 基因座位点,这样使得 *CRISPR* 基因座中存在此种噬菌体的序列信息来形成新的间隔序列。第二阶段是 crRNA(CRISPR-derived RNA)的成熟,即 *CRIPSR* 基因座的表达,包括转录和转录后的成熟加工。外源 DNA 再次入侵时,细菌激活了表达阶段,*CRISPR* 基因座转录出前体 crRNA,由内切核糖核酸酶催化加工成成熟的 crRNA。第三阶段是 CRISPR-Cas 对外源遗传物质的识别与切割,也就是干扰阶段。成熟的 crRNA 会与 tracrRNA(trans-activating crRNA,crRNA 反式激活的 RNA)形成双链结构,并与 Cas 蛋白形成复合体,激活 Cas 的核酸内切酶活性,识别并切割外源间隔序列中的 *PAM*(proto-spacer adjacent motifs)位点,将外源 DNA 降解,从而抵抗同类噬菌体再次入侵,达到保护宿主的目的。PAM 序列是靶向 DNA 序列 3' 端长度为 3 bp 的核苷酸序列,碱基组成通常为 NGG(N 为任一碱基)。

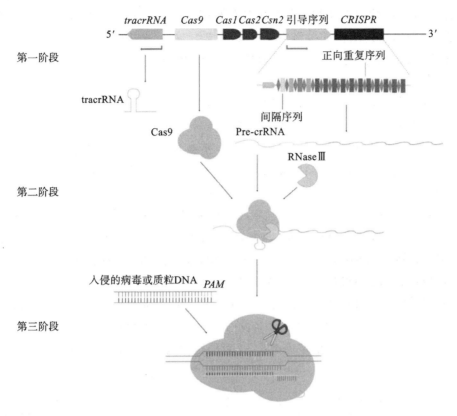

图 11-8　产脓链球菌 CRISPR-Cas9 干扰噬菌体或外源质粒入侵示意图

3.CRISPR-Cas 系统的建立

1)CRISPR-Cas9 系统

基于Ⅱ型的 CRISPR-Cas9 系统,通过人工设计 crRNA 和 tracrRNA,可以改造成具有引导作用的 sgRNA(single guide RNA),引导 Cas9 蛋白在与 crRNA 配对的序列靶位点切割DNA 双链(图 11-9),这种全新的基因定点编辑技术——CRISPR-Cas9 系统——已广泛应用于动植物研究中。

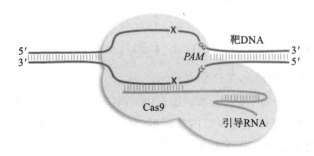

图 11-9　人工设计的 CRISPR-Cas9 系统工作原理

CRISPR-Cas9 系统主要包括两个方面:①构建 Cas9-sgRNA 表达载体,将载体导入受体细胞表达发挥编辑作用;②将表达纯化的 Cas9 蛋白与合成的 sgRNA 导入受体细胞发挥编辑作用。Cas9 蛋白有 2 个重要的核酸酶结构域,即 RuvC-like 和 HNH 结构域,分别在靶 DNA的 PAM 序列"NGG"上游 3 nt 处对 DNA 双链进行切割。由于 Cas9 来源于细菌,因此在真核系统中,需要在 Cas9 蛋白中添加一段核定位信号以保证该蛋白进入细胞核正常发挥功能。sgRNA 是一段具有特定结构的单链 RNA,其 5′端约 20 bp 与靶 DNA 互补配对结合,引导 Cas9-sgRNA 复合物对相应位点进行切割,决定编辑位点特异性。

2)CRISPR-Cas12a(Cpf1)系统

尽管 CRISPR-Cas9 系统已广泛使用,但是该系统存在编辑位点受限制、容易脱靶等缺陷,因此,科学家们想建立一个新的 CRISPR 基因编辑系统。CRISPR-Cas12a 系统属于 V 型 CRISPR-Cas 系统,该系统也只需一个 Cas 蛋白就能对双链 DNA 进行切割,但是相对于 CRISPR-Cas9 系统,CRISPR-Cas12a 系统具有明显的特征和独特的优势(图 11-10):第一,Cas12a 仅携带 RuvC-like 结构域,不需要 tracrRNA 的参与,只需要在 crRNA 引导下即可切割双链 DNA;第二,Cas12a 特异性识别靶 DNA 富含 T 的 *PAM* 序列(5′-TTTN-3′ 或 5′-TTTV-3′),然后在 *PAM* 序列下游对 DNA 双链进行切割,形成具有 4～5 nt 的黏性末端,增加了定向同源修复(homology-directed repair,HDR)途径发生的概率,有利于 DNA 片段更精准插入和替换;第三,CRISPR-Cas12a 系统的 crRNA 比 sgRNA 更短,且 Cas12a 蛋白也比 Cas9 蛋白更小,因此,CRISPR-Cas12a 系统适用于装载量小,特别是多靶点编辑的情况;第四,CRISPR-Cas12a 系统在多个物种的基因编辑中均表现更低的脱靶率。但是,目前 CRISPR-Cas12a 系统仍局限于少数物种的基因编辑,这可能是因为该系统在低温条件下编辑效率低,并且对 *PAM* 序列要求较严格。

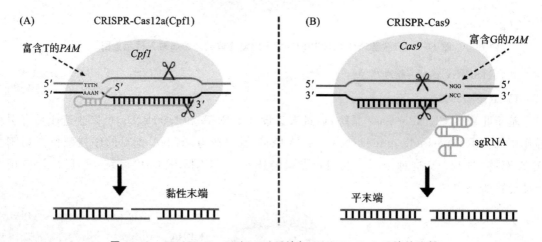

图 11-10　CRISPR-Cas12a(Cpf1)系统与 CRISPR-Cas9 系统的比较

4. CRISPR-Cas 基因编辑靶点的分析技术

CRISPR-Cas 系统对靶 DNA 进行基因编辑,操作简单、突变率高,并且能实现对多个基因同时进行编辑。对于分析基因组编辑后的基因型,目前主要有三种靶点分析技术。

1)利用 Sanger 测序的靶点分析方法

利用 Sanger 测序的靶点分析方法只适合于简单突变的样品。为了明确靶点基因序列的突变情况,经典的解码方法是设计基因位点特异引物,扩增包括靶点序列的 DNA 片段,克隆之后,挑取多个阳性克隆进行 Sanger 测序。这种方法耗时长并且昂贵。当突变类型为双等位突变和杂合突变时,测序图谱会出现延续杂乱的双峰。针对杂合突变和双等位突变,Ma 等开发了一种叫简并序列解码(degenerate sequence decoding,DSD)的分析方法。DSD 方法高效简单,并且能快速解码,但如果要分析较多的样品,这种手动解码还是效率太低。为了更好地解决这个问题,Liu 等以 DSD 方法为原理编写程序,针对包含靶位点 PCR 扩增产物的测序文件直接解码,开发了一个基于网页的、多功能的直接解码工具 DSDecode,可解码多种类型的突变,包括纯合突变、双等位突变、杂合突变等。为了快速处理大量的测序文件,Xie 等进一步开发了一体化服务的软件包 CRISPR-GE (http://skl. scau. edu. cn),可对 CRISPR-Cas9/Cas12a 系统的靶点 sgRNA 进行设计,构建 sgRNA 载体引物,预测脱靶位点,对靶点突变位点解码等。因此,基因组编辑技术越来越自动化、人性化和简单高效。

2)利用高通量测序的靶点分析技术

当突变类型复杂,如一个靶点产生 2 个以上突变的嵌合突变,需要对多倍体物种的基因编辑进行解码,以及需要一次性对大量的靶点序列进行测序,针对这些情况,利用 Sanger 测序的靶点分析技术已不能满足需求。科学家们开发出利用高通量二代测序 NGS(next generation sequencing)的靶点分析方法,如 AGEseq、Cas-Analyzer、CRISPR-GA、CRISPResso 和 Hi-TOM 等。Xue 等开发了第一个用于分析 NGS 数据的基因编辑分析平台 AGEseq (http://aspendb. uga. edu),它既是一个独立的程序,也是一个基于 Galaxy 的网页工具,该平台也可分析 Sanger 测序数据。Park 等开发了一个基于 JavaScript 的 NGS 数据分析平台 Cas-Analyzer,因为 Cas-Analyzer 完全是在客户端 web 浏览器上动态使用的,所以没有必要将非常大的 NGS 数据集上传到服务器,因而节省了大量的时间。该平台可分析各种基因编辑诱导的突变。Güell 等开发了一个用于评估基因编辑质量的平台 CRISPR-GA,操作简单,只需要点击 3 次鼠标就可完成评估过程。该平台可用于评估编辑位点的数量和突变效率,还能对插入、缺失位点,等位基因突变的效率等提供全面的报告。Pinello 等开发了一个可定性和定量评估基因编辑效果的分析平台 CRISPResso,可以评估序列的质量和比对的准确性,还有精确计算插入、缺失和碱基替换等多种功能。Liu 等开发了一个可对多份样品和多个靶点的突变进行鉴定的平台工具 Hi-TOM,特别适合通过基因编辑系统得到的所有类型突变的高通量鉴定,尤其是对复杂基因组编辑或复杂嵌合突变,具有很高的可靠性和灵敏度。

3)基于非测序手段的靶点分析方法

通过上述两种测序数据的方法分析靶点序列,可以直接获取突变的具体信息。但不通过测序,也可辨别基因编辑是否成功,比如 PCR-RE(PCR/restriction enzyme)法、T7E I (T7 endonuclease I)法和 SSCP(single-strand conformational polymorphism)法等。PCR-RE 法要求靶点处有特异的酶切位点,先用限制性核酸内切酶酶切基因组 DNA,然后利用 PCR 扩增确认,限制性核酸内切酶的选择限制了该方法的使用。利用特异性切割错配分子的 T7E I 或 Surveyor 酶也可以检测突变情况,其检测灵敏度较 PCR-RE 法低,但没有靶序列的限制。

5. CRISRP-Cas9 系统的应用

近年来,CRISPR-Cas9 系统广泛应用于各种生物研究领域,包括基因功能研究、遗传改良、构建动物模型等。基因编辑的方式主要体现在基因敲除、基因(片段)的定向插入和替换、单碱基编辑,以及基因表达调控等四个方面。

1)基因敲除

目前,利用 CRISPR-Cas9 系统对功能基因进行敲除,已广泛应用到各研究领域。通常

CRISPR-Cas9 系统会在切割位点附近产生碱基的插入、缺失，因而导致基因突变，还可通过 CRISPR-Cas9 系统同时进行多基因的编辑，甚至是大片段（1～100 kb）的删除。在动物的研究方面，Hwang 等利用 CRISPR-Cas9 系统成功地在斑马鱼胚胎中实现了 *fh1*、*apoea* 等基因的定点突变；Wang 等在小鼠中利用该技术实现了 *Tet1* 和 *Tet2* 等多个基因的同时定点突变。CRISPR-Cas9 系统在植物的研究方面也取得了较多的成果。Li 等利用 CRISPR-Cas 系统在模式植物拟南芥和本生烟中，对目的基因 *AtRACK1b*、*AtRACK1c* 和 *AtPDS3* 实现了基因组定点编辑，突变效率为 1.1%～38.5%。Jiang 等研究发现，在拟南芥 T_1 代植株的体细胞中检测到很多 Cas9-sgRNA 介导的基因突变，这些突变可遗传到 T_2 代和 T_3 代中。Shan 等利用 CRISPR-Cas9 系统对水稻 *OsPDS*、*OsMPK2* 以及 *OsBADH2* 基因进行定点的编辑，获得 T_0 代 *OsPDS* 基因功能缺失的纯合突变体，呈现出矮小白化的表型。Zhou 等利用 CRISPR-Cas9 系统将水稻中 4 个糖转运蛋白基因 *SWEET11*、*SWEET13*、*SWEET1a*、*SWEET1b* 进行编辑，在 T_0 代转基因苗中目的基因的编辑效率达到 87%～100%，同时能产生可遗传的长片段的缺失。

2）基因（片段）的定点插入或替换

通过 CRISPR-Cas9 系统进行基因编辑时，在 DNA 双链断裂的同时引入一个供体片段，并且在这个供体片段的两端设计与 DNA 断裂处相似的序列，此时编辑受体可能启动同源重组修复途径，通过同源重组实现供体片段的精确插入或替换。与在非同源末端连接（NHEJ）易错修复途径造成的随机插入或缺失相比，该编辑方式更加精准灵活，可实现多个基因的稳定聚合，解决了传统研究中无法连锁遗传的问题，因此具有更广泛的应用前景。

3）单碱基编辑

最初的单碱基编辑技术是依赖于胞嘧啶脱氨酶，对目的基因序列特定位点的单个碱基进行转换，也就是胞嘧啶编辑器（CBE），能实现 C/G 到 T/A 的转换。科学家不断研究又发现了腺嘌呤编辑器（ABE），可实现靶序列中 A/T 到 G/C 的转换。胞嘧啶编辑器和腺嘌呤编辑器系统能实现四种单碱基的编辑，已在水稻、小麦、玉米、番茄、拟南芥等多种植物中广泛应用。

4）基因的表达调控

利用 CRISPR-Cas9 系统调控基因表达主要有两种途径。一种途径是用 Cas9 蛋白对目的基因的启动子区的顺式调控元件（CRE）进行编辑，改变基因的表达水平或调控模式。Rodriguez-Leal 等通过 CRISPR-Cas9 系统对番茄中多个基因的顺式调控元件进行编辑，获得了对 *QTL* 位点的突变，实现重要农艺性状的精准调控。另一种途径是将人工突变后的 dCas9（Cas9 核酸酶发生双突变，产生"钝化"和"死亡"的 Cas9，即 dead Cas9）蛋白与目的基因的转录调控结构域融合，然后通过 sgRNA 引导融合蛋白到目的基因的启动子区，抑制或激活该基因的表达。目前该方法在拟南芥、烟草和水稻等植物中都已成功应用。

思考题

1. 什么是条件基因敲除？主要包括哪些系统？
2. 简述 RNA 干扰的作用机制。
3. RNA 干扰有哪些特征？

4. 完全基因敲除的基本步骤包括哪几步？

5. 哺乳动物胚胎干细胞分离的方法有哪几种？

6. ZFN 基因编辑技术与传统基因敲除技术相比，有哪些突破？

7. CRISPR-Cas 系统如何实现靶点基因编辑？

扫码做习题

参考文献

［1］袁婺洲. 基因工程［M］. 2 版. 北京：化学工业出版社，2019.

［2］常重杰. 基因工程［M］. 北京：科学出版社，2012.

［3］刘志国. 基因工程原理与技术［M］. 3 版. 北京：化学工业出版社，2016.

［4］孙明. 基因工程［M］. 北京：高等教育出版社，2006.

［5］张文庆，王桂. RNA 干扰：从基因功能到生物农药［M］. 北京：科学出版社，2021.

［6］周维，付喜爱，张德显，等. 基因敲除技术的研究进展［J］. 中国兽医杂志，2015，51(3)：67-68.

［7］王超玄，孙航. 基因敲除小鼠技术的研究进展［J］. 生物工程学报，2019，35(5)：784-794.

［8］夏伟，沈旋，李彤彤，等. PAICS 基因促进乳腺癌细胞生长及其可能分子机制［J］. 黑龙江医药科学，2021，44(4)：36-39.

［9］孙红，侯佳林，蔡加琴，等. 利用 Cre/loxP 系统构建乳腺细胞特异性敲除 SENP7 基因的小鼠模型［J］. 中国临床药理学与治疗学，2021，26(4)：376-381.

［10］孔维健，常宇鑫，昝春芳，等. 基于 Cre-loxP 系统条件性基因敲除小鼠的构建及其应用进展［J］. 中国实验诊断学，2017，21(12)：2208-2211.

［11］叶善元，郝君颖，李洪强，等. 小干扰 RNA 的作用机制及其在肿瘤研究中的应用［J］. 甘肃医药，2020，39(12)：1067-1071.

［12］李春辉，胡泊，翁郁华，等. 基因治疗的现状与临床研究进展［J］. 生命科学仪器，2019，17：3-12.

［13］周晓楠，宋雪兰，杨媛，等. 基因沉默策略及其应用研究进展［J］. 昆明医科大学学报，2018，39(1)：131-135.

［14］钟焱. RNA 干扰在肿瘤基因研究中的应用进展［J］. 生物技术世界，2016，4：9-12.

［15］韩伟，魏丰贤，张有成. 小干扰 RNA 沉默甲胎蛋白基因对 HepG2 细胞迁移及侵袭的影响［J］. 临床肝胆病杂志，2021，37(8)：1873-1877.

［16］李龙钦. 胚胎干细胞抑制小鼠肝癌实验研究［D］. 福州：福建医科大学，2017.

［17］费佳燕. 过量表达 GAD 系统关键基因提升乳酸乳球菌 γ-氨基丁酸生产性能［D］. 杭

州:浙江大学,2016.

[18] 蒋丹,薛颢颖,王苏,等. Betatrophin 重组腺病毒过表达载体的构建[J]. 江苏大学学报,2016,26(2):124-131.

[19] 胡建斌,余文戈. 人源 *Tim-1* 基因过表达载体的构建与鉴定[J]. 中国卫生检验杂志,2021,31(12):1487-1489.

[20] 李春峰,夏庆友,周泽扬. GAL4/UAS 系统在转基因技术中的应用研究进展[J]. 临床肝胆病杂志,2006,16(1):78-81.

[21] 刘玉万. 一种增强基因表达的自激活 GAL4/UAS 系统表达盒的建立[D]. 西安:西北农林科技大学,2017.

[22] 刘耀光,李构思,张雅玲,等. CRISPR/Cas 植物基因组编辑技术研究进展[J]. 华南农业大学学报,2019,40(5):38-49.

[23] 张梦娜,柯丽萍,孙玉强. 基因编辑新技术最新进展[J]. 中国细胞生物学学报,2018,40(12):2098-2107.

[24] 冯江浩,魏思昂,闫丽欢,等. CRISPR/Cas9 基因编辑技术及应用研究概述[J]. 动物医学进展,2021,42(3):123-126.

[25] Sabine Brantl. Antisense-RNA regulation and RNA interference[J]. Biochimica et Biophysica Acta,2002,1575(1-3):15-25.

[26] Maxime Blijlevens,Ida H van der Meulen-Muileman,Renée X de Menezes,et al. High-throughput RNAi screening reveals cancer-selective lethal targets in the RNA spliceosome[J]. Oncogene,2019,38:4142-4153.

[27] Yaqing Li,Xiaoran Li,Xiaoli Li,et al. PDHA1 gene knockout in prostate cancer cells results in metabolic reprogramming towards greater glutamine dependence[J]. Oncotarget,2016,7(33):53837-53852.

[28] Mahfouz M M. Genome editing:The efficient tool CRISPR-Cpf1[J]. Nat Plants,2017,3:17028.

[29] Zaidi S S,Mahfouz M M,Mansoor S. CRISPR/Cpf1:A new tool for plant genome editing[J]. Trends Plant Sci,2017,22(7):550-553.

[30] Ma X L,Chen L T,Zhu Q L,et al. Rapid decoding of sequence-specific nuclease-induced heterozygous and biallelic mutations by direct sequencing of PCR products[J]. Mol Plant,2015,8(8):1285-1287.

[31] Liu W Z,Xie X R,Ma X L,et al. DSDecode:A web-based tool for decoding of sequencing chromatograms for genotyping of targeted mutations[J]. Mol Plant,2015,8(9):1431-1433.

[32] Xie X R,Ma X L,Zhu Q L,et al. CRISPR-GE:A convenient software toolkit for CRISPR-based genome editing[J]. Mol Plant,2017,10(9):1246-1249.

[33] Xue L J,Tsai C J. AGEseq:Analysis of genome editing by sequencing[J]. Mol Plant,2015,8(9):1428-1430.

[34] Park J,Lim K,Kim J S,et al. Cas-analyzer:An online tool for assessing genome

editing results using NGS data[J]. Bioinformatics,2017,33(2):286-288.

[35] Bao X R,Pan Y,Lee C M. et al. Tools for experimental and computational analyses of off-target editing by programmable nucleases[J]. Nat Protoc,2021,16(1):10-26.

[36] Pinello L,Canver M C,Hoban M D,et al. Analyzing CRISPR genome-editing experiments with CRISPResso[J]. Nat Biotechnol,2016,34(7):695-697.

[37] Lloyd A,Plaisier C L,Carroll D,et al. Targeted mutagenesis using zinc-finger nucleases in Arabidopsis[J]. Proc Natl Acad Sci USA,2005,102(6):2232-2237.

[38] Liu Q,Wang C,Jiao X,et al. Hi-TOM:A platform for high-throughput tracking of mutations induced by CRISPR/Cas systems[J]. Sci China Life Sci,2019,62(1):1-7.

[39] Puchta H. Using CRISPR/Cas in three dimensions:Towards synthetic plant genomes,transcriptomes and epigenomes[J]. Plant J,2016,87(1):5-15.

[40] Rodriguez-Leal D,Lemmon Z H,Man J,et al. Engineering quantitative trait variation for crop improvement by genome editing[J]. Cell,2017,171(2):470-480.

[41] Komor A C,Kim Y B,Packer M S,et al. Programmable editing of a target base in genomic DNA without double-stranded DNA cleavage[J]. Nature,2016,533(7603):420-424.

第12章 基因治疗

【本章简介】 基因治疗是随着现代分子生物学技术的发展而诞生的新的生物医学治疗技术，也是基因工程在由基因突变导致的人类疾病治疗方面的实际应用。目前基因治疗主要在肿瘤、遗传病和病毒病方面用于临床。本章主要根据基因工程的操作流程介绍基因治疗中目的基因的准备、靶细胞的选择、载体的选择及构建，以及相应的转移技术等。以目前基因治疗在肿瘤、遗传病和病毒病等疾病治疗过程中的实际应用为例，介绍基因治疗中常用的目的基因及其治疗效果，分析基因治疗的现状，并对基因治疗存在的问题及将来发展方向进行展望。基因治疗目前主要以单基因为目的基因进行操作，人们已经意识到这种方法的弊端——功能基因单一、转化效率低、治疗基因表达缺乏可调控性以及人们对基因治疗的认识和接受能力不足等。相信随着分子生物学的进一步发展，这些问题会得到很大的改善，使基因治疗真正走进临床，使大众受益。

随着分子生物学和基因工程的迅猛发展，以及现代分子生物学和医学科学的交叉融合，人类对疾病的认识和治疗进入分子水平。基因治疗从此诞生了，成为疾病治疗的一个新领域。DNA 重组、基因转移、基因克隆和表达等相关技术的建立和完善为基因治疗奠定了基础。随着该领域研究的不断深入，人们对基因治疗的认识也不断改变，基因治疗根据靶细胞的不同，可分为体细胞基因治疗和生殖细胞基因治疗。因为生殖细胞基因治疗涉及伦理学等问题，目前不宜用于人类，所以基因治疗的重点在于体细胞基因治疗。基因治疗经过几十年的发展虽然仍存在一些问题，但是具有很好的前景。

12.1 分子病与基因治疗的基本概念

分子病(molecular disease)是由于遗传上的原因而造成的蛋白质分子结构或合成量的异常所引起的疾病。蛋白质分子是由基因编码的，即由脱氧核糖核酸(DNA)分子上的碱基序列决定的。如果 DNA 分子的碱基种类或顺序发生变化，那么由它所编码的蛋白质分子的结构就发生相应的变化，严重的蛋白质分子异常可导致疾病的发生。实际上任何由遗传原因引起的蛋白质功能异常所带来的疾病都是分子病，但习惯上把酶蛋白分子催化功能异常引起的疾病归属于先天性代谢缺陷，而把除了酶蛋白以外的其他蛋白质异常引起的疾病称为分子病。分子病根据病变基因所处的细胞类型可分为遗传性分子病和非遗传性分子病，病变基因分别位于生殖细胞和体细胞中。根据病变基因的数目，分子病可分为单基因病和多基因病两种。目前已知的分子病有 4000 多种，其中遗传性和非遗传性各占一半。

基因治疗(gene therapy)是指将人的正常基因或有治疗作用的基因通过一定方式导入人体靶细胞,置换或补偿引起疾病的基因或者关闭、抑制异常表达的基因,从而达到治疗疾病目的的生物医学新技术。

实际上凡是采用分子生物学的方法和原理,在核酸水平上开展的疾病治疗方法都可以称为基因治疗。基因治疗本身也并不局限于各种遗传性疾病的治疗,已扩展到肿瘤、艾滋病、心血管病、神经系统疾病、自身免疫性疾病和内分泌疾病等的治疗。

基因治疗是目前治疗分子病的最先进手段,在很多情况下也是唯一有效的办法,被称为医学界的"第四次白色革命"。

12.2　基因治疗的发展简史与现状

基因治疗思路最早见于 1963 年 Joshua Lederberg 的描述:"我们可以参与……改变染色体和片段,最大程度运用分子生物学方法可以直接控制人染色体核酸序列,与识别、选择和所需基因的整合……只是一个时间问题……多核苷酸序列可以用化学方法加载于病毒 DNA。"美国科学家迈克尔·布莱泽早在 1968 年,在《新英格兰医学报》上发表了题为"改变基因缺损:医疗美好前景"的文章,首次在医学界提出了"基因疗法"的概念。自 1980 年至 1989 年,对基因治疗能否进入临床存在很大争议。1980 年美国加州大学马丁·克赖恩教授进行人类第一例真正意义上的基因治疗,未获批准,也未获成功,他被誉为"基因治疗的先驱"。1990 年,美国国立卫生研究院(NIH)的 Freuch Anderson 博士等开始了世界上第一次真正意义上的基因治疗临床试验,他们用腺苷脱氨酶(ADA)基因治疗了一位因腺苷脱氨酶基因缺陷导致严重免疫缺损(severe combined immunodeficiency,SCID)的 4 岁女孩,并获得了初步成功,促使世界各国都掀起了基因治疗的研究热潮(表 12-1)。2000 年,法国巴黎内克尔(Necker)儿童医院利用基因治疗,使数名有免疫缺陷的婴儿恢复了正常的免疫功能,取得了基因治疗开展近十年来最大的成功。2004 年 1 月,深圳赛百诺基因技术有限公司将世界上第一个基因治疗产品重组人 p53 抗癌注射液(商品名:今又生)正式推向市场,这是全球基因治疗产业化发展的里程碑。

表 12-1　基因治疗历史事件

年份	治疗对象	治疗方案	治疗疾病	国家(地区)
1990	1 人	腺苷脱氨酶基因直接注射	腺苷脱氨酶缺乏导致患者重度联合免疫缺损和免疫系统功能低下	美国
1992		造血干细胞	同上	意大利
2002	小鼠	镰刀状细胞		
2002	4 人		儿童重症联合免疫缺陷病	法国
2002		25 nm 的脂质分子,携带治疗性 DNA 通过核膜		

续表

年份	治疗对象	治疗方案	治疗疾病	国家(地区)
2002		新型基因疗法修复缺陷基因 mRNA	治疗地中海贫血症、囊性纤维症及部分癌症	
2003		RNA 干扰	亨廷顿舞蹈症	
2003		聚乙二醇(PEG)包被的脂质体将基因送入脑部跨越血脑屏障	治疗帕金森病	美国
2003		重组人 p53 腺病毒注射液"今又生",第一个获得国家批准的基因治疗抗癌药物上市应用	治疗头颈癌、肺癌	中国
2005	豚鼠	腺病毒为载体将 Atoh1 基因导入耳蜗的毛细胞	恢复80%听力	
2006	2 人	治愈骨髓系统疾病,如急性髓细胞性白血病(acute myeloid leukemia, AML)	骨髓异常	
2006	小鼠	注射免疫细胞 microRNA 调节	抑制免疫系统排斥导入的治疗基因	意大利
2006		重组 T 细胞	晚期转移性黑素瘤细胞治疗癌症	美国
2006	5 人	慢病毒载体导入 HIV 外膜基因反义核酸 VRX496	治疗 HIV,4 人 CD4 阳性 T 细胞升高,5 人对 HIV 抗原和其他病原免疫升高	美国
2007	小鼠	脂质纳米微粒(lipid-based nanoparticle)作为药物载体运送两个肿瘤抑制基因	肺部肿瘤缩小	美国
2007	狗		恢复了一群先天失明的小狗的视力	英国
2007	1 人(23 岁)	遗传性视网膜利伯先天性黑蒙病(LCA)	重组腺病毒(AAV)携带 RPE65 基因,治疗后改善,且未见副作用	英国
2008	1 人(18 岁)	眼视力疾病	改善了先天失明患者 Steven Howanth 的视力	英国
2009	10 人	重症联合免疫缺陷病	8 人长期跟踪多年后痊愈,"基因治疗实现了愿望"	

续表

年份	治疗对象	治疗方案	治疗疾病	国家(地区)
2009	2 人	慢病毒载体将一个具有功能的 ALD 基因拷贝导入这些细胞之中以纠正其基因上的缺陷,治疗 X 连锁性肾上腺脑白质营养不良症(ALD)	2 年后 ALD 蛋白仍可在患者血细胞中查到。神经学症状得到改善,而该治疗对疾病的缓解与骨髓移植疗法效果相似	德国
2009	12 人	莱贝尔先天黑内障	4 人重新获得视力,不需辅助器材	美国
2009	6 人	帕金森病,转入 3 个基因促进多巴胺分泌	效果很好	法国
2009	猴	"探色"蛋白质基因注入先天红绿色盲猴眼内	看到红色和绿色	美国
2009	2 人	肾上腺脑白质营养不良,慢病毒载体导入正常基因	成功终止了致命性的脑病(X 连锁性肾上腺脑白质营养不良症)	法国
2012		利用 AAV 载体携带 LPL 基因治疗	脂蛋白脂肪酶缺乏引起的严重肌肉萎缩疾病	欧盟
2013	1 人(13 岁)	将表达突变的 β-珠蛋白的慢病毒载体作为基因治疗载体	镰状细胞病(SCD)	
2014	3 人	CAR-T 细胞免疫疗法	急性淋巴细胞白血病(ALL)	美国
2014	3 人	为视网膜疾病患者重构缺陷基因	患者重见光明	英国
2015	儿童和成人	单次自体 CD19-CAR-T 细胞的灌注实现淋巴去毒化治疗	急性淋巴细胞白血病(ALL)	
2015		Imlygic	去除黑色素瘤的转基因疱疹病毒(HSV)	美国
2016	小鼠	造血干细胞移植(HSCT)、酶替代疗法(ERT)、各种外科手术干预	黏多糖病(MPS)	
2016		miR-21	前列腺炎	
2017		Kymriah	复发、难治性 B-细胞	
2017	100 人	基因治疗改善视力缺陷	30 d 有大部分患者取得明显成效	中国
2018	27 人(儿童)	γ-RV HSC-GT	重症联合免疫缺陷(SCID)	
2019	9 人(4～23 月)	反义寡核苷酸	脊髓性肌肉萎缩(SMA)	德国
2019		Zynteglo	输血依赖型 β 地中海贫血(TDT)	欧盟

续表

年份	治疗对象	治 疗 方 案	治 疗 疾 病	国家(地区)
2019	2 岁以下儿童	Zolgensma,通过 AAV9 装载运动神经元生存蛋白	脊髓性肌萎缩症	美国
2019	6 例	CCT301-38（AXL）和 CCT301-59（ROR2)细胞疗法	Ⅳ 期转移性肾细胞癌	
2020		抑制肝细胞中羟基酸氧化酶-1	Ⅰ 型原发性高草酸尿症	美国 欧盟
2020	大鼠	高压氧联合 NgR 基因沉默骨髓间充质干细胞移植	较大程度上恢复了大鼠脊髓损伤功能	
2020	1 人	CTX001 通过剪切 BCL11A 基因来促进 HbF 的产生	严重 β 地中海贫血	欧盟

在众多的基因治疗临床方案中真正有效的方案不多,因此必须加强基因治疗中的关键基础问题的研究,各国政府有关部门加强了对基因治疗临床试验方案的审批和监管力度。从此,基因治疗从狂热转入理性化的正常轨道,并一直在稳健地发展,表明基因治疗具有良好的发展前景。

12.3　基因治疗的策略

基因治疗主要以两种策略达到治疗目的:其一是纠正突变基因,也就是在原位修复缺陷基因的直接疗法,这是理想的基因治疗策略,由于多种困难,目前尚未实现;其二是用正常基因替代致病基因的间接疗法,对于靶细胞而言,没有去除或修复有缺陷的基因,此法较前者难度小,是目前采用的策略,已付诸临床实践。基因治疗的策略根据基因导入体内的方式和基因发生作用的方式不同,有不同的分类。

12.3.1　根据基因转移受体细胞类型分类

根据基因转移的受体细胞不同,基因治疗分为以下两类。

1. 生殖细胞基因治疗

生殖细胞基因治疗(germ cell gene therapy)是将正常基因转移到患者的生殖细胞使其发育成正常个体,这种靶细胞的遗传修饰至今尚无实质性进展。基因的这种转移一般只能采用显微注射方式,然而效率不高,并且只适用于排卵周期短而次数多的动物,难以用于人类。而在人类实行基因转移到生殖细胞,并世代遗传,又涉及伦理学问题。因此,就人类而言,目前多不考虑生殖细胞的基因治疗途径。

2. 体细胞基因治疗

体细胞基因治疗(somatic cell gene therapy)是指将正常基因转移到体细胞,使之表达基因产物,以达到治疗目的。这种方法的理想措施是将外源正常基因导入靶体细胞内染色体特定基因座位,用健康的基因准确地替换异常的基因,使其发挥治疗作用,同时还需减少随机插入引起新的基因突变的可能性。对特定座位基因转移,目前还有很大困难。

　　体细胞基因治疗目前采用将基因转移到基因组上非特定座位,即随机整合。只要该基因能有效地表达出其产物,便可达到治疗的目的。这不是修复基因结构异常而是补偿异常基因的功能缺陷,这种策略易于获得成功。基因治疗中的受体细胞一般为离体的体细胞,先在体外接受导入的外源基因,在有效表达后,再输回到体内,这也就是间接基因治疗法。体细胞基因治疗不必矫正所有的体细胞,因为每个体细胞都具有相同的染色体。有些基因只在一种类型的体细胞中表达,因此,治疗只需集中到这类细胞上。其次,某些疾病,只需少量基因产物即可改善症状,不需全部有关体细胞都充分表达。

12.3.2　根据导入基因发生作用的方式分类

　　随着基因治疗基础研究的不断深入和技术的进步,根据导入的外源基因发生作用的方式,基因治疗的策略可分为以下几种。

　　1. 基因置换

　　基因治疗的早期只涉及单基因遗传病,因此经典的基因治疗是指利用外源基因纠正细胞遗传病变的一种治疗手段。所谓基因置换(gene replacement)或基因校正,是指将特定的目的基因导入特定的细胞,通过定位重组,以导入的正常基因置换基因组内原有的基因。

　　基因置换的目的是纠正缺陷基因,将缺陷的异常基因序列进行矫正,对缺陷的部位进行精确的原位修复,不涉及基因的任何改变。基因置换的必要条件是:对导入的基因及其产物有详尽的了解,外源基因要有效地导入靶细胞,导入基因在靶细胞内能长期存在;导入的基因有适度的表达,基因导入的方法和所用载体对宿主细胞安全无害。

　　利用基因重组技术进行基因置换的实验研究已取得一些进展。实现定点整合的条件就是转导基因的载体与染色体上的 DNA 具有相同的序列。这样带有目的基因的载体就能找到同源重组的位点,进行部分基因序列的交换,使基因置换这一治疗策略得以实现。要实现基因置换,需要采用同源重组技术使相应的正常基因定向导入受体细胞的基因缺陷部位。定向导入的发生率约 $1/10^6$,采用胚胎干细胞培养的方法,这种同源重组的检出率最高可达 1/10。

　　2. 基因添加

　　基因添加或称基因增补(gene augmentation),是指通过导入外源基因使靶细胞表达其本身不表达的基因。基因添加有两种类型:一是在有缺陷基因的细胞中导入相应的正常基因,而细胞内的缺陷基因并未除去,通过导入正常基因的表达产物,补偿缺陷基因的功能;二是向靶细胞中导入靶细胞本来不表达的基因,利用其表达产物达到治疗疾病的目的。

　　3. 基因干预

　　基因干预(gene interference)是指采用特定的方式抑制某个基因的表达,或者通过破坏某个基因的结构而使之不能表达,以达到治疗疾病的目的。这类基因治疗的靶基因往往是过度表达的癌基因或者是病毒的基因,采用的方法主要有反义核酸技术、核酶技术和 RNA 干扰技术等。

　　4. 自杀基因治疗

　　自杀基因治疗(图 12-1)是恶性肿瘤基因治疗的主要方法之一。其原理是将"自杀"基因导入宿主细胞中,这种基因编码的酶能使无毒性的药物前体转化为细胞毒性代谢物,诱导靶细胞产生"自杀"效应,从而达到清除肿瘤细胞的目的。

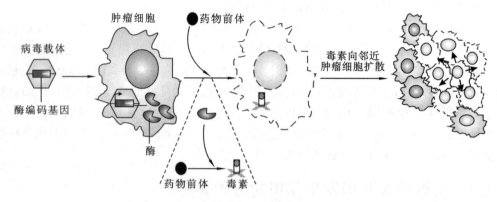

图 12-1　自杀基因治疗原理示意图

5.免疫调节

免疫调节是指将抗体、抗原或细胞因子的基因导入患者体内,改变患者免疫状态,从而达到治疗和预防疾病的目的。此法可用于恶性肿瘤和感染性疾病等的防治。目前,免疫调节已应用于肿瘤、自身免疫性疾病、器官移植排斥、感染性疾病等的实验治疗,其临床试用方案绝大多数是肿瘤的基因治疗,多集中于细胞因子基因治疗的研究。此外,有关 MHC、共刺激分子、抗体、抗原的免疫调节也是该领域研究的热点。这些不同途径的免疫调节原理各有特色,治疗效果各有不同,将它们综合地加以考虑而进行联合应用是该领域研究的一个发展方向。

6.基因编辑

基因编辑原理见 11.4 节。经历了若干次换代和革命,目前研究最多的是以 CRISPR-Cas9 系统为代表的第三代基因编辑技术。该技术在杜氏肌营养不良综合征、囊性纤维化、地中海贫血、血友病和酪氨酸血症等单基因遗传病的治疗研究中获得了显著的进展,也为诸多病毒感染疾病、肿瘤和其他疾病的治疗提供了新的思路。

12.4　基因治疗的基本程序

一般来说,对于遗传病只要已经研究清楚某种疾病的发生是由某个基因的异常所引起的,其野生型基因就可被用于基因治疗,如用 *ADA* 基因治疗 ADA(腺苷脱氨酶)缺陷病。但是在现有的条件下,仅此是不够的,可以用于基因治疗的基因还需要满足以下条件:首先,该基因在体内仅有少量的表达就可以显著改善症状,即对疾病的有效性;其次,该基因的过高表达也不会对机体造成危害,即治疗性基因的安全性。在满足上述条件后,接下来就是基因治疗程序。基因治疗的步骤包括目的基因的获得、靶细胞和载体的选择以及用有效的基因转移技术将目的基因导入靶细胞。下面详细介绍各步骤及其注意事项。

12.4.1　目的基因的准备

为达到基因治疗的目的,首先必须获得目的基因并对其表达调控进行详细研究。目的基因可以是染色体基因组 DNA(genomic DNA)片段,也可以是互补 DNA(complementary DNA,cDNA)。在确定目的基因后,就要制备该基因。获得目的基因的方法很多,可以用核酸杂交的方法由基因文库中调取,也可以通过聚合酶链式反应(polymerase chain reaction,PCR)等新技术进行体外扩增。反义基因也可以采用以上方法获得,还可以采用人工合成的方式进行制备。目前已经应用于临床的治疗性基因有抗原、抗体、肿瘤抑制物、抑癌基因、多种癌基因的反义核酸等。

12.4.2　靶细胞的选择

1.用于基因治疗的靶细胞必须满足的条件

理论上讲,无论何种细胞均具有接受外源 DNA 的能力。但作为基因治疗的靶细胞必须满足以下条件:①该细胞取材方便;②该细胞在人体内含量比较丰富;③该细胞被取出后,易于在体外人工培养;④该细胞的寿命足够长,以便于长期在体外培养传代。

2.目前用于基因治疗的靶细胞的种类

根据上述对靶细胞的限制条件,基因治疗中可作为靶细胞的有生殖细胞和体细胞两大类。

1)生殖细胞基因治疗

理论上讲,基因治疗的最终目标是生殖细胞(包括精子、卵子和胚胎细胞),若对缺陷的生殖细胞进行矫正,不但可以得到完全正常的新生个体,而且正常基因可以传递给后代。但生殖细胞作为靶细胞进行基因治疗有两方面的限制因素:首先是目前科学研究发展水平有限,关于人体生长发育过程中遗传信息的表达调控这一复杂过程还了解甚少,如果对生殖细胞的遗传信息进行修饰操作,一旦发生差错将给人类带来不可想象的后果;其次由于伦理学问题,生殖细胞作为基因治疗的靶细胞在全世界受到严格禁止,因此目前应用于基因治疗的细胞仅限于人的体细胞。

2)体细胞基因治疗

(1)造血细胞:造血细胞分布在体内多处,有较多的遗传病与造血组织有关。而且骨髓移植方法已经建立,这使得造血细胞成为基因治疗中重要的受体细胞之一。另外,骨髓内有多种处于不同发育阶段的造血细胞,因此骨髓细胞也是最受重视和最常用的基因治疗靶细胞之一。这是因为:①骨髓组织易于取材和处理;②许多已知的遗传病都或多或少涉及源自骨髓的细胞;③骨髓细胞分化成血象细胞后循环全身,有可能应用基因工程处理过的骨髓祖细胞来治疗并非直接与骨髓细胞相关的疾病。

然而,骨髓细胞作为基因治疗靶细胞,还存在一定的不足:①必须用基因工程的手段对骨髓干细胞进行改造,才能获得稳定持久的治疗效果,然而骨髓干细胞仅占骨髓组织的 0.1% 左右;②目前还不能在显微镜下分离人的骨髓干细胞;③骨髓造血细胞的分化可能导致治疗性基因的失活;④并非所有的骨髓干细胞都具有活性,它们轮流表现活性,所以治疗性基因是否有效取决于是否大部分"活性"干细胞含有该基因。

(2)成纤维细胞:成纤维细胞是另外一类基因治疗的靶细胞,具有长期自我更新的能力。成纤维细胞用于基因治疗的优点如下:①成纤维细胞很容易从患者体内获得,患者可以使用自体细胞,能避免免疫移植后的排异反应;②成纤维细胞易于在体外培养和处理;③带有治疗性基因的载体能够高效转染成纤维细胞;④在体内成纤维细胞存在于高度血管化区域,因而接近血液循环,有利于提高基因治疗的效果。

(3)肝细胞:肝脏是基因治疗重要的靶器官。肝细胞在中间代谢中有重要的作用,并且是血浆蛋白质的主要来源。正常肝细胞都是最终分化的细胞,不会再分裂繁殖,然而当肝脏受到损伤时,肝细胞就能够分裂再生。有许多遗传病可以通过对肝细胞的处理而得到治疗。

肝细胞用作基因治疗的靶细胞需要两个条件:①对肝细胞进行成功修饰,将矫正基因导入肝细胞并使之表达;②修饰过的肝细胞移植入患者体内后能够存活。

有些学者认为,虽然目前困难很多,但从长远看,肝脏体积大,取材容易且丰富,而且有很强的合成能力。如果肝脏中的基因能在肝内长期表达,则将对一些目前没有适当治疗方法的严重疾病提供良好的治疗手段,因此认为肝脏是体细胞基因治疗最好的靶器官之一。

(4)内皮细胞:内皮在基因治疗中也是非常重要的组织,因为它与血液最为接近。外源基因在内皮细胞内表达时,其蛋白质能直接分泌到血液中,这是内皮细胞应用于基因治疗的优势。

(5)淋巴细胞:人类淋巴细胞,特别是肿瘤浸润淋巴细胞(TIL)已经广泛地用作基因转移的靶细胞。将标记基因转移入淋巴细胞是常被用来解决临床问题的手段。比如用患者自体TIL治疗某肿瘤时,将TIL标记就可以了解这些细胞在患者体内的分布情况,特别是它们是否能够集中在肿瘤部位。

(6)成肌细胞:近几年的研究发现,骨骼肌细胞中的成肌细胞(myoblast)作为基因治疗的靶细胞具有很大的优势。成肌细胞寿命很长,适于较长期的外源基因表达;来源丰富,易于取出和培养;可以采用直接体内基因转移,即将真核表达载体直接注射于骨骼肌;具有一定的分裂能力,因而对逆转录病毒的感染很敏感,易于移植。成肌细胞中分泌的外源基因表达产物,不仅能对骨骼肌产生一些生物效应,而且可以进入血液以影响全身。因此,肌肉细胞作为靶细胞对一些全身性的疾病具有重要的应用价值。

(7)肿瘤细胞:肿瘤细胞也是基因治疗中极为重要的靶细胞类型。肿瘤细胞对目前绝大多数的基因转移方法都比较敏感。特别是肿瘤细胞始终处于旺盛的分裂状态,因此,可以进行高效率的基因转染。

(8)生殖细胞:以动物的生殖细胞为基因转移的靶细胞,是近十年来发展起来的一项技术,用以生产转基因动物(transgeneic animal)。制备转基因动物最重要的目的就是构建人类遗传病的动物模型,可以体内试验治疗性基因是否有疗效,同时,可以用来研究基因调节、表达和组织特异性。

(9)其他细胞:许多实质性器官的细胞也可以作为基因治疗的靶细胞。除了肝细胞外,心肌细胞和脾细胞也可以作为基因治疗的靶细胞。但这些器官细胞的获得一般需要外科手术,而且需要活检,较为困难,且对逆转录病毒的感染也不是十分敏感,这些限制因素给基因治疗带来了一些困难。尽管如此,实质性器官的细胞作为基因治疗靶细胞的探索研究始终在进行。

12.4.3　载体的选择

目前,已经研究出很多种方法将基因转移进入靶细胞内,大多数仅能应用于体细胞基因治疗。体细胞基因转移的理想状况是将一定量的DNA以100%的效率导入任何类型的细胞中,然而实践中不可能达到。在基因治疗中迄今所应用的基因转移方法可分为两大类:病毒方法和非病毒方法。

从大量的细胞中选取为数很少的转化子,是基因治疗中最关键的一步。而外源基因转移进入靶细胞通常是一种低效率的过程,其频率与细胞突变的频率差不多。除了一些病毒如乳头瘤病毒(papilloma virus)能改变宿主细胞形态而形成独特的转化灶被识别外,大部分基因治疗中的载体必须利用遗传标记来选择。目前应用于基因治疗的载体主要有病毒载体(viral vector)和非病毒载体(nonviral vector)两种。

1.病毒载体

病毒具有一些独特的性质,如多数病毒能够感染特异的细胞,在细胞内不易降解,RNA病毒具有能整合到染色体以及基因表达水平较高等,因而被作为基因工程和基因治疗的理想载体。病毒载体是良好的基因转运载体。目前已经被用作载体的病毒有逆转录病毒、腺病毒、腺相关病毒、疱疹病毒和肝炎病毒等。

用于基因治疗的病毒载体应具备以下条件:①能够携带外源基因,并能通过一定途径包装成病毒颗粒;②能介导外源基因进入靶细胞,并且允许其在靶细胞内表达;③对机体安全,没有致病性。病毒载体有下列优点:①转移效率很高,有的病毒甚至可达到100%;②转移治疗性基因时,将重组DNA分子作为稳定的遗传成分,使基因的表达更长期、更稳定;③能够将克隆的基因作为病毒微染色体的一部分,并能进行分离;④将有缺陷的或突变的基因置于病毒调节信号的控制下,可以对其进行研究。其缺点是病毒载体的运载能力较小。到目前为止,病毒载体的运载外源基因的最大容量只有10 kb左右。

病毒用作载体时需要进行一定的改造和操作,以逆转录病毒为例:①将天然的野生型RNA前病毒转变成DNA载体,并插入欲转移的治疗性基因,其基本原则是用标记基因和/或治疗性基因替代病毒原有的编码基因;②制备辅助细胞(helper cell),为载体DNA提供其丧失病毒包装的功能;③将载体DNA导入辅助细胞,产生病毒颗粒;④病毒颗粒感染靶细胞,使外源基因在细胞内表达。

病毒载体充分利用了病毒高度进化所具有的感染性和寄生特性,故而已得到广泛而有效的应用,现在有80%以上的基因治疗临床项目采用的是病毒载体。但是,目前应用的病毒载体还存在许多不足之处,主要表现在毒性大、免疫原性高、容量小、靶向性差、制备烦琐等,故人工合成的非病毒载体的研究越来越受到重视。

1)逆转录病毒载体

逆转录病毒的结构和生命周期使得逆转录病毒最适于作为基因转移的载体,逆转录病毒载体是迄今最有用的载体之一,它能非常有效地介导基因进入细胞,并将外源基因整合进宿主基因组中。然而逆转录病毒载体在应用上还存在一些缺陷:①病毒的感染依赖于靶细胞DNA的复制,故而它要求靶细胞有非常活跃的DNA合成;②能插入这些载体的外源基因的大小受到限制;③载体免疫原性较高,患者在接受治疗时有被感染的危险。因此用逆转录病毒载体时,必须确实证明重组病毒载体的安全性。

2)DNA病毒载体

DNA病毒载体包括腺相关病毒载体和腺病毒载体等。DNA病毒的感染不依赖靶细胞的DNA复制,能够感染分裂期的细胞和非分裂期的细胞。腺病毒载体不能整合到细胞染色体中,外源基因的表达短暂,但是表达水平很高,而腺相关病毒载体则能整合到细胞的染色体组中,外源基因的表达较稳定,但表达水平不如腺病毒载体。另外,腺病毒载体的免疫原性较高,有一定的致病性,而腺相关病毒载体的免疫原性很低,基本没有致病性。

2.非病毒载体

非病毒载体系统在基因治疗应用试验中比病毒载体出现得晚,但其研究历史很长。到目前为止,已经设计了多种类型的非病毒载体,它们各有特点。目前常用的非病毒载体有裸DNA(naked DNA)、脂质体载体(liposome vector)及阳离子多聚物型载体(cationic polymer vector)等。

从本质上讲,非病毒载体是将治疗性基因看作药物,然后从药理学等角度来考虑如何把基因导入细胞、组织和器官并进行表达。

非病毒载体应用于基因治疗中,应该起的作用包括:①携带和运输基因,既要能辅助基因进入细胞内,又应该具有一定的靶向性;②保护治疗性基因在进入细胞前后不被降解或失活;③允许所携带的治疗性基因发挥其应有的治疗作用。

非病毒载体的主要优点如下:①易于制备,重复性好,可以完全由人工合成,并可大规模生产,且不需要包装细胞,没有所谓的滴度限制,方法较简单且廉价;②不限制携带基因大小及核酸的类型;③安全性好,免疫原性低,急性毒性小;④可具有特异靶向性,并且能够转移到非分裂期细胞而有效表达。但是非病毒载体也有很多不足之处,主要体现在转染效率较低,基因表达持续时间短暂,并且很多方面的问题仍需要求助于病毒或病毒成分来解决。

12.4.4　基因转移技术

基因转移技术根据基因转移途径可分为两类:一是 ex vivo(体外),即将构建的含有目的基因的载体在体外导入靶细胞,经过体外增殖、筛选、药物处理或其他操作后,再输回患者体内;二是 in vivo(活体内),即将无复制能力的、含外源目的基因的重组病毒载体直接应用于患者体内,此外还包括将脂质体包埋或裸露 DNA 直接注射到患者体内等方法。ex vivo 法尽管比较经典且安全,同时治疗效果易于控制,但因其操作步骤多,技术较复杂而不易推广;相比于 ex vivo 法,in vivo 法则操作简便,虽然该方法目前尚不成熟,还存在疗效短暂、免疫排斥及安全性等问题,但仍是基因转移方法的重点研究方向。

基因治疗近年来取得突破性进展,关键在于基因转移技术的不断发展。近年发展起来的基因转移技术已有十余种。基因治疗按所选载体的不同一般分为两类:一类为病毒介导的基因转移系统(生物学方法);另一类为非病毒介导的基因转移系统(非生物学方法)。

1.病毒介导的基因转移

病毒提供了将外源基因导入细胞的有效方法。RNA 和 DNA 病毒均曾经用作基因转移的载体。但是,自然情况下大多数病毒对机体具有致病性,因此必须对病毒进行改造后才能用于人体。

2.非病毒基因转移

在基因治疗试验中所应用的非病毒基因转移法有物理法(直接注射法)、化学法(磷酸钙共沉淀法和脂质体转染法)和生物化学法(配体-DNA 结合物和腺病毒-配体-DNA 结合物)。这些基因转移的方法可以转移 DNA 载体,能将大分子物质导入哺乳动物细胞中,并在细胞内运输。因为外源性治疗基因在细胞内受正常机制的降解而从细胞中排除,所以由这些方法转移的基因的表达往往是暂时性的。理论上讲,非病毒基因转移要比重组病毒转移更安全。但是,在靶细胞内稳定整合外源基因也可能引起不良后果,只是这方面的研究还不多。

1)直接注射法

将含有 DNA 的溶液(或 DNA 沉淀物)直接注射入器官(如肌肉或甲状腺等),邻近注射位点的细胞即可摄入 DNA,并且对这些基因进行表达。有研究表明,这种作用在甲状腺中能持续 3～5 d。在肌肉中基因表达则可持续数月之久。

2)磷酸钙共沉淀法

磷酸钙共沉淀法的大体过程是,将氯化钙、DNA 和磷酸盐缓冲液(PBS)在一起缓慢混合时,形成磷酸钙微细沉淀;形成的 DNA-磷酸钙沉淀物能附着在细胞上,并经过细胞内吞作用而进入细胞质中。这种基因转移方法的主要优点是简单性和普遍性。其主要的缺点是转化率通常很低,需要用一个很强的选择性标记基因进行筛选。

3)脂质体转染法

脂质体是一种被广泛应用于体内或体外运载外源性遗传物质进入细胞的载体。脂质体可以用于用其他方法不能进行基因转移的细胞。脂质体介导的基因转移的最大优势就在于能够应用于活体,且转移的效率较高。第一个使用非病毒基因转移法的临床试验就是用脂质体进行包裹的。

4)受体介导的基因转移

受体介导的基因转移方法是近年来建立的非病毒基因转移技术,它利用受体介导的细胞内吞作用转移外源基因。该方法是将质粒 DNA 和某种特异的多肽(配体)形成复合物,其中多肽成分能被细胞表面的受体识别。这是一种具有特异靶向性的转移方法,能使外源基因在活体内导向特异类别的细胞。然而,转移基因时所形成的内吞小泡通常要被送到溶酶体中,而在溶酶体中这种内吞小泡的内容物将被降解。

12.5 基因治疗的应用

自从 1990 年美国国立卫生研究院(NIH)和其下属重组 DNA 顾问委员会(RAC)批准了美国第一例临床基因治疗申请以来,基因治疗在临床上的试验越来越多。这一被批准正式用于基因治疗的病例是先天性腺苷脱氨酶(ADA)缺乏症。1990 年 9 月,美国 Blaese 博士成功地将正常人的 *ADA* 基因植入 ADA 缺乏症患者的淋巴结内,完成世界上首例基因治疗病例。

12.5.1 肿瘤基因治疗

肿瘤是基因病,肿瘤发生的遗传背景是肿瘤基因或肿瘤抑制基因的异常。肿瘤的发生是由化学毒物、射线等环境因素诱发细胞的基因调控异常所致的疾病,通常伴有多种基因的改变。肿瘤基因治疗是对肿瘤细胞或正常细胞转移一个或几个正常基因,它的表达产物有利于杀伤肿瘤细胞,或保护正常细胞免受化疗与放疗的严重伤害。恶性肿瘤是危害人类健康最为严重的疾病之一。它不仅给人们的精神上造成极大痛苦,而且给社会造成巨大的经济负担。因此,恶性肿瘤长期以来一直是医学界关注的焦点、力图攻克的难关。截至 2020 年年底,全球正在进行的基因治疗临床试验中,50% 以上为针对肿瘤基因治疗。

21 世纪肿瘤基因治疗可望从以下几个方面取得突破:①通过基因置换或基因补充,导入多种抑癌基因以抑制癌症的发生、发展和转移;②增强抑癌基因的活性,通过干扰癌基因的转录和翻译,发挥抑癌作用;③提高肿瘤基因的免疫原性,通过对肿瘤组织进行细胞因子修饰,刺激免疫系统产生对肿瘤细胞的溶解和排斥反应;④通过导入自杀基因杀伤癌细胞。

肿瘤基因治疗的常用方法如下。

1.基因干预技术

癌基因的过度表达已被公认为肿瘤发生和发展的重要分子机制之一,而基因干预技术为恶性肿瘤的基因治疗提供了有效的手段。通过基因干预,肿瘤细胞过度表达的癌基因得到抑制,从而降低其恶性表型。基因干预技术一般有以下几种方式。

(1)反义 RNA 技术:反义 RNA(antisense RNA)是指与 mRNA 互补的 RNA 分子,也包括与其他 RNA 互补的 RNA 分子。由于核糖体不能翻译双链的 RNA,因此反义 RNA 与 mRNA 特异性互补结合,即抑制了该 mRNA 的翻译。反义 RNA 技术是一种从核酸复制、转录和翻译水平上高度特异性抑制靶基因表达的方法,可选择性、序列特异性抑制基因表达。它是目前最常用的体细胞基因治疗方法之一。反义 RNA 治疗肿瘤的技术主要集中在三个方面。一是封闭异常表达的癌基因。有研究表明,反义 RNA 对 *fos*、*neu*、*k-ras*、*c-src*、*c-myb* 及 *c-myc* 等癌基因有不同程度的抑制作用。二是将癌基因的易位和重排部位作为反义 RNA 基因治疗的理想目标。如在 90% 的慢性粒细胞白血病患者的粒细胞中,具有由 9 号和 22 号染色体易位形成的费城染色体(ph'),所形成的 *bcr-abl* 融合基因的连接处正好是反义 RNA 封闭的最佳位置。三是抑制肿瘤细胞的耐药性,从而提高化疗的效果。但反义 RNA 在应用于肿瘤基因治疗方面还存在一些问题:细胞癌变并非仅由单个基因发生变异所致,而是多个相关基因共同作用的结果;另外,反义 RNA 技术只能特异性地抑制某一个基因,同时抑制多个异常癌基因表达的反义 RNA 技术还有待进一步研究。

(2)RNA 干扰技术(RNAi):该技术可用于癌基因异常表达的恶性肿瘤治疗。已有研究报道,利用 RNAi 阻断 *k-ras* 基因的表达而抑制了肿瘤的发生;RNAi 还成功地用于乳腺癌的基因治疗。此外,通过 RNAi 可以抑制某些内源性基因的表达,促进白血病细胞的凋亡或增加其对化疗药物的敏感性。

(3)反义基因技术(anti sense gene):这里是指以 DNA 为靶分子,反义药物序列特异性地与 DNA 双螺旋相结合,形成三链 DNA,在基因转录或复制水平上调节基因表达。如利用 *TOF* 基因与原癌基因 *HER2* 的启动子竞争性结合,抑制乳腺癌细胞中过度表达的 *HER2* 基因,还可以利用 *TOF* 基因抑制 HeLa 细胞中 *c-myc* 的转录。

2. 自杀基因治疗

在肿瘤自杀基因治疗中要防止自杀基因进入正常细胞,以及在药物作用下引起对正常细胞的毒副作用。目前研究较多的自杀基因有单纯疱疹病毒的胸腺激酶(TK)基因,该基因编码的胸腺激酶可以将无毒的核苷类似物丙氧鸟苷(GCV)磷酸化为细胞毒性物质。自杀基因治疗的前提是自杀基因的表达局限于肿瘤细胞内,而不伤及正常细胞。自杀基因的转移目前主要有四种方式:一是利用免疫脂质体、受体介导等技术进行定向基因转移;二是根据肿瘤细胞和正常细胞分裂的显著差异,利用逆病毒载体不感染非分裂细胞的特点,对某些肿瘤进行治疗;三是在自杀基因的上游插入肿瘤细胞特异性的启动子和调控元件,使其在肿瘤细胞内特异性表达;四是肿瘤细胞内直接注射。自杀基因治疗的研究表明,不仅转染了自杀基因的肿瘤细胞在用药后被杀死,而且与其相邻的未转染自杀基因的肿瘤细胞也被杀死,这种现象称为"旁观者效应"(bystander effect)。这种效应明显扩大了自杀基因的杀伤作用,大大放宽了对基因转移效率的限制,也对自杀基因治疗的发展具有重要意义。

3. 肿瘤的免疫基因治疗

肿瘤的免疫基因治疗主要包括细胞因子(或受体)基因治疗和抗原抗体基因治疗两大类。

(1)细胞因子(或受体)基因治疗:包括白细胞介素、集落刺激因子、干扰素、肿瘤坏死因子等细胞因子基因,组织相容性抗原基因,以及一些 T 细胞或 B 细胞的共刺激分子等。将上述基因导入肿瘤细胞或用以修饰肿瘤浸润淋巴细胞(TIL)或细胞毒性淋巴细胞(CTL),可以大大提高肿瘤细胞的免疫原性,或有效地激发体内的抗肿瘤免疫反应;同时,IL-2、IFN-β 等淋巴因子基因的导入和表达也可以增强靶细胞抵抗病毒感染的能力,因而在病毒感染疾病的治疗中也有重要应用。

(2)抗原抗体(MHC)基因治疗:临床研究表明,肿瘤细胞之所以能够逃避机体的免疫监视,是因为肿瘤细胞缺乏 MHC Ⅰ类或Ⅱ类分子的表达,这种缺陷导致肿瘤细胞不能将肿瘤抗原运输到细胞表面,也不能向 T 细胞呈递抗原,因而不会诱导产生特异性的 CTL。目前已有采用人类主要组织相容性复合物 MHC Ⅰ类基因 *HLA-B7* 进行黑色素瘤基因治疗,在肿瘤细胞中表达同种异体的 *HLA-B7* 基因,从而诱导特异性的 CTL 参与免疫反应。

4. 提高化疗效果的辅助基因治疗

在肿瘤化疗中,肿瘤细胞的多药耐药(multi-drug resistant,MDR)是一个主要障碍。从某种意义上说,90%以上死于肿瘤的患者都与肿瘤原发或获得性耐药性有关。自从发现多药耐药基因和它们的分子机制后,如何提高造血干/祖细胞内与耐药有关蛋白质(包括酶)的水平,已经成为肿瘤基因治疗研究中的一个热点。

12.5.2　遗传病的基因治疗

在遗传病的基因治疗中,将致病基因所对应的正常基因导入并表达于患者靶细胞中,以替代原来表达缺陷或异常表达的致病基因的功能,从而达到治疗疾病的目的。据不完全统计,人类有 4000 多种遗传病,在人群中的发病率为 40%~50%。但真正了解病因、能进行产前诊断的仅限于那些为数不多的常见遗传病。由于目前基因治疗还处于发展阶段,对遗传病的基因治疗必须符合以下条件:①在 DNA 水平明确其发病原因及机制;②必须是单基因遗传病;③该基因的表达不需要精确调控;④该基因能在一种便于临床操作的组织细胞(如皮肤细胞、骨髓细胞等)中表达并发挥作用;⑤该遗传病不经治疗将有严重后果。目前能符合上述条件中4 个以上的只有 30 余种遗传病。下面简单介绍几种已经在临床上进行治疗的人类单基因遗传病。

(1)腺苷脱氨酶(ADA)和嘌呤核苷磷酸化酶(PNP)缺乏症:这是两种罕见的常染色体隐性遗传的代谢缺陷型疾病。其结果非常相似,均能使患者体内 T 细胞和 B 细胞代谢产物积累,从而抑制 DNA 的合成,对淋巴细胞产生毒副作用,造成 T 细胞和 B 细胞功能缺陷,最终导致重症联合免疫缺陷病(SCID),患者常因感染而生命垂危。临床上该病只能用骨髓移植治疗。ADA 主要在未成熟的造血细胞中产生,而且只需少量的 ADA 即可缓解症状。首先从患者骨髓中提取造血干细胞,通过病毒载体将正常 *ADA* 基因导入干细胞,改造后输回体内,可产生并持续供应能够抗感染的健康免疫细胞,达到治疗的目的。

(2)血友病:虽然凝血因子是在肝细胞中合成,但研究表明,凝血因子的基因也可以在其他细胞中表达,而且只要少量表达的蛋白质进入血液即可缓解症状。血友病 A 是由凝血因子Ⅷ缺乏所致,血友病 B 是由凝血因子Ⅸ缺乏所致。凝血因子Ⅷ的 cDNA 很大,基因转移较困难,而凝血因子Ⅸ的 cDNA 较小,所以血友病 B 的基因治疗病例较多。而且已经证明凝血因子Ⅸ的基因能在肝细胞以外的许多细胞中表达。我国科学家于 1991 年 12 月成功进行了血友病 B 的基因治疗。

(3)苯丙酮尿症和其他先天性代谢缺陷病:这一类先天性代谢缺陷病主要为肝脏内某些代谢酶的缺乏所致。其中最具代表性的是苯丙酮尿症(phenylketonuria,PKU)。肝内苯丙氨酸羟化酶(phenylalanine hydroxylase,PAH)缺乏,致使苯丙氨酸不能转变为酪氨酸而产生疾病。由于 PAH 的辅因子生物蝶呤(biopterin)也在肝内合成,因此肝细胞理所当然成为 *PAH* 基因转移的靶细胞。在动物实验中,以逆转录病毒为载体,将 *PAH* 基因的 cDNA 转移至小鼠等哺乳动物肝细胞并获得较高水平的表达,为 PKU 的基因治疗迈出重要一步。

(4)莱-纳(Lesch-Nyhan)综合征:又称为自毁容貌综合征,是一种严重的 X 染色体连锁隐性遗传病。患者从小表现为智力迟钝,并且具有强烈的自残行为,其血清中因存在过量的尿酸而极易形成结石,并继而引起痛风等症。研究表明,这是一种由于次黄嘌呤磷酸核糖转移酶(hypoxanthine phosphoribosyl transferase,HPRT)缺乏所致的疾病,患者往往因得不到有效的治疗而在 20~30 岁时死亡。有研究将 *hprt* 基因转移至多种成纤维细胞、人和小鼠骨髓细胞及 *hprt* 缺陷的细胞中均得到较好表达,其产生的 HPRT 活性足以矫正 *hprt* 缺陷细胞的代谢缺陷,Lesch-Nyhan 综合征临床上已成功得到治疗。

(5)家族性高胆固醇血症:又称为高 β 脂蛋白血症。这是一种因低密度脂蛋白(low density lipoprotein,LDL)受体基因突变,肝细胞不能有效清除血浆中的 LDL(包括胆固醇),从而导致的一种高胆固醇血症(血清胆固醇比正常值高 4~5 倍)。据报道,1992 年 6 月首次对一临床患者进行基因治疗研究,其中将携带 LDL 受体基因的逆转录病毒载体于体外导入肝细胞,然后将转染的肝细胞输回患者体内,从而表达产生 LDL 受体蛋白,帮助肝细胞清除血中 LDL,取得了一定的疗效。

(6)杜氏肌营养不良症(DMD):也称假肥大性肌营养不良,DMD 是一种毁灭性的危及生命的 X 连锁疾病,主要由编码抗肌萎缩蛋白(dystrophin)的基因突变所致。抗肌萎缩蛋白是细胞骨架蛋白,负责在骨骼肌细胞的肌动蛋白和细胞外基质之间建立连接。抗肌萎缩蛋白的缺失使肌肉细胞易受损伤,导致患者肌肉退化与病变。Eteplirsen 是一种 30-核苷酸磷酸二氢吗啡啉低聚物,于 2016 年被美国 FDA 批准为 ASO(antisense oligonucleotide,反义寡核苷酸)药物。Eteplirsen 通过在缺陷基因变异中特异性跳过外显子 51 来恢复 DMD 的翻译阅读框,从而促进营养不良蛋白的产生。反义介导的"外显子跳跃性"治疗策略是使外显子从 DMD 成熟的 mRNA 中排除,以恢复阅读框。DMD 的基因突变及分子机制研究可为其治疗研究打下基础,而后者进行又需建立在 DMD 疾病模型之上,如 mdx 小鼠模型等。随着研究的深入,DMD 基因治疗策略不断提出,并在动物模型上取得了不错的效果。近年来已有多项研究将 CRISPR-Cas9 系统应用于 DMD 的治疗。

12.5.3 病毒性疾病的基因治疗

近 20 多年来,随着现代分子生物学技术的迅速发展和应用,病毒性疾病的研究从细胞水平进入分子水平,新的引起人类病毒性疾病的病毒因子不断被发现,有关病毒基因结构、基因复制、基因表达调控以及病毒感染的分子机制等不断得到揭示,从而推动了病毒性疾病诊断、治疗和预防的深入发展,并取得显著成就。WHO 于 1980 年正式宣布在全球彻底消灭天花,脊髓灰质炎也将被根除,许多病毒性传染病如麻疹、风疹等得到很好控制,发病率明显下降。但人类仍然面临着病毒性传染病的严重威胁。在我国,病毒性传染病尤为突出。如我国是病毒性肝炎高发区,以乙肝危害最甚。据测算,全国约有 7000 万人携带乙肝病毒(HBV)。流感是一种至今尚无法完全控制的急性呼吸道病毒性传染病。其他如流行性出血热、病毒性肺炎、病毒性脑炎、病毒性腹泻、狂犬病等病毒性疾病的流行还很猖獗。老的危害严重的病毒性疾病仍在流行的同时,新的病毒性疾病又不断被发现和证实。在新发现的病毒性疾病中,艾滋病危害最为严重。尽管世界各国极为重视艾滋病的防治研究,投入了大量人力和物力,但迄今尚未取得根本性突破。病毒性疾病已涉及临床医学的各个领域，并发现许多非传染性疾病也与病毒感染有关，如某些肿瘤的发生和发展与病毒感染密切相关。

针对病毒进行的基因治疗的策略如下。

(1)诱导对病毒 RNA 的降解：将抗病毒蛋白质（如 $2'\rightarrow5'$ 腺苷酸合成酶等）基因通过适当的载体导入机体细胞并持续表达，可以激活核酸酶 F，降解病毒 RNA，对 RNA 病毒的感染产生明显的抵抗作用。

(2)抑制病毒与宿主细胞结合：阻断病毒表面蛋白与宿主细胞受体间的特异性结合。如 HIV 病毒感染 T 细胞是通过其包膜蛋白（gp120）与 T 细胞上的 CD4 受体分子 N 端结合而实现的。

(3)干扰病毒基因组的转录起始和调控：抑制转录起始复合物形成的方法有三股螺旋 DNA 技术，即根据病毒目的基因的序列，设计合成三螺旋结构寡核苷酸（triplex-forming oligonucleotides，TFO）并导入机体，与病毒中靶基因序列结合形成三股螺旋结构，从而抑制转录因子结合，阻断病毒基因转录复制。加州大学洛杉矶分校和加州理工学院的研究人员开发使用 RNAi 技术来阻止 HIV 病毒进入人体细胞的方法。这个研究小组设计合成的慢病毒载体引入 siRNA，激发 RNAi 使其抑制 HIV-1 的 coreceptor-CCR5 进入人体外周 T 细胞，而不影响 HIV-1 的 coreceptor-CCR4，从而使以慢病毒载体为媒介引导 siRNA 进入细胞内产生了免疫应答，由此治疗 HIV-1 和其他病毒感染性疾病的可行性大大增加。RNAi 还可应用于其他病毒（如脊髓灰质炎病毒等）感染，siRNA 介导人类细胞的细胞间抗病毒免疫，用 siRNA 对 Magi 细胞进行预处理可使其对病毒的抵抗能力增强。在 2002—2003 年的 SARS 研究中，siRNA 在感染的早期阶段能有效地抑制病毒的复制，病毒感染能被针对病毒基因和相关宿主基因的 siRNA 阻断。在最近由新冠病毒（severe acute respiratory syndrome coronavirus 2，SARS-CoV-2）引发的新冠肺炎（coronavirus disease 2019 ，COVID-19）的防治研究中，RNAi 也受到重视。SARS-CoV-2 与 SARS 病毒存在较高的同源性，有研究表明，针对 SARS-CoV-2 病毒 S 基因设计的 siRNA 在细胞水平和动物水平都显示了良好的抗病毒效果。这些结果说明 RNAi 能胜任许多病毒的基因治疗，RNAi 将成为一种有效的抗病毒治疗手段。这对于许多严重的动物传染病的防治具有十分重大的意义。

(4)抑制病毒基因组的复制和蛋白质合成：根据 RNA 病毒基因组的结构设计合成反义 RNA，导入体内，阻碍病毒 mRNA 的转录、运输和翻译等过程，同时诱导 RNA 酶降解病毒 mRNA，抑制病毒的装配与释放。例如，HIV 病毒基因组的 $5'$-LTR 下游和 gag 基因上游区域存在一段与病毒核酸包装有关的序列，称为包装序列；可以设计并合成针对该包装序列的反义 RNA，通过导入细胞与病毒包装序列特异性结合，封闭其指导病毒颗粒包装的功能，从而阻断 HIV 病毒在患者体内的扩散。

(5)基因编辑技术的应用：CRISPR-Cas9 系统作为一种新的基因编辑技术，为诸多病毒感染疾病的治疗提供了新的手段。其基因治疗思路，一是改造病毒宿主细胞使其免于感染，二是使靶向病毒不能完成复制和传播。目前已有多项研究在实验室中证明了 CRISPR-Cas9 系统对病毒感染治疗的可能性。将来 CRISPR-Cas9 系统若要完全进入临床治疗，仍然需要解决一些重要问题，如提高 Cas9 编辑基因的效率、建立 cas9 基因安全高效的导入方式、增强编辑的基因特异性和避免脱靶效应等，最终将这项颠覆性的技术安全地服务于患者。

12.6 基因治疗的前景

基因治疗作为一种全新的疾病治疗方法,自诞生以来取得了令人鼓舞的成效。随着分子病理学、分子生物学等相关学科的发展,治疗的策略日益丰富,其中许多方案已进入临床试验或实施阶段,成为临床上重要的辅助治疗手段。同时,治疗所针对的疾病也从早期的单基因遗传病扩展到肿瘤、病毒性疾病、心血管病等严重威胁人类健康的疾病。目前基因治疗在理论和技术上仍面临治疗基因少、基因转移效率低、基因表达的可调控性差等困难,在伦理道德上也存在很多争议,但可以预见,在克服了这些挑战之后,基因治疗将迎来突破性的进展,从而在不久的将来真正成为一种常规的治疗方法,为维护人类健康作出重要贡献。

12.6.1 基因治疗面临的问题和挑战

基因治疗的诞生和发展,为人类彻底战胜疾病带来了新的希望,但是它的进一步发展也面临前所未有的挑战。

1.理论和技术上的挑战

1)缺乏更多、更好的治疗基因

目前用于基因治疗的基因还有相当大的局限性,尤其是大多数多基因疾病,如恶性肿瘤、糖尿病、高血压、神经退行性疾病的致病基因还有待阐明,这将依赖于未来功能基因组学的发展。

2)缺乏高效特异的基因导入系统

基因转移的效率和特异性是相互矛盾又相互统一的,载体的基因转移效率很高时,往往特异性就较差。基因转移的良好特异性有助于提高目的基因在靶组织中的转移和治疗效率。目前采用的病毒载体和非病毒载体普遍存在转移效率低、特异性不好等缺点。将现有的病毒载体进行重组改造,获得病变组织靶向的病毒载体,或开发受体介导的靶向性非病毒载体,可望建立符合体内基因转移要求的高效特异的目的基因导入系统。

3)治疗基因表达缺乏可调控性

治疗基因在导入靶细胞后,如果不能得到有效调控,将带来严重后果。治疗基因的可调控性包括空间上的可调控性和时间上的可调控性。前者指目的基因只在特定组织细胞或病变细胞中表达,而在其他组织中不表达,这可以通过将目的基因置于组织特异性基因调控元件下表达来实现;为了使目的基因表达在时间上具有可调控性,可以在基因上游加上该基因的部分调控系列,并加入诱导剂诱导表达。目前有关基因非编码序列和调控序列的信息还很有限,因此选择的余地不大。实现治疗基因表达可调控性的最理想方式是模拟人体内基因本身的调控形式,这需要克隆目的基因包含内含子在内的全序列以及上下游的调控区,因此难度较大,是基因治疗的远期目标。

2.社会伦理学上的挑战

基因治疗的伦理学争议主要源于治疗的安全性问题和基因治疗模式与现有伦理道德的冲突。由于理论和技术上的不成熟,人们还无法确知基因治疗可能产生的后果。首先,由于导入靶细胞的目的基因可以随机地整合到细胞基因组中,因此可能导致细胞正常基因失活或表达失调,并可能激活癌基因,使细胞的表型和正常功能发生改变,甚至发生癌变。未来人类基因组学和基因定点重组技术的发展为合理解决这一危机提供了可能。其次,用于基因转移的具有一次感染能力的病毒有可能发生重组,成为具有复制能力的病毒,造成持续感染。将现有病毒进一步改造,增加病毒复制复活所需要进行重组的次数,将可以大大减小产生具有持续感染能力的病毒的概率。

另外,由基因治疗引发的其他社会和伦理道德问题也备受关注,例如,患者在接受治疗前的完全知情同意问题,那些以改善个人的某些品性为目的的增强性基因"治疗"是否应该被允许,以及何时开始或在何种情况下实施生殖细胞基因治疗等。

12.6.2　基因治疗的发展方向

自 20 世纪 80 年代基因治疗技术兴起以来,基因治疗的研究一直在坎坷中发展。由于在理论和技术上存在许多不完善之处,因此该技术曾备受争议,并被认为与传统的伦理道德相悖,有时甚至由于一些偶然事件而被政府明令禁止和权威人士抵制。但是,基因治疗作为一种全新的疾病治疗方法,有着顽强的生命力,相关的研究一直十分活跃,并不断取得可喜的成绩。

最早进行基因治疗研究的疾病是单基因遗传病,这同时也是基因治疗应用最为成功的疾病之一。随后,基因治疗研究逐步扩展到严重威胁人类健康的恶性肿瘤、心血管疾病、病毒感染及代谢类疾病等,其中,肿瘤以及艾滋病等病毒性疾病的基因治疗研究成为目前研究的热点。已经形成一批在体外试验或动物试验中有显著疗效的治疗方案,其中许多方案有望在临床上获准实施。

目的基因和靶细胞的选择是基因治疗的关键环节。随着病理学等相关学科的发展,人们对疾病发生机理的认识更趋深入,用于基因治疗的目的基因数目已今非昔比,疾病相关基因的克隆和人类基因组测序的完成,客观上也为基因治疗提供了新的更有效的治疗基因。同时,治疗所针对的靶细胞也从单纯的病变细胞扩展到疾病相关组织细胞、免疫功能细胞等,近年来对 ES 细胞和各组织干细胞的研究非常活跃,以这些细胞作为靶细胞的基因治疗也已经起步。但是,生殖细胞基因治疗作为最彻底意义上的治疗方法,目前仍被严格禁止。

在治疗基因的转移途径上,经典的基因治疗是进行体外导入,即体外培养取自患者的组织细胞,通过病毒载体或非病毒载体等将目的基因导入,筛选含有目的基因的培养细胞回输至患者体内。目前的基因治疗研究倾向于体内导入,即体外构建目的基因的病毒表达载体,体外包装产生具有一次感染能力的重组缺陷病毒,通过静脉或病变组织局部注射患者进行体内感染,这种方法明显提高了基因转移的效率。在病毒载体中,腺病毒由于具有可感染多种类型细胞,而且不整合到染色体中等优点,因而越来越受到研究者的青睐。

基因治疗的特异性直接关系到基因治疗的成败。这包括:①目的基因转移的靶向性。许多研究者用抗靶细胞特异抗原的抗体或靶细胞表面受体的配体取代病毒载体外壳的部分结构域,这种改造过的病毒可以特异性地感染治疗针对的靶细胞,而不感染其他细胞;另外,由上述抗体或配体参与构成的可溶性分子复合物载体系统,可以实现非病毒依赖的靶向感染。②目的基因表达的特异性。将治疗基因置于靶细胞特异性或组织特异性基因表达调控元件(启动子、增强子)的控制之下,这样由于只有治疗针对的组织细胞中含有与上述调控元件对应的反式激活因子,因而目的基因的表达仅局限于治疗针对的细胞。

基因治疗研究目前还处于起步阶段,因此现在对它期望过高是不现实的。基因治疗的进一步发展必须借鉴分子病理学、分子遗传学和功能基因组学等领域的最新研究成果。随着相关理论和技术的进一步完善,以及人们思想观念的更新,基因治疗将迎来突破性的进展,并形成巨大的市场。基因治疗在临床上将成为一种常规的治疗方法,对某些疾病甚至成为主要的治疗方法,疗效更加彻底的生殖细胞基因治疗将获准实施。可以预见,在不久的将来,基因治疗将为彻底克服遗传病、肿瘤、艾滋病等顽疾,为增进人类健康作出应有的贡献。

一幅基因研究发展图显示,基因治疗是当今基因生物技术的里程碑。基因治疗产业化是医药工业的第四次革命,将开创21世纪医药工业的新篇章。传统的医药工业已经不再适应当今高技术发展的潮流,这种高成本、低产出的工业模式如果不寻求新的突破、寻求新的经济增长点,必将被历史淘汰。国内外众多大型医药企业已经清醒地认识到这一点,并纷纷投巨资参与基因药物的研究和产业化。一些大的跨国制药公司瞄准了这些中、小基因治疗专业公司,纷纷与之形成战略合作,以便争夺未来的新兴市场。另一方面,传统制药企业也逐步加强同基因企业之间的联系,开展战略合作。医药企业家正在引导他们的企业进行自我革新,及时地把握着世界医药工业发展的主方向——基因制药,以便在今后的医药工业竞争中立于不败之地。基因治疗有望形成巨大产业,这吸引着越来越多的国家和企业进入这一前沿领域。

思考题

1. 基因治疗的主要策略有哪些?
2. 简述基因治疗的主要程序。
3. 基因治疗选择靶细胞的注意事项有哪些?
4. 基因治疗中常用的病毒载体有哪几种? 各有何优缺点?
5. 基因治疗必须具备的条件有哪些?
6. 根据基因工程的操作流程,设计痛风病基因治疗的操作流程。
7. 谈谈你对基因治疗前景的看法。

扫码做习题

参考文献

[1] 刘克洲,陈智. 人类病毒性疾病[M]. 2版. 北京:人民卫生出版社,2010.

[2] 冯作化. 医学分子生物学[M]. 北京:人民卫生出版社,2005.

[3] 丁若溪,张蕾,赵艺皓,等. 罕见病流行现状——一个极弱势人口的健康危机[J]. 人与发展,2018,24(1):72-84.

[4] 苏珊,刘鑫,康巧珍,等. 宿主细胞膜骨架蛋白在病毒感染复制中作用的研究进展[J]. 病毒学报,2021,37(5):1227-1233.

［5］杨姣,孙甫.基因治疗核酸递送载体的研究进展［J］.山西医科大学学报,2018,49(3):310-315.

［6］黄佳杞,黄秦特,章国卫.CRISPR/Cas 9 在基因治疗中的应用研究进展［J］.浙江医学,2017,39(17):1494-1498.

［7］门可,段醒妹,杨阳,等.基于 CRISPR/Cas9 基因编辑技术的人类遗传疾病基因治疗相关研究进展［J］.中国科学:生命科学,2017,47(11):1130-1140.

［8］Coelho T,Adams D,Silva A,et al. Safety and efficacy of RNAi therapy for transthyretin amyloidosis［J］. New England Journal of Medicine,2013,369(9):819-829.

［9］DiGiusto D L,Krishnan A,Li L,et al. RNA-based gene therapy for HIV with lentiviral vector-modified CD34(+)cells in patients undergoing transplantation for AIDS-related lymphoma［J］. Science Translational Medicine,2010,2(36):36-43.

［10］Ginn S L,Alexander I E,Edelstein M L,et al. Gene therapy clinical trials worldwide to 2012-an update［J］. The Journal of Gene Medicine,2013,15(2):65-77.

［11］Gaspar H B,Cooray S,Gilmour K C,et al. Hematopoietic stem cell gene therapy for adenosine deaminase-deficient severe combined immunodeficiency leads to long-term immunological recovery and metabolic correction［J］. Science Translational Medicine,2011,3(97):9780.

［12］Kiem H P,Jerome K R,Deeks S G,et al. Hematopoietic-stem-cell-based gene therapy for HIV disease［J］. Cell Stem Cell,2012,10(2):137-147.

［13］Raal F J,Santos R D,Blom D J,et al. Mipomersen,an apolipoprotein B synthesis inhibitor,for lowering of LDL cholesterol concentrations in patients with homozygous familial hypercholesterolaemia:a randomised,double-blind,placebo-controlled trial［J］. The Lancet,2010,375(9719):998-1006.

［14］Szybalski W. The 50th anniversary of gene therapy:beginnings and present realities［J］. Gene,2013,525(2):151-154.

［15］Van Spronsen F J. Phenylketonuria:a 21st century perspective［J］. Nature Reviews Endocrinology,2010,6(9):509-514.

［16］Marktel Sarah,Scaramuzza Samantha,Cicalese Maria Pia,et al. Intrabone hematopoietic stem cell gene therapy for adult and pediatric patients affected by transfusion-dependent beta-thalassemia［J］. Nature Medicine,2019,25(2):234-241.

［17］Pratik T,Sounak C. RNAi technology and investigation on possible vaccines to combat SARS-CoV-2 infection［J］. Applied Biochemistry and Biotechnology,2021,193(6):1744-1756.

［18］Stein C A,Castanotto D. FDA-approved oligonucleotide therapies in 2017［J］. Mol. Ther.,2017,25(5):1069-1075.

［19］Uludag H,Parent K,Aliabadi H M et al. Prospects for RNAi therapy of COVID-19［J］. Front. Bioeng. Biotechnol.,2020,8:1-10.

［20］Wilson J M,Flotte T R. Moving forward after two deaths in a gene therapy trial of myotubular myopathy［J］. Hum. Gene Therapy,2020,31:695-696.

[21] Ashley S N, Somanathan S, Giles A R, et al. TLR9 signaling mediates adaptive immunity following systemic AAV gene therapy[J]. Cell Immunol. ,2019,346(11):103997.

[22] Carvalho M, Martins A P, Sepodes B . Hurdles in gene therapy regulatory approval:retrospective analysis of European Marketing Authorization Applications[J]. Drug Discovery Today,2019,24(3):823-828.

[23] Curtis S A, Shah N C. Gene therapy in sickle cell disease: possible utility and impacts[J]. Cleve. Clin. J. Med. ,2020,87(1):28-29.

第13章　蛋白质工程

【本章简介】 蛋白质工程是在重组 DNA 技术应用于蛋白质结构与功能研究之后发展起来的一门新兴学科。所谓蛋白质工程，就是通过对蛋白质已知结构和功能的了解，借助计算机辅助设计，利用基因定点诱变等技术，特异性地对蛋白质结构基因进行改造，产生具有新特性的蛋白质的技术。蛋白质工程是在遗传工程取得的成就的基础上，融合蛋白质结晶学、蛋白质动力学、计算机辅助设计和蛋白质化学等学科而迅速发展起来的一个新兴研究领域，它开创了按照人类意愿设计制造符合人类需要的蛋白质的新时期，因此，被誉为"第二代遗传工程"。蛋白质工程的出现，为认识和改造蛋白质分子提供了强有力的手段。

　　牛胰岛素是一种蛋白质分子，它的化学结构于 1955 年由英国科学家 Sanger 测定、阐明，即牛胰岛素分子是一条由 21 个氨基酸组成的 A 链和另一条由 30 个氨基酸组成的 B 链，通过两对二硫链联结而成的一个双链分子，而且 A 链本身还有一对二硫键。1965 年我国率先人工合成结晶牛胰岛素，且其结晶形状和酶切图谱与天然物相同。人工合成结晶牛胰岛素是科学上的一次重大飞跃，它标志着人工合成蛋白质时代的开始，是生命科学发展史上一个新的重要里程碑。1978 年，美国 Hutchison 使用了 Lederberg 于 1960 年推荐使用的寡脱氧核糖核苷酸作为体外诱变剂，成功地实现了定位突变（site-directed mutagenesis）试验，培育出多种具有生物学特性的突变株。1981 年，美国 Gene 公司厄尔默（K. Ulmer）则将此定位突变试验冠以"蛋白质工程"（protein engineering）。经过多年的发展，蛋白质工程已经成为生命科学中的一个重要分支，它通常指通过蛋白质化学、蛋白质晶体学和蛋白质动力学的研究获取关于蛋白质物理、化学等方面的信息，在此基础上对编码该蛋白质的基因进行有目的的设计改造，并通过基因工程等手段将其进行表达和分离纯化，最终将其投入实际应用。蛋白质工程在食品、医药、工业等方面取得巨大成果。比如，抗体不仅在哺乳动物机体中担负着重要的体液免疫功能，还在医学、生物学免疫诊断中被广泛地应用。已证明了抗体是一类免疫球蛋白，并相继阐明了抗体产生及其多样性的细胞和分子机制，使免疫学研究成为生命科学前沿领域。同时抗体的制备技术也经历着一次又一次革命，由血清抗体到杂交瘤单克隆抗体，再到基因工程抗体库技术，可谓日新月异。

　　蛋白质工程研究在过去的 30 余年间发展迅速，已取得一批较好成果，并开始应用于医学、农业、轻工等各个领域，产生了较大的经济和社会效益。2000 年，人类基因组的工作草图宣告完成，标志着人类跨进 21 世纪历史新纪元之际，生命科学也迎来了一个崭新的时代，即后基因组时代（post-genome era）。在后基因组时代，生物学的中心任务是揭示基因组及其所包含的全部基因的功能，并在此基础上阐明生命体的遗传、进化、发育、生长、衰老和死亡的基本生物学规律，以及与人类健康和疾病相关的生物学问题。由于基因的功能最终总是通过其表达产物蛋白质来实现的,因此,在人类基因组测序之后进一步集中研究蛋白质的结构及功能,是揭示基因组功能,阐释生命体重要生命活动规律和生命现象本质的基本途径,也是阐释疾病发生与发展的分子机理进而战胜疾病的重要途径。而研究蛋白质的结构和功能,并在此项研究基础上人工改造蛋白质的结构,获得我们所需要的活性蛋白质,正是蛋白质工程的主要任务和目标。

13.1 蛋白质工程的理论基础、诞生和发展

13.1.1 蛋白质工程的理论基础

酶的专一性强,在温和条件下有效地催化化学反应的能力使酶的应用日益广泛。药品、化学、食品工业及分析服务行业是酶开发的重要领域。目前已知的酶有 8000 多种,至少有 2500 种有可能应用,而目前国际上工业用酶约为 50 种,以吨级出售的仅 20 余种,可见,酶的开发利用尚有较大潜力。妨碍酶开发利用的主要原因如下:①生物材料中酶含量甚少,用传统酶蛋白的分离纯化成本太高;②酶蛋白分子结构的稳定性差,酸性或碱性过强、高温、氧化等因素均可破坏其结构,使其丧失生物活性,因而在工业加工条件下,酶的半衰期短,利用率较低;③酶催化活性的最适 pH 值及底物专一性的范围较窄,与工业应用的要求有较大差距。因此,要想扩大酶蛋白的开发利用,需要建立适当的方法,以改善酶蛋白的生物特性,使之适合于工业应用的要求。

随着基因工程理论和技术的发展,已经能克隆特异酶基因,并令其在适宜宿主菌中表达,使酶的产量大大提高,因而降低酶纯化成本的问题已基本解决。重要的是提高酶蛋白的稳定性,改良其生物学特性。

稳定蛋白质空间构象的主要因素是蛋白质分子众多基团间的相互作用,如肽键和侧链间的氢键、带有不同电荷的侧链间的静电作用、极性氨基酸残基侧链间的偶极作用、疏水残基间的疏水作用以及分子内的二硫键等。蛋白质结构与功能研究表明,上述稳定蛋白质空间构象的因素是由蛋白质一级结构中某一个或某一段氨基酸序列决定的,人工改变或修饰这些氨基酸残基,有可能增加蛋白质的稳定性,又不影响其生物学活性。如野生型枯草芽孢杆菌蛋白酶的 218 位 Asn 是与酶活性有关的氨基酸残基,若将其变成 Ser,用 65 ℃ 的失活半衰期衡量,从 59 min 增加到 223 min,酶的稳定性显著增加。再如氧化失活使枯草芽孢杆菌蛋白酶在工业上的应用受到严重限制。很早就有人证实枯草芽孢杆菌蛋白酶在少量 H_2O_2 作用下很快失活是由于埋藏在催化部位 Ser221 邻近的 Met222 氧化成硫氢化物。1985 年 Wells 证明若用其他氨基酸取代 Met222,可以提高酶的氧化稳定性而又保持其高催化活性。

以上以酶为例介绍了蛋白质工程的重要性。实际上,在多肽药物、抗体以及其他活性蛋白质的基础与应用研究中,同样存在着蛋白质结构的改造问题。如白细胞介素-2(IL-2)是一种免疫反应调节因子,在医学上具有广泛的用途。结构研究证明,IL-2 是由 133 个氨基酸残基组成的多肽,有 3 个半胱氨酸残基、1 个二硫键,而 125 位上的半胱氨酸残基处于游离状态,这可能与其结构的稳定性有关。在分离纯化 IL-2 的过程中,发现在产品纯化和恢复活性过程中,IL-2 多肽链中的 3 个半胱氨酸残基之间易发生二硫键错配,致使整个多肽活性降低。对此,科学家通过定点诱变将编码链上编码 125 位半胱氨酸残基的密码子 TGT 转换成 TCT 或

GCA，也就是把半胱氨酸残基转换成丝氨酸残基或丙氨酸残基，结果可以避免二硫键的错配，使产品 IL-2 的活性提高了 7 倍。可见，改造蛋白质的空间结构以改变蛋白质的某些生物学特性，在拓宽蛋白质的用途、推动生物技术产业化方面至关重要。而蛋白质精细结构的改造，只有利用蛋白质工程技术才能得以实现。

蛋白质工程的重要目标之一，是通过改造蛋白质的结构来提高其开发利用的价值。这就是说，蛋白质的结构改变了，其生物学功能不能变。蛋白质的功能是由其结构决定的，蛋白质的结构改变了，其生物学功能能保持不变吗？蛋白质结构与功能关系的研究表明，蛋白质功能部位的几个氨基酸残基决定着蛋白质的功能，但是这几个负责功能的氨基酸残基必须处于一个极其精密的空间状态下才能发挥功能。这就是说，只要能维持蛋白质结构域的必需氨基酸残基及空间构象不变，其功能域的生物学活性就会保持不变。变异研究已经证明，许多蛋白质分子中多个氨基酸残基被改变，但其生物学功能不受影响或只受极少的影响。事实上，在许多个体中已发现一些变异蛋白质，伴有氨基酸残基的插入、丢失或替换，但蛋白质仍保持正常功能。如前所述，将枯草芽孢杆菌蛋白酶催化部位 Ser221 邻近的 Met222 置换，可以提高该蛋白酶的抗氧化性，又能保持催化活性，就是一个典型的例子。随着蛋白质三维结构分析技术的不断发展，借助于计算机对蛋白质结构域与功能域信息的处理及设计，采用定点诱变技术从基因水平改变氨基酸残基编码顺序，即可获得与天然蛋白质的理化性质相异而生物活性相似的突变蛋白质。

生物技术的兴起使得分子生物学的理论与工程实践紧密结合。20 世纪 70 年代初期，重组 DNA 技术诞生，并成功地应用于基因操作，从而产生了基因工程。而基因工程的诞生，特别是重组 DNA 技术和基因定点诱变等技术的建立，使我们有可能从基因水平改造蛋白质分子中氨基酸序列，为蛋白质工程的诞生奠定了技术基础。所谓基因定点诱变，就是在 DNA 水平上，通过对蛋白质结构基因中某个或某些氨基酸残基编码序列加以改变，从而改变蛋白质结构。该技术不仅可用于改造天然蛋白质，而且可以用于确定蛋白质中每一个氨基酸残基在结构和功能上的作用，以收集有关氨基酸残基线形顺序与其空间构象和生物学活性之间的对应关系，为人工改造蛋白质提供理论依据。

总之，蛋白质结构和动力学研究是蛋白质结构与功能关系研究的重要手段，而改造蛋白质结构，则依靠基因工程，基因工程的发展从技术上提供了改变蛋白质个别氨基酸残基或肽段的手段，使结构改变已能在实验室实施，两者结合则产生了蛋白质工程。

13.1.2 蛋白质结构测定与结构预测

一种生物体的基因组规定了所有构成该生物体的蛋白质，基因规定了组成蛋白质的氨基酸序列。虽然蛋白质由氨基酸残基的线状序列组成，但是，它们只有折叠成特定的空间构象才能具有相应的活性和相应的生物学功能。了解蛋白质的空间结构不仅有利于认识蛋白质的功能，也有利于认识蛋白质是如何执行其功能的。确定蛋白质的结构对于生物学研究是非常重要的。目前，蛋白质序列数据库的数据积累的速度非常快，但是已知结构的蛋白质相对比较少。

尽管蛋白质结构测定技术有了较为显著的进展，但是通过实验方法确定蛋白质结构的过程仍然非常复杂，代价较高。因此，实验测定的蛋白质结构比已知的蛋白质序列要少得多。另一方面，随着 DNA 测序技术的发展，人类基因组及更多的模式生物基因组已经或将要被完全测序，DNA 序列数量将会剧增，而由于 DNA 序列分析技术和基因识别方法的进步，可以从

DNA 推导出大量的蛋白质序列。这意味着已知序列的蛋白质数量和已测定结构的蛋白质数量(如蛋白质结构数据库 PDB 中的数据、布鲁克海文蛋白质数据库关于生物大分子三维结构的数据)的差距将会越来越大。人们希望产生蛋白质结构的速度能够跟上产生蛋白质序列的速度,或者减小两者的差距。那么如何缩小这种差距呢?不能完全依赖现有的结构测定技术,需要发展理论分析方法,这对蛋白质结构预测提出了极大的挑战。20 世纪 60 年代后期,Anfinsen 首先发现去折叠蛋白质(或者说变性蛋白质)在允许重新折叠的实验条件下可以重新折叠到原来的结构,这种天然结构对于蛋白质行使生物功能具有重要作用,大多数蛋白质只有在折叠成其天然结构的时候才具有完全的生物活性。自从 Anfinsen 提出蛋白质折叠的信息隐含在蛋白质的一级结构中,科学家们对蛋白质结构的预测进行了大量的研究,分子生物学家将有可能直接运用适当的算法,从氨基酸序列出发,预测蛋白质的结构。

蛋白质结构预测的目的是利用已知的一级序列来构建出蛋白质的立体结构模型,从而在此基础上进行结构与功能的研究以及蛋白质分子设计工作。一般在给定蛋白质一级序列后,首先要做的是进行序列对比,在蛋白质序列数据库或晶体结构数据库中寻找与之同源的蛋白质。如果找出的同源蛋白质已经有了晶体结构,就可以利用同源蛋白质结构预测的方法构建出该蛋白质的结构模型。如果没有已知的同源蛋白质结构,经典的做法是先进行二级结构预测、超二级结构预测,再进行三级结构预测。由于二级结构预测准确度的限制,这种方法在多数情况下(已知很少的实验信息)难以完全成功,只能给出一些有用的参考信息。

1. 序列同源性分析

蛋白质由 22 种氨基酸残基组成,假设一个蛋白质序列有 350 个残基,那么其可能的序列排列数应该是 20^{350},这是一个巨大的数字,而实际上蛋白质序列的数目还远不止这个数字。但是,随着氨基酸序列的继续增加,人们越来越清楚地认识到,存在于地球生物体系中的蛋白质结构类型是有限的。实际上,小数目的基因对应的蛋白质结构,通过通常的方式"复制和修饰"得到扩展。基因复制的程度是不同的,从非常小的片段到超基因以至整个染色体。复制后的修饰主要采取核苷酸残基替代,从而导致氨基酸变化。因此,从理论上讲,一组由复制、突变而来的蛋白质序列之间或多或少地存在着同源性。也就是说,对于一个新序列,首先要做的就是对其进行序列分析,看其是否与某些已知的序列存在同源性,进而对其结构和功能有一个大概了解。如在蛋白质序列数据库 PIR 中,FASTA 是整库搜寻程序,它能够在一个蛋白质或核酸序列库中找到与某个蛋白质或核酸同源的序列,也能够将某个蛋白质与整个核酸序列库进行同源性比较。其原理为:给定一个目标序列(核酸或蛋白质),然后将该序列与序列库中的所有序列进行比较,如果目标序列与数据库序列的同源得分较高,则认为两个序列是同源的,程序给出数据库序列的代码。分析这些同源序列的结构与功能,将有助于目标序列的研究。

此外,同源性分析还应用于以下几个方面:

(1)进行保守位点和活性位点的分析。对一组序列进行同源性分析,在各个序列中都保守的位点就是可能的活性位点,进而设计实验,确定其中的活性位点。

(2)在序列分析的基础上建立蛋白质之间的进化关系。

(3)在序列比较的基础上进行二级结构预测,可提高预测的准确度。二级结构预测的准确度一般不超过 65%,因此,在对一个序列进行二级结构预测前,先挑选一组同源物,进行序列比较,然后列出各个序列的二级结构(已知的或预测的),以此为参照,可提高二级结构预测的准确度。

(4)在序列分析的基础上可以预测同源蛋白质的三级结构。

(5)预测分析蛋白质的折叠模式。Bowie 等分析蛋白质晶体结构数据库中已知结构蛋白质各残基的疏水度和表面积,以及二级结构与氨基酸残基的关系,得到一个氨基酸残基一级序列与三级序列的关系表。以此为基础进行序列比较,预测蛋白质的折叠模式。

由此可见,蛋白质序列的同源性分析是蛋白质结构预测和分子设计的基础。

2.双重序列对比

双重序列对比是两个序列的比较。两个功能类似的蛋白质,通过序列对比,可以确定其是否存在同源性;反之,两个具有同源性的序列,在功能上可能是类似的。在计算机辅助序列对比的方法中,比较经典的是 Needle-Wunsch 动力学比较方法。

1)原理

设有两个序列 A、B,在其序列对比中,最小的比较单位是氨基酸残基,一个来自序列 A,另一个来自序列 B,序列对比就是寻找两个序列的最大匹配路径。最大匹配数定义为在允许两个序列有插入和删除的残基的基础上,序列 A 与序列 B 对上的最多残基数,这个数目可以通过由序列 A、B 组成的二维矩阵得到,如图 13-1 所示。

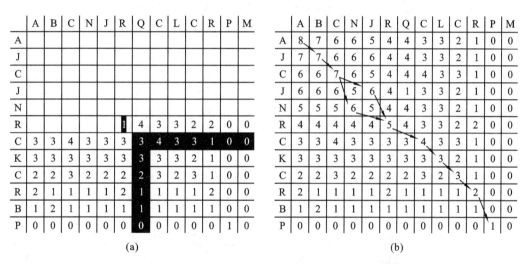

图 13-1 Needle-Wunsch 动力学比较方法原理示意图

(引自黄迎春,2009)

在图 13-1 中,两个序列交成一个二维矩阵,对每两个残基进行比较,可以从序列的一端开始,例如从末端(图的右下角)开始。假设求 RR 矩阵元数值,首先假设 RR 在打分矩阵中的得分为 1,再求出这个矩阵元的下一行下一列的最大得分,两者加起来,即为该矩阵的最大得分。当最大得分不与该矩阵元相邻时,还应加上一个 gap 值,得到每个矩阵元的数值后,从序列的另一端开始沿最大矩阵元得分的途径将两个序列残基一一对应起来。

2)打分矩阵的 gap 值

自从 1968 年 Dayhoff 等报道了第一个 PAM 矩阵后,又出现了一系列的打分矩阵。在这些矩阵中,有的是根据氨基酸所对应的核苷酸的变异而得到的,如 GC 矩阵、GCM 矩阵、GDM 矩阵等,矩阵中的值一般是据此确定的:如果 2 个氨基酸所对应的 3 个核苷酸中有 2 个是相同的,则其相似值为 2。有的矩阵是根据氨基酸的物理化学性质得到的,如 Rao 矩阵综合了 5 个物理参数,包括 Chou-Fasman 的 α-螺旋、β-折叠和转角的倾向性参数;HYDOR 矩阵考虑了氨基酸残基侧链的疏水性质。有的矩阵是根据氨基酸在一组相关蛋白质中相互间的替代关系得到的,如 PAM 矩阵、MD 矩阵等。

在蛋白质三级结构的预测方法中,由同源物结构构建未知蛋白质结构是一种比较成熟的方法。在这种方法中,首先需要对同源蛋白质进行序列比较。但由于序列比较与结构叠合的结果往往有一些差异性,因此人们试图建立一些基于结构信息基础上的打分矩阵,称之为结构打分矩阵。例如,RIS 打分矩阵是根据一组叠合的蛋白质结构中拓扑结构相应区域的氨基酸残基的取代关系得到的。SCM 矩阵是根据氨基酸残基的主链二面角分布得到的:先计算所有已知结构的蛋白质中每个氨基酸残基的二面角分布(图 13-1),比较 22 种残基的相似形,以此建立起不同残基间的结构替代关系。SCFm 矩阵、SCFs 矩阵是根据氨基酸残基的空间倾向性因子得到的:先统计所有已知结构的蛋白质中 22 种残基的主链及侧链空间倾向性因子,然后计算其相关系数,作为不同残基间结构相似性的量度指标。

在这些结构打分矩阵中,每个氨基酸残基代表一个结构单元,这样序列对比的结果可以反映蛋白质结构的相似性。但是,由于这些打分矩阵都来自统计结果,反映了蛋白质或其一个家族的共性,因此,将实际上在折叠过程中处于不同环境中的同种氨基酸残基看作同一种结构类型,在打分矩阵中得分最高。显然在这种结构比较中同时引入序列信息,序列对比的结果仅仅可以在一定程度上反映蛋白质结构的相似性,因此,称利用结构打分矩阵的序列比较为类结构比较。

在双重序列对比中,另一个需要的参数是 gap 值。gap 对应于序列中的插入或删除。在 gap 处,序列对比的累计得分应扣除某个值。如果扣除某个值后,序列对比的累计得分仍是多条路径中得分最高的,那么在该处 gap 是允许的。在序列 N 末端或 C 末端的 gap 值为零,一个 gap 只能与一段序列相比,而不能与另一个 gap 相比。

3)序列对比的显著性得分

一对序列对比的最大得分是序列的氨基酸残基组成和两个序列之间关系的函数。怎样判断一对序列对比的最大得分是显著的,即两个序列间存在着可观的同源性?设立可能性实验,将两个序列分别重排。保持各自的氨基酸残基组成不变,然后进行序列对比;接下去重复进行重排一序列对比这一过程。如果次数足够多,就可以求出这一氨基酸残基组成的所有可能的序列对比的最大得分;如果两个序列的最大得分显著不同于重排序列的得分,就可以认为这两个序列间存在着某种程度的同源性。利用显著性得分这个概念来表示两个序列间的关系:

$$A = \frac{Sreal - Srand}{D}$$

式中,A 表示显著性得分;Sreal 表示两个实际序列得分比较的最大得分;Srand 表示将两个序列中的残基任意重排后进行比较的平均得分;D 表示标准偏差。

一般在计算机中,残基重排一序列对比的过程重复 100 次就可以了。当两个序列的相同残基数比例高于 20% 时,实际序列对比的结果一般是可靠的。

4)双重序列对比实例

首先,给出打分矩阵,列于图 13-2。利用这个打分矩阵,分别比较两对不同同源性的序列,如图 13-3、图 13-4 所示。图 13-3 中的两个序列分别为人血红蛋白的 β 链和 γ 链,其序列同源性为 73%。图 13-4 中的两个序列分别为人的肌红蛋白和腹足纲软体动物类的肌红蛋白,其序列同源性为 22%。

	A	C	D	E	F	G	H	I	K	L	M	N	P	Q	R	S	T	V	W	Y	B	Z	X
A	8	5	0	0	5	2	4	5	2	5	5	1	3	2	2	2	3	5	4	4	0	1	0
C	5	8	0	0	6	1	4	4	0	5	0	4	3	0	1	1	5	5	4	0	1	3	0
D	0	0	8	4	0	0	0	0	0	0	0	3	1	2	-1	2	4	0	0	1	5	3	0
E	0	0	4	8	0	-1	0	0	1	0	0	3	0	2	0	2	3	0	0	1	3	5	0
F	5	6	0	0	8	0	4	5	1	6	5	1	3	3	0	0	2	5	6	4	0	1	0
G	2	1	0	-1	0	8	0	0	-1	1	2	2	2	0	2	2	1	2	-1	0	1	0	0
H	4	4	0	0	4	0	8	3	3	2	3	2	4	2	3	2	2	3	3	1	2	0	
I	5	4	0	0	5	0	3	8	1	6	5	0	3	2	0	0	1	6	4	4	0	1	0
K	2	0	0	1	1	-1	3	1	8	0	0	2	1	1	6	3	3	0	1	1	1	1	0
L	5	5	0	0	6	1	2	6	0	8	6	0	3	2	0	0	1	6	4	4	0	1	0
M	5	5	0	0	5	2	3	5	0	6	8	0	3	2	0	0	1	6	5	4	0	1	0
N	1	0	3	3	1	2	2	0	2	0	0	8	3	1	2	3	3	0	0	2	5	2	0
P	3	4	1	0	3	0	4	3	1	2	3	3	8	2	1	1	2	3	3	2	1	0	
Q	2	3	2	2	3	0	2	4	1	2	3	1	2	8	3	3	2	2	1	5	0		
R	2	0	-1	0	0	2	2	0	6	0	0	2	1	0	8	3	2	0	0	0	0	0	0
S	2	1	2	2	0	1	3	0	3	0	0	3	1	3	3	8	4	0	1	2	2	2	0
T	3	1	4	3	2	1	2	1	3	1	1	3	2	2	2	4	8	2	2	3	3	3	0
V	5	5	0	0	5	2	2	6	0	6	6	0	3	0	0	2	8	5	5	0	1	0	
W	4	4	0	0	6	-1	3	4	1	4	4	0	3	2	0	1	2	5	8	5	0	1	0
Y	4	4	1	1	4	0	3	4	1	4	4	0	2	2	0	2	3	5	5	8	1	1	0
B	0	0	5	3	0	1	1	0	1	0	0	5	2	1	0	2	3	0	0	1	5	2	0
Z	1	1	3	5	1	0	1	1	1	1	1	2	1	5	0	2	3	1	1	1	2	5	0
X	0	0	0	0	0	0	0	0	0	0	0	0	0	0	0	0	0	0	0	0	0	0	0

图 13-2 打分矩阵:依据氨基酸残基在一种相关蛋白质中相互间的替代关系(MD)

(引自黄迎春,2009)

```
            * * * *      * * * * * * *      *** * * * * * * * * * * * * * * * * *** **
HBGH      GHFTEEDKAT ITSLWGKVNVEDAGGETLGRLLVVYPWTQRFFDSFGNLSS
HBBH(MD)  VHLTPEEK SAVTALWGKVNVDEVGGEALGRLLVVYPWTQRFFESFGDLST
          -----------------------------------------------------

            * * * * * * * * * * * *        *     *** * * * * * * * * * * * * * *
HBGH      ASAIMGNPKVKAHGKKVLTSLGDAIKHLDDLKGTFAQLSELHCDKLHVDP
HBBH(MD)  PDAVMGNPKVKAHGKKVLGAFSDGLAHLDNLKGTFATLSELHCDKLHVDP
          -----------------------------------------------------

            *** *** **** * * * ******* *** * * **** * *        **
HBGH      ENFKLLGNVLVTVLAIHFGKEFTPEVQASWQKMVTGVASALSSRYH
HBBH(MD)  ENFRLLGNVLVCVLAHHFGKEFTPPVQAAYQKVVAGVANALAHKYH
          -----------------------------------------------------
```

图 13-3 两个序列比较的结果一

(引自黄迎春,2009)

HBGH 表示人血红蛋白 γ 链;HBBH 表示人血红蛋白 β 链;* 表示相同残基,其余区域表示 2 个矩阵的序列对比结果相同。

```
MYOH      GLSDGEWQLVLNVW GKVEADIPGH GQEVLIRLFKGHPETLEKFD
MYCR(MD)  SLQPASKSALASSWKTLAKDAATIQNN GATLFSLLFKQFPDTRNYFT
          -----------------------------------------------------

            *     *  * * *      * *      *
MYOH      KFKHLKSEDEMKASEDLKKHGATVLTALGGILKKKGHHEAEIKPLAQSHA
MYCR(MD)  HFGNM SDAEMKATGVGKAHSMAVFAGIGSMIDSMDDADC MNGLALKLS
          -----------------------------------------------------

                                          * *   *   * * *
MYOH      TKHKIPVKY LEFISEC IIQVLQSKHPGDFGADAQGAMNKALELFRKD
MYCR(MD)  RNH IQRKI GASRFGE MRQVFPNFLDEALGGGASGDVKGAWDALLAY

MYOH      MASNYKELGFQG
MYCR(MD)  LQDNKQAQAL
```

图 13-4 两个序列比较的结果二

(引自黄迎春,2009)

MYOH 表示人肌红蛋白;MYCR 表示腹足纲软体动物类的肌红蛋白;* 表示相同残基,其余区域表示 2 个矩阵的序列对比结果相同。

3.多重序列对比

当研究一组蛋白质序列之间的关系时,双重序列对比往往引起一些不一致性。例如,当序列 A 与 B 比较时,在某些位置出现 gap;当序列 A 与 C 比较时,gap 的位置或许完全不同。为了克服这一缺点,又发展了一系列多重序列对比的方法。多重序列对比仍然以双重序列为基础。在进行多个序列比较之前,需先定出序列比较的顺序。一般来讲,序列同源性较高,序列比较的可靠性越大。因此在进行多重序列比较时,先根据序列同源性高低定出序列比较的顺序。

双重序列对比的显著性得分可以反映序列同源性的高低,但是,为了求显著性得分,需要重复多次序列重排,计算最大得分的过程。假设有 6 个序列,计算 1 对序列的显著性得分时将序列重排 100 次,那么,要分别求出每两个序列间的显著性得分,需进行 $C_6^2 \times 101 = 1515$ 次序列对比,很费时间。Doolittle 等证明,归一化的对比得分 NAS 值与显著性得分成正比,其中NAS 定义为

$$NAS = 两个序列的最大相似得分/最短的序列长度$$

这样可以根据 NAS 值来对序列排序,以进行多重序列对比。在双重序列对比的基础上,可得到一系列的对序列比较的 NAS 值。很显然,NAS 值高的一对序列是同源性最好的序列,将它们作为多重序列对比中最先考虑的两个序列;然后挑选分别与这两个序列比较时 NAS 值较高的第三个序列;后面的序列选择以此类推,从而将整个序列按同源性高低排序。多重序列对比的方法有多种,这里介绍其中两种方法。

1)Feng-Doolittle 方法

假设有一组排序后的序列为 A,B,C,D,E,F,…,先对序列 A、B 进行比较。在对序列 C 进行比较时,分别计算序列对(A,C)和(B,C)的最大得分。如果序列(B,C)比较的得分高,则前三个序列比较的结果为 ABC;同样再进行第四个序列 D 的比较,根据 ABCD 和 CBAD 的得分确定 D 的位置。以此类推。在序列比较的过程中,前一次比较中出现的 gap 在比较中仍然存在。图 13-5 是一组血红蛋白的比较结果,图中代码所代表的蛋白质列于表 13-1。

```
HHOB    VHLTPEEKSAVTALWGK    VNVDEVGGEALGRLLVVYPWTQRFFESFGDLS    TPDAVMGNPKVKAHGKKVL
HBSB    VHLTPVEKSAVTALWGK    VNVDEVGGEALGRLLVVYPWTQRFFESFGDLS    TPDAVMGNPKVKAHGKKVL
FDHG    GHFTEEDKATITSLWGK    VNVEDAGGETLGRLLVVYPWTQRFFDSFGNLS    SASAIMGNPKVKAHGKKVL
DHBB    VQLSGEEKAAVLALWDK    VNEEVGGEALGRLLVVYPWTQRFFDSFGDLS    NFGAVMGNPKVKAHGKKVL
HDSB    MLTAEEKAAVTGFWGK    VDVDVVGAQALGRLLVVYPWTQRFFQHFGNLS    SAGAVMNNPKVKAHGKRVL
HHOA    VLSPADKTNVKAAWGKVGAHAGEYGAEALERMFLSFP TTKTY    FP HFDLSHGSAQVKGHGKKVA
DHBA    VLSAADKTNVKAAWSKVGGHAGEYGAEALERMFLGFP TTKTY    FP HFDLSHGSAQVKAHGKKVA
HDSA    VLSAANKSNVKAAWGKVGGNAPAYGAQALQRMFLSFP TTKTY    FP HFDLSHGSAQQKAHGQKVA
2LHB    PIVDTGSVAPLSAAEKTKIRSAWAPVYSTYETSGVDILVKFFTSTPAAQEFFPKFKGLT    TADELKKSADVRWHAERII
1ECA    LSADQ ISTVQ ASFDKVKGDPVGILYAVFKADPSIMAKPTQFAGKDLRSIKGTAPFETHANRIV
1HMQ    GFPIPDPYCWDISFRTFYTIVDDEHKTLFNGILLLSQADN ADHLNELR RCTGKHFLNEQQ LM
1HRB    GFPIPDPYVWDPSFRTFYSIIDDEHKTLFNGIFHLAIDDN ADNLGELR    RCTGKHFL

HHOB    GAFSDGLAHLDN    LKGTFATLSELHCDKLHVDPENFRLLGNVLVCVLAHHFGKEFTPPVQAAYQKVVAGVANALAHKYH
HBSB    GAFSDGLAHLDN    LKGTFATLSELHCDKLHVDPENFRLLGNVLVCVLAHHFGKEFTPPVQAAYQKVVAGVANALAHKYH
FDHG    TSLGDAIKHLDD    LKGTFAQLSELHCDKLHVDPENFKLLGNVLVTVLAIHFGKEFTPEVQASWQKMVTGVASALSSRYH
DHBB    HSFGBGVRHLDN    LKGTFAQLSELHCDKLHVDPENFRLLGNVLALVVARHPGKDFTPELQASYQKVVAGVANALAHKYH
HDSB    DAFTQGLKHLDD    LKGAFAQLSGLHCNKLHVNPQNFRLLGNVLALVVAHNFGGQFTPNVQALFQKVVAGVANALAHKYH
HHOA    DALTNAVARVDD    MPNALSALSDLHAHKLRVDPVNFKLLSHCLLVTLAAHLPAEFTPAVHASLDKFLASVSTVLTSKYR
DHBA    DGLTLAVGHLDD    LPGALSDLSNLHAHKLRVDPVNFKLLSHCLLSTLAVHLPNDFTPAVHASLDKFLSSVSTVLTSKYR
HDSA    NALTKAQGHLND    LPGALSNLSNLHAHKLRVNPVNFKLLSHSLLVTLASHLPTNPTPAVHANLNKFLANDSTVLTSKYR
2LHB    NAVDDAVASMDD TEKMSMKLRNLSGKHAKSFQVDPEYFKVLAAVIADTVAA    GDAGFEKLMSMICILLRSAY
1ECA    IEADVNTFV ASHKPRGVTHDQLNNFRAGFVSYMKAH TDFA GAEAAWGATLDTFFGMIPSKM
1HMQ    Q ASQYAGYAE    HKKAHDDFIHKLDTWDGDVTYAKNWLVNHI    KTIDFKYRGKI
1HRB    NQ EVL ME    ASQYQF    YDEHKKEHDGFINALD NWKGDVKW    AKAWLVNHIKTIDFKYKGKI
```

图 13-5 利用 Feng-Doolittle 方法对 12 个血红蛋白的序列比较

(引自黄迎春,2009)

表 13-1　序列对比中用到的 12 个血红蛋白

图中代码	蛋白质名称	PDB 中的代码
HHOA	human oxy hemoglobin(人类氧血红蛋白)——α chain	1HHO
DHBA	horse deoxy hemoglobin(马脱氧血红蛋白)——α chain	2DHB
HDSA	deer sickle-cell hemoglobin(鹿镰刀状细胞血红蛋白)——α chain	1HDS
HHOB	human oxy hemoglobin(人类氧血红蛋白)——β chain	1HHO
HBSB	human sickle-cell hemoglobin(人类镰刀状细胞血红蛋白)——β chain	1HBS
DHBB	horse deoxy hemoglobin(马脱氧血红蛋白)——β chain	2DHB
FDHG	human deoxy fetal hemoglobin(人类脱氧胎儿血红蛋白)——γ chain	1FDH
HDSB	deer sickle-cell hemoglobin(鹿镰刀状细胞血红蛋白)——β chain	1HDS
2LHB	sea lamprey hemoglobin Ⅴ(海七鳃鳗血红蛋白Ⅴ)(cyano8/met)	2LHB
1HMQ	*Sipunculid worm* hemoglobin(星虫血红蛋白)(met)	1HMQ
1HRB	*Marine worm* hemoglobin(海洋虫血红蛋白)B	1HRB
1ECA	*Chironomus thummi* thummi erythrocruorin 摇蚊类血红素	1ECA

(引自黄迎春,2009)

2)Barton-Sternberg 方法

假设一组排序后的蛋白质序列为 A,B,C,D,…,先比较同源性高的 A、B 两个序列。在对序列 C 进行比较时,须同时考虑 A、B 两个序列的残基。假设 i 是序列 $A_1,A_2,…,A_{k-1}$ 等已经比较过的序列的一个残基位置,$1 \leqslant i \leqslant L_{j(k-1)}$,$L$ 为序列长度,j 是序列 A_k 的一个残基位置,则相应矩阵元的得分为

$$R_{ij} = \frac{1}{k-1} \sum D(A_{k(i)}, A_{k(j)})$$

以此为基础,将所有的序列对比起来,然后以对比好的序列为模板,比较所有这些蛋白质序列,如果残基的位置有变动,需再迭代一次,直至最后所有序列的所有残基位置不再变化。图 13-6 是一组血红蛋白的序列比较结果,图中代码所代表的蛋白质列于表 13-1。

图 13-6　利用 Barton-Sternberg 方法对 12 个血红蛋白的序列比较

(引自黄迎春,2009)

4.蛋白质二级结构的预测

蛋白质二级结构的预测不但是研究蛋白质折叠问题的主要内容之一,而且是获得新氨基酸序列结构信息的一般方法。目前预测蛋白质二级结构的方法有几十种,可以归纳为统计方法、基于已有知识的预测方法和混合方法。这些方法都假定蛋白质的二级结构主要是由邻近残基间的相互作用所决定的,然后通过对已知空间结构的蛋白质分子进行分析、归纳,制定出一套预测规则,并根据这些规则对其他已知或未知结构的蛋白质分子的二级结构进行预测。这里仅介绍统计方法中的 Chou-Fasman 方法。

Chou 和 Fasman 在 20 世纪 70 年代,基于单个氨基酸残基统计的经验参数方法,通过统计分析,获得每个残基出现于特定二级结构构象的倾向性因子,进而利用这些倾向性因子预测蛋白质的二级结构。

每种氨基酸残基出现在各种二级结构中的倾向或者频率是不同的,例如 Glu 主要出现在 α-螺旋中,Asp 和 Gly 主要分布在转角中,Pro 也常出现在转角中,但是绝不会出现在 α-螺旋中。因此,可以根据每种氨基酸残基形成二级结构的倾向性或者统计规律进行二级结构预测。另外,不同的多肽片段有形成不同二级结构的倾向,例如:肽链 Ala(A)-Glu(E)-Leu(L)-Met(M)倾向于形成 α-螺旋,而肽链 Pro(P)-Gly(G)-Tyr(Y)-Ser(S)则不会形成 α-螺旋。

通过对大量已知结构的蛋白质进行统计,为每个氨基酸残基确定其二级结构倾向性因子。在 Chou-Fasman 方法中,这几个因子是 P_α、P_β 和 P_t,它们分别表示相应的残基形成α-螺旋、β-折叠和转角的倾向性。另外,每个氨基酸残基同时也有四个转角参数,即 $f(i)$、$f(i+1)$、$f(i+2)$ 和 $f(i+3)$。这四个参数分别对应于每种残基出现在转角第一、第二、第三和第四位的概率,例如,脯氨酸约有 30% 出现在转角的第二位,然而出现在第三位的概率不足 4%。根据 P_α 和 P_β 的大小,可将 22 种氨基酸残基分类,如谷氨酸、丙氨酸是最强的螺旋形成残基,而缬氨酸、异亮氨酸则是最强的折叠形成残基。除各个参数之外,还有一些其他的统计经验,如脯氨酸和甘氨酸最倾向于中断螺旋,而谷氨酸则通常倾向于中断折叠。

在统计得出氨基酸残基倾向性因子的基础上,Chou 和 Fasman 提出了二级结构的经验规则,其基本思路是在序列中寻找规则二级结构的成核位点和终止位点。在具体预测二级结构的过程中,首先扫描待预测的氨基酸序列,利用一组规则发现可能成为特定二级结构成核区域的短序列片段,然后对成核区域进行扩展,不断扩大成核区域,直到二级结构类型可能发生变化为止,最后得到的就是一段具有特定二级结构的连续区域,下面是 4 个简要的规则。

(1)α-螺旋规则:沿着蛋白质序列寻找 α-螺旋核,相邻的 6 个残基中如果有至少 4 个残基倾向于形成 α-螺旋,即有 4 个残基对应的 $P_\alpha > 100$,则认为是螺旋核。然后从螺旋核向两端延伸,直至四肽片段 P_α 平均值小于 100 为止。按上述方式找到的片段长度大于 5,并且 P_α 平均值大于 P_β 平均值,那么这个片段的二级结构就被预测为 α-螺旋。此外,不容许 Pro 在螺旋内部出现,但可出现在 C 末端以及 N 末端的前三位,这也用于终止螺旋的延伸。

(2)β-折叠规则:如果相邻 6 个残基中有 4 个倾向于形成 β-折叠,即有 4 个残基对应的 $P_\beta > 100$,则认为是折叠核。折叠核向两端延伸直至 4 个残基 P_β 平均值小于 100 为止。若延伸后片段的 P_β 平均值大于 105,并且 P_β 平均值大于 P_α 平均值,则该片段被预测为 β-折叠。

(3)转角规则:转角的模型为四肽组合模型,要考虑每个位置上残基的组合概率,即特定残基在四肽模型中各个位置的概率。在计算过程中,对于从第 i 个残基开始的连续 4 个残基的片段,将上述概率相乘,根据计算结果判断是否是转角。如果 $f(i) \times f(i+1) \times f(i+2) \times f(i+3)$ 大于 7.5×10^{-5},四肽片段 P_t 平均值大于 100,并且 P_t 平均值同时大于 P_α 平均值以及

P_β 平均值,则可以预测这样连续的 4 个残基形成转角。

(4)重叠规则:假如预测出的螺旋区域和折叠区域存在重叠,则按照重叠区域 P_α 平均值和 P_β 平均值的相对大小进行预测,若 P_α 平均值大于 P_β 平均值,则预测为螺旋;反之,预测为折叠。

Chou-Fasman 方法原理简单明了,二级结构参数的物理意义明确,该方法中二级结构的成核、延伸和终止规则基本上反映了真实蛋白质中二级结构形成的过程。该方法的预测准确率在 50% 左右。

5.蛋白质三维结构的预测

1)三维结构的预测方法

生物信息学研究的一个主要目标是了解蛋白质序列与三维结构的关系,但是序列与结构之间的关系是非常复杂的。现已掌握了一些蛋白质序列与二级结构之间的关系,但是对于蛋白质序列与空间结构之间的关系了解得比较少。预测蛋白质的二级结构只是预测折叠蛋白的三维形状的第一步。一些结构不是很规则的环状区域,与蛋白质的二级结构单元共同堆砌成一个紧密的球状天然结构。生物化学研究中一个活跃领域就是了解引起蛋白质折叠的各种作用力。在蛋白质折叠过程中,一系列不同的力都起到重要作用,包括疏水作用、静电力、氢键和范德华力。疏水作用是影响蛋白质结构的重要因素。半胱氨酸之间共价键的形成在决定蛋白质构象中也起了决定性的作用。在一类称为伴侣蛋白的特殊蛋白质作用下,蛋白质折叠问题变得更复杂。伴侣蛋白通过一些未知的方式改变蛋白质的结构,但这些改变方式是很重要的,蛋白质三维结构的预测方法大致可以分为三类:①根据基本物理原理,用分子动力学(MD)模拟预测蛋白质的三维结构;②根据蛋白质同源性预测;③根据结构类型预测。

2)蛋白质分子动力学模拟预测

在蛋白质结构和功能研究中,经常使用分子动力学计算。分子动力学是一种计算机模拟技术,它的主要部分是求解与体系中每个原子相关的牛顿运动方程或薛定谔方程。蛋白质分子动力学是以蛋白质为研究体系的分子动力学。它用来模拟预测蛋白质结构的方法,现在主要是作为其他预测方法的补充手段和应用于结构优化。它的主要优点是可以利用有限的实验数据构造分子的结构模拟并研究它的能量与结构的动态变化,而这些数据对于用实验方法来确定结构是远远不够的。

3)同源模型化方法

根据蛋白质同源性进行预测是蛋白质三维结构预测的主要方法。对蛋白质数据库 PDB 分析可以得到这样的结论:任何一对蛋白质,如果两者的序列等同部分超过 30%(序列比对长度大于 80),则它们具有相似的三维结构,即两个蛋白质的基本折叠相同,只是在非螺旋和非折叠片层区域的一些细节部分有所不同。蛋白质的结构比蛋白质的序列更保守,如果两个蛋白质的氨基酸序列有 50% 相同,那么约有 90% 的 α-碳原子的位置偏差不超过 0.3 nm,这是同源模型化方法在结构预测方面成功的保证。同源模型化方法的主要思路如下:对于一个未知结构的蛋白质,首先通过序列同源分析找到一个已知结构的同源蛋白质,然后以该蛋白质的结构为模板,为未知结构的蛋白质建立结构模型。这里的前提是必须有一个已知结构的同源蛋白质。这个工作可以通过搜索蛋白质结构数据库来完成,如搜索 PDB。同源模型化方法是目前一种比较成功的蛋白质三维结构预测方法。从上述方法介绍也可以看出,预测新结构是借助于已知结构的模板而进行的,选择不同的同源蛋白质,则可能得到不同的模板,因此最终得到的预测结果并不唯一。假设待预测三维结构的目的蛋白质为 U(un-known),利用同源模型

化方法建立结构模型的过程包括下述步骤:

(1)搜索结构模型的模板(T):同源模型化方法假设两个同源的蛋白质具有相同的骨架。为待预测的蛋白质建立模型时,首先按照同源蛋白质的结构建立模板 T。所谓模板,是一个已知结构的蛋白质,该蛋白质与目的蛋白质(U)的序列非常相似。如果找不到这样的模板,则无法运用同源模型法。

(2)序列比对:将目的蛋白质(U)的序列与模板蛋白质(T)的序列进行比对,使 U 的氨基酸残基与 T 的残基匹配。比对中允许插入和删除操作。

(3)建立骨架:将模板结构的坐标拷贝到 U,仅拷贝匹配残基的坐标。在一般情况下,通过这一步建立 U 的骨架。

(4)构建目的蛋白质的侧链:可以将模板相同残基的坐标直接作为 U 的残基坐标,但是对于不完全匹配的残基,其侧链构象是不同的,需要进一步预测。侧链坐标的预测通常采用已知结构的经验数据,如 ROTAMER 数据库的经验结构数据。ROTAMER 数据库含有所有已知结构蛋白质中的侧链取向,按下述过程来使用 ROTAMER 数据库:从数据库中提取 ROTAMER 分布信息,取一定长度的氨基酸片段(对于螺旋和折叠取 7 个残基,其他取 5 个残基);在 U 的骨架上平移等长的片段,从 ROTAMER 数据库中找出那些中心氨基酸与平移片段中心相同的片段,并且两者的局部骨架尽可能相同,在此基础上从数据库中取局部结构数据。

(5)构建目的蛋白质的环区:在第(2)步的序列比对中,可能加入空位,这些区域常常对应于二级结构元素之间的环区,对于环区需要另外建立模型。一般也是采用经验方法,从已知结构的蛋白质中寻找一个最优的环区,复制其结构数据。如果找不到相应的环区,则需要用其他方法。

(6)优化模型:通过上述过程为 U 建立了一个初步的结构模型,在这个模型中可能存在一些不相容的空间坐标,因此需要进行改进和优化,如利用分子力学、分子动力学、模拟退火等方法进行结构优化。

当然,如果能够找到一系列与目的蛋白质相近的蛋白质的结构,得到更多的结构模板,则能够提高预测的准确性。通过多重序列比对,发现目标序列中与所有模板结构高度保守的区域,同时也能发现保守性不高的区域。将模板结构叠加起来,找到结构上保守的区域,为要建立的模型形成一个核心,然后按照上述方法构建目的蛋白质的结构模型。对于具有 60% 等同部分的序列,用上述方法建立的三维模型非常准确。若序列的等同部分超过 60%,则预测结果将接近实验得到的测试结果。一般来说,如果序列的等同部分大于 30%,则可以期望得到比较好的预测结果。

13.1.3 蛋白质工程的诞生与发展

蛋白质工程是 20 世纪 80 年代初诞生的一个新兴生物技术领域,其产生和发展涉及生物化学、生物物理学、分子生物学、分子遗传学、计算机科学和化学工程等学科,以及相关生物工程技术。由此可见,蛋白质工程的产生和发展是许多学科及相关生物工程技术相互融合、共同发展的结果,已成为生物工程技术的重要组成部分。

1. 蛋白质工程与发酵工程

从广义上讲,发酵工程由上游工程、发酵工程(狭义)和下游工程三部分组成。上游工程是指优良菌株的选育及最适发酵条件的确立;发酵工程(狭义)是指在最适条件下,利用发酵罐进行细胞培养和生产代谢产物的技术;下游工程是指发酵产物的分离纯化。因此,发酵工程可为蛋白质工程提供优良稳定的上乘菌体,并可为蛋白质工程中前期材料的制备等奠定重要基础。

2. 蛋白质工程与基因工程

蛋白质工程是从 DNA 水平改变基因入手,通过基因重组技术改造蛋白质或设计合成具有特定功能新蛋白质的新兴研究领域。也就是说,蛋白质的改造通常需要经过周密的分子设计,进而依赖基因工程获得突变型蛋白质。目前,基因工程已为实现蛋白质工程提供了基因克隆、表达、突变及活性检测等关键技术。

3. 蛋白质工程与细胞工程

目前,细胞工程技术已为蛋白质工程提供了改良性状的微生物细胞以及稳定的动植物细胞系,以便更好地生产蛋白质;另外,细胞工程可通过细胞融合、转基因等技术改变生物的遗传性状或实现新型生物的构建,进而为蛋白质的生产提供更多良好的载体。

4. 蛋白质工程与酶工程

酶工程是生物工程的重要组成部分,是酶的生产与应用的技术过程,是从应用的目的出发研究酶,利用酶的催化作用,在一定的生物反应器中,将相应的原料转化为所需要的产品。

酶工程的发展一般被认为是从第二次世界大战开始的。20 世纪 50 年代开始,由微生物发酵液中分离出一些酶,制成酶制剂;60 年代固定化酶及固定化细胞技术日益成熟;70 年代后期以来,微生物学、遗传工程及细胞工程等相关技术被引入酶工程领域,促进了酶工程的发展。同时由于大部分酶的化学本质是蛋白质,因此酶工程与蛋白质工程的发展又有着密不可分的联系。

5. 蛋白质工程与生物信息技术

生物信息学是生物学与信息技术的交叉学科。该学科包含对核酸、蛋白质序列和蛋白质结构的信息处理,有助于对生物的基因组与蛋白质组的理解。生物信息学的概念是在 1956 年美国田纳西州盖特林堡召开的“生物学中的信息理论研讨会”上产生的,但直到 20 世纪 80—90 年代,随着生物科学技术的迅猛发展和数据资源的指数式增长以及计算机科学技术的进步,生物信息学才获得突破性进展。

生物信息学的研究内容主要包括生物信息的收集、存储、管理和提供,基因组序列信息的提取和分析,功能基因组相关信息的分析,生物大分子的结构模拟和药物设计等方面。利用生物信息学可以进行蛋白质结构的预测,其目的就是利用已知的一级序列来构建蛋白质的立体结构模型(包括二级和三级结构预测)。目前,已有大量的有关根据序列预测蛋白质二级结构的文献资料,大致可分为两类:根据单一序列预测二级结构;根据多序列预测二级结构。三级结构预测则需要利用数据库中已知结构的序列进行比对。

6. 蛋白质工程与其他相关技术

结构分析和遗传物质的研究在蛋白质工程的发展中作出了重要的贡献。1912 年 Laue 曾预言,晶体是 X 射线的天然衍射光栅;随后 Bragg 父子开创了 X 射线晶体学,并成功地测定了一些相当复杂的分子以及蛋白质的结构。20 世纪中 X 射线衍射技术被正式应用到蛋白质的研究领域。1954 年英国晶体学家 Perute 等提出,在蛋白质晶体中引入重原子的同晶置换法可用来测定蛋白质的晶体结构。1955 年 Sanger 完成了胰岛素的氨基酸序列的测定,接着英国晶体学家 Kendrew 和 Perute 在 X 射线分析中应用重原子同晶置换技术和计算机技术,并分别于 1957 年和 1959 年阐明了鲸肌红蛋白和马血红蛋白的立体结构。1960 年 Kendrew 等首次测出肌红蛋白的三维结构;1965 年中国科学家合成了有生物活性的胰岛素,首先实现了蛋白质的人工合成。噬菌体感染宿主后半小时内即可复制出几百个同样的子代噬菌体颗粒,因此噬菌体是研究生物体自我复制的理想材料。到 20 世纪 60 年代中期,对于 DNA 自我复制和转录生成 RNA 的一般性质已基本清楚,基因的奥秘也随之开始解开了。进入 20 世纪 70 年代,由于重组 DNA 研究的突破,基因工程已开始在实际应用中"开花结果",根据人的意愿改造蛋白质结构的蛋白质工程也已经成为现实。20 世纪 80 年代美国 Ulmer 在《Science》期刊上发表了以"Protein Engineering"为题的专论,被视为蛋白质工程诞生的标志。

13.2　蛋白质工程的关键技术

对于存在于自然界的任何蛋白质来说,采用重组 DNA 技术克隆其基因,在特定宿主细胞中进行表达,可以获得运用于商业用途的纯化的产品。然而,这些蛋白质的理化特性常常不能适应工业用途。从生长于非常环境中的生物体中获得基因,可表达获得适用于特定目的的蛋白质。例如,从生存于 90 ℃ 温泉中的 *Bacillus stearothermophilus* 分离获得 α-淀粉酶基因,经表达可获得耐高温的 α-淀粉酶,该酶可用于从淀粉制造乙醇的工业生产。传统诱变技术,也可以获得能编码具有期望特性的蛋白质的突变基因,并获得突变蛋白质。然而,在传统诱变方法中,经化学诱变剂或物理诱变剂处理的生物体,它的任何基因都有可能发生突变,而目的基因的突变频率又可能相当低,给突变体的筛选工作造成了很大的麻烦,而且所获得的突变蛋白质常常因其氨基酸的改变而导致蛋白质活性下降,因而传统诱变方法实用价值不大。

随着分子生物学技术的进步,建立起通过改变克隆基因中的特定碱基,从而改造蛋白质的技术,称为蛋白质工程。通过蛋白质工程,人们可以随心所欲地改造蛋白质的结构,从而改变蛋白质的理化性质和生物学功能。例如,可以利用蛋白质工程改变酶的 K_m(Michaelis 常数)、v_{max}(酶催化反应的最大速度)值,酶促反应的最适温度、最适 pH 值,酶促反应的特异性以及酶蛋白的稳定性等。蛋白质工程与基因定点诱变有着不解之缘,故本节在重点介绍定点诱变原理和技术的基础上,举例介绍一下蛋白质工程的应用。

13.2.1　定点诱变

随着分子生物学技术的发展,特别是基因克隆技术的应用,分离并研究单基因的结构与功能已成为一种常规的工作。与此相适应,基因诱变技术也有了极大的发展。现在,不仅能够对多细胞或是有机体进行诱变处理,并从成千上万突变群体中筛选出期望的突变体,而且能在体外试管中通过碱基取代、插入或缺失使基因 DNA 序列中任何一个特定的碱基发生改变。这种体外特异性改变某个碱基的技术,叫做定点诱变(site-directed mutagenesis)。它具有简单易行、重复性高等优点,现已发展成为基因操作的一种技术。这种技术不仅适用于基因结构与功能的研究,还可通过改变基因的密码子来改造天然蛋白质。目前已发展的定点诱变方法主要有 M_{13} 寡核苷酸诱变、PCR 诱变、盒式诱变及随机诱变等,下面将逐一予以讨论。

1. M13 寡核苷酸诱变

1) 原理

寡核苷酸定点诱变技术所依据的原理是按照体外重组 DNA 技术,将待诱变的目的基因插入 M13 噬菌体上,制备此种含有目的基因的 M13 单链 DNA,即正链 DNA。再使用化学合成的含有突变碱基的寡核苷酸短片段作为引物,启动单链 DNA 分子进行复制,随后这段寡核苷酸引物便成为新合成的 DNA 子链的一个组成部分。因此所产生的新链便具有已发生突变的碱基序列。为了使目的基因的特定位点发生突变,所设计的寡核苷酸引物的序列除了所需的突变碱基外,其余的则与目的基因编码链的特定区段完全互补。

2) 诱变过程

M13 寡核苷酸诱变过程的主要步骤如下(图 13-7)。①正链 DNA 的合成:目的基因克隆到 M13 噬菌体中,制备含有目的基因的 M13 单链 DNA,即正链 DNA。②突变引物的合成:用化学法合成带错配碱基的诱变剂寡核苷酸片段,即寡核苷酸引物,其中除了含有特殊的突变碱基外,其他碱基与目的 DNA 的适当区域互补。③异源双链 DNA 分子的制备:将突变引物 DNA 与含目的基因的 M13 单链 DNA 混合退火,使引物与待诱变核苷酸部位及其附近形成一小段具有碱基错配的异源双链 DNA。在 Klenow DNA 聚合酶催化下,引物链便以 M13 单链 DNA 为模板继续延长,直至合成全长的互补链,然后由 T₄ DNA 连接酶封闭缺口,最终在体外合成出闭环异源双链的 M13 DNA 分子。④闭环异源双链 DNA 分子的富集和转化:在体外合成异源双链的 M13 DNA 分子后,尚余有单链 M13 噬菌体 DNA 或具裂口的双链 M13 DNA 分子,转化大肠杆菌后,也会增殖而产生很高的转化本底。故转化前应使用 S1 核酸酶处理法或碱性蔗糖梯度离心法,降低本底,使闭环的异源双链的 M13 DNA 分子得到富集。然后将富集的闭环异源双链的 M13 DNA 分子转化给大肠杆菌细胞后,产生出同源双链 DNA 分

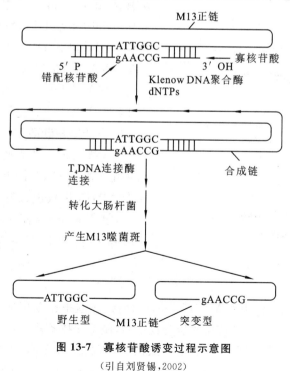

图 13-7　寡核苷酸诱变过程示意图

(引自刘贤锡,2002)

子。⑤突变体的筛选:闭环异源双链 DNA 分子转化大肠杆菌后可产生野生型和突变型两种转化子,两者混合存在,故须进行筛选以获得突变型转化子。常用筛选方法有链终止序列分析法、限制位点法、杂交筛选法和生物学筛选法,其中杂交筛选法最简单,也最有用。在杂交实验中,以诱变剂寡核苷酸为探针,在不同温度下进行噬菌体斑杂交,选择突变体克隆,由于探针与野生型 DNA 之间存在着碱基错配,而与突变型则完全互补,于是可以根据两者杂交稳定性的差异,筛选出突变型的噬菌斑。⑥基因的鉴定:对突变体 DNA 进行序列分析,检测突变体的序列结构特点,有助于确定在诱变过程中是否引入其他偶然错配。

3)Kunkel 定点诱变法

体外 DNA 合成往往是不完全的,所以部分合成的 DNA 分子必须通过蔗糖密度梯度离心法除去。理论上来说,DNA 是半保留复制的,应用寡核苷酸定点诱变时,所形成的噬菌体中携带突变基因的应为一半。但实际上由于宿主错配修复的反选择及其他技术上的原因,通常只有 1%～5% 的噬菌斑含有突变基因的噬菌体。

因此,为了获得更多含有突变噬菌体的噬菌斑,必须提高突变体的比率。目前已有多种改良的寡核苷酸定点诱变方法,此处将简单介绍 Kunkel 在 1985 年建立的方法。

Kunkel 定点诱变法是一种通过筛除含有尿嘧啶的 DNA 模板链进行的寡核苷酸定点诱变法。它的基本原理是,将待突变的基因克隆入 RF-M13 DNA 载体上,导入具有 dUTP 酶(dut)和 N-尿嘧啶脱糖苷酶(ung)双缺陷的大肠杆菌(dut^-、ung^-)菌株中。dut 缺陷导致细胞内 dUTP 水平上升,并在 DNA 复制时,部分取代 dTTP 进入 DNA 新生链中。又由于 ung 缺陷,掺入 DNA 的 dUTP 残基不能除去。由这种大肠杆菌菌株产生的 M13 单链 DNA 大约有 1% 的 T 被 U 取代,以此为模板链,利用含有突变位点的寡核苷酸片段引导合成互补链。双链 DNA 导入正常的大肠杆菌中,其尿嘧啶 N-糖基化酶除去 DNA 链上的尿嘧啶碱基。结果原来的 M13 模板链被降解。只有突变链因不含 U,被保留下来(图 13-8),这种方法产生的 M13 噬菌体中含有突变 DNA 的比率大大增加。

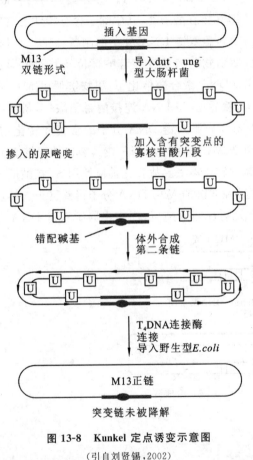

图 13-8　Kunkel 定点诱变示意图

(引自刘贤锡,2002)

2.PCR 定点诱变

寡核苷酸诱变方法所使用的 M13 噬菌体系统,操作起来比较烦琐,诱变周期较长。随着 PCR 技术的不断发展,人们将其应用在诱变技术中,使得此技术得以简化。

PCR 定点诱变又称为 PCR 寡核苷酸定点诱变,该法具有简单、快捷的特点,其基本操作程序(图 13-9)如下。①将待诱变靶基因克隆到质粒载体上,并分装到两支反应管中。②在每一支反应管中加入两种特定的引物,其中引物 1 和 3 均含有错配核苷酸,但两种引物分别与质粒 DNA 的不同链不完全互补,引物 2 和 4 均不含错配核苷酸,两者分别与质粒 DNA 的引物 1 和 2 杂交链的互补链完全互补。③进行 PCR 扩增获得含有突变碱基的线形质粒 DNA。④将两支反应管中的线形质粒 DNA 混合,再经过变性和复性,一支反应管中的一条链和另一支反应管中的互补链杂交,通过两个黏性末端形成带有缺口的环状 DNA 分子。⑤转化大肠杆菌,环状 DNA 分子的缺口可被大肠杆菌修复。如果同一支反应管中的两个互补链又互相杂交,则继续形成线状 DNA 分子,在大肠杆菌中不稳定,易被降解。该方法把特异突变点导入克隆基因,无须把基因插入 M13 中,即可在大肠杆菌中进行表达。

3.盒式诱变

盒式诱变(cassette mutagenesis)是一种定点诱变技术,其方法是利用一段人工合成的具有突变序列的双链寡核苷酸片段,取代野生型基因中相应序列(图 13-10),这种诱变的双链寡核苷酸片段是由两条人工合成的寡核苷酸链组成的,当它们退火时,会按照设计要求产生出克隆需要的黏性末端。这些合成的寡核苷酸片段就好像不同的盒式录音磁带,可随时插入已制备好的载体分子("录音机")上,便可以获得数量众多的突变体,故称为盒式诱变。该方法的优点是简单易行,突变效率高。

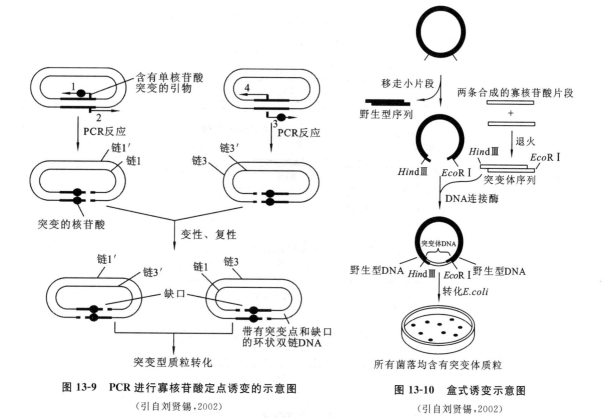

图 13-9　PCR 进行寡核苷酸定点诱变的示意图
(引自刘贤锡,2002)

图 13-10　盒式诱变示意图
(引自刘贤锡,2002)

4.随机诱变

定位诱变通常需要了解目的序列的详细情况,当缺乏这方面的资料和信息时,定位诱变方法的利用就受到限制,在这种情况下,利用随机诱变方法,在目的序列中产生突变,仍可以用于研究目的蛋白或目的核酸序列的结构和功能。

随机诱变(random mutagenesis)的工作原理(图 13-11)是,将待突变基因克隆到一个载体的特定位点上,其下游紧接着是两个限制性核酸内切酶的酶切位点($RE1$、$RE2$),前一酶切位点是 5′突出(3′凹陷)的单链末端,后一酶切位点是 3′突出(5′凹陷)的单链末端。然后用大肠杆菌核酸外酶(exonucleaseⅢ,ExoⅢ)处理酶切缺口。ExoⅢ的主要活性是催化双链 DNA 自3′-羟基端逐一释放 5′-单核苷酸,其底物是线状双链 DNA 或有缺口的环状 DNA,而不能降解单链或双链 DNA 的 3′突出末端。因此,当用 ExoⅢ 处理时,则可逐一水解 3′凹陷末端。在适当时机,终止 ExoⅢ 的酶切反应,缺口用 Klenow DNA 聚合酶补平,底物为四种 dNTP,再加上一种脱氧核苷酸的类似物。在缺口填补过程中,这个类似物会掺入 DNA 链上的一处或多处。再用 S1 核酸酶处理单链末端,形成平头末端,并用 T_4 DNA 连接酶连接。这种重组质粒转化

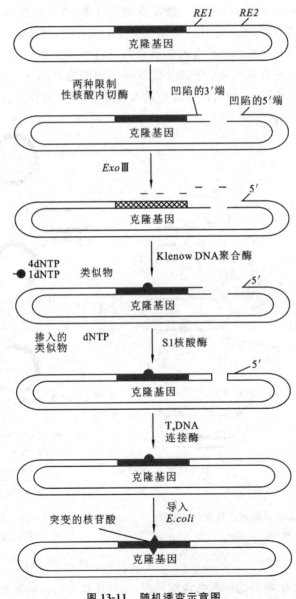

图 13-11　随机诱变示意图

(引自刘贤锡,2002)

大肠杆菌后,50%的基因上携带错配的碱基,导致位点变异。随机诱变的缺点是必须检测每个克隆,看哪一个产生了具有期望特性的蛋白质。这种检测不是一个简单的工作,但这是发现有新特性蛋白质的唯一方法。一旦发现了有潜在优点的突变体,通过确定哪个位点突变了可以确定克隆基因的序列。

13.2.2　定向进化

酶的体外定向进化(directed evolution of enzyme in vitro)是改造酶蛋白质分子的一种新策略。它不需事先了解酶的定向结构和催化机制,在实验室模拟自然进化机制,通过由易错PCR、致突变菌株诱变等方法对编码酶蛋白质的基因进行随机诱变,由 DNA 改组(DNA shuffling)、随机引发重组和交错延伸等方法进行突变基因体外重组,设计高通量筛选方法来选出需要的突变株。它不仅可快速生产工业上有用的新酶,而且为研究蛋白质的结构与功能的关系开辟了崭新的途径,极大地拓展了蛋白质工程学的研究和应用范围。酶的体外定向进化的基本原理是,在待进化酶基因的 PCR 扩增反应中,利用 Taq DNA 聚合酶不具有 $3'→5'$ 校对功能的性质,配合适当条件,如降低一种 dNTP 的量等,以很低的比率向目的基因中随机引入突变,构建突变库,凭借定的选择方法,选出所需性质的优化酶(或蛋白质),从而排除其他突变体。简言之,定向进化就是随机突变加选择,前者是人为引发的,后者虽相当于环境,但只作用于突变后的分子群,起着选择某一方向的进化而排除其他方向突变的作用,整个进化过程是在人为控制下进行的。

1.定向进化的基本思路

定向进化是在不了解蛋白质的结构信息情况下,根据人为设定的目标,制备具有特定性质和功能的特殊蛋白质。在制订定向进化研究方案时需要考虑以下几个关键问题:

(1)随机诱变方法是通过引进随机的碱基替换,进而筛选理想的突变体。一般有益突变的频率很低,绝大多数突变是有害的。当突变频率太高时,几乎无法筛选到有益突变体;突变频率也不能太低,否则未发生任何突变的野生型将占据突变群体的优势,也很难筛选到理想的突变体。一般认为,理想的突变频率为每个目的基因的碱基替换在 1.5～5 个。

(2)组成一种蛋白质分子的氨基酸经排列组合可产生巨大的顺序空间,即可获得数量极大的排列方式,其中绝大多数排列方式没有反应功能,尤其是我们想要的功能。因此在考虑实验方案时,最好是选择一个性状最接近人们期望的酶分子作为起点。

(3)要从大量的突变体库中获得理想的个体,最重要的问题是筛选方法,筛选方法越好,成功的可能性越大。因此,应建立有效且灵敏的选择方法,确保检测出由单一氨基酸取代而引起的功能变化。

2.定向进化的常规技术

(1)易错 PCR:易错 PCR(error-prone PCR)是指在扩增目的基因的同时引入碱基错配,导致目的基因随机突变,改变 PCR 的条件,通常降低一种 dNTP 的量(降至 5%～10%),或加入 dITP 来代替减少的 dNTP,即会使 PCR 易于出错,达到随机突变的目的。然而,经一次突变的基因很难获得满意的结果,由此发展出连续易错 PCR(sequential error-prone PCR)策略。即将一次 PCR 扩增获得的有用突变基因作为下一次 PCR 扩增的模板,连续反复地进行随机诱变,使每一次获得的小突变累积而产生重要的有益突变。Chen 等利用此策略定向进化枯草芽孢杆菌蛋白酶E的活性获得成功,所得突变体PC3在高浓度二甲基酰胺(DMF)中,酶催化效率是野生酶的256倍。将PC3再进行两个循环的定向进化,产生的突变体13M的催化效率比PC3高3倍。用易错PCR法进行定向进化改造,关键在于突变率的控制。另外,该法较为费力、耗时,一般适用于较小的基因片段(800 bp以下)。

(2)DNA改组:DNA改组(DNA shuffling)是Stemmer于1994年建立的模仿自然进化的一种DNA体外随机突变方法。所谓DNA改组,就是将DNA拆散后重排,即将一种基因或具有结构同源型的几种基因在DNase Ⅰ的作用下随机酶切成小片段,这些小片段之间有部分的碱基序列重叠,它们通过自身引导PCR(self-priming PCR)延伸,并重新组装成全长的基因,这一过程称为再组装PCR(reassembly PCR)。DNA改组的基本过程包括四个步骤(图13-12)。①目的基因的准备:根据需要选择一个基因或其片段,也可以是几个序列上具有较高同源性的基因。②DNase Ⅰ酶切:将目的基因随机切割成10~50 bp或300 bp左右的小片段。③不加引物的PCR:在Taq DNA聚合酶的作用下将DNase Ⅰ切割后的DNA重叠小片段重新连接起来,在此过程中可能发生许多突变和重组。④加入引物的PCR:加入目的基因片段两端的引物,使连接好的DNA得到扩增,筛选正突变重组子。得到的正突变重组子又可以重复进行改组,使性状进一步提高。DNA改组的目的是创造将目的基因群中的突变尽可能组合的机会,导致更大的变异,最终获取最佳突变组合酶。在理论和实际上,它都优于重复寡核苷酸引导的诱变和连续易错PCR。通过DNA改组,不仅可加速积累有益突变,而且可使酶的2个或更多的已优化性状合为一体。

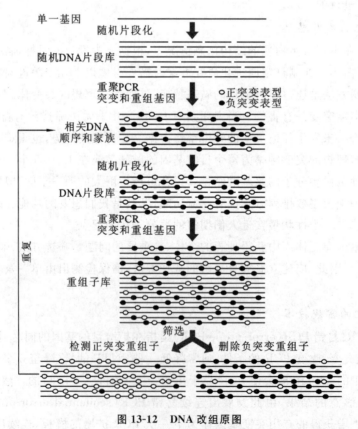

图13-12　DNA改组原图

(引自刘贤锡,2002)

（3）随机引发重组：随机引发重组（random-priming recombination，RPR）是 Aronld 于 1998 年首先报道的。其基本原理是以单链 DNA 为模板，配合一套随机序列引物，先产生大量互补于模板不同位点的 DNA 小片段，由于碱基的错误掺入和错误引发，在随后的 PCR 中，它们互为引物进行合成，伴随重组，再组装成完整的基因（图 13-13），克隆到表达载体上，随后筛选。该法同 DNA 改组相比有以下优点：①RPR 直接利用单链 DNA 或 mRNA 为模板；②在 DNA 改组中，片段重新组装前必须彻底除去 DNase Ⅰ，而 RPR 方法省去了 DNase Ⅰ切割成片段的过程，因而使基因的重组更容易；③合成的随机引物具有同样长度，无顺序倾向性，保证了点突变和交换在全长的后代基因中的随机性；④随机引发的 DNA 合成不受 DNA 模板长度的限制。

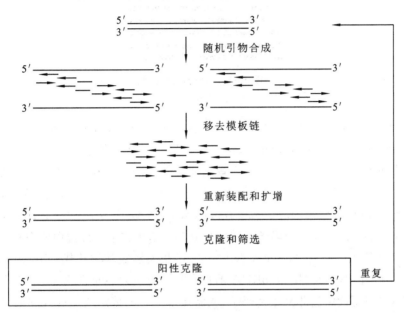

图 13-13　体外随机引发重组原理

（引自刘贤锡，2002）

（4）交错延伸技术：交错延伸（stagger extension process，StEP）是 Aronld 等于 1998 年建立的一种新的体外重组方法。其原理是，在 PCR 中把常规的退火和延伸合并为一步，并缩短其反应时间（55 ℃，5 s），从而只能合成出非常短的新生链，经变性的新生链再作为引物与反应体系内同时存在的不同模板退火并延伸。此过程重复进行，直到产生完整的基因长度，结果产生间隔的与不同模板序列互补的新生 DNA 分子（图 13-14）。该技术已成功地重组了由易错 PCR 产生的 5 个热稳定的枯草芽孢杆菌蛋白酶 E 的突变体，得到热稳定性进一步提高的重组酶。

交错延伸法重组在单一试管中进行，不需分离亲本 DNA 和产生的重组 DNA。它采用的是变换模板机制，这正是逆转录病毒所采用的进化过程。该法简便、有效，为酶的体外定向进化提供了又一强有力的工具。

13.2.3　tRNA 介导的蛋白质改造

tRNA 主要起转运氨基酸的作用。由于 tRNA 分子具有同工性，即一种以上的 tRNA 对

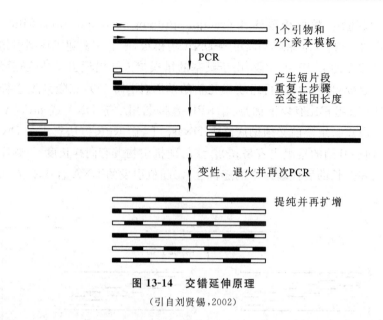

图 13-14　交错延伸原理

(引自刘贤锡,2002)

应于一种特异氨基酸,因此细胞内 tRNA 的种类(80 多种)比氨基酸的种类多。tRNA 介导的蛋白质工程(tRNA-mediated protein engineering,TRAMPE)则允许拓展遗传密码,从而可以将人为设计的非天然氨基酸选择性地掺入蛋白质,产生具有新的或更好性状的蛋白质。利用 TRAMPE 进行的早期研究是基于对可以携带天然氨基酸的 tRNA 的化学修饰,现在称为非天然氨基酸替代(non-natural amino acid replacement,NAAR)法。该突变 tRNA 通过改变其反密码子能够识别并抑制终止密码子的链中止效应。这种方法允许蛋白质中特定的氨基酸由它们的衍生物来替代。随后,Noren 等发展了定点非天然氨基酸替代(site-directed NAAR,SNAAR)的方法,在编码蛋白质的 mRNA 的特定位点上引入终止密码子,最后用互补的错氨酰化校正 tRNA 来通读越过此终止密码子,从而在蛋白质的特定位点掺入非天然氨基酸。利用天然氨基酸掺入技术,将特定的氨基酸掺入蛋白质肽链中的特定位点,这种修饰既能定性又能定量,同时一些传统修饰方法不能得到的衍生物,也可以通过该技术引入蛋白质的肽链之中。Sisido 等列举了 29 种已经可以掺入蛋白质中的非天然氨基酸(图 13-15)。

　　生物体内共有 20 种氨酰 tRNA 合成酶,每一种均对应于一种天然氨基酸和一种 tRNA 类型,但是非天然氨基酸无相应的氨酰 tRNA 合成酶。目前已经发展了几种使 tRNA 被非天然氨基酸酰化的方法。

　　最简单的将非天然氨基酸和 tRNA 连接的方法是化学合成法。一种是用相应的氨酰 tRNA 合成酶氨酰化 tRNA,使之携带天然的氨基酸,一旦共价键形成,即可以采用化学修饰的方法加入其他基团。第二种是化学法氨酰化,将非天然氨基酸氨酰化二核苷酸 CA,然后通过 T₄ RNA 连接酶连接到已去除 3′端 CA 二核苷酸的 tRNA 上(图 13-16(a))。两法相比较,酶促反应局限于天然的氨基酸及其类似物,而化学法可以氨酰化任何非天然的氨基酸。利用天然氨酰 tRNA 合成酶将一些氨基酸的类似物连接到原有 tRNA 是很少见的特例,但可改造原有的氨酰 tRNA 合成酶,使它们能识别一些非天然的氨基酸,而不再作用于天然的氨基酸(图 13-16(b))。利用具有一定特异性核酶催化的转酶反应,将原来具有催化活性的 RNA 上的氨基酸转移到 tRNA 上(图 13-16(c))。

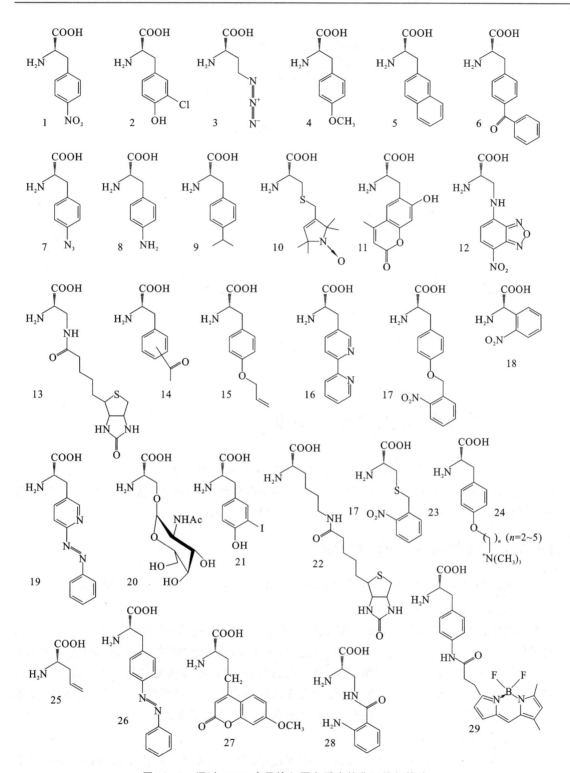

图 13-15　通过 tRNA 介导掺入蛋白质中的非天然氨基酸

(引自梅乐和,2011)

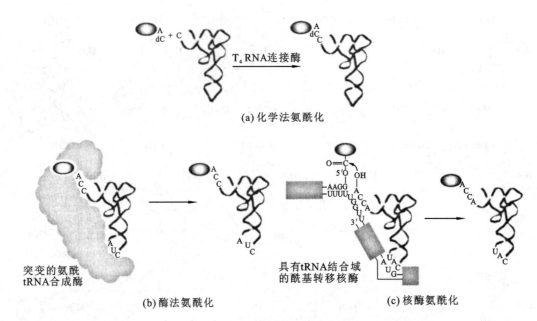

(a) 化学法氨酰化

(b) 酶法氨酰化
突变的氨酰
tRNA合成酶

(c) 核酶氨酰化
具有tRNA结合域
的酰基转移核酶

图 13-16　非天然氨基酸和 tRNA 连接的方法

（引自梅乐和,2011）

13.3　蛋白质工程的设计思想

　　蛋白质分子设计,就是通过蛋白质结构的测定和分子模型的建立,按照蛋白质结构与功能的关系,综合运用各学科的技术手段,获得比天然蛋白质性能更优越的新型蛋白质。蛋白质分子设计探索蛋白质的折叠机理,为蛋白质工程提供指导信息。

13.3.1　蛋白质分子设计的分类

　　在蛋白质分子设计的实践中,常依据改造部位的多少将蛋白质分子设计分为三类。

1. 定点突变或化学修饰法

　　这类蛋白质分子设计只进行小范围改造,是指在已知结构的天然蛋白质分子多肽链内的确定位置上,进行一个或少数几个氨基酸残基的改变或进行化学修饰,以研究和改善蛋白质的性质和功能,也称为"小改"。置换、删除或插入氨基酸,现在主要是通过分子生物技术从基因水平上操作来实现的。这一类蛋白质分子设计是目前蛋白质工程中最广泛使用的方法,主要是通过定点突变技术或盒式替换技术来有目地改变几个氨基酸残基。

2. 拼接组装设计法

　　这类蛋白质分子设计需进行较大程度的改造,是指对来源于不同蛋白质的结构域进行剪裁、拼接、组装,以期转移相应的功能,获得具有新特点的蛋白质分子,也称为"中改"。蛋白质的立体结构可以看作由结构元件组装而成的,因此可以在不同的蛋白质之间成段地替换结构元件。要进行蛋白质分子的剪裁,当前也主要是从基因水平上操作完成,故又称为"分子剪裁"。

3.从头设计全新蛋白质

这类蛋白质分子设计是从设计氨基酸序列结构开始进行全新蛋白质的设计,即从头设计一个全新的(自然界不存在的)蛋白质,使之具有特定的空间结构和预期的功能,也称为全新蛋白质设计或蛋白质从头设计。这类设计可参考已有的类似蛋白质三维结构,或完全依赖于已知的蛋白质结构与功能的知识,从基因水平上翻译表达出全新蛋白质,或直接进行化学合成全新的蛋白质。

13.3.2 蛋白质分子设计的原则

进行蛋白质分子设计需遵循一定的规则,以保证设计的成功。目前蛋白质分子设计还处于发展过程中,其规则还有待于继续完善。

(1)活性设计。活性设计是蛋白质分子设计的第一步,主要是考虑被研究的蛋白质功能,涉及选择化学基团和化学基团的空间取向。一般来讲,在这类设计中应采用天然存在的氨基酸来提供所需的化学基团,也可以通过加一些辅因子来达到预期的结果。

(2)对专一性的设计。专一性与酶的底物相关联。因此,酶蛋白化学基团与底物的专一性结合,对蛋白质分子设计十分重要。

(3)设计框架化。设计一个蛋白质活性分子必须框架化。在蛋白质活性分子中,该框架不仅可以提供各种活性基的特定位置,而且还有其他功能,如吸附、运输以及可能的降解等。

(4)疏水基团与亲水基团需合理分布。因蛋白质分子的侧链并不总是完全亲水或完全疏水的,因此新设计的蛋白质分子要合理地分布亲水基团和疏水基团。要安排少量疏水残基在表面,少量亲水残基在内部,要在原子水平上区分侧链的亲水部分与疏水部分。

(5)最优的氨基酸侧链集合排列。蛋白质内部的密堆积表明侧链构象在折叠状态是一种能量最低的构象。蛋白质的侧链构象由两个空间因素决定,即旋转每条链的立体势垒和氨基酸在结构中的位置。为了获得蛋白质结构及功能的专一性,在构建一个蛋白质模型时必须满足所有适宜的空间要求,以及蛋白质折叠的空间限制条件。

13.3.3 蛋白质分子设计程序

蛋白质分子设计是一门试验性科学,是理论设计过程与试验过程相互结合的产物。在这个过程中,计算机模拟技术和基因操作技术是两个必不可少的工具。蛋白质分子设计的过程如下:首先通过生物信息学对所研究对象的结构和功能信息进行收集分析,建立研究对象的结构模型,在此基础上进行结构-功能关系研究,对其功能相关的结构进行研究和预测,然后提出蛋白质结构改造的设计方案,再通过基因工程改造得到设计产物,并通过相关试验进行验证,根据验证结果进一步修正设计,并且往往要经过几次这样的循环才能获得成功。一般的蛋白质分子设计工作可以按照以下步骤进行。

(1)收集相关蛋白质的结构信息。收集待研究蛋白质一级结构、立体结构、功能结构域及与之相关的同源蛋白质等相关数据,为蛋白质分子设计提供依据。

(2)建立所研究蛋白质的结构模型。可通过蛋白质、X射线、晶体学及NMR等方法测定蛋白质的三维结构。也可依据同源性较高蛋白质的三维结构,结合三维结构预测方法对待研究蛋白质进行结构预测。预测出的三维结构作为分子设计中的结构模型。

(3)进行结构模型的生物信息分析。分析其三维结构的特点、功能活性区以及结构中存在的二硫键数目和位置等,为选择设计目标提供依据。

(4)选择设计目标。确定所要建造的三级结构。考虑所要求的性质受哪些因素的影响,然后对各因素逐一进行分析。

(5)进行序列设计。充分考虑氨基酸残基形成特定二级结构的倾向性。选择和排布残基对时要考虑到疏水相互作用、螺旋的偶极稳定作用、静电相互作用、氢键作用以及残基侧链的空间堆积。尽可能地使序列有利于形成预期的二级结构。

(6)通过理论预测方法预测出所设计的多肽的二级结构和三级结构,初步检验设计的正确程度,检验目标模型与预期目标的吻合程度,并在此基础上进行调整。

(7)获得新蛋白质。对蛋白质分子进行计算机理论设计之后,进行实验室合成,同时也可通过基因工程手段人为合成或改造,然后进行基因表达,并分离纯化,获得新蛋白质分子。

思考题

1.名词解释:蛋白质工程;基因定点诱变;盒式诱变;易错 PCR;生物信息学。

2.列表总结基因工程和蛋白质工程的相同点、不同之处(从结果、实质、流程等方面)及其联系。

3.蛋白质工程的基本目标、基本途径是什么?

4.简述蛋白质三维结构的预测方法。

5.假设待预测三维结构的目的蛋白质为 U(un-known),简述利用同源模型化方法建立结构模型的过程。

6.简述定点诱变的方法。

7.简述 M13 寡核苷酸诱变过程。

8.简述 Kunkel 定点诱变法基本原理。

9.简述 PCR 定点诱变的操作程序。

扫码做习题

参考文献

[1] 刘贤锡.蛋白质工程原理与技术[M].济南:山东大学出版社,2002.

[2] 张惠展.基因工程[M].4 版.上海:华东理工大学出版社,2017.

[3] 黄迎春.蛋白质工程简明教程[M].北京:中国水利水电出版社,2009.

[4] 梅乐和.蛋白质化学与蛋白质工程基础[M].北京:化学工业出版社,2011.

[5] 唐建国,茹炳根,徐长法,等.蛋白质工程的研究[J].北京大学学报(自然科学版),1998,34(2-3):342-349.

[6] 汪世华.蛋白质工程[M].北京:科学出版社,2008.